# Estática e Resistência dos Materiais para Arquitetura e Construção de Edificações

O GEN | Grupo Editorial Nacional – maior plataforma editorial brasileira no segmento científico, técnico e profissional – publica conteúdos nas áreas de ciências exatas, humanas, jurídicas, da saúde e sociais aplicadas, além de prover serviços direcionados à educação continuada e à preparação para concursos.

As editoras que integram o GEN, das mais respeitadas no mercado editorial, construíram catálogos inigualáveis, com obras decisivas para a formação acadêmica e o aperfeiçoamento de várias gerações de profissionais e estudantes, tendo se tornado sinônimo de qualidade e seriedade.

A missão do GEN e dos núcleos de conteúdo que o compõem é prover a melhor informação científica e distribuí-la de maneira flexível e conveniente, a preços justos, gerando benefícios e servindo a autores, docentes, livreiros, funcionários, colaboradores e acionistas.

Nosso comportamento ético incondicional e nossa responsabilidade social e ambiental são reforçados pela natureza educacional de nossa atividade e dão sustentabilidade ao crescimento contínuo e à rentabilidade do grupo.

# Estática e Resistência dos Materiais para Arquitetura e Construção de Edificações

Quarta Edição

**Barry Onouye
com Kevin Kane**
Department of Architecture
College of Architecture and Urban Planning
University of Washington

Tradução e Revisão Técnica

**Prof. Amir Elias Abdalla Kurban, D.Sc.**
Engenheiro de fortificação e construção, antigo comandante do Instituto Militar de Engenharia (IME) e coordenador de Engenharia Civil da FTEC

Os autores e a editora empenharam-se para citar adequadamente e dar o devido crédito a todos os detentores dos direitos autorais de qualquer material utilizado neste livro, dispondo-se a possíveis acertos caso, inadvertidamente, a identificação de algum deles tenha sido omitida.

Não é responsabilidade da editora nem dos autores a ocorrência de eventuais perdas ou danos a pessoas ou bens que tenham origem no uso desta publicação.

Apesar dos melhores esforços dos autores, do tradutor, do editor e dos revisores, é inevitável que surjam erros no texto. Assim, são bem-vindas as comunicações de usuários sobre correções ou sugestões referentes ao conteúdo ou ao nível pedagógico que auxiliem o aprimoramento de edições futuras. Os comentários dos leitores podem ser encaminhados à **LTC — Livros Técnicos e Científicos Editora** pelo e-mail ltc@grupogen.com.br.

Authorized translation from the English language edition, entitled STATICS AND STRENGTH OF MATERIALS FOR ARCHITECTURE AND BUILDING CONSTRUCTION, 4th Edition by BARRY ONOUYE; KEVIN KANE, published by Pearson Education, Inc., publishing as Prentice Hall, Copyright © 2012 by Pearson Education, Inc.
All rights reserved. No part of this book may be reproduced or transmitted in any form or by any means, electronic or mechanical, including photocopying, recording or by any information storage retrieval system, without permission from Pearson Education, Inc.

PORTUGUESE language edition published by LTC — LIVROS TÉCNICOS E CIENTÍFICOS EDITORA LTDA. Copyright © 2015.

Tradução autorizada da edição em língua inglesa intitulada STATICS AND STRENGTH OF MATERIALS FOR ARCHITECTURE AND BUILDING CONSTRUCTION, 4th Edition by BARRY ONOUYE; KEVIN KANE, published by Pearson Education, Inc., publishing as Prentice Hall, Copyright © 2012 by Pearson Education, Inc.
Reservados todos os direitos. Nenhuma parte deste livro pode ser reproduzida ou transmitida sob quaisquer formas ou por quaisquer meios, eletrônico ou mecânico, incluindo fotocópia, gravação, ou por qualquer sistema de armazenagem e recuperação de informações sem permissão da Pearson Education, Inc.

Edição em língua PORTUGUESA publicada por LTC — LIVROS TÉCNICOS E CIENTÍFICOS EDITORA LTDA. Copyright © 2015.

ISBN: 978-0-07-353237-0

Direitos exclusivos para a língua portuguesa

Copyright © 2015 by
**LTC — Livros Técnicos e Científicos Editora Ltda.**
**Uma editora integrante do GEN | Grupo Editorial Nacional**

Reservados todos os direitos. É proibida a duplicação ou reprodução deste volume, no todo ou em parte, sob quaisquer formas ou por quaisquer meios (eletrônico, mecânico, gravação, fotocópia, distribuição na internet ou outros), sem permissão expressa da editora.

Travessa do Ouvidor, 11
Rio de Janeiro, RJ – CEP 20040-040
Tels.: 21-3543-0770 / 11-5080-0770
Fax: 21-3543-0896
ltc@grupogen.com.br
www.grupogen.com.br

Design de capa: Suzanne Duda
Ilustração de capa: Baloncici/Shutterstock

Editoração Eletrônica:

**CIP-BRASIL. CATALOGAÇÃO-NA-FONTE**
**SINDICATO NACIONAL DOS EDITORES DE LIVROS, RJ**

068e
4. ed.

Onouye, Barry
Estática e resistência dos materiais para arquitetura e construção de edificações / Barry Onouye, Kevin Kane; tradução Amir Elias Abdalla Kurban - 4. ed. - [Reimpr.]. - Rio de Janeiro : LTC, 2018.
il

Tradução de: Statics and strength of materials for architecture and building construction
Apêndice
Inclui índice
ISBN 978-85-216-2763-0

1. Arquitetura brasileira. 2. Arquitetura de habitação - Brasil. 3. Decoração de interiores. I. Kane, Kevin. II. Título

15-22305                    CDD: 747
                            CDU: 747

A nossas famílias…

# Material Suplementar

Este livro conta com os seguintes materiais suplementares:

- **Apresentações em PowerPoint:** Apresentações para uso em sala de aula (acesso restrito a docentes);
- **Instructor's Manual:** Manual de soluções de todos os problemas propostos em inglês em (.pdf) (acesso restrito a docentes);
- **Prática de Problemas e Soluções:** Coletânea de problemas práticos e soluções em (.pdf) (acesso livre);
- **Slides em PowerPoint:** Ilustrações da obra em formato de apresentação (acesso restrito a docentes).

O acesso ao material suplementar é gratuito. Basta que o leitor se cadastre em nosso *site* (www.grupogen.com.br), faça seu *login* e clique em GEN-IO, no menu superior do lado direito. É rápido e fácil.

Caso haja alguma mudança no sistema ou dificuldade de acesso, entre em contato conosco (sac@grupogen.com.br).

GEN-IO (GEN | Informação Online) é o repositório de materiais suplementares e de serviços relacionados com livros publicados pelo GEN | Grupo Editorial Nacional, maior conglomerado brasileiro de editoras do ramo científico-técnico-profissional, composto por Guanabara Koogan, Santos, Roca, AC Farmacêutica, Forense, Método, Atlas, LTC, E.P.U. e Forense Universitária. Os materiais suplementares ficam disponíveis para acesso durante a vigência das edições atuais dos livros a que eles correspondem.

# Prefácio

Eu tive o privilégio de lecionar com Barry Onouye no estabelecimento de um estúdio de design por 12 anos. Desde o início, ficou óbvio que ele tinha um conhecimento sólido de estruturas, mas o que também se tornou visível ao longo do tempo foi seu profundo entendimento de estruturas arquitetônicas – os sistemas estruturais que desempenham um papel crítico no planejamento, na concepção (design) e na construção de edificações. Ele é um professor excepcional, não apenas extremamente conhecedor do assunto, mas também capaz de explicar os princípios e os conceitos de maneira coerente e relacionar essa argumentação aos problemas e oportunidades do design estrutural e da construção de edificações. Nas páginas deste livro ele conseguiu, juntamente a Kevin Kane, inserir essa mesma capacidade extraordinária de ensinar.

*Estática e Resistência dos Materiais para Arquitetura e Construção de Edificações* é uma abordagem agradável de um tópico permanente para o ensino de arquitetura. Ele combina em um único texto os campos correspondentes da estática – o sistema de forças externas que agem em elementos estruturais – e a resistência dos materiais, as forças internas e as deformações que resultam das forças externas. Juntas, essas áreas clássicas de pesquisa determinam o tamanho e o formato dos elementos estruturais e a configuração desses elementos em sistemas que unem e suportam os componentes e as partes constituintes de uma edificação.

Tais sistemas caracterizam todas as construções, desde monumentos no passado até as construções mais humildes do presente. Sejam visíveis aos olhos ou omitidas por elementos de vedação, essas estruturas tridimensionais ocupam espaço e estabelecem a natureza e a composição dos espaços entre as edificações. Mesmo quando obscurecidas pelas superfícies dos pisos, das paredes e dos forros, sua presença pode ser sentida frequentemente pelos olhos da mente. Dessa forma, um entendimento da teoria estrutural e dos sistemas estruturais permanece um componente essencial do ensino de arquitetura.

Ao longo do último século foram escritos vários textos sobre estruturas de edificações para alunos de arquitetura e construção civil. O que diferencia esse trabalho é sua combinação de palavras e imagens. O problema para qualquer um que ensine estruturas sempre tem sido explicar as teorias e os conceitos estruturais para alunos de design, para quem o material gráfico pode ser mais significativo do que os números. Entretanto, o perigo de uma abordagem exclusivamente gráfica é a omissão dos modelos matemáticos necessários para um tratamento mais realista e rigoroso da ciência das estruturas. Em vez disso, este texto adota os métodos clássicos para o ensino de estruturas de construções civis e integra as informações visuais com os modelos matemáticos necessários e com os princípios estruturais essenciais, e relaciona esses conceitos a exemplos do mundo real de design arquitetônico de uma maneira coerente e esclarecedora. A abordagem inteligente e equilibrada do assunto de estática e de resistência dos materiais deve servir tanto para professores como para alunos de estruturas arquitetônicas.

Frank Ching

# Prefácio do Autor

O objetivo principal deste livro desde a primeira vez que foi publicado, em 1998, tem sido o de desenvolver e apresentar os conceitos estruturais básicos de um modo que seja facilmente entendido usando exemplos de "construções" e ilustrações para complementar o texto. Muito desse material tem sido "testado em campo", revisado e modificado ao longo do período de 40 anos de prática de ensino, e continuará a ser modificado no futuro. Há uma grande tentação de adicionar muitas áreas atuais a essa revisão, mas decidi manter este livro com seu foco principal na estática e na resistência dos materiais. Em vez disso, foram incorporados pequenos ajustes e acréscimos sem tentar abranger mais material do que o necessário a um curso introdutório.

Apresentar a teoria estrutural sem se basear em um enfoque predominantemente matemático foi desafiador, no mínimo, e uma alternativa de engenharia sem cálculos para o tópico pareceu ser essencial. No início, foi decidido que era necessária uma abordagem fortemente ilustrada e visual para conectar e ligar a teoria estrutural a construções e componentes estruturais reais. Usar exemplos e problemas encontrados normalmente em construções e estruturas ao nosso redor pareceu ser uma maneira lógica de apresentar o material com base matemática de modo que não fosse assustador.

Este texto está organizado segundo a sequência dos livros-texto tradicionais sobre estática e resistência dos materiais, porque essa parece ser uma abordagem muito lógica validada pelo tempo. Um entendimento consistente de estática e resistência dos materiais estabelece uma base teórica e científica para o entendimento da teoria estrutural. Os cálculos numéricos são incluídos como uma maneira de explicar e testar o entendimento que as pessoas adquiriram sobre os princípios relacionados com os problemas. Foram incluídos muitos problemas resolvidos por completo, com problemas adicionais para prática dos alunos ao final de cada capítulo e no site correspondente na Web.

Este texto pretende ser a etapa seguinte após uma apresentação introdutória de princípios e sistemas estruturais. Organizacionalmente, o livro consiste em duas partes: estática nos Capítulos 2 a 4, e resistência dos materiais tratada nos Capítulos 5 a 10.

É dada uma forte ênfase ao uso dos diagramas de corpo livre no entendimento das forças que agem em um elemento estrutural. Todos os problemas começam com uma representação esquemática de um componente ou de um conjunto estrutural que é acompanhada por um diagrama de corpo livre. As ilustrações são amplamente utilizadas para assegurar que o aluno veja a ligação entre o objeto real e sua idealização.

O Capítulo 1 apresenta ao aluno o processo do projeto estrutural. As cargas e as exigências funcionais básicas de uma construção são introduzidas juntamente com as maiores questões arquitetônicas do design das construções. Essa revisão ampliou a análise de cargas e, em particular, de ventos e de terremotos. O Capítulo 3 usa os princípios analisados no Capítulo 2 para resolver um conjunto de estruturas estaticamente determinadas. A distribuição das cargas no Capítulo 4 ilustra a interação de um elemento estrutural com os outros e introduz o conceito de trajetória das cargas que se desenvolve em uma edificação, em uma tentativa de examinar a condição global da estrutura relativamente às cargas gravitacionais e laterais. Embora não visto normalmente em estática, o gráfico das cargas foi incluído para ilustrar o poder do princípio básico da mecânica e usar os diagramas de corpo livre conforme seu estudo nos Capítulos 2 e 3. Uma introdução geral às estratégias de contraventamento lateral para edifícios com vários pavimentos ou andares também é incluída, mas sem associação a nenhum cálculo tendo em vista sua complexidade.

O Capítulo 5 introduz os conceitos de tensão e deformação específica e de propriedades dos materiais relacionados com os materiais normalmente usados na indústria da construção civil. Este texto seria enormemente complementado por alunos que estivessem cursando alguma disciplina de métodos ou materiais de construção, tanto simultaneamente como antes do estudo de resistência dos materiais. As propriedades da seção transversal são vistas no Capítulo 6, novamente com ênfase nos formatos usados mais frequentemente em vigas e pilares. Os Capítulos 7, 8 e 9 desenvolvem a base para a análise e o projeto de vigas e pilares. A teoria da elasticidade foi utilizada do início ao fim e foi empregado o método das tensões admissíveis para o projeto de vigas e pilares. Foram adotadas algumas simplificações para as equações do projeto de vigas e pilares para eliminar a complexidade desnecessária para fins de projeto preliminar. O dimensionamento de vigas e pilares fica bem próximo do valor de um elemento final cuidadosamente fabricado de acordo com fórmulas mais complexas. Admite-se que os alunos terão cursos subsequentes sobre madeira, aço e concreto; portanto, as equações e os critérios das normas construtivas não foram incorporados a este texto. Esta edição inclui uma Seção 8.7 nova, que apresenta ao aluno o método dos estados limites (ou, como é conhecido em inglês, LRFD, *load resistance factor design*) para o dimensionamento de elementos estruturais de aço. Não foi feita tentativa alguma para uma exploração avançada do tópico, mas é recomendável que o aluno interessado procure cursar outras disciplinas ou consulte outros textos que tratem exclusivamente do assunto de dimensionamento pelo estado limite.

Não está incluído neste livro o estudo de vigas e quadros indeterminados, porque ele exige desenvolvimento substancial que vai além do escopo da estática e da resistência dos materiais. Provavelmente as estruturas indeterminadas significam um dos tópicos estruturais mais importantes para os projetistas da construção civil; a maior parte dos edifícios comerciais e institucionais de tamanho médio ou grande são desse tipo. O comportamento estrutural indeterminado, usando um dos muitos pacotes de projeto/análise estrutural disponíveis, está surgindo como uma área crítica de estudo para todos os futuros projetistas de construção civil.

Este livro deve ser utilizado em uma disciplina de um período acadêmico (aproximadamente 15 semanas) ou em dois períodos de 10 semanas nos programas de arquitetura, construção civil e tecnologia em engenharia. Os Capítulos 4 e 11 podem ser interessantes e úteis para o aluno de engenharia civil que deseje ter um melhor entendimento dos componentes das construções em um contexto maior. Além disso, os Capítulos 8 e 9 podem ser úteis para uma rápida demonstração preliminar dos métodos de dimensionamento de vigas e pilares. Embora este livro possa ser usado para um estudo autônomo e individual, sua grande e real vantagem é a de ser considerado um complemento para as explicações recebidas em sala de aula.

Muitos dos tópicos abordados neste livro podem ser demonstrados de modo formal na sala de aula. O uso de slides (lâminas) de edificações reais correspondentes ao tópico que está sendo estudado ajudará a reforçar os conceitos por meio de imagens e representações visuais. Minha experiência anterior com ensino me convenceu da necessidade de usar várias mídias e técnicas para ilustrar um conceito.

O site na Web correspondente a este livro, em **www.pearsonhighered.com/onouye**, apresenta problemas práticos encontrados no texto impresso. Todos os problemas no site associado são acompanhados de soluções para que os alunos possam verificar seu trabalho durante as sessões de estudo individual. São fornecidos detalhes suficientes para ajudar os alunos quando eles ficarem "travados" e precisarem de um empurrão para continuar seu trabalho.

## AGRADECIMENTOS

Estou em dívida e agradecido a um grande número de alunos ao longo de muitos anos que usaram as primeiras versões deste texto e generosamente cederam sugestões para modificações e melhorias.

Em particular, este livro não seria possível sem a autoria conjunta de Kevin Kane e sua habilidade e conhecimento na ilustração dos conceitos estruturais. As importantes contribuições de Kevin, juntamente aos desenhos e à coordenação de todas as ilustrações, fazem-se evidentes nos Capítulos 4 e 10. Envio agradecimentos adicionais a Cynthia Esselman, Murray Hutchins e Gail Wong pelo auxílio nos desenhos que nos ajudou a cumprir os prazos.

Um agradecimento especial e meu apreço são enviados a Tim Williams e Loren Brandford pela ajuda na digitalização e na digitação, e a Robert Albrecht pela revisão dos primeiros manuscritos; a Ed Lebert por alguns problemas práticos, a Chris Countryman pela revisão dos problemas e das soluções, a Bert Gregory e Jay Taylor por fornecerem informações pertinentes ao Capítulo 10 e a Elga Gemst, uma antiga assistente educacional, por me ajudar a preparar as seções originais sobre resistência dos materiais e as biografias dos famosos pensadores do passado. Obrigado ainda aos revisores desta edição: Allen C. Estes, Cal Poly San Luis Obispo; Deborah Oakley, University of Las Vegas; Dennis O'Lenick, Valencia Community College; e Kerry Slattery, Southern Illinois University, Edwardsville. Finalmente, obrigado a um amigo e colega, Frank Ching, que nos encorajou a perseguir este projeto. Ele serviu como um mentor e modelo de conduta para muitos de nós que ensinam aqui na University of Washington.

Um agradecimento sincero e caloroso a nossas famílias por seu apoio e sacrifício ao longo deste processo. Obrigado Yvonne, Jacob, Qingyu, Jake, Amia e Aidan.

Barry Onouye

## Definição dos Termos

| Medida | Unidades americanas | Unidades SI (métricas) |
|---|---|---|
| uma medida de comprimento | polegada (pol., in ou ") | milímetro (mm) |
|  | pé (pé, ft ou ') | metro (m) |
| uma medida de área | polegadas quadradas (pol.$^2$ ou in$^2$) | milímetros quadrados (mm$^2$) |
|  | pé quadrado (pé$^2$ ou ft$^2$) | metros quadrados (m$^2$) |
| uma medida de massa | libra massa (lbm) | quilograma (kg) |
| uma medida de força | libra (lb ou #) | newton (N) |
|  | quilolibra (kilopound) = 1.000 lb (k) | quilonewton = 1.000 N (kN) |
| uma medida de tensão (força/área) | libra por polegada quadrada, ou psi (lb/pol.$^2$, lb/in$^2$ ou #/in$^2$) | pascal (Pa ou N/m$^2$) |
|  | ksi (k/in$^2$) |  |
| uma medida de pressão | psf (lb/ft$^2$ ou #/ft$^2$) | quilopascal (kPa) = 1.000 Pa |
| momento (força × distância) | libra por pé quadrado, ou psf (lb/pé$^2$, lb/ft$^2$ ou #/ft$^2$) | newton-metro (N-m) |
|  | libra-pé (lb-pé, lb-ft ou #-ft) | quilonewton-metro (kN-m) |
| uma carga distribuída ao longo de um comprimento | ω (lb/pé, lb/ft #/ft ou plf) | ω (kN/m) |
| peso específico (peso/volume) | γ (lb/pé$^3$, lb/ft$^3$ ou #/ft$^3$) | γ (kN/m$^3$) |

*força = (massa) × (aceleração); aceleração devida à gravidade: 32,17 pés/s$^2$ = 9,807 m/s$^2$*

## Conversões

| | |
|---|---|
| 1 m = 39,37 in | 1 ft = 0,3048 m |
| 1 m$^2$ = 10,76 ft$^2$ | 1 ft$^2$ = 92,9 × 10$^{-3}$ m$^2$ |
| 1 kg = 2,205 lb-massa | 1 lbm = 0,4536 kg |
| 1 kN = 224,8 lb-força | 1 lb = 4,448 N |
| 1 kPa = 20,89 lb/ft$^2$ | 1 lb/ft$^2$ = 47,88 Pa |
| 1 MPa = 145 lb/in$^2$ | 1 lb/in$^2$ = 6,895 kPa |
| 1 kg/m = 0,672 lbm/ft | 1 lbm/ft = 1,488 kg/m |
| 1 kN/m = 68,52 lb/ft | 1 lb/ft = 14,59 N/m |

| Prefixo | Símbolo | Fator |
|---|---|---|
| giga- | G | 10$^9$ ou 1.000.000.000 |
| mega- | M | 10$^6$ ou 1.000.000 |
| kilo- | k | 10$^3$ ou 1.000 |
| mili- | m | 10$^{-3}$ ou 0,001 |

*Consulte também a Tabela A-7 do Apêndice A.*

# Sumário

| CAPÍTULO 1 | INTRODUÇÃO | 1 |
|---|---|---|
| | 1.1 Definição de Estrutura | 1 |
| | 1.2 A Concepção (Design) Estrutural | 1 |
| | 1.3 Paralelas na Natureza | 3 |
| | 1.4 Cargas em Estruturas | 4 |
| | 1.5 Exigências Funcionais Básicas | 9 |
| | 1.6 Questões Arquitetônicas | 10 |
| CAPÍTULO 2 | ESTÁTICA | 15 |
| | 2.1 Características de uma Força | 15 |
| | 2.2 Adição de Vetores | 23 |
| | 2.3 Sistemas de Forças | 29 |
| | 2.4 Equações de Equilíbrio: Duas Dimensões | 61 |
| | 2.5 Diagramas de Corpo Livre de Corpos Rígidos | 73 |
| | 2.6 Indeterminação Estática e Restrições Impróprias | 84 |
| CAPÍTULO 3 | ANÁLISE DE SISTEMAS ESTRUTURAIS DETERMINADOS SELECIONADOS | 93 |
| | 3.1 Equilíbrio de uma Partícula | 93 |
| | 3.2 Equilíbrio de Corpos Rígidos | 105 |
| | 3.3 Treliças Planas | 112 |
| | 3.4 Quadros Estruturais Rotulados (Barras Sujeitas a Várias Forças) | 139 |
| | 3.5 Arcos Triarticulados | 148 |
| | 3.6 Muros de Contenção | 157 |
| CAPÍTULO 4 | TRANSFERÊNCIA DE CARGAS | 174 |
| | 4.1 Transferência de Cargas | 174 |
| | 4.2 Transferência de Cargas de Estabilidade Lateral | 208 |
| CAPÍTULO 5 | RESISTÊNCIA DOS MATERIAIS | 228 |
| | 5.1 Tensão e Deformação | 228 |
| | 5.2 Elasticidade, Resistência e Deformação | 243 |
| | 5.3 Outras Propriedades dos Materiais | 250 |
| | 5.4 Efeitos Térmicos | 264 |
| | 5.5 Elementos Estruturais Estaticamente Indeterminados (Carregados Axialmente) | 268 |

| | | | |
|---|---|---|---|
| CAPÍTULO 6 | | PROPRIEDADES DAS SEÇÕES TRANSVERSAIS DOS ELEMENTOS ESTRUTURAIS | 274 |
| | 6.1 | Centro de Gravidade — Centroides | 274 |
| | 6.2 | Momento de Inércia de uma Área | 284 |
| | 6.3 | Momento de Inércia de Áreas Compostas | 291 |
| | 6.4 | Raio de Giração | 302 |
| CAPÍTULO 7 | | FLEXÃO E CISALHAMENTO EM VIGAS SIMPLES | 305 |
| | 7.1 | Classificação das Vigas e das Cargas | 305 |
| | 7.2 | Cisalhamento e Momento Fletor | 310 |
| | 7.3 | Método do Equilíbrio para os Diagramas de Esforços Cortantes e de Momentos Fletores | 313 |
| | 7.4 | Relação entre Carga, Esforço Cortante Transversal e Momento Fletor | 318 |
| | 7.5 | Diagramas de Carregamento, Esforços Cortantes e Momentos Fletores (Método Semigráfico) | 320 |
| CAPÍTULO 8 | | TENSÕES DE FLEXÃO E DE CISALHAMENTO EM VIGAS | 335 |
| | 8.1 | Deformações Específicas por Flexão | 336 |
| | 8.2 | Equação das Tensões de Flexão | 337 |
| | 8.3 | Tensão de Cisalhamento — Longitudinal e Transversal | 350 |
| | 8.4 | Desenvolvimento da Equação Geral da Tensão de Cisalhamento | 352 |
| | 8.5 | Deflexão em Vigas | 368 |
| | 8.6 | Flambagem Lateral em Vigas | 383 |
| | 8.7 | Introdução ao Método dos Estados Limites (LRFD, *Load Resistance Factor Design*) | 385 |
| CAPÍTULO 9 | | ANÁLISE E PROJETO DE COLUNAS | 399 |
| | 9.1 | Colunas Curtas e Longas — Modos de Ruptura | 399 |
| | 9.2 | Condições de Apoio nas Extremidades e Contraventamento Lateral | 406 |
| | 9.3 | Colunas de Aço Carregadas Axialmente | 414 |
| | 9.4 | Colunas de Madeira Carregadas Axialmente | 430 |
| | 9.5 | Colunas Sujeitas a Carregamento Combinado ou Excentricidade | 443 |
| CAPÍTULO 10 | | CONEXÕES ESTRUTURAIS | 449 |
| | 10.1 | Conexões Aparafusadas de Aço | 449 |
| | 10.2 | Conexões Soldadas | 471 |
| | 10.3 | Detalhes Comuns de Elementos Estruturais de Aço | 483 |
| CAPÍTULO 11 | | ESTRUTURA, CONSTRUÇÃO E ARQUITETURA | 490 |
| | 11.1 | Iniciação do Projeto — Pré-Dimensionamento (Predesign) | 491 |
| | 11.2 | O Processo do Design | 492 |
| | 11.3 | Design Esquemático | 494 |
| | 11.4 | Desenvolvimento do Design e Documentos da Construção | 496 |
| | 11.5 | Integração dos Sistemas Construtivos | 507 |
| | 11.6 | Sequência da Construção | 513 |
| | 11.7 | Conclusão | 515 |

| APÊNDICE | TABELAS PARA PROJETO ESTRUTURAL | 517 |

Tabela A1
    a - Propriedades de Seções Transversais de Madeira — Tamanhos Padronizados — Terças, Barrotes e Escoras. (Sistema Internacional e Sistema Americano)    519
    b - Propriedades de Seções Transversais de Madeira — Vigas e Colunas (Sistema Internacional e Sistema Americano)    519

Tabela A2    Método das Tensões Admissíveis para Perfis Estruturais Usados como Vigas    520

Tabela A3    Aço Estrutural — Perfis de Abas Largas    522

Tabela A4    Aço Estrutural — Perfis Padrão Americano em I e em C    525

Tabela A5    Aço Estrutural — Tubos com Seção Transversal Quadrada e Circular    526

Tabela A6    Aço Estrutural — Cantoneiras    527

Tabela A7    Definição dos Termos do Sistema Métrico (S.I.) e Tabelas de Conversão    528

Tabela A8    Perfis de Abas Largas (Listagem resumida) — Sistema Internacional (Métrico)    529

Tabela A9    Módulo de Resistência à Flexão das Seções Transversais (Zona Elástica) — Perfis de Abas Largas – Sistema Americano e Sistema Internacional (Métrico) (Listagem resumida)    530

Tabela A10    Seções Transversais de Madeira Laminada e Colada da Western Timber — Sistema Americano e Sistema Internacional (Métrico)    531

Tabela A11    Módulo Plástico de Resistência à Flexão das Seções Transversais — Perfis Selecionados de Vigas    533

| RESPOSTAS DE PROBLEMAS SELECIONADOS | 535 |
| ÍNDICE | 539 |

# 1 Introdução

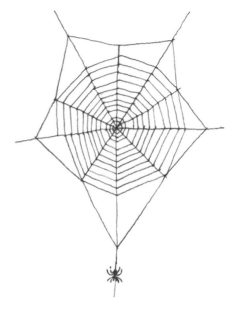

Figura 1.1  *Padrão radial e espiral da teia de aranha.*

## 1.1  DEFINIÇÃO DE ESTRUTURA

A *estrutura* é definida como algo feito de partes interdependentes em um padrão definido de organização (Figuras 1.1 e 1.2) – uma inter-relação das partes da maneira determinada pelo caráter geral do todo. Estrutura, particularmente no mundo natural, é uma maneira de atingir a resistência máxima pelo material mínimo por meio do arranjo mais apropriado de elementos dentro de uma forma adequada para seu uso pretendido.

A principal função da estrutura de uma construção é suportar e redirecionar ao solo com segurança as cargas e as forças. As estruturas de construções são submetidas frequentemente a cargas de vento, aos efeitos da gravidade, a vibrações e, algumas vezes, a terremotos.

O assunto de estruturas é abrangente; tudo tem sua forma própria exclusiva. Uma nuvem, uma concha, uma árvore, um grão de areia, o corpo humano – cada um deles é um milagre de projeto estrutural.

As construções, como qualquer outra entidade física, exigem sistemas estruturais para manter sua existência de uma forma reconhecível.

*Estruturar* também significa *construir* – fazer uso de materiais sólidos (madeira, pedras, aço, concreto) de maneira a montar um conjunto interligado que crie espaço adequado para uma função ou funções em particular e que proteja o espaço interno de elementos externos indesejáveis.

Uma estrutura, seja ela grande ou pequena, deve ser estável e durável, deve satisfazer a(s) finalidade(s) pretendida(s) para a(s) qual(is) foi(ram) construída(s) e deve conseguir uma economia ou eficiência – ou seja, resultados máximos com meios mínimos (Figura 1.3). Como afirmado em *Principia* (Princípios Matemáticos da Filosofia Natural) de Sir Isaac Newton:

> *A natureza não faz nada em vão e será feito mais em vão aquilo que menos servir; porque a Natureza se satisfaz com a simplicidade e não se afeta com a pompa de causas supérfluas.*

Figura 1.2  *Estrutura em arco e treliça do* currach, *uma embarcação de serviço irlandesa. As tensões no casco são uniformemente distribuídas através das nervuras longitudinais, que são unidas por peças curvas de carvalho, dobradas a vapor.*

## 1.2  A CONCEPÇÃO (DESIGN) ESTRUTURAL

O design, ou a concepção estrutural, é essencialmente o processo que envolve o equilíbrio entre as forças aplicadas e os materiais que resistem a essas forças. Estruturalmente, uma construção nunca deve entrar em colapso sob a ação das cargas previstas, quaisquer que possam ser elas. Além disso, a deformação tolerável da estrutura ou de seus elementos não deve causar sofrimento material ou perturbação psicológica. Um bom design estrutural está mais relacionado ao bom senso intuitivo do que a conjuntos complexos

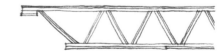

Figura 1.3  *O osso metacarpo da asa de um abutre e uma treliça reticulada de aço, com suas barras na configuração da Treliça Warren.*

*Figura 1.4   A Torre Eiffel.*

*Figura 1.5   A nave da Catedral de Rheims (a construção começou em 1211).*

de equações matemáticas. A matemática deve ser simplesmente uma ferramenta conveniente e de validação dos resultados pela qual o projetista determina as dimensões físicas e as proporções dos elementos a serem usados na estrutura desejada.

O procedimento geral para o design de um sistema estrutural (chamado *planejamento estrutural*) consiste nas seguintes fases:

- Conceber a forma básica da estrutura.
- Conceber a estratégia de atuação da gravidade da força resistente lateral.
- Estabelecer preliminarmente a proporção entre as partes componentes.
- Desenvolver o esquema das fundações.
- Determinar os materiais estruturais a serem utilizados.
- Determinar a proporção precisa entre as partes componentes.
- Conceber uma metodologia de construção.

Depois de todas essas fases separadas terem sido examinadas e modificadas de maneira iterativa, os elementos estruturais dentro do sistema são verificados matematicamente pelo consultor estrutural para que sejam asseguradas a segurança e a economia da estrutura. O processo de conceber (design) e visualizar uma estrutura é verdadeiramente uma arte.

Não há conjuntos de regras que possam ser seguidas de maneira linear para atingir o chamado "bom design". O método iterativo é o empregado mais frequentemente para que se chegue a uma solução de design. Atualmente, com o design de qualquer estrutura de grandes proporções envolvendo uma equipe de projetistas trabalhando em conjunto com especialistas e consultores, é exigido do arquiteto que ele trabalhe como um coordenador e ainda conserve a função de líder mesmo no esquema estrutural inicial. O arquiteto precisa ter um entendimento geral amplo da estrutura com seus vários problemas e um entendimento suficiente dos princípios fundamentais do comportamento estrutural para fornecer aproximações úteis das dimensões dos elementos. Os princípios estruturais influenciam a forma da construção e uma solução lógica (frequentemente também uma solução econômica) sempre se baseia em uma interpretação correta desses princípios. Uma das responsabilidades do construtor é ter o conhecimento, a experiência e a inventividade para resolver questões estruturais e construtivas sem perder de vista o espírito do design.

Uma estrutura não precisa efetivamente entrar em colapso para que sua integridade esteja comprometida. Por exemplo, uma estrutura que esteja utilizando indiscriminadamente materiais inapropriados ou tamanhos e proporções inadequados de elementos refletiria desorganização e uma ideia de caos. Similarmente, uma estrutura imprudentemente superdimensionada teria comprometida sua confiabilidade e refletiria um desperdício que pareceria altamente questionável na situação de nosso mundo, no qual se verifica um rápido esgotamento de recursos naturais.

*Pode-se dizer que nesses trabalhos (Catedrais Góticas, Torre Eiffel, Ponte sobre a foz do rio Forth), precursores da grande arquitetura do amanhã, a relação entre a tecnologia e a estética que encontramos nas grandes construções do passado permaneceu intacta. Parece-me que essa relação pode ser definida da seguinte maneira: os dados objetivos do problema, a tecnologia e a **estática** (empírica ou científica) sugerem as soluções e as formas; a sensibilidade estética do designer, que entende a beleza e a validade intrínsecas, dá boas-vindas às*

Introdução

*sugestões e as modela, as destaca e as dimensiona de uma forma pessoal que constitui o elemento artístico da arquitetura.*

Citação de Pier Luigi Nervi, *Aesthetics and Technology in Architecture*, Harvard University Press; Cambridge, Massachusetts, 1966. (Veja as Figuras 1.4 e 1.5.)

## 1.3 PARALELAS NA NATUREZA

Há uma "exatidão" fundamental no conceito estruturalmente correto que leva a uma economia de meios. Há dois tipos de "economias" presentes nas construções. Uma dessas economias se baseia na viabilidade, na disponibilidade dos materiais, no custo e na facilidade de a construção ser realizada. A outra economia "inerente" é a determinada pelas leis da natureza (Figura 1.6).

Em seu maravilhoso livro, *On Growth and Form*, D'Arcy Wentworth Thompson descreve como a Natureza, em resposta à ação de forças, cria uma grande diversidade de formas a partir de um conjunto de princípios básicos. Thompson diz que

*Figura 1.6   Árvore – um sistema de vigas em balanço.*

> *em resumo, a forma de um objeto é um diagrama de forças; uma vez que, no mínimo, a partir dela podemos julgar ou deduzir as forças que estão agindo ou agiram no objeto; nesse sentido estrito e particular, ela é um diagrama.*

A forma do diagrama é uma ideia governante importante na aplicação do princípio da *otimização* (máximo resultado para a mínima energia). A Natureza é um maravilhoso local para observar esse princípio, porque a sobrevivência das espécies depende dele. Um exemplo de otimização é a colmeia de uma abelha (Figura 1.7). Esse sistema, um conjunto ordenado de células hexagonais, contém a maior quantidade de mel com a quantidade mínima de cera de abelha e é a estrutura que exige a menor energia das abelhas para que estas a construam.

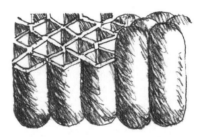

*Figura 1.7   Colmeia de abelha – uma estrutura celular.*

Galileu Galilei (século XVI), em sua observação dos animais e das árvores, postulou que o crescimento seria mantido dentro de um intervalo relativamente estreito – que problemas com o organismo poderiam ocorrer se ele fosse muito pequeno ou muito grande. Em seu *Discursos e Demonstrações Matemáticas acerca de Duas Novas Ciências* (*Discorsi i Dimostrazioni Matematiche Intorno a Due Nuovi Scienze*), Galileu formulou a hipótese de que

> *seria impossível criar estruturas ósseas para homens, cavalos e outros animais, capazes de subsistir e exercer suas funções normalmente, se tais animais tivessem suas alturas grandemente aumentadas; porque esse aumento de altura seria conseguido apenas se fosse empregado um material muito mais duro e resistente que o usual, ou aumentando as dimensões dos ossos, modificando assim seu formato até que a forma e a aparência dos animais se aproximariam de uma monstruosidade. (...) Se o tamanho de um corpo for diminuído, a resistência daquele corpo não diminui na mesma proporção; na verdade, quanto menor o corpo, maior sua resistência relativa. Desta forma, provavelmente um pequeno cão poderia suportar sobre seu dorso dois outros cães de tamanhos iguais ao dele; mas creio que um cavalo não poderia suportar até mesmo um cavalo com seu próprio tamanho.*

A economia em estrutura não significa apenas temperança. Sem a economia da estrutura, nem um pássaro ou um avião poderiam voar, porque seu simples peso os jogaria por terra. Sem a economia de materiais, o peso próprio de uma ponte poderia não ser su-

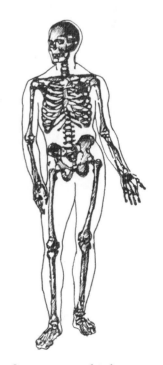

*Figura 1.8   O corpo e o esqueleto humano.*

*Figura 1.9  Estruturas voadoras – um morcego e a asa-delta de Otto Lilienthal (1896).*

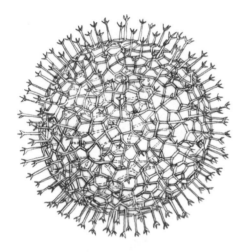

*Figura 1.10  A treliça do esqueleto do radiolário (Aulasyrum triceros) consiste em prismas hexagonais na forma esférica.*

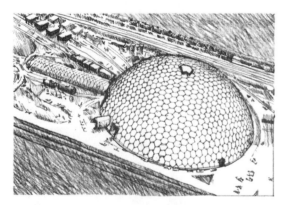

*Figura 1.11  O domo do Union Tank Car da Buckminster Fuller, um domo geodésico com 384 pés (117 m) de diâmetro.*

portado. A redução do peso próprio de uma estrutura na natureza envolve dois fatores. A natureza usa materiais de estrutura celular fibrosa (como na maioria das plantas e animais) que criam taxas incríveis de peso-resistência. Um material inerte granular, como uma casca de ovo, é usado frequentemente com máxima economia em relação às forças que a estrutura deve resistir. Além disso, as formas estruturais (como uma folha de palmeira, uma concha marítima ou um esqueleto humano) são projetadas de modo que suas seções transversais utilizem o mínimo de material para desenvolver a máxima resistência a forças (Figura 1.8).

A natureza cria lentamente por meio de um processo de tentativa e erro. Os organismos vivos respondem a problemas e a um ambiente volátil por meio de adaptações durante um grande período de tempo. Aqueles que não responderem apropriadamente às mudanças ambientais simplesmente perecem.

Historicamente, o desenvolvimento humano na área das formas estruturais também foi lento (Figura 1.9). Essencialmente, materiais e conhecimento limitados restringiram o desenvolvimento de novos elementos ou sistemas estruturais. Mesmo nos últimos 150 anos, aproximadamente, novos materiais estruturais para construção têm sido relativamente escassos – aço, concreto armado, concreto protendido, materiais compostos de madeira e ligas de alumínio. Entretanto, esses materiais foram trazidos por meio de uma revolução na concepção estrutural e atualmente estão sendo testados até o seu limite por engenheiros e arquitetos. Alguns engenheiros acreditam que a maioria dos sistemas estruturais significativos é conhecida e, portanto, que o futuro reside no desenvolvimento de novos materiais e em novas maneiras de exploração dos materiais conhecidos.

Avanços nas técnicas de análise estrutural, especialmente com o advento do computador, permitiram que os designers explorassem estruturas muito complexas (Figuras 1.10 e 1.11) sob um conjunto de condições de carregamento muito mais rápida e precisa do que no passado. Entretanto, o computador ainda está sendo usado como uma ferramenta para validar o produto do designer, e ainda não é capaz da "concepção" real.

O conhecimento do designer humano, a criatividade e o entendimento de como uma estrutura de construção deve ser configurada ainda são os aspectos essenciais de um projeto bem-sucedido.

## 1.4  CARGAS EM ESTRUTURAS

Os sistemas estruturais, além de função definida por sua forma, existem essencialmente para resistir a forças que resultam de duas classificações gerais de cargas:

1. **Estáticas.** Essa classificação se refere a forças de gravidade.
2. **Dinâmicas.** Essa classificação se deve à inércia ou ao movimento da massa da estrutura (como terremotos). Quanto mais repentino o início ou a parada do movimento da estrutura, maior será a força.

*Nota: Outras forças dinâmicas são produzidas pela ação de ondas, deslizamentos de terra, queda de objetos, choques, explosões, vibração de equipamentos pesados e assim por diante.*

Uma construção leve de aço pode ser muito forte para resistir a forças estáticas, mas uma força dinâmica pode fazer com que ocorram

Introdução

grandes distorções por causa da natureza flexível da estrutura. Por outro lado, uma construção de concreto fortemente armado pode ser tão forte quanto o aço para suportar cargas estáticas, mas apresentar rigidez e inércia absoluta consideráveis, que podem absorver a energia das forças dinâmicas com menos distorção (*deformação*).

Todas as forças seguintes devem ser levadas em consideração no design da estrutura de uma construção (Figura 1.12).

- **Cargas Permanentes.** As cargas resultantes do peso da própria construção ou da estrutura e de quaisquer componentes permanentemente conectados a ela, como paredes divisórias, piso, elementos estruturais e equipamentos fixos, são classificadas como cargas permanentes. Os pesos comuns dos materiais normalmente usados em construções são conhecidos, e a carga permanente de uma edificação completa pode ser calculada com alto grau de certeza. Entretanto, o peso dos elementos estruturais deve ser estimado no início da fase de projeto da estrutura e depois ser refinado quando o processo de design se aproximar da conclusão. Uma amostra do peso de alguns materiais comuns em construções utilizado para o processo inicial de design é:

  concreto = 150 pcf* = 23,6 quilonewtons por metro cúbico (kN/m³)
  madeira = 35 pcf = 5,5 kN/m³
  aço = 490 pcf = 78 kN/m³
  forro pré-moldado = 6 psf** = 287 Pa (N/m²)
  parede de gesso com 0,5 polegada*** de espessura = 1,8 psf = 86,2 Pa (N/m²)
  compensado, por polegada de espessura = 3 psf = 144 Pa (N/m²)
  teto acústico suspenso = 1 psf = 48 Pa (N/m²)

  Quando ativadas por terremotos, as cargas permanentes estáticas assumem uma natureza dinâmica na forma de forças inerciais horizontais. As construções com as cargas permanentes mais pesadas geram forças inerciais maiores que são aplicadas na direção horizontal.

- **Cargas Variáveis.** Cargas transientes ou móveis que incluem cargas de ocupação, mobiliário e armazenamento são classificadas como cargas variáveis. As cargas variáveis são extremamente volúveis por natureza e normalmente se modificam durante o tempo de vida de uma estrutura, à medida que sua ocupação também varia. Os códigos de obras especificam as cargas variáveis uniformes mínimas para o projeto de sistemas de cobertura e de piso com base em um histórico de muitas edificações e tipos de condições de ocupação. Esses códigos incorporam cláusulas de segurança para proteção contra a sobrecarga, tolerância de cargas de construção e considerações sobre funcionalidade, como o comportamento quanto a vibração e deslocamentos. As cargas variáveis mínimas em telhados incluem tolerância para pequenas nevascas e para cargas de construção. (Veja na Tabela 1.2 uma listagem adicional de cargas variáveis comuns em edificações.)

- **Cargas de Neve.** As cargas de neve representam um tipo especial de carga variável por causa da variabilidade envolvi-

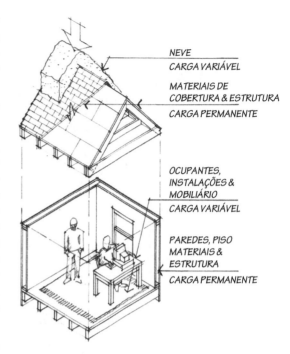

*Figura 1.12   Cargas típicas em edificações.*

---

*Libras por polegada cúbica, do inglês, *pounds per cubic foot* – pcf. (N.T.)
**Libras por polegada quadrada, do inglês, *pounds per square foot* – psf. (N.T.)
***= 1,27 cm. (N.T.)

*Figura 1.13    Colapso devido à carga de neve.*

da. Os agentes oficiais locais responsáveis por construções e os códigos de obras aplicáveis prescrevem a neve de projeto para uma jurisdição geográfica específica. Geralmente, as cargas de neve são determinadas a partir de um mapa zonal referente a um período de 50 anos de recorrência de uma espessura extrema de camada de neve. Os pesos de neve podem variar desde aproximadamente 8 pcf (1.257 N/m$^3$) para neve seca em pó até 12 pcf (1.885 N/m$^3$) para neve molhada (Figura 1.13). As cargas de projeto podem variar de 10 psf (479 N/m$^2$ = 479 Pa) em uma superfície horizontal até 400 psf (19,15 kPa) em algumas regiões montanhosas específicas. Em algumas áreas dos Estados Unidos, as cargas de neve de projeto podem variar de 20 a 40 psf (958 a 1.915 N/m$^2$ = 958 a 1.915 Pa).

O acúmulo da camada de neve depende da inclinação do telhado. Inclinações mais íngremes apresentam menos acúmulo. Também devem ser adotadas precauções especiais para o acúmulo potencial de neve em rincões (ou águas furtadas) de telhados, parapeitos e outras configurações irregulares de coberturas.

Com exceção do peso próprio da edificação, que é fixo, as outras forças listadas anteriormente podem apresentar variação em sua duração, intensidade e ponto de aplicação. Apesar disso, a estrutura de uma edificação deve ser projetada levando em conta essas possibilidades. Infelizmente, grande parte da estrutura de uma edificação existe para cargas que estarão presentes em intensidades muito menores – ou podem mesmo nunca ocorrer.

Frequentemente, a eficiência estrutural de uma edificação é medida pelo peso de sua carga permanente em comparação com a carga variável suportada. Os projetistas de edificações sempre se esforçaram para reduzir a relação entre carga permanente e carga variável. Novos métodos de design, materiais novos e mais leves e materiais antigos utilizados de novas maneiras contribuíram para a redução da razão carga permanente/variável.

O tamanho da estrutura tem influência na taxa entre carga permanente e carga variável. Uma pequena ponte sobre um riacho, por exemplo, pode suportar um veículo pesado – com essa carga variável representando uma grande parte da taxa carga permanente/carga variável. A ponte Golden Gate, em São Francisco (Califórnia, EUA), por outro lado, se estende por uma grande distância e o material do qual ela é composta é usado principalmente para suportar seu próprio peso. A carga estática do tráfego dos veículos tem um efeito relativamente pequeno nas tensões internas da ponte.

Com o uso de materiais e métodos de construção modernos, é frequente que as menores edificações (em vez de as maiores) mostrem uma alta taxa carga permanente/carga variável. Em uma casa tradicional a carga variável é pequena, e grande parte da carga permanente não apenas suporta a si própria, mas também serve como proteção contra intempéries e como sistemas de definição de espaços. Isso representa uma alta razão carga permanente/carga variável. Por outro lado, em uma grande edificação de uma fábrica, a carga permanente é estruturalmente efetiva em quase sua totalidade e a razão carga permanente/carga variável é baixa.

A proporção carga permanente/carga variável tem influência considerável na escolha da estrutura e especialmente na escolha dos tipos de vigas. À medida que o vão cresce, também crescem os efeitos da flexão causados pelas cargas permanentes e variáveis; portanto, deve ser acrescentado mais material à viga para que ela resista aos efeitos adicionais de flexão. O peso desse material acrescentado em si aumenta ainda mais a carga permanente e os efeitos pronunciados de flexão quando o vão aumenta. A razão carga permanente/carga variável não apenas aumenta, mas pode mais tarde tornar-se extremamente grande.

- **Cargas de Vento.** O vento é essencialmente ar em movimento, e cria um carregamento em edificações que é dinâmico por natureza. Quando as edificações e as estruturas tornam-se obstáculos no caminho do fluxo do vento, a energia cinética do vento é convertida em energia potencial de pressão em várias partes da edificação. A pressão, a direção e a duração do vento variam constantemente. Entretanto, para finalidade de cálculo, a maior parte do projeto para cargas de vento admite uma condição de força estática para edificações mais convencionais e de pequena altura. A pressão flutuante causada por um vento que sopra constantemente é aproximada por uma *pressão média* que age no lado de barlavento (o lado de onde sopra o vento) e no lado de sota-vento (o lado oposto ao de onde sopra o vento) da estrutura. As forças externas "estáticas" ou invariáveis são aplicadas à estrutura da edificação e simulam a variação real das forças do vento.

As pressões diretas do vento dependem de diversas variáveis: a velocidade do vento, a altura do vento acima do solo (as velocidades do vento são menores próximas ao solo) e a natureza nas vizinhanças da edificação. A pressão do vento em uma edificação varia segundo o quadrado da velocidade (em milhas por hora). Essa pressão também é conhecida como *pressão de estagnação*.

As edificações respondem às forças do vento de maneiras diferentes e complexas. O vento cria uma pressão negativa, ou sucção, tanto no lado de sota-vento da edificação como nas paredes laterais paralelas à direção do vento (Figura 1.14). Ocorre subpressão em superfícies de telhados horizontais ou inclinados. Além disso, os cantos, as bordas e beirais dos telhados de edificações estão sujeitos a forças complexas quando o vento passa por essas obstruções, causando forças de sucção localizadas maiores do que as geralmente encontradas na edificação como um todo.

O vento é um fluido e age como os outros fluidos – uma superfície rugosa causa atrito e retarda a velocidade do vento próximo ao solo. As velocidades do vento são medidas a uma altura-padrão de 10 metros acima do solo e são feitos ajustes para o cálculo das pressões do vento em alturas maiores. A pressão do vento aumenta com a altura da edificação. Outras edificações, árvores e a topografia afetam o modo como o vento atingirá a edificação. Edificações em áreas amplas e abertas estão sujeitas a forças de vento maiores do que as em áreas abrigadas ou onde uma edificação está cercada por outras edificações. O tamanho, a forma e a textura da superfície da edificação também influem nas forças de vento do projeto. As pressões de vento resultantes são tratadas como cargas laterais em paredes e como pressão de cima para baixo ou como subpressão (força de sucção) nos planos dos telhados.

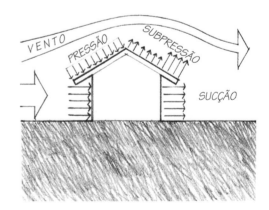

*Figura 1.14   Cargas de vento em uma estrutura.*

- **Cargas de Terremotos** (*sísmicas*). Terremotos, como o vento, produzem uma força dinâmica em uma edificação. Durante um terremoto real, há movimento contínuo do solo que faz com que a estrutura da edificação vibre. As forças dinâmicas na edificação são um resultado do tremor violento do solo gerado pelo choque de ondas sísmicas que emanam do centro da falha (o foco ou *hipocentro*) (Figura 1.15). O ponto diretamente acima do *hipocentro* na superfície da Terra é conhecido como *epicentro*. A rapidez, a amplitude e a duração desses tremores dependem da intensidade do terremoto.

Durante um terremoto, a massa de solo se move repentinamente tanto vertical quanto lateralmente. Os movimentos laterais são de particular interesse para os projetistas de construção. As forças laterais desenvolvidas na estrutura são uma função da massa da edificação, da configuração, do tipo de edificação, da altitude e da localização geográfica. Admite-se que a força de um terremoto se desenvolve inicialmente na base da edificação, sendo conhecida como cisalhamento na base ($V_{base}$). Esse cisalhamento na base é então redistribuído igualmente e na direção oposta em cada nível de piso onde a massa da edificação é admitida concentrada.

Todos os objetos, incluindo os edifícios, têm um *período natural ou fundamental de vibração*. Ele representa o tempo que o objeto ou a edificação leva para vibrar através de um ciclo de vibração (ou oscilação) quando sujeito a uma força aplicada. Quando o movimento do solo de um terremoto fizer com que uma edificação comece a vibrar, essa começa a se deslocar (oscilar) para a frente e para trás em seu período natural de vibração. Edificações mais baixas e menores apresentam períodos de vibração muito curtos (menos de um segundo), ao passo que altos arranha-céus podem ter períodos de vibração que duram vários segundos (Figura 1.16). Os períodos fundamentais são uma função da altura da edificação. Uma estimativa aproximada do período de uma edificação é igual a

$$T = 0{,}1N$$

em que $N$ representa o número de pisos e $T$ representa o período de vibração em segundos.

O solo também vibra em seu período natural de vibração. Muitos dos solos nos Estados Unidos têm períodos de vibração num intervalo de 0,4 a 1,5 segundo. Períodos curtos são mais característicos de solos duros (rochas), ao passo que solos macios (algumas argilas) podem ter períodos de até 2 segundos.

Muitas edificações comuns podem ter períodos dentro do intervalo dos solos que os suportam, tornando possível que o movimento do solo seja transmitido na mesma frequência natural que a da edificação. Isso pode criar uma condição de ressonância (em que as vibrações aumentam drasticamente), na qual as forças inerciais podem se tornar extremamente grandes.

As forças inerciais são desenvolvidas na estrutura em face de seu peso, de sua configuração, do tipo de construção e da localização geográfica. As forças inerciais são o produto da massa pela aceleração (segunda lei de Newton: $F = m \times a$). Edificações pesadas e maciças corresponderão a forças inerciais maiores; em consequência, há uma nítida vantagem em

*Figura 1.15  Cargas de terremotos em uma estrutura.*

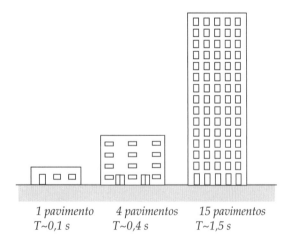

*Figura 1.16  Valores aproximados de períodos de vibração em edificações.*

usar construções de peso leve quando as considerações sísmicas forem parte fundamental da estratégia de design.

Para algumas edificações altas ou estruturas com configurações complexas ou de concentração incomum de massa, é exigida uma análise estrutural dinâmica. Os computadores são usados para simular terremotos na edificação para estudar como as forças são desenvolvidas e a resposta da estrutura a essas forças. Os códigos de obras pretendem proteger contra grandes falhas ou perdas de vidas; eles não têm a intenção explícita de proteção da propriedade.

## 1.5 EXIGÊNCIAS FUNCIONAIS BÁSICAS

As exigências funcionais principais da estrutura de uma edificação são:

1. Estabilidade e equilíbrio
2. Resistência e rigidez
3. Continuidade e redundância
4. Economia
5. Funcionalidade
6. Estética

Primeiramente, o design estrutural tem a intenção de fazer com que a edificação "fique em pé" (Figura 1.17). Para fazer com que uma edificação "fique em pé", os princípios que governam a estabilidade e o equilíbrio das edificações formam a base de todo o pensamento estrutural. *Resistência* e *rigidez* dos materiais dizem respeito à estabilidade das partes componentes de uma edificação (vigas, pilares, paredes) ao passo que a *estática* lida com a teoria geral da estabilidade. Na realidade, estática e resistência dos materiais estão interligadas, porque as leis que se aplicam à estabilidade da estrutura como um todo também são válidas para os componentes isolados.

O conceito fundamental de *estabilidade* e *equilíbrio* está associado ao equilíbrio de forças para assegurar que uma edificação e seus componentes não se movimentarão (Figura 1.18). Na realidade, todas as estruturas apresentam algum movimento quando sob a ação de um carregamento, mas as estruturas estáveis apresentam deformações que permanecem relativamente pequenas. Quando as cargas forem removidas da estrutura (ou de seus componentes), as forças internas restauram a estrutura à condição original e descarregada. Uma boa estrutura é aquela que consegue atingir uma condição de equilíbrio com o mínimo de esforço.

A resistência dos materiais exige o conhecimento acerca das propriedades dos materiais de construção, das seções transversais dos elementos e da capacidade do material de resistir à ruptura. Ela também está interessada em que os elementos estruturais apresentem resistência a deflexões e/ou a deformações excessivas.

*Continuidade* em uma estrutura diz respeito a uma trajetória direta e ininterrupta das cargas através da estrutura da edificação – partindo do nível do telhado e seguindo para baixo até a fundação. *Redundância* é o conceito de fornecer várias trajetórias de cargas em uma malha estrutural de forma que um sistema aja como reserva (*backup*) de outro no caso de uma falha estrutural localizada. A redundância estrutural permite que as cargas busquem trajetórias alternativas para evitar uma deficiência estrutural. Uma falta

*Figura 1.17  A estabilidade e a resistência de uma estrutura – o colapso de uma parte do Husky Stadium da University of Washington durante a construção (1987) devido à falta de contraventamento adequado para assegurar a estabilidade. Foto do autor.*

*Figura 1.18  Equilíbrio e Estabilidade? – escultura de Richard Byer. Foto do autor.*

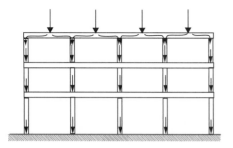

*(a) Continuidade – cargas das vigas do telhado são redistribuídas para os pilares logo abaixo que sustentam o telhado. As cargas dos pilares seguem uma trajetória contínua para serem transmitidas diretamente para os pilares ainda mais abaixo e posteriormente para as fundações.*

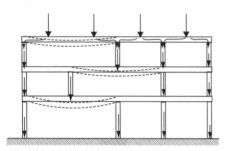

*(b) Descontinuidade na elevação vertical pode resultar em momentos fletores e curvaturas muito grandes. A eficiência estrutural é aumentada alinhando as colunas de modo que haja uma trajetória direta para a fundação. Assim, os tamanhos das vigas podem ser reduzidos significativamente. Neste exemplo, colunas omitidas ou danificadas também podem representar como as estruturas podem ter a capacidade de redistribuir as cargas para os elementos adjacentes sem risco de entrar em colapso. Isso é conhecido como* **redundância estrutural.**

*Figura 1.19   Exemplos de continuidade e redundância.*

de redundância é muito perigosa no projeto de edificações em terrenos sujeitos a terremotos (Figura 1.19).

Em 11 de setembro, ambas as torres do World Trade Center foram capazes de suportar o impacto dos aviões que se chocaram contra elas e permanecerem em pé por algum tempo, possibilitando a saída de muitas pessoas. As torres foram projetadas com redundância estrutural, o que evitou uma perda ainda maior de vidas. Entretanto, o processo pelo qual o colapso do nível do andar do impacto levou a um colapso progressivo de toda a torre pode ter motivado alguns pesquisadores a sugerir que existia um grau inadequado de redundância estrutural.

Normalmente, os requisitos de *economia*, *funcionalidade* e *estética* não são vistos em um curso de estruturas e não serão tratados neste livro. Geralmente, a resistência dos materiais é estudada após a conclusão de um curso de estática.

## 1.6   QUESTÕES ARQUITETÔNICAS

*Um trabalho tecnicamente perfeito pode ser esteticamente inexpressivo, mas não existe, tanto no passado como no presente, um trabalho de arquitetura que seja aceito e reconhecido como excelente do ponto de vista estético que não seja excelente do ponto de vista técnico. A boa engenharia parece ser uma condição necessária, embora não suficiente, para a boa arquitetura.*

— Pier Luigi Nervi

A geometria e o arranjo dos elementos de carregamento e apoio, o uso dos materiais e a colocação das ligações representam oportunidades para as edificações se expressarem. As melhores edificações não são projetadas por arquitetos que, depois de resolver as questões formais e espaciais, simplesmente pedem ao engenheiro estrutural para assegurar que elas não caiam.

### Um Panorama Histórico

É possível acompanhar a evolução do espaço e da forma arquitetônica por meio de desenvolvimentos paralelos na engenharia estrutural e na tecnologia dos materiais. Até o século XIX, essa história estava grandemente baseada na construção com pedras e na capacidade desse material resistir a forças de compressão. Geralmente as construções menos duráveis de madeira estavam reservadas a pequenas edificações ou partes de outras construções maiores.

Os construtores neolíticos usavam técnicas de pedra seca (sem rejunte), como paredes e mísulas de pedra aparelhada, para construir monumentos, moradias, tumbas e fortificações. Essas estruturas demonstraram um entendimento das propriedades do material dos vários tipos de pedras empregadas (Figura 1.20).

As ferramentas de aço e de bronze tornaram possíveis as ligações de madeira e as obras em pedras de cantaria. Pequenas aberturas em paredes de construções de alvenaria foram possibilitadas por mísulas e vergas de madeira ou de pedra.

Os primeiros exemplos de arcos e abóbadas com aduelas tanto em construções de pedra como de tijolo não cozido foram encontrados no Egito e na Grécia (Figura 1.21). Esses materiais e essas inovações estruturais foram desenvolvidos posteriormente e refinadas pelos ro-

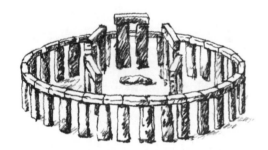

*Figura 1.20   Stonehenge.*

Introdução

manos. O antigo arquiteto romano Vitrúvio, em seu *Dez Livros*, descreveu treliças de madeira com elementos estruturais de tirantes horizontais capazes de resistir ao esforço externo de vigas inclinadas.

Os construtores romanos conseguiram colocar o arco semicircular no topo de pilares e colunas; os vãos maiores tiveram reduzido o número de pilares exigidos para suportar a cobertura. Cúpulas e abóbadas de berço e de arestas foram melhoradas pelo uso do tijolo cozido modular, da argamassa de cimento e do concreto hidráulico. Essas inovações permitiram que os arquitetos romanos criassem espaços desobstruídos ainda maiores (Figura 1.22).

Os refinamentos graduais dessa tecnologia pelos construtores de pedras de estilo romântico levaram posteriormente às impressionantes e expressivas catedrais góticas. As paredes de naves altas e esbeltas com enormes aberturas de vitrais, que caracterizam essa arquitetura, tornaram-se possíveis pelas melhorias na construção de fundações de concreto; o arco ogival, que reduz as forças laterais; os arcos rampantes e os arcobotantes, que resistem às cargas laterais remanescentes; e a abóbada de nervuras, que reforça a abóbada de aresta e cria uma malha de arcos e colunas, mantendo uma quantidade mínima de paredes sem iluminação (Figura 1.23).

O recurso do desenho permitiu que os arquitetos da Renascença trabalhassem no papel, longe da construção e do local da obra. Desenvolvimentos técnicos existentes foram empregados na busca de um ideal clássico de beleza e proporção.

O aço fundido estrutural e lâminas de vidro maiores e mais fortes se tornaram disponíveis no final do século XVIII. Esses novos materiais foram empregados pela primeira vez em edificações industriais e comerciais, abrigos de trens, salões de exposição e galerias comerciais. Os espaços interiores foram transformados por delicadas treliças de longos vãos, suportadas por colunas ocas, altas e esbeltas. Os elementos da estrutura e revestimentos foram articulados mais claramente, com a luz do dia sendo admitida em grandes quantidades. O ferro forjado e, mais tarde, o aço estrutural forneceram excelente resistência à tração e substituíram o frágil ferro fundido. Os arquitetos da *Art Nouveau* exploraram o potencial estrutural do ferro e do vidro, enquanto os interesses comerciais capitalizaram as capacidades de grandes vãos das seções de aço laminado.

As propriedades do aço de resistência à tração foram combinadas com a alta resistência à compressão do concreto, criando uma seção composta com excelentes propriedades de resistência às intempéries e ao fogo que poderia ser formada e moldada em quase todos os formatos (Figura 1.24). Os quadros estruturais de aço e de concreto armado permitiram que os construtores fizessem estruturas maiores com mais pavimentos. A menor área de piso dedicada à estrutura e a maior flexibilidade espacial levaram ao desenvolvimento dos arranha-céus modernos.

Atualmente, concreto protendido com aderência inicial (armadura pré-tracionada) e com aderência posterior (armadura pós-tracionada), produtos de madeira compensada, tecidos com alta resistência à tração e estruturas pneumáticas e outros avanços continuam a ampliar as possibilidades arquitetônicas e estruturais.

A relação entre a forma do espaço arquitetônico e a estrutura não é determinista. Por exemplo, o desenvolvimento da cúpula geo-

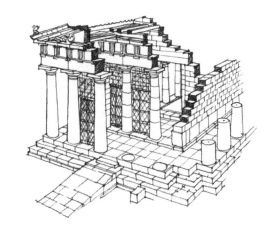

*Figura 1.21   Construção de um templo peristilo grego.*

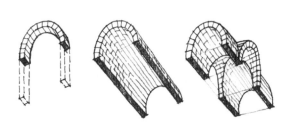

*Figura 1.22   Arco de pedra, abóbada de berço e abóbada de arestas.*

*Figura 1.23   Construção de uma catedral gótica.*

*Figura 1.24   Palácio dos Esportes, arena de concreto armado, por Pier Luigi Nervi.*

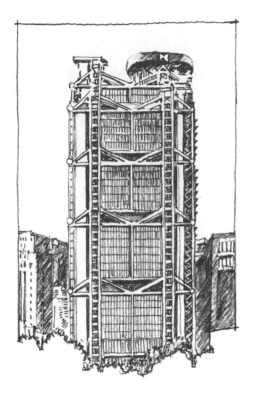

*Figura 1.25  Hong Kong Bank, por Norman Foster.*

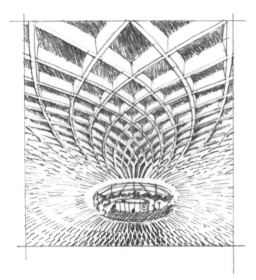

*Figura 1.26  Interior do Palácio dos Esportes, por Pier Luigi Nervi (1955).*

désica de Buckminster Fuller não resultou imediatamente em uma proliferação de igrejas com cúpulas ou de prédios de escritórios. Como a história demonstrou, foram concebidas configurações espaciais muito diferentes com os mesmos materiais e sistemas estruturais. Inversamente, foram geradas formas similares utilizando sistemas estruturais muito diferentes. Os arquitetos, assim como os construtores, devem desenvolver um senso da estrutura (Figura 1.25). A colaboração criativa entre o arquiteto, o construtor e o engenheiro é necessária para que seja atingido o maior nível de integração formal, espacial e estrutural.

## Critérios para a Seleção de Sistemas Estruturais

A maior parte dos projetos de edificações começa com um programa do cliente definindo os requisitos funcionais e espaciais a serem atendidos. Normalmente os arquitetos interpretam e priorizam essas informações, coordenando o trabalho arquitetônico de design com o trabalho de outros consultores do projeto. O arquiteto e o engenheiro estrutural devem satisfazer uma enorme gama de fatores para determinar o sistema estrutural mais apropriado. Vários desses fatores são analisados aqui.

### Natureza e intensidade das cargas

O peso da maior parte dos materiais de construção (Tabela 1.1) e o peso próprio dos elementos estruturais (cargas permanentes) podem ser calculados por meio de tabelas de referência que listam a massa específica ou o peso específico de vários materiais. Os códigos de obras estabelecem valores de projeto para o peso dos ocupantes e do mobiliário – cargas variáveis (Tabela 1.2) – e outras cargas temporárias, como neve, vento e terremotos.

### Uso/função da edificação

As instalações esportivas (Figura 1.26) exigem áreas grandes e claras livres de pilares. As estruturas leves de madeira são bem adequadas a quartos relativamente pequenos e aos vãos encontrados nas construções residenciais.

### Condições do local

A topografia e as condições do solo determinam o projeto do sistema de fundações que, por sua vez, influencia o modo como as cargas são transmitidas através das paredes e pilares. Pequenas capacidades de suporte de solos ou taludes instáveis podem sugerir uma série de estacas carregadas por pilares em vez de sapatas corridas convencionais. Variações climáticas, como a velocidade do vento e nevascas, afetam as cargas de projeto. Variações extremas de temperatura podem resultar em movimentos significativos (expansão ou contração térmica). Forças sísmicas, usadas para calcular as cargas de projeto dos códigos de obras, variam nas diferentes partes do país.

### Integração dos sistemas construtivos

Todos os sistemas construtivos (iluminação, aquecimento/resfriamento, ventilação, hidráulico, de combate a incêndio, elétrico) têm uma base racional que determina sua configuração. Geralmente é

*Tabela 1.1   Pesos de alguns materiais de construção selecionados*

| Elemento | lb/ft² | kN/m² |
|---|---|---|
| Telhados: | | |
|    Três camadas e cascalho | 5,5 | 0,26 |
|    Cinco camadas e cascalho | 6,5 | 0,31 |
|    Telhas shingles de madeira | 2 | 0,10 |
|    Telhas shingles de asfalto | 2 | 0,10 |
|    Metal corrugado | 1–2,5 | 0,05–0,12 |
|    Compensado | 3 #/in | 0,0057 kN/mm |
|    Isolamento – manta de fibra de vidro | 0,5 | 0,0025 |
|    Isolamento – rígido | 1,5 | 0,075 |
| Pisos: | | |
|    Placa de concreto | 6,5 | 0,31 |
|    Laje de concreto | 12,5 #/in | 0,59 kN/mm |
|    Assoalho de aço com concreto | 35–45 | 1,68–2,16 |
|    Vigas de madeira | 2–3,5 | 0,10–0,17 |
|    Pisos de madeira dura | 4 #/in | 0,19 kN/mm |
|    Lajotas de cerâmica com rejunte fino | 15 | 0,71 |
|    Concreto leve | 8 #/in | 0,38 kN/mm |
|    Assoalho de madeira | 2,5 #/in | 0,38 kN/mm |
| Paredes: | | |
|    Estrutura de madeira (média) | 2,5 | 0,012 |
|    Estrutura de aço | 4 | 0,20 |
|    Gesso acartonado (*drywall*) | 3,6 #/in | 0,17 kN/mm |
|    Divisórias (estrutura com gesso) | 6 | 0,29 |

*Tabela 1.2   Exigências de algumas cargas variáveis selecionadas\**

| Ocupação/Uso (Carga uniforme) | lb/ft² | kN/m² |
|---|---|---|
| Apartamentos: | | |
|    Residências particulares | 40 | 1,92 |
|    Corredor e espaços públicos | 100 | 4,79 |
| Áreas de reunião/teatros: | | |
|    Assentos fixos | 60 | 2,87 |
|    Área de parada temporária | 100 | 4,79 |
| Hospitais: | | |
|    Alas e quartos privativos | 40 | 1,92 |
|    Laboratórios e salas de cirurgia | 60 | 2,87 |
| Hotéis: | | |
|    Quartos privativos de hóspedes | 40 | 1,92 |
|    Corredores/áreas públicas | 100 | 4,79 |
| Escritórios: | | |
|    Área de piso geral | 50 | 2,40 |
|    Salas/corredor do primeiro piso | 100 | 4,79 |
| Residências (particulares): | | |
|    Área básica de piso e assoalhos | 40 | 1,92 |
|    Sótãos desabitados | 20 | 0,96 |
|    Sótãos habitados/áreas de repouso | 30 | 1,44 |
| Escolas: | | |
|    Salas de aula | 40 | 1,92 |
|    Corredores | 80–100 | 3,83–4,79 |
| Escadas e saídas: | | |
|    Residência unifamilar/duplex | 40 | 1,92 |
|    Todas as outras | 100 | 4,79 |

\*As cargas estão adaptadas de várias normas técnicas e estão listadas aqui apenas com finalidade ilustrativa. Consulte a norma técnica em sua jurisdição local para obter os valores reais para projeto.

mais elegante e barato coordenar esses sistemas para evitar conflito e comprometimento de seu desempenho. Esse é especialmente o caso em que as estruturas são expostas e quando não há disponibilidade de teto rebaixado para a passagem de dutos e canalizações.

### Resistência ao fogo

Os códigos de obras exigem que os componentes das edificações e os sistemas estruturais satisfaçam aos padrões mínimos de resistência ao fogo. O poder de combustão dos materiais e sua capacidade de suportar as cargas de projeto quando sujeitos a calor intenso são testados a fim de que seja assegurado que as edificações envolvidas em incêndios possam ser evacuadas com segurança em um determinado período de tempo. A madeira é naturalmente combustível, mas construções de madeira pesada conservam grande parte de sua resistência por um longo período de tempo durante um incêndio. O aço pode ser enfraquecido até o ponto de ruptura a menos que esteja protegido por revestimentos à prova de fogo. Concreto e alvenaria são considerados não combustíveis e não são enfraquecidos significativamente em incêndios. Os níveis de resistência ao fogo variam desde uma construção não avaliada até 4 horas, e se baseiam no tipo de ocupação e no tamanho da edificação.

### Variáveis da construção

O custo e o tempo da construção são quase sempre questões importantes. Frequentemente vários sistemas estruturais se ajustarão à carga, ao vão e aos requisitos de combate a incêndio de uma edificação. A disponibilidade local de materiais e a gestão comercial inteligente da obra normalmente afetam o custo e o cronograma. O sistema selecionado pode ser refinado a fim de que se consiga chegar à disposição estrutural ou ao método de construção mais econômico. O uso de equipamento pesado, como guindastes ou caminhões betoneira e bombas de concreto, podem estar restritos pela disponibilidade ou pelo acesso ao local.

### Forma e espaço arquitetônico

Fatores sociais e culturais que influenciam a concepção de forma e espaço do arquiteto se estendem à seleção e ao uso de materiais apropriados. Em locais em que a estrutura está exposta, a localização, a escala, a hierarquia e a direção dos elementos estruturais contribuem significativamente para a expressão da edificação.

Este livro, *Estática e Resistência dos Materiais para Arquitetura e Construção de Edificações*, trata da análise de sistemas estaticamente determinados usando os princípios fundamentais dos diagramas de corpo livre e das equações de equilíbrio. Embora durante os últimos anos tenha sido dada uma ênfase incrível para a utilização de computadores na análise de estruturas pelo método matricial, é opinião do autor que é necessário um método clássico para um curso inicial. Este livro se destina a dar ao aluno um entendimento do fenômeno físico antes de passar para a aplicação de análise matemática sofisticada. Confiar no computador (algumas vezes "caixa preta ou branca") para respostas que alguém não entende completamente é uma proposta arriscada, na melhor das hipóteses. A aplicação dos princípios básicos de estática e resistência dos materiais permitirá que o aluno adquira uma noção mais clara e, espera-se, mais intuitiva sobre estruturas.

# 2 Estática

*Figura 2.1 Sir Isaac Newton (1642-1727).*

## 2.1 CARACTERÍSTICAS DE UMA FORÇA

### Força

O que é força? Força pode ser definida como a ação de um corpo sobre outro que afete o estado de movimento ou de repouso do corpo. No final do século XVII, Sir Isaac Newton (Figura 2.1) resumiu os efeitos da força em três leis básicas:

- **Primeira Lei:** Qualquer corpo em repouso permanecerá em repouso, e qualquer corpo em movimento se manterá em movimento uniforme numa linha reta, a menos que haja sobre ele a atuação de uma força. (Equilíbrio).
- **Segunda Lei:** A taxa de variação do movimento em relação ao tempo é igual à força que a produz, e a variação ocorre na direção na qual a força está atuando. ($F = m \times a$)
- **Terceira da Lei:** Para cada força atuante, há uma reação de igual intensidade, direção oposta e mesma linha de ação. (Conceito básico de força.)

A primeira lei de Newton envolve o princípio do equilíbrio de forças, que é a base da estática. A segunda lei formula os fundamentos da análise que envolve o movimento ou a dinâmica. Escrita na forma de uma equação, a segunda lei de Newton pode ser enunciada como

$$F = m \times a$$

em que $F$ representa a força resultante desequilibrada que atua em um corpo de massa $m$ com a aceleração resultante $a$. O exame da segunda lei de Newton indica o mesmo significado que a primeira lei, porque quando a força é nula não há aceleração e o corpo está em repouso ou se move com uma velocidade constante.

A terceira lei nos apresenta o conceito básico de força. Ela declara que sempre que um corpo $A$ exercer uma força sobre outro corpo $B$, o corpo $B$ resistirá com módulo igual, mas na direção oposta.

Por exemplo, se um edifício com peso $W$ estiver apoiado no solo podemos dizer que o edifício está exercendo uma força vertical $W$, de cima para baixo, no solo. Entretanto, para o edifício permanecer estável na superfície resistente do solo sem afundar completamente, o solo deve oferecer resistência com uma força de baixo para cima de igual módulo. Se o solo resistir com uma força menor do que $W$, sendo $R < W$, o edifício afundará; por outro lado, se o solo exercer uma força de baixo para cima maior do que $W$ ($R > W$), o edifício seria erguido (levitaria) (Figura 2.2).

Nascido no Dia de Natal de 1642, Sir Isaac Newton é considerado por muitos o maior gênio científico que já existiu. Newton disse de si mesmo: "Eu não sei o que eu possa parecer ao mundo, mas a mim mesmo pareço apenas ter sido como um menino brincando à beira-mar, divertindo-me com o fato de encontrar de vez em quando um seixo mais liso ou uma concha mais bonita que o normal, enquanto o grande oceano da verdade permanece completamente por descobrir à minha frente."

A alfabetização precoce de Newton tornou-o fascinado com o projeto e a construção de dispositivos mecânicos como relógios d'água, relógios de sol e pipas. Ele não apresentou sinal algum de ter sido talentoso até o final de sua juventude. Na década de 1660, ele frequentou Cambridge, mas sem qualquer distinção em particular. Em seu último ano de graduação em Cambridge, com nada mais do que a base aritmética, ele começou a estudar matemática, primeiramente como autodidata, desenvolvendo seu pensamento pela leitura com pouco ou nenhum apoio externo. Em breve, Newton assimilou a tradição matemática existente e começou a ir além dela para desenvolver o cálculo (independente de Leibnitz). Na fazenda de sua mãe, onde se refugiou para evitar a praga que atingiu Londres em 1666, ele observou uma maçã cair ao solo e pensou se poderia haver alguma semelhança entre as forças que atraíam a maçã e aquelas que atraíam a Lua em sua órbita em torno da Terra. Newton começou a estabelecer a base do que mais tarde se tornou o conceito da gravitação universal. Em suas três leis do movimento, ele codificou as descobertas de Galileu e forneceu a síntese da mecânica celestial e terrestre.

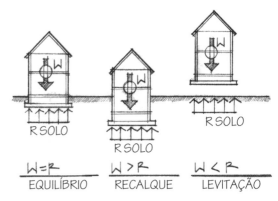

*Figura 2.2 Resistência do solo em uma edificação.*

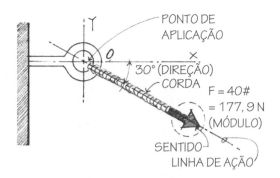

*Figura 2.3  Parafuso com olhal sendo puxado por uma corda.*

## Características da uma Força

Uma força é caracterizada por (a) seu ponto de aplicação, (b) seu módulo e (c) sua direção.

O *ponto de aplicação* define o ponto onde a força está aplicada. Em estática, o ponto de aplicação não significa a molécula exata na qual a força é aplicada, mas sim um local que, em geral, descreve a origem de uma força (Figura 2.3).

No estudo de forças e sistemas de forças será usada a palavra *partícula*, e ela deve ser considerada como o local ou o ponto onde as forças estão atuando. Aqui o tamanho e o formato do corpo em questão não influirão na solução. Por exemplo, se considerarmos o suporte de ancoragem mostrado na Figura 2.4(a), são aplicadas três forças – $F_1$, $F_2$ e $F_3$. A interseção dessas três forças ocorre no ponto O; portanto, para fins práticos, podemos representar o mesmo sistema como três forças aplicadas na partícula O, conforme mostra a Figura 2.4 (b).

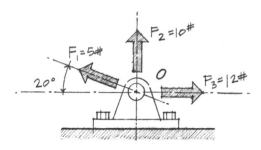

*Figura 2.4(a)  Um dispositivo de ancoragem com três forças aplicadas.*

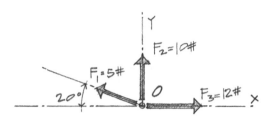

*Figura 2.4(b)  Diagrama de forças da ancoragem.*

*Módulo* se refere à quantidade de força, uma medida numérica da intensidade. As unidades básicas de força que serão usadas ao longo deste texto são a *libra* (lb ou #) e a *quilolibra* (kip ou k = 1.000#). Em unidades métricas (SI), a força é expressa em *newton* (N) ou *quilonewton* (kN) em que 1 kN = 1.000 N.

A *direção* de uma força é definida por sua linha de ação e por seu sentido. A linha de ação representa uma linha reta infinita ao longo da qual a força está atuando.

Na Figura 2.5, os efeitos externos na caixa são essencialmente os mesmos se a pessoa usar um cabo curto ou se usar um cabo longo, uma vez que a força exercida está atuando ao longo da mesma linha de ação e com mesmo módulo.

Se uma força for aplicada de tal forma que a linha de ação não for vertical nem horizontal, deve ser estabelecido algum sistema de referência. Os símbolos angulares θ (theta) ou φ (phi) são os mais aceitos normalmente para indicar o número de graus que a linha de ação da força apresenta em relação a um eixo horizontal ou

*Figura 2.5  Força horizontal aplicada a uma caixa.*

vertical, respectivamente. Apenas um dos ângulos (θ ou φ) precisa ser indicado. Como alternativa às designações de ângulos pode ser utilizada uma relação de inclinação.

O sentido da força é indicado por uma seta. Por exemplo, na Figura 2.6, a seta indica que uma força de tração (força que puxa) está sendo aplicada ao suporte no ponto O.

Simplesmente invertendo a seta (Figura 2.7) teríamos uma força de compressão (força que empurra) aplicada ao suporte com o mesmo módulo ($F = 10$ k $= 44,48$ kN), mesmo ponto de aplicação (ponto O) e mesma linha de ação (θ = 22,6° em relação à horizontal).

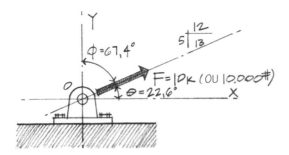

*Figura 2.6  Três maneiras de indicar o sentido de uma força de tração inclinada.*

## Corpos Rígidos

Na prática, qualquer corpo sob a ação de forças sofre algum tipo de deformação (mudança de formato). Entretanto, na estática, lidamos com um corpo de matéria (chamado um *continuum* ou *contínuo*) que, teoricamente, não sofre deformação. Isso é o que chamamos um *corpo rígido*. Os corpos que se deformam sob a influência de cargas serão estudados em profundidade no Capítulo 5, sob o título de *Resistência dos Materiais*.

Quando uma força $F = 10\#$ (44,5 N) é aplicada a uma caixa, conforme mostra a Figura 2.8, algum grau de deformação será ocasionado. A caixa deformada é chamada um *corpo deformável*, ao passo que na Figura 2.8(b) vemos uma caixa indeformada chamada *corpo rígido*. Mais uma vez você deve se lembrar que um corpo rígido é um fenômeno puramente teórico, mas necessário no estudo da estática.

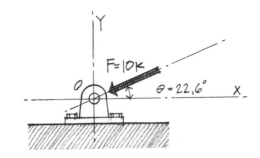

*Figura 2.7  Força compressiva.*

## Princípio da Transmissibilidade

Um princípio importante que se aplica aos corpos rígidos em particular é o *princípio da transmissibilidade*. Esse princípio declara que os efeitos externos em um corpo (carrinho) permanecem inalterados

*(a) Original, caixa descarregada.*

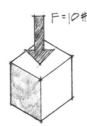
*(b) Corpo rígido (exemplo: pedra).*

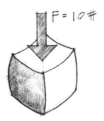
*(c) Corpo deformável (exemplo: esponja).*

*Figura 2.8  Corpo rígido/corpo deformável.*

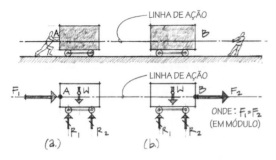

*Figura 2.9  Um exemplo do princípio da transmissibilidade.*

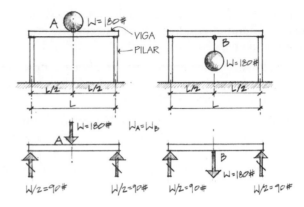

*Figura 2.10  Outro exemplo do princípio da transmissibilidade.*

quando a força $F_1$ que age no ponto $A$ é substituída por uma força $F_2$ de mesmo módulo no ponto $B$, contanto que ambas as forças tenham o mesmo sentido e a mesma linha de ação (Figura 2.9).

Na Figura 2.9(a), as reações $R_1$ e $R_2$ representam a reação do solo sobre o carrinho em oposição ao peso do carrinho $W$. Embora na Figura 2.9(b) o ponto de aplicação seja modificado (o módulo, o sentido e a linha de ação permanecem constantes), as reações $R_1$ e $R_2$ além do peso do carrinho permanecem os mesmos. O princípio da transmissibilidade só é válido em termos de efeitos externos em um corpo permanecendo os mesmos (Figura 2.10); internamente isso pode não ser verdade.

## Forças Externas e Forças Internas

Vamos examinar um exemplo de um prego sendo retirado de um piso de madeira (Figura 2.11).

Se removermos o prego e examinarmos as forças que atuam sobre ele, descobrimos forças de atrito que se desenvolvem na superfície cravada do prego para resistir à força de arrancamento $F$ (Figura 2.12).

Considerando o prego como o corpo que está sendo analisado, podemos dizer então que as forças $F$ e $S$ são forças externas. Elas estão sendo aplicadas fora dos limites do prego. As forças externas representam a ação de outros corpos sobre o corpo rígido.

Vamos analisar apenas uma parte do prego e examinar as forças que agem sobre ela. Na Figura 2.13, a força de atrito $S$ mais a força $R$ (a resistência gerada internamente pelo prego) resistem à força aplicada $F$. Essa força interna $R$ é responsável por evitar que o prego se rompa.

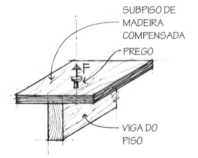

*Figura 2.11  Força de arrancamento em um prego.*

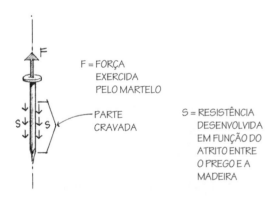

*Figura 2.12  Forças externas em um prego.*

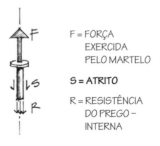

*Figura 2.13  Forças internas resistentes no prego.*

Examine a seguir um conjunto coluna-sapata com uma força aplicada $F$, conforme ilustra a Figura 2.14. Para distinguir apropriadamente as forças externas das forças internas, devemos definir o sistema que estamos examinando. Existem várias possibilidades óbvias nesse caso: na Figura 2.15(a) adota-se a coluna e a sapata em conjunto como um sistema; na Figura 2.15(b) adota-se a coluna separadamente; e na Figura 2.15(c) adota-se a sapata separadamente.

Na Figura 2.15(a), adotando a coluna e a sapata como o sistema, as forças externas são $F$ (a força aplicada), $W_{col}$, $W_{sap}$ e $R_{solo}$. Os pesos dos corpos ou elementos são considerados como forças externas aplicadas ao *centro de gravidade* do elemento. O centro de gravidade (centro de massa) será analisado em uma sessão posterior.

A reação ou resistência que o solo oferece para contrabalançar as forças aplicadas e os pesos é $R_{solo}$. Essa reação ocorre na base da sapata, externamente aos limites do sistema imaginário; portanto, ela é considerada separadamente.

Quando uma coluna é considerada isoladamente, como um sistema próprio, as forças externas se tornam $F$, $W_{col}$ e $R_1$. As forças $F$ e $W_{col}$ são as mesmas, como indica a Figura 2.15(b), mas a força $R_1$ é um valor da resistência que a sapata oferece para a coluna sob as forças aplicadas ($F$ e $W_{col}$) mostradas.

O último caso, Figura 2.15(c), considera a sapata como um sistema próprio. As forças externas que agem na sapata são $R_2$, $W_{sap}$ e $R_{solo}$. A força $R_2$ representa a reação que a coluna produz na sapata, e $W_{sap}$ e $R_{solo}$ são as mesmas da Figura 2.15(a).

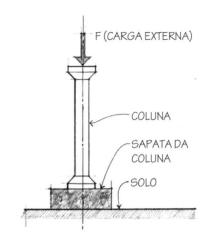

*Figura 2.14   Um pilar suportando uma carga externa.*

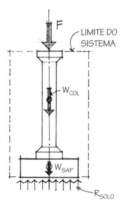

*(a) Coluna e sapata.*

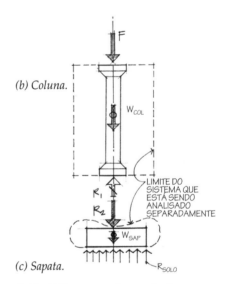

*(b) Coluna.*

*(c) Sapata.*

*Figura 2.15   Diferentes conjuntos de sistemas.*

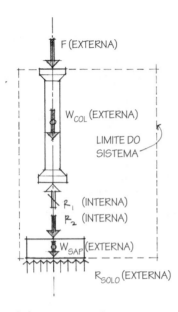

*(a) Relação de forças entre a coluna e a sapata.*

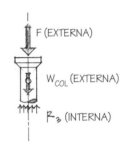

*(b) Coluna.*

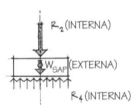

*(c) Sapata.*

*Figura 2.16  Forças externas e forças internas.*

Examinemos agora as forças internas presentes em cada um dos três casos vistos anteriormente (Figura 2.16).

O exame da Figura 2.16(a) mostra que as forças $R_1$ e $R_2$ atuam entre a coluna e a sapata. O limite do sistema ainda é mantido em torno da coluna e da sapata, mas examinando a interação que ocorre entre os membros dentro de um sistema, deduzimos as forças internas. A força $R_1$ é a reação da sapata sobre a coluna, enquanto $R_2$ é a ação da coluna sobre a sapata. Da terceira lei de Newton, podemos dizer então que $R_1$ e $R_2$ são forças iguais e opostas.

As forças internas aparecem entre os corpos dentro de um sistema, como na Figura 2.16(a). Além disso, elas podem ocorrer dentro dos próprios elementos, mantendo unidas as partículas que formam o corpo rígido, como na Figura 2.16(b) e 2.16(c). A força $R_3$ representa a resistência oferecida pelo material da construção (pedra, concreto ou aço) para manter a coluna intacta; isso acontece de maneira similar na sapata.

## Tipos de Sistemas de Forças

Frequentemente, os sistemas de força são identificados pelo tipo ou tipos de sistemas nos quais atuam. Essas forças podem ser *colineares*, *coplanares* ou *sistemas de forças espaciais*. Quando as forças agem ao longo de uma linha reta, elas são chamadas *colineares*; quando elas estão distribuídas aleatoriamente no espaço, são chamadas *forças espaciais*. Os sistemas de forças que se interceptam em um ponto comum são chamados *concorrentes*, ao passo que forças paralelas são chamadas *paralelas*. Se as forças não forem nem concorrentes nem paralelas, elas recaem sob a classificação de *sistema geral de forças*. Os sistemas de forças concorrentes podem atuar em uma partícula (ponto) ou em um corpo rígido, ao passo que os sistemas de forças paralelas e os sistemas gerais de forças só podem atuar em um corpo rígido ou em um sistema de corpos rígidos. (Veja na Figura 2.17 um diagrama representativo dos vários tipos de sistemas de forças.)

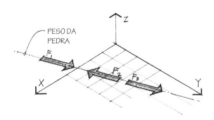

**Colineares** — Todas as forças agem ao longo da mesma linha reta.

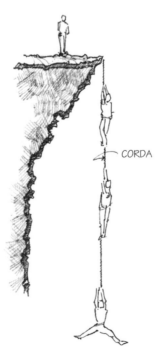

*Um alpinista inteligente observando outros três alpinistas pendurados em uma corda.*

*Figura 2.17(a)  Partícula ou corpo rígido.*

Estática

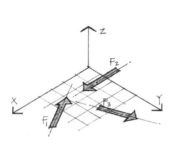

**Coplanares** — Todas as forças agem no mesmo plano.

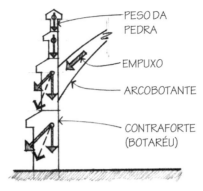

*Figura 2.17(b)   Corpos rígidos.*

Forças em um sistema de contraforte.

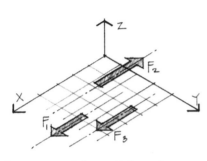

**Coplanares, paralelas** — Todas as forças são paralelas e agem no mesmo plano.

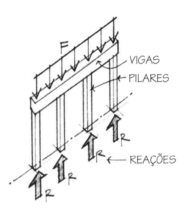

*Figura 2.17(c)   Corpos rígidos.*

Uma viga suportada por uma série de pilares.

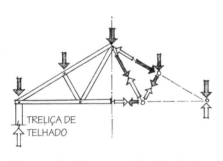

Cargas aplicadas a uma treliça de telhado.

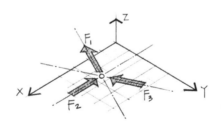

*Figura 2.17(d)   Partícula ou corpo rígido.*

**Coplanares, concorrentes** — Todas as forças se interceptam em um ponto comum e se situam no mesmo plano.

Cargas nas colunas em uma edificação de concreto.

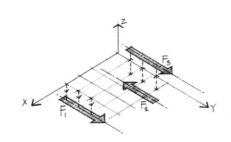

*Figura 2.17(e)   Corpos rígidos.*

**Não coplanares, paralelas** — Todas as forças são paralelas entre si, mas não se situam no mesmo plano.

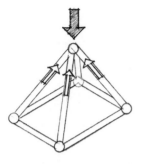

*Um componente de um quadro espacial tridimensional.*

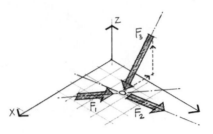

*Figura 2.17(f)   Partícula ou corpo rígido.*

**Não coplanares, concorrentes** — Todas as forças se interceptam em um ponto, mas nem todas se situam no mesmo plano.

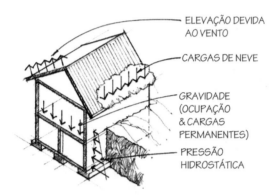

*Conjunto de forças que agem simultaneamente em uma casa.*

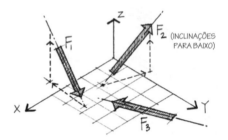

**Não coplanares, não concorrentes** — Todas as forças não guardam qualquer relação entre si.

*Figura 2.17(g)   Corpos rígidos.*

## 2.2 ADIÇÃO DE VETORES

### Características dos Vetores

Uma característica importante dos vetores é que eles devem ser adicionados de acordo com a lei do paralelogramo. Embora a ideia da lei do paralelogramo tenha sido usada de alguma forma no início do século XVII, a prova de sua validade foi fornecida muitos anos mais tarde por Sir Isaac Newton e pelo matemático francês Pierre Varignon (1654-1722). No caso de quantidades escalares, em que são considerados apenas os módulos, o processo de adição envolve uma simples soma aritmética. Entretanto, os vetores têm módulo e direção, exigindo assim um procedimento especial para serem combinados.

Usando a lei do paralelogramo, podemos somar vetores graficamente ou por meio de relações trigonométricas. Por exemplo, duas forças $W$ e $F$ estão agindo em uma partícula (ponto), conforme mostra a Figura 2.18; desejamos obter a soma dos vetores (resultante). Como as duas forças não estão agindo ao longo da mesma linha de ação, a solução aritmética não é possível.

O método gráfico da lei do paralelogramo simplesmente envolve a construção, em escala, de um paralelogramo usando as forças (vetores) $W$ e $F$ como lados. Complete o paralelogramo e desenhe a diagonal. A diagonal representa a adição dos vetores de $W$ e $F$. Uma escala conveniente é usada no desenho de $W$ e $F$, no qual o módulo de $R$ é medido usando a mesma escala. Para completar a representação, deve ser indicado o ângulo θ em relação a algum eixo de referência – nesse caso, o eixo horizontal (Figura 2.19).

Um matemático e engenheiro italiano, Giovanni Poleni (1685-1761) publicou um relatório em 1748 sobre o domo da Basílica de São Pedro usando um método de ilustração mostrado na Figura 2.20. A tese de Poleni de ausência de atrito é demonstrada pelas aduelas no formato de cunha com esferas, que são dispostas exatamente de acordo com a linha de pressão, suportando assim uma à outra em um equilíbrio instável. Nesse relatório, Poleni refere-se a Newton e ao seu teorema do paralelogramo de forças e deduz que a linha de pressão se assemelha a uma catenária invertida.

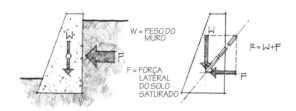

*Figura 2.18   Seção transversal através de um muro de contenção por gravidade.*

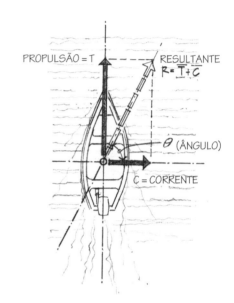

*Figura 2.19   Outra ilustração do paralelogramo.*

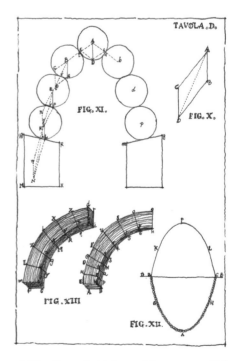

*Figura 2.20   O uso da lei do paralelogramo por Poleni na descrição das linhas de força em um arco. De Giovanni Poleni,* Memorie Istoriche della Gran Cupola del Tempio Vaticano, *1748.*

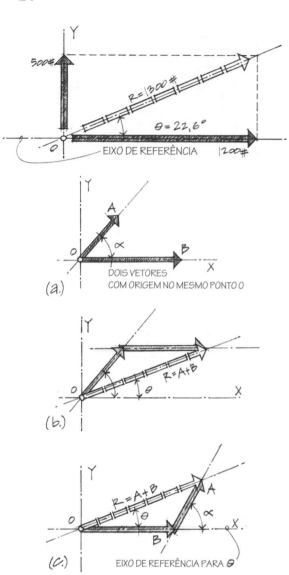

*Figura 2.21  Método ponta-a-cauda.*

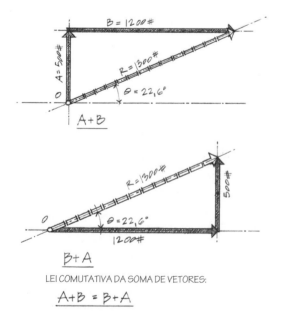

## Exemplos de Problemas: Adição de Vetores

**2.1**  Duas forças estão agindo em um parafuso, conforme a figura. Determine graficamente a resultante das duas forças utilizando a lei do paralelogramo de adição de vetores.

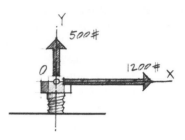

1. Desenhe as forças de 500# (2.224 N) e 1.200# (5.338 N) em escala nas direções adequadas.
2. Complete o paralelogramo.
3. Desenhe a diagonal, iniciando no ponto de origem O.
4. Meça o módulo de R.
5. Meça o ângulo θ a partir do eixo de referência.
6. O sentido (direção para onde aponta a cabeça da seta) nesse exemplo é o de se afastar de O.

Outro método de adição de vetores, que precedeu a lei do paralelogramo em cerca de 100 anos, é a *regra do triângulo* ou o método de colocar os vetores em série com a ponta de um ligada à cauda do vetor seguinte (*ponta-a-cauda* ou *tip-to-tail*, desenvolvido por meio de ensaios por um engenheiro/matemático holandês, Simon Stevin).

Para seguir esse método, construa apenas metade do paralelogramo, com o resultado sendo um triângulo. A soma dos dois vetores *A* e *B* pode ser encontrada em uma sequência típica de ponta e cauda com a ponta do vetor *A* ligada à cauda do vetor *B* ou vice-versa.

Na Figura 2.21(a), dois vetores *A* e *B* devem ser adicionados pelo método do triângulo. Desenhando os dois vetores em escala e colocando-os de forma que a ponta do vetor *A* esteja conectada à cauda do vetor *B*, conforme mostra a Figura 2.21(b), pode-se obter a resultante *R* desenhando uma linha que comece na cauda do primeiro vetor, *A*, e termine na ponta do último vetor, *B*. A definição de qual vetor será desenhado em primeiro lugar não é importante. De acordo com a Figura 2.21(c), o vetor *B* é desenhado em primeiro lugar, com a ponta de *B* tocando a cauda de *A*. A resultante *R* obtida é idêntica em ambos os casos tanto em módulo como em inclinação θ. Novamente, o sentido da resultante é o de se afastar do ponto da origem *O* em direção à ponta do último vetor. Observe que o triângulo mostrado na Figura 2.21(b) é a metade superior do paralelogramo, e o triângulo mostrado na Figura 2.21(c) forma a metade inferior. Por não ser importante a ordem na qual os vetores são desenhados, sendo *A* + *B* = *B* + *A*, podemos concluir que a adição de vetores é comutativa.

**2.2**  Resolva o problema mostrado no Exemplo de Problema 2.1, mas use a regra do triângulo.

# Estática

## Adição Gráfica de Três ou Mais Vetores

A soma de qualquer número de vetores pode ser obtida aplicando repetidamente a lei do paralelogramo (ou a regra do triângulo) aos pares sucessivos de vetores até que todos os vetores dados tenham sido substituídos por um único vetor resultante.

***Nota:*** *O método gráfico de adição de vetores exige que todos os vetores sejam coplanares.*

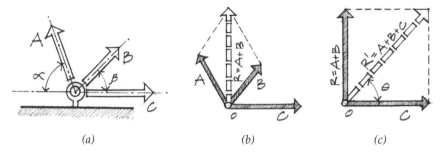

*Figura 2.22   Método do paralelogramo.*

Admita que três forças coplanares $A$, $B$ e $C$ estejam atuando no ponto $O$, conforme mostra a Figura 2.22(a) e que se deseja a resultante das três forças. Na Figura 2.22(b) e 2.22(c), a lei do paralelogramo é aplicada sucessivamente até que seja obtida a força resultante final $R'$. A adição dos vetores $A$ e $B$ leva à resultante intermediária $R$; $R$ é então somada vetorialmente ao vetor $C$, resultando em $R'$.

Uma solução mais simples pode ser obtida usando o método ponta-a-cauda, conforme mostra a Figura 2.23. Mais uma vez, os vetores são desenhados em escala, mas não necessariamente em qualquer sequência em particular.

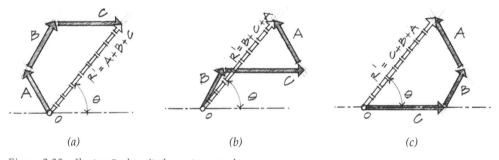

*Figura 2.23   Ilustração do método ponta-a-cauda.*

## Exemplos de Problemas: Adição Gráfica de Três ou Mais Vetores

**2.3** Dois cabos suspensos em um olhal suportam cargas de 200# (890 N) e 300# (1.334 N), conforme ilustrado. Ambas as forças têm linhas de ação que se interceptam no ponto O, fazendo com que esse seja um sistema de forças concorrentes. Determine a força resultante que o olhal deve resistir. Desenvolva uma solução gráfica usando uma escala de 1" = 100# (1 mm = 17,5 N).

**Solução:**

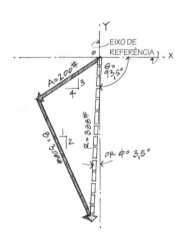

**2.4** Três elementos estruturais A, B e C de uma treliça de aço estão aparafusados a uma placa de ligação (gusset), conforme ilustrado. As linhas de ação (linha através da qual passa a força) de todos os três elementos se interceptam no ponto O, fazendo com que esse seja um sistema de forças concorrentes. Determine graficamente (lei do paralelogramo ou método de ponta-a-cauda) a resultante das três forças na placa de ligação. Use uma escala de 1 mm = 400 N.

*Nota: A resultante deve ser indicada por um módulo e uma direção.*

**Solução:**

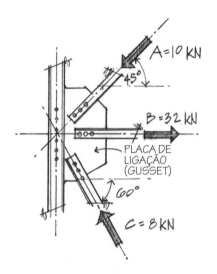

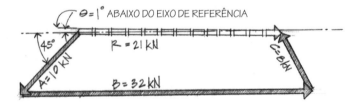

**2.5** Dois trabalhadores estão puxando um grande equipamento conforme ilustrado. Se a força resultante exigida para mover o equipamento ao longo da linha de seu eixo é 120# (534 N), determine a força de tração que cada trabalhador deve fazer. Resolva graficamente, usando a escala de 1" = 40# (1 mm = 7 N).

### Solução:

Usando a lei do paralelogramo, comece construindo a força resultante de 120# (534 N, horizontalmente para a direita) em escala. Os lados do paralelogramo têm módulo desconhecido, mas as direções são conhecidas. Feche o paralelogramo na ponta da resultante (ponto *m*) desenhando a linha $A'$ paralela à $A$ e estendendo-a para que intercepte $B$. Agora o módulo de $B$ pode ser determinado. Similarmente, a linha $B'$ pode ser construída e o módulo da força $A$ pode ser determinado. Da escala, $A = 79$# (351 N), $B = 53$# (236 N).

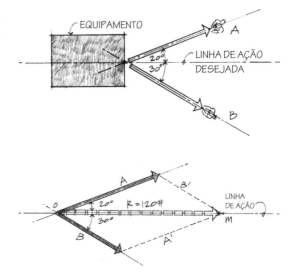

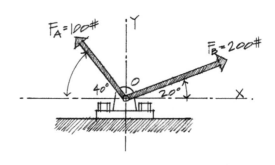

## Problemas

Construa as soluções gráficas usando a lei do paralelogramo ou o método ponta-a-cauda.

**2.1** Determine a resultante das duas forças mostradas (módulo e direção) que atuam em um pino. Escala: 1" = 100# (1 mm = 17,5 N).

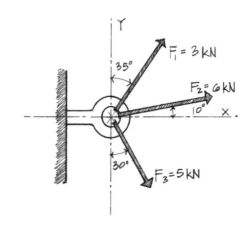

**2.2** Três forças estão atuando no olhal conforme ilustrado. Todas as forças se interceptam no ponto O. Determine o módulo e a direção da resultante. Escala: 1 mm = 100 N.

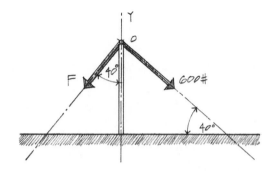

**2.3** Determine a força $F$ exigida para contrabalançar a força de tração de 600# (2,67 kN) de modo que a força resultante atue verticalmente de cima para baixo no poste. Escala: $1'' = 400\#$ (1 mm = 70 N).

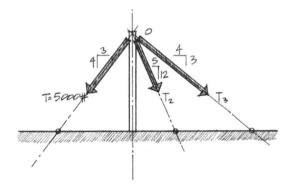

**2.4** Três forças são concorrentes no ponto $O$ e a força de tração no cabo $T_1 = 5.000\#$ (22,24 kN) com a inclinação mostrada. Determine os módulos necessários para $T_1$ e $T_2$ de modo que a força resultante de 10 k (44,48 kN) atue verticalmente de cima para baixo no eixo do poste. Escala: $1'' = 2.000\#$ (1 mm = 350 N).

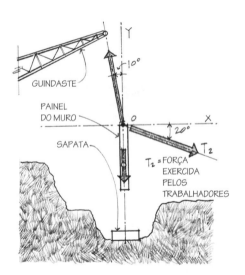

**2.5** Um painel de um muro de concreto pré-moldado está sendo içado conforme ilustrado. O muro pesa 18 kN com o peso passando por seu centro de gravidade no ponto $O$. Determine a força $T_2$ necessária para que os trabalhadores direcionem o muro para seu lugar. Escala 1 mm = 100 N.

## 2.3 SISTEMAS DE FORÇAS

### Decomposição de Forças em Componentes Retangulares

O efeito inverso da adição de vetores é a decomposição de um vetor em dois componentes perpendiculares. Os componentes de um vetor (força) normalmente são perpendiculares entre si e são chamados *componentes retangulares*. Mais frequentemente, os eixos $x$ e $y$ de um sistema de coordenadas retangular são admitidos na horizontal e na vertical, respectivamente; entretanto, eles podem ser escolhidos em duas direções mutuamente perpendiculares quaisquer de acordo com a conveniência (Figura 2.24).

Uma força $F$ com uma direção $\theta$ em relação ao eixo horizontal $x$ pode ser decomposta em seus componentes retangulares $F_x$ e $F_y$, conforme ilustra a Figura 2.24. Tanto $F_x$ como $F_y$ são funções trigonométricas de $F$ e $\theta$, na qual

$$F_x = F \cos \theta; \quad F_y = F \, \text{sen} \, \theta$$

Com efeito, os componentes $F_x$ e $F_y$ da força formam os lados de um paralelogramo, com a diagonal representando a força original $F$. Portanto, usando o teorema de Pitágoras para triângulos retângulos,

$$F = \sqrt{F_x^2 + F_y^2} \quad \text{e,}$$

$$\tan \theta = \frac{F_y}{F_x}, \quad \text{ou,} \quad \theta = \tan^{-1}\left(\frac{F_y}{F_x}\right)$$

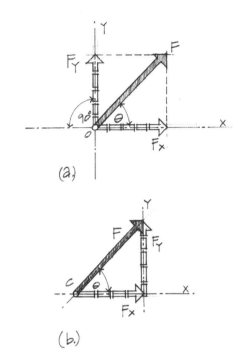

Figura 2.24   Componentes retangulares de uma força.

### Exemplos de Problemas: Decomposição de Forças em Componentes Retangulares

**2.6** Um suporte de ancoragem recebe a ação de uma força de 1.000# (4.448 N) em um ângulo de 30° em relação à horizontal. Determine o componente horizontal e o componente vertical da força.

**Solução:**

$\theta = 30°$

$F_x = F \cos \theta = F \cos 30°$

$F_x = 1.000\#(0{,}866) = 866\#$

$F_y = F \, \text{sen} \, \theta = F \, \text{sen} \, 30°$

$F_y = 1.000\#(0{,}50) = 500\#$

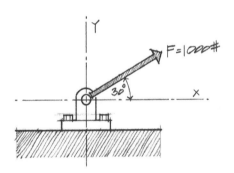

**Nota:** *Como o ponto de aplicação da força F está no ponto O, os componentes $F_x$ e $F_y$ também devem ter seus pontos de aplicação em O.*

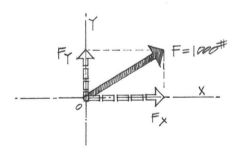

**2.7** Um olhal na superfície inclinada de uma cobertura suporta uma força vertical de 100 N no ponto A. Decomponha P em seus componentes x e y, admitindo que o eixo x seja paralelo à superfície inclinada.

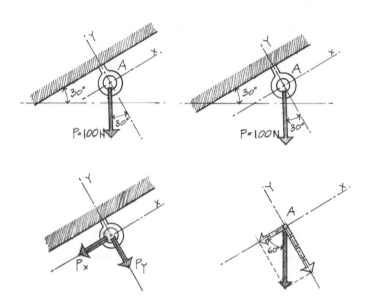

**Solução:**

$P_x = P \cos 60° = P \operatorname{sen} 30°$
$P_x = 100\,\text{N}(0,5) = 50\,\text{N}$

$P_y = P \operatorname{sen} 60° = P \cos 30°$
$P_y = 100\,\text{N}(0,866) = 86,6\,\text{N}$

**Nota:** *Mais uma vez, você deve ter o cuidado de colocar os componentes $P_x$ e $P_y$ da força de forma que seu ponto de aplicação seja em A (uma força de arrancamento) usando o mesmo ponto de aplicação da força original P.*

**2.8** Uma corda de varal com uma força máxima de tração igual a 150# (667 N) é presa a uma parede por intermédio de um parafuso com olhal. Se o parafuso for capaz de suportar uma força horizontal de tração (arrancamento) de 40# por polegada (70 N por centímetro) de penetração, quantas polegadas L a rosca do parafuso deve estar cravada na parede?

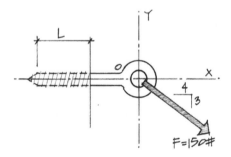

**Solução:**

Para esse problema, observe que a direção da força F é dada em termos de uma relação de inclinação. O pequeno triângulo que indica a inclinação tem seu ângulo θ em relação à horizontal idêntico ao ângulo que a força F faz com o eixo x. Portanto, podemos concluir que tanto o pequeno triângulo da inclinação como o grande triângulo (conforme ilustra o diagrama vetorial de ponta-a-cauda) são semelhantes.

Por semelhança de triângulos,

$$\frac{F_x}{4} = \frac{F_y}{3} = \frac{F}{5}$$

∴ encontrando as forças componentes,

$$\cos\theta = \frac{4}{5} = \frac{F_x}{F}$$

$$\operatorname{sen}\theta = \frac{3}{5} = \frac{F_y}{F}$$

Então,

$$\frac{F_x}{4} = \frac{F}{5}$$

$$F_x = \frac{4}{5}(F) = \frac{4}{5}(150\#) = 120\#$$

ou

$F_x = F\cos\theta$, mas $\cos\theta = \frac{4}{5}$ (conforme o triângulo da inclinação)

$$F_x = 150\#\left(\frac{4}{5}\right) = 120\# \Leftarrow \text{CONFIRMA}$$

Continuando com a relação de triângulos semelhantes,

$$\frac{F_y}{3} = \frac{F}{5}$$

$$F_y = \frac{3}{5}(F) = \frac{3}{5}(150\#) = 90\#$$

$$F_y = F\operatorname{sen}\theta = 150\#\left(\frac{3}{5}\right) = 90\# \Leftarrow \text{CONFIRMA}$$

Se o parafuso com olhal é capaz de resistir a 40#/polegada (70 N/cm) de penetração na direção horizontal, o comprimento exigido de cravação pode ser calculado como

$$F_x = 120\# = (40\#\text{-}in) \times (L)$$

$$L = \frac{120\#}{40\#\text{-in}} = 3'' \text{ cravação}$$

Uma palavra de cautela a respeito das equações para os componentes $x$ e $y$ da força: Os componentes de uma força dependem de como é medido o ângulo de referência, conforme mostra a Figura 2.25.

Na Figura 2.25(a), os componentes $F_x$ e $F_y$ podem ser escritos como

$$F_x = F\cos\theta$$
$$F_y = F\operatorname{sen}\theta$$

onde a direção da força $F$ é definida pelo ângulo $\theta$ medido em relação ao eixo horizontal $x$. No caso da Figura 2.25(b), a direção de $F$ é dada em termos de um ângulo $\phi$ medido em relação ao eixo de referência $y$. Portanto, isso muda a expressão trigonométrica, onde

$$F_x = F\operatorname{sen}\phi$$
$$F_y = F\cos\phi$$

**Nota:** *A inversão de seno e cosseno depende de como o ângulo de referência é medido.*

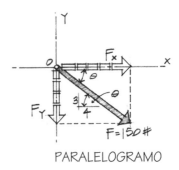

PARALELOGRAMO

OU

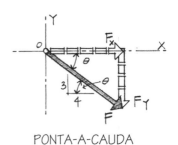

PONTA-A-CAUDA

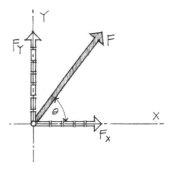

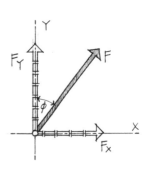

*Figura 2.25  Força e componentes.*

## Problemas

Decomposição de forças em componentes $x$ e $y$.

**2.6** Determine os componentes $x$ e $y$ da força $F$, mostrada.

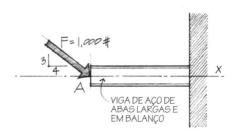

**2.7** Se um gancho pode suportar uma força máxima de arrancamento de 250 N na direção vertical, determine a força máxima de tração $T$ que pode ser exercida.

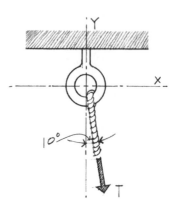

**2.8** Uma ripa de telhado, suportada por um caibro, deve suportar uma carga vertical de neve de 300# (1.334 N). Determine os componentes de $P$, perpendicular e paralelo ao eixo do caibro.

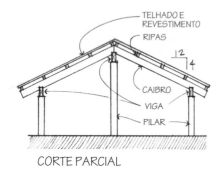

CORTE PARCIAL

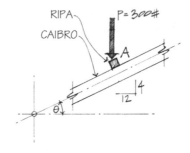

DETALHE DA RIPA

# Adição de Vetores pelo Método dos Componentes

De acordo com o que foi mostrado nas seções anteriores, os vetores podem ser adicionados graficamente usando a lei do paralelogramo ou o método modificado de ponta-a-cauda.

Agora, com o conceito de decomposição de vetores em dois componentes retangulares, estamos prontos para começar uma abordagem *analítica* para a adição de vetores. A primeira etapa da abordagem analítica envolve decompor cada força de um sistema de forças em seus respectivos componentes. A seguir, os componentes essenciais de forças podem ser somados algebricamente (em contraste com uma soma vetorial gráfica) para levar ao valor da força resultante. Por exemplo, admita que temos três forças, $A$, $B$ e $C$, agindo em uma partícula no ponto $O$ (Figura 2.26).

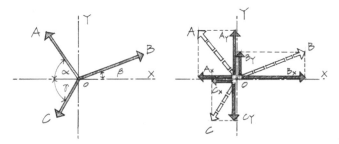

*Figura 2.26  Método analítico para adição de vetores.*

Na Figura 2.26(b), cada força é substituída por seus respectivos componentes de força $x$ e $y$. Todos os componentes de força que agem no ponto $O$ produzem o mesmo efeito que as forças originais $A$, $B$ e $C$.

Agora os componentes horizontais e verticais podem ser somados algebricamente. É importante destacar aqui que embora $A_x$, $B_x$ e $C_x$ estejam agindo ao longo do eixo horizontal $x$, nem todos estão agindo no mesmo sentido. Para manter sistemático o processo de soma, é essencial estabelecer uma convenção de sinais (Figura 2.27).

A convenção de sinais usada mais frequentemente em um sistema de coordenadas retangulares define uma direção positiva de $x$ qualquer vetor que aja da esquerda para a direita, e uma direção positiva de $y$ qualquer vetor que aja de baixo para cima. Qualquer vetor que aponte da direita para a esquerda ou de cima para baixo indica uma direção negativa.

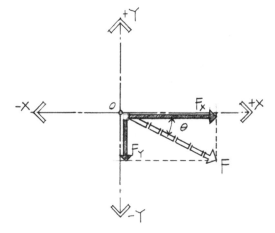

*Figura 2.27  Convenção de sinal para as forças.*

Na Figura 2.27, uma força $F$ é decomposta em seus componentes $x$ e $y$. Para esse caso, o componente $F_x$ está apontando para a direita, indicando, portanto, um componente de força $x$ positivo. O componente $F_y$ está apontando para baixo, representando uma força $y$ negativa.

Retornando ao problema mostrado na Figura 2.26, os componentes horizontais serão somados algebricamente de forma que

$$R_x = -A_x + B_x - C_x$$

ou

$$R_x = \Sigma F_x$$

onde $R$ indica uma força resultante.

Os componentes verticais podem ser somados de maneira similar, onde

$$R_y = +A_y + B_y - C_y$$

ou

$$R_y = \Sigma F_y$$

Dessa forma, as três forças foram substituídas pelas duas componentes da resultante, $R_x$ e $R_y$ (Figura 2.28).

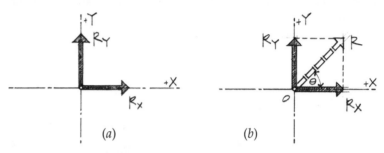

*Figura 2.28   Resultante final R de $R_x$ e $R_y$.*

A resultante final, ou o vetor soma de $R_x$ e $R_y$, é encontrado pelo teorema de Pitágoras, onde

$$R = \sqrt{(R_x)^2 + (R_y)^2}$$

$$\tan \theta = \frac{R_y}{R_x} = \frac{\Sigma F_y}{\Sigma F_x};$$

$$\theta = \tan^{-1}\left(\frac{R_y}{R_x}\right)$$

Estática

# Exemplos de Problemas: Adição de Vetores pelo Método dos Componentes

**2.9** Um dispositivo de ancoragem recebe a ação de duas forças $F_1$ e $F_2$ conforme ilustrado. Determine analiticamente a força resultante.

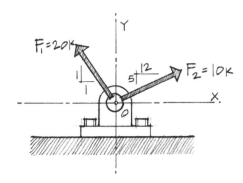

**Solução:**

***Etapa 1:*** *Decomponha cada força em seus componentes x e y.*

$F_{1x} = -F_1 \cos \alpha$
$F_{1y} = +F_1 \operatorname{sen} \alpha$
$F_{2x} = +F_2 \cos \beta$
$F_{2y} = +F_2 \operatorname{sen} \beta$

$\cos \alpha = \dfrac{1}{\sqrt{2}} \qquad \operatorname{sen} \alpha = \dfrac{1}{\sqrt{2}}$

$\cos \beta = \dfrac{12}{13} \qquad \operatorname{sen} \beta = \dfrac{5}{13}$

$F_{1x} = -F_1 \left( \dfrac{1}{\sqrt{2}} \right) = -20\,\mathrm{k} \left( \dfrac{1}{\sqrt{2}} \right) = -14{,}14\,\mathrm{k}$

$F_{1y} = F_1 \left( \dfrac{1}{\sqrt{2}} \right) = 20\,\mathrm{k} \left( \dfrac{1}{\sqrt{2}} \right) = +14{,}14\,\mathrm{k}$

$F_{2x} = F_2 \left( \dfrac{12}{13} \right) = 10\,\mathrm{k} \left( \dfrac{12}{13} \right) = +9{,}23\,\mathrm{k}$

$F_{2y} = F_2 \left( \dfrac{5}{13} \right) = 10\,\mathrm{k} \left( \dfrac{5}{13} \right) = +3{,}85\,\mathrm{k}$

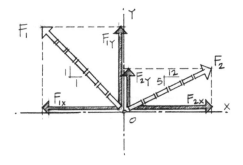

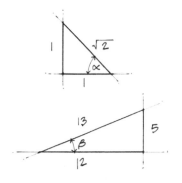

***Etapa 2:*** *Resultante ao longo do eixo horizontal x.*

$R_x = \Sigma F_x = -F_{1x} + F_{2x}$
$\phantom{R_x} = -14{,}14\,\mathrm{k} + 9{,}23\,\mathrm{k} = -4{,}91\,\mathrm{k}$

***Etapa 3:*** *Resultante ao longo do eixo vertical y.*

$R_y = \Sigma F_y = +F_{1y} + F_{2y}$
$\phantom{R_y} = +14{,}14\,\mathrm{k} + 3{,}85\,\mathrm{k} = +17{,}99\,\mathrm{k}$

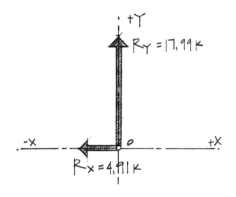

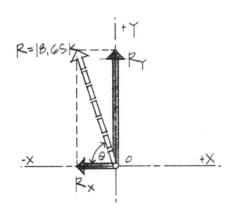

***Etapa 4:*** Resultante de $R_x$ e $R_y$.

$$R = \sqrt{R_x^2 + R_y^2} = \sqrt{(-4{,}91)^2 + (17{,}99)^2} = 18{,}65\,k$$

$$\theta = \tan^{-1}\left(\frac{R_y}{R_x}\right) = \tan^{-1}\left(\frac{17{,}99}{4{,}91}\right) = \tan^{-1} 3{,}66 = 74{,}7°$$

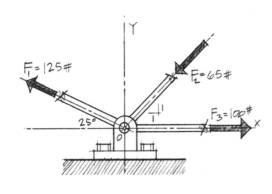

**2.10** Um dispositivo de ancoragem está sujeito a três forças conforme ilustrado. Determine analiticamente a força resultante que o dispositivo de ancoragem deve resistir.

**Solução:**

Decomponha cada força em suas partes componentes.

$$-F_{1x} = F_1 \cos 25° = 125\#(0{,}906) = -113\#$$
$$+F_{1y} = F_1 \operatorname{sen} 25° = 125\#(0{,}423) = +53\#$$

$$-F_{2x} = F_2\left(\frac{1}{\sqrt{2}}\right) = 65\#\left(\frac{1}{\sqrt{2}}\right) = -46\#$$

$$-F_{2y} = F_2\left(\frac{1}{\sqrt{2}}\right) = 65\#\left(\frac{1}{\sqrt{2}}\right) = -46\#$$

$$+F_{3x} = F_3 = +100\#$$

ou aplicando o *princípio da transmissibilidade,*

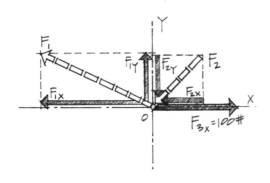
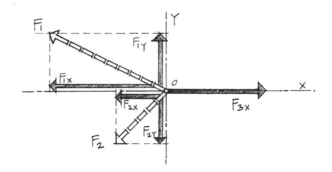

Estática

A força $F_2$ é movida ao longo de sua linha de ação até se tornar uma força que puxa o ponto $O$, ao invés de uma força que o empurra. Entretanto, os efeitos externos no dispositivo de ancoragem permanecem os mesmos.

$R_x = \Sigma F_x = -F_{1x} - F_{2x} + F_{3x}$
$R_x = -113\# - 46\# + 100\# = -59\# \leftarrow$

$R_y = \Sigma F_y = +F_{1y} - F_{2y}$
$R_y = +53\# - 46\# = +7\# \uparrow$

$R = \sqrt{(R_x)^2 + (R_y)^2} = \sqrt{(-59)^2 + (7)^2} = 59,5\#$

$\tan \theta = \dfrac{R_y}{R_x} = \dfrac{7}{59} = 0,119$

$\theta = \tan^{-1}(0,119) = 6,8°$

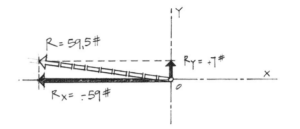

Confirmação Gráfica:

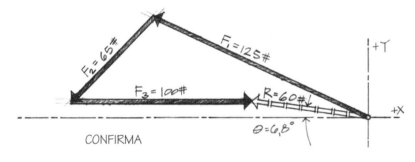

CONFIRMA

Escala $1'' = 40\#$ (1 mm = 7 N)

**2.11** Um bloco com peso $W = 500$ N é suportado por um cabo $CD$ que, por sua vez, está suspenso pelos cabos $AC$ e $BC$. Determine as forças de tração $T_{CA}$ e $T_{CB}$ de forma que a força resultante no ponto $C$ seja igual a zero.

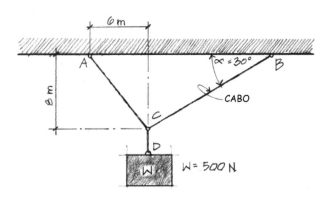

**Solução:**

*Etapa 1:* Por todos os cabos serem concorrentes no ponto C, isole o ponto C e mostre todas as forças.

As direções das forças $T_{CD}$, $T_{CA}$ e $T_{CB}$ são conhecidas, mas seus módulos são desconhecidos. $T_{CD}$ é igual ao peso $W$, que age verticalmente de cima para baixo.

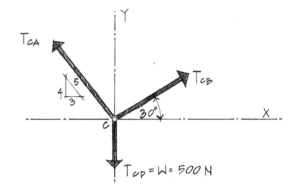

*Etapa 2:* Decomponha cada força em seus componentes x e y.

$$T_{CA_x} = \frac{3}{5} T_{CA}$$

$$T_{CA_y} = \frac{4}{5} T_{CA}$$

$$T_{CB_x} = T_{CB} \cos 30° = 0{,}866 \, T_{CB}$$
$$R_{CB_y} = T_{CB} \operatorname{sen} 30° = 0{,}5 \, T_{CB}$$

$$T_{CD} = W = 500 \, \text{N}$$

*Etapa 3:* Escreva as equações dos componentes da força resultante.

$$R_x = \Sigma F_x = T_{CA_x} + T_{CB_x} = 0$$

Definimos $R_x = 0$ para atender à condição de que não há força resultante desenvolvida no ponto $C$; isto é, todas as forças estão equilibradas nesse ponto.

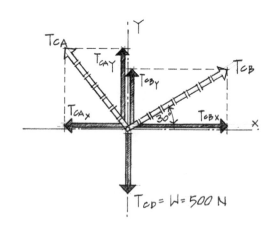

$$\therefore R_x = -\frac{3}{5} T_{CA} + 0{,}866 \, T_{CB} = 0$$

$$\frac{3}{5} T_{CA} = 0{,}866 \, T_{CB} \tag{1}$$

Então,

$$R_y = \Sigma F_y = +T_{CA_y} + T_{CB_y} - 500 \, \text{N} = 0$$

$$\therefore R_y = \frac{4}{5} T_{CA} + 0{,}5 T_{CB} - 500 \, \text{N} = 0$$

$$\frac{4}{5} T_{CA} + 0{,}5 T_{CB} = 500 \, \text{N} \tag{2}$$

Da expressão das equações da resultante em $T_{CA}$ e $T_{CB}$, obtemos duas equações, (1) e (2), contendo duas incógnitas. Resolvendo as duas equações simultaneamente,

$$\frac{3}{5}T_{CA} = 0{,}866 T_{CB} \tag{1}$$

$$\frac{4}{5}T_{CA} + 0{,}5 T_{CB} = 500 \text{ N} \tag{2}$$

Da equação (1),

$$T_{CA} = \frac{5}{3}(0{,}866 T_{CB}) = 1{,}44 T_{CB}$$

Substituindo na equação (2),

$$\frac{4}{5}(1{,}44 T_{CB}) + 0{,}5 T_{CB} = 500 \text{ N}$$

$$\therefore 1{,}15 T_{CB} + 0{,}5 T_{CB} = 500 \text{ N}$$

Encontrando $T_{CB}$,

$$1{,}65 T_{CB} = 500 \text{ N}$$

$$T_{CB} = \frac{500 \text{ N}}{1{,}65} = 303 \text{ N}$$

Substituindo o valor de $T_{CB}$ novamente na equação (1) ou (2),

$$T_{CA} = 436{,}4 \text{ N}$$

## Confirmação Gráfica:

Como $T_{CD}$ tem módulo e direção conhecidos, essa força será usada como força inicial (base).

**Etapa 1:** Desenhe o polígono de forças usando o método de ponta-a-cauda.

**Etapa 2:** Desenhe inicialmente a força $T_{CD}$ em escala.

**Etapa 3:** Desenhe as linhas de ação de $T_{CA}$ e $T_{CB}$; a ordem não é importante.

As forças $T_{CA}$ e $T_{CB}$ têm direções conhecidas, mas módulos desconhecidos; portanto, apenas suas linhas de ação são desenhadas inicialmente. Sabemos que em consequência de $R = 0$, a ponta da última força deve terminar na cauda (a origem) da primeira força – nesse caso, $T_{CD}$.

**Etapa 4:** A intersecção das duas linhas de ação determina os limites de $T_{CB}$ e $T_{CA}$.

**Etapa 5:** Meça na escala os módulos de $T_{CA}$ e $T_{CB}$.

**Etapa 6:**

$T_{CA} = 436{,}4 \text{ N}$
$\qquad\qquad$ CONFIRMA
$T_{CB} = 303 \text{ N}$

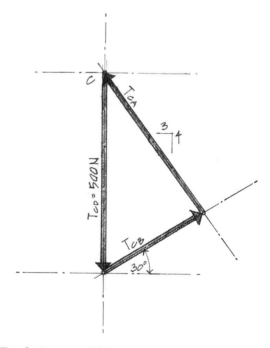

Escala 1 mm = 5 N

## Problemas

Soluções analíticas usando componentes de forças. Confirme graficamente.

**2.9** Três elementos de uma treliça são unidos por uma placa de ligação (gusset) de aço conforme ilustrado. Todas as forças são concorrentes no ponto $O$. Determine a resultante das três forças que deve ser suportada pela placa de ligação.

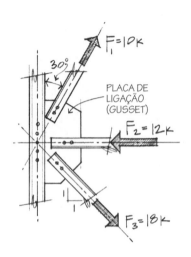

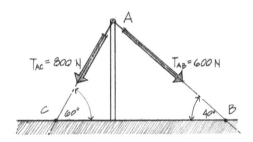

**2.10** Dois cabos com forças de tração conhecidas, conforme a figura, são ligados a um poste no ponto $A$. Determine a força resultante à qual o poste está submetido. Escala 1 mm = 10 N.

*Nota: O poste e os cabos são coplanares.*

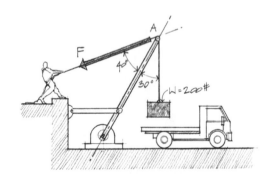

**2.11** Um trabalhador está içando um peso, $W = 200\#$ (890 N), puxando uma corda conforme a ilustração. Determine a força $F$ exigida para manter o peso na posição mostrada se a resultante de $F$ e $W$ agir ao longo do eixo da lança do dispositivo de içamento.

**2.12** Uma extremidade de uma tesoura de telhado de madeira está apoiada em uma parede de tijolos, mas não está fixamente presa. Dessa forma, a reação da parede de tijolos só pode ser vertical. Admitindo que a capacidade máxima tanto do elemento estrutural inclinado como do elemento horizontal é 7 kN, determine os módulos máximos de $F_1$ e $F_2$ de forma que sua resultante seja vertical através da parede de tijolos.

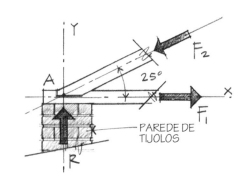

**2.13** A resultante das três forças de tração nos cabos de retenção presos ao topo da torre é vertical. Encontre as forças de tração $T$ desconhecidas, porém iguais, nos dois cabos. Todos os três cabos e a torre estão no mesmo plano vertical.

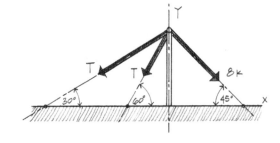

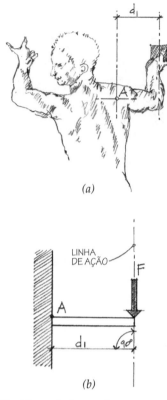

## Momento de uma Força

A tendência de uma força produzir rotação em um corpo em torno de algum eixo de referência é chamada *momento de uma força* (veja as Figuras 2.29a e 2.29b). Quantitativamente, o momento $M$ de uma força $F$ em torno de um ponto $A$ é definido como o produto do módulo da força $F$ pela distância perpendicular $d$ de $A$ até a linha de ação de $F$. Na forma de equação,

$$M_A = F \times d$$

O subscrito $A$ indica o ponto em torno do qual o momento é calculado.

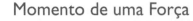

(a)

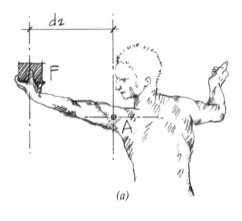

*Figura 2.29 Momento de uma força.*

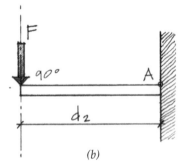

*Figura 2.30 Momento de uma força com um braço de momento amentado.*

Admita, conforme ilustra a Figura 2.29(a), que uma pessoa esteja carregando um peso de módulo $F$ a uma distância $d_1$ de um ponto arbitrário $A$ no ombro da pessoa. O ponto $A$ não tem significado, exceto o de estabelecer algum ponto de referência em torno do qual os momentos podem ser medidos. Na Figura 2.29(b) é mostrado um esquema com a força $F$ aplicada em uma viga a uma distância $d_1$ do ponto $A$. Isso é uma representação equivalente da imagem ilustrativa da Figura 2.29(a), onde o momento do ponto $A$ é

$$M_A = F \times d_1$$

Agora se a pessoa estender seu braço de forma que o peso esteja a uma distância $d_2$ do ponto $A$, conforme mostra a Figura 2.30(b), a quantidade física de energia necessária para carregar o peso é aumentada. Um motivo para isso é o aumento do momento em torno do ponto $A$ devido ao aumento da distância $d_2$. Agora o momento é igual àquele mostrado na Figura 2.30(a):

$$M_A = F \times d_2$$

Medindo a distância *d* (chamada frequentemente *braço do momento*) entre a força aplicada e o ponto de referência, é importante observar que a distância deve ser a medida perpendicular à linha de ação da força (Figura 2.31).

O momento de uma força é uma quantidade vetorial. A força que produz a rotação tem módulo e direção; portanto, o momento produzido tem um módulo e uma direção. As unidades usadas para descrever o módulo de um momento são expressas em libra-polegada (#-pol, #-in, lb-pol, lb-in), libra-pé (#-ft, #-pé), quilolibra-polegada (k-in, k-pol) ou quilolibra-pé (k-ft, k-pé). As unidades métricas (SI) correspondentes são newton-metro (N-m) ou quilo-newton-metro (kN-m). A direção de um momento é indicada pelo tipo de rotação desenvolvido, seja no sentido dos ponteiros do relógio, seja no sentido contrário (Figura 2.32).

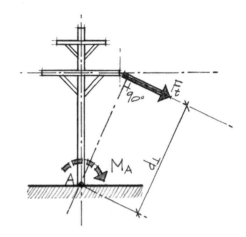

*Figura 2.31  Braço de momento perpendicular.*

Ao analisar as forças na seção anterior, estabelecemos uma convenção de sinais em que as forças que atuavam da esquerda para a direita ou de baixo para cima eram consideradas positivas, e aquelas direcionadas da direita para a esquerda ou de cima para baixo eram consideradas negativas. Da mesma forma, deve ser estabelecida uma convenção de sinais para os momentos. Como a rotação pode ser no sentido dos ponteiros do relógio ou no sentido contrário a eles, podemos atribuir arbitrariamente um sinal positivo (+) para a rotação no sentido contrário ao dos ponteiros do relógio e um sinal negativo (–) para a rotação no sentido dos ponteiros do relógio.

É perfeitamente admissível inverter a convenção de sinais se desejado; entretanto, use a mesma convenção ao longo de todo um problema. Uma convenção de sinais consistente reduz as possibilidades de erro.

Os momentos fazem com que um corpo adquira a tendência para rodar. Se um sistema tentar resistir a essa tendência rotacional, surgirá flexão ou torção. Por exemplo, se examinarmos uma viga em balanço com uma extremidade presa fixamente a um apoio, conforme a Figura 2.33(a), a própria viga gera um efeito de resistência à rotação. Ao resistir à rotação, ocorre a flexão, que resulta no deslocamento Δ, como mostra a Figura 2.33(b).

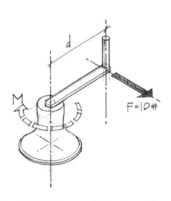

*Figura 2.32  Rotação da manivela de um barco em torno de um eixo.*

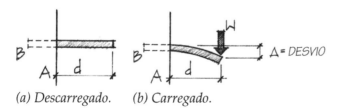

*(a) Descarregado.   (b) Carregado.*

*Figura 2.33  Momento em uma viga em balanço.*

A seguir, veja uma situação em que ocorre a torção (empenamento) porque o sistema está tentando resistir à rotação em torno de seu eixo longitudinal (Figura 2.34).

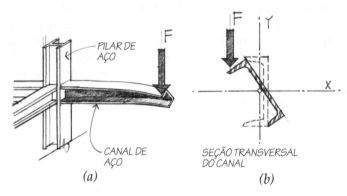

*Figura 2.34  Um exemplo de torção em uma viga em balanço.*

Conforme ilustra a Figura 2.34, um perfil metálico em C sob a ação de uma carga excêntrica está sujeito a um efeito rotacional chamado *torção*. Os momentos em torno de um eixo ou haste circular são conhecidos como *torque*.

Se na Figura 2.34(a) o suporte fixo fosse substituído por uma dobradiça ou um pino, não ocorreria distorção alguma na viga. Em vez disso, haveria apenas uma rotação simples no pino ou na dobradiça.

Exemplos de Problemas: Momento de uma Força

2.12  Qual é o momento da força F em torno do ponto A?

**Solução:**

A distância perpendicular entre o ponto A (na cabeça do parafuso) e a linha de ação da força F é de 15 polegadas (38,1 cm). Portanto,

$$M_A = (-F \times d) = (-25\# \times 15'') = -375 \text{ \#-in}$$

***Nota:*** *O módulo é dado em libras-polegadas e o sentido é o dos ponteiros do relógio.*

**2.13** Qual é $M_A$, com a alavanca colocada com uma inclinação de 3 por 4?

$$d\perp = \frac{4}{5}(15'') = 12''$$

$d\perp$ é a distância perpendicular de $A$ até a linha de ação de $F$.

$$M_A = (-F)(d) = -25\#(12'') = -300\,\#\text{-in}$$

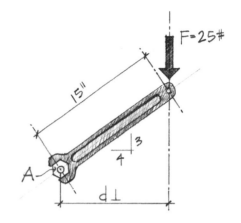

**2.14** As forças equivalentes devidas à pressão de água e ao peso próprio da barragem são mostradas na figura. Determine o momento resultante no pé da barragem (ponto $A$). A barragem é capaz de resistir à pressão de água aplicada? O peso da barragem é 36 kN.

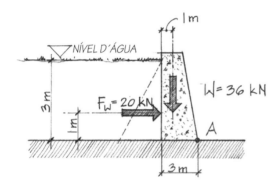

**Solução:**

O efeito de tombamento devido à água está no sentido dos ponteiros do relógio (horário), ao passo que o peso da barragem oferece uma tendência para rotação no sentido contrário ao dos ponteiros do relógio (anti-horário) em torno do "pé" em $A$. Portanto, o momento resultante em torno do ponto $A$ é

$$M_{A_1} = M_A = -F_W(1\,\text{m}) = -20\,\text{kN}(1\,\text{m}) = -20\,\text{kN-m}$$

(tombamento)

$$M_{A_2} = M_A = +W(2\,\text{m}) = +36\,\text{kN}(2\,\text{m}) = +72\,\text{kN-m}$$

(resistente)

porque $M_{A_2} > M_{A_1}$

A barragem é estável e, em consequência, não tombará.

## Problemas

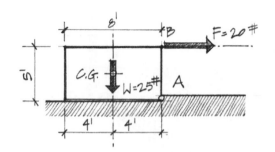

**2.14** Uma caixa que pesa 25 libras (111 N) (assumindo que estejam concentradas em seu centro de gravidade) está sendo puxada por uma força horizontal $F$ igual a 20 libras (89 N). Qual é o momento em torno do ponto $A$? A caixa tombará?

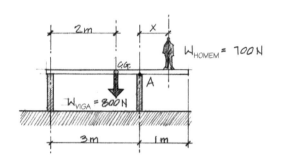

**2.15** Uma grande viga de madeira com peso de 800 N é suportada por dois postes conforme a ilustração. Se um *homem insensato* pesando 700 N caminhasse na parte suspensa da viga, a que distância ele iria em relação ao ponto $A$ antes que a viga girasse? (Admita que a viga está simplesmente apoiada nos dois suportes sem nenhuma ligação física.)

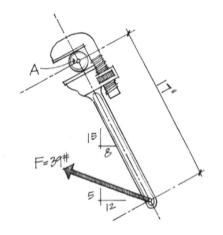

**2.16** Calcule o momento em relação ao centro do tubo devido à força exercida pela chave inglesa.

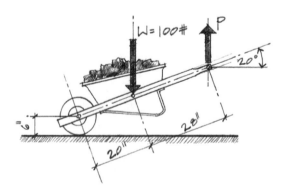

**2.17** Para o carrinho de mão mostrado na figura, encontre o momento do peso de 100# (445 N) em relação ao centro da roda. Além disso, determine a força $P$ exigida para resistir a esse momento.

Estática

**2.18** Uma pedra de 200# (890 N) está sendo levantada do solo por uma alavanca. Determine a força P exigida para manter a pedra na posição indicada.

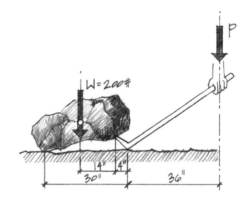

## Teorema de Varignon

O matemático francês Pierre Varignon desenvolveu um teorema muito importante da estática. Ele afirma que o momento de uma força em torno de um ponto (eixo) é igual à soma algébrica dos momentos de seus componentes em torno do mesmo ponto (eixo). Isso pode ser ilustrado melhor por um exemplo (Figura 2.35).

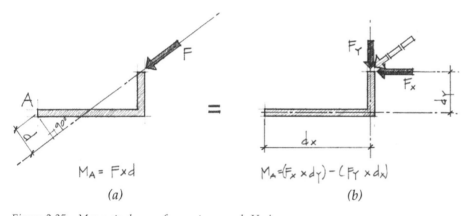

*Figura 2.35 Momento de uma força – teorema de Varignon.*

Se examinarmos uma viga em L e em balanço sujeita a uma força inclinada F, conforme a Figura 2.35(a), o momento $M_A$ é obtido multiplicando a força aplicada F pela distância perpendicular d (de A até a linha de ação da força). Frequentemente, encontrar a distância d é muito complicado; portanto, o uso do teorema de Varignon se torna muito conveniente. A força F é decomposta em seus componentes x e y, conforme a Figura 2.35(b).

A força é dividida em um componente horizontal e um componente vertical e são obtidas as distâncias do braço do momento $d_x$ e $d_y$ dos respectivos componentes. O momento resultante $M_A$ é obtido somando algebricamente os momentos em torno do ponto A gerados pela ação de cada uma das duas forças componentes. Em ambos os casos, os momentos são idênticos em módulo e em sentido.

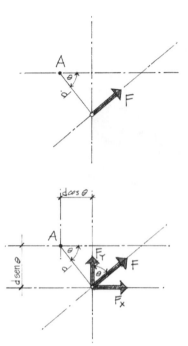

Uma prova do teorema de Varignon pode ser ilustrada como na Figura 2.36:

$$F(d) = F_y(d\cos\theta) + F_x(d\,\text{sen}\,\theta)$$

Substituindo os valores de $F_x$ e $F_y$,

$$F(d) = F\cos\theta(d\cos\theta) + F\,\text{sen}\,\theta(d\,\text{sen}\,\theta)$$
$$F(d) = Fd\cos^2\theta + Fd\,\text{sen}^2\theta = Fd(\cos^2\theta + \text{sen}^2\theta)$$

Mas da identidade trigonométrica conhecida,

$$\text{sen}^2\theta + \cos^2\theta = 1$$
$$F(d) = F(d) \quad \therefore \text{CONFIRMA}$$

*Figura 2.36   Teorema de Varignon.*

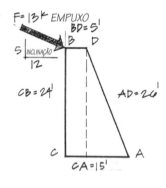

### Exemplos de Problemas: Teorema de Varignon

**2.15** Determine o momento $M_A$ na base do suporte devido à força de empuxo $F$. Use o teorema de Varignon.

A força $F$ tem a inclinação de 5:12.

**Solução:**

Do teorema de Varignon, decomponha $F$ em $F_x$ e $F_y$; então,

$$M_A = +5\,k(15') - 12\,k(24') = +75\,\text{k-ft} - 288\,\text{k-ft}$$
$$= -213\,\text{k-ft}$$

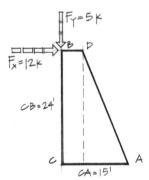

**2.16** Uma força de 1,5 kN de um pistão age sobre a extremidade de uma alavanca de 300 mm. Determine o momento da força em torno do eixo que passa pelo ponto de referência O.

**Solução:**

Nesse caso, encontrar a distância perpendicular $d$ para a força $F$ pode ser muito complicado; portanto, será utilizado o teorema de Varignon.

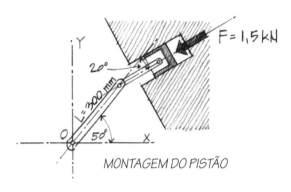

MONTAGEM DO PISTÃO

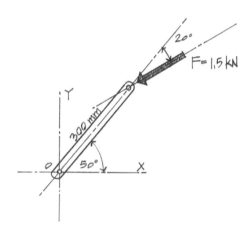

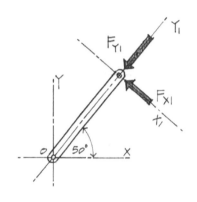

$F_{y1} = F \cos 20°$
$F_{y1} = 1{,}5 \text{ kN}(0{,}94) = 1{,}41 \text{ kN}$

$F_{x1} = F \text{ sen } 20°$
$F_{x1} = 1{,}5 \text{ kN} (0{,}342) = 0{,}51 \text{ kN}$

**Nota:** *300 mm = 0,3 m.*

$+M_o = +F_{x1}(0{,}3 \text{ m}) + F_{y1}(0)$
$M_o = +(+0{,}51 \text{ kN})(0{,}3 \text{ m}) + 0 = +0{,}153 \text{ kN-m}$

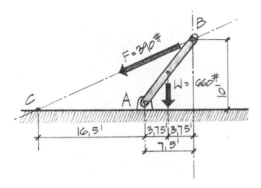
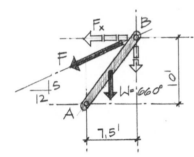
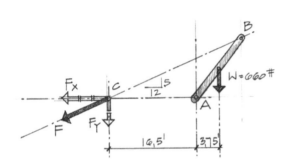

**2.17** Determine o momento da força de 390# (1.735 N) em torno de *A*:

a. Decompondo a força em componentes *x* e *y* agindo em *B*.
b. Decompondo a força em componentes *x* e *y* agindo em *C*.
c. Determinando o momento devido ao peso *W* em torno do ponto *A*.

**Solução:**

a. Isole o ponto *B* e decomponha $F = 390\#$ (1.735 N) em seus componentes *x* e *y*.

$$F_x = \frac{12}{13}F = \frac{12}{13}(390\#) = 360\#$$

$$F_y = \frac{5}{13}F = \frac{5}{13}(390\#) = 150\#$$

$$M_A = +F_x(10') - F_y(7,5')$$
$$M_A = 360\#(10') - 150\#(7,5')$$
$$M_A = +2.475 \#\text{-ft}$$

b. Aplicando o princípio da transmissibilidade, podemos mover a força *F* para baixo até o ponto *C* sem alterar em nada os efeitos externos no sistema.

$$F_x = \frac{12}{13}F = 360\#$$

$$F_y = \frac{5}{13}F = 150\#$$

$$M_A = F_x(0') + F_y(16,5')$$
$$M_A = 0 + 150\#(16,5') = 2.475\,\#\text{-ft}$$

c. Admite-se o peso $W = 660\#$ (2.936 N) no centro de gravidade da haste (lança). O momento devido a *W* em torno de *A* pode ser expresso como
$$M_A = -W(3,75') = -660\#(3,75') = -2.475\,\#\text{-ft}$$

**Nota:** *Os momentos das forças F e W estão equilibrados e, dessa forma, evitam que AB gire. Essa condição será mencionada mais tarde como equilíbrio de momento.*

# Problemas

**2.19** A figura mostra as forças exercidas pelo vento no piso de cada andar da estrutura de um edifício de seis pavimentos. Determine o momento de tombamento resultante na base do edifício em $A$.

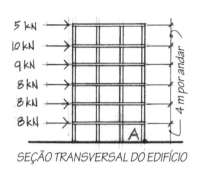

**2.20** Determine o momento da força de 1.300# (5,78 kN), aplicada ao nó $D$ da treliça, em torno dos pontos $B$ e $C$. Use o teorema de Varignon.

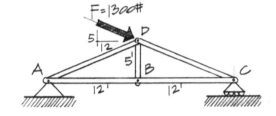

**2.21** Uma calha de chuva está sujeita a uma força de 30# (133,4 N) em $C$ conforme ilustrado. Determine o momento desenvolvido em torno de $A$ e $B$.

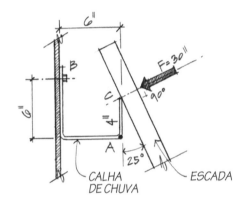

**2.22** Calcule o momento da força de 1,5 kN em torno do ponto $A$.

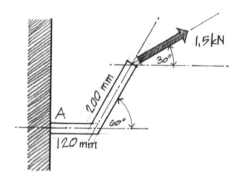

**2.23** Determine o peso $W$ que pode ser suportado pela lança se a força máxima que o cabo $T$ pode exercer é de 2.000# (8,90 kN). Admita que não haverá rotação resultante no ponto $C$. (Em outras palavras, $M_C = 0$.)

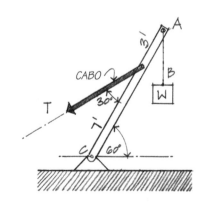

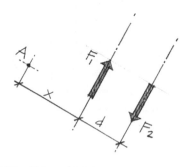

*Figura 2.37   Sistema binário.*

## Binário e Momento de um Binário

Um *binário* é definido como duas forças com mesmo módulo, linhas de ação paralelas, mas sentidos opostos (direção da cabeça da seta). Os binários apresentam efeitos rotacionais puros em um corpo, sem capacidade de transladar o corpo na direção vertical ou horizontal, porque a soma de seus componentes horizontais e verticais é igual a zero.

Vamos examinar um corpo rígido no plano *x-y* que sofra a ação de duas forças $F_1$ e $F_2$ iguais, opostas e paralelas (Figura 2.37).

Admita que o ponto A do corpo rígido seja aquele em torno do qual o momento será calculado. A distância $x$ representa a medida perpendicular do ponto de referência A até a força aplicada $F_1$, e $d$ é a distância perpendicular entre as linhas de ação de $F_1$ e $F_2$.

$$M_A = +F_1(x) - F_2(x + d)$$

onde

$$F_1 = F_2$$

e por $F_1$ e $F_2$ formarem um sistema binário,

$$M_A = +Fx - Fx - Fd$$

$$\therefore M_A = -Fd$$

O momento final M é denominado *momento do binário*. Observe que M não depende do local do ponto de referência A. M terá sempre o mesmo módulo e o mesmo sentido de rotação, independentemente do local de A (Figura 2.38).

$$M_A = -F(d_1) - F(d_2) = -F(d_1 + d_2)$$

mas

$$d = d_1 + d_2$$

$$M_A = -Fd$$

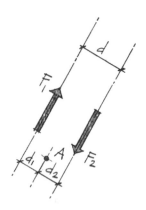

*Figura 2.38   Momento de um binário em torno de A.*

Assim, pode-se concluir que o momento M de um binário é constante. Seu módulo é igual ao produto $(F) \times (d)$ de qualquer F ($F_1$ ou $F_2$) pela distância perpendicular $d$ entre suas linhas de ação. O sentido de M (horário ou anti-horário) é determinado por observação direta.

# Estática

## Exemplos de Problemas: Binário e Momento de um Binário

**2.18** Uma viga em balanço está sujeita a duas forças iguais e opostas. Determine o momento resultante $M_A$ no engaste da viga.

**Solução:**

Por definição, $M_A = (F)(d)$

$M_A = +2\,k(5') = +10\,k\text{-ft}$

Confirmação:

$M_A = -2\,k(10') + 2\,k(15')$
$M_A = -20\,k\text{-ft} + 30\,k\text{-ft} = +10\,k\text{-ft}$

Vamos examinar outro caso no qual a viga tem seu comprimento estendido em outros 5 pés (1,52 m).

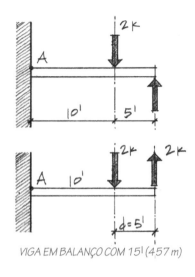

VIGA EM BALANÇO COM 15' (4,57 m)

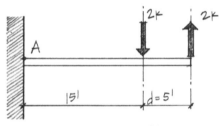

VIGA EM BALANÇO COM 20' (6,10m)

$M_A = +2\,k(5') = +10\,k\text{-ft}$

Confirmação:

$M_A = -2\,k(15') + 2\,k(20')$
$M_A = -30\,k\text{-ft} + 40\,k\text{-ft} = +10\,k\text{-ft}$

Observamos novamente que o momento de um binário é uma constante para um determinado corpo rígido. O sentido do momento é obtido por observação direta (usando sua intuição e seu bom senso).

**2.19** Uma treliça inclinada está sujeita a duas forças conforme ilustrado. Determine os momentos em $A$ e $B$ em função das duas forças.

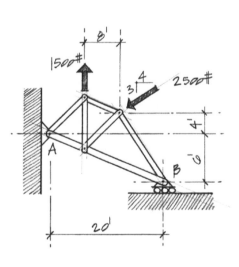

**Solução:**

Considerando o teorema de Varignon, a força inclinada de 2.500# (11.121 N) pode ser substituída por seu componente horizontal e seu componente vertical.

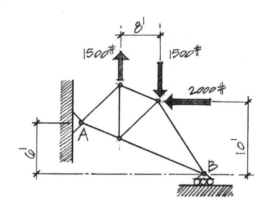

As duas forças de 1.500# (6.672 N) formam um sistema binário. Utilizando o conceito de binários,

$M_A = -1.500\#(8') + 2.000\#(4')$
$\phantom{M_A} = -12.000 \text{ \#-ft} + 8.000 \text{ \#-ft}$

$M_A = -4.000 \text{ \#-ft}$

$M_B = -1.500\#(8') + 2.000\#(10')$
$M_B = -12.000 \text{ \#-ft} + 20.000 \text{ \#-ft} = +8.000 \text{ \#-ft}$

# Estática

## Decomposição de uma Força em uma Força e um Momento Agindo em Outro Ponto

Na análise de alguns tipos de problemas, pode ser útil mudar o local da força aplicada para um ponto mais conveniente no corpo rígido. Na seção anterior, analisamos a possibilidade de mover uma força $F$ ao longo de sua linha de ação (princípio da transmissibilidade) sem mudar os efeitos externos no corpo, conforme mostra a Figura 2.39. Entretanto, não podemos mover uma força além de sua linha de ação original sem modificar os efeitos externos no corpo rígido, conforme mostra a Figura 2.40.

$F_1 = F_2$ (mesma linha de ação)

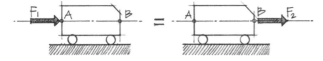

*Figura 2.39  Força movida ao longo de sua linha de ação.*

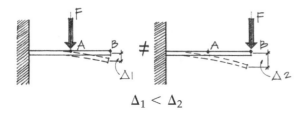

$\Delta_1 < \Delta_2$

*Figura 2.40  Força movida para uma nova linha de ação.*

A análise da Figura 2.40 mostra que se a força aplicada $F$ for transferida do ponto $A$ para o ponto $B$ na viga em balanço, resultarão diferentes deslocamentos da extremidade livre. O deslocamento $\Delta_2$ ($F$ aplicada no ponto $B$) é consideravelmente maior do que $\Delta_1$ ($F$ aplicada no ponto $A$).

Vamos aplicar a força $F$ no ponto $B$, conforme ilustrado na Figura 2.41(a). O objetivo é mover $F$ para o ponto $A$ sem alterar os efeitos no corpo rígido. Na Figura 2.41(b) são aplicadas duas forças $F$ e $F'$ em $A$ com uma linha de ação paralela àquela da força original em $B$. A soma de forças iguais e opostas em $A$ não modifica o efeito no corpo rígido. Observamos que as forças $F$ em $B$ e $F'$ em $A$ são iguais e opostas com linhas de ação paralelas, formando assim um sistema binário.

Por definição, o momento devido ao binário é igual a $(F)(d)$ e é um valor constante em qualquer lugar do corpo rígido. O binário $M$ pode então ser colocado em qualquer local conveniente com a força $F$ remanescente em $A$, conforme mostra a Figura 2.41(c).

O exemplo anterior pode então ser resumido da seguinte maneira:

*Qualquer força F que atue em um corpo rígido pode ser movida para qualquer ponto determinado de A (com uma linha de ação paralela), contanto que seja adicionado um momento M. O momento M do binário é igual a F vezes a distância perpendicular entre a linha de ação original e o novo local A.*

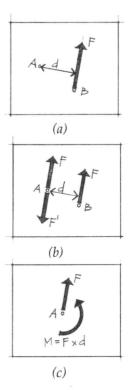

*Figura 2.41  Movendo uma força para outra linha de ação paralela.*

## Exemplos de Problemas: Decomposição de uma Força em uma Força e um Momento Agindo em Outro Ponto

**2.20** Um pilar de concreto em L está sujeito a uma carga vertical de 10 k (44,5 kN) que age de cima para baixo. Para projetar o pilar, é necessário ter a força de compressão aplicada ao longo do eixo do pilar. Mostre o sistema de forças equivalente quando a força for transferida de A para B. Aplique um par de forças iguais e opostas em B.

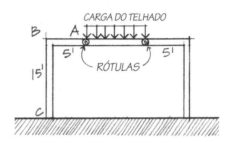

**Solução:**

A força vertical de 10 k (44,5 kN) de baixo para cima em B e a força de 10 k em A constituem um sistema binário. Os binários causam apenas tendências rotacionais e podem ser aplicados em qualquer lugar do corpo rígido.

$M_{binário} = -10\,k(5') = -50\,k\text{-ft}$

Uma representação equivalente com a força de 10 k (44,5 kN) agindo em B é acompanhada de um momento de 50 k-ft (67,79 kN-m) aplicado no sentido horário. O efeito no pilar é o de compressão junto ao de flexão.

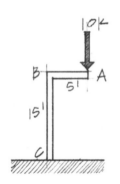 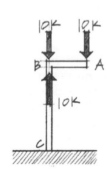 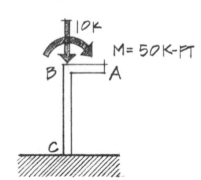

# Estática

**2.21** Um pilar longo de concreto pré-moldado suporta cargas das vigas do telhado e do segundo piso conforme ilustrado. As vigas são suportadas por apoios que se projetam das colunas. Admite-se que as cargas das vigas estejam aplicadas a um pé (30,48 cm) do eixo do pilar.

Determine a condição equivalente das cargas no pilar quando todas as cargas das vigas forem mostradas atuando ao longo do eixo do pilar.

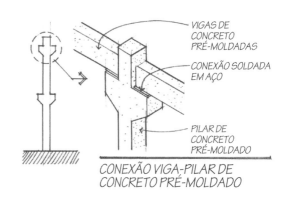

CONEXÃO VIGA-PILAR DE CONCRETO PRÉ-MOLDADO

**Solução:**

A força de 12 k (53,4 kN) produz um momento +12 k-ft (+16,27 kN-m) quando transferida para o eixo do pilar, ao passo que a força de 10 k se opõe com um momento de −10 k-ft (−13,56 kN-m) no sentido horário. O momento resultante é igual a +2 k-ft (+2,71 kN-m).

$$M_{telhado} = +12\,k\text{-}ft - 10\,k\text{-}ft = +2\,k\text{-}ft$$

No nível do segundo piso,

$$M_2 = +20\,k\text{-}ft - 15\,k\text{-}ft = +5\,k\text{-}ft$$

O efeito resultante na base $A$ devido às cargas nos pilares é igual a

$$F_{resistente} = +22\,k + 35\,k = +57\,k\ (\text{compressão})$$
$$M_{resistente} = +2\,k\text{-}ft + 5\,k\text{-}ft = +7\,k\text{-}ft$$

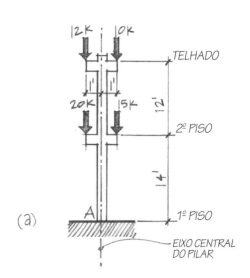

(a)

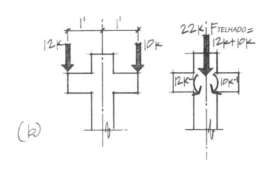

(b)

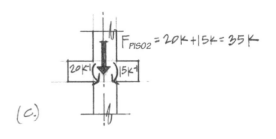

(c)

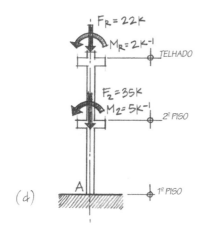

(d)

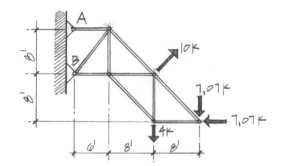

## Problemas

**2.24** Determine o momento resultante nos pontos A e B do apoio devido às forças que atuam na treliça conforme ilustrado.

Admita que a força de 10 k (44,48 kN) está atuando no sentido perpendicular ao da inclinação da treliça.

**2.25** Uma escada suporta um pintor que pesa 150# (667 N) na metade de seu comprimento. A escada está apoiada nos pontos A e B, desenvolvendo reações de acordo com o apresentado no diagrama de corpo livre (veja a seção 2.5). Admitindo que as forças de reação $R_{Ax}$ e $R_{Bx}$ tenham módulos de 25# (111,2 N) cada e que $R_{Ay} = 150\#$ (667 N), determine $M_A$, $M_B$ e $M_C$.

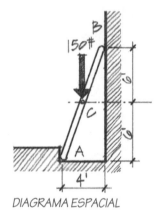

DIAGRAMA ESPACIAL

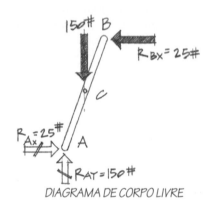

DIAGRAMA DE CORPO LIVRE

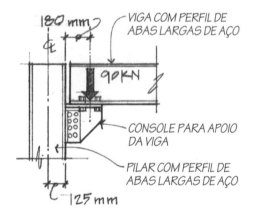

**2.26** Substitua a carga de 90 kN na viga por um sistema força-binário através da linha de centro do pilar.

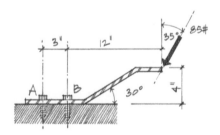

**2.27** Uma força de 85# (378 N) está aplicada à placa dobrada conforme ilustrado. Determine um sistema força-binário equivalente (a) em A e (b) em B.

# Resultante de Duas Forças Paralelas

Suponha que desejamos representar as duas forças A e B mostradas atuando sobre a viga principal da Figura 2.42(a) por uma única força resultante R, que produza um efeito equivalente ao das forças originais. A resultante equivalente R deve produzir a mesma tendência de translação que as forças A e B, assim como o mesmo efeito de rotação, conforme mostra a Figura 2.42(b).

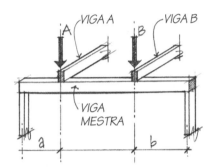

*Figura 2.42(a)   Duas forças paralelas agindo em uma viga.*

Porque as forças têm, por definição, módulo, direção, sentido e um ponto de aplicação, torna-se necessário estabelecer o local exato da resultante em relação a algum ponto de referência determinado. Apenas um único local R produzirá um efeito equivalente ao da viga principal com as forças A e B.

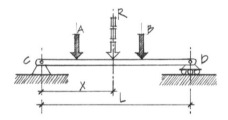

*Figura 2.42(b)   Força resultante equivalente R para A e B.*

O módulo da resultante das forças paralelas A e B é igual à soma algébrica de A e B, onde $R = A + B$.

A direção das forças deve ser determinada usando uma convenção de sinais conveniente, como a de as forças positivas atuarem de baixo para cima e as forças negativas atuarem de cima para baixo.

O local da resultante R é obtido pelo princípio dos momentos.

Exemplo de Problema: Resultante de duas Forças Paralelas

**2.22** Determine a única resultante $R$ (módulo e local) que produziria um efeito equivalente ao das forças mostradas na sapata combinada.

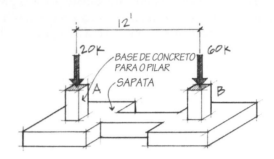

**Solução:**

Módulo da resultante:

$$R = -20\,\text{k} - 60\,\text{k} = -80\,\text{k}$$

Para encontrar o local de $R$, adote um ponto de referência conveniente e calcule os momentos.

$$M_A = -60\,\text{k}(12') = -720\,\text{k-ft}$$

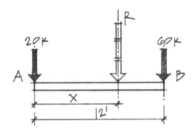

O momento em torno do ponto $A$ devido a $R$ deve ser igual ao $M_A$ do sistema de forças original para que seja mantida a equivalência.

$$\therefore M_A = -R(x)$$

$$-720\,\text{k-ft} = -R(x),\,\text{mas}\,R = 80\,\text{k}$$

$$\therefore x = \frac{-720\,\text{k-ft}}{-80\,\text{k}} = 9'$$

$R$ deve estar localizada 9 pés (2,74 m) à direita do ponto $A$.

Estática

## 2.4 EQUAÇÕES DE EQUILÍBRIO: DUAS DIMENSÕES

### Equilíbrio

*Equilíbrio* se refere, essencialmente, a um estado de repouso ou estabilidade. Lembre-se da primeira lei de Newton, que declara:

> Qualquer corpo em **repouso** permanecerá em repouso e qualquer corpo em movimento se manterá em movimento uniforme numa linha reta, a menos que haja sobre ele a atuação de uma força.

O conceito de um corpo ou partícula estar em repouso a menos que sofra a ação de alguma força indica um estado inicial de equilíbrio estático, em que o efeito final de todas as forças do corpo ou partícula é igual a zero. O equilíbrio ou a ausência de movimento é simplesmente um caso especial do movimento (Figuras 2.44 e 2.45).

A exigência matemática necessária para estabelecer uma condição de equilíbrio pode ser enunciada como

$R_x = \Sigma F_x = 0$
$R_y = \Sigma F_y = 0$
$M_i = \Sigma M = 0;$ em que $i$ = qualquer ponto

Vários tipos de problemas exigem a seleção de apenas uma, e talvez outros exijam todas, das equações de equilíbrio. Entretanto, para qualquer tipo de problema em particular, o número mínimo de equações de equilíbrio necessárias para justificar um estado de estabilidade também é o número máximo de equações de equilíbrio permitidas.

Em vista do fato de vários sistemas de força exigirem diferentes tipos e números de equações de equilíbrio, cada um deles será analisado separadamente.

*Figura 2.43  Leonardo da Vinci (1452-1519).*

*Embora conhecido mais popularmente como o pintor de A Última Ceia, Mona Lisa e seu autorretrato, Leonardo também foi um inventivo engenheiro que concebeu dispositivos e equipamentos que estavam à frente de seu tempo. Ele foi o primeiro a resolver o problema de definir a força como um vetor, concebeu a ideia de paralelogramos de forças e percebeu a necessidade de determinar as propriedades físicas dos materiais de construção. É atribuída a ele a construção do primeiro elevador, para a Catedral de Milão. O excelente senso de observação de Leonardo e seu raciocínio excepcional o levaram à noção do princípio da inércia e precedeu Galileu (em um século) no entendimento de que os corpos em queda se aceleram à medida que caem. Como era a tradição, havia competições entusiasmadas entre os "artistas-arquitetos-engenheiros" da época em seus esforços para se ligarem àqueles que poderiam fornecer-lhes suporte mais generosamente. Infelizmente, a competição era tão acirrada que Leonardo sentiu necessidade de conservar suas ideias em grande sigilo, escrevendo muitas de suas anotações em código. Por causa disso, e porque muitas das descobertas de Leonardo eram visionárias em vez de reais, geralmente sua influência no desenvolvimento profissional foi considerada mínima. Não se sabe se existia um canal pelo qual algumas de suas ideias serviram de inspiração a seus sucessores, mais notavelmente Galileu Galilei. Leonardo se destaca nitidamente nesta seção de análise das leis físicas.*

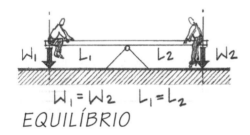

*Figura 2.44  Exemplo de equilíbrio.*

*Figura 2.45  Exemplo de desequilíbrio ou desbalanceamento.*

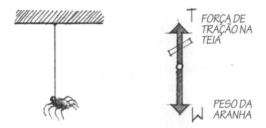

*Figura 2.46 Força de tração desenvolvida na teia para suportar o peso da aranha.*

## Sistema de Forças Colineares

Um sistema de forças colineares envolve a ação de forças ao longo da mesma linha de ação. Não há restrição na direção ou no módulo de cada força, contanto que todas atuem ao longo da mesma linha.

Na Figura 2.46 é apresentada uma aranha suspensa por sua teia. Admitindo que nesse instante a aranha esteja em uma posição estacionária, existe um estado de equilíbrio; portanto, $\Sigma F_y = 0$. A força de tração desenvolvida na teia deve ser igual ao peso $W$ da aranha para que haja equilíbrio.

Outro exemplo de um sistema de forças colineares é um cabo de guerra, em uma situação de imobilidade na qual nenhum movimento está ocorrendo, conforme ilustra a Figura 2.47(a). Se admitirmos que a força exercida por cada um dos quatro participantes atua ao longo do eixo da parte horizontal de corda, conforme ilustrado na Figura 2.47(b), então todas as forças serão colineares. Na forma de equação,

$$\Sigma F_x = 0$$
$$-F_1 - F_2 + F_3 + F_4 = 0$$

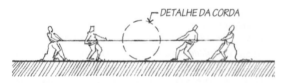

*Figura 2.47 (a) Cabo de guerra em impasse (travado).*

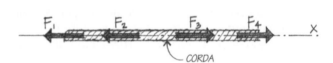

*Figura 2.47 (b) Detalhe da corda – forças colineares.*

## Sistema de Forças Concorrentes

### Equilíbrio de uma partícula

Na seção anterior, analisamos os métodos gráficos assim como os métodos analíticos para determinar a resultante de várias forças que atuem em uma partícula. Em muitos problemas, existe a condição na qual a resultante das várias forças concorrentes que atuam em um corpo ou partícula é igual a zero. Para esses casos, dizemos que o corpo ou partícula está em equilíbrio. A definição dessa condição pode ser enunciada da seguinte maneira:

*Quando a resultante de todas as forças concorrentes que atuam em uma partícula for igual a zero, a partícula está em um estado de equilíbrio.*

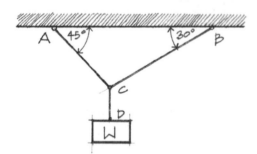

*Figura 2.48 Sistema de forças concorrentes em C.*

Um exemplo de um sistema de forças coplanares e concorrentes é o peso suspenso por dois cabos, conforme ilustra a Figura 2.48. As forças nos cabos $AC$, $BC$ e $DC$ se interceptam em um ponto comum $C$.

Usando o ponto concorrente C como origem, desenha-se o diagrama de forças (Figura 2.49) daquelas que atuam no ponto C.

Encontramos na Seção 2.2 que decompondo cada força (para uma série de forças concorrentes) em seus componentes principais $x$ e $y$, podemos determinar algebricamente a resultante $R_x$ e $R_y$ para o sistema. Para justificar a condição de equilíbrio em um sistema de forças coplanares (bidimensional) e concorrente, são exigidas duas equações de equilíbrio:

$$R_x = \Sigma F_x = 0$$
$$R_y = \Sigma F_y = 0$$

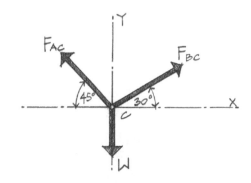

Figura 2.49 Diagrama das forças concorrentes no ponto C.

Essas duas condições devem ser satisfeitas antes de o equilíbrio ser estabelecido. Não é permitida translação alguma tanto na direção $x$ quanto na direção $y$.

O equilíbrio de sistemas de forças colineares e concorrentes será analisado mais tarde, no Capítulo 3, sob o título *Equilíbrio de uma Partícula*.

## Sistema de Forças Coplanares e Não Concorrentes

### Equilíbrio de um corpo rígido

Agora vamos examinar o equilíbrio de um corpo rígido (sendo admitido como corpo rígido um sistema que consiste em um número infinito de partículas, como vigas, treliças, pilares etc.) sob a ação de um sistema de forças que consiste em forças assim como em binários.

Em suas anotações, Leonardo da Vinci (1452-1519), conforme mencionado na Figura 2.43, inclui não apenas esquemas de inumeráveis máquinas e dispositivos mecânicos mas também muitas relações teóricas ilustradas para obter ou explicar leis físicas. Ele tratou do centro de gravidade, do princípio do plano inclinado e da essência da força. Uma parte dos estudos de da Vinci incluiu o conceito de equilíbrio estático, conforme mostra a Figura 2.50.

Diz-se que um corpo rígido está em equilíbrio quando as forças externas que agem sobre ele formam um sistema de forças equivalente a zero. A incapacidade de fornecer equilíbrio a um sistema pode resultar em consequências desastrosas, conforme mostra a Figura 2.51. Matematicamente, pode ser enunciado como

$$\Sigma F_x = 0$$
$$\Sigma F_y = 0$$
$$\Sigma M_i = 0 \quad \text{em que } i = \text{qualquer ponto no corpo rígido}$$

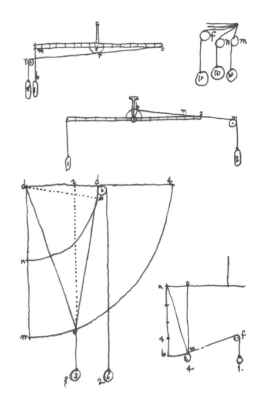

Figura 2.50 Estudos de equilíbrio estático de Leonardo da Vinci.

*Figura 2.51 Um exemplo de desequilíbrio – ponte de Tacoma Narrows antes de ruir.*
*Cortesia da University of Washington Libraries, Special Collections, UW21413.*

Essas equações são necessárias e suficientes para justificar um estado de equilíbrio. Em face de só poderem ser escritas três equações para um sistema coplanar, não mais do que três incógnitas podem ser encontradas.

Conjuntos alternativos de equações de equilíbrio podem ser escritos para um corpo rígido; entretanto, é exigido que haja sempre três equações de equilíbrio. Uma equação de forças com duas equações de momentos ou três equações de momentos representam conjuntos alternativos válidos de equações de equilíbrio.

$$\Sigma F_x = 0; \quad \Sigma M_i = 0; \quad \Sigma M_j = 0$$

ou

$$\Sigma F_y = 0; \quad \Sigma M_i = 0; \quad \Sigma M_j = 0$$

ou

$$\Sigma M_i = 0; \quad \Sigma M_j = 0; \quad \Sigma M_k = 0$$

## Diagramas de Corpo Livre

Uma etapa essencial na solução de problemas de equilíbrio envolve o desenho de *diagramas de corpo livre*.

O diagrama de corpo livre, ou DCL, é um ponto fundamental para a mecânica moderna. Tudo em mecânica é reduzido a forças em um DCL. Esse método de simplificação é muito eficiente na redução de mecanismos aparentemente complexos em sistemas de forças concisos.

O que, então, é um DCL? Um DCL é uma representação simplificada de uma partícula ou corpo rígido que é isolado de sua vizinhança e no qual todas as forças aplicadas e reações são exibidas. Todas as forças que agem em uma partícula ou corpo rígido devem ser levadas em consideração durante a construção do corpo livre e, igualmente importante, qualquer força que não esteja aplicada diretamente no corpo deve ser excluída. Deve-se tomar uma decisão clara a respeito da escolha do corpo livre a ser usado.

As forças normalmente consideradas como atuantes em um corpo rígido são as seguintes:

- Forças aplicadas externamente.
- Peso do corpo rígido.
- Forças de reação ou restrições a forças.
- Momentos aplicados externamente.
- Reações momento ou restrições a momentos.
- Forças desenvolvidas dentro de um elemento seccionado.

Estática

## Diagramas de Corpo Livre de Partículas

O *DCL de uma partícula* é relativamente simples, porque só mostra as forças concorrentes que se cruzam em um ponto. A Figura 2.52(a) e 2.52(b) fornecem exemplos de tais DCL.

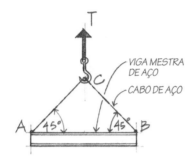

*Figura 2.52(a)   Viga sendo içada pelo cabo de um guindaste.*

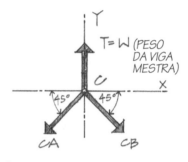

*DCL das forças concorrentes no ponto C.*

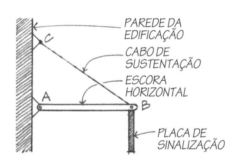

*Figura 2.52(b)   Placa de sinalização suspensa por uma escora e um cabo.*

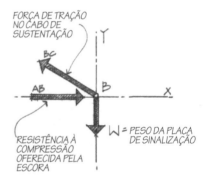

*DCL das forças concorrentes no ponto B.*

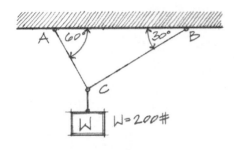

### Exemplos de Problemas: Equilíbrio de uma Partícula

**2.23** São usados dois cabos para suportar um peso $W = 200\#$ (890 N) suspenso em $C$. Usando tanto um método analítico quanto um método gráfico, determine a força de tração desenvolvida nos cabos $CA$ e $CB$.

**Solução Analítica:**

a. Desenhe um DCL do ponto $C$, no qual se cruzam as forças concorrentes.
b. Decomponha todas as forças inclinadas em seus respectivos componentes $x$ e $y$.

$CA_x = -CA \cos 60°$
$CA_y = +CA \operatorname{sen} 60°$
$CB_x = +CB \cos 30°$
$CB_y = +CB \operatorname{sen} 30°$

c. Para a partícula em $C$ estar em equilíbrio,
$\Sigma F_x = 0$ e $\Sigma F_y = 0$
$[\Sigma F_x = 0] - CA_x + CB_x = 0$

ou substituindo,

$-CA \cos 60° + CB \cos 30° = 0$ (1)

$[\Sigma F_y = 0] + CA_y + CB_y - W = 0$

substituindo

$+CA \operatorname{sen} 60° + CB \operatorname{sen} 30° - 200\# = 0$ (2)

d. Resolva as equações (1) e (2) simultaneamente para determinar as forças de tração nos cabos

$-CA(0,5) + CB(0,866) = 0$ (1)
$+CA(0,866) + CB(0,5) = 200\#$ (2)

Reescrevendo a equação (1),

$$CA = \frac{+(0,866)CB}{0,5} = 1,73\,CB \qquad (1)$$

Substituindo na equação (2)

$1,73\,(0,866)CB + 0,5\,CB = 200\#$
$2\,CB = +200\#;$
$\therefore CB = +100\#$
$CA = 1,73(100\#) = +173\#$

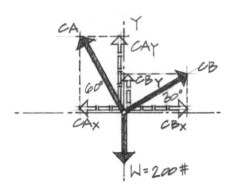

*Método Analítico — DCL das forças concorrentes no ponto C.*

Talvez um método mais conveniente de levar em consideração os componentes de forças antes de escrever as equações de equilíbrio seja construir uma tabela:

| Força | $F_x$ | $F_y$ |
|---|---|---|
| CA | $-CA \cos 60° = -0,5\,CA$ | $+CA \operatorname{sen} 60° = +0,866\,CA$ |
| CB | $+CB \cos 30° = +0,866\,CB$ | $+CB \operatorname{sen} 60° = +0,5\,CB$ |
| $W = 200\#$ | 0 | $-200\#$ |

As duas equações de equilíbrio são então escritas somando verticalmente todas as forças listadas sob a coluna $F_x$ e fazendo o mesmo com a coluna $F_y$.

Estática

**Solução Gráfica** (Escala 1" = 200#, ou 1 mm = 35 N)

Na solução gráfica, pode ser empregada tanto a regra do triângulo (método ponta-a-cauda) como a lei do paralelogramo.

*Método Ponta-a-Cauda:*

a. Comece a solução estabelecendo um ponto de origem O como referência nos eixos coordenados x-y.
b. Desenhe o peso W = 200# (890 N) na escala e na direção determinada de cima para baixo.
c. Na ponta da primeira força W coloque a cauda da segunda força CB. Desenhe CB com uma inclinação de 30° em relação à horizontal.
d. Levando em conta que o módulo de CB ainda é desconhecido, não somos capazes de concluir a força. Apenas a linha de ação da força é conhecida.
e. O equilíbrio é estabelecido na solução gráfica quando a ponta da última força for colocada em contato com a cauda da primeira força W. Portanto, a ponta da força CA deve estar em contato com o ponto da origem O. Construa a linha de ação da força CA com um ângulo de 60° em relação à horizontal. A intersecção das linhas CA e CB define o limite de cada força. Agora os módulos de CA e CB podem ser medidos na escala.

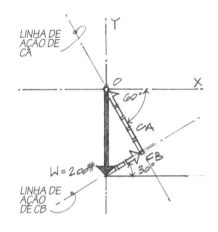

*Método do Paralelogramo:*

a. Desenhe a força conhecida W na escala e com origem no ponto de referência O.
b. Construa um paralelogramo usando o peso W para representar a força resultante ou a diagonal do paralelogramo. As linhas de ação de cada cabo, CB e CA são desenhadas a partir da ponta e da cauda da força W. Onde as linhas de CB e CA se interceptarem (os cantos do paralelogramo) será estabelecido o limite de cada força.

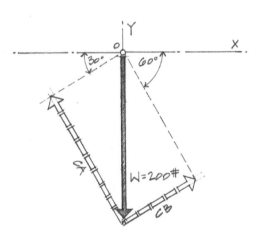

**2.24** Dois cabos são unidos entre si no ponto C e carregados da maneira ilustrada. Admitindo que a força de tração máxima admissível em CA e CB seja 3 kN (a capacidade do cabo com segurança), determine o máximo W que pode ser suportado com segurança.

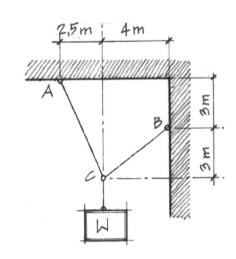

| Força | $F_x$ | $F_y$ |
|---|---|---|
| CA | $-\dfrac{5}{13}CA$ | $+\dfrac{12}{13}CA$ |
| CB | $+\dfrac{4}{5}CB$ | $+\dfrac{3}{5}CB$ |
| W | 0 | $-W$ |

$$[\Sigma F_x = 0] \quad -\frac{5}{13}CA + \frac{4}{5}CB = 0 \tag{1}$$

$$CA = \frac{13}{5} \times \frac{4}{5}CB = \frac{52}{25}CB$$

$$\therefore CA = 2{,}08\,CB$$

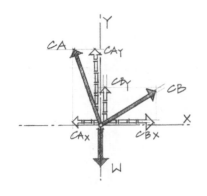

Essa relação é crucial, porque ela nos diz que para a configuração dada dos cabos, *CA* suportará mais do que o dobro da carga de *CB* para haver equilíbrio. Considerando que a força de tração máxima no cabo é 3 kN, esse valor deve ser atribuído à maior dentre as duas forças de tração nos cabos.

$$\therefore CA = 3 \text{ kN}$$

$$CB = \frac{CA}{2{,}08} = \frac{3 \text{ kN}}{2{,}08} = 1{,}44 \text{ kN}$$

**Nota:** *se o valor de 3 kN fosse atribuído a CB, então CA seria igual a 6,24 kN, que obviamente excede a capacidade admissível do cabo.*

Esse problema é completado escrevendo a segunda equação de equilíbrio.

$$[\Sigma F_y = 0] + \frac{12}{13}CA + \frac{3}{5}CB - W = 0 \qquad (2)$$

Substituindo os valores de *CA* e *CB* na equação (2),

$$+\frac{12}{13}(3 \text{ kN}) + \frac{3}{5}(1{,}44 \text{ kN}) = W$$

$$W = 2{,}77 \text{ kN} + 0{,}86 \text{ kN} = 3{,}63 \text{ kN}$$

### Solução Gráfica (Escala 1 mm = 50 N)

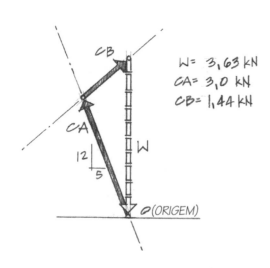

Usando o método ponta-a-cauda, o triângulo de forças é construído de tal forma que *W*, *CA* e *CB* formem um triângulo fechado. A ponta da última força deve chegar à cauda da primeira força, por isso

$$R_x = \Sigma F_x = 0 \quad \text{e} \quad R_y = \Sigma F_y = 0$$

O peso *W* é conhecido como uma força vertical que chega à origem *O*. As únicas coisas conhecidas sobre *CB* e *CA* são suas linhas de ação. Entretanto, visualmente, fica óbvio que *CA* deve ter a força de tração de 3 kN para que *CB* não supere a força de tração admissível. Se *CB* fosse desenhado com 3 kN, *CA* acabaria sendo muito maior do que isso.

**2.25** A força de tração no cabo *CB* deve ter um determinado módulo necessário para fornecer equilíbrio ao ponto de cruzamento das forças concorrentes em *C*. Se a força na lança *AC* for de 4.000# (17,79 kN) e *Q* for 800# (3,56 kN), determine a carga *P* (vertical) que pode ser suportada. Além disso, encontre a força de tração desenvolvida no cabo *CB*. Resolva esse problema analiticamente assim como graficamente usando uma escala de 1" = 800# (ou 1 mm = 140 N).

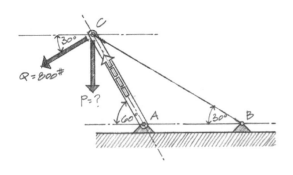

# Estática

## Solução Analítica:

| Força | $F_x$ | $F_y$ |
|---|---|---|
| Q | $-Q \cos 30° = -800\#(0{,}866) = -693\#$ | $-Q \sen 30° = -800\#(0{,}5) = -400\#$ |
| AC | $-AC \cos 60° = -4.000\#(0{,}5) = -2.000\#$ | $-AC \sen 60° = +4.000\#(0{,}866) = +3.464\#$ |
| P | 0 | $-P$ |
| CB | $+CB \cos 30° = +0{,}866\,CB$ | $+CB \sen 30° = -0{,}5\,CB$ |

$$R_x = \Sigma F_x = 0 \quad R_y = \Sigma F_y = 0$$

Para existir o equilíbrio

$\therefore R_x = [\Sigma F_x = 0] - 693\# - 2.000\# + 0{,}866 CB = 0$

$CB = \dfrac{+693\# + 2.000\#}{0{,}866} = 3.110\#$

$R_y = [\Sigma F_y = 0] - 400\# + 3.464\#$
$\quad - P - 0{,}5(3.110\#) = 0$

$P = 3.464\# - 400\# - 0{,}5(3.110\#); \quad P = 1.509\#$

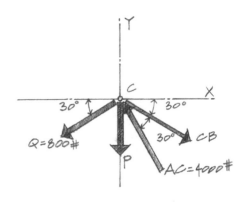

## Solução Gráfica:

Comece a solução gráfica desenhando a força conhecida $AC = 4.000\# = 17{,}79$ kN (uma linha de $5'' = 127{,}0$ mm fazendo 60° com o eixo horizontal). Então, na ponta de $AC$, desenhe a força $Q$ ($1'' = 25{,}4$ mm de comprimento e 30° em relação à horizontal). A força $P$ tem uma direção conhecida (vertical), mas um módulo desconhecido. Construa uma linha vertical a partir da ponta de $Q$ para representar a linha de ação da força $P$. Para que o equilíbrio seja estabelecido, a última força $CB$ deve chegar no ponto de origem $C$. Desenhe $CB$ com uma inclinação de 30° passando por $C$. A intersecção das linhas $P$ e $CB$ define os limites das forças. Os módulos de $P$ e $CB$ são obtidos medindo na escala as linhas das respectivas forças.

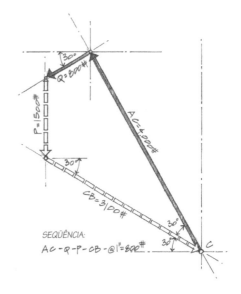

**2.26** Determine as forças de tração nos cabos $BA$, $BC$, $CD$ e $CE$, admitindo $W = 100\#$ (445 N).

## Solução Analítica:

Considerando que esse problema envolve a resolução de quatro forças desconhecidas nos cabos, um único DCL para todo o sistema seria inadequado, porque apenas duas equações de equilíbrio podem ser escritas. Esse problema pode ser resolvido de uma maneira melhor isolando os dois pontos $B$ e $C$ onde se cruzam as forças concorrentes e escrevendo dois conjuntos distintos de equações de equilíbrio para encontrar o valor das quatro incógnitas.

**Nota:** *O DCL da partícula* B *mostra que apenas duas incógnitas*, AB e CB, *estão presentes.*

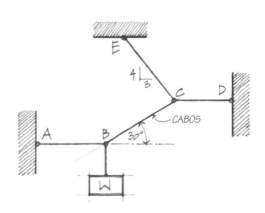

No DCL de *B*, as direções das forças nos cabos *BA* e *BC* foram *propositalmente* invertidas para ilustrar como tratar as forças que forem admitidas nos sentidos errados.

| Força | $F_x$ | $F_y$ |
|---|---|---|
| AB | $+AB$ | 0 |
| CB | $-CB \cos 30°$ | $-CB \, \text{sen} \, 30°$ |
| W | 0 | $-100\#$ |

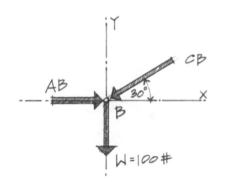

$[\Sigma F_x - 0] + AB - CB \cos 30° = 0$ \hfill (1)

$AB = +0{,}866(CB)$

$[\Sigma F_y = 0] - CB \, \text{sen} \, 30° - 100\# = 0$ \hfill (2)

$+0{,}5 CB = -100\#$

$\therefore CB = -200\#$

O sinal negativo indica que o sentido admitido para *CB* não é correto; na realidade, *CB* é uma força de tração. O módulo de 200# (890 N) está correto, embora o sentido tenha sido admitido incorretamente. Substituindo o valor de *CB* (incluindo o sinal negativo) na equação (1),

$AB = +0{,}866(-200\#)$

$AB = -173{,}2\#$

*AB* também foi admitido inicialmente como uma força de compressão, mas o sinal negativo no resultado indica que ela deve ser de tração.

**Nota:** *No DCL anterior, o sentido da força* CB *(tração) foi alterado para refletir seu sentido correto.*

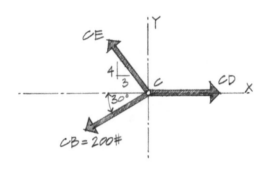

| Força | $F_x$ | $F_y$ |
|---|---|---|
| CB | $-(200\#) \cos 30° = -173{,}2\#$ | $-(200\#) \, \text{sen} \, 30° = -100\#$ |
| CD | $+CD$ | 0 |
| CE | $-\dfrac{3}{5} CE$ | $+\dfrac{4}{5} CE$ |

$[\Sigma F_y = 0] - 100\# + \dfrac{4}{5} CE = 0$

$CE = \dfrac{5}{4}(+100\#) = +125\#$

$[\Sigma F_x = 0] - 173{,}2\# + CD - \dfrac{3}{5} CE = 0$

$CD = +173{,}2\# + \dfrac{3}{5}(+125\#)$

$CD = +248\#$

Estática

## Problemas

Para os problemas 2.28 a 2.33, desenhe os DCLs.

**2.28** A pequena torre mostrada à direita consiste em dois postes, $AB$ e $BC$, suportando um peso $W = 1.000\#$ (4,45 kN). Encontre as reações $R_A$ e $R_C$.

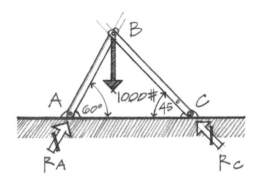

**2.29** Dois elementos $AC$ e $BC$ estão ligados entre si por meio de pinos em $C$ a fim de fornecer uma estrutura para resistir a uma força de 500 N, conforme ilustrado. Determine as forças desenvolvidas nos dois elementos, isolando o ponto $C$.

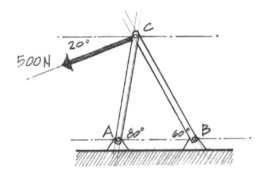

**2.30** Um parafuso com olhal em $A$ está em equilíbrio sob a ação das quatro forças mostradas. Determine o módulo e o sentido de $P$.

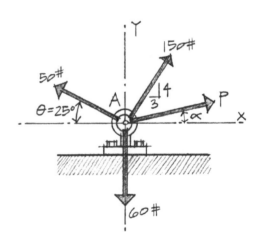

**2.31** Uma esfera pesando 2,5 kN tem um raio $r = 0,15$ m. Admitindo que as duas superfícies de apoio sejam lisas, que forças a esfera exerce nas superfícies inclinadas?

*Nota: As reações em objetos redondos agem no sentido perpendicular à superfície de apoio e passam através do centro de gravidade do objeto.*

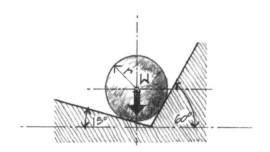

**2.32** Um trabalhador está posicionando uma caçamba de concreto que pesa 2.000# (8,90 kN), puxando uma corda ligada ao cabo do guindaste em A. O ângulo do cabo tem 5° de afastamento da vertical quando o trabalhador puxa com uma força P a um ângulo de 20° com a horizontal. Determine a força P e a força de tração no cabo AB.

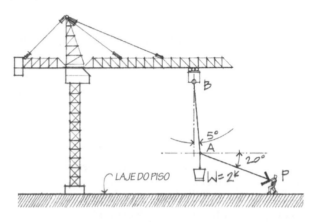

**2.33** Um peso $W = 200\#$ (890 N) é suportado por um sistema de cabos conforme ilustrado. Determine as forças em todos os cabos e a força na lança vertical BC.

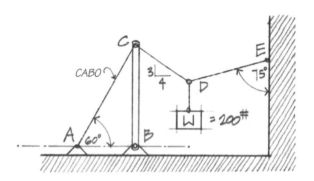

Estática

## 2.5 DIAGRAMAS DE CORPO LIVRE DE CORPOS RÍGIDOS

Os diagramas de corpo livre de corpos rígidos incluem um sistema de forças que não tem mais um único ponto onde se cruzam as forças concorrentes. As forças não são concorrentes, mas permanecem coplanares em um sistema bidimensional. Os módulos e as direções das forças externas *conhecidas* devem ser indicados claramente nos DCLs. As forças externas *desconhecidas*, normalmente as reações de apoio ou as restrições, constituem as forças desenvolvidas no corpo rígido para resistir às tendências translacionais ou rotacionais. O tipo de reação oferecida pelo apoio depende da condição da restrição. Algumas das restrições de suportes usadas mais frequentemente estão resumidas na Tabela 2.1. Além disso, as condições reais de apoio para roletes, pinos e conexões rígidas são mostradas na Tabela 2.2.

***Nota:*** *Ao desenhar os DCLs, o autor colocará um "travessão" nas setas das forças que indicam reações. Isso ajudará a distinguir as forças de reação das outras forças e cargas aplicadas.*

*Tabela 2.1(a)   Condições de apoio para estruturas coplanares*

| Símbolo Utilizado | Reações | Número de incógnitas |
|---|---|---|
|  |  | Uma reação desconhecida.<br><br>A reação é perpendicular à superfície no ponto de contato. |
|  |  | Uma reação desconhecida.<br><br>A força de reação age na direção do cabo ou da barra de ligação. |

*Tabela 2.1(b)  Apoios e conexões para estruturas coplanares*

| Símbolo utilizado | Reações | Número de incógnitas |
|---|---|---|
| APOIO DE ROLETE / APOIO DE ROLETE / APOIO OSCILANTE | $F_Y$ | Uma reação desconhecida. A reação é perpendicular à superfície de apoio. |
| APOIO DE PINO, ARTICULAÇÃO OU RÓTULA / SUPERFÍCIE RUGOSA | $F_x$, $F_y$ | Duas reações desconhecidas. Reações desconhecidas. $F_x$ e $F_y$. |
| OU | $M$, $F_x$, $F_y$ | Três reações desconhecidas. Reações desconhecidas. Forças $F_x$, $F_y$, e o momento resistente $M$. |

Estática

Tabela 2.2 Exemplos de conexões e apoios

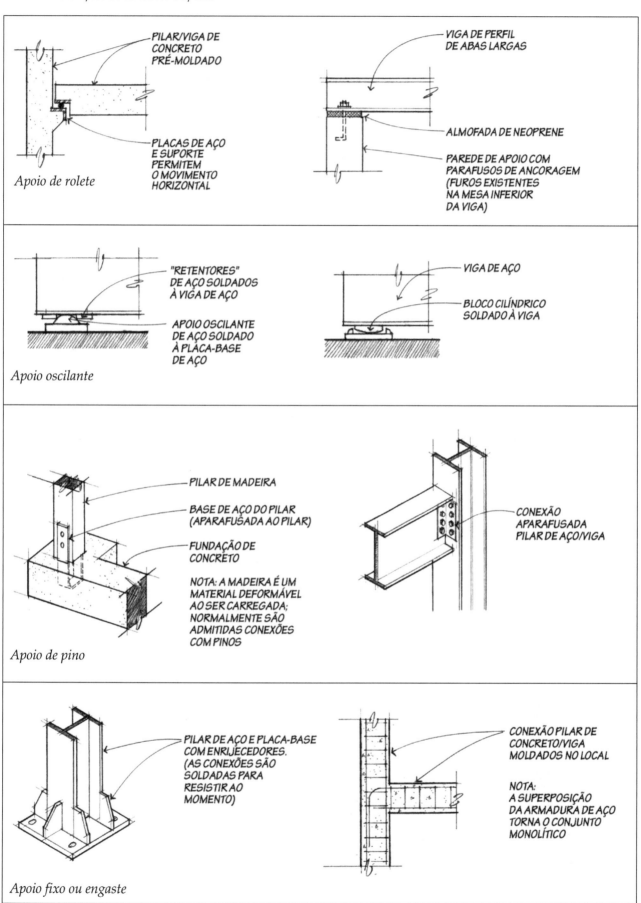

Para a maior parte dos problemas tratados neste texto o peso será ignorado, a menos que seja especificado explicitamente o contrário. Sempre que o peso do corpo rígido for significativo em um problema, ele pode ser facilmente incluído nos cálculos acrescentando outra força passando pelo centroide (centro de gravidade) do corpo rígido.

Quando o sentido da força ou momento de reação não for óbvio, atribua-o arbitrariamente. Se acontecer de sua suposição se mostrar incorreta, a(s) resposta(s) calculada(s) nas equações de equilíbrio mostrará(ão) um valor negativo. O módulo da resposta numérica ainda estará correto; apenas o *sentido* admitido para a força ou o momento estará errado.

Se a resposta deve ser usada em cálculos posteriores, substitua-a nas equações com o valor negativo. Recomenda-se que não sejam feitas modificações no sentido do vetor até todos os cálculos estarem concluídos.

Os diagramas de corpo livre devem incluir inclinações e dimensões críticas, porque isso pode ser necessário para o cálculo dos momentos das forças. As Figuras 2.53 a 2.55 mostram exemplos de tais DCLs.

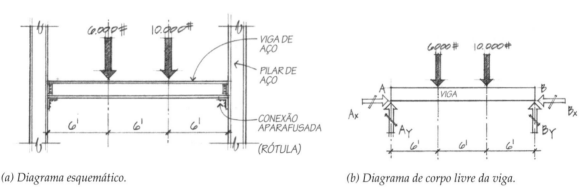

(a) Diagrama esquemático.   (b) Diagrama de corpo livre da viga.

Figura 2.53  Exemplo de viga com duas cargas concentradas.

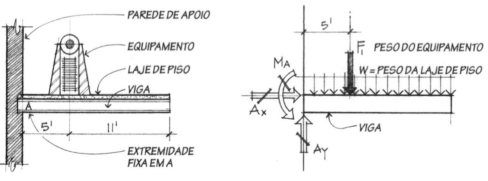

(a) Diagrama esquemático.   (b) Diagrama de corpo livre.

Figura 2.54  Viga em balanço com uma carga concentrada e uma carga uniformemente distribuída.

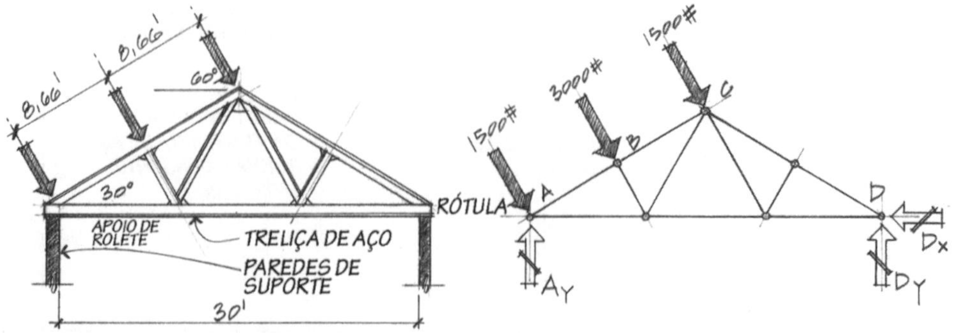

(a) Diagrama esquemático.   (b) Diagrama de corpo livre.

Figura 2.55  Carga de vento em um telhado com duas águas. Geralmente, as cargas de vento em um telhado com duas águas são aplicadas no sentido perpendicular à superfície de barlavento. Outra análise seria a de examinar as forças de levantamento na água de sotavento. Geralmente as ripas que se estendem perpendicularmente ao plano da treliça estão localizadas nos nós da tesoura para minimizar a flexão no banzo superior.

Estática

Exemplos de Problemas: Equilíbrio de Corpos Rígidos

**2.27** Uma viga carregada com uma força de 500# (2,22 kN) tem uma extremidade suportada por um pino e a outra apoiada em uma superfície lisa. Determine as reações nos apoios em A e B.

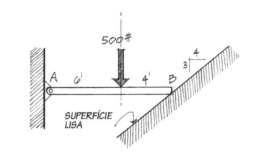

**Solução**

A primeira etapa na solução de qualquer um desses problemas de equilíbrio é a construção de um DCL. As direções de $A_x$, $A_y$ e $B$ são admitidas arbitrariamente.

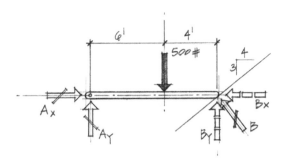

  a. O suporte com pino em A desenvolve duas reações de apoio: $A_x$ e $A_y$. Ambas as forças são independentes entre si e constituem duas incógnitas separadas.
  b. A reação B da superfície lisa é desenvolvida no sentido perpendicular ao da inclinação da superfície.
  c. Pelo fato de as equações de equilíbrio de forças ($\Sigma F_x = 0$ e $\Sigma F_y = 0$) estarem no sistema de coordenadas de referência, as forças inclinadas devem ser decompostas em seus componentes $x$ e $y$.

$$B_x = \frac{3}{5}B \quad e \quad B_y = \frac{4}{5}B$$

*Nota: A inclinação da força de reação B (4:3) é o inverso da inclinação da superfície (3:4).*

$B_x$ e $B_y$ são os componentes da força de reação B e não independentes entre si, assim como são $A_x$ e $A_y$. Escrevendo $B_x$ e $B_y$ como funções de B, o DCL ainda envolve apenas três incógnitas, que correspondem às três equações de equilíbrio necessárias para um corpo rígido.

$$[\Sigma F_x = 0] + A_x - B_x = 0 \tag{1}$$

Mas, como $B_x = \frac{3}{5}B$,

$$A_x - \frac{3}{5}B = 0$$

então $A_x = \dfrac{+3B}{5}$

$$[\Sigma F_y = 0] + A_y - 500\# + B_y = 0 \tag{2}$$

$$A_y = 500\# - \frac{4}{5}B$$

$$[\Sigma M_A = 0] = 500\#(6') + B_y(10') = 0 \tag{3}$$

*Nota: A equação de momentos pode ser escrita em torno de qualquer ponto. Normalmente, o ponto escolhido é onde passa pelo menos uma das incógnitas. Desta forma, a incógnita que passa pelo ponto pode ser excluída da equação de momentos, porque não tem braço de momento.*

Resolvendo a equação (3),

$(10')B_y = +(500\#)(6')$

$(10')\left(\dfrac{4}{5}\right)B = +3.000\,\#\text{-ft}$

$B = +375\,\#$

O sinal positivo para a solução de $B$ indica que o sentido admitido para $B$ no DCL estava correto.

Substituindo nas equações (1) e (2),

$A_x = +\dfrac{3}{5}(+375\#) = +255\#$

$A_y = 500\# - \dfrac{4}{5}(+375\#) = +200\#$

Os sentidos admitidos para $A_x$ e $A_y$ também estavam corretos.

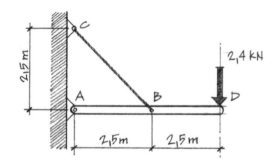

**2.28** Desenhe um DCL do elemento $ABD$. Encontre o valor das reações no apoio $A$ e a força de tração no cabo $BC$.

**Solução**

Os sentidos de $A_x$, $A_y$ e $BC$ foram todos admitidos. A confirmação se dará por meio das equações de equilíbrio.

$[\Sigma M_A = 0] + 0{,}707BC(2{,}5\,\text{m}) - 2{,}4\,\text{kN}(5\,\text{m}) = 0$ \hfill (1)

$BC = \dfrac{2{,}4\,\text{kN}(5\,\text{m})}{0{,}707(2{,}5\,\text{m})} = 6{,}79\,\text{kN}$

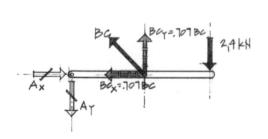

$\therefore BC_x = 0{,}707(6{,}79\,\text{kN}) = 4{,}8\,\text{kN}$

$\therefore BC_y = 0{,}707(6{,}79\,\text{kN}) = 4{,}8\,\text{kN}$

$[\Sigma F_x = 0] + A_x - 4{,}8\,\text{kN} = 0$ \hfill (2)

$A_x = +4{,}8\,\text{kN}$

$[\Sigma F_y = 0] - A_y + 4{,}8\,\text{kN} - 2{,}4\,\text{kN} = 0$ \hfill (3)

$A_y = +2{,}4\,\text{kN}$

2.29  Determine as reações nos apoios da treliça nos nós A e D.

**Solução:**

$[\Sigma M_D = 0] + A_x(20') - 867\#(10') - 1.000\# (20') = 0$     (1)
$A_x = +1,434\#$; A direção admitida é correta

$[\Sigma F_x = 0] - D_x - 500\# + A_x = 0$     (2)
$D_x = 1,434\# - 500\# = +934\#$; Direção admitida OK

$[\Sigma F_y = 0] - D_y - 867\# - 1.000\# = 0$     (3)
$D_y = -1,867\#$; A direção admitida é incorreta

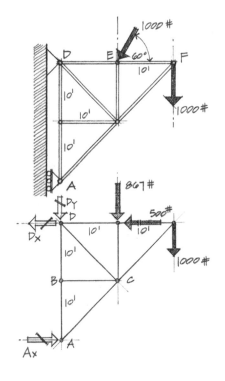

2.30  Determine o momento resistente $M_{RA}$ na base do poste de eletricidade admitindo as forças $T_1 = 200\#$ (890 N) e $T_2 = 300\#$ (1.334 N), conforme ilustrado. Quais são as reações $A_x$ e $A_y$ na base? (Mostre o DCL).

**Solução:**

$T_{1x} = T_1 \cos 15° = 200\#(0,966) = 193\#$
$T_{1y} = T_1 \sen 15° = 200\#(0,259) = 51,8\#$

$T_{2x} = T_2 \cos 10° = 300\#(0,985) = 295,4\#$
$T_{2y} = T_2 \sen 10° = 300\#(0,174) = 52\#$

$[\Sigma M_A = 0] - M_{RA} + 295,4\#(30') - 193\#(35')$     (1)
$+ 52\#(6') - 51,8\#(4') = 0$

encontrando o valor de $M_{RA}$: $M_{RA} = +2.212$ #-ft (2.999 N-m)

$[\Sigma F_x = 0] - 295,4\# + 193\# + A_x = 0$     (2)
$\therefore A_x = +102,4\#$

$[\Sigma F_y = 0] - 52\# - 51,8\# + A_y = 0$     (3)
$\therefore A_y = +103,8\#$

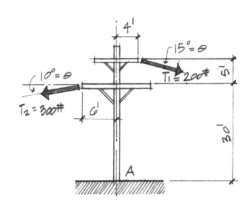

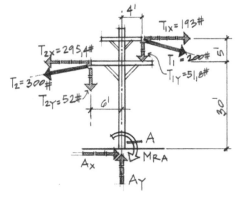

**2.31** Uma viga composta suporta duas cargas verticais conforme ilustrado. Determine as reações desenvolvidas nos apoios A, B e E além das forças de restrições internas em C e D.

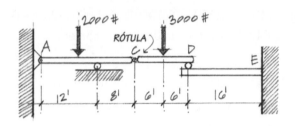

**Solução:**

O DCL de todo o sistema da viga mostra um total de seis reações de restrições desenvolvidas. Tendo em vista o fato de que apenas três equações de equilíbrio estão disponíveis para um determinado DCL, todas as reações nos apoios não podem ser determinadas.

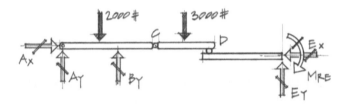

Em casos como esse, em que o sistema é composto de vários elementos distintos, o método de solução deve envolver o desenho dos DCLs dos elementos isolados.

***Nota:*** *As forças de restrições internas em C e D são mostradas iguais e opostas em cada um dos elementos conectados.*

Selecione o DCL do elemento com menor número de forças desconhecidas e resolva as equações de equilíbrio.

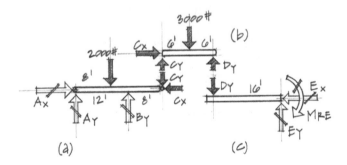

DCL(b):

$[\Sigma F_x = 0] C_x = 0$

$[\Sigma M_C = 0] - 3.000\#(6') + D_y(12') = 0$
$D_y = +1.500\#$

$[\Sigma F_y = 0] + C_y - 3.000\# + D_y = 0$
$C_y = +3.000\# - 1.500\#$
$C_y = +1.500\#$

Agora $C_x$, $C_y$ e $D_y$ são forças conhecidas para os DCLs (a) e (c).

DCL(a):

$[\Sigma F_x = 0] + A_x - C_x = 0$
mas $C_x = 0$;
$\therefore A_x = 0$

$[\Sigma M_A = 0] - 2.000\#(8') + B_y(12') - C_y(20') = 0$
$B_y = \dfrac{+2.000\#(8') + 1.500\#(20')}{12'} = +3.830\ \#\text{-ft}$

$[\Sigma F_y = 0] + A_y - 2.000\# + B_y - C_y = 0$
$A_y = +2.000\# - 3.830\# + 1.500\# = -330\#$

**Nota:** *O resultado negativo para $A_y$ indica que a suposição inicial a respeito de seu sentido estava errada.*

DCL(c):

$[\Sigma F_x = 0] E_x = 0$

$[\Sigma F_y = 0] - D_y + E_y = 0$
$E_y = +1.500\#$

$[\Sigma M_E = 0] + D_y(16') - M_{R_E} = 0$
$M_{R_E} = +(1.500\#)(16') = +24.000\ \#\text{-ft}$

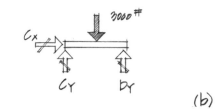

(b)

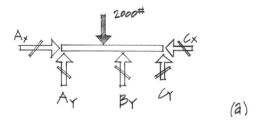

(a)

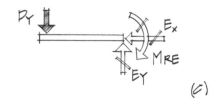

(c)

## Problemas

**2.34** Um poste $AB$ está apoiado em uma parede lisa e sem atrito em $B$. Calcule o componente horizontal e o componente vertical das reações em $A$ e $B$.

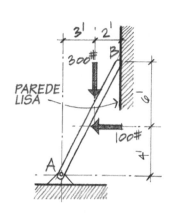

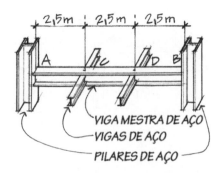

**2.35** A viga principal mostrada é suportada por pilares em *A* e *B*. Duas vigas menores exercem uma força de 40 kN para baixo na viga principal em *C* e outras duas vigas exercem uma força de 50 kN para baixo na viga principal em *D*. Encontre as reações em *A* e *B*.

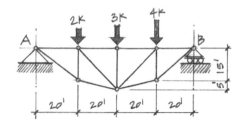

**2.36** Uma ponte sobre um rio é carregada em três pontos do tabuleiro. Determine as reações de apoio em *A* e *B*.

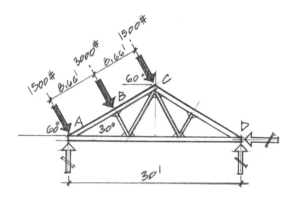

**2.37** As forças de vento na cobertura inclinada de barlavento são aplicadas normalmente ao banzo superior de uma treliça. Determine as reações na parede desenvolvidas em *A* e *D*.

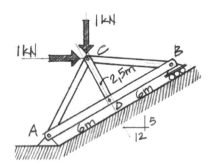

**2.38** Uma treliça *"king-post"* suporta uma força vertical e horizontal em *C*. Determine as reações desenvolvidas nos apoios *A* e *B*.

**2.39** Um sistema de vigas em balanço com três vãos é usado para suportar as cargas da cobertura de uma edificação industrial. Desenhe os DCLs apropriados e determine as reações nos apoios A, B, E e F assim como as forças nos pinos (rótulas) em C e D.

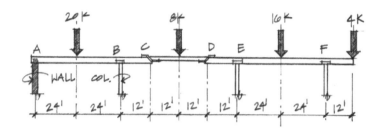
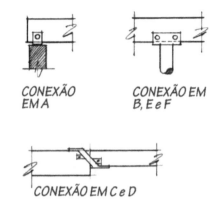

**2.40** Determine as reações desenvolvidas nos pontos de apoio A, B, C e D.

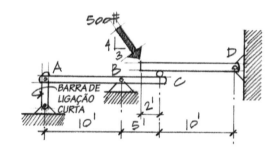

**2.41** Encontre os valores das reações nos apoios A, B e C.

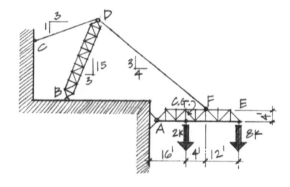

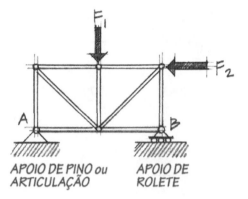

*Figura 2.56(a)* Treliça com um apoio de articulação e um apoio de rolete.

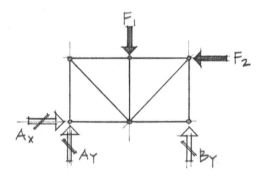

*Figura 2.56(b)* DCL – Determinado e restrito.

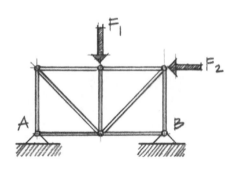

*Figura 2.57(a)* Treliça com dois apoios de articulação.

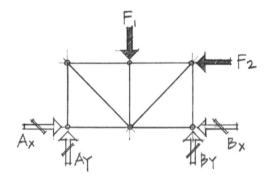

*Figura 2.57(b)* DCL – Estaticamente indeterminado externamente.

## 2.6 INDETERMINAÇÃO ESTÁTICA E RESTRIÇÕES IMPRÓPRIAS

Na análise de uma viga, de uma treliça ou de um quadro estrutural, normalmente a primeira etapa envolve o desenho de um DCL. Do DCL podemos determinar (a) se as equações de equilíbrio necessárias e disponíveis são suficientes para satisfazer as condições de carregamento dadas e (b) as forças desconhecidas nos apoios.

Como exemplo, vamos examinar uma treliça, como a apresentada na Figura 2.56(a), com duas cargas aplicadas, $F_1$ e $F_2$. Existe um apoio em rótula (pino) em $A$ e um apoio de rolete em $B$.

Um DCL dessa treliça mostra que são desenvolvidas duas forças no apoio $A$ e que existe apenas a reação vertical em $B$, conforme ilustra a Figura 2.56(b). As três forças nos apoios são suficientes para impedir a translação tanto na direção $x$ como na direção $y$, assim como as tendências de rotação em torno de qualquer ponto. Portanto, as três equações de equilíbrio são satisfatórias e $A_x$, $A_y$ e $B_y$ podem ser facilmente determinadas.

Em casos como esse, diz-se que as reações são *estaticamente determinadas* e diz-se que o corpo rígido está *completamente restrito*.

Agora examine a mesma treliça, da maneira ilustrada pela Figura 2.57(a), mas com dois apoios de pinos. Um DCL da treliça mostra que estão presentes um total de quatro reações de apoio: $A_x$, $A_y$, $B_x$ e $B_y$.

Essas restrições nos apoios impedem adequadamente as tendências de translação ($x$ e $y$) e de rotação a fim de satisfazer as condições básicas de equilíbrio, Figura 2.57(b).

*Três equações de equilíbrio*
*Quatro reações de apoio desconhecidas*

Quando o número de incógnitas ultrapassa o número de equações de equilíbrio, diz-se que o corpo rígido está *estaticamente indeterminado* externamente. O grau de indeterminação é igual à diferença entre o número de incógnitas e o número de equações de equilíbrio. Desta forma, no caso mostrado na Figura 2.57(b), as restrições da treliça são indeterminadas em primeiro grau.

São fornecidos dois apoios para a treliça da Figura 2.58(a); ambos são apoios em roletes. O DCL revela que são desenvolvidas apenas duas reações de apoio verticais. Tanto $A_y$ como $B_y$ apresentam a capacidade de resistir à força vertical $F_1$, mas não existe reação horizontal para resistir à translação causada pela força $F_2$.

*Três equações de equilíbrio*
*Duas reações de apoio desconhecidas*

O número mínimo de condições de equilíbrio que deve ser satisfeito é três, mas tendo em vista o fato de que existem apenas duas restrições, essa treliça é *instável* (ou *parcialmente restrita*).

Uma generalização dos três exemplos anteriores que parece aparente é que o número de incógnitas dos apoios deve ser igual ao número de equações de equilíbrio para um corpo rígido estar completamente restrito e estaticamente determinado. Entretanto, observe que embora essa generalização seja necessária, ela não é suficiente. Considere, por exemplo, a treliça mostrada na Figura 2.59(a) e 2.59(b), que está suportada por três apoios em rolete em A, B e C.

*Três equações de equilíbrio*
*Três reações de apoio desconhecidas*

Embora o número de equações seja igual ao número de equações de equilíbrio, não existe capacidade de suporte que possa restringir a translação horizontal. Essas restrições estão dispostas inadequadamente, e essa condição é conhecida como *impropriamente restrita*.

Uma reorganização dos três apoios de roletes mostrada na Figura 2.60(a) e 2.60(b) facilmente poderia tornar a treliça estável, assim como estaticamente determinada.

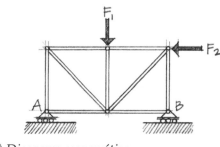

*(a) Diagrama esquemático.*

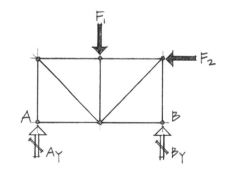

*(b) Diagrama de corpo livre.*

*Figura 2.58  Dois apoios de rolete – parcialmente restrita/instável.*

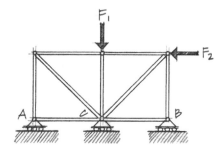

*(a) Diagrama esquemático.*

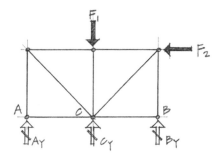

*(b) Diagrama de corpo livre.*

*Figura 2.59  Três apoios de rolete – parcialmente restrita/instável.*

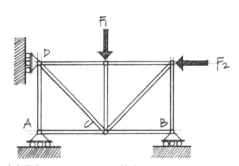

*(a) Diagrama esquemático.*

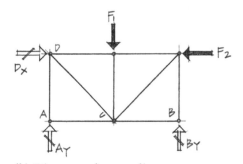

*(b) Diagrama de corpo livre.*

*Figura 2.60  Três apoios de rolete – estável e determinada.*

## Três Equações de Equilíbrio e Três Reações de Apoio Desconhecidas

Classificação das estruturas com base nas restrições

| | Estrutura | Número de Incógnitas | Número de Equações | Condição Estática |
|---|---|---|---|---|
| 1. | | 3 | 3 | Estaticamente determinada (chamada *viga simples*) |
| 2. | | 5 | 3 | Estaticamente indeterminada em segundo grau (chamada *viga contínua*) |
| 3. | | 2 | 3 | Instável |
| 4. | | 3 | 3 | Estaticamente determinada (chamada *viga engastada e livre*, ou *em balanço*) |
| 5. | | 3 | 3 | Estaticamente determinada (chamada *viga biapoiada com balanço*) |
| 6. | | 4 | 3 | Estaticamente indeterminada em primeiro grau (chamada *viga engastada e apoiada*) |
| 7. | | 6 | 3 | Estaticamente indeterminada em terceiro grau (chamada *viga biengastada*) |
| 8. | TRELIÇA | 3 | 3 | Estaticamente indeterminada (ver Exemplo de Problema 3.8) |
| 9. | TRELIÇA | 3 | 3 | Instável (impropriamente restrita) |
| 10. | QUADRO RÍGIDO | 6 | 3 | Estaticamente indeterminada em terceiro grau |

# Estática

## Problemas Complementares

### Adição de Vetores: Seção 2.2

**2.42** Determine a resultante das duas forças que agem no ponto O. Escala 1/2" = 100# (ou Escala: 1 mm = 35 N).

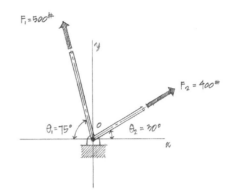

**2.43** Determine a resultante das três forças mostradas que agem em um dispositivo de ancoragem. Use o método gráfico de ponta-a-cauda em sua solução. Siga uma sequência de A-B-C. Escala: 50 mm = 1 kN ou 1 mm = 20 N.

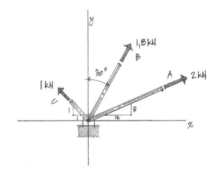

**2.44** Uma estaca resiste à força de tração desenvolvida por três tirantes (estais) para uma grande tenda (membrana). Admitindo que não se deseja flexão na estaca (nenhum componente horizontal resultante), qual o valor da força S se o ângulo $\theta_S = 30°$?

Se a estaca resistir com uma capacidade de 500#/ft² (23,94 kPa) da superfície encravada, qual é a penetração h exigida para a estaca? Escala: 1" = 8 k (ou Escala: 1 mm = 1,4 kN).

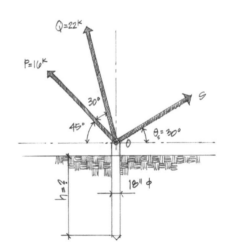

### Sistemas de Forças: Seção 2.3

**2.45** Encontre o valor da força resultante em A usando o método analítico.

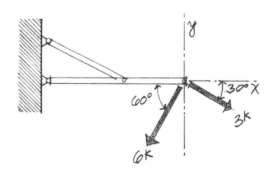

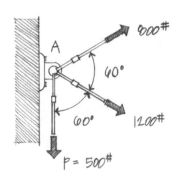

**2.46** Sabendo que o módulo da força $P$ é 500# (2,22 kN), determine a resultante das três forças aplicadas em $A$.

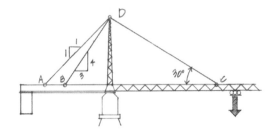

**2.47** Determine a resultante no ponto $D$ (que é suportado pelo mastro do guindaste) se $AD = 90$ kN, $BD = 45$ kN e $CD = 110$ kN.

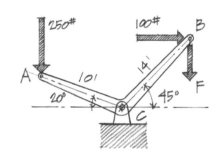

*Momento de uma Força: Seção 2.3*

**2.48** Determine a força $F$ exigida em $B$ tal que o momento resultante em $C$ seja zero. Mostre todos os cálculos.

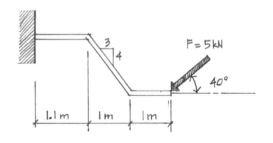

**2.49** Uma viga em trechos retos não colineares e em balanço está carregada conforme a ilustração. Determine o momento resultante em $A$.

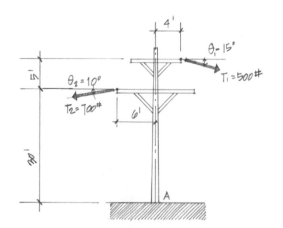

**2.50** Determine o momento resultante $M_A$ na base do poste de eletricidade admitindo as forças $T_1$ e $T_2$ conforme ilustrado.

## Resultante de Forças Paralelas: Seção 2.3

**2.51** Encontre a força resultante única que duplicaria o efeito das quatro forças paralelas mostradas. Use a origem de referência dada no desenho.

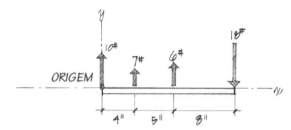

**2.52** Uma viga de madeira com 3 m de extensão pesa 30 N por metro de comprimento e suporta duas cargas concentradas verticais conforme a ilustração. Determine a força resultante única que duplicaria o efeito dessas três forças paralelas. Use a origem de referência mostrada.

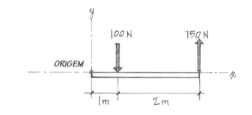

**2.53** Um elemento estrutural de madeira com 16 pés de comprimento (4,88 m) pesa 20 lb/ft (292 N/m) e suporta três cargas concentradas. Determine os módulos dos componentes de $A$ e $B$ que causariam efeitos equivalentes aos das quatro forças paralelas que agem no sistema.

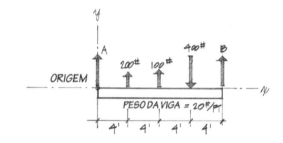

## Equilíbrio de uma Partícula: Seção 2.4

**2.54** Determine a força de tração no cabo $AB$ e a força desenvolvida na escora $AC$.

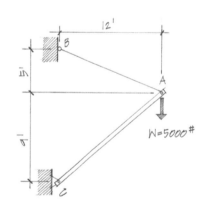

**2.55** Determine a força desenvolvida nos elementos estruturais $AC$ e $BC$ devida a uma força aplicada $F = 2$ kN no ponto de cruzamento das forças $C$. Em sua resposta final, indique se os elementos estão submetidos à tração ou à compressão. Resolva esse problema analiticamente e graficamente. Escala: 1 mm = 20 N.

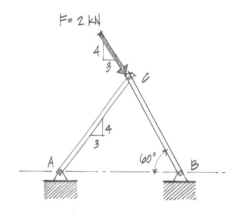

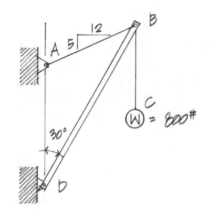

**2.56** Os cabos *BA* e *BC* estão conectados à lança *DB* no ponto de cruzamento das forças *B*. Determine as forças no cabo *BA* e na lança *DB* usando o método analítico. Admita que exista uma condição de equilíbrio em *B*.

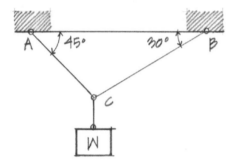

**2.57** Determine as forças de tração em *CA* e *CB* e o peso máximo *W* se a capacidade máxima do cabo para *AC* e *CB* for de 1,8 kN.

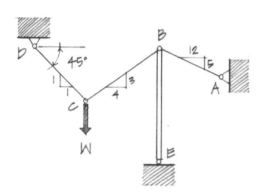

**2.58** Determine o peso *W* exigido para produzir uma força de tração de 1.560# (6,94 kN) no cabo *AB*. Além disso, determine as forças em *BC*, *BE* e *CD*.

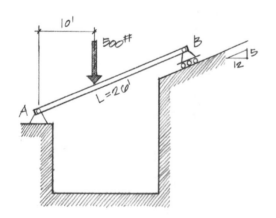

*Equilíbrio de Corpos Rígidos: Seção 2.5*

**2.59** Determine as reações de apoio em *A* e *B*.

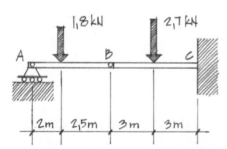

**2.60** Construa os DCLs apropriados e encontre os valores das reações de apoio em *A* e *C*.

Estática

**2.61** Uma ponte se estende por sobre um rio suportando as cargas mostradas. Determine as reações de apoio em A e B.

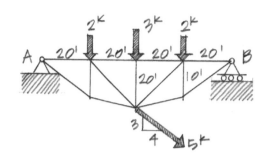

**2.62** Calcule as reações da viga nos apoios A, C e D. Desenhe todos os DCLs apropriados.

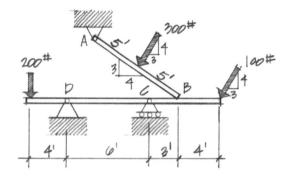

## Resumo

- Força é definida como uma ação de puxar ou empurrar um corpo e tende a modificar seu estado de repouso ou de movimento. Além disso, uma força é um vetor, caracterizado por seu módulo, direção, sentido e ponto de aplicação.

- O princípio da transmissibilidade, quando aplicado aos corpos rígidos, afirma que uma força pode ser movida para qualquer lugar ao longo de sua linha de ação, sem alterar os efeitos externos no corpo.

- Duas forças (vetores) são somadas de acordo com a lei do paralelogramo, na qual os componentes formam os lados do paralelogramo e a resultante é representada pela diagonal.

- O inverso da adição de vetores é a decomposição de uma força em dois componentes perpendiculares, geralmente os eixos $x$ e $y$. A força $F$, tendo a inclinação $\theta$ em relação ao eixo horizontal $x$, é decomposta em componentes $x$ e $y$ expressos por $F_x = F \cos \theta$ e $F_y = F \sin \theta$.

  A força $F$ representa a diagonal de um retângulo e $F_x$ e $F_y$ são os respectivos lados. Do teorema de Pitágoras para triângulos retângulos,

  $$F = \sqrt{F_x^2 + F_y^2} \quad \text{e} \quad \tan \theta = \frac{F_y}{F_x} \quad \text{ou} \quad \theta = \tan^{-1}\left(\frac{F_y}{F_x}\right)$$

- A resultante de uma série de forças concorrentes é expressa por

  $$R = \sqrt{R_x^2 + R_y^2} \quad \text{e} \quad R_x = \Sigma F_x \quad \text{e} \quad R_y = \Sigma F_y$$

- A direção da força resultante é determinada pelo uso da função trigonométrica:

  $$\theta = \tan^{-1}\left(\frac{R_y}{R_x}\right)$$

- A soma algébrica das forças nas direções $x$ e $y$ admite uma convenção de sinal na qual as forças horizontais dirigidas para a direita são consideradas positivas (negativas se estiverem dirigidas para a esquerda) e as forças verticais que atuam de baixo para cima são consideradas positivas (negativas se atuarem de cima para baixo).

- Momento é expresso como a multiplicação de uma força pela distância perpendicular a um ponto de referência: $M = F \times d_\perp$.

  O sentido é determinado pela tendência de uma força de produzir uma rotação no sentido dos ponteiros do relógio (horário) ou no sentido contrário ao dos ponteiros do relógio (anti-horário) em torno da referência.

- O teorema de Varignon afirma que o momento de uma força em torno de um ponto é igual à soma algébrica dos momentos de seus componentes em torno do mesmo ponto.

- O momento de um binário é o produto de duas forças que possuem o mesmo módulo e linhas de ação paralelas, mas sentidos opostos. Os binários produzem rotação pura sem translação.

- A resultante de duas forças paralelas deve produzir um efeito equivalente (em termos de translação e rotação) ao das forças originais.

- O equilíbrio de um sistema de forças concorrentes (equilíbrio de uma partícula) exige a aplicação de duas equações:

  $R_x = \Sigma F_x = 0$  e  $R_y = \Sigma F_y = 0$

- Forças coplanares que agem em um corpo rígido devem satisfazer três condições de equilíbrio:

  $\Sigma F_x = 0, \quad \Sigma F_y = 0; \quad \Sigma M_i = 0$

- Uma etapa essencial na solução de problemas de equilíbrio envolve a construção de DCLs.

# 3 Análise de Sistemas Estruturais Determinados Selecionados

*Figura 3.1 Ligação rotulada de um apoio de extremidade – Ravenna Bridge, Seattle. Os apoios rotulados se destacam claramente dentre os sistemas estruturais analisados neste capítulo. O símbolo para uma ligação rotulada (apoio de segundo gênero) é mostrado na Tabela 2.1(b). Foto de Chris Brown.*

## 3.1 EQUILÍBRIO DE UMA PARTÍCULA

### Cabos Simples

Os cabos são um sistema estrutural altamente eficiente com diversas aplicações como

- Pontes suspensas.
- Estruturas de cobertura.
- Linhas de transmissão.
- Cabos de sustentação etc.

Os cabos ou estruturas de suspensão constituem uma das formas mais antigas de sistemas estruturais, conforme atestam as antigas pontes de vime e bambu da Ásia. Como um sistema estrutural, um sistema de cabos é lógico e materializa as leis da estática em termos visuais. Uma pessoa comum pode olhar para ele e entender como funciona.

É uma realidade simples da engenharia que uma das maneiras mais econômicas de vencer uma grande distância é por meio de um cabo. Por sua vez, isso é consequência do fato físico isolado de que um cabo de aço submetido à tração, em termos de capacidade resistente por unidade de peso, é muitas vezes mais forte do que o aço em

*Figura 3.2  Passarela estaiada para pedestres. Foto do autor.*

qualquer outra forma. Na passarela estaiada para pedestres, mostrada na Figura 3.2, o grande fator de resistência do aço submetido à tração é aproveitado para reduzir enormemente a carga permanente da estrutura ao mesmo tempo em que fornece enorme resistência para suportar a carga variável de projeto. Os cabos são relativamente leves e, diferentemente das vigas, dos arcos ou das treliças, eles praticamente não apresentam rigidez e são extremamente flexíveis.

O material mais comum usado para construção de estruturas com cabos (pontes suspensas, estruturas de cobertura, linhas de transmissão etc.) é o aço de alta resistência.

Admite-se que os cabos sejam elementos flexíveis tendo em vista a dimensão de sua seção transversal ser relativamente pequena em relação ao seu comprimento. Assim, normalmente admite-se como insignificante a capacidade de flexão dos cabos. Os cabos só podem suportar cargas de tração e devem ser mantidos tracionados em todos os instantes para que permaneçam estáveis. A estabilidade de uma estrutura submetida à tração deve ser atingida por meio da combinação de sua forma (geometria) e de seu estado prévio de tensões (protensão).

As vigas e os arcos sujeitos a cargas variáveis desenvolvem momentos fletores, mas um cabo reage alterando sua forma ou sua configuração (Figura 3.3).

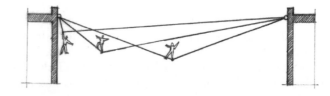

*Figura 3.3  O formato dos cabos depende das condições específicas de carregamento.*

# Elementos Principais

Todo sistema prático de suspensão deve incluir todos os elementos principais a seguir de uma forma ou outra.

### Apoios verticais ou torres

Esses elementos fornecem as reações essenciais que mantêm o sistema de cabos acima do solo. Cada sistema exige algum tipo de torres de suporte. Essas podem ser simples postes ou mastros, verticais ou inclinados, escoras diagonais ou uma parede. Teoricamente, o eixo de um apoio deve estar na bissetriz do ângulo que fazem os cabos que passam por ele (Figura 3.4).

*Figura 3.4 Cobertura suportada por cabos – Bartle Hall, Kansas City, Missouri. Foto de Matt Bissen.*

### Cabos principais

Esses são os principais elementos tracionados, suportando a cobertura (ou algumas vezes o piso) com uma quantidade mínima de material. O aço usado em estruturas com cabos tem tensões de ruptura que ultrapassam 200.000 psi (*pounds per square inch*, ou libras por polegada quadrada), ou 1.379 MPa.

### Ancoragens

Embora os cabos principais possam suportar suas cargas por tração pura, normalmente eles não estão na vertical, ao passo que as forças gravitacionais estão. A solução para isso é oferecida porque alguma parte da estrutura fornece uma força horizontal de resistência; isso é chamado *ancoragem*. No caso de uma ponte suspensa (ponte pênsil), os cabos principais correm sobre apoios levemente curvos no topo das torres e seguem para baixo para encontros sólidos de concreto ou em rocha sã, conforme mostra a Figura 3.5(a).

No sistema da ponte estaiada mostrado na Figura 3.5(b), o cabo vertical em um lado da torre vertical é contrabalançado por um cabo equivalente no outro lado. O empuxo horizontal é distribuído na estrutura longitudinal da plataforma da ponte.

*(a) Ponte suspensa.*

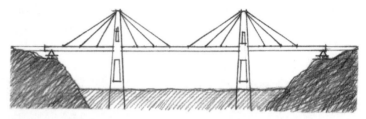

*(b) Ponte estaiada.*

*Figura 3.5   Pontes suportadas por cabos.*

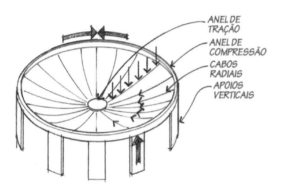

*Figura 3.6   Sistema suspenso de cobertura.*

Para edificações, normalmente a distribuição do empuxo horizontal é muito complexa, envolvendo massas muito grandes. Frequentemente é melhor usar alguma parte da própria edificação como ancoragem; um piso que pode atuar como um suporte de um lado para o outro ou, de forma mais simples, um anel de compressão no caso de a edificação formar uma curva plana suave e fechada. Planos circulares são muito adequados, e normalmente usados, para coberturas suspensas (Figura 3.6).

## Estabilizadores

Os estabilizadores são o quarto elemento exigido para evitar que os cabos experimentem mudanças extremas de formato sob várias condições de carregamento. Os sistemas de coberturas leves, como os de cabos ou membranas, ficam suscetíveis a ondulações e flutuações pronunciadas quando sofrem a ação de forças do vento (Figura 3.7).

Todas as formas de edificações, como qualquer lei física, têm suas limitações e pontos de ruptura. Na viga, que resiste a cargas de flexão, isso assume a forma de fissuração ou cisalhamento. No arco, cuja carga principal é de compressão, isso ocorre na forma de flambagem ou esmagamento. E no cabo, que resiste aos carregamentos apenas por meio de tração, a força destrutiva é a vibração — em particular o *flutter* (ressonância aeroelástica), um fenômeno complexo que contrasta com a ideia de leveza de seu

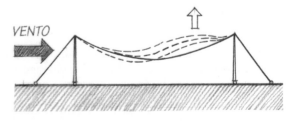

*Figura 3.7   Ressonância aeroelástica em uma cobertura leve.*

nome. David B. Steinman, um dos grandes engenheiros de pontes suspensas dos EUA, isolou e identificou esse fenômeno de ressonância aeroelástica em 1938.

Todos os materiais de qualquer natureza apresentam uma vibração molecular ou intervalo de frequência natural. Se uma força externa agindo sobre um material recair dentro de tal intervalo de frequência fazendo com que o material vibre internamente, ou "oscile" (*flutter*), um estado de vibração pode ser atingido no qual as forças externas e internas estão em sintonia (chamado *ressonância*) e o material fica sujeito à destruição. Mesmo sem atingir a ressonância, o carregamento desigual das forças externas, como o vento, pode fazer com que o material vibre visivelmente para cima e para baixo, levando a construção, ritmicamente, à destruição. Foram essas forças combinadas, mais algumas falhas de projeto, que reduziram a Tacoma Narrows Bridge a escombros (Figura 3.8).

*Figura 3.8 "Galloping Gertie" ("Gertrudes Galopante"), como foi apelidada a Tacoma Narrows Bridge. Cortesia da University of Washington Library, Special Collections, UW 21422.*

Em estruturas pesadas em contato direto com o solo e sujeitas a compressão, as frequências naturais são tão baixas que poucas forças externas podem levá-las à ressonância e o simples peso tem o efeito de restringir as vibrações. Entretanto, em estruturas com cabos os materiais leves e altamente resistentes são extremamente sensíveis ao carregamento irregular que a vibração e a ressonância aeroelástica se tornam considerações de cálculo muito importantes. Depois do desastre de Tacoma Narrows, um grupo enorme de engenheiros e cientistas americanos, particularmente no campo da aerodinâmica, investigou e relatou exaustivamente o fenômeno. David Steinman trabalhou independentemente por 17 anos, idealizando um sistema integral de amortecimento que superasse utilmente o fenômeno sem sacrifício de peso ou de economia.

Com edificações, o problema e sua solução estão relacionados com a superfície da cobertura. O que deve ser usado para se distribuir ao longo dos cabos? Se for algum tipo de membrana, como uma estrutura de tenda, solicitada somente à tração, então o problema da instabilidade dinâmica se apresenta imediatamente e pode ser resolvido por meio da protensão. Entretanto, se a superfície deve ser de placas de madeira, cobertura de metal ou uma laje fina de concreto, então ela será rígida e pode resistir a forças *normais* (perpendiculares) devidas à flexão. O problema da ressonância aeroelástica e do movimento é minimizado para a superfície, mas permanece uma preocupação para com os cabos principais (Figura 3.9).

Os fatores de estabilização para os cabos principais podem ser o peso próprio (carga permanente), uma superfície rígida que inclua os cabos principais, um conjunto de cabos secundários pré-tensionados com curvatura inversa à dos cabos principais ou cabos de retenção (Figura 3.10).

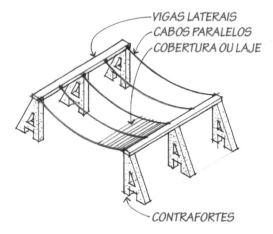

*Figura 3.9 Estabilização de uma estrutura de cobertura.*

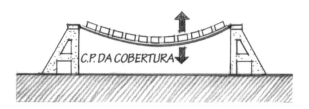

*Figura 3.10(a) Aumento da carga permanente.*

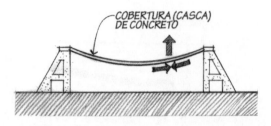

*Figura 3.10(b)   Enrijecimento da construção por meio de um arco invertido (ou casca).*

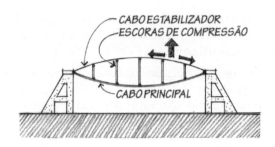

*Figura 3.10(c)   Utilização de cabo com curvatura oposta por meio de escoras.*

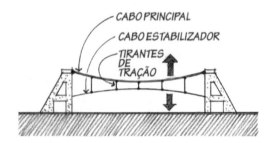

*Figura 3.10(d)   Utilização de cabo com curvatura oposta por meio de tirantes.*

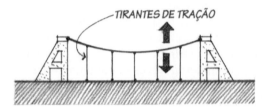

*Figura 3.10(e)   Fixação por meio de cabos transversais ancorados.*

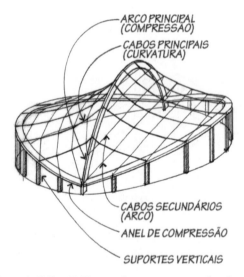

*Figura 3.10(f)   Utilização de uma estrutura de cabos em rede.*

## Geometria e Características dos Cabos

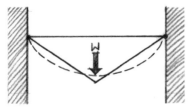

(a) *Carga concentrada isolada – triângulo.*

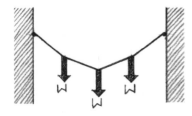

(b) *Várias cargas concentradas – polígono.*

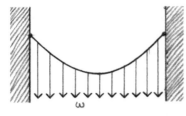

(c) *Cargas uniformes (horizontalmente) – parábola.*

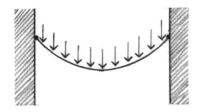

(d) *Cargas uniformes (ao longo do comprimento do cabo) – catenária.*

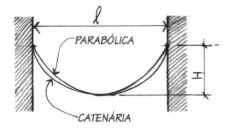

(e) *Comparação entre uma curva parabólica e uma catenária.*

Figura 3.11 *Formas geométricas funiculares.*

Uma das vantagens das estruturas tracionadas é a simplicidade com que se pode visualizar o formato dos elementos tracionados sob a ação de cargas. Um cabo ou uma corda perfeitamente flexível assumirá um formato diferente para cada variação de carregamento; isso é denominado *polígono funicular* ou simplesmente *funicular*.

Sob a ação de uma única carga concentrada, um cabo forma duas linhas retas que se encontram no ponto de aplicação da carga; quando duas cargas concentradas agirem no cabo, ele forma três linhas retas (forma poligonal); e assim por diante. Se as cargas estiverem uniformemente distribuídas ao longo de todo o vão (ponte suspensa), o cabo assume a forma de uma parábola. Se as cargas estiverem distribuídas uniformemente ao longo do comprimento do cabo ao invés de horizontalmente, como uma corrente suspensa carregada por seu peso próprio, então o cabo assume a forma natural (funicular) denominada *catenária*, uma curva muito similar a uma parábola (Figura 3.11).

As modificações de formato devidas ao carregamento assimétrico, como a neve, apenas ao longo de trechos da cobertura são essencialmente as mesmas devidas às cargas móveis. Em ambos os casos, quanto maior a relação carga variável/carga permanente, maior o movimento.

Algumas das características básicas de um sistema de cabos são inerentes à sua geometria (Figura 3.12).

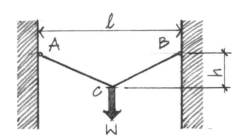

Figura 3.12 *Características do cabo.*

$\ell$ = vão do cabo

$L = AC + CB$ = comprimento do cabo

$h$ = flecha (abaixamento)

$r = h/\ell$ = relação flecha/vão

Normalmente, os valores de $r$ são pequenos — na maioria dos casos, na ordem de $\frac{1}{10}$ a $\frac{1}{15}$. O comprimento do cabo $L$ para uma carga concentrada isolada pode ser determinado facilmente pelo teorema de Pitágoras. Normalmente, a flecha $h$ e o vão do cabo $\ell$ são dados ou conhecidos.

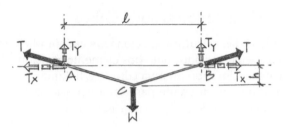

*Figura 3.13  DCL de um cabo com uma única carga concentrada.*

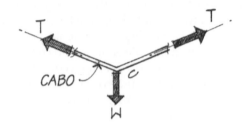

*Figura 3.14  DCL do ponto C concorrente.*

## Cabos com uma Única Carga Concentrada

Quando um cabo estiver sujeito a uma única carga concentrada no meio do vão, ele assume uma forma triangular simétrica. Cada metade do cabo transmite uma força de tração de mesmo valor aos apoios.

Na Figura 3.13, admita que $\ell = 24'$ (7,32 m) e $h = 3'$ (0,91 m) e que esses são os valores conhecidos.

O comprimento do cabo pode ser encontrado por:

$$L = AC + CB = \ell\sqrt{1 + 4r^2} = \sqrt{\ell^2 + 4h^2}$$

obtido pela aplicação do teorema de Pitágoras.

Para essa geometria e essa condição de carregamento em particular, a força ao longo do cabo é a mesma. A força de tração desenvolvida no cabo passa pelo eixo, ou linha de ação do cabo. Os cabos, portanto, se comportam de maneira similar aos elementos rígidos sujeitos a duas forças colineares.

Isolando o ponto C de cruzamento das forças concorrentes, podemos desenhar o DCL mostrado na Figura 3.14.

O deslocamento de um cabo é importante porque, sem ele, as cargas não podem ser transmitidas aos apoios (Figura 3.15).

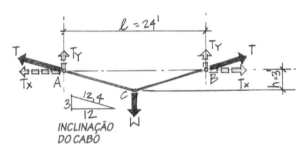

*Figura 3.15  Cabo com carregamento no meio do vão.*

$$T_y = \frac{3}{12,4}T \quad T_x = \frac{12}{12,4}T$$

$$r = \frac{h}{\ell} = \frac{3'}{24'} = \frac{1}{8}$$

$$L = \ell\sqrt{1 + 4r^2} = 24\sqrt{1 + 4\left(\frac{1}{8}\right)^2} = 24,8'$$

Em face de o componente $T_y$ em cada apoio ter o mesmo valor,

$$[\Sigma F_y = 0]\, 2T_y - W = 0;\ T_y = \frac{W}{2}$$

Em consequência da inclinação,

$$T_x = \frac{12}{3}T_y = \frac{12}{3}\left(\frac{W}{2}\right) = 2W$$

O componente horizontal $T_x$ desenvolvido no apoio é conhecido como *empuxo*.

Análise de Sistemas Estruturais Determinados Selecionados

## Exemplo de Problemas: Cabos

**3.1** Neste exemplo (Figura 3.16), admitimos que quando o deslocamento vertical no meio do vão (flecha) aumenta ($r$ aumenta), a força de tração no cabo diminui. Para minimizar a flecha no cabo é necessário que se desenvolvam forças de tração maiores.

**Solução:**

(Flecha extremamente longa) $h = 12'$ (3,66 m), $L = 6'$ (1,83 m)

$$T_x = \frac{3}{12,4}T;\ T_y \frac{12}{12,4} T$$

$$[\Sigma F_y = 0] 2T_y - W = 0;\ T_y = \frac{W}{2}$$

$$T_x = \frac{3}{12}T_y = \frac{3}{12}\left(\frac{W}{2}\right) = \frac{W}{8}$$

$$r = \frac{h}{\ell} = \frac{12}{6} = 2$$

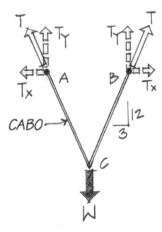

Figura 3.16  DCL de um cabo com grande flecha devido a uma carga no meio do vão.

**3.2** É possível fazer com que um cabo suporte uma carga e tenha deslocamento vertical (flecha) igual a zero (Figura 3.17)?

**Solução:**

Esse sistema de cabos não pode suportar $W$ porque não existe componente $T_y$ para $[\Sigma F_y = 0]$. A força de tração desenvolvida é completamente horizontal, onde

$$T_x = T,\ T_y = 0$$

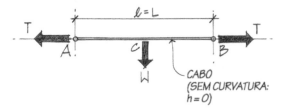

Figura 3.17  Cabo com flecha igual a zero.

É impossível ter um cabo com flecha igual a zero ou, para citar Lord Kelvin:

*Não há força, por maior que seja,
que possa esticar um cabo, por mais fino que ele seja,
e que o faça ficar em uma linha horizontal
que seja absolutamente reta.*

**3.3** Determine a força de tração desenvolvida no cabo, as reações de apoio e o comprimento do cabo $L$ (Figura 3.18).

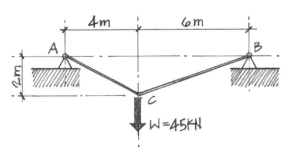

Figura 3.18(a)  Cabo com uma única carga concentrada.

**Solução:**

$\ell = 10\,\text{m}$

$h = 2\,\text{m}$

$r = \dfrac{h}{\ell} = \dfrac{2}{10} = \dfrac{1}{5}$

$A_x = \dfrac{2}{\sqrt{5}}A \qquad\qquad B_x = \dfrac{3B}{\sqrt{10}}$

$A_y = \dfrac{A}{\sqrt{5}} \qquad\qquad B_y = \dfrac{B}{\sqrt{10}}$

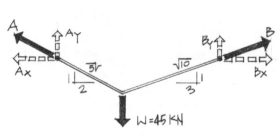

*Figura 3.18(b)   DCL do cabo.*

$\left[\Sigma M_A = 0\right] + \dfrac{B}{\sqrt{10}}(10\,\text{m}) - 45\,\text{kN}(4\,\text{m}) = 0$

$B = 18\sqrt{10}\,\text{kN} = 56{,}9\,\text{kN}$

$B_x = \dfrac{3}{\sqrt{10}}(18\sqrt{10}\,\text{kN}) = 54\,\text{kN}$

$B_y = \dfrac{18\sqrt{10}\,\text{kN}}{\sqrt{10}} = 18\,\text{kN}$

$[\Sigma F_y = 0]A_y - 45\,\text{kN} + 18\,\text{kN} = 0$

$A_y = 27\,\text{kN}$

Observe que $A_y \neq B_y$ devido ao carregamento assimétrico:

$A_x = 2A_y = 54\,\text{kN}$

$A = \dfrac{\sqrt{5}}{2}A_x = \dfrac{\sqrt{5}}{2}(54\,\text{kN}) = 27\sqrt{5}\,\text{kN}$

$\qquad = 60{,}4\,\text{kN} \Leftarrow$ Tensão Crítica

**Nota:** $A_x = B_x$; o componente horizontal da força de tração é o mesmo em qualquer ponto do cabo, porque $\Sigma F_x = 0$.

As forças nos apoios e as forças nos cabos têm o mesmo módulo, mas sentidos opostos.

O comprimento do cabo é determinado por

$L = \sqrt{(2\,\text{m})^2 + (4\,\text{m})^2} + \sqrt{(2\,\text{m})^2 + (6\,\text{m})^2}$

$L = \sqrt{20\,\text{m}^2} + \sqrt{40\,\text{m}^2} = 10{,}79\,\text{m}$

**3.4** Determine as reações nos apoios, as forças de tração nos cabos e os abaixamentos dos pontos $B$ e $D$ em relação aos apoios (Figura 3.19). Admite-se que o peso do cabo não é significativo.

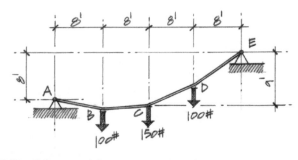

*Figura 3.19   Cabo com várias cargas concentradas.*

## Solução:

$$\left[\sum M_E = 0\right] - A_y(32') - A_x(8') + 100\#(24') \quad (1)$$
$$+ 150\#(16') + 100\#(8') = 0$$
$$= 32A_y + 8A_x = 5.600\#\text{-ft}$$

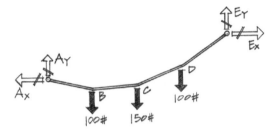

DCL (a) Todo o cabo.

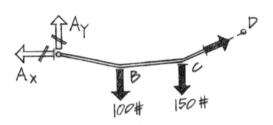

DCL (b) Parte do cabo.

$$\left[\sum M_C = 0\right] + A_x(1') - A_y(16') + 100\#(8') = 0 \quad (2)$$
$$16A_y - A_x = 800\#\text{-ft}$$

Resolvendo as Equações (1) e (2) simultaneamente,

$A_x = 400\#, A_y = 75\#; T_{AB} = 407\#$

$$\left[\sum F_y = 0\right] + 75 - 100\# - 150\# - 100\# + E_y = 0 \quad (3)$$
$$E_y = +275\#$$

$$\left[\sum F_x = 0\right] - 400\# + E_x = 0 \quad (4)$$
$$E_x = 400\#$$

Conhecendo as reações nos apoios *A* e *E*, podemos admitir que a força no cabo *AB* seja igual às forças nos apoios em *A* e que a força no cabo *ED* seja igual às forças no apoio *E*. Entretanto, a força de tração no cabo nos dois pontos de ligação (*A* e *E*) terão valores diferentes. Além disso, tendo em vista que os cabos se comportam como elementos sujeitos a duas forças, as relações entre as forças *x* e *y* também nos fornecem informações sobre as relações entre as inclinações nos segmentos do cabo.

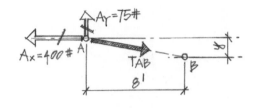

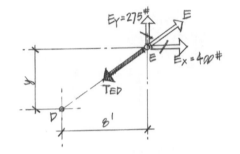

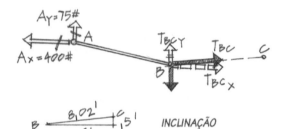

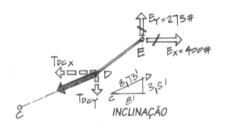

Por exemplo,

$$\frac{y}{8'} = \frac{A_y}{A_x}$$

$$y = \frac{75\#}{400\#}(8') = 1,5'$$

$$\frac{y}{8'} = \frac{E_y}{E_x}; \ y = \frac{275\#}{400\#}(8') = 5,5'$$

Agora que são conhecidas as posições dos pontos $B$, $C$ e $D$, as forças de tração em $BC$ e $CD$ podem ser determinadas.

$$T_{BC_y} = \frac{0,5}{8,02}T_{BC}; \ T_{BC_x} = \frac{8}{8,02}T_{BC}$$

$$\left[\Sigma F_x = 0\right] - 400\# + \frac{8}{8,02}T_{BC} = 0; \ T_{BC} = 401\#$$

$$T_{BC_x} = \frac{8}{8,02}(401\#) = 400\#$$

$$T_{BC_y} = \frac{0,5}{8,02}(401\#) = 25\#$$

$$T_{DC_x} = \frac{8}{8,73}T_{DC}; \ T_{DC_y} = \frac{3,5}{8,75}T_{DC}$$

$$\left[\Sigma F_x = 0\right] - T_{DC_x} + 400\# = 0;$$
$$T_{DC_x} = 400\#$$

$$T_{DC_y} = \frac{3,5}{8}(400\#) = 175\#$$

$$T_{DC}\frac{8,73}{8}(400\#) = 436,5\#$$

Resumo:

$T_{AB} = 407\#$
$T_{BC} = 401\#$
$T_{DC} = 436,5\#$
$T_{DE} = 485,4\#$
**Nota:** $T_{AB} \neq T_{DE}$

## Problemas

**3.1** Três cargas iguais estão suspensas em um cabo conforme ilustrado. Se $h_B = h_D = 4'$ (1,22 m), determine os componentes nos apoios em $E$ e o deslocamento vertical no ponto $C$.

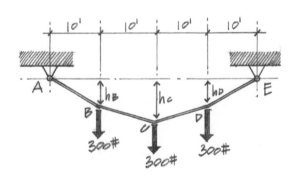

**3.2** Usando o diagrama do Problema 3.1, determine o deslocamento vertical no ponto C se a força de tração máxima no cabo for 1.200# (5.338 N).

**3.3** Determine a força de tração no cabo entre cada força e determine o comprimento exigido do cabo para o sistema mostrado.

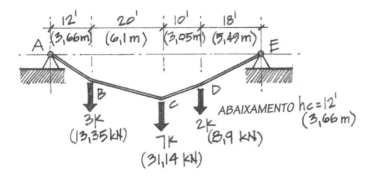

**3.4** Se o cabo do Problema 3.3 tiver uma capacidade de tração máxima de 20 k (89,0 kN), determine o deslocamento vertical permitido em C.

## 3.2 EQUILÍBRIO DE CORPOS RÍGIDOS

### Vigas Simples com Cargas Distribuídas

*Cargas distribuídas*, como o termo indica, agem em uma área relativamente grande – muito grande para ser considerada como carga pontual sem que seja introduzido um erro considerável. Exemplos de cargas distribuídas incluem:

- Móveis, aparelhos, pessoas etc.
- Pressão do vento em uma edificação.
- Pressão de fluidos em um muro de contenção.
- Carga de neve em um telhado.

*Cargas pontuais* ou *cargas concentradas* têm um ponto específico de aplicação, ao passo que as *cargas distribuídas* estão espalhadas em grandes superfícies. As condições de carregamento mais comuns em estruturas de edificações começam como cargas distribuídas. (Veja as Figuras 3.20 a 3.24.)

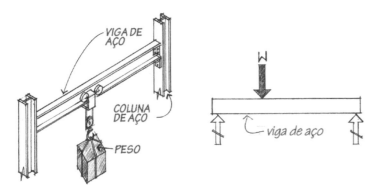

*Figura 3.20  Carga concentrada isolada, com um DCL da viga de aço.*

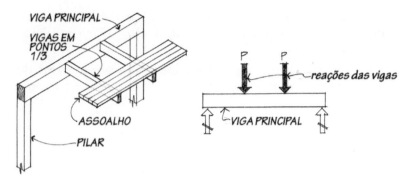

*Figura 3.21 Várias cargas concentradas, com um DCL da viga de madeira.*

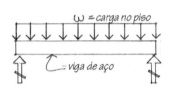
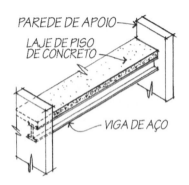

*Figura 3.22 Carga uniformemente distribuída com um DCL da viga de aço.*

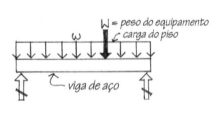
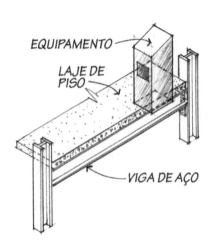

*Figura 3.23 Carga uniformemente distribuída com uma carga concentrada e com um DCL da viga de aço.*

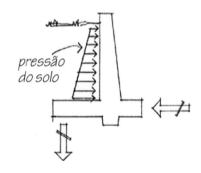
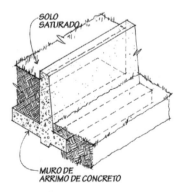

*Figura 3.24 Distribuição linear devida à pressão hidrostática, com um DCL do muro de contenção.*

Análise de Sistemas Estruturais Determinados Selecionados

As reações de apoio das vigas e de outros corpos rígidos são calculadas da mesma maneira empregada para as cargas concentradas. As equações de equilíbrio,

$\Sigma F_x = 0;\ \Sigma F_y = 0;\ e\ \Sigma M = 0$

ainda são válidas e necessárias.

Para calcular as reações em vigas, uma carga distribuída é substituída por uma carga concentrada equivalente, que age através do centro de gravidade da distribuição, ou do que é denominado *centroide* da área de carregamento. O módulo da carga concentrada equivalente é igual à área sob a curva do carregamento.

Entretanto, deve-se observar que a carga concentrada é equivalente à carga distribuída apenas no que diz respeito às forças externas. As condições internas de tensões, principalmente flexão, e a deformação da viga são muito afetadas por uma substituição de uma carga uniformemente distribuída por uma carga concentrada.

As cargas distribuídas (Figura 3.25) podem ser imaginadas como uma série de cargas concentradas pequenas $F_i$. Por esse motivo, o módulo da distribuição é igual à soma da série de cargas.

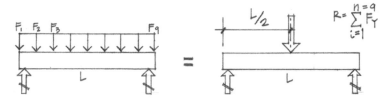

*Figura 3.25   Sistemas de carregamento equivalentes.*

O local da carga concentrada equivalente é baseado no centroide da área de carregamento. Por construção geométrica, os centroides de duas formas elementares são mostrados nas Figuras 3.26 e 3.27.

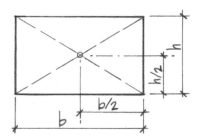 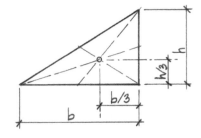

*Figura 3.26   Centroide de uma área retangular (Área = b × h).*

*Figura 3.27   Centroide de uma área triangular (Área = 1/2 × b × h).*

As áreas trapezoidais podem ser imaginadas como dois triângulos, ou um retângulo mais um triângulo. Essas duas combinações estão ilustradas na Figura 3.28.

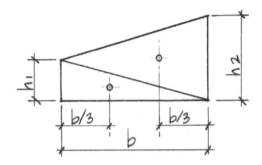

*Figura 3.28(a)* Área = $(1/2 \times b \times h_1) + (1/2 \times b \times h_2)$.

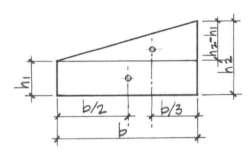

*Figura 3.28(b)* Área = $(b \times h_1) + (1/2 \times b \times (h_2 - h_1))$.

## Exemplos de Problemas: Vigas Simples com Cargas Distribuídas

**3.5** Determine as reações de apoio em *A* e *B*.

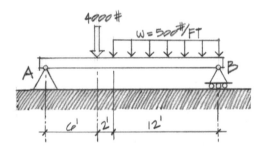

**Solução:**

a. Calcule o módulo (valor absoluto) da força concentrada equivalente à distribuição uniforme.

$W$ = área abaixo da curva de carga
$W = (\omega)12' = (500 \text{ \#/ft})12'$
$W = 6.000\#$

b. A força concentrada equivalente deve ser colocada no centroide da área do carregamento. Como neste caso a área de carregamento é retangular, o centroide está localizado na metade da distância da distribuição.

c. Agora podem ser escritas três equações de equilíbrio, e as reações de apoio $A_x$, $A_y$ e $B_y$ podem ser determinadas.

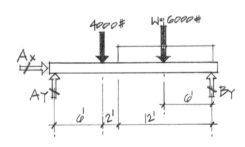

$\left[\Sigma F_x = 0\right] A_x = 0$

$\left[\Sigma M_A = 0\right] -4.000\#(6') - 6.000\#(14') + B_y(20') = 0$
$B_y = +5.400\#$

$\left[\Sigma F_y = 0\right] + A_y - 4.000\# - 6.000\# + B_y = 0$
$A_y = +4.600\#$

3.6 Encontre o valor das reações de apoio em A e B.

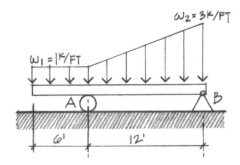

**Solução:**

Uma distribuição trapezoidal pode ser tratada como um retângulo mais um triângulo ou como dois triângulos. Esse problema será resolvido das duas maneiras, a fim de ilustrar esse conceito.

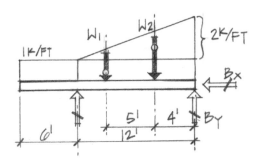

**Alternativa I:**

$W_1 = 1\,k/ft\,(18') = 18\,k$
$W_2 = 1/2(12')(2\,k/ft) = 12\,k$

$\left[\Sigma F_x = 0\right] B_x = 0$

$\left[\Sigma M_B = 0\right] + W_2(4') + W_1(9') - A_y(12') = 0$
$A_y = \dfrac{12\,k(4') + 18\,k(9')}{12'}$
$A_y = +17{,}5\,k$

$\left[\Sigma F_y = 0\right] + A_y - 18\,k - 12\,k + B_y = 0$
$B_y = +18\,k + 12\,k - 17{,}5\,k = 12{,}5\,k$

**Alternativa II:**

$W_1 = 6'(1\,k/ft) = 6\,k$
$W_2 = 1/2(12')(1\,k/ft) = 6\,k$
$W_3 = 1/2(12')(3\,k/ft) = 18\,k$

$\left[\Sigma F_x = 0\right] B_x = 0$

$\left[\Sigma M_B = 0\right] + W_1(15') + W_2(8') + W_3(4')$
$\quad - A_y(12') = 0$

$A_y = \dfrac{6\,k(15') + 6\,k(8') + 18\,k(4')}{12'} = 17{,}5\,k$

$\left[\Sigma F_y = 0\right] - W_1 - W_2 - W_3 + A_y + B_y = 0$
$B_y = 6\,k + 6\,k + 18\,k - 17{,}5\,k = 12{,}5\,k$

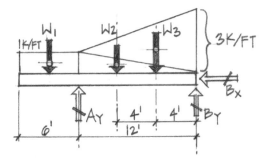

## Problemas

Para os problemas a seguir, desenhe os DCLs e determine as reações nos apoios.

**3.5** A viga suporta um telhado que pesa 300 libras por pé (4,38 kN/m) e suporta uma carga concentrada de 1.200 libras (5,34 kN) na extremidade em balanço. Determine as reações nos apoios em A e B.

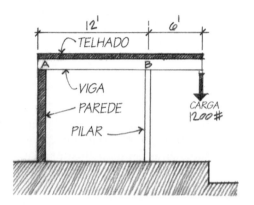

**3.6** O carpinteiro sobre o andaime pesa 800 N. A prancha AB pesa 145 N/m. Determine as reações em A e B.

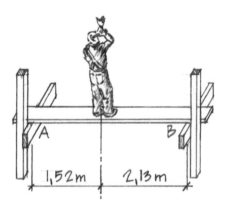

**3.7** Uma viga de madeira é usada para suportar duas cargas concentradas e uma carga distribuída em sua extremidade em balanço. Encontre as reações nos pilares em A e B.

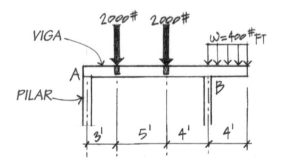

Para os Problemas 3.8 a 3.10, encontre os valores das reações nos apoios A e B.

**3.8**

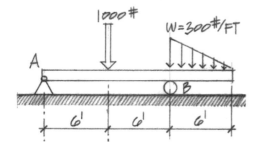

**3.9**

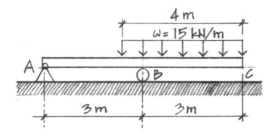

**3.10**

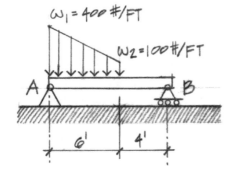

**3.11** Analise a escada e o patamar de concreto armado ilustrado examinando uma faixa de 1 pé (30,48 cm) de largura da estrutura. O concreto (carga permanente) pesa 150 libras por pé cúbico (23,6 kN/m³) e a carga variável (carga de ocupação, ou sobrecarga) é igual a cerca de 100 psf (4,79 kPa).

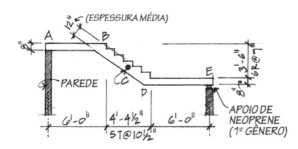

## 3.3 TRELIÇAS PLANAS

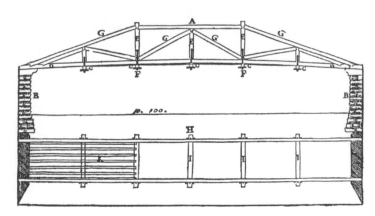

*Figura 3.29   Ilustração de uma ponte em treliça por Palladio (parte inferior da Gravura IV, Livro III,* The Four Books of Architecture *[Os Quatro Livros da Arquitetura]).*

### Desenvolvimento da Treliça

A história do desenvolvimento da treliça é um legado de avanços irregulares. A primeira evidência da tecnologia de treliças aparece nas estruturas romanas. Essa primeira evidência da existência da treliça é vista nos escritos de Vitruvius sobre edificações romanas. Nesses trabalhos, Vitruvius indica claramente a presença da tecnologia das treliças modernas e nos deixa um pouco em dúvida se os construtores romanos entendiam as ideias embutidas na distribuição de forças suportadas por uma configuração triangular de elementos estruturais.

Esse conceito de contraventamentos triangulares em redes de treliças antes do exemplo romano ainda é um assunto para debate por historiadores de arquitetura, principalmente porque parece não haver restado evidência física de antigas estruturas de telhados de madeira treliçadas. A pesquisa histórica em padrões de edificações asiáticas também foi incapaz de confirmar qualquer evidência anterior da tecnologia das treliças.

Depois de um período sem serem utilizadas, Palladio, durante a Renascença, reviveu o uso de estruturas de treliças e construiu várias pontes com vigas de madeira com mais de 100 pés (30,5 m) de vão (Figura 3.29). Desde Palladio, os registros indicam uma tradição continuada da construção de treliças em pontes e muitos outros tipos de estruturas.

As primeiras treliças usavam madeira como material estrutural mais importante. Entretanto, com o advento da fundição do ferro em larga escala e das exigências de vãos aumentados para pontes ainda maiores, a inclusão de outros materiais foi inevitável. O ferro e depois o aço emergiram como materiais predominantes nas treliças e contribuíram enormemente para a popularidade da tecnologia, permitindo possibilidades cada vez maiores de aumentos de vão.

Até os dias de hoje, as edificações e as estradas são dotadas de treliças fabricadas com aço estrutural. A introdução de aço estrutural como material de construção forneceu ao projetista e ao designer um meio ideal para ser utilizado na fabricação de treliças. O aço, um material com grande resistência à tração e à compressão, poderia ter suas peças facilmente presas entre si para produzir conexões altamente resistentes. Fabricado em seções de vários formatos, áreas de seção transversal e comprimentos, o aço foi a resposta para a construção de treliças.

Em face de a teoria de treliças estaticamente determinadas ser um dos problemas mais simples em mecânica estrutural e porque todos os elementos para uma solução estavam disponíveis no século XVI, é surpreendente que não tenha sido feita nenhuma tentativa séria no sentido de seu projeto científico antes do século XIX. O ímpeto foi dado pelas necessidades das ferrovias, cuja construção foi iniciada em 1821. O problema completo de análise e projeto foi resolvido entre 1830 e 1860 (Figura 3.30). Desde aquele tempo, a construção de treliças tem sido aplicada a outras estruturas, como telhados sobre grandes vãos, além de pontes (Figura 3.31).

*Figura 3.30   A Firth of Forth Bridge (ponte no estuário do rio Forth) na Escócia, por Benjamin Baker, representa um entendimento inovador do comportamento das treliças. Fotógrafo desconhecido.*

*Figura 3.31   Arcos treliçados (treliças curvas) usados na construção dos hangares de dirigíveis durante a Segunda Guerra Mundial. NAS Tillamook, Oregon (1942). A fotografia é cortesia de Tillamook County Pioneer Museum.*

## Definição de uma Treliça

Uma *treliça* representa um sistema estrutural que distribui as cargas aos apoios por meio de um arranjo linear de elementos de vários tamanhos em padrões de triângulos planos. A subdivisão do sistema plano em triângulos, Figura 3.32(b), produz unidades geométricas que são indeformáveis (estáveis).

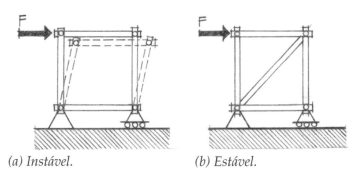

*(a) Instável.*   *(b) Estável.*

*Figura 3.32   Um quadro e uma treliça.*

Uma treliça *ideal* conectada por pinos é definida como um quadro estrutural estável consistindo em elementos conectados apenas em suas extremidades; dessa forma, nenhum elemento é contínuo através de uma conexão (ou nó). Nenhum elemento tem restrição à rotação em torno de qualquer eixo perpendicular ao plano do quadro e que passe pelas extremidades do elemento.

As primeiras treliças eram conectadas em suas extremidades por pinos, resultando – exceto por algum atrito – em uma treliça ideal. Em consequência, sob cargas aplicadas apenas nas extremidades (nós ou juntas), os elementos ficarão submetidos a apenas forças de tração (alongamento) ou de compressão (encurtamento). Entretanto, na realidade, não é prático ligar os elementos das treliças por pinos. O método atual de ligação entre os elementos é por parafusos, por solda ou por uma combinação desses dois métodos (Figura 3.33).

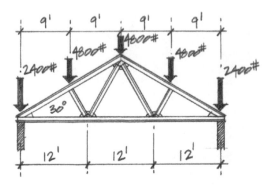

*Figura 3.33 (a) Treliça real.*

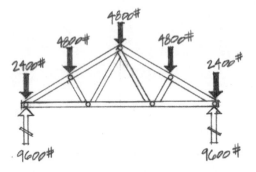

*Figura 3.33 (b) Treliça idealizada com pinos nas conexões.*

Tendo em vista que um único parafuso ou ponto de solda normalmente não é suficiente para suportar a carga na barra de uma treliça, são necessários grupos de tais elementos de ligação. Sempre que for usado mais de um elemento de ligação, o nó se torna uma conexão um tanto rígida, com capacidade de desenvolver algum momento resistente. Em consequência, as barras de uma treliça real, além de se alongar ou se encurtar, também tendem a fletir. Entretanto, frequentemente as tensões de flexão são pequenas se comparadas com aquelas resultantes da tração ou da compressão. Em uma treliça bem dimensionada, essas tensões de flexão (também denominadas *tensões secundárias*) são menores que 20% das tensões de tração ou de compressão e normalmente são ignoradas no projeto preliminar.

As treliças reais são constituídas de várias treliças unidas entre si para formar uma estrutura reticulada espacial, conforme ilustrado na Figura 3.34. Um treliçamento secundário ou de contraventamento entre as treliças principais fornece a estabilidade exigida na direção perpendicular ao plano da treliça.

Cada treliça é projetada para suportar as cargas que agem em seu plano e, dessa forma, pode ser considerada uma estrutura bidimensional. Em geral, as barras de uma treliça são esbeltas e podem suportar pouca flexão em função das cargas laterais. Portanto, todas as cargas devem ser aplicadas nos vários nós, e não diretamente nas próprias barras.

Admite-se também que os pesos das barras da treliça sejam aplicados aos nós; metade do peso de cada barra é aplicada a cada um dos dois nós que fazem a ligação da barra. Na maioria das análises preliminares de treliças os pesos das barras são ignorados, porque são pequenos se comparados com as cargas aplicadas.

Em resumo, a análise preliminar de uma treliça admite o seguinte:

1. As barras são lineares.
2. As barras são ligadas por pinos nas extremidades (nós).
3. Normalmente o peso das barras da treliça é ignorado.
4. As cargas são aplicadas à treliça apenas em seus nós com pinos.
5. As tensões secundárias são ignoradas nos nós.

Desta forma, cada barra da treliça pode ser considerada um elemento estrutural sujeito a duas forças, e toda a treliça pode ser considerada como um grupo de elementos estruturais sujeitos a duas forças e unidos por pinos. Admite-se que os elementos estruturais sujeitos a duas forças tenham suas cargas aplicadas apenas no pino da extremidade ou rótula; a força resultante em uma barra *deve* estar ao longo do eixo da barra. Uma barra isolada pode estar sujeita tanto a forças de tração como a forças de compressão.

Quando isolada em um DCL, um elemento estrutural sujeito a duas forças está em equilíbrio sob a ação de duas forças – uma em cada extremidade. Essas forças nas extremidades, portanto, devem ser iguais, opostas e colineares, conforme ilustra a Figura 3.35(b). Sua linha de ação comum deve passar através do centro dos dois pinos e ser coincidente com o eixo da barra. Quando um elemento estrutural sujeito a duas forças é cortado, sabe-se que a força em seu interior age ao longo de seu eixo.

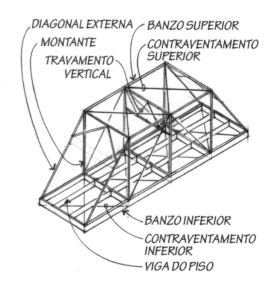

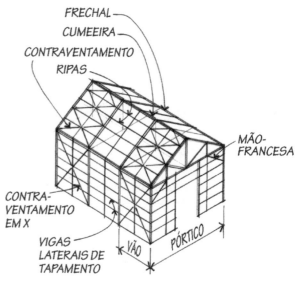

Figura 3.34   Uso típico de treliças em pontes e edificações.

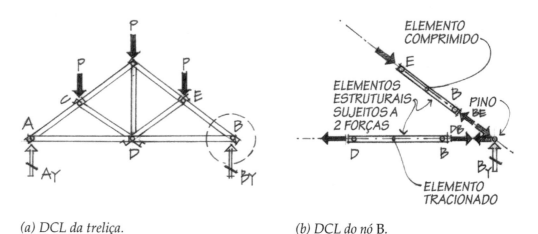

(a) DCL da treliça.          (b) DCL do nó B.

Figura 3.35   DCLs de uma treliça e de um nó.

A Figura 3.36 fornece exemplos de treliças de pontes. Treliças de cobertura (telhados) comuns são mostradas na Figura 3.37.

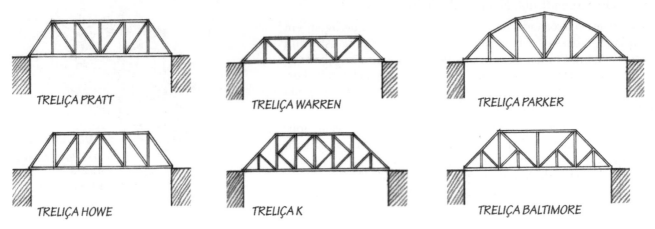

Figura 3.36  Exemplos de treliças de pontes.

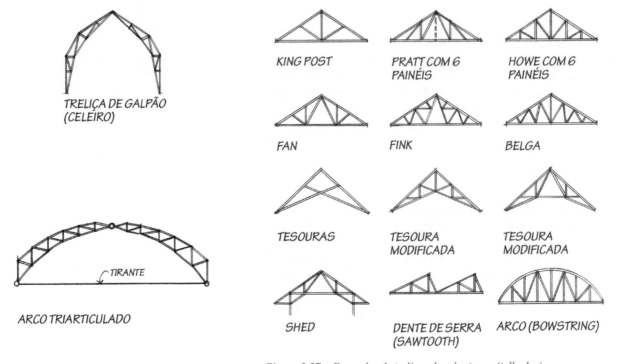

Figura 3.37  Exemplos de treliças de coberturas (telhados).

Análise de Sistemas Estruturais Determinados Selecionados

## Estabilidade e Determinação de Treliças

Uma etapa inicial na análise de uma treliça é o cálculo de sua determinação ou indeterminação externa. Se houver mais componentes de reação do que equações de equilíbrio aplicáveis, a treliça será estaticamente indeterminada no que diz respeito às reações – ou, como se diz normalmente, a treliça é *estaticamente indeterminada* externamente. Se houver menos componentes de reação possíveis do que equações de equilíbrio aplicáveis, então a estrutura é instável e sofrerá deslocamentos excessivos sob a aplicação de determinadas cargas (Figura 3.38).

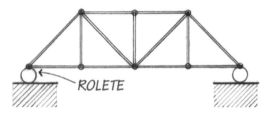

(a) Instável (horizontalmente).

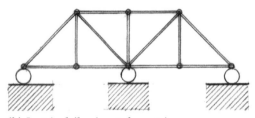

(b) Instável (horizontalmente).

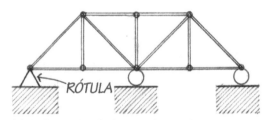

(c) Indeterminado (verticalmente).

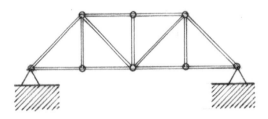

(d) Indeterminado (horizontalmente).

*Figura 3.38 Exemplos de instabilidade ou indeterminação externa.*

Uma treliça também pode ser determinada, indeterminada ou instável internamente em relação ao sistema da configuração das barras. Uma treliça pode ser estaticamente determinada internamente e estaticamente indeterminada externamente, e o inverso também pode ser verdadeiro.

Para as barras formarem uma configuração estável que possa resistir às cargas aplicadas nos nós, elas devem formar figuras triangulares.

A treliça estável mais simples e estaticamente determinada consiste em três nós e três barras, conforme ilustra a Figura 3.39(a). Poderia ser criada uma treliça maior simplesmente aumentando a treliça simples. Isso exige a adição de um nó e duas barras, conforme mostra a Figura 3.39(b).

Se o processo de montar treliças cada vez maiores continuar, como mostra a Figura 3.39(c), observa-se uma relação definida entre o número de nós e o número de barras. Cada vez que são adicionadas duas novas barras, o número de nós aumenta em um.

O número de barras em função do número de nós para qualquer estrutura treliçada que consiste em um arranjo de barras formando triângulos pode ser expresso por

$$b = 2n - 3$$

em que $b$ é igual ao número de elementos (barras) e $n$ é igual ao número de nós.

(a)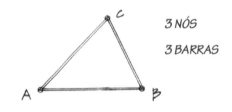

(b)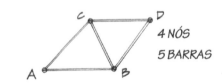

(c)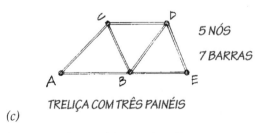

*Figura 3.39 Desenvolvimento de treliças.*

Essa equação é útil para indicar a determinação interna e a estabilidade de uma treliça; entretanto, isoladamente ela não é suficiente. A inspeção visual e o senso intuitivo também devem ser utilizados na avaliação da estabilidade da treliça.

A Figura 3.40 mostra exemplos de estabilidade, instabilidade e determinação internas. Observe que a treliça mostrada na Figura 3.40(d) é instável. Aqui, apenas a equação é insuficiente para estabelecer a estabilidade. O painel quadrado no centro torna essa treliça instável.

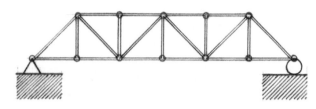

b = 21          n = 12   2(n) − 3 = 2(12) − 3 = 21

*(a) Determinado.*

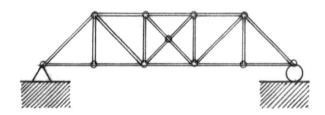

b = 18          n = 10   b = 18 > 2(10) − 3 = 17
                              *(Muitas barras)*

*(b) Indeterminado.*

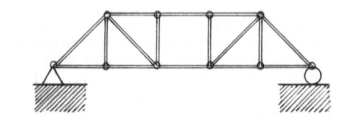

b = 16          n = 10   b = 16 < 2(10) − 3 = 17
                              *(Muito poucas barras —*
*(c) Instável.*              *o painel quadrado é instável)*

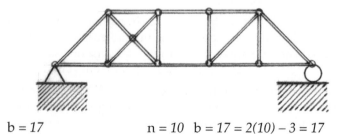

b = 17          n = 10   b = 17 = 2(10) − 3 = 17

*(d) Instável.*

*Figura 3.40   Exemplos de estabilidade e determinação internas.*

## Análise de Forças pelo Método dos Nós

O primeiro registro histórico de análise de uma treliça foi feito em 1847 por Squire Whipple, um construtor de pontes americano. Em 1850, D. J. Jourawsky, um engenheiro ferroviário russo, desenvolveu o método conhecido como *decomposição dos nós*. Esta seção analisará esse método dos nós, que envolve o uso repetitivo das equações de equilíbrio, com as quais agora estamos familiarizados.

Uma das ideias principais do método dos nós pode ser enunciada da seguinte maneira:

*Para uma treliça estar em equilíbrio, cada pino (nó) da treliça também deve estar em equilíbrio.*

A primeira etapa da determinação das forças nas barras de uma treliça é determinar todas as forças externas que agem na estrutura. Depois de as forças aplicadas terem sido determinadas, são encontradas as reações de apoio utilizando as três equações básicas do equilíbrio estático. A seguir, um nó com o máximo de duas forças desconhecidas nas barras é isolado e é construído um DCL. Sabendo que cada nó da treliça representa um sistema bidimensional de forças concorrentes, podem ser utilizadas apenas duas equações de equilíbrio:

$\Sigma F_x = 0$   e   $\Sigma F_y = 0$

Essas duas equações de equilíbrio permitem que apenas duas incógnitas sejam determinadas. A progressão segue de um nó para outro, sempre selecionando o próximo nó que não tenha mais do que duas forças desconhecidas nas barras.

### Exemplos de Problemas: Análise de Forças pelo Método dos Nós

**3.7** Determine as reações nos apoios em *A* e *C* e depois determine as forças em todas as barras (Figura 3.41).

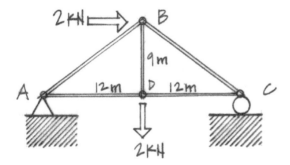

*Figura 3.41   Método dos nós.*

**Solução:**

***Etapa 1:*** *Construa o DCL de toda a treliça.*

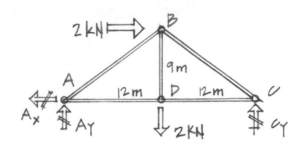

***Etapa 2:*** *Encontre as reações de apoio externas.*

$\left[\Sigma F_x = 0\right] - A_x + 2\,\text{kN} = 0$
$A_x = 2\,\text{kN}$

$\left[\Sigma M_A = 0\right] - 2\,\text{kN}(9\,\text{m}) - 2\,\text{kN}(12\,\text{m})$
$\quad + C_y(24\,\text{m}) = 0$
$C_y = +1{,}75\,\text{kN}$

$\left[\Sigma F_y = 0\right] + A_y - 2\,\text{kN} + C_y = 0$
$A_y = 0{,}25\,\text{kN}$

***Etapa 3:*** *Isole um nó com não mais do que duas forças desconhecidas nas barras.*

Admite-se que as forças em $AD$ e $AB$ são de tração. As equações de equilíbrio validarão as direções admitidas.

***Etapa 4:*** *Escreva e resolva as equações de equilíbrio.*

Admita que ambas as barras estejam sujeitas a forças de tração.

Nó A

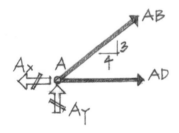

| Força | $F_x$ | $F_y$ |
|---|---|---|
| $A_x$ | $-2\,\text{kN}$ | 0 |
| $A_y$ | 0 | $+0{,}25\,\text{kN}$ |
| $AB$ | $+\dfrac{4}{5}AB$ | $+\dfrac{3}{5}AB$ |
| $AD$ | $+AD$ | 0 |

$\left[\Sigma F_y = 0\right] + 0{,}25\,\text{kN} + \dfrac{3}{5}AB = 0$

$AB = -0{,}42\,\text{kN} \Leftarrow$ suposto sentido errado

$\left[\Sigma F_x = 0\right] - 2\,\text{kN} + \dfrac{4}{5}AB + AD = 0$

$AD = +2\,\text{kN} - \dfrac{4}{5}(-0{,}42\,\text{kN})$

$AD = +2\,\text{kN} + 0{,}33\,\text{kN} = +2{,}33\,\text{kN}$

**Nota:** *O DCL do nó A representa as forças aplicadas ao pino teórico no nó A. Essas forças estão atuando com mesmo valor e sentidos opostos nas barras correspondentes, conforme mostra a Figura 3.42.*

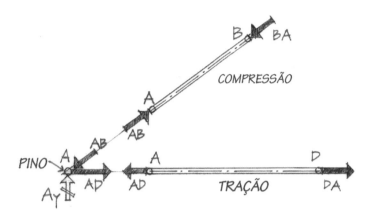

*Figura 3.42  DCL das barras e do pino.*

As forças que se afastam de um pino (nó) são forças de tração no pino; inversamente, as forças que empurram um pino são forças de compressão. Essas forças no pino devem ser mostradas no sentido oposto nas barras. Deve ser adotada uma hipótese a respeito do sentido da força de cada barra no nó. É perfeitamente aceitável usar a intuição a respeito do modo como a força está aplicada, porque, no final, as equações de equilíbrio verificarão a correção da hipótese inicial. Um resultado positivo para a equação indica uma suposição correta; inversamente, uma resposta negativa significa que a suposição inicial deve ser invertida. Muitos engenheiros preferem admitir em todos os casos que as forças desconhecidas em todas as barras são de tração. O sinal resultante da solução das equações de equilíbrio estará de acordo com a convenção usual de sinais para treliças – isto é, sinal positivo (+) para tração e sinal negativo (–) para compressão.

***Etapa 5:*** *Prossiga para outro nó que não apresente mais do que duas forças desconhecidas.*

Nó D

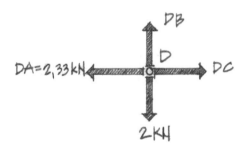

$\left[\Sigma F_x = 0\right] - 2{,}33 \text{ kN} + DC = 0$
$DC = +2{,}33 \text{ kN}$

$\left[\Sigma F_y = 0\right] + DB - 2 \text{ kN} = 0$
$DB = +2 \text{ kN}$

Nó B

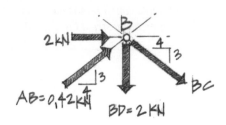

As forças conhecidas devem ser mostradas nos sentidos corretos.

| Força | $F_x$ | $F_y$ |
|---|---|---|
| 2 kN | +2 kN | 0 |
| BD | 0 | −2 kN |
| AB | $+\frac{4}{5}(0,42 \text{ kN}) = +0,33 \text{ kN}$ | $+\frac{3}{5}(0,42 \text{ kN}) = +0,25 \text{ kN}$ |
| BC | $+\frac{4}{5}BC$ | $-\frac{3}{5}BC$ |

$$\left[\Sigma F_x = 0\right] + 2 \text{ kN} + 0,33 \text{ kN} + \frac{4}{5}BC = 0$$

$BC = -2,92 \text{ kN} \Leftarrow$ suposto sentido errado

$$\left[\Sigma F_y = 0\right] - 2 \text{ kN} + 0,25 \text{ kN} - \frac{3}{5}(-2,92 \text{ kN}) = 0$$

$-2 \text{ kN} + 0,25 \text{ kN} + 1,75 \text{ kN} = 0 \Leftarrow$ CONFIRMAÇÕES

Um diagrama resumido, denominado *diagrama de soma de forças*, deve ser desenhado como última etapa.

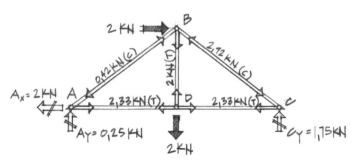

*Diagrama de somatório de forças.*

**3.8** Determine as reações nos apoios e as forças em todas as barras para a treliça mostrada na Figura 3.43. Observe que *BD* não está conectada à barra *AC*, mas sim passa ao lado dela.

**Nota:** *Uma rótula tanto em A como em D permite que a parede funcione como uma força em uma barra AD e assim faça com que a configuração fique estável. Se fosse usado um apoio de rolete em D, o quadro seria instável, resultando em falha estrutural.*

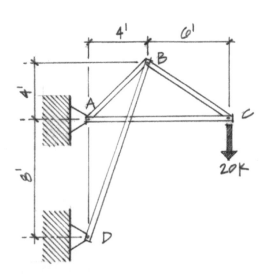

*Figura 3.43   Treliça.*

**Solução:**

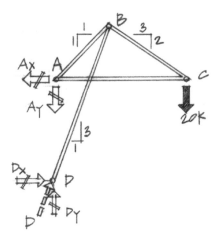

*DCL de toda a treliça.*

Admite-se que todas as barras da treliça sejam elementos sujeitos a duas forças quando as cargas são aplicadas apenas nos nós. Portanto, admite-se que as forças nas barras passam pelo eixo da barra.

Em face de apenas a barra *BD* estar conectada ao apoio de rótula em *D*, podemos admitir que as reações de apoio $D_x$ e $D_y$ devem estar relacionadas entre si de acordo com a inclinação de *BD*, onde

$$D_x = \frac{D}{\sqrt{10}} \text{ e } D_y = \frac{3D}{\sqrt{10}}$$

Entretanto, as reações de apoio $A_x$ e $A_y$ não têm tal relacionamento dependente da inclinação nítido porque $A_x$ e $A_y$ devem servir como apoio para duas barras, *AB* e *AC*. Quando apenas um elemento estrutural sujeito a duas forças estiver ligado a um apoio, podemos estabelecer uma relação dependente da inclinação no que diz respeito a esse elemento.

Portanto,

$$\left[\Sigma M_A = 0\right] - 20(10') + D_x(8') = 0$$
$$D_x = +25 \, \text{k}$$
$$D = D_x\sqrt{10} = +25\,\text{k}\left(\sqrt{10}\right), \text{e}$$
$$D_y = \frac{3D}{\sqrt{10}} = \frac{3(251\overline{10})}{\sqrt{10}} = +75\,\text{k}$$
$$\left[\Sigma F_x = 0\right] - A_x + D_x = 0$$
$$A_x = +25\,\text{k}$$
$$\left[\Sigma F_y = 0\right] - A_y + D_y - 20\,\text{k} = 0$$
$$A_y = +75\,\text{k} - 20\,\text{k} = +55\,\text{k}$$

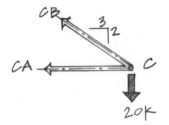

## Isole o Nó C

| Força | $F_x$ | $F_y$ |
|---|---|---|
| 20 k | 0 | −20 k |
| CA | −CA | 0 |
| CB | $-\dfrac{3}{3,6}CB$ | $-\dfrac{2}{3,6}CB$ |

$$\left[\Sigma F_y = 0\right] - 20\,\text{k} + \frac{2CB}{3,6} = 0$$

$$CB = +36\,\text{k}$$

$$\left[\Sigma F_x = 0\right] - CA - \frac{3CB}{3,6} = 0$$

$$CA = -\frac{3(+36\,\text{k})}{3,6} = -30\,\text{k}$$

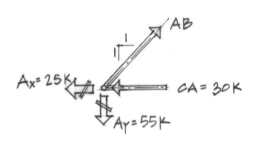

## Nó A

| Força | $F_x$ | $F_y$ |
|---|---|---|
| $A_x$ | −25 k | 0 |
| $A_y$ | 0 | −55 k |
| CA | −30 k | 0 |
| AB | $+\dfrac{BC}{\sqrt{2}}$ | $+\dfrac{AB}{\sqrt{2}}$ |

Apenas uma equação de equilíbrio é necessária para determinar a força AB, mas a segunda equação pode ser escrita como um teste de confirmação.

$$\left[\Sigma F_y = 0\right] - 55\,\text{k} + \frac{AB}{\sqrt{2}} = 0$$

$$AB = +\left(55\sqrt{2}\right)\text{k}$$

$$\left[\Sigma F_x = 0\right] - 25\,\text{k} - 30\,\text{k} + \frac{\left(55\sqrt{2}\right)\text{k}}{\sqrt{2}} = 0$$

$$0 = 0 \Leftarrow \text{CONFIRMAÇÃO}$$

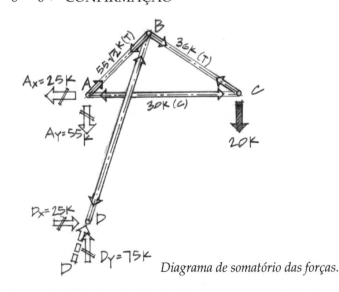

*Diagrama de somatório das forças.*

Análise de Sistemas Estruturais Determinados Selecionados

**3.9** Este exemplo ilustrará uma versão "resumida" do método dos nós. O princípio de equilíbrio ainda é mantido; entretanto, não serão desenhados DCLs diferentes para cada nó sucessivamente. Em vez disso, será usado exclusivamente o DCL original desenhado para a determinação das reações nos apoios. As etapas mencionadas nos exemplos anteriores ainda são válidas e, desta forma, serão empregadas nesse método "rápido" (Figura 3.44).

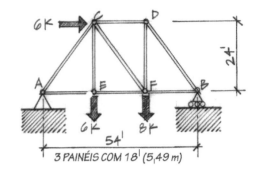

*Figura 3.44 Método dos nós "rápido".*

*Etapa 1:* Desenhe um DCL de toda a treliça.

*Etapa 2:* Encontre o valor das reações de apoio em A e B.

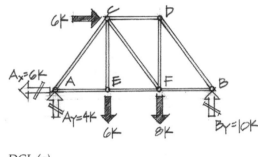

DCL (a)

*Etapa 3:* Isole um nó com o máximo de duas incógnitas.

Neste método não é necessário desenhar um DCL do nó. Em vez disso, use o DCL das etapas 1 e 2 e registre suas soluções diretamente na treliça. Normalmente é mais fácil encontrar inicialmente os componentes horizontal e vertical em todas as barras e então, no final, determinar a força resultante real nas barras.

É comum em análise de treliças usar as relações de inclinações em vez de as medidas dos ângulos. Nessa ilustração, as barras diagonais têm inclinações com a relação vertical:horizontal de 4:3 (triângulo 3:4:5). Por ter-se admitido que todas as barras da treliça são elementos estruturais sujeitos a apenas duas forças, o componente vertical e o componente horizontal das forças estão relacionados entre si pela mesma razão 4:3 de inclinação das barras.

*Etapa 4:* As equações de equilíbrio para um nó isolado serão resolvidas mentalmente, sem serem escritas. Entretanto, ocasionalmente, algumas geometrias complexas exigirão que as equações sejam escritas e resolvidas simultaneamente.

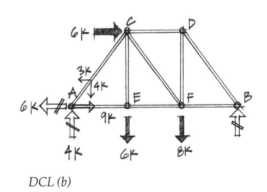

DCL (b)

Vamos começar com o nó A (o nó B também é um ponto inicial possível). As forças nas barras AC (que apresenta componentes horizontal e vertical) e AE (que apresenta apenas componente horizontal) são desconhecidas. Considerando que a barra AC tem um componente vertical, resolva $\Sigma F_y = 0$. Isso fornece um componente vertical de 4 k (17,79 kN) (para equilibrar $A_y = 4k = 17,79$ kN). Portanto, com $AC_y = 4k$ (17,79 kN) e levando-se em consideração que $AC_x$ e $AC_y$ estão relacionados de acordo com a relação da inclinação de sua barra,

$$AC_x = \frac{3}{4}AC_y = 3\,\text{k} \leftarrow$$

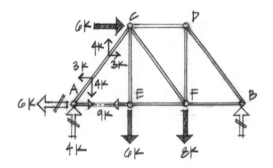
FBD (c)

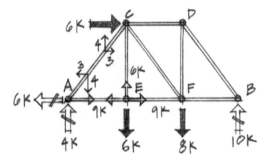
DCL (d)

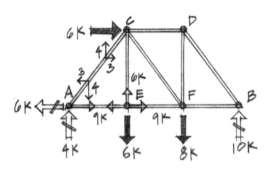
DCL (e)

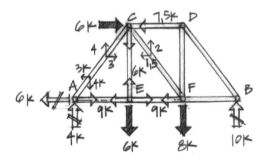
DCL (f)

A seguir, solucione a condição de equilíbrio horizontal. A reação $A_x = 6$ k (26,7 kN) está dirigida para a esquerda; portanto, $AE$ deve ser uma força de 9 k (40,0 kN) dirigida para a direita. Agora o nó $A$ está em equilíbrio. Registre os resultados (na forma de componentes) na extremidade oposta de cada barra.

**Etapa 5:** Prossiga para o próximo nó com o máximo de duas incógnitas. Vamos resolver o nó E.

As duas incógnitas $EF$ (horizontal) e $EC$ (vertical) são resolvidas facilmente porque cada uma representa uma incógnita isolada $x$ e $y$, respectivamente. Na direção horizontal, $EF$ deve resistir com 9 k (40,0 kN) para a esquerda. A força na barra $EC = 6$ k de baixo para cima, a fim de equilibrar a carga aplicada de 6 k (26,7 kN).

Registre as forças nas barras $EF$ e $EC$ nos nós $F$ e $C$, respectivamente.

Continue com outro nó que tenha no máximo duas incógnitas. Tente o nó C. As forças nas barras $CD$ (horizontal) e $CF$ (horizontal e vertical) são desconhecidas. Solucione a condição vertical de equilíbrio inicialmente. $CA_y = 4$ k (17,79 kN) está de baixo para cima e $CE = 6$ k (26,7 kN) está de cima para baixo, restando um desequilíbrio de 2 k (8,90 kN) na direção de cima para baixo. Portanto, $CF_y$ deve resistir com uma força de 2 k (8,90 kN) de baixo para cima. Por meio da relação da inclinação da barra,

$$CF_x = \frac{3}{4}CF_y = 1,5 \text{ k}$$

Na direção horizontal, $CD$ deve desenvolver uma resistência de 7,5 k (33,4 kN) para a esquerda.

**Etapa 6:** Repita a Etapa 5 até que as forças em todas as barras tenham sido determinadas. Os resultados finais são mostrados no diagrama de soma das forças. Neste instante, as forças resultantes nas barras devem ser calculadas usando a relação conhecida de inclinação de cada barra.

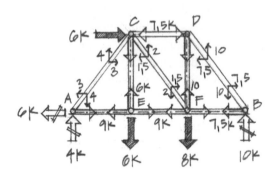
DCL (g)
Diagrama de somatório das forças.

# Problemas

Usando o método dos nós, determine a força em cada barra da treliça ilustrada. Resuma os resultados em um diagrama de soma de forças e indique se cada barra está solicitada à tração ou à compressão. Você pode desejar tentar o método "rápido" para os Problemas 3.14 a 3.17.

**3.12**

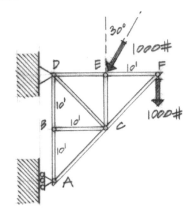

**3.13**

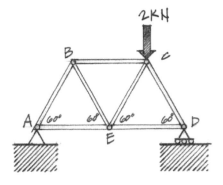

**3.14**

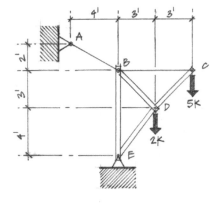

**3.15**

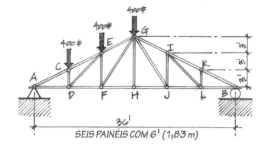

3.16

3.17

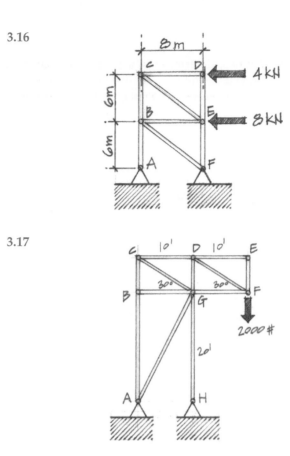

## Método das Seções

Em 1862, o engenheiro alemão August Ritter visualizou outro método para a análise de treliças, o *método das seções*. Ritter cortou a treliça ao longo de uma linha imaginária e substituiu as forças internas pelas forças externas equivalentes. Realizando cortes específicos e calculando os momentos em torno de pontos convenientes da seção (corte) da treliça, são obtidos o módulo e o sentido das forças nas barras desejadas.

O método das seções é particularmente útil quando a análise exige a solução de forças em algumas barras específicas. Esse método evita a tarefa trabalhosa de uma análise nó a nó para a treliça inteira. Em alguns casos, a geometria da treliça pode precisar do uso do método das seções em conjunto com o método dos nós.

Serão usados exemplos de problemas para ilustrar o procedimento para encontrar forças em barras específicas pelo método das seções.

### Exemplos de Problemas: Métodos das Seções

**3.10** Encontre as forças nas barras *BC* e *BE*, conforme mostra a Figura 3.45.

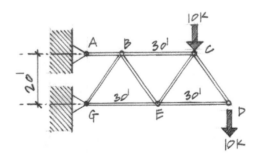

*Figura 3.45  Diagrama espacial da treliça.*

Análise de Sistemas Estruturais Determinados Selecionados

**Solução:**

***Etapa 1:*** *Desenhe um DCL de toda a treliça. Encontre o valor das reações nos apoios. Isso pode ser desnecessário em alguns casos, dependendo do DCL secionado que é usado.*

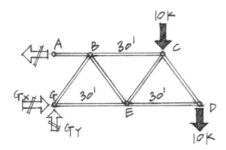

DCL (a) Toda a treliça.

$\left[\Sigma M_G = 0\right] - 10\,\text{k}(45') - 10\,\text{k}(60') + A_x(20') = 0$
$A_x = +52{,}5\,\text{k}$

$\left[\Sigma F_y = 0\right] + G_y - 10\,\text{k} - 10\,\text{k} = 0$
$G_y = +20\,\text{k}$

$\left[\Sigma F_x = 0\right] - A_x + G_x = 0$
$G_x = +52{,}5\,\text{k}$

***Etapa 2:*** *Passe uma linha imaginária através da treliça (um corte secional). A seção da linha a-a não deve cortar mais de três barras desconhecidas, uma das quais deve ser a barra desejada. A linha divide a seção em duas partes separadas e complementares, mas não deve interceptar mais de três barras. Qualquer uma das duas partes obtidas da treliça pode ser usada como um DCL.*

**Nota:** *As forças internas nas barras cortadas pela linha da seção são mostradas como linhas tracejadas externas para indicar a linha de ação das forças nessas barras.*

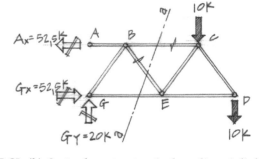

DCL (b) Seção de corte através da treliça. A linha tracejada indica as forças desejadas nas barras.

***Etapa 3:*** *Desenhe o DCL da qualquer uma das partes da treliça. O DCL (c) ou o DCL (d) podem ser usados para encontrar as forças nas barras* BC *e* BE.

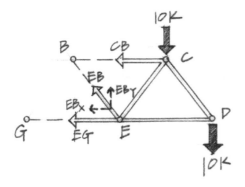

DCL (d) Lado direito da treliça.

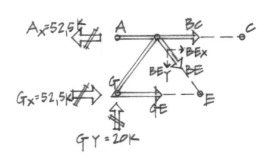

DCL (c) Lado esquerdo da treliça.

No DCL (c), os nós C e F são imaginários e os nós A, B e G são reais. O método das seções trabalha com a ideia de equilíbrio de forças externas. As barras não cortadas AB e BG apresentam apenas forças internas e não influem no equilíbrio de forças externas. Observe que o DCL(c) é escolhido para o cálculo do valor das forças *BC* e *BE*, as reações de apoio são essenciais e devem ser encontradas em primeiro lugar. *Admite-se* que as barras cortadas *BC*, *BE* e *GE* estejam submetidas à tração (T), em oposição à compressão (C).

Encontrando o valor de *BC*,

$$\left[\Sigma M_E = 0\right] + A_x(20') - G_y(30') - BC(20') = 0'$$
$$(BC)(20') = (52,5\,k)(20') - (20\,k)(30')$$
$$BC = +22,5\,k\ (T)$$

Os momentos são tomados em torno do nó imaginário *E* porque as outras duas forças desconhecidas, *BE* e *GE*, se interceptam em *E*; portanto, elas não precisam ser consideradas na equação de equilíbrio. A solução de *BC* é completamente independente de *BE* e *GE*.

Encontrando o valor de *BE*.

$$\left[\Sigma F_y = 0\right] + G_y - BE_y = 0$$
$$\therefore BE_y = +20\,k;$$

mas

$$BE_y = \frac{4}{5}BE,$$

mas

$$BE = \frac{5}{4}BE_y = \frac{5}{4}(20\,k) = +25\,k\,(T)$$

Foi escolhida uma equação envolvendo o somatório de forças na direção vertical, porque as outras duas barras cortadas, *BC* e *GE*, são horizontais; portanto, elas são excluídas da equação de equilíbrio. Mais uma vez, o valor da força em *BE* foi encontrado independentemente do valor das forças nas outras duas barras.

Se for desejada a força na barra *GE*, pode-se escrever uma equação independente de equilíbrio da seguinte maneira:

$$\left[\Sigma M_B = 0\right] + G_x(20') - G_y(15') + GE(20') = 0$$
$$GE = -37,5\,k\ (C)$$

As equações de equilíbrio com base no DCL(d) levariam a resultados idênticos àqueles obtidos com o DCL(c). Nesse caso, as reações de apoio são desnecessárias, porque nenhuma delas aparece no DCL(d). As barras *CB*, *EB* e *EG* são as barras cortadas; portanto, elas são representadas por forças. Os nós *B* e *G* são imaginários, porque foram removidos pela seção cortada.

Encontrando o valor de *CB*,

$$\left[\Sigma M_E = 0\right] + CB(20') - 10\,k(15') - 10\,k(30') = 0$$
$$CB = +22,5\,k(T)$$

Encontrando o valor de *EB*,

$$\left[\Sigma F_y = 0\right] - 10\,k - 10\,k + EB_y = 0$$
$$EB_y = +20\,k$$
$$EB = \frac{5}{4}EB_y = \frac{5}{4}(20\,k) = +25\,k\ (T)$$

Encontrando o valor de EG,

$[\Sigma M_B = 0] - EG(20') - 10\,k(30') - 10\,k(45') = 0$
$EG = -37{,}5\,k\ (C)$

**3.11** Determine as forças nas barras *BC*, *BG* e *HG*, conforme mostra a Figura 3.46.

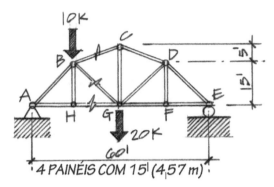

*Figura 3.46  Treliça com banzo superior poligonal ou bowstring.*

### Solução:

Encontre as reações nos apoios e depois passe a seção *a-a* através da treliça.

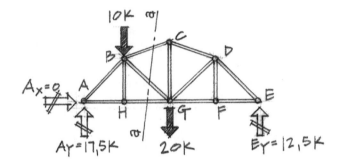

*DCL (a) Toda a treliça.*

Encontrando o valor de HG,

$[\Sigma M_B = 0] + HG(15') - 17{,}5\,k(15') = 0$
$HG = +17{,}5\,k\ (T)$

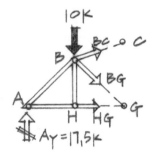

*DCL (b)*

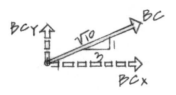

DCL (c)

A seguir, encontre o valor de $BC$,

$$BC_x = \frac{3BC}{\sqrt{10}}; \quad BC_y = \frac{BC}{\sqrt{10}}$$

$$\left[\sum M_G = 0\right] - A_y(30') + 10\,\text{k}(15') - BC_x(15') - BC_y(15') = 0$$

substituindo:

$$\frac{3BC}{\sqrt{10}}(15') + \frac{BC}{\sqrt{10}}(15') = -17{,}5\,\text{k}(30') + 10\,\text{k}(15')$$

$$BC = -6{,}25\sqrt{10}\,\text{k}\ (\text{C})$$

A solução para a força na barra $BG$ pode ser encontrada independentemente das forças já conhecidas nas barras $HG$ e $BC$ modificando o DCL(b).

$$BG_x = \frac{BG}{\sqrt{2}}$$

$$BG_y = \frac{BG}{\sqrt{2}}$$

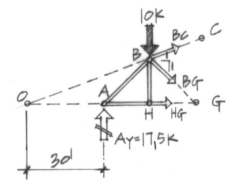

Levando em conta que as forças $HG$ e $BC$ não são paralelas entre si, existe algum ponto $AO$ onde elas se interceptam. Se esse ponto de interseção for usado como origem da referência para o somatório dos momentos, $HG$ e $BC$ não apareceriam na equação de equilíbrio e o valor de $BG$ poderia ser encontrado independentemente.

O comprimento horizontal $AO$ é determinado considerando a inclinação da força $BC$ como referência. Utilizando uma relação de triângulos semelhantes, determina-se $AO$ como 30' (9,14 m). Portanto,

$$\left[\sum M_o = 0\right] - 10\,\text{k}(45') - BG_x(15') - BG_y(45') + A_y(30') = 0$$

$$\frac{BG}{\sqrt{2}}(15') + \frac{BG}{\sqrt{2}}(45') = 17{,}5\,\text{k}(30') - 10\,\text{k}(45')$$

$$BG = +1{,}25\sqrt{2}\,\text{k}\ (\text{T})$$

Problemas

**3.18** Encontre o valor das forças em $AC$, $BC$ e $BD$ usando apenas uma seção de corte. Use a parte direita do DCL.

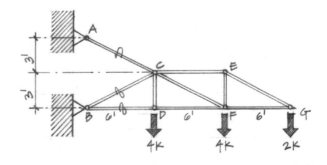

**3.19** Encontre o valor das forças em BC, CH e FH.

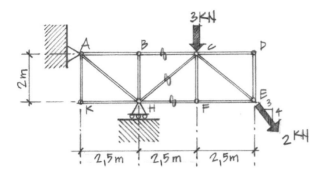

**3.20** Encontre o valor das forças em BE, CE e FJ.

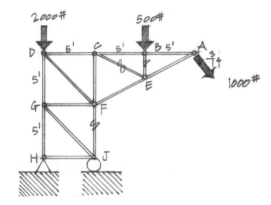

**3.21** Encontre o valor das forças em AB, BH e HG. Use apenas uma seção de corte.

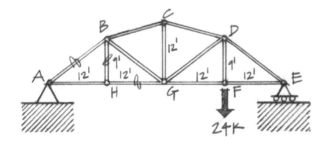

## Contraventamentos Diagonais de Tração (Tirantes Diagonais)

Um arranjo de barras dentro de um painel, usado comumente nas primeiras pontes de treliças, consistia em diagonais cruzadas, de acordo com o ilustrado na Figura 3.47.

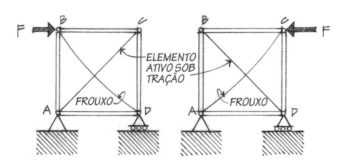

*Figura 3.47 Diagonais de tração.*

As diagonais cruzadas ainda são usadas em sistemas de contraventamento de treliças de pontes, edificações e torres. Essas diagonais cruzadas são denominadas *tirantes diagonais* ou *contraventamentos diagonais de tração*. No sentido estrito da palavra, vê-se que tal sistema é estaticamente indeterminado, porque na equação,

$b = 2n - 3;$
$b = 6, n = 4$
$6 > 2(4) - 3$

Entretanto, a natureza física das diagonais em alguns desses sistemas "se transforma" em um sistema estaticamente determinado. As diagonais, que são longas e esbeltas e são fabricadas com seções transversais de barras redondas, barras tipo fita e cabos, tendem a ser relativamente flexíveis se comparadas com os outros elementos da treliça. Em face das tendências à flambagem, essas barras diagonais esbeltas são incapazes de resistir a forças de compressão.

Em uma treliça com um sistema de contraventamento à tração, a diagonal que se inclina em uma direção está sujeita a uma força de tração, ao passo que a barra na outra inclinação estaria sujeita a uma força de compressão. Se a barra sob compressão flambar, o empenamento (deformação do painel causado pela *carga de cisalhamento*) do painel é resistido pela única diagonal solicitada à tração. A diagonal solicitada à compressão não tem influência alguma, e a análise prossegue como se ela não estivesse presente. Entretanto, é necessário ter um par de contraventamentos para um determinado painel de uma treliça, porque pode ocorrer inversão da solicitação em condições variadas de carregamento (por exemplo, cargas móveis, cargas de vento etc.).

A determinação do contraventamento efetivo à tração pode ser conseguida rapidamente usando o método *modificado* da análise das seções. A modificação envolve fazer o corte de uma seção por meio de quatro barras, incluindo ambos os contraventamentos, em vez de as três barras normais exigidas para a aplicação do método das seções conforme indicado nas seções anteriores.

### Exemplos de Problemas: Contraventamentos Diagonais de Tração

**3.12** Para a treliça mostrada na Figura 3.48, determine o contraventamento efetivo à tração e a carga resultante nela desenvolvida.

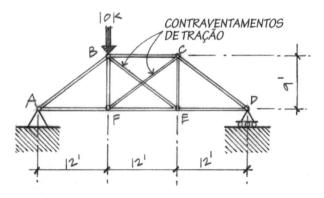

*Figura 3.48   Treliça com contraventamentos diagonais de tração.*

# Análise de Sistemas Estruturais Determinados Selecionados

**Solução:**

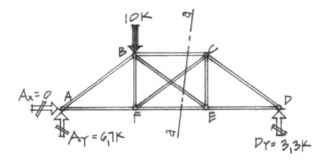

DCL (a) Sessão de corte a-a através de quatro elementos.

**Etapa 1:** Desenhe um DCL da treliça inteira.

**Etapa 2:** Encontre as reações de apoio em A e D.

**Etapa 3:** Passe uma seção através da treliça, cortando os contraventamentos e as barras BC e FE.

**Etapa 4:** Isole uma parte da treliça cortada.

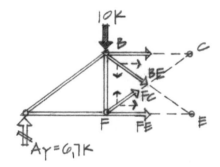

DCL (b).

**Nota:** *A seção de corte a-a passa por meio de quatro barras, o que na maioria dos casos não é permitido. Entretanto, como um dos contraventamentos não é efetivo (igual a zero), apenas três barras são realmente cortadas.*

Os contraventamentos BE e FC só têm utilidade quando solicitados à tração; dessa forma, eles devem ser mostrados solicitados à tração no DCL.

A equação de equilíbrio necessária para determinar que contraventamento está sendo solicitado é a do somatório das forças na direção vertical. As forças BC e FE são horizontais; portanto, elas não são consideradas na equação de equilíbrio.

$$\left[\Sigma F_y = 0\right] + A_y - 10\,\text{k} - BE_y = 0 \tag{1}$$

ou

$$+A_y - 10\,\text{k} + FC_y = 0 \tag{2}$$

O desequilíbrio entre $A_y = 6{,}7$ k (29,8 kN, ↑) e a força aplicada de 10 k (44,5 kN, ↓) é 3,3 k (14,7 kN, ↓). A força componente $FC_y$ tem o sentido adequado para colocar a meia treliça, DCL(b), em equilíbrio. Portanto, a equação (2) é correta.

Resolvendo:

$FC_y = 3{,}3$ k

mas

$$FC = \frac{5}{3}FC_y = +5{,}55\,\text{k}\,(\text{T})$$

O contraventamento *BE* não tem utilidade e admite-se que é nula a força nele atuante.

## Problemas

Determine o contraventamento efetivo de tração e o módulo de sua força respectiva.

3.22

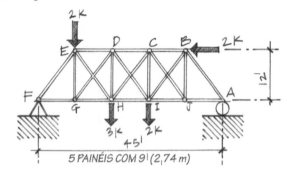

3.23

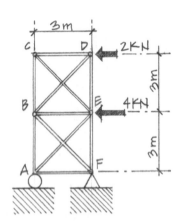

3.24

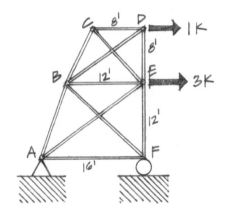

## Barras de Força Nula

Muitas treliças que parecem complicadas podem ser simplificadas consideravelmente reconhecendo as barras que não suportam força alguma. Frequentemente essas barras são conhecidas como *barras de força nula*.

Análise de Sistemas Estruturais Determinados Selecionados

## Exemplos de Problemas: Barras de Força Nula

**3.13** Vamos examinar uma treliça carregada de acordo com a ilustração da Figura 3.49. Por observação, você pode reconhecer as barras de força nula? As barras *FC*, *EG* e *HD* não suportam carga alguma. Os DCLs dos nós *F*, *E* e *H* mostram por quê.

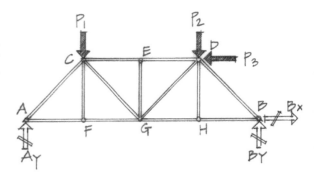

*Figura 3.49   DCL de uma treliça com banzos paralelos e com barras de força nula.*

**Solução:**

Nó *F*

$$\left[\Sigma F_y = 0\right] + FC = 0$$

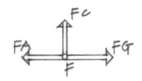

Nó *E*

$$\left[\Sigma F_y = 0\right] - EG = 0$$

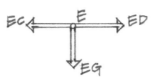

Nó *H*

$$\left[\Sigma F_y = 0\right] + HD = 0$$

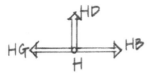

**3.14** A inspeção visual da treliça mostrada na Figura 3.50 indica que as barras *BL*, *KC*, *IE* e *FH* são barras de força nula (consulte o problema anterior).

Os DCLs dos nós *K* e *I*, de modo similar ao problema anterior, mostrariam que as forças em *KC* e *IE* são nulas porque $\Sigma F_y = 0$.

Construa um sistema *x-y* no qual o eixo *x* está ao longo das linhas das barras *BA* e *BC*. A força na barra *BL* é a única que apresenta componente *y*.

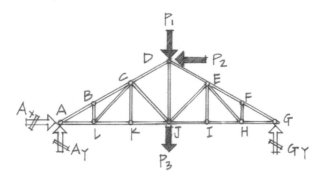

*Figura 3.50   DCL de uma treliça de telhado com barras de força nula.*

**Solução:**

$$\left[\Sigma F_y = 0\right] - BL_y = 0$$
$$\therefore BL = 0$$

A mesma condição também é verdadeira no nó F. Uma regra geral que pode ser aplicada na determinação de barras de força nula por inspeção pode ser enunciada da seguinte maneira:

*Em um nó descarregado no qual três barras estão conectadas entre si, se duas barras estiverem em linha reta, a terceira será uma barra de força nula.*

Portanto, sob uma inspeção mais rigorosa, *LC*, *CJ*, *JE* e *EH* também são reconhecidas como barras de força nula.

Lembre-se, as barras de força nula não são barras sem utilidade. Mesmo que elas não estejam submetidas a cargas sob uma determinada condição de carregamento, elas podem estar submetidas a cargas se a condição de carregamento for modificada. Além, disso, essas barras são necessárias para suportar o peso da treliça e manter o formato desejado.

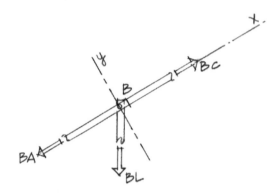

Nó B (similar ao nó F).

## Problemas

Identifique as barras de força nula nas treliças a seguir.

**3.25**

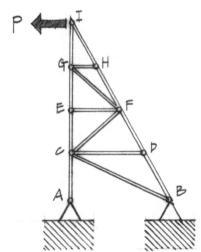

Análise de Sistemas Estruturais Determinados Selecionados

3.26

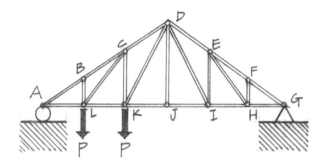

3.27

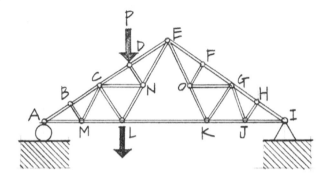

## 3.4 QUADROS ESTRUTURAIS ROTULADOS (BARRAS SUJEITAS A VÁRIAS FORÇAS)

*Figura 3.51 Celeiro com quadros pesados de madeira. Este é um exemplo de quadros de madeira rotulados. Fotógrafo desconhecido.*

### Barras Sujeitas a Várias Forças

Na Seção 3.3 foram analisadas as treliças como estruturas consistindo inteiramente em conexões por pinos (rótulas) e em elementos estruturais submetidos a apenas duas forças em que a força resultante desenvolvida estava diretamente ao longo do eixo da barra. Agora examinaremos estruturas que contêm barras submetidas a *várias forças* – isto é, uma barra que esteja sofrendo a ação de três ou mais forças (Figura 3.51 e Figura 3.52). Geralmente essas forças não estão dirigidas ao longo do eixo da barra; dessa forma, a direção da força resultante na barra é desconhecida. Normalmente, em consequência disso acontece a flexão da barra.

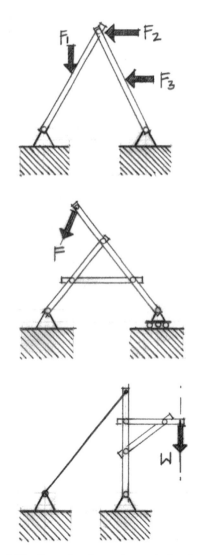

*Figura 3.52 Exemplos de quadros estruturais com pinos.*

Os quadros estruturais com pinos, ou quadros rotulados, são estruturas que contêm barras sujeitas a várias forças que normalmente são projetadas para suportar um conjunto de condições de carregamento. Alguns quadros estruturais com pinos também podem incluir barras sujeitas a apenas duas forças.

As forças aplicadas a uma treliça ou um quadro estrutural rotulado devem passar pelas barras que constituem a estrutura e posteriormente chegar aos apoios. Em quadros estruturais rotulados, as forças atuam inicialmente nas barras e depois as barras carregam os pinos internos (rótulas) e as conexões. Os pinos, ou rótulas, redirecionam as cargas para outras barras e, posteriormente, para os apoios. Examine os DCLs tanto da treliça como do quadro estrutural mostrados nas Figuras 3.53 e 3.54, respectivamente, e compare as transferências de cargas que acontecem nas barras e nos pinos.

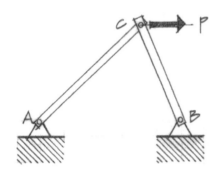

*Figura 3.53(a)* As barras AC e BC estão sujeitas a apenas duas forças.

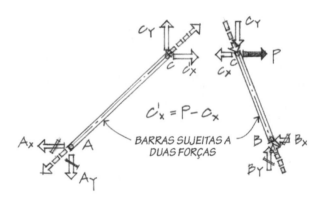

*Figura 3.53(b)* DCL de cada uma das barras sujeitas a duas forças.

**Nota:** *No DCL da barra BC, mostrado na Figura 3.53(b), $C_x$ junto com P resultará em um componente x compatível com $C_y$ e produzirá uma resultante C que passa através do eixo da barra.*

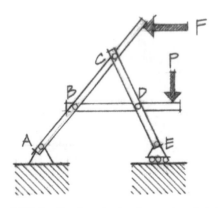

*Figura 3.54(a)* Quadro estrutural com pinos (rotulado) e com barras sujeitas a várias forças.

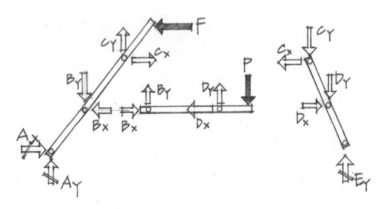

*Figura 3.54(b)* DCL de cada barra sujeita a várias forças.

As resultantes das forças componentes nas conexões com pinos não passam através do eixo da respectiva barra. As linhas de ação das forças nos pinos são desconhecidas.

# Quadros Estruturais Rotulados Rígidos e Não Rígidos em Relação aos Seus Apoios

Alguns quadros rotulados (com pinos) deixam de ser rígidos e estáveis quando separados de seus apoios. Normalmente, esses tipos de quadros são denominados *não rígidos* ou desmoronáveis (Figura 3.55). Outros quadros estruturais permanecem inteiramente *rígidos* (conservam sua geometria), mesmo que os apoios sejam removidos.

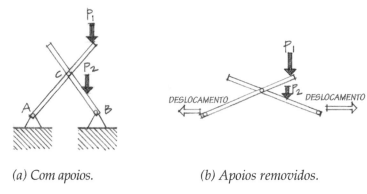

*(a) Com apoios.*  *(b) Apoios removidos.*

Figura 3.55  Caso I: Não rígido sem os apoios.

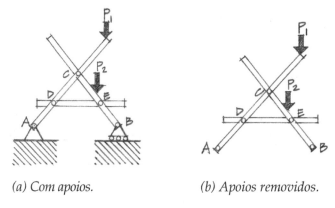

*(a) Com apoios.*  *(b) Apoios removidos.*

Figura 3.56  Caso II: Rígido sem os apoios.

No Caso I (não rígido), o quadro rotulado não pode ser considerado simplesmente um corpo rígido porque o quadro desmorona sob o carregamento quando um ou dois dos apoios de pino forem removidos. As barras *AC* e *BC* devem ser tratadas como duas partes rígidas separadas e distintas (Figura 3.57).

Por outro lado, o quadro do Caso II (rígido) conserva sua geometria ainda que os apoios de rolete e de pino sejam removidos. A estabilidade é mantida porque a introdução da barra *DE* forma uma configuração triangular, nos moldes de uma treliça. Todo o quadro estrutural rotulado é facilmente transportável e pode ser considerado como um corpo rígido (Figura 3.58).

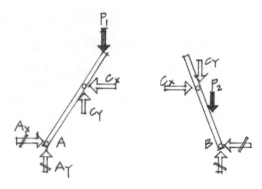

*Figura 3.57   Caso I: Duas partes rígidas distintas.*

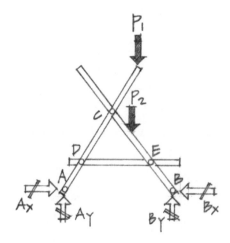

*Figura 3.58   Caso II: Quadro estrutural inteiro como um corpo rígido.*

**Nota:** *Embora uma estrutura possa ser considerada não rígida sem seus apoios, pode ser desenhado um DCL de todo o quadro não rígido para os cálculos de equilíbrio.*

## Procedimento para a Análise de um Quadro Estrutural Rotulado

1. Desenhe um DCL de todo o quadro.
2. Encontre o valor das reações externas.
   a. Se o quadro for estaticamente determinado externamente (três equações de equilíbrio, três reações desconhecidas), todas as reações podem ser encontradas (Figura 3.59).

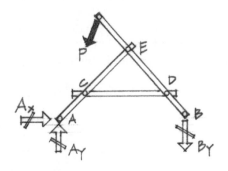

*Figura 3.59   Quadro rotulado.*

- Três incógnitas: $A_x$, $A_y$ e $B_y$
- Três equações de equilíbrio

**Nota:** *Pode-se admitir a direção das reações externas ou das reações nos pinos. Uma suposição errada conduzirá ao módulo correto, mas terá um sinal negativo.*

b. Se o quadro for estaticamente indeterminado externamente, as reações podem ser encontradas por outros meios (Figura 3.60).

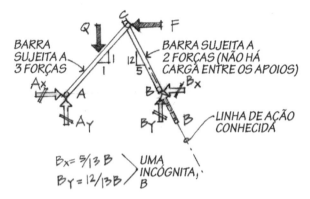

*Figura 3.60    DCL de um quadro rotulado.*

- Reconhecendo as barras sujeitas a apenas duas forças.
- Escrevendo outra equação de equilíbrio para a incógnita adicional. Isso é realizado separando o quadro em suas partes rígidas e desenhando DCLs de cada parte [Figura 3.61(c)].

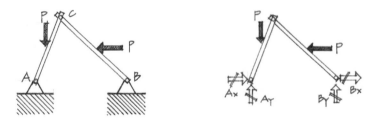

*(a) Diagrama ilustrativo.*    *(b) DCL — quadro inteiro.*

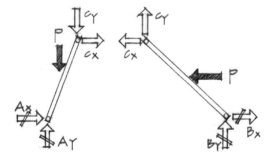

*(c) DCL dos componentes.*

*Figura 3.61    DCL do quadro e de seus componentes.*

Por exemplo, do DCL de todo o quadro estrutural mostrado na Figura 3.61(b),

$\Sigma M_B = 0$ A equação inclui $A_y$. Encontre o valor de $A_y$.

$\Sigma M_A = 0$ Encontre o valor de $B_y$.
$\Sigma F_x = 0$ Equação em termos de $A_x$ e $B_x$.

Do DCL do componente da esquerda da Figura 3.61(c),

$\Sigma M_C = 0$ Encontre o valor de $A_x$.

Volte para a equação de $\Sigma F_x = 0$ e encontre o valor de $B_x$.

3. Para encontrar o valor das forças internas nos pinos (rótulas), desmembre o quadro em suas partes componentes e desenhe DCLs de cada parte (Figura 3.62).

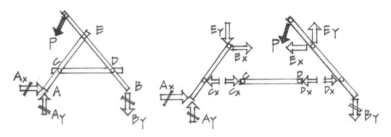

*Figura 3.62  DCL (a) do quadro inteiro e (b) dos componentes.*

**Nota:** *Forças iguais e opostas nos pinos (terceira lei de Newton).*

4. Calcule as forças internas nos pinos escrevendo as equações de equilíbrio para as partes componentes.
5. Os DCLs das partes componentes não incluem o DCL do próprio pino. Os pinos (rótulas) em quadros estruturais são considerados como inseridos em uma das barras. Quando os pinos conectarem três ou mais barras, ou quando um pino conectar um apoio a duas ou mais barras, torna-se muito importante atribuir o pino ou rótula a uma determinada barra. Por exemplo, veja a Figura 3.63.

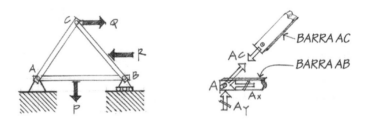

*Figura 3.63  Pino (rótula) atribuído à barra AB.*

6. Quando as cargas forem aplicadas a um nó, a carga pode ser atribuída arbitrariamente a qualquer uma das barras. Note, entretanto, que a carga aplicada deve aparecer apenas uma vez. Ou a carga aplicada pode ser atribuída ao pino, e o pino pode ou não ser atribuído a uma barra. Então, a solução para o pino pode ser encontrada com um DCL separado (Figura 3.64).

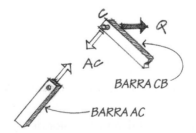

*Figura 3.64  DCL do nó C.*

Análise de Sistemas Estruturais Determinados Selecionados

## Exemplos de Problemas: Análise de um Quadro Rotulado

**3.15** Para os quadros estruturais rotulados da Figura 3.65, determine as reações em A e B e as reações no pino (rótula) em C.

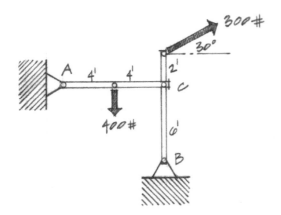

Figura 3.65(a)   Quadros rotulados.

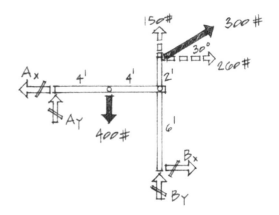

Figura 3.65(b)   DCL de todo o quadro rotulado.

### Solução:

**Etapa 1:** *Desenhe um DCL de todo o quadro estrutural. Encontre o valor do maior número de reações externas possível.*

Externamente:

- Quatro incógnitas
- Três equações de equilíbrio

$$\left[\Sigma M_B = 0\right] - A_y(8') + 400\#(4') + A_x(6') - 260\#(8') = 0$$

$$\left[\Sigma F_x = 0\right] - A_x + 260\# + B_x = 0$$

$$\left[\Sigma F_y = 0\right] + A_y - 400\# + 150\# + B_y = 0$$

Considerando que nenhuma reação de apoio pode ser encontrada usando o DCL de todo o quadro, prossiga para a etapa 2.

**Etapa 2:** *Divida o quadro em suas partes componentes.*

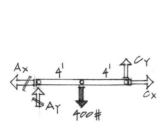   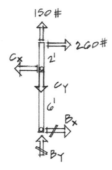

DCL (a)                          DCL (b)

DCL das partes componentes.

Do DCL(a),

$$\left[\Sigma M_c = 0\right] - A_y(8') + 400\#(4') = 0$$
$$A_y = +200\# \text{ Direção OK}$$

Voltando à equação [$\Sigma M_B = 0$] do quadro estrutural inteiro,

$$A_x = \frac{200\#(8') + 260\#(8') - 400\#(4')}{6'} = +346,7\#$$

$B_x = A_x - 260\# = 347\# - 260\# = +87\#$

$B_y = 400\# - A_y - 150\# = 400\# - 200\# - 150\#$
$\quad = +50\#$

Do DCL(a),

$\left[ \Sigma F_x = 0 \right] - A_x + C_x = 0$
$C_x = +347\#$

$\left[ \Sigma F_y = 0 \right] + A_y - 400\# + C_y = 0$
$C_y = +200\#$

ou do DCL(b),

$\left[ \Sigma F_x = 0 \right] - C_x + 260\# + B_x = 0$
$C_x = 260\# + 87\# = +347\# \Leftarrow$ CONFIRMA

$\left[ \Sigma F_y = 0 \right] + 150\# - C_y + B_y = 0$
$C_y = 150\# + 50\# = +200\# \Leftarrow$ CONFIRMA

**3.16** Para o quadro rotulado da Figura 3.66, determine as reações de apoio em $E$ e $F$ e as reações no pino (rótula) em $A$, $B$ e $C$.

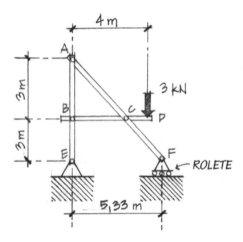

*Figura 3.66   Quadro rotulado.*

**Solução:**

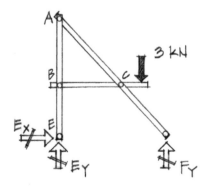

*DCL de quadro inteiro.*

Análise de Sistemas Estruturais Determinados Selecionados

Estaticamente determinado externamente:
- Três incógnitas
- Três equações de equilíbrio

$\left[\sum M_E = 0\right] + F_y(5,33\,\text{m}) - 3\,\text{kN}(4\,\text{m}) = 0$
$F_y = 2,25\,\text{kN}$

$\left[\sum F_y = 0\right] + E_y - 3\,\text{kN} + 2,25\,\text{kN} = 0$
$E_y = +0,75\,\text{kN}$

$\left[\sum F_x = 0\right] E_x = 0$

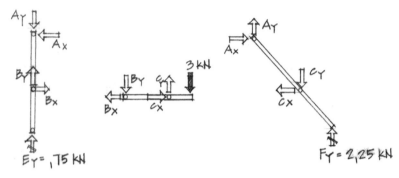

DCL (a)     DCL (b)     DCL (c)

*DCLs dos componentes.*

Do DCL(b),

$\left[\sum M_C = 0\right] + B_y(2,67\,\text{m}) - 3\,\text{kN}(1,33\,\text{m}) = 0$
$B_y = +1,5\,\text{kN}$

$\left[\sum F_y = 0\right] - B_y + C_y - 3\,\text{kN} = 0$
$C_y = 3\,\text{kN} + 1,5\,\text{kN} = +4,5\,\text{kN}$

Do DCL(a),

$\left[\sum M_B = 0\right] A_x = 0$

$\left[\sum F_x = 0\right] B_x = 0$

$\left[\sum F_y = 0\right] - A_y + B_y + E_y = 0$
$A_y = +1,5\,\text{kN} + 0,75\,\text{kN} = +2,25\,\text{kN}$

Do DCL(c),

$\left[\sum F_x = 0\right] + A_x - C_x = 0,$

mas

$A_x = 0,$

portanto,

$C_x = 0$

Verificação:

$\left[\sum F_y = 0\right] + 2,25\,\text{kN} - 4,5\,\text{kN} + 2,25\,\text{kN} = 0$

## 3.5 ARCOS TRIARTICULADOS

### Arcos

Os arcos são um tipo estrutural adequado para vencer grandes distâncias. O arco pode ser imaginado como um "cabo" virado ao contrário, desenvolvendo tensões de compressão de mesmo módulo que as tensões de tração no cabo. As forças desenvolvidas dentro de um arco são principalmente de compressão, com momentos fletores relativamente pequenos. A ausência de grandes momentos fletores tornou os arcos da Antiguidade perfeitamente adequados para construções com pedras. Os arcos contemporâneos podem ser construídos como triarticulados, biarticulados ou sem rótulas (fixos) (Figura 3.67).

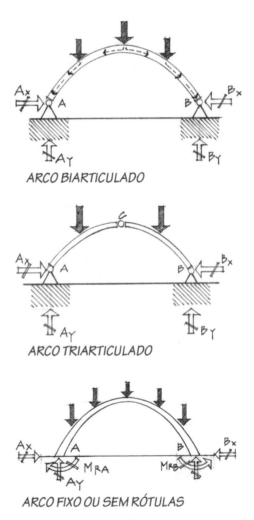

*Figura 3.67  Tipos de arcos contemporâneos.*

Um arco é uma unidade estrutural suportada por reações verticais e horizontais, conforme ilustra a Figura 3.67. As reações horizontais devem ser capazes de resistir às forças que tendem a causar um deslocamento horizontal ou o arco tenderá a se achatar sob a ação da carga. Os arcos incapazes de resistir à tendência ao deslocamento se degradarão em um tipo de viga curva, conforme mostra a Figura 3.68.

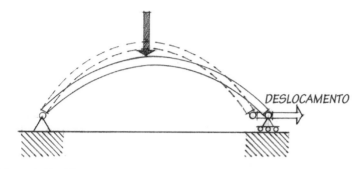

*Figura 3.68   Viga curva.*

As vigas curvas tendem a apresentar grandes momentos fletores, similares aos das vigas retas e não têm as características de um verdadeiro arco. Independentemente do formato assumido por um arco, o sistema deve fornecer uma trajetória ininterrupta de compressão através dele para minimizar sua flexão. A eficiência de um arco é determinada pela geometria de sua forma curva em relação ao carregamento que deve ser suportado (forma funicular). Algumas das formas geométricas mais eficientes para condições de carregamento específicas são mostradas na Figura 3.69.

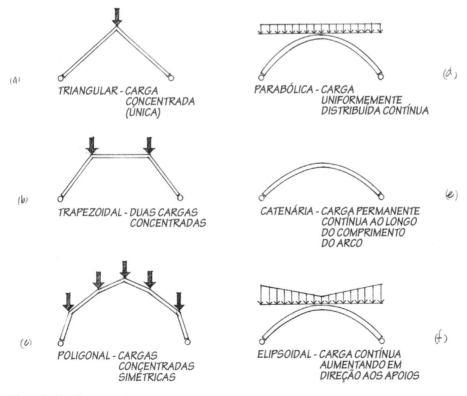

*Figura 3.69   Formatos de arcos.*

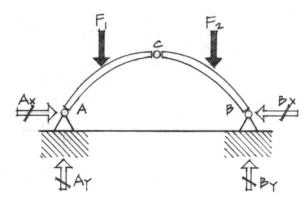

Figura 3.70 Arco triarticulado.

Os arcos triarticulados (Figura 3.70) são sistemas estaticamente determinados e serão o único tipo de arco contemporâneo estudado nos exemplos a seguir.

O exame do arco triarticulado mostrado na Figura 3.70 revela dois componentes de reação em cada apoio, o que significa um total de quatro incógnitas. Três equações de equilíbrio da estática, mais uma equação adicional de equilíbrio do momento nulo na articulação (rótula na parte superior) interna, tornam esse sistema estaticamente determinado. O arco da Figura 3.70 é resolvido calculando os momentos em uma extremidade apoiada para obter o componente vertical da reação do segundo apoio. Por exemplo,

$\left[\Sigma M_A = 0\right]$ resolva diretamente para $B_y$

Como ambos os apoios estão no mesmo nível neste exemplo, o componente horizontal $B_x$ da reação passa através de $A$, não influindo assim na equação de momento. Quando o valor de $B_y$ for encontrado, a outra reação vertical, $A_y$, pode ser obtida por

$\left[\Sigma F_y = 0\right]$ resolva para $A_y$

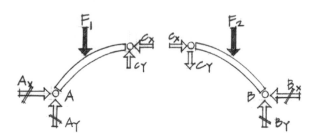

Figura 3.71 DCL de cada seção do arco.

Resolva: [$\Sigma M_C = 0$] em qualquer DCL

Os componentes horizontais da reação são obtidos calculando os momentos na rótula (articulação) superior $C$, conforme mostra a Figura 3.71. A única incógnita que aparece em ambas as equações é o componente horizontal da reação em $A$ ou $B$. O outro componente horizontal é encontrado escrevendo

[$\Sigma F_x = 0$] e resolvendo a equação para determinar o valor da reação horizontal remanescente

O arco triarticulado tem sido usado tanto para edificações quanto para pontes (algumas vezes na forma de um arco treliçado, conforme mostra a Figura 3.72). Os arcos triarticulados podem apresentar recalques dos apoios sem que sejam induzidos grandes momentos fletores na estrutura Essa é a principal vantagem do arco triarticulado em relação a outros sistemas estruturais *indeterminados*.

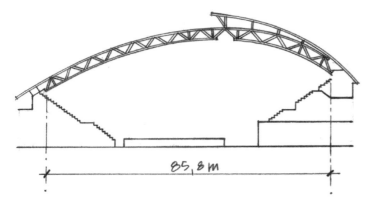

*Figura 3.72   Arco triarticulado de madeira, Lillehammer, Noruega, Olympic Hockey Arena.*

Os arcos exigem fundações capazes de resistir a grandes empuxos nos apoios. Em arcos para edificações, é possível suportar essa força unindo os apoios entre si com tirantes de aço, cabos, perfis de aço, contrafortes, encontros de fundações ou pisos especialmente projetados. Boas fundações em rochas fornecem apoios ideais para resistência ao empuxo horizontal (Figura 3.73).

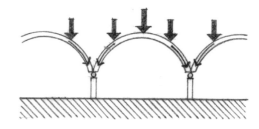

*Arcos contínuos.*

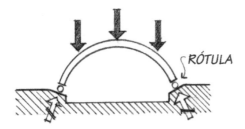

*Arco com encontros.*

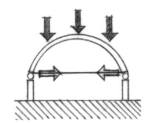

*Arco atirantado.*

*Figura 3.73   Métodos de resistência ao empuxo.*

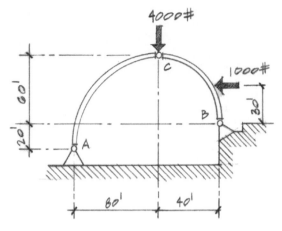

*Figura 3.74   Arco triarticulado.*

### Exemplos de Problemas: Arco Triarticulado

**3.17** Determine as reações nos apoios A e B e as forças internas no pino (rótula) em C. Esse exemplo utiliza um arco triarticulado com apoios em elevações diferentes, conforme ilustra a Figura 3.74.

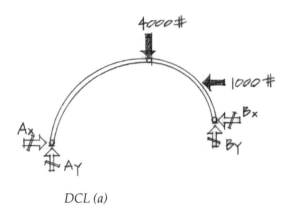

DCL (a)

**Solução:**

$$A_x = \frac{A}{\sqrt{2}}, A_y = \frac{A}{\sqrt{2}}$$

$$C_x = \frac{C}{\sqrt{2}}, C_y = \frac{C}{\sqrt{2}}$$

Do DCL(a),

$$\left[\Sigma M_B = 0\right] + 1.000\#(30') + 4.000\#(40') \\ + A_x(20') - A_y(120') = 0$$
$$A = +1.900\sqrt{2}\# \text{ e}$$
$$A_x = +1.900\#, A_y = +1.900\#$$

**Nota:** $A_x$ e $A_y$ resultam em uma relação 1:1 idêntica àquela da inclinação imaginária ao longo da linha que une A e C.

Do DCL(b),

$$\left[\Sigma F_x = 0\right] + A_x - C_x = 0$$
$$C_x = +1.900\#$$

$$\left[\Sigma F_y = 0\right] + A_y - C_y = 0$$
$$C_y = +1.900\#$$

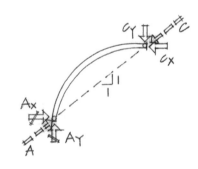

DCL (b)

Do DCL(c),

$$\left[\Sigma F_x = 0\right] + C_x - 1.000\# - B_x = 0$$
$$B_x = +1.900\# - 1.000\# = +900\#$$

$$\left[\Sigma F_y = 0\right] - 4.000\# + C_y + B_y = 0$$
$$B_y = +4.000\# - 1.900\# = +2.100\#$$

**Verificação:**

Usando novamente o DCL(a),

$$\left[\Sigma F_x = 0\right] + A_x - 1.000\# - B_x = 0$$
$$+1.900\# - 1.000\# - 900\# = 0 \Leftarrow \text{CONFIRMAÇÕES}$$

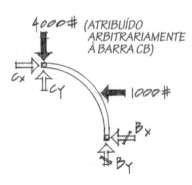

DCL (c)

# Análise de Sistemas Estruturais Determinados Selecionados

**3.18** Um quadro estrutural de aço com duas águas (montado como um arco triarticulado) está sujeito a forças de vento de acordo com o ilustrado na Figura 3.75. Determine as reações nos apoios em A e B e as forças internas no pino (rótula) em C.

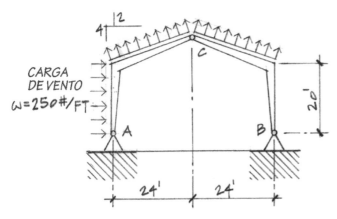

*Figura 3.75 Quadro estrutural triarticulado com duas águas.*

**Solução:**

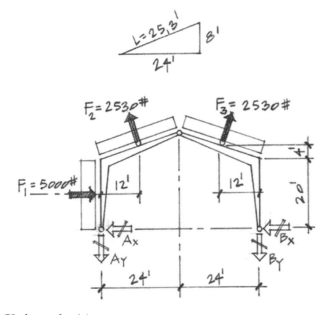

DCL do quadro (a).

Determine as forças de vento equivalentes $F_1$, $F_2$ e $F_3$.

$F_1 = 250\,\text{\#/ft}\,(20') = 5.000\#$

$F_2 = 100\,\text{\#/ft}\,(25,3') = 2.530\#$

$F_3 = 100\,\text{\#/ft}\,(25,3') = 2.530\#$

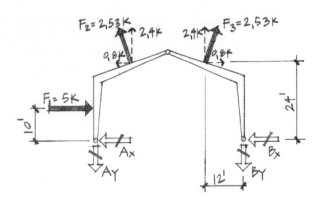

*DCL do quadro (b).*

Decomponha as forças $F_2$ e $F_3$ em suas forças componentes em $x$ e $y$:

$$F_{2_x} = F_{3_x} = \frac{8}{25,3}(2,53\,\text{k}) = 0,8\,\text{k}$$

$$F_{2_y} = F_{3_y} = \frac{24}{25,3}(2,53\,\text{k}) = 2,4\,\text{k}$$

Encontre o valor das reações verticais $A_y$ e $B_y$ nos apoios.

$$\left[\Sigma M_A = 0\right] - F_1(10') + F_{2_x}(24') + F_{2_y}(12') - F_{3_x}(24')$$
$$+ F_{3_y}(36') - B_y(48') = 0$$

$$-5\,\text{k}(10') + 0,8\,\text{k}(24') + 2,4\,\text{k}(12') - 0,8\,\text{k}(24')$$
$$+ 2,4\,\text{k}(36') - B_y(48') = 0$$

$$\therefore B_y = +1,36\,\text{k}(\downarrow)$$

$$\left[\Sigma F_y = 0\right] - A_y + 2,4\,\text{k} + 2,4\,\text{k} - 1,36\,\text{k} = 0$$

$$\therefore A_y = 3,44\,\text{k}(\downarrow)$$

Divida o quadro na rótula superior e desenhe um DCL da metade da esquerda *ou* da direita.

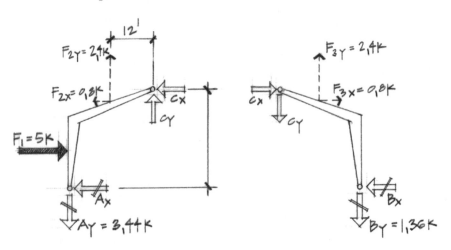

*DCL (c)*      *DCL (d)*

Usando o DCL(c),

$$\left[\Sigma M_C = 0\right] - 2,4\,\text{k}(12') - 0,8\,\text{k}(4') + 5\,\text{k}(18')$$
$$+ 3,44\,\text{k}(24') - A_x(28') = 0$$

$28A_x = 140,56$

$\therefore A_x = 5,02\,\text{k}(\leftarrow)$

Para as forças internas na rótula em C,

$[\Sigma F_x = 0] + 5\,\text{k} - 5,02\,\text{k} - 0,8\,\text{k} + C_x = 0$
$\therefore C_x = +0,82\,\text{k}$

$[\Sigma F_y = 0] - 3,44\,\text{k} + 2,4\,\text{k} + C_y = 0$
$\therefore C_y = +1,04\,\text{k}$

Voltando ao DCL(b) de todo o quadro, encontre $B_x$:

$[\Sigma F_x = 0] + 5\,\text{k} - 5,02\,\text{k} - 0,8\,\text{k} + 0,8\,\text{k} - B_x = 0$
$\therefore B_x = -0,02\,\text{k}$

O sinal negativo no resultado de $B_x$ indica que a direção original admitida no DCL estava incorreta.

$\therefore B_x = 0,02\,\text{k}(\rightarrow)$

## Problemas

Determine todas as forças nos apoios e nas rótulas (pinos) dos diagramas compostos de barras sujeitas a várias forças e listados a seguir.

3.28

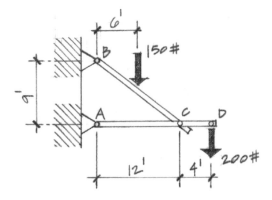

3.29

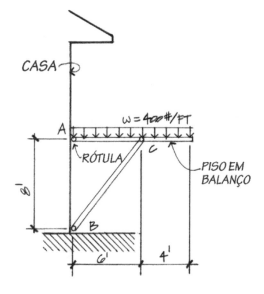

3.30

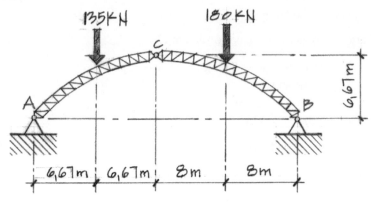

3.31

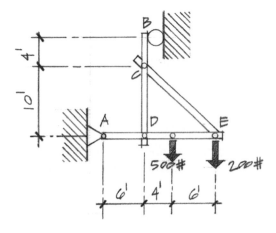

3.32

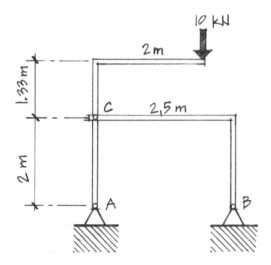

3.33

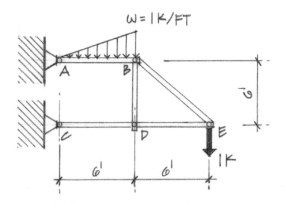

## 3.6 MUROS DE CONTENÇÃO

Como o nome sugere, os *muros de contenção* (ou *muros de arrimo*) são usados para segurar (conter) material sólido ou outro material granular a fim de manter uma diferença na elevação do solo. Uma *represa* (ou *barragem*) é um muro de contenção usado para resistir à pressão lateral da água ou de outros fluidos.

Há três tipos gerais de muros de arrimo: (a) o muro de gravidade (Figura 3.76), (b) o muro de flexão de concreto armado (Figura 3.77) e (c) o muro de flexão de concreto armado com contrafortes (Figura 3.78).

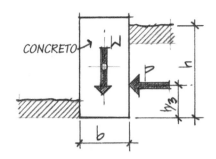

*Figura 3.76   Muro de arrimo de gravidade.*

Geralmente, os muros de arrimo de gravidade são construídos de concreto simples ou de pedras (alvenaria). Normalmente a altura $h$ é menor do que quatro pés (1,3 m). Um muro de gravidade depende de sua própria massa para ter estabilidade contra as forças horizontais exercidas pelo solo. A resistência ao deslizamento (atrito) é desenvolvida na base do muro, entre o concreto e o solo. Algumas grandes represas são construídas como sistemas de muros de gravidade, mas compreensivelmente, as dimensões da base são enormes.

Os muros de arrimo de flexão (também chamados muros de arrimo em L ou muros de arrimo cantiléver) em concreto armado são o tipo de muro de arrimo usado mais frequentemente, sendo eficientes até uma altura ($h$) de aproximadamente 20 a 25 pés (6 a 7,6 m). A estabilidade nesse tipo de muro é atingida pelo peso da estrutura e pelo peso que o solo exerce sobre parte da laje da base (ou pé) sob o material a ser contido ou represado (pé de montante, ou *heel*).* Algumas vezes é incluído um reforço na parte inferior da laje da base (dente, chave ou *shear key*) para aumentar a resistência do muro ao deslizamento. Os muros de arrimo devem ter suas fundações bem abaixo da profundidade de congelamento do solo e devem ser construídos furos adequados para drenagem (barbacãs) próximos à parte inferior do muro para permitir o escoamento do acúmulo de água atrás do muro.

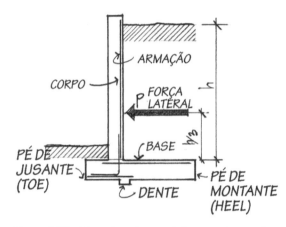

*Figura 3.77   Muro de arrimo em L de concreto armado.*

À medida que a altura do muro aumenta, o momento fletor no muro em L aumenta, exigindo maior espessura. A adição de contrafortes (anteparos verticais triangulares que, em inglês, são chamados *counterforts*) fornece a profundidade adicional na base para absorver as grandes tensões oriundas da flexão. Os muros com contrafortes se comportam como lajes armadas em uma direção que se estendem horizontalmente entre os contrafortes. A mesma configuração de contrafortes pode ser colocada na terra retida no lado plano aparente do muro e, nesse caso, em inglês, é chamado *buttress*.

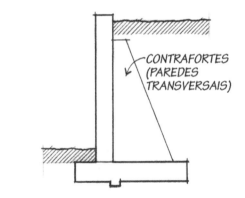

*Figura 3.78   Muro com contrafortes.*

Areia solta saturada ou cascalho, solo granular ou lama causam pressões contra os muros de arrimo de modo similar a verdadeiros fluidos (líquidos), exercendo uma pressão horizontal. Em líquidos verdadeiros, como água, a pressão horizontal e a pressão vertical são iguais em uma determinada profundidade. Entretanto, em solos a pressão horizontal é menor do que a pressão vertical, com a relação entre elas dependendo das propriedades físicas do solo. A pressão do solo, assim como os líquidos, aumenta proporcionalmente com sua profundidade além do nível do terreno (Figura 3.79).

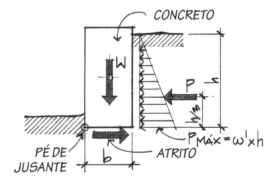

*Figura 3.79   DCL de um muro de arrimo de gravidade.*

---

*Ainda que as nomenclaturas "pé de montante" e "pé de jusante" sejam mais adequadas a barragens, serão utilizadas aqui para os muros de arrimo em geral. (N.T.)

A pressão lateral aumenta linearmente de zero no topo até o máximo na base da sapata.

$$p = \omega' \times h$$

em que

$p$ = módulo da pressão do terreno em psf ou (kN/m² ou kPa)

$\omega'$ = o peso (densidade) de fluido "equivalente" do solo em libras por pé cúbico. Os valores variam de um mínimo de 30 pcf (para misturas bem graduadas e limpas de cascalho-areia) a 60 pcf (para areias argilosas). Os valores no SI são de 4,7 a 9,4 kN/m³.

$h$ = profundidade do solo em pés (m).

Portanto,

$$P = \frac{1}{2} \times (p_{\text{máx}} \times h) \times 1 \text{ ft ou } 1 \text{ m}$$

em que $P$ = força lateral (libras, kips, N ou kN) baseada na área da distribuição de pressões que age em uma faixa de 1 pé de largura (30,5 cm de largura) do muro.

$p_{\text{máx}}$ = pressão máxima na profundidade $h$ (psf, kPa ou kN/m²)

A pressão de fluido equivalente contra um muro de arrimo pode criar condições de instabilidade. Os muros de arrimo são suscetíveis a três modos de falha estrutural: (a) deslizamento – quando o atrito na base da fundação é insuficiente para resistir ao deslizamento; (b) tombamento em torno de um ponto da base (pé) – quando a força lateral produz um momento de tombamento maior do que o momento estabilizante causado pelo peso da laje da base e pela massa de solo acima de parte da base; (c) pressão excessiva de esmagamento (ruptura por deformação excessiva) no pé do muro – quando uma combinação da força vertical de cima para baixo com a compressão no pé do muro causada pela força horizontal ultrapassa a capacidade de suporte do solo.

A distribuição de pressões sob a base (Figura 3.80) depende da localização e do módulo da força resultante (força horizontal e força vertical) quando ela passa através da base da fundação.

A análise de um muro de arrimo de flexão exige que o equilíbrio do somatório dos momentos em torno do pé seja estável; isto é, o peso do muro mais o peso do aterro no pé de montante deve superar o momento de tombamento da pressão ativa do solo por um fator de, no mínimo 1,5 (coeficiente de segurança imposto pelos códigos de obras). Uma vez conseguida uma configuração estável, a distribuição de pressões do solo na fundação deve ser calculada de modo a assegurar que as pressões de compressão estejam dentro dos limites para o solo no local.

Os códigos de obras também exigem que seja atendido um coeficiente de segurança de 1,5 para evitar a falha estrutural por deslizamento. Além das questões de instabilidade geral, os componentes individuais de um muro de arrimo (espessura do muro, tamanho da base, espessura da base e quantidade e local do aço da armação) devem ser projetados para resistir aos momentos fletores e às forças cortantes induzidas pela pressão do solo.

Muitos dos fatores relativos ao deslizamento vão além do escopo da estática; portanto, os problemas desta seção estarão limitados ao exame da resistência do muro ao tombamento e à pressão de compressão abaixo do pé.

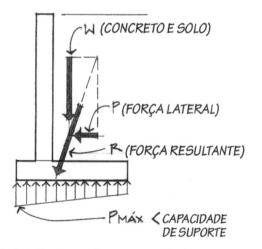

*Figura 3.80*   *Pressão de compressão sob a fundação do muro.*

Análise de Sistemas Estruturais Determinados Selecionados

## Exemplos de Problemas: Estabilidade ao Tombamento

**3.19** Um pequeno muro de arrimo de gravidade (Figura 3.81) é usado para sustentar um degrau com 4½ pés (1,37 m) de altura. Determine o coeficiente de segurança do muro contra o tombamento.

$$\gamma_{con} = 150\frac{\#}{ft^3}; (23{,}56 \text{ kN/m}^3) \text{ pressão equivalente de fluido}$$

$$\omega' = 40\frac{\#}{ft^3} \ (6{,}28 \text{ kN/m}^3)$$

**Solução:**

Analise o muro de arrimo admitindo a contribuição de 1 pé de comprimento (30,5 cm) do muro como representativo de todo o muro (Figura 3.82).

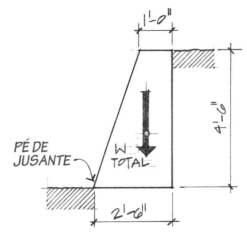

Figura 3.81  Pequeno muro de gravidade.

$$W_1 = \frac{1}{2}(1{,}5\,\text{ft})(4{,}5\,\text{ft})(1\,\text{ft})\left(150\frac{\#}{ft^3}\right) = 506\#$$

$$W_2 = (1\,\text{ft})(4{,}5\,\text{ft})(1\,\text{ft})\left(150\frac{\#}{ft^3}\right) = 675\#$$

$$P_{máx} = \omega' \times h = \left(40\frac{\#}{ft^3}\right) \times (4{,}5\,\text{ft}) = 180\frac{\#}{ft^2}$$

$$P_3 = \frac{1}{2}(p_{máx}) \times (h) \times (1\,\text{ft}) = \frac{1}{2}\left(180\frac{\#}{ft^2}\right)(4{,}5\,\text{ft})(1\,\text{ft})$$
$$= 405\#$$

O momento de tombamento $M_{TOM}$ em torno do pé em $A$ é

$$M_{TOM} = P_3 \times 1{,}5\,\text{ft} = (405\#) \times (1{,}5\,\text{ft}) = 608\#\text{-ft}$$

O momento *estabilizante* ou momento *retificador*, $M_{EST}$, é igual a

$$M_{RM} = W_1 \times (1\,\text{ft}) + W_2 \times (2\,\text{ft})$$
$$M_{RM} = (506\#)(1\,\text{ft}) + (675\#)(2\,\text{ft}) = 1.856\#\text{-ft}$$

O coeficiente de segurança contra o tombamento em $A$ é

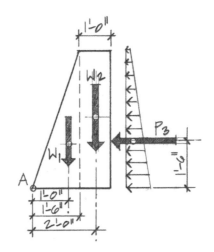

Figura 3.82  Forças de tombamento e retificadoras atuando no muro.

$$\text{SF} = \frac{M_{RM}}{M_{TOM}} = \frac{(1.856\#\text{-ft})}{(608\#\text{-ft})} = 3{,}05 > 1{,}5$$

∴ O muro é estável em relação ao tombamento.

A força $P_3 = 405\#$ (1.802 N) representa a força de deslizamento horizontal que deve ser resistida na base da fundação através da resistência do atrito.

**3.20** Determine a estabilidade ao tombamento do muro de arrimo de flexão (muro em L) de concreto armado mostrado na Figura 3.83. Qual é a força de deslizamento que precisa ser resistida na base da fundação?

$\gamma_{concreto} = 150\,\text{pcf}; \quad \gamma_{solo} = 110\,\text{pcf}$
$\omega' = 35\,\text{pcf}$ (pressão equivalente de fluido)

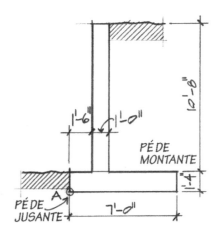

Figura 3.83  Muro de arrimo em L.

### Solução:

Admita uma faixa de muro com largura de 1 pé (30,5 cm) como representativa de todo o muro (Figura 3.84).

$$W_1 \atop \text{(muro)} = (1\,\text{ft})(10{,}67\,\text{ft})(1\,\text{ft})\left(150\frac{\#}{\text{ft}^3}\right) = 1.600\#$$

$$W_2 \atop \text{(base)} = (1{,}33\,\text{ft})(7\,\text{ft})(1\,\text{ft})\left(150\frac{\#}{\text{ft}^3}\right) = 1.397\#$$

$$W_3 \atop \text{(solo)} = (4{,}5\,\text{ft})(10{,}67\,\text{ft})(1\,\text{ft})\left(110\frac{\#}{\text{ft}^3}\right) = 5.282\#$$

Avaliando os momentos em torno do pé em $A$,

$$p_{\text{máx}} = \omega' \times h = \left(35\frac{\#}{\text{ft}^3}\right) \times (12\,\text{ft}) = 420\frac{\#}{\text{ft}^2}$$

$$P_4 = \left(\frac{1}{2}\right) \times (p_{\text{máx}}) \times h = \left(\frac{1}{2}\right) \times \left(420\frac{\#}{\text{ft}^2}\right) \times (12\,\text{ft})$$
$$= 2.520\#$$

$$M_{\text{TOM}} = P_4 \times (4\,\text{ft}) = (2.520\#) \times (4\,\text{ft}) = 10.080\#\text{-ft}$$

O momento retificador, ou o momento estabilizante, em torno de $A$ é igual a

$$M_{\text{RM}} = W_1(2\,\text{ft}) + W_2(3{,}5\,\text{ft}) + W_3(4{,}75\,\text{ft})$$
$$= (1.600\#)(2\,\text{ft}) + (1.397\#)(3{,}5\,\text{ft})$$
$$\quad + (5.282\#)(4{,}75\,\text{ft})$$

$$M_{\text{RM}} = 33.180\#\text{-ft}$$

O fator de segurança contra o tombamento é calculado como

$$\text{SF} = \frac{M_{\text{RM}}}{M_{\text{TOM}}} = \frac{33.180\#\text{-ft}}{10.080\#\text{-ft}} = 3{,}29 > 1{,}5$$

O muro de arrimo é estável em relação ao tombamento em torno do pé.

A resistência de atrito desenvolvida entre a base da fundação e o solo deve ter um fator de 1,5 (coeficiente de segurança) vezes a força horizontal do fluido $P_4 = 2.520\#$ (11,21 kN) ou 3.780# (16,81 kN).

O projeto de muros de arrimo, no que diz respeito a suas proporções e dimensionamento dos elementos, deve assegurar que a pressão de compressão (esmagamento) sob a fundação (no pé) permaneça abaixo do limite admissível para o solo em questão. A distribuição de pressões varia, dependendo do local e do módulo da resultante (soma vetorial das forças horizontais e verticais) ao passar através da base da fundação (Figuras 3.85 a 3.87). Nem todas as forças resultantes estão localizadas abaixo da seção transversal do muro. Entretanto, geralmente fica mais econômico se a resultante estiver localizada dentro do terço médio da base (Figura 3.85), porque assim as pressões de suporte (pressões resistentes) serão de compressão ao longo de toda a base. Se a resultante estiver localizada exatamente no limite do terço médio, em que $x = \frac{a}{3}$, a distribuição de pressões resulta em um triângulo como o apresentado na Figura 3.86. Quando a força resultante estiver localizada fora do terço médio, em que $x < \frac{a}{3}$, a pressão indicaria tração no pé de montante ou próxi-

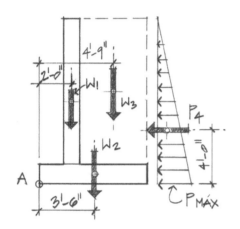

*Figura 3.84  Muro de arrimo em L com as forças de tombamento e retificadoras.*

mo dele. Não pode ser desenvolvida tração entre o solo e uma fundação de concreto que se apoie sobre ele. Portanto, é obtida a distribuição de pressões mostrada na Figura 3.87, com a consequência de que pode ocorrer um pequeno levantamento do solo no pé de montante. Existem exemplos históricos de algumas catedrais construídas durante a Idade Média que sofreram falhas estruturais catastróficas quando as forças resultantes que passavam através de muros e fundações de pedra recaíram fora do terço médio da base. Geralmente é uma boa prática adotar as dimensões do muro de arrimo de modo que a resultante recaia no interior do terço médio. Essa prática ajuda a reduzir o módulo da pressão máxima e minimizará a variação entre a pressão máxima e a pressão mínima.

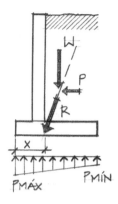

Figura 3.85  Distribuição trapezoidal de pressões.

Do diagrama de forças da Figura 3.85:

$$P_{máx} = \frac{W}{a_2}(4a - 6x) \qquad P_{mín} = \frac{W}{a^2}(6x - 2a)$$

Do diagrama de forças da Figura 3.86:

$$P_{máx} = \frac{2W}{a} \qquad P_{mín} = 0$$

Do diagrama de forças da Figura 3.87:

$$P_{máx}\frac{2W}{3x} \qquad P_{mín} = 0$$

Se um muro precisar ser construído sobre um solo altamente compressível, como alguns tipos de argila, será encontrada uma distribuição de pressões como a das Figuras 3.86 e 3.87. O recalque maior do pé de jusante em relação ao pé de montante ocasionaria uma inclinação do muro. As fundações construídas em solos compressíveis deveriam ter resultantes que passassem no centro da fundação ou próximo dela. As resultantes podem passar fora do terço médio se a fundação for construída em solo muito incompressível, como cascalho bem compactado ou rocha.

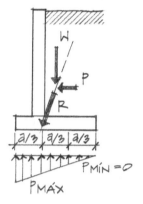

Figura 3.86  Resultante no ponto limite do terço médio – uma distribuição triangular de pressões.

**3.21**  Será examinada a pressão de suporte (resistente) do muro de arrimo de gravidade encontrado no Exemplo de Problema 3.19. Admita que a pressão resistente admissível seja de 2.000 psf (95,8 kPa).

O peso do muro e a força horizontal do fluido $P_3$ atuam de acordo com o ilustrado na Figura 3.88. O local da força vertical resultante $W_{total}$ é obtido escrevendo uma equação de momentos na qual

$$M_A = W_1 \times (1\,ft) + W_2 \times (2\,ft)$$
$$M_A = (506\#)(1\,ft) + (675\#)(2\,ft) = 1.856\#\text{-ft}$$

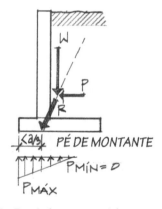

Figura 3.87  Possível tração no pé de montante.

Da Figura 3.89, uma equação de momentos devido ao peso do muro também pode ser escrita como

$$M_A = (W_{total}) \times (b)$$

em que

$$W_{total} = W_1 + W_2 = (506\#) + (675\#) = 1.181\#$$

Igualando as duas equações,

$$M_A = W_{total} \times (b) = (1.181\#) \times (b) = 1.856\#\text{-ft}$$
$$\therefore b = 1,57\,ft$$

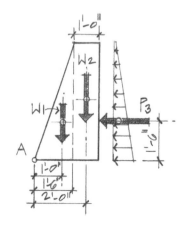

Figura 3.88  Forças em um muro de arrimo.

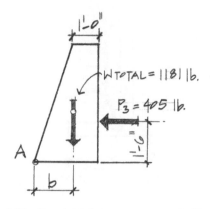

*Figura 3.89  Peso total do muro em seu centroide.*

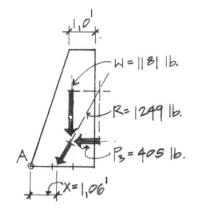

*Figura 3.90  Resultante no interior do terço médio.*

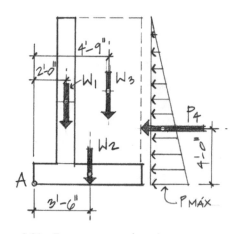

*Figura 3.91  Forças no muro de arrimo.*

A força resultante $R$ dos componentes horizontais e verticais é igual a

$$R = \sqrt{\left(W_{\text{total}}^2 + P_3^2\right)} = \sqrt{\left(1.181^2 + 405^2\right)} = 1.249\#$$

Para localizar o ponto onde a resultante intercepta a base da fundação utiliza-se o teorema de Varignon, no qual o momento causado pelas forças verticais e horizontais em torno do pé de jusante $A$ é igual ao momento resultante de $R_y$ (que é igual a $W_{\text{total}}$) multiplicado pela distância $x$ ao ponto $A$ (Figura 3.90).

$$x = \frac{M_{\text{RM}} - M_{\text{TOM}}}{W_{\text{total}}}$$

Os valores para o momento de tombamento ($M_{TOM}$) e o momento retificador ($M_R$) são obtidos de acordo com o procedimento adotado no Exemplo de Problema 3.19.

$$x = \frac{(1.856\#\text{-ft}) - (608\#\text{-ft})}{(1.181\#)} = 1{,}06\,\text{ft}$$

A dimensão $x = 1{,}06$ ft (32,3 cm) situa-se no terço médio da dimensão da base.

$$\frac{a}{3} \le x = 1{,}06\,\text{ft} \le \frac{2a}{3}$$

Em consequência de a resultante estar dentro do terço médio da dimensão da base, as equações para a pressão máxima e para a pressão mínima de compressão do solo são

$$p_{\text{máx}} = \frac{W}{a^2}(4a - 6x) = \frac{(1.181\#)}{(2{,}5^2)}(4 \times 2{,}5\,\text{ft} - 6 \times 1{,}06\,\text{ft})$$

$$p_{\text{máx}} = \left(189\frac{\#}{\text{ft}^2}\right)(10 - 6{,}36) = 688\frac{\#}{\text{ft}^2}$$

$$p_{\text{mín}} = \frac{W}{a^2}(6x - 2a) = \left(\frac{1181\#}{2{,}5^2}\right)(6 \times 1{,}06 - 2 \times 2{,}5)$$

$$= 257\frac{\#}{\text{ft}^2}$$

A pressão de compressão máxima no solo está dentro do limite de tensão de compressão do solo admissível de 2.000 psf (95,8 kPa).

**3.22** Faça uma verificação da pressão de suporte abaixo da fundação do muro do Exemplo de Problema 3.20. Admita uma pressão admissível no solo de 3.000 psf (143,6 kPa).

**Solução:**

A intensidade da força total para baixo $W_{\text{total}}$ e sua localização podem ser encontradas da seguinte maneira (Figura 3.91):

$$W_{\text{total}} = W_1 + W_2 + W_3$$
$$W_{\text{total}} = (1.600\#) + (1.400\#) + (5.280\#) = 8.280\#$$

$$M_A = (W_1 \times 2\,\text{ft}) + (W_2 \times 3{,}5\,\text{ft}) + (W_3 \times 4{,}75\,\text{ft})$$
$$M_A = (1.600\# \times 2\,\text{ft}) + (1.400\# \times 3{,}5\,\text{ft})$$
$$\quad + (5.280\# \times 4{,}75\,\text{ft}) = 33.180\,\#\text{-ft}$$

Além disso, $M_A = W_{\text{total}} \times b$.

Igualando ambas as equações,

$M_A = (8.280\#) \times (b) = 33.180\,\#\text{-ft}$

$\therefore b = 4,0\,\text{ft}$

A força resultante $R$ é calculada como

$R = \sqrt{(W_{\text{total}}^2 + P_4^2)} = \sqrt{(8.280^2) + (2.520^2)} = 8.655\#$

Usando os valores dos momentos obtidos na solução do Exemplo de Problema 3.20, a distância $x$ a partir do pé de jusante em $A$ pode ser encontrada.

$x = \dfrac{M_{\text{RM}} - M_{\text{TOM}}}{W_{\text{total}}} = \dfrac{(33.180\#\text{-ft}) - (10.080\#\text{-ft})}{8.280\#}$

$= 2,8\,\text{ft}$

$\dfrac{a}{3} = 2,33\,\text{ft} < x = 2,8\,\text{ft} < \dfrac{2a}{3} = 6,67\,\text{ft}$

A resultante se situa no terço médio da base, conforme ilustrado na Figura 3.92; portanto, toda a pressão de suporte será de compressão. Obtém-se uma distribuição trapezoidal na qual

$p_{\text{máx}} = \dfrac{W}{a^2}(4a - 6x) = \left(\dfrac{8.280}{7^2}\right)(4 \times 7\,\text{ft} - 6 \times 2,8\,\text{ft})$

$= 1.893\,\text{psf}$

$p_{\text{máx}} = 1893\,\text{psf} < 3000\,\text{psf}; \therefore \text{OK.}$

$p_{\text{mín}} = \dfrac{W}{a^2}(6x - 2a)$

$= \left(\dfrac{8.280}{7^2}\right)(6 \times 2,8 - 2 \times 7) = 473\,\text{psf}$

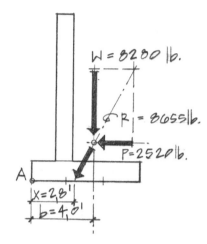

Figura 3.92  Força resultante passando através da base.

**3.23** São usados blocos de 8 polegadas (20,3 cm) nominais de alvenaria de concreto (CMU, *concrete masonry unit*) para conter um solo conforme o ilustrado na Figura 3.93. Determine a estabilidade do muro contra o tombamento e em seguida verifique a pressão de suporte sob a base da fundação no pé de jusante (*A*). Admita que a pressão de suporte admissível para o solo está limitada a 2.500 psf (119,7 kPa).

Admita: $\gamma_{\text{CMU}} = 125\,\dfrac{\#}{\text{ft}^3} = 19{,}64\,\text{kN/m}^3$;

$\gamma_{\text{CONC}} = 150\,\dfrac{\#}{\text{ft}^3} = 23{,}56\,\text{kN/m}^3$; pressão equivalente de fluido

$\omega' = 40\,\dfrac{\#}{\text{ft}^3} = 6{,}28\,\text{kN/m}^3$

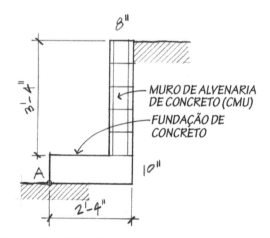

Figura 3.93  Muro de arrimo de reforço CMU.

### Solução:

Admita uma faixa de muro com 1 pé de largura (30,5 cm) como representativa de todo o muro (Figura 3.94).

$W_1 = W_{\text{CMU}} = (1\,\text{ft})(3{,}33\,\text{ft})\left(\dfrac{8}{12}\,\text{ft}\right)\left(125\,\dfrac{\#}{\text{ft}^3}\right) = 279\#$

$W_2 = W_{ftg} = (1\,\text{ft})\left(\dfrac{10}{12}\,\text{ft}\right)(2{,}33\,\text{ft})\left(150\,\dfrac{\#}{\text{ft}^3}\right) = 291\#$

$W_{\text{total}} = W_1 + W_2 = 279\# + 291\# = 570\#$

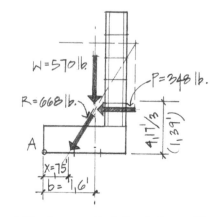

Figura 3.94  Força resultante fora do terço médio.

A força horizontal no muro devida à pressão do fluido é igual a

$$p_{máx} = \left(40\frac{\#}{ft^3}\right)(4{,}17\,ft) = 167\,psf$$

$$P = \frac{1}{2}(p_{máx})(h)(1\,ft) = \frac{1}{2}(167\,\#\text{-}ft^2)(4{,}17\,ft)(1\,ft)$$
$$= 348\#$$

O local do peso resultante $W_{total}$ é determinado somando os momentos em torno do pé de jusante em $A$.

$$M_A = W_1 \times (2\,ft) + W_2 \times (1{,}17\,ft)$$
$$M_A = (279\#)(2\,ft) + (291\#)(1{,}17\,ft) = 899\#\text{-}ft$$
$$M_A = W_{total} \times (b) = (570\#) \times (b) = 899\#\text{-}ft$$
$$\therefore b = 1{,}58\,ft \cong 1.6\,ft$$

A força resultante no muro de arrimo é

$$R = \sqrt{(570^2 + 348^2)} = 668\#$$

O momento de tombamento causado pela força horizontal em torno do pé de jusante $A$ é

$$M_{TOM} = (348\#) \times \left(\frac{4{,}17\,ft}{3}\right) = 484\#\text{-}ft$$

O momento retificador ou estabilizante devido ao peso total do muro de arrimo é calculado como

$$M_{RM} = W_{total} \times b = (570\#) \times (1{,}6\,ft) = 912\#\text{-}ft$$

Verificando o coeficiente de segurança contra o tombamento:

$$SF = \frac{M_{RM}}{M_{TOM}} = \frac{912\#\text{-}ft}{484\#\text{-}ft} = 1{,}9 > 1{,}5 \quad \therefore OK$$

A força resultante intercepta a base da fundação em

$$x = \frac{M_{RM} - M_{TOM}}{W_{total}} = \frac{(912-484)\#\text{-}ft}{570\#} = 0{,}75\,ft$$

$$\frac{a}{3} = 0{,}78\,ft > x = 0{,}75\,ft$$

∴ A resultante atua fora da seção do terço médio da base da fundação.

$$p_{máx} = \frac{2W}{3x} = \frac{3(570)}{3(0{,}75)} = 507\,psf < 2.500\,psf$$

∴ OK

Análise de Sistemas Estruturais Determinados Selecionados

# Problemas Complementares

## Cargas Distribuídas: Seção 3.2

Determine todas as reações de apoio para os problemas a seguir. Desenhe todos os DCLs adequados.

3.34

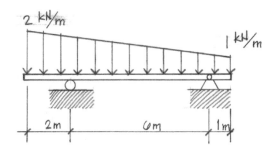

3.35

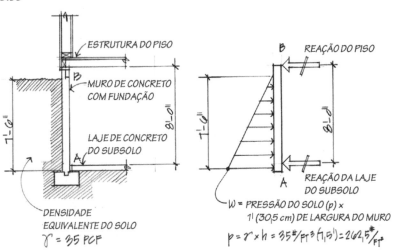

3.36

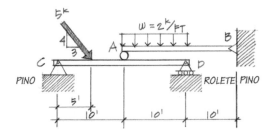

3.37

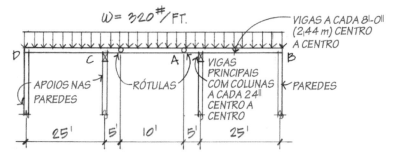

*Treliças — Método dos Nós: Seção 3.3*

Usando o método dos nós, determine a força em cada barra. Resuma seus resultados em um diagrama de somatório de forças.

**3.38**

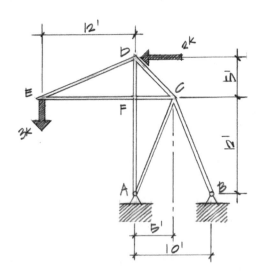

**3.39**

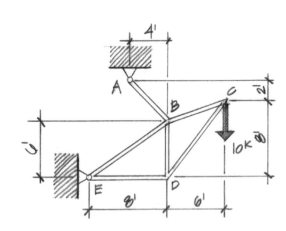

**3.40**

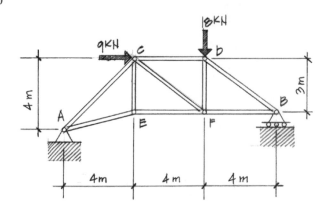

**3.41**

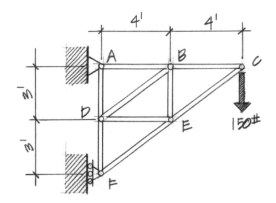

**3.42**

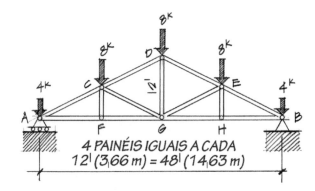

*Treliças – Método das Seções: Seção 3.3*

**3.43** Encontre as forças em *FG*, *DG* e *AB*.

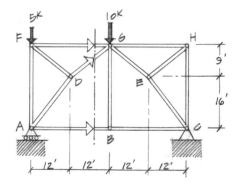

**3.44** Encontre as forças em *CD*, *HD* e *HG*.

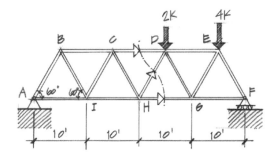

3.45 Encontre as forças em *GB*, *HB*, *BE* e *HE*.

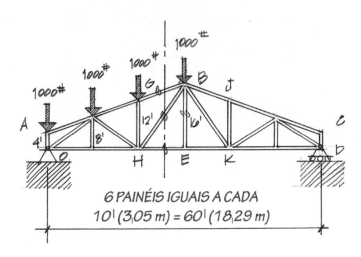

3.46 Encontre as forças em *AB*, *BC* e *DE*.

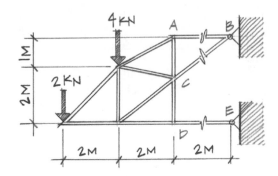

*Treliças — Contraventamento Diagonal de Tração*

Determine os contraventamentos efetivos de tração usando o método das seções.

3.47

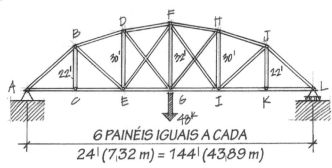

3.48

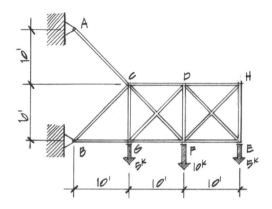

*Método das Barras: Seções 3.4 e 3.5*

Determine as reações nos apoios e todas as forças nos pinos (rótulas) internos.

3.49

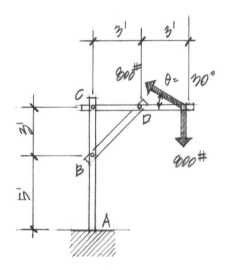

3.50

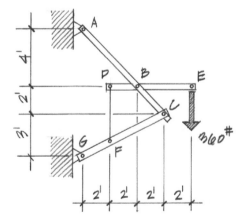

3.51

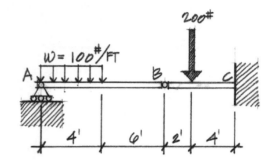

3.52

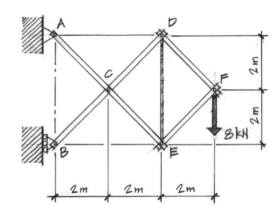

3.53

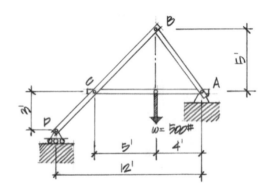

3.54

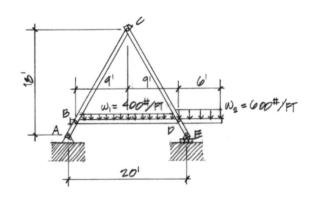

3.55

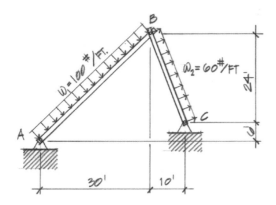

3.56

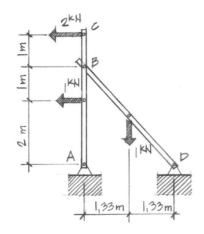

3.57

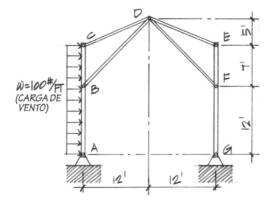

## Muros de Arrimo: Seção 3.6

Considere uma pressão de suporte admissível de 3.000 psf (144 kPa) para todos os problemas a seguir.

**3.58** Um muro de arrimo de gravidade como o ilustrado está sujeito a uma pressão lateral de solo em consequência de uma *densidade equivalente de fluido* de 35 pcf (5,50 kN/m³). Calcule a pressão resultante horizontal contra o muro e o coeficiente de segurança do muro contra o tombamento. Admita que o concreto tem peso específico de 150 pcf (23,56 kN/m³). Verifique a pressão de suporte abaixo da fundação.

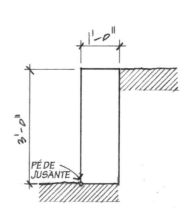

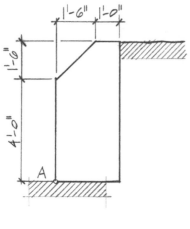

**3.59** Um muro alto de gravidade com altura de seis pés e seis polegadas é usada para reter um solo com densidade equivalente de fluido de 30 pcf (4,71 kN/m³). Se o concreto possuir uma densidade peso específico de 150 pcf (23,56 kN/m³), determine o coeficiente de segurança do muro contra o tombamento. A pressão de suporte permanece dentro do limite da pressão admissível?

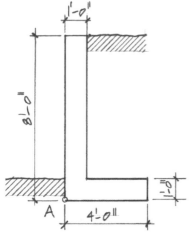

**3.60** Um muro de arrimo de flexão, em L, construído com concreto armado, com densidade peso específico de 150 pcf (23,56 kN/m³), tem oito pés de altura, da base ao nível do topo do solo retido. Admitindo uma densidade peso específico de solo de 120 pcf (18,85 kN/m³) e uma densidade de fluido equivalente de 40 pcf (6,28 kN/m³), determine a estabilidade do muro quanto ao tombamento. Verifique a pressão de suporte abaixo do pé de jusante no ponto $A$.

**3.61** Usando as mesmas dimensões do muro do Problema 3.60 determine sua estabilidade se ele fosse invertido sem solo acima do pé do muro. Verifique a pressão de suporte do solo.

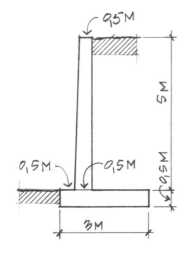

**3.62** Determine a estabilidade do muro de arrimo de flexão mostrado quanto ao tombamento. A densidade equivalente do fluido é 5,5 kN/m³, a densidade peso específico do solo é 18 kN/m³ e o concreto pesa 23,5 kN/m³. A pressão de suporte abaixo do pé de jusante permanece dentro do limite de pressão de suporte admissível?

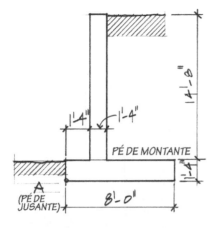

**3.63** Verifique a estabilidade quanto ao tombamento do muro mostrado na figura se a pressão equivalente de fluido for 40 pcf (6,28 kN/m³) e a densidade peso específico do solo for igual a 115 pcf (18,07 kN/m³). Considere uma densidade peso específico de concreto de 150 pcf (23,56 kN/m³). Avalie a pressão de suporte desenvolvida na base da fundação.

Análise de Sistemas Estruturais Determinados Selecionados

## Resumo

- Para encontrar o valor das reações de apoio de corpos rígidos (vigas, treliças e quadros estruturais) com cargas distribuídas, faz-se a substituição da carga por uma carga concentrada equivalente atuando no centroide da área de carregamento. O módulo da carga concentrada equivalente é igual à área sob a curva da carga distribuída.

- As treliças planas consistem em uma montagem de elementos lineares unidos por pinos sem atrito, formando um padrão de triângulos. A treliça é vista como um corpo rígido com as barras isoladas sujeitas às forças de tração ou de compressão quando forem aplicadas cargas externas nos nós da treliça. As barras são consideradas como elementos estruturais sujeitos a apenas duas forças.

- A análise das forças em treliças planas pode ser realizada usando o método dos nós ou o método das seções. Ambos exigem o uso de DCLs e das equações de equilíbrio.

- Os quadros estruturais rotulados contêm barras sujeitas a várias forças – isto é, uma barra solicitada por três ou mais forças, resultando geralmente no aparecimento de momentos fletores. São exigidos vários DCLs com muitos conjuntos de equações de equilíbrio para determinar as reações de apoio e as forças nas rótulas internas do quadro estrutural.

- Arcos triarticulados são analisados de maneira similar àquela dos quadros estruturais rotulados.

# 4 Transferência de Cargas

*Figura 4.1 A transferência de cargas pode ser visualizada na construção exposta da estrutura de perfis metálicos de um complexo residencial através das treliças do telhado, paredes (estruturais e divisórias), juntas do piso e fundação. A foto é cortesia da Southern Forest Products Association.*

## 4.1 TRANSFERÊNCIA DE CARGAS

No início da fase de design estrutural de um projeto, o designer adota uma hipótese inicial a respeito do caminho pelo qual as forças devem se propagar quando forem transmitidas ao longo de toda a estrutura até a fundação (solo). As cargas (forças) são transmitidas por *trajetórias* (ou *caminhos*) *de cargas* (*load paths*), e o método de análise é denominado frequentemente *transferência* (ou *acompanhamento*) *de cargas* (*load tracing*) (Figura 4.1).

Frequentemente os engenheiros visualizam as estruturas como mecanismos independentes pelos quais as cargas são distribuídas aos seus elementos individuais, como o revestimento do telhado, as lajes do piso, as empenas, o vigamento (uma série de vigas secundárias regularmente espaçadas e relativamente próximas), as vigas principais e os pilares (Figura 4.2). O designer estrutural toma decisões a respeito da quantidade de carga de cada elemen-

Transferência de Cargas

to e o modo pelo qual as cargas são transmitidas ao longo da estrutura (trajetória ou caminho das cargas).

A trajetória das cargas envolve o processo sistemático de determinação das cargas e das reações de apoio dos elementos estruturais individuais quando eles influem sucessivamente no carregamento de outros elementos estruturais (Figura 4.3). As estruturas simples e determinadas podem ser totalmente analisadas usando DCLs juntamente com as equações básicas de equilíbrio estudadas anteriormente.

Normalmente, o processo começa com o elemento ou o nível mais alto, transferindo as cargas de cima para baixo, em camadas sucessivas, até que o último elemento solicitado sob investigação seja resolvido. Em outras palavras, inicie com o elemento mais alto do telhado e prossiga de cima para baixo através da estrutura até alcançar a fundação.

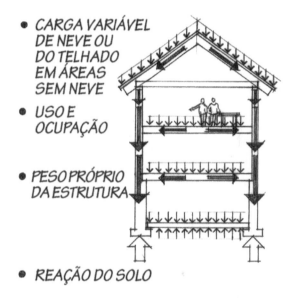

- CARGA VARIÁVEL DE NEVE OU DO TELHADO EM ÁREAS SEM NEVE
- USO E OCUPAÇÃO
- PESO PRÓPRIO DA ESTRUTURA
- REAÇÃO DO SOLO

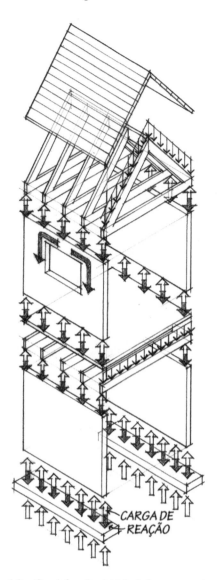

*Figura 4.2 Caminhos (trajetórias) das cargas através de uma edificação simples.*

*Figura 4.3 Cargas e caminhos (trajetórias) das cargas.*

## Trajetórias de Cargas

Em geral, quanto menor o caminho ou a trajetória da carga até sua fundação e quanto menos elementos estiverem envolvidos para fazer isso, maior será a economia e a eficiência da estrutura. As trajetórias de carga mais eficientes também envolvem as resistências peculiares e inerentes dos materiais estruturais utilizados – tração no aço, compressão no concreto e assim por diante. Entretanto, a flexão é um modo relativamente ineficiente de resistir a cargas e, em consequência, as vigas se tornam relativamente grandes quando as cargas e os vãos aumentam.

Os esboços de elementos estruturais na forma de DCLs são amplamente empregados para esclarecer as condições das forças de elementos isolados assim como outros elementos inter-relacionados. As estruturas simples e determinadas podem ser analisadas completamente por meio de DCLs em conjunção com as equações básicas de equilíbrio estudadas previamente. Para cada elemento que seja estaticamente determinado, as equações de equilíbrio serão suficientes para determinar todas as reações de apoio. A transferência das cargas exige uma avaliação prévia do esqueleto estrutural geral para determinar onde a análise deve começar (Figura 4.4).

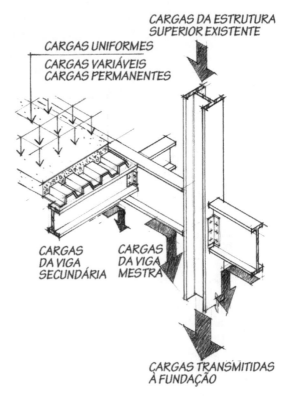

*Figura 4.4   Trajetória (caminho) das cargas em um sistema piso-viga secundária-viga mestra-pilar.*

Cada vez que o caminho da carga é redirecionado, é criada uma reação de apoio e as cargas e as reações em cada transferência devem ser analisadas (usando DCLs) e resolvidas (usando as equações) (Figura 4.5).

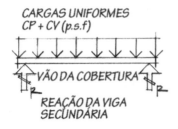

*Figura 4.5(a)   DCL do piso.*

*Figura 4.5(b)   DCL da viga secundária.*

*Figura 4.5(c)   DCL da viga mestra.*

*Figura 4.5(d)   DCL do pilar.*

# Área de Contribuição

As cargas uniformemente distribuídas em uma área de telhado ou piso são atribuídas a elementos individuais (empenas, transversinas, vigas secundárias, vigas mestras) com base no conceito de *área de contribuição, área de distribuição, área de influência* ou *área tributária*. Normalmente esse conceito leva em consideração a área que um elemento deve suportar como a correspondente à metade da distância aos elementos similares adjacentes.

Uma seção de um sistema estrutural de um piso de madeira (Figura 4.6) será usada para ilustrar esse conceito. Admita que a carga geral sobre toda a área do pavimento seja uniforme e tenha o valor de 50 #/ft² (2,39 kPa).

- A largura de contribuição que determina a na carga viga $B$ é $\frac{1}{2}$ da distância (vão das vigas) entre $A$ e $B$ mais $\frac{1}{2}$ da distância entre $B$ e $C$.
- A largura de contribuição da carga na viga $B = 2 + 2 = 4'$ (1,22 m). O mesmo vale para a viga $C$.
- Similarmente, a largura de contribuição para as vigas de canto, $A$ e $D = 2'$ (61 cm).

As cargas nas vigas resultantes de uma carga uniformemente distribuída são determinadas multiplicando a carga em libras por polegada quadrada (#/ft²) ou em Pascal pela largura de contribuição da carga:

$$\omega = (\#/\text{ft}^2) \times (\text{largura da contribuição})$$

A carga em cada viga pode ser expressa como

$$\omega_{A,D} = (50\,\#/\text{ft}^2 \times 2') = 100\,\#/\text{ft}$$

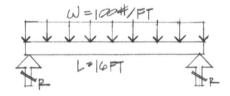

DCL das vigas A e D.

$$\omega_{B,C} = (50\,\#/\text{ft}^2 \times 4') = 200\,\#/\text{ft}$$

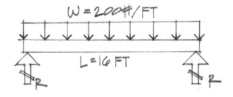

DCL das vigas B e C.

A transferência de cargas envolve o processo sistemático de determinação das cargas e das reações de apoio dos elementos estruturais individuais à medida que eles influírem no carregamento de outros elementos estruturais.

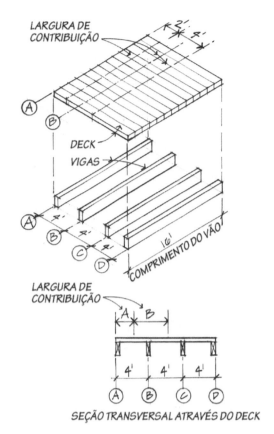

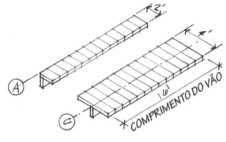

*Figura 4.6 Sistema de piso de madeira com revestimento e vigas.*

## Critérios para o Design de Elementos Estruturais: Direção do Vão

### Aspecto arquitetônico

O quadro estrutural, se aparente, pode contribuir significativamente para a expressão arquitetônica das edificações.

Vigas secundárias descarregando sobre vigas transversais a elas relativamente longas resultam em vias secundárias de pequena altura e em vigas transversais de grande altura. As estruturas isoladas são expressas mais claramente na Figura 4.7.

### Eficiência estrutural e economia

As considerações devem incluir os materiais selecionados para o sistema estrutural, a capacidade do vão e a disponibilidade de materiais e o trabalho especializado. As seções padronizadas e o espaçamento repetitivo de elementos uniformes são geralmente mais econômicos.

### Exigências dos sistemas mecânicos e elétricos

A localização e a direção dos sistemas mecânicos devem ser coordenadas com o sistema estrutural pretendido. As camadas do sistema estrutural fornecem espaço para que os dutos e os tubos cruzem os elementos estruturais, eliminando a necessidade de fazer aberturas nas vigas. O vigamento de distribuição nivelado com as vigas laterais traz economia de espaço onde as dimensões de um piso a outro são limitadas por restrições de altura.

### Aberturas para escadas e acessos verticais

A maioria dos sistemas estruturais apresenta aberturas, mas geralmente é mais econômico fazer as aberturas na direção paralela à direção dominante do vão. Vergas e conexões adicionais criam pontos de carga em elementos que normalmente deveriam ser submetidos a cargas leves e uniformes, aumentando assim suas dimensões.

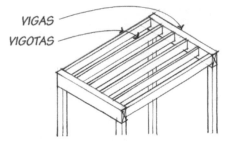

*(a) vigotas longas e com pequeno carregamento apoiadas em vigas mais curtas permitem altura mais uniforme dos elementos estruturais. O espaço pode ser conservado se as vigotas e as vigas estiverem niveladas (flush framed)*

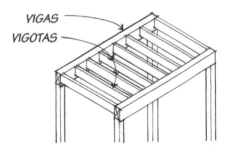

*(b) Vigotas curtas apoiadas em vigas relativamente longas levam a vigotas de pequena altura e a vigas com altura maior. Os quadros estruturais individuais são reconhecidos mais facilmente.*

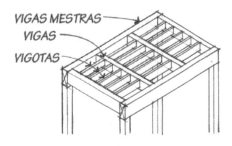

*(c) As cargas podem ser reduzidas em determinadas vigas pela introdução de vigas intermediárias.*

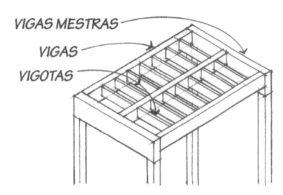

*(d) A capacidade de carga do vão do material do deck determina o espaçamento das vigotas, ao passo que o espaçamento das vigas secundárias é determinado pelo vão admissível das vigotas.*

Figura 4.7   Várias opções de arranjos estruturais.

*(e) Sistema de composição estrutural em três níveis. Fotografia do autor.*

# Trajetórias das Cargas: Sistemas de Telhados com Duas Águas

## Esqueleto estrutural de um nível

As empenas e as vigas do teto são combinadas para formar uma treliça simples que se estende de uma parede a outra. Além da ação da treliça (as empenas ficam sujeitas a forças de compressão, e as vigas do teto desenvolvem forças de tração para resistir à força horizontal), as empenas são submetidas à flexão em consequência da carga uniforme ao longo do seu comprimento, conforme ilustram as Figuras 4.8(a) e 4.8(b).

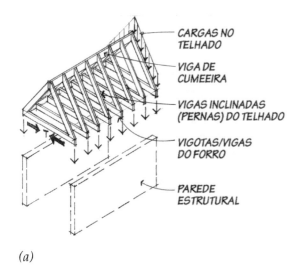

(a)

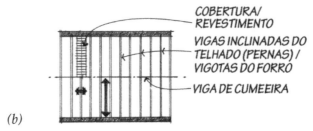

(b)

## Esqueleto estrutural de dois níveis

As vigas do teto ou as vigas inclinadas são suportadas por uma cumeeira em uma extremidade e uma parede estrutural ou uma viga de topo na outra. Não existem tirantes de teto porque esse arranjo estrutural não desenvolve força horizontal (como no exemplo anterior). Observe que cada nível da estrutura se desenvolve em um sentido perpendicular ao nível seguinte, conforme mostram as Figuras 4.8(c) e 4.8(d)

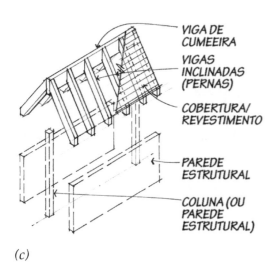

(c)

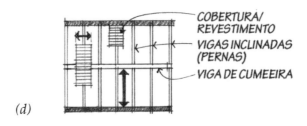

(d)

## Esqueleto estrutural de três níveis

A sequência da trajetória das cargas nessa estrutura começa com as cargas transferidas da cobertura (revestimento) para as ripas, que distribuem cargas concentradas para as vigas do telhado, que por sua vez transmitem cargas para a cumeeira em uma extremidade e para uma parede estrutural ou uma viga parede na outra. Colunas (pilares) ou paredes estruturais suportam a cumeeira em uma extremidade, conforme mostram as Figuras 4.8(e) e 4.8(f).

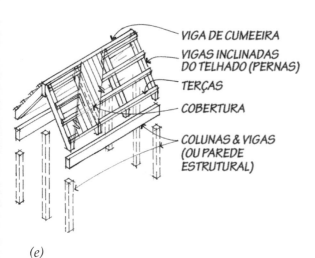

(e)

*Figura 4.8 Esqueletos estruturais de telhados com duas águas.*

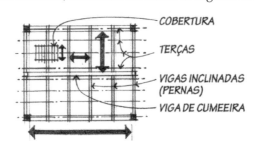

(f)

# Construção: Sistemas de Telhados com Duas Águas

## Esqueleto estrutural de um nível

Um sistema comum de telhado para estruturas residenciais é o esquema baseado em pernas (vigas inclinadas) e tirantes (vigas horizontais). As cargas no telhado são suportadas inicialmente pelo revestimento (placas de compensado ou outros painéis estruturais ou revestimento intervalado, normalmente placas de 1" × 4" (25,4 × 101,6 mm), espaçadas por alguma distância) que, por sua vez, carregam as vigas inclinadas (pernas), Figura 4.9.

(a) DCL – pernas.

(b) Típico sistema construtivo de estrutura leve (light frame). Foto cortesia da Southern Forest Products Association.

Figura 4.9 Esqueleto estrutural de um nível.

## Esqueleto estrutural de dois níveis

Outro arranjo estrutural comum de telhados envolve as vigas do teto ou inclinadas suportadas por uma cumeeira em uma extremidade e uma parede estrutural ou viga de topo na outra. A cumeeira deve ser suportada em cada extremidade por uma coluna ou uma parede estrutural (Figura 4.10).

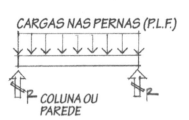

(a) DCL – pernas.    (b) DCL – viga de cumeeira.

(c) Construção em pilar e viga. Foto do autor.

Figura 4.10 Esqueleto estrutural de dois níveis.

## Esqueleto estrutural de três níveis

Um método usado para conseguir obter um aspecto de viga mais pesada é espaçar mais as vigas do telhado (e não as pernas, ou vigas inclinadas), normalmente de 4 a 12 pés (1,22 m a 3,66 m) de centro a centro. Perpendiculares às vigas do telhado estão as ripas, espaçadas de 1 pé e 6 polegadas 46 cm até 4 pés (1,22 m), suportando o revestimento, a cobertura ou um telhado de metal. Nos sistemas estruturais de dois ou três níveis, o plano do teto pode acompanhar a inclinação do telhado (Figura 4.11).

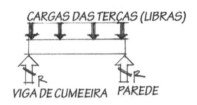
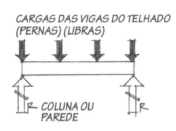

(a) DCL – terças.   (b) DCL – vigas do telhado (pernas).   (c) DCL – viga de cumeeira.

Figura 4.11 Esqueleto estrutural de três níveis.

## Trajetórias das Cargas: Sistemas de Paredes

Uma parede estrutural é um sistema vertical de apoio que transmite forças compressivas através do plano da parede para a fundação. As forças compressivas uniformes ao longo do comprimento da parede resultam em uma distribuição relativamente uniforme de forças. As cargas concentradas ou interrupções na continuidade estrutural da parede, como uma grande janela ou aberturas de portas, causarão uma distribuição não uniforme de forças compressivas na fundação. Os sistemas de paredes estruturais podem ser construídos com alvenaria, concreto moldado no local, concreto moldado no local com a técnica *tilt-up* ou pilares (quadro estrutural de madeira ou de metal leve).

As cargas uniformes nas lajes são distribuídas ao longo do topo da parede estrutural como ω. Será exigido que a fundação de uma parede de alvenaria ou concreto suporte a ω mais o peso adicional da parede. A carga $\omega_2 = (\omega_1 + \text{peso da parede})$ permanece como uma carga uniforme (Figura 4.12).

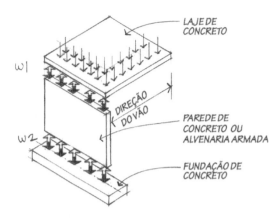

*Figura 4.12  Carga de uma parede uniforme oriunda de uma laje.*

### Distribuição uniforme

As vigas do teto ou do piso (em um esqueleto estrutural típico de madeira leve) são colocadas com espaçamento de 16 a 24 polegadas (406 a 610 mm), de centro a centro. Admite-se esse espaçamento regular e pequeno como uma carga uniforme ao longo do topo da parede. Se não houver aberturas que interrompam o caminho da carga a partir do topo da parede, haverá uma carga uniforme no topo da fundação (Figura 4.13).

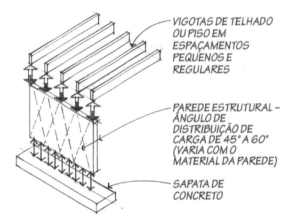

*Figura 4.13  Carga uniforme de parede oriunda de pernas e vigotas.*

### Distribuição não uniforme

Surgem cargas concentradas no topo de uma parede quando as vigas tiverem espaçamentos em intervalos maiores. Dependendo do material da parede, a carga concentrada se distribui ao longo de um ângulo de 45° a 60° quando percorre a parede de cima para baixo. A carga resultante na fundação será não uniforme, com as forças maiores diretamente sob a carga aplicada (Figura 4.14).

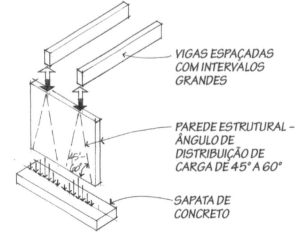

*Figura 4.14  Cargas concentradas oriundas de vigas com grande espaçamento entre si.*

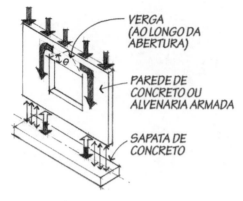

Figura 4.15 *Efeito arco sobre aberturas de paredes.*

## "Efeito arco" sobre uma abertura

As aberturas em paredes também redirecionarão as cargas para ambos os lados da abertura. A rigidez natural de uma parede de concreto sob compressão produz um "efeito arco" que contribui para a distribuição lateral das cargas (Figura 4.15).

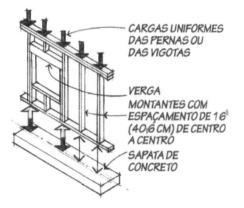

Figura 4.16 *Parede com montantes com a abertura de uma janela.*

## Abertura em uma parede com sistema construtivo *stud wall* (com montantes ou colunas verticais)

As paredes com o sistema construtivo *stud wall* (paredes com montantes, ou seja, colunas de madeira ou de metal) são concebidas geralmente como paredes monolíticas (exceto para as aberturas) quando carregadas uniformemente na parte superior. As aberturas exigem o uso de vergas (vigas) que redirecionam as cargas para os lados da abertura. As cargas concentradas originadas pelas reações da verga devem ser suportadas por uma disposição de escoras que aja como uma coluna (Figura 4.16).

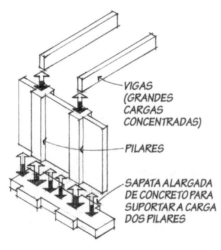

Figura 4.17 *Pilares suportando cargas concentradas de vigas.*

## Cargas concentradas – pilares

Em casos especiais nos quais as cargas concentradas sejam muito grandes, as paredes podem precisar ser reforçadas com pilares diretamente sob as vigas. Os pilares são essencialmente elementos verticais que transmitem grandes cargas concentradas diretamente para a fundação. As paredes entre os pilares são consideradas paredes que não suportam cargas, exceto seu próprio peso (Figura 4.17).

## Trajetórias das Cargas: Sistemas de Telhado e de Piso

### Esqueleto estrutural de um nível

Embora não seja um quadro estrutural comum, materiais de cobertura com vãos relativamente longos podem transmitir as cargas dos tetos e dos pisos diretamente para as paredes estruturais (Figura 4.18).

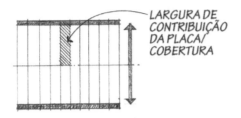

*Planta baixa do esquema estrutural.*

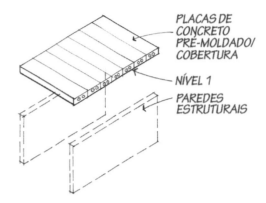

*Figura 4.18   Esqueleto estrutural de um nível.*

### Esqueleto estrutural de dois níveis

Esse é um sistema de piso muito comum que usa vigas de distribuição para suportar um revestimento. O revestimento é colocado no sentido perpendicular ao conjunto de vigas de distribuição. As distâncias do vão entre as paredes estruturais e as vigas influem no tamanho e no espaçamento das vigas de distribuição (Figura 4.19).

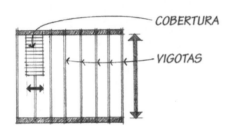

*Planta baixa do esquema estrutural.*

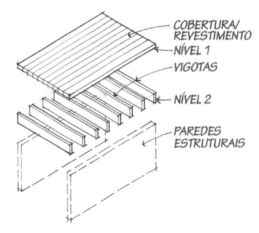

*Figura 4.19   Esqueleto estrutural de dois níveis.*

### Esqueleto estrutural de três níveis

Quando as paredes estruturais forem substituídas por vigas (vigas mestras ou treliças) que se estendem entre as colunas, a estrutura envolve três níveis. As cargas nas vigas de distribuição são suportadas pelas vigas maiores, que transmitem suas reações às vigas mestras, treliças ou colunas. Cada nível da estrutura é colocado no sentido perpendicular ao nível diretamente acima dele (Figura 4.20).

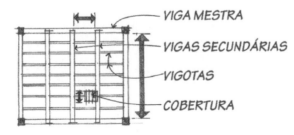

*Planta baixa do esquema estrutural.*

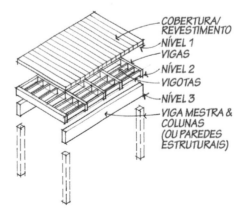

*Figura 4.20   Esqueleto estrutural de três níveis.*

## Trajetória das Cargas: Sistemas de Telhado e de Piso

### Esqueleto estrutural de um nível

Os revestimentos de placas de concreto pré-moldado de núcleo vazado ou pranchas pesadas de madeira podem ser usados para preencher o vão entre paredes estruturais ou vigas próximas entre si. O espaçamento entre os apoios (a distância entre as paredes estruturais) é baseado na capacidade do vão das placas de concreto ou do revestimento de madeira (Figura 4.21).

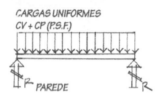

DCL – placa.

*Figura 4.21  Esqueleto estrutural de um nível.*

### Esqueleto estrutural de dois níveis

As seções estruturais eficientes em vigas de distribuição de madeira e de aço permitem vãos relativamente longos entre as paredes estruturais. Podem ser usados materiais leves de revestimento, como painéis de madeira compensada, para preencher o vão entre vigas de distribuição próximas entre si (Figura 4.22).

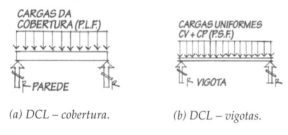

(a) DCL – cobertura.   (b) DCL – vigotas.

*Figura 4.22  Esqueleto estrutural de dois níveis.*

*(c) Conjunto estrutural leve (light frame) de vigota e viga. Foto de Chris Brown.*

### Esqueleto estrutural de três níveis

As edificações que exigem grandes áreas abertas no piso, livres de paredes estruturais e com um número mínimo de colunas (pilares) normalmente baseiam-se na capacidade de vãos longos de vigas de distribuição suportadas por treliças ou vigas mestras. O espaçamento da estrutura do primeiro nível e a distribuição das camadas dos elementos estruturais do segundo nível estabelecem seções (segmentos) estruturais regulares que subdividem o espaço (Figura 4.23).

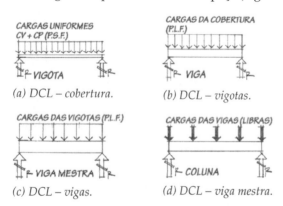

(a) DCL – cobertura.   (b) DCL – vigotas.

(c) DCL – vigas.   (d) DCL – viga mestra.

*Figura 4.23  Esqueleto estrutural de três níveis.*

*(e) Estrutura com vigotas e vigas; esquema estrutural de três níveis. Foto de Chris Brown.*

Transferência de Cargas

## Trajetória das Cargas: Sistemas de Fundações

O sistema da fundação de uma estrutura ou edificação em particular depende do tamanho da edificação, do uso da estrutura, das condições da superfície no local e do custo do sistema de fundações a ser usado.

Frequentemente, uma grande edificação com cargas pesadas pode ser suportada por sapatas rasas se o solo abaixo da superfície for denso e estável. Entretanto, a mesma edificação construída em um local que contenha solos moles ou argila expansiva podem exigir fundações em estacas ou em tubulão. Geralmente as fundações são subdivididas em duas categorias principais: (a) fundações rasas e (b) fundações profundas.

### Fundações rasas

As fundações rasas exercem seu suporte baseadas essencialmente no solo ou na rocha imediatamente abaixo da parte inferior da estrutura onde ela tem apoio direto. As cargas verticais são transmitidas pelas paredes ou colunas para uma sapata que distribui a carga em uma área suficientemente grande para que a capacidade de suporte admissível do solo não seja ultrapassada e/ou o recalque seja minimizado. As fundações rasas são de três tipos: (a) sapatas isoladas – sapata para pilares individuais, (b) sapata corrida – para suportar uma parede estrutural e (c) fundações tipo radier – que cobrem toda a área plana da edificação.

**Sapata isolada.** Normalmente esse tipo de fundação tem formato quadrado ou algumas vezes circular em planta e geralmente é simples e econômico para solos com capacidade de suporte de moderada a alta. A finalidade desse tipo de sapata é distribuir a carga em uma grande área de solo. O pedestal e a sapata são armados com aço (Figura 4.24).

**Sapata corrida.** As sapatas corridas são um dos tipos mais comuns de sapatas e suportam cargas relativamente uniformes de paredes estruturais por meio de uma fundação contínua. A largura da sapata corrida permanece constante ao longo do seu comprimento se não ocorrerem cargas concentradas (Figura 4.25).

**Fundação tipo radier.** As fundações tipo radier são usadas quando a capacidade de suporte do solo for relativamente baixa ou as cargas forem grandes em relação à capacidade de suporte do solo. Esse tipo de fundação é basicamente uma grande sapata sob toda a edificação, distribuindo assim a carga ao longo de toda a laje. Uma fundação tipo radier é denominada *mat*. Uma *mat* pode ser chamada *raft* quando for colocada em profundidade tal no terreno que o solo removido durante a escavação é igual à maior parte ou a todo o peso da edificação (Figura 4.26).

### Fundações profundas

A função de uma fundação profunda é transmitir as cargas da edificação para baixo de uma camada de solo insatisfatório até um estrato com capacidade de suporte satisfatório. Geralmente as fundações profundas são estacas, píeres ou tubulões instalados de várias maneiras. Normalmente não há diferença entre um tubulão escavado e uma estaca escavada e, muito frequentemente, existe apenas uma pequena diferença de diâmetro entre eles. As estacas, o tipo mais comum de sistema de fundação profunda, são

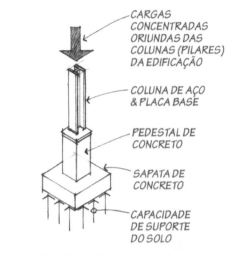

Figura 4.24  Sapata isolada.

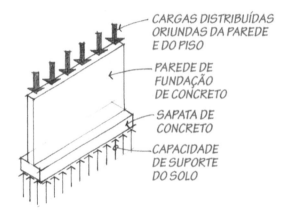

Figura 4.25  Sapata corrida.

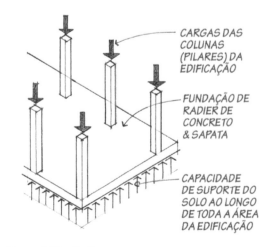

Figura 4.26  Radier.

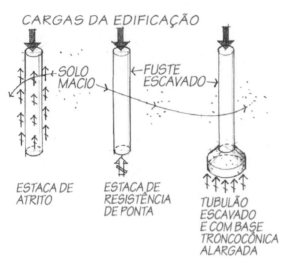

*Figura 4.27    Fundações em estacas.*

cravadas na terra por meio de martelos impulsionados por gravidade, ar comprimido ou motor diesel. As cargas das edificações são distribuídas no solo no contato com a área da superfície da estaca por meio de um atrito lateral (estacas de atrito), em suporte direto (estacas de ponta) na parte inferior da estaca em um estrato satisfatório de terra ou rocha ou por uma combinação do atrito lateral com a resistência de ponta.

**Fundações em estacas.**   As estacas de madeira são usadas normalmente como estacas de atrito, ao passo que as estacas de concreto e aço são usadas geralmente como estacas de ponta. Quando as estacas de ponta precisarem ser cravadas em grandes profundidades para atingir um suporte satisfatório, é usada uma combinação de aço e concreto. Cilindros ocos de aço são cravados no solo até um ponto de suporte predeterminado, e então os cilindros são preenchidos com concreto (Figura 4.27).

**Bloco de coroamento das estacas.**   Geralmente os pilares da edificação são suportados por um grupo (conjunto) de estacas. Um bloco armado e espesso é construído no topo do grupo de estacas e distribui a carga do pilar a todas as estacas do grupo (Figura 4.28).

**Viga baldrame (viga de fundação).**   As estacas e os píeres que suportam paredes estruturais geralmente são espaçados em intervalos regulares e conectados a uma viga baldrame contínua de concreto armado. A viga baldrame destina-se a transferir as cargas da parede estrutural para as estacas (Figura 4.29).

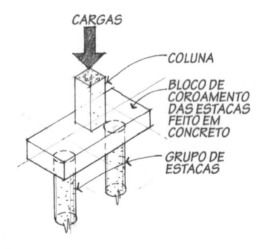

*Figura 4.28    Bloco de coroamento de um grupo de estacas.*

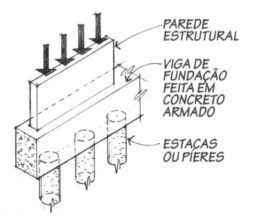

*Figura 4.29    Viga de fundação (baldrame) suportando uma parede estrutural.*

*Figura 4.30   Construção de estrutura leve – uma farmácia em Quincy, Washington. Foto de Phil Lust.*

### Exemplo de Problemas: Transferência das Cargas

Os exemplos de problemas que se seguem ilustrarão a metodologia da transferência de cargas ao ser aplicada a uma diversidade de esquemas e arranjos estruturais. Observe que a maioria dos exemplos ilustrados é de estruturas de madeira, como as mostradas nas Figuras 4.1 e 4.30. O esqueleto estrutural de madeira é um tipo de material que geralmente resulta em um sistema estrutural determinado, ao passo que o aço e, particularmente, o concreto moldado no local são utilizados frequentemente para tirar proveito das vantagens da indeterminação pelo uso de conexões rígidas e/ou da continuidade.

**4.1** Na seção simples ilustrada de plataforma (deck) em pilares e vigas, normalmente as pranchas estão disponíveis em larguras nominais de 4 ou 6 polegadas (101,6 mm a 152,4 mm), mas com a finalidade de análise é permitido admitir uma largura unitária igual a 1 pé (30,5 cm). Determine as reações nas pranchas, nas vigas e nas colunas.

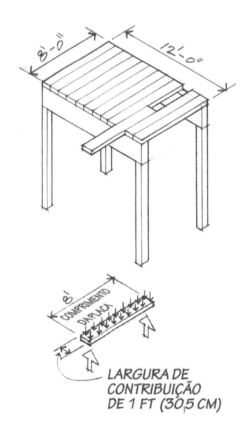

**Solução:**

| | |
|---|---|
| Carga no deck (carga ativa, ou CA) | = 60 psf |
| Peso do deck (carga permanente, ou CP) | =  8 psf |
| Carga total (CA + CP) | = 68 psf |

*REAÇÃO NAS PRANCHAS DO DECK* Examinando o desenho em perspectiva da plataforma é determinada a carga ω multiplicando a carga em libras por pé pela largura de contribuição da prancha. Portanto:

$$\omega = 68\,\#/ft^2(1') = 68\,\#/ft$$

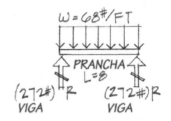

*REAÇÃO NA VIGA* As pranchas descarregam nas vigas com uma carga de 68# por pé (992 N/m) do vão da prancha. Metade da carga na prancha é transferida para cada viga. As vigas são carregadas pelas pranchas com uma carga de 272# por pé (3,97 kN/m) do vão da viga.

$$R = \frac{\omega L}{2} = \frac{68\,\#/ft^2(8')}{2} = 272\,\#\quad \text{(Reação da viga)}$$

Além disso, a viga tem um peso próprio equivalente a 10#/ft (145,9 N/m).

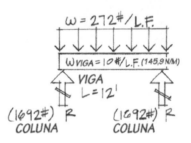

*REAÇÃO NA COLUNA* Metade da carga de cada viga é transferida para a coluna em cada canto do deck. As colunas são carregadas pelas vigas com cargas de 1.692# (7,53 kN) em cada coluna. Admita que cada coluna tem um peso próprio de 100# (445 N).

$$R = \frac{\omega L}{2} = \frac{(272 + 10)\,\#/ft(12')}{2}$$
$$= 1.692\,\#\quad \text{(Reação do pilar)}$$

*REAÇÃO NO SOLO* A carga em cada coluna é resistida por uma reação equivalente no solo de 1.792# (7.971 N).

**4.2** Este problema representa uma ampliação do Exemplo de Problema 4.1, onde o revestimento tem um vão adicional de 6 pés (1,83 m) e as vigas são estendidas até outra seção (módulo) estrutural. As cargas no sistema estrutural permanecem as mesmas.

Determine as cargas desenvolvidas em cada coluna de apoio. Admita que as colunas estejam localizadas nas posições *1-A, 2-A, 3-A, 1-B, 2-B, 3-B, 1-C, 2-C* e *3-C*, de acordo com as linhas de referência ilustradas.

**Solução:**

| | | |
|---|---|---|
| CP deck | = | 8 psf |
| CA deck | = | 60 psf |
| Carga total | = | 68 psf |

Peso próprio da viga = 10 #/ft
Peso próprio do pilar = 100#

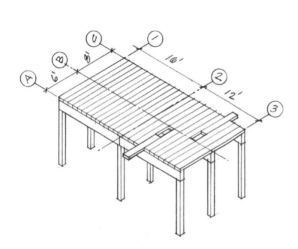

# Transferência de Cargas

*REAÇÃO NAS PRANCHAS DO DECK*

$\omega = 68\,\#/\text{ft}^2(1') = 68\,\#/\text{ft}$

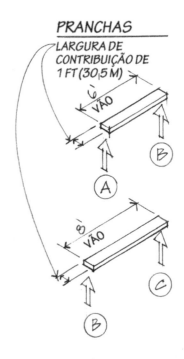

*REAÇÃO NA VIGA* Em primeiro lugar, analise as pranchas que preenchem o vão de 6 pés (1,83 m) entre as linhas *A* e *B*.

$R = \dfrac{\omega L}{2} = \dfrac{68\,\#/\text{ft}^2(6')}{2} = 204\#$  (Reação da viga)

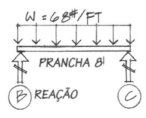

A seguir, analise as cargas nas pranchas do deck e o apoio da viga para o vão de oito pés (2,44 m) entre as linhas de referência *B* e *C*.

$R = \dfrac{\omega L}{2} = \dfrac{68\,\#/\text{ft}^2(8')}{2} = 272\#$  (Reação da viga)

*REAÇÃO NA COLUNA* Todos os casos de vigas a seguir representam condições de carregamento uniforme com extremidades simplesmente apoiadas, o que causa reações que são iguais a $R = \omega L/2$. As reações resultantes das vigas representam as cargas atuantes em cada coluna.

Em primeiro lugar, analise as vigas ao longo da linha de referência *A*:

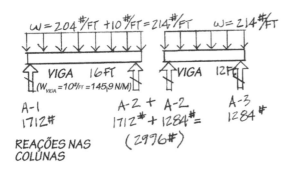

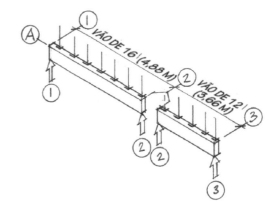

A seguir, analise as vigas ao longo da linha de referência *B*:

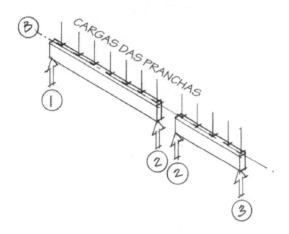
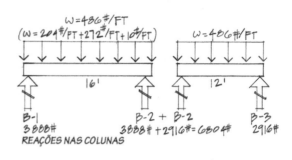

Então, analise as vigas ao longo da linha de referência *C*:

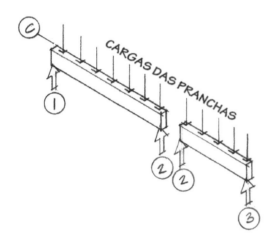
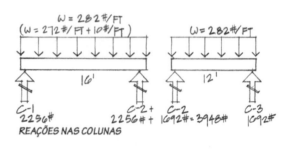

*CARGAS E REAÇÕES NAS COLUNAS* As colunas do perímetro ao longo das linhas de referência 1 e 3 recebem metade da carga de cada viga. As colunas internas ao longo da linha de referência 2 recebem cargas das duas vigas, que são somadas entre si para que sejam calculadas as cargas nas colunas.

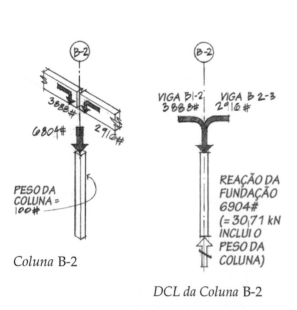

*Coluna* B-2

*DCL da Coluna* B-2

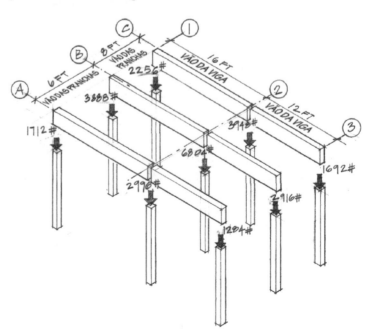

Transferência de Cargas

## Exemplo de Problema 4.2 – Método Alternativo

É possível empregar outra técnica na determinação das reações nas vigas sem passar pela análise das pranchas no deck. Pode-se conseguir isso avaliando as larguras de contribuição de carga para cada viga e calculando diretamente o $\omega$ de cada viga. Por exemplo, na figura a seguir, a largura de contribuição de carga atribuída às vigas ao longo da linha de referência $A$ é de 3 pés (91 cm). Portanto:

$$\omega = 68\,\#/ft^2(3') + 10\,\#/ft = 214\,\#/ft$$

Esse valor de $\omega$ corresponde ao resultado obtido no método anterior.

E ao longo da linha de referência $C$, com largura de contribuição = 4' (1,22 m),

$$\omega = 68\,\#/ft^2(4') + 10\,\#/ft = 282\,\#/ft \Rightarrow \text{CONFIRMAÇÕES}$$

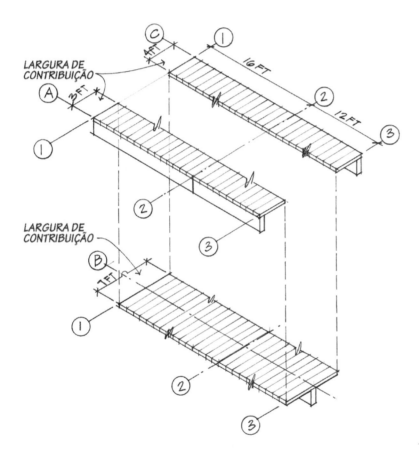

Similarmente, para as vigas ao longo da linha de referência $B$:

Largura da contribuição = 3' + 4' = 7'

$$\therefore \omega = 68\,\#/ft^2(7') + 10\,\#/ft = 486\,\#/ft \Rightarrow \text{CONFIRMAÇÕES}$$

4.3  Um piso com estrutura de aço para um edifício comercial foi projetado para suportar as seguintes condições de carregamento:

| | |
|---|---|
| Carga Variável | = 50 psf (2.394 Pa) |
| Cargas Permanentes: | |
| Concreto | = 150#/ft³ (23,56 kN/m³) |
| Piso de aço | = 5 psf (239 Pa) |
| Equipamento mecânico | = 10 psf (479 Pa) |
| Teto suspenso | = 5 psf (239 Pa) |
| Vigas de aço | = 25#/ft (365 N/m) |
| Vigas mestras de aço | = 35#/ft (511 N/m) |

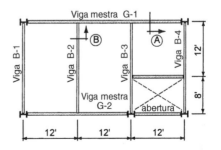

Planta baixa parcial do esquema estrutural do piso

Usando os DCLs adequados, determine as forças de reação para as vigas *B-1*, *B-2* e *B-3* para a viga mestra *G-1*.

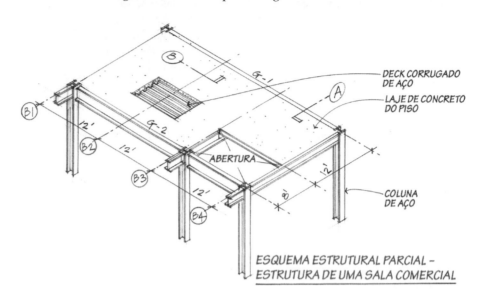

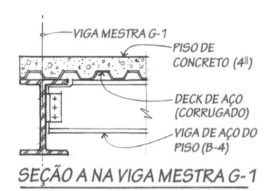

SEÇÃO A NA VIGA MESTRA G-1

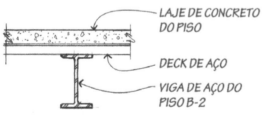

SEÇÃO B NA VIGA B-2

**Solução:**

Cargas:

$$\text{Cargas Permanentes (CP)} = \left(\frac{4''}{12\,\text{in/ft}}\right)(150\,\#/\text{ft}^3)$$

$$= 50\,\text{psf (prancha)}$$
$$+\ 5\,\text{psf (deck)}$$
$$+ 10\,\text{psf (equação mecânica)}$$
$$+\ 5\,\text{psf (teto)}$$
$$\text{Total CP} = 70\,\text{psf}$$
$$\text{CP} + \text{AC} = 70\,\text{psf} + 50\,\text{psf} = 120\,\text{psf}$$

**Viga B-1:** (Largura de contribuição de carga é de 6' ou 1,83 m)

$$\omega_1 = 120\,\#/\text{ft}^2(6') + 25\,\#/\text{ft} = 745\,\#/\text{ft}$$

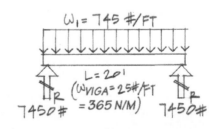

# Transferência de Cargas

**Viga B-2:** (Largura de contribuição de carga é de 6' + 6' = 12' ou 3,66 m)

$$\omega_2 = 120\,\#/\text{ft}^2(12') + 25\,\#/\text{ft} = 1.465\,\#/\text{ft}$$

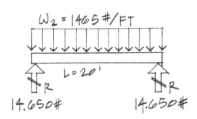

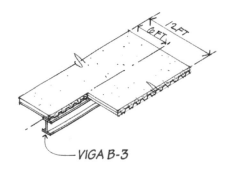

**Viga B-3:** Essa viga tem duas condições diferentes de carregamento devido à largura variável de contribuição de carga criada pela abertura.

Para o vão de 12 pés (3,66 m),

$$\omega_3 = 120\,\#/\text{ft}^2(12') + 25\,\#/\text{ft} = 1.465\,\#/\text{ft}$$

Para o vão de 6 pés (1,83 m),

$$\omega_4 = 120\,\#/\text{ft}^2(6') + 25\,\#/\text{ft} = 745\,\#/\text{ft}$$

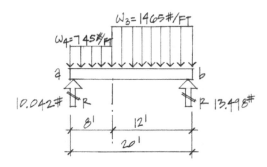

$[\Sigma M_a = 0] - (745\,\#/\text{ft})(8')(4') - (1.465\,\#/\text{ft})(12')(14') + B_y(20') = 0$
$\therefore B_y = 13.498\#$

$[\Sigma F_y = 0] - (745\,\#/\text{ft})(8') - (1465\,\#/\text{ft})(12') + 13.498\# + A_y = 0$
$\therefore A_y = 10.042\#$

**Viga Mestra G-1:** A viga mestra G-1 suporta as reações das vigas B-2 e B-3. A viga B-1 transmite sua reação diretamente para a coluna e faz com que não apareça carga alguma na viga mestra G-1.

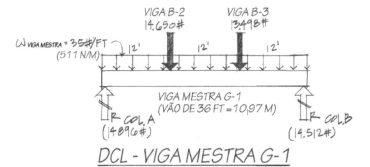

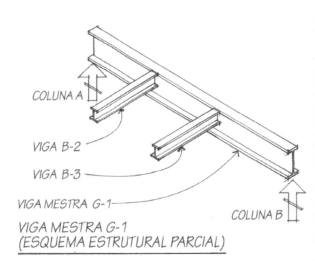

$[\Sigma M_a = 0] - 14.650\#(12') - 13.498\#(24')$
$\quad - (35\,\#/\text{ft} \times 36')(18') + B_y(36') = 0$
$\therefore B_y = 14.512\#$

$[\Sigma F_y = 0] - 14.650\# - 13.498\# + 14.512\# + A_y = 0$
$\therefore A_y = 14.896\#$

**4.4** Neste exemplo, a trajetória das cargas envolverá a estrutura de um pequeno deck adicional a uma residência. Uma vez determinadas as reações nos pilares, será adotada uma dimensão preliminar para a sapata admitindo que seja conhecida a capacidade de suporte do solo de 3.000 psf (143,6 kPa) por meio de uma investigação geotécnica.

Cargas:

Carga Variável = 60#/ft² (2,87 kPa)
Cargas Permanentes:
  Material do deck = 5#/ft² (239 Pa)
  Vigas = 5#/ft (73 N/m)
  Vigas mestras = 10#/ft (146 N/m)
  $\gamma_{concreto}$ = 150#/ft³ (23,6 kN/m³) (peso específico)

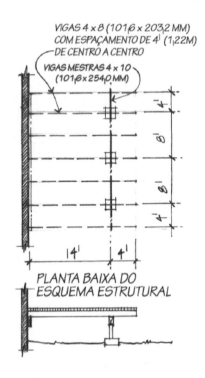

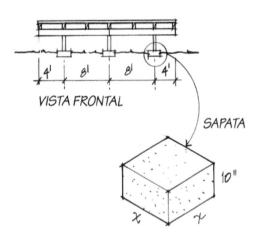

Para esse problema de trajeto de transmissão de cargas, analisaremos o seguinte:

1. Desenhe um DCL da viga típica com suas condições de carregamento mostradas.
2. Desenhe um DCL da viga mestra com sua condição de carregamento mostrada.
3. Determine a carga em cada pilar.
4. Determine o tamanho $x$ da fundação em píer (levando em conta o peso do concreto).

# Transferência de Cargas

**Solução:**

**1. Viga (interna típica):**

Carga Permanente:

$$5\text{ psf }(4') \;=\; 20\text{ \#/ft}$$
$$\text{Peso da viga} \;=\; 5\text{ \#/ft}$$
$$\omega_{CP} \;=\; 25\text{ \#/ft}$$

Carga Ativa:

$$60\text{ psf }(4') \;=\; 240\text{ \#/ft}$$
$$\omega_{CP+CV} \;=\; 265\text{ \#/ft}$$

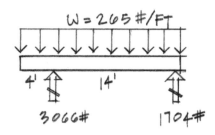

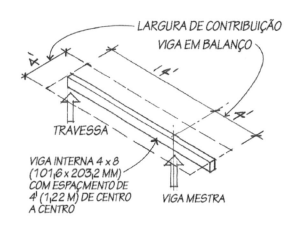

**2. Viga (externa típica):**

Carga Permanente:

$$5\text{ psf }(2') \;=\; 10\text{ \#/ft}$$
$$\text{Peso da viga} \;=\; 5\text{ \#/ft}$$
$$\omega_{CP} \;=\; 15\text{ \#/ft}$$

Carga Ativa:

$$60\text{ psf }(2') \;=\; 120\text{ \#/ft}$$
$$\omega_{CP+CV} \;=\; 135\text{ \#/ft}$$

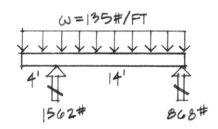

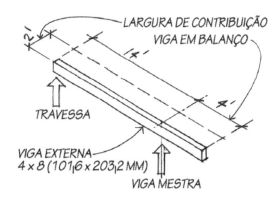

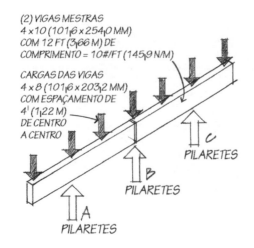

(2) VIGAS MESTRAS
4 x 10 (101,6 x 254,0 MM)
COM 12 FT (3,66 M) DE
COMPRIMENTO = 10#/FT (145,9 N/M)

CARGAS DAS VIGAS
4 x 8 (101,6 x 203,2 MM)
COM ESPAÇAMENTO DE
4' (1,22 M)
DE CENTRO
A CENTRO

PILARETES

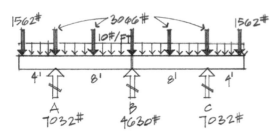

VIGA INTERNA

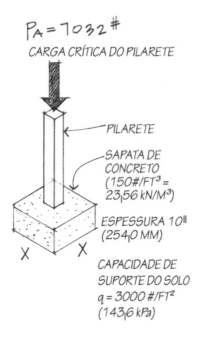

$P_A = 7032\#$
CARGA CRÍTICA DO PILARETE

PILARETE

SAPATA DE CONCRETO
(150#/FT³ = 23,56 kN/M³)

ESPESSURA 10"
(254,0 MM)

CAPACIDADE DE SUPORTE DO SOLO
$q = 3000\ \#/FT^2$
(143,6 kPa)

### 3/4. Viga mestra e pilar:

$[\Sigma M_B = 0] - 3.066\#(4') - 3.066\#(8') - 1.562\#(12')$
$\quad -(10\ \#/ft)(12')(6') + A_y(8') = 0$
$\therefore A_y = 7.032\#$

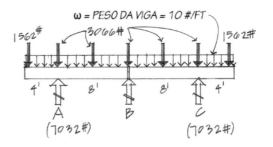

$[\Sigma F_y = 0] - \dfrac{3.066\#}{2} - 3.066\# - 3.066\# - 1.562\#$
$\quad -(10\ \#/ft)(12') + B_y(\text{lado direito}) + 7.032\# = 0$
$\therefore B_{yR} = 2.315\#$

A reação total no pilar $B$ é a soma das reações:

$B_{yR} + B_{yL} = 4.630\#$

### 5. Sapata crítica:

O solo é capaz de resistir a uma pressão total de compressão de 3.000 #/ft² (143 kPa)

Nota: pressão $= \dfrac{\text{carga}}{\text{área}}$;  $q = \dfrac{P}{A}$

Fazendo $q = 3.000\ \#/ft^2$ (143 kPa) (capacidade de suporte do solo), precisamos deduzir o peso da própria sapata para determinar sua capacidade de resistir à carga aplicada que é transmitida pela estrutura acima da fundação. Portanto,

$q_{\text{efetivo}} = q -$ peso da sapata (como pressão medida em psf)

O peso da sapata pode ser encontrado convertendo o peso específico do concreto ($\gamma_{\text{concreto}} = 150\#/ft^3 = 23{,}6\ kN/m^3$) em unidades equivalentes de libra por pé quadrado multiplicando:

peso da sapata (psf) = ($\gamma_{\text{concreto}}$)(espessura do concreto em pés)

$\therefore$ Peso da sapata $= (150\ \#/ft^3)(10''/12\ in./ft)$
$\qquad\qquad\qquad\quad = 125\ \#/ft^2$

A capacidade remanescente do solo para resistir às cargas pontuais é expressa como

$q_{\text{efetivo}} = 3.000\ \#/ft^2 - 125\ \#/ft^2 = 2.875\ \#/ft^2$

Sabendo que pressão = força / área

$q_{\text{efetivo}} = \dfrac{P}{A} = \dfrac{P}{x^2}$

$\therefore x^2 = \dfrac{P}{q_{\text{efetivo}}} = \dfrac{7.032\#}{2.875\ \#/ft^2} = 2{,}45\ ft^2$

$\therefore x = 1{,}57' = 1'7''$ sapata ao quadrado (tamanho teórico)

Na prática, o tamanho pode ser $x = 2'0''$ (61 cm)

Transferência de Cargas

**4.5** Calcule o trajeto da transmissão da carga para uma estrutura inclinada de telhado.

Material do telhado = 5 psf (239 Pa)
Revestimento do telhado = 3 psf (143,6 Pa)
Pernas (vigas inclinadas) = 4#/ft (58,4 N/m)

Carga de neve (CN): 40 psf (1.915 Pa) na projeção horizontal da viga inclinada*
Viga: 16#/ft (234 N/m)

*As cargas de neve são fornecidas normalmente como uma carga sobre a projeção horizontal de um telhado.*

### Solução:

**1. Análise das pernas (vigas inclinadas):**

Cobertura: 5 psf
Revestimento: 3 psf
$(8\,psf)(24''/12\,in/ft) = 16\,\#/ft$
Vigas inclinadas: $+ 4\,\#/ft$
$20\,\#/ft$
(Ao longo do comprimento das vigas inclinadas)

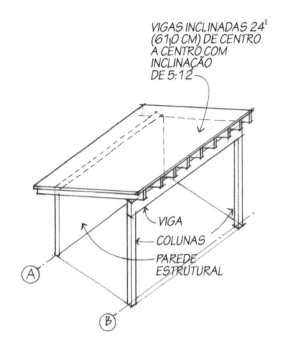

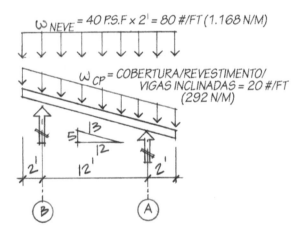

Ajuste à projeção horizontal: $\dfrac{13}{12}(20\,\#/ft) = 21{,}7\,\#/ft$

$$CN = 40\,\#/ft^2 \times \dfrac{24''}{12\,in/ft} = 80\,\#/ft$$
$$\omega = 21{,}7\,\#/ft + 80\,\#/ft = 101{,}7\,\#/ft$$

**Nota:** *As vigas inclinadas (pernas) estão projetadas horizontalmente para facilidade de cálculo.*

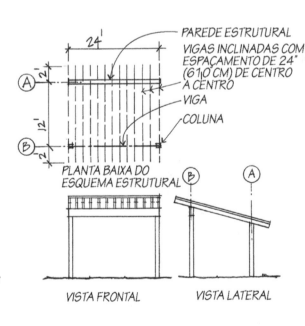

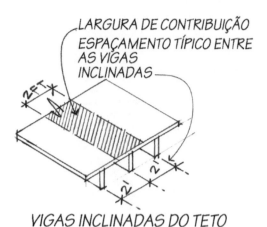

VIGAS INCLINADAS DO TETO

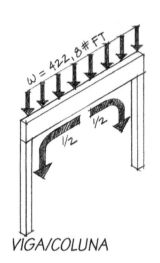

VIGA/COLUNA

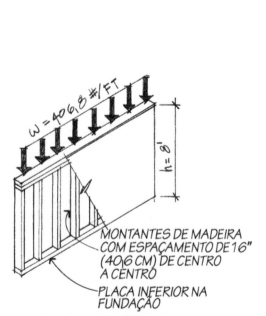

PAREDE ESTRUTURAL

Usando os esquemas dos DCL e os cálculos, determine a condição de carregamento (a) na viga, (b) na coluna e (c) na parede (de elementos verticais, ou montantes, típicos).

**1. Análise da viga:**

A reação de uma típica viga de distribuição do telhado no topo da viga e da parede com montantes é 813,6# (3.619 N). Entretanto, como as vigas de distribuição estão colocadas a cada 2 pés (61 cm), a carga equivalente ω é igual a

$$\omega = \frac{813,6\#}{2'} = 406,8\,\#/\text{ft} + 16\,\#/\text{ft}\,(\text{peso da viga})$$
$$= 422,8\,\#/\text{ft}$$

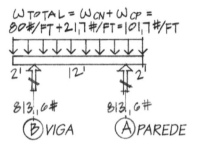

**2. Análise da coluna:**

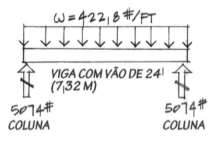

A carga na coluna é calculada como

$$P = \frac{\omega L}{2} = \frac{422,8\,\#/\text{ft}\,(24')}{2} = 5.074\#$$

*Nota:* Essa equação simplesmente divide pela metade a carga total na perna, porque ela está carregada simetricamente.

**3. Parede com montantes:**

O comprimento de contribuição de parede por montante é

$$16'' = \frac{16''}{12\,\text{in/ft}} = 1,33'$$

Transferência de Cargas

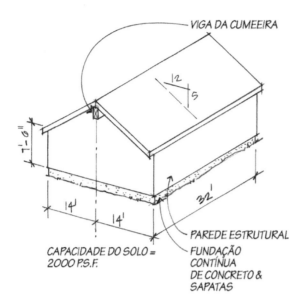

**4.6** Uma edificação com estrutura simples de madeira está sujeita às condições de carregamento especificadas. Usando DCLs e as equações de equilíbrio, acompanhe a distribuição das cargas através da edificação para os seguintes elementos:

1. Determine a carga equivalente (projetada horizontalmente) nas pernas (vigas inclinadas).
2. Determine a carga por pé na parede estrutural.
3. Determine a carga na viga de cumeeira.
4. Determine as cargas nas colunas.
5. Determine a largura mínima da fundação contínua.
6. Determine o tamanho das sapatas interiores.

Condições de Carregamento

| | | |
|---|---|---|
| Pressão de suporte do solo | = | 2.000 psf (95,8 kPa) |
| Piso | = | 2 psf (95,8 Pa) |
| Contrapiso | = | 5 psf (239 Pa) |
| Vigas de distribuição | = | 4 psf (191,5 Pa) |
| CV (ocupação) | = | 40 psf (1.915 Pa) |
| CN | = | 25 psf (1.197 Pa) |
| Paredes | = | 7 psf (355 Pa) |

Ao longo do comprimento da perna:

| | | |
|---|---|---|
| Material do telhado | = | 5 psf (239 Pa) |
| Revestimento do telhado | = | 3 psf (143,6 Pa) |
| Pernas | = | 2 psf (95,8 Pa) |
| Teto | = | 2 psf (95,8 Pa) |

As vigas da cumeeira se estendem em um vão de 16 pés (4,88 m) do apoio em uma coluna até o outro.

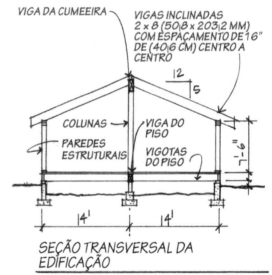

SEÇÃO TRANSVERSAL DA EDIFICAÇÃO

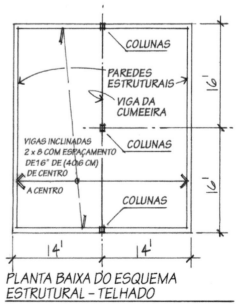

PLANTA BAIXA DO ESQUEMA ESTRUTURAL – TELHADO

**Solução:**

**1. Pernas:**

CN = 25 psf (1.197 Pa): pernas espaçadas de 16" (40,6 cm) de centro a centro.

$$\omega_{CN} = (25\,\#/\text{ft}^2)\left(\frac{16}{12}\right)' = 33,3\,\#/\text{ft}$$

(Projeção horizontal)

CP do telhado = 12 psf

$$\omega_{CP} = (12\,\#/\text{ft}^2)\left(\frac{16}{12}\right)' = 16\,\#/\text{ft}$$

(Ao longo do comprimento da perna)

$$\omega'_{CP} = \left(\frac{13}{12}\right)(16\,\#/\text{ft}) = 17,3\,\#/\text{ft}$$

(Carga equivalente projetada horizontalmente)

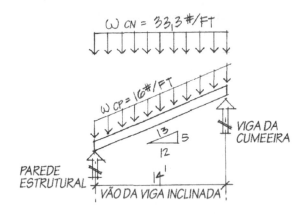

$\omega_{total} = \omega_{CN} + \omega'_{CP}$
$\omega_{total} = 33,3\,\#/\text{ft} + 17,3\,\#/\text{ft} = 50,6\,\#/\text{ft}$

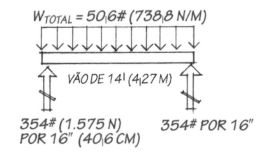

A reação no apoio de cada perna pode ser determinada usando as equações de equilíbrio. Quando estiverem presentes cargas uniformes em um elemento estrutural simplesmente apoiado, pode ser usada uma fórmula simples onde

$$R = \frac{\omega L}{2} = \frac{(50,6\,\#/\text{ft})(14')}{2} = 354\#$$

## 2. Parede estrutural:

A reação da viga inclinada (perna) na parede estrutural é 354# (1.575 N) a cada 16 polegadas (40,6 cm). Deve ser feita uma conversão para exprimir a carga no topo da parede em libras por pé linear.

$$\omega = (354\#/16'')\left(\frac{12}{16}\right)' = 266\ \#/\text{ft}$$

Uma faixa de parede com largura de 1' (30,5 cm) e com altura de 7'6" (2,29 m) pesa

$$\omega_{\text{parede}} = 7\ \#/\text{ft}^2(7,5') = 52,5\ \#/\text{ft}$$
$$\omega = 266\ \#/\text{ft} + 52,5\ \#/\text{ft} = 318,5\ \#/\text{ft}$$

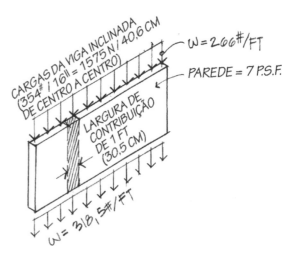

## 3. Viga da cumeeira:

As reações das vigas inclinadas são iguais a 354# (1.575 N) a cada 16 polegadas (40,6 cm), ou 266#/ft (3,88 kN/m). Por ser exigido que a cumeeira suporte vigas inclinadas em ambos os lados,

$$\omega = 2(266\ \#/\text{ft}) = 532\ \#/\text{ft}\ (7.764\ \text{N/m});$$

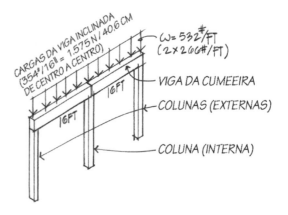

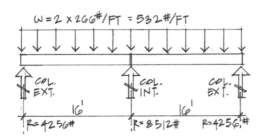

**Nota:** *As vigas da cumeeira são tratadas como duas vigas com um único vão, cada um deles com 16 pés (4,88 m) de comprimento.*

As colunas exteriores suportando a viga da cumeeira recebem

$$P_{\text{ext}} = (532\ \#/\text{ft})(8') = 4.256\#$$

**Nota:** *O valor de 8 pés (2,44 m) representa o comprimento de contribuição da viga que é suportado pela coluna externa.*

As colunas internas suportam um comprimento de contribuição da viga de 16 pés (4,88 m); desta forma,

$$P_{\text{int}} = (532\ \#/\text{ft})(16') = 8.512\#$$

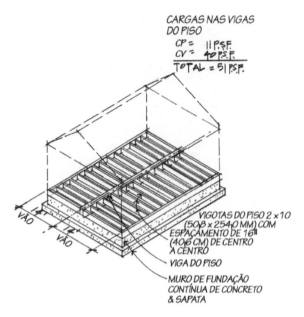

CARGAS NAS VIGAS
DO PISO
CP = 11 P.S.F.
CV = 40 P.S.F.
TOTAL = 51 P.S.F.

VIGOTAS DO PISO 2 x 10
(50,8 x 254,0 MM) COM
ESPAÇAMENTO DE 16"
(40,6 CM) DE CENTRO
A CENTRO
VIGA DO PISO
MURO DE FUNDAÇÃO
CONTÍNUA DE CONCRETO
& SAPATA

### 4. Vigas de distribuição do piso:

As vigas de distribuição do piso possuem espaçamento de 16 polegadas (40,6 cm) entre si, de centro a centro, o que também representa a largura de contribuição de carga atribuída a cada viga de contribuição.

Cargas: CP + CV = 11 psf + 40 psf = 51 psf (2,44 kPa)
(Cargas e reações nas vigas de distribuição)

$$\omega_{C+P} = 51 \text{ \#/ft}^2 \left(\frac{16}{12}\right)' = 68 \text{ \#/ft}$$

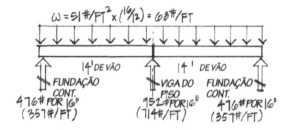

As reações nas fundações podem ser obtidas por

Fundação = (68 #/ft)(7' {comprimento da contribuição})
= 476 #/16"

A viga central do piso suporta uma reação das vigas de distribuição igual a

Viga = (68 #/ft)(14' {comprimento da contribuição})
= 952 #/16"

A conversão das reações das vigas de distribuição em carga por pé resulta em

$$\text{Fundação: } \omega = (476 \text{ \#/16 in}) \left(\frac{12}{16}\right)' = 357 \text{\#}$$

$$\text{Viga: } \omega = (952 \text{ \#/16 in}) \left(\frac{12}{16}\right)' = 714 \text{\#}$$

### 5. Fundação contínua:

A viga de fundação tem 8 in (20,3 cm) de espessura e 2 ft (61 cm) de altura. A base da fundação tem 8 in (20,3 cm) de espessura e $x$ de largura.

As cargas do telhado, da parede e do piso são combinadas como uma carga total no topo da viga de fundação:

$$\omega_{\text{total}} = 318,5 \text{ \#/ft} + 357 \text{ \#/ft} = 675,5 \text{ \#/ft}$$

A viga de fundação acrescenta uma carga adicional à sapata igual a

$$\text{Peso do corpo} = \left(\frac{8}{12}\right)'(2')(150 \text{ \#/ft}^3) = 200 \text{ \#/ft}$$

Em face de a largura da sapata ser desconhecida, o peso da base da sapata deve ser calculado em termos de libra por pé quadrado.

$$\text{Peso da sapata} = \left(\frac{8}{12}\right)'(150 \text{ \#/ft}^3) = 100 \text{ \#/ft}^2$$

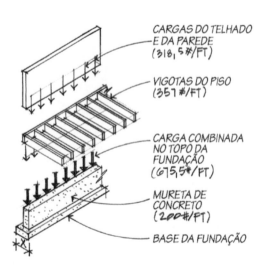

CARGAS DO TELHADO
E DA PAREDE
(318,5 #/FT)

VIGOTAS DO PISO
(357 #/FT)

CARGA COMBINADA
NO TOPO DA
FUNDAÇÃO
(675,5 #/FT)

MURETA DE
CONCRETO
(200 #/FT)

BASE DA FUNDAÇÃO

Na determinação da largura da sapata, examine um comprimento unitário (1') da fundação como uma representação de todo o comprimento.

$q$ = pressão de suporte admissível do solo = 2.000 psf (95,8 kPa)
$q_{efetivo}$ = $q$ − peso da sapata = 2.000 psf − 100 psf = 1.900 psf (91,0 kPa)

Esse valor de $q_{efetivo}$ representa a resistência do solo disponível para suportar com segurança as cargas do telhado, das paredes, do piso e da viga de fundação.

$\omega_{total}$ = 675,5 #/ft + 200 #/ft = 875,5 #/ft

A área mínima exigida de resistência da sapata por unidade de comprimento é

$A = (1')(x)$

$q_{equivalente} = \dfrac{\omega}{x}; \quad x = \dfrac{\omega}{q_{equivalente}}$

$x = \dfrac{875,5\ \#/ft}{1.900\ \#/ft^2} = 0{,}46' \approx 6''$

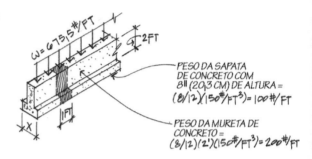

Observe que a base da sapata de seis polegadas (15,2 cm) seria menor do que a espessura da viga de fundação. A largura mínima da sapata para uma estrutura de um andar com elementos leves deve ser de 12 in (30,5 cm). Se for utilizada uma base de 12 in (30,5 cm), a pressão real no solo será de

Pressão real = $\dfrac{\omega}{x = 1'} = \dfrac{875,5\ \#/ft}{1'}$
= 875,5 #/ft$^2$ < $q_{equivalente}$

∴ OK.

### 6. Sapatas isoladas internas:

É necessária uma determinação das cargas em cada pilar antes de os tamanhos das sapatas serem calculados.

Admita que as sapatas isoladas possuam uma espessura de 8 in (20,3 cm) e $q$ = 2.000 psf (95,8 kPa):

$\omega_{sapata} = \left(\dfrac{8}{12}\right)' (150\ \#/ft^3) = 100\ \#/ft^2$

$q_{equivalente} = q - $ peso da sapata = 2.000 psf − 100 psf
= 1.900 psf

Coluna crítica central:

$A = x^2 = \dfrac{P}{q_{equivalente}} = \dfrac{14.224\#}{1.900\ \#/ft^2} = 7{,}5\ ft^2$

∴ $x = 2{,}74' \approx 2'9''$ quadrado

Outras sapatas:

$x^2 = \dfrac{5.712\#}{1.900\ \#/ft^2} = 3{,}00\ ft^2$

∴ $x = 1{,}73' \approx 1'9''$ quadrado

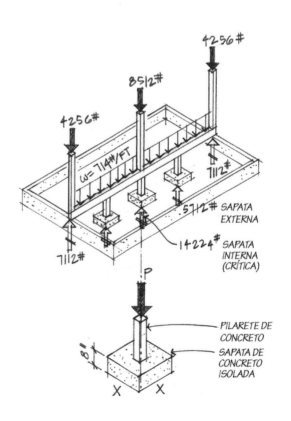

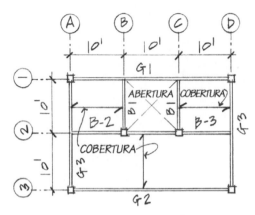

ESQUEMA ESTRUTURAL TÍPICO DO PISO

## Problemas

Em cada um dos problemas de caminhamento das cargas a seguir, construa uma série de DCLs e mostre a propagação das cargas através dos vários elementos estruturais.

**4.1** Determine as cargas no pilar admitindo:

CP (revestimento, piso, etc.) = 10 psf (479 Pa)
CV (ocupação)                = 40 psf (1.915 Pa)
Total                         50 psf (2,39 k Pa)

A viga B-2 se estende no vão entre a viga mestra G-3 e o pilar B-2 e a viga B-3 s estende no vão entre a viga mestra G-3 e o pilar C-2.

**4.2** Cargas:

Telhado:    CP = 10 psf (479 Pa)
            CV = 25 psf (1.197 Pa)
                (neve projetada horizontalmente)
Cobertura:  CP =  5 psf (239 Pa)
            CV = 10 psf (479 Pa)
Paredes estruturais: CP = 10 psf (479 Pa) (2º e 3º pisos)
Pisos:      CP = 20 psf (958 Pa) (2º e 3º pisos)
            CV = 40 psf (1.915 Pa) (2º e 3º pisos)

1. Determine a carga equivalente (projetada horizontalmente) nas vigas inclinadas (pernas) que têm espaçamento de dois pés e 0 polegada, 2' 0" ou 61 cm, de centro a centro.
2. Determine a carga por pé nas paredes estruturais.
3. Determine o carregamento e as reações na viga para cada uma das vigas constituídas de perfis de aço de abas largas.

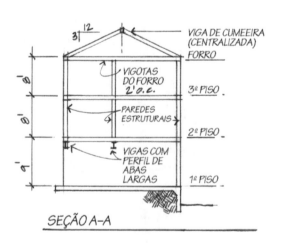

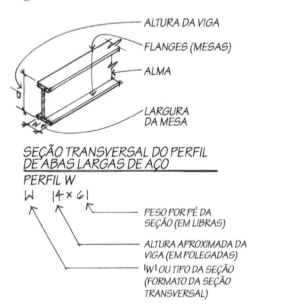

# Transferência de Cargas

**4.3** Acompanhe o caminho das cargas através dos seguintes elementos nessa estrutura. A carga variável de ocupação é 40 psf (1.915 Pa), com uma carga permanente no piso de 5 psf (239 Pa).

1. Vigas da cobertura.
2. Paredes com montantes.
3. Viga do telhado.
4. Pilares (internos e externos).
5. Vigas de distribuição do piso.
6. Vigas do piso.
7. Carga no topo das sapatas corridas.
8. Carga crítica na sapata interna.

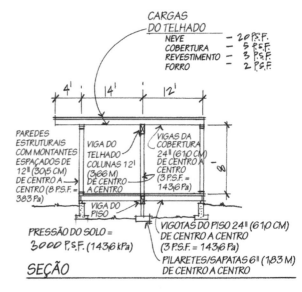

**4.4** Desenhe os DCLs e mostre as condições de carregamento de *B-1*, *G-1*, pilar interno, *B-2* e *G-2*.

Cargas:

| | |
|---|---|
| CN | = 25 psf (1.197 Pa) |
| Telhado e vigas (revestimento) | = 10 psf (479 Pa) |
| Vigotas em treliça | = 3 psf (143,6 Pa) |
| Isolamento, inst. mecânicas e elétricas | = 5 psf (239 Pa) |
| Vigas *B-1* e *B-2* | = 15 #/ft (219 N/m) |
| Vigas mestras *G-1* e *G-2* | = 50 #/ft (730 N/m) |

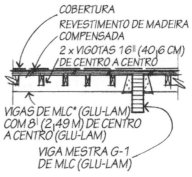

---

*MLC significa Madeira Laminada e Colada, também denominada GLU-LAM ou GLULAM devido ao termo em inglês *Glue Laminated Timber*. (N.T.)

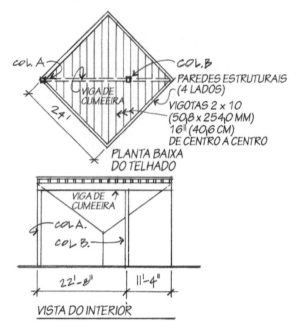

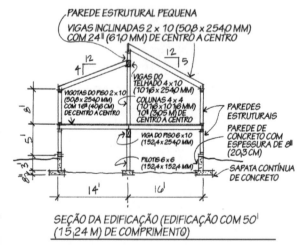

**4.5** Cargas do Telhado

CN = 20 psf (958 Pa)
Terremotos = 5 psf (239 Pa)
Revestimento (Madeira compensada) = 2 psf (95,8 Pa)
Isolamento = 5 psf (239 Pa)
Vigotas = 4 #/ft (58,4 N/m)
Viga de cumeeira = 40 #/ft (584 N/m)

1. Faça um esquema da carga e de seu módulo agindo sobre a viga de cumeeira com 34 pés (10,4 m) de comprimento.
2. Qual o valor da força que age nos pilares $A$ e $B$, que suportam a cumeeira?

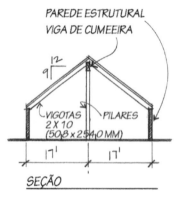

**4.6** Mostre graficamente (DCLs para cada elemento) a direção das cargas (condição de carregamento) para:

1. Viga(s) inclinada(s) do telhado.
2. Viga do telhado.
3. Montantes dos painéis da(s) parede(s) exterior(es).
4. Pilares interiores.
5. Vigota(s) (vigas de distribuição) do piso.
6. Viga do piso.
7. Pilotis de suporte do piso.
8. Largura(s) da fundação externa (é adequada?)
9. Tamanho da sapata crítica dos pilotis.

Condições de Carregamento:

CN: (projeção horizontal) = 30 psf (1.436 Pa)
Piso/contrapiso acabado = 5 psf (239 Pa)
Vigotas = 3 psf (143,6 Pa)
Isolamento = 2 psf (95,8 Pa)
Ocupação (CV) = 40 psf (1.915 Pa)
Paredes estruturais = 10 psf (479 Pa)
$\gamma_{concreto}$ (*peso específico do concreto*) = 150 #/ft³ (23,6 kN/m³)

Ao Longo do Comprimento das Vigas Inclinadas (Pernas):

Cobertura = 8 psf (383,0 Pa)
Revestimento = 2 psf (95,8 Pa)
Vigas inclinadas = 3 psf (143,6 Pa)
Forro = 3 psf (143,6 Pa)
Isolamento = 2 psf (95,8 Pa)
Pressão de suporte do solo = 2.000 psf (95,8 kPa)

**4.7** Para o telhado de quatro águas ilustrado, avalie as condições de carregamento sobre:

1. Viga inclinada típica apoiada sobre o espigão.
2. Espigão.
3. Vigotas do forro.
4. Vigas *B-1*, *B-2* e *B-3*.
5. Pilar interno.

Cargas Variáveis no Telhado:

CN = 25 psf (1.197 Pa)

Cargas Permanentes no Telhado:

| | |
|---|---|
| Cobertura | = 6 psf |
| | (287 Pa) |
| Revestimento de telhado de madeira compensada | = 1,5 psf |
| | (71,8 Pa) |
| Estrutura de vigotas | = 4#/ft |
| | (58,4 N/m) |

Cargas do Forro:

CP = 7 psf (7 psf)
CV = 20 psf (20 psf)

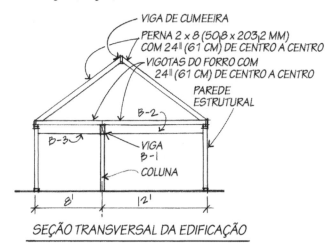

SEÇÃO TRANSVERSAL DA EDIFICAÇÃO

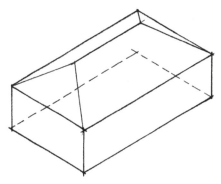

ESTRUTURA DE TELHADO COM 4 ÁGUAS

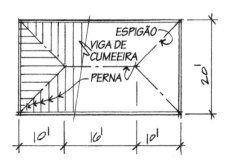

PLANTA BAIXA DO ESQUEMA ESTRUTURAL DO TELHADO

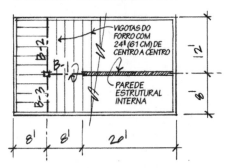

PLANTA BAIXA DO ESQUEMA ESTRUTURAL DO FORRO

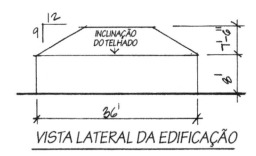

VISTA LATERAL DA EDIFICAÇÃO

## 4.2 TRANSFERÊNCIA DE CARGAS DE ESTABILIDADE LATERAL

*A estrutura, seja ela grande ou pequena, deve ser estável e duradoura, deve satisfazer as necessidades para as quais foi construída e deve conseguir os máximos resultados com os mínimos meios.*

*Essas condições: estabilidade, durabilidade, funcionalidade e maximização de resultados com mínimos meios – ou, em termos atuais, eficiência econômica – podem de certo modo ser encontradas em todas as construções desde a cabana de barro até o edifício mais imponente. Elas podem ser resumidas na frase "construir corretamente", que parece ser mais adequada do que a expressão mais específica: "boa técnica de construção". É fácil ver que cada uma dessas características, que à primeira vista parecem apenas técnicas e objetivas, tem um componente subjetivo – e eu acrescentaria psicológico – que o relaciona com o aspecto estético e expressivo do trabalho concluído.*

*A resistência estável a cargas e forças externas pode ser conseguida tanto por meio de estruturas que o usuário pode perceber imediata ou facilmente ou por meio de artifícios técnicos e estruturas invisíveis. É óbvio que cada método causa uma reação psicológica diferente que influencia a expressão de uma edificação. Ninguém pode experimentar um sentimento de satisfação estética serena em um espaço cujas paredes ou cujo telhado forneça uma sensação visual de estar na iminência de um colapso, mesmo que, na realidade, por causa de elementos invisíveis, essas estruturas estejam perfeitamente em segurança. Similarmente, uma instabilidade aparente pode, sob determinadas circunstâncias, criar um sentimento de expressão estética – ainda que antiarquitetônica.*

*Dessa forma, pode-se ver que mesmo a qualidade mais técnica e básica da construção, que é a estabilidade, pode, por meio dos diferentes processos construtivos empregados para assegurá-la, contribuir grandemente para a obtenção de uma expressão arquitetônica determinada e desejada.*

– Pier Luigi Nervi, *Aesthetics and Technology in Building*, Harvard University Press, Cambridge, Mass., 1966, Páginas 2 e 3.

*Figura 4.31 Exemplos de instabilidade lateral. A foto superior é de uma antiga garagem com mãos-francesas acrescentadas um pouco tardiamente. As outras duas fotografias são de estruturas de madeira danificadas pelo terremoto de 1995 em Kobe, Japão. Fotos dos autores.*

A Seção 4.1 sobre a transferência de cargas acompanhou sua trajetória das cargas através do esqueleto estrutural até a fundação. As cargas permanentes e variáveis sobre a estrutura foram induzidas pela gravidade e admitidas como agindo na direção vertical e no sentido de cima para baixo. Cada vigota, viga, viga mestra, coluna ou pilar, e estruturas similares poderiam ser analisadas usando DCLs adequados juntamente com as equações de equilíbrio (no caso de sistemas estaticamente determinados). Embora as condições de equilíbrio precisem ser satisfeitas para cada elemento ou peça do esqueleto estrutural, elas não são suficientes para assegurar a estabilidade geométrica da estrutura como um todo (veja Figura 4.31).

A estabilidade pode ser problemática para um único elemento estrutural, como uma viga com excesso de carga (Figura 4.32[a]) ou uma coluna sob flambagem (Figura 4.32[b]), mas algumas vezes todo um conjunto estrutural pode se tornar instável sob determinadas condições e carregamento. A *estabilidade geométrica* se refere a uma propriedade da configuração que preserva a geometria de uma estrutura por meio da disposição estratégica de seus elementos e de sua interação conjunta para resistir às cargas.

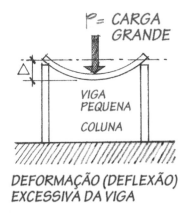

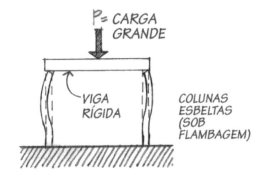

*Figura 4.32(a)   Deflexão excessiva de uma viga.*

*Figura 4.32(b)   Flambagem de uma coluna.*

As estruturas de todas as edificações exigem um determinado conjunto (ou conjuntos) de elementos, conhecidos como *sistema de contraventamento* (Figura 4.33), que fornece a condição de estabilidade para toda a geometria estrutural. Decisões quanto ao tipo e o local do sistema de contraventamento a ser usado afetam diretamente o planejamento organizacional da edificação e, em última análise, seu aspecto final.

Uma primeira preocupação no design de qualquer estrutura é fornecer estabilidade suficiente para resistir ao colapso e também evitar deformação lateral excessiva (*empenamento racking*; veja Figura 4.34), que pode resultar na ruptura de superfícies frágeis e de vidro. Todas as edificações devem ser suficientemente enrijecidas contra as forças horizontais provenientes de duas direções perpendiculares.

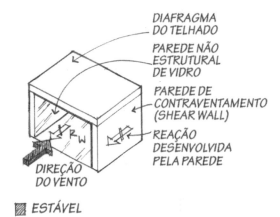

*Figura 4.33   Ação do vento em direção paralela às paredes de contraventamento.*

Admite-se que as forças de vento e sísmicas em edifícios ajam horizontalmente (lateralmente) e devem ser resistidas em combinação com as cargas gravitacionais. Por exemplo, quando as forças de vento exercem pressão lateralmente na parede de uma edificação de um pavimento e com estrutura de madeira, essas forças horizontais são transmitidas pelo revestimento aos elementos do painel vertical (montantes da parede), que por sua vez transmitem as cargas ao telhado e ao piso. Os planos horizontais (telhado e piso) devem ser suportados contra o movimento lateral. As forças absorvidas pelo plano do piso são enviadas diretamente ao sistema de fundação que fornece o apoio, ao passo que o sistema de telhado (conhecido como *diafragma do telhado*) deve ser suportado pelas paredes alinhadas no sentido paralelo à direção do vento. Em estruturas típicas com esqueleto de madeira leve, essas paredes resistentes às forças laterais são chamadas *paredes de contraventamento* (*paredes de cisalhamento* ou *shearwalls*). O uso de quadros verticais nas paredes e diafragmas horizontais é o sistema mais comum em edificações de madeira, porque o revestimento do telhado pode ser projetado economicamente para funcionar tanto como um elemento de suporte a cargas verticais como a cargas laterais.

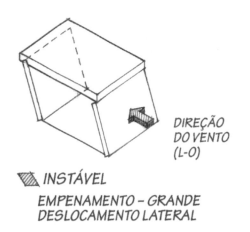

*Figura 4.34   Ação do vento em direção perpendicular às paredes de cisalhamento.*

Os diafragmas de telhado e de piso devem ser capazes de transmitir as forças laterais aplicadas aos *shearwalls* através da resistência em seus planos; alternativamente, deve ser fornecido contraventamento no plano horizontal. As cargas transferidas do diafragma do telhado para o plano das paredes são então canalizadas para a fundação.

Vamos retornar ao diafragma anterior da estrutura simples de telhado mostrada na Figura 4.35(a), que é suportada pelas duas paredes paralelas (N-S) e que têm duas paredes não estruturais (vidro) nos outros dois planos paralelos. Uma faixa de contribuição ou quinhão de carga (Figura 4.35[b]) através da estrutura revela um sistema retilíneo que é simplificado, para efeito de análise, como uma viga suportada por duas colunas.

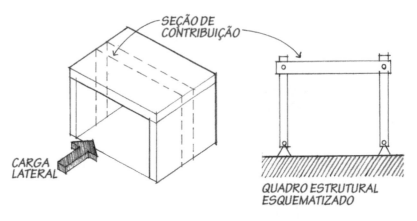

*(a) Disposição dos elementos laterais.*   *(b) Quadro estrutural esquematizado.*

*Figura 4.35   Estrutura com duas paredes de contraventamento (shearwalls) paralelas.*

Se admitirmos que a construção seja de madeira, as ligações das vigas e da coluna são consideradas adequadamente como pinos simples, e os suportes da base funcionam como rótulas. Essa geometria linear simples e retilínea com quatro rótulas (Figura 4.36) é inerentemente instável e exige a adição de outros elementos estruturais para evitar o colapso lateral causado pelas cargas horizontais aplicadas ou por carregamento vertical irregular.

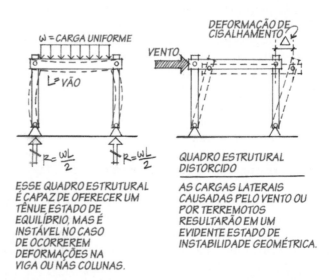

*Figura 4.36   Quadro simples com quatro rótulas (articulações).*

Transferência de Cargas

Há várias maneiras de conseguir estabilidades e neutralizar o empenamento (*racking*) da estrutura sob a ação de carregamento horizontal ou vertical. Observe que cada solução tem implicações arquitetônicas óbvias, e a seleção do sistema de contraventamento deve ser feita com base em razões que vão além de simplesmente ser a mais "eficiente estruturalmente".

## Elemento Diagonal de Treliça

Uma maneira simples de fornecer estabilidade lateral é introduzir um elemento simples diagonal conectando dois cantos diagonalmente opostos. Na realidade, é criada uma treliça vertical e a estabilidade é alcançada por meio da triangulação. Se for usado um elemento simples, ele deve ser capaz de resistir tanto a forças de tração como a forças de compressão, porque se admite que as forças laterais ocorram em ambas as direções. Os elementos sujeitos à compressão possuem a tendência de "flambar" (perda repentina da estabilidade do elemento) quando forem muito esbeltos (pequena dimensão da seção transversal em relação ao comprimento); portanto, os elementos precisam ser dimensionados de maneira similar aos elementos de treliça sob compressão (Figura 4.37).

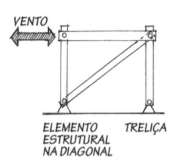

Figura 4.37  *Elemento diagonal de treliça.*

## Elementos de Contraventamento em X

Outra estratégia envolve o uso de dois elementos de contraventamento em X de menor seção transversal. Esses contraventamentos em X também são conhecidos como *contraventamentos diagonais de tração* (visto na Seção 3.3), onde apenas um contraventamento é efetivo na resistência de uma carga lateral direcional.

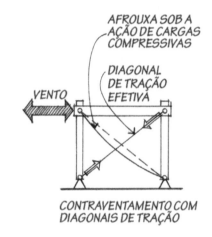

Figura 4.38  *Contraventamentos diagonais de tração.*

## Mão-Francesa

Um elemento estrutural usado normalmente em garagens e decks elevados de madeira é a mão-francesa. Esse método de enrijecimento forma uma ligação triangular com a viga e o pilar (coluna), a fim de fornecer um grau de rigidez naquele ponto. Quanto maiores forem as mãos-francesas, mais efetiva será sua capacidade de controlar o empenamento (*racking*). Normalmente, o contraventamento é colocado o mais próximo possível de 45°, mas algumas vezes ele variará entre 30° e 60°. As mãos-francesas desenvolvem forças de tração e compressão (como os elementos de treliça) dependendo da direção da força lateral (Figura 4.39).

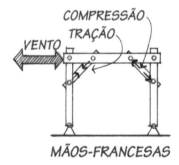

Figura 4.39  *Mão-francesa.*

## Placas Gusset

Grandes placas de ligação, ou placas gusset, em cada ligação de uma viga com uma coluna também pode fornecer a rigidez desejada para estabilizar o quadro estrutural. Entretanto, tanto com a técnica de construção da mão-francesa quanto na da placa gusset ocorrerão alguns movimentos em consequência das conexões com pinos na base das colunas. Modificar a base para uma conexão mais rígida pode certamente aumentar a rigidez global do quadro estrutural. As conexões rígidas induzem momentos fletores nas vigas e nas colunas (Figura 4.40).

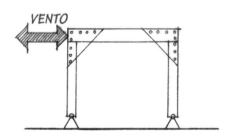

Figura 4.40  *Conexão rígida.*

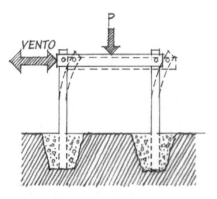

Figura 4.41 Estrutura em pilotis – pilares com bases rígidas.

## Condição de Base Rígida

As colunas ou pilares enterrados a determinadas profundidades no solo e envoltos por concreto podem fornecer uma condição de base rígida. A resistência às cargas laterais é devida às colunas que agem como grandes balanços verticais (cantiléveres) e à viga horizontal que transfere as cargas entre as colunas (Figura 4.41).

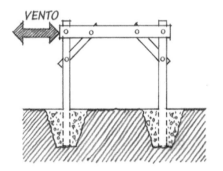

Figura 4.42 Base rígida e mão-francesa.

## Combinação de Mão-Francesa com Base Rígida de Coluna

Quando forem usadas mãos-francesas juntamente com bases rígidas de colunas, todas as conexões do quadro estrutural se tornarão rígidas e as cargas laterais serão resistidas por meio da resistência à flexão oferecida pelas vigas e pelas colunas. O deslocamento lateral seria menor do que nos três exemplos anteriores (Figura 4.42).

## Ligações Rígidas entre Vigas e Colunas

Os quadros estruturais resistentes aos momentos fletores consistem em elementos de piso ou de telhado conectados no plano de elementos de colunas com ligações rígidas ou semirrígidas. A resistência e a rigidez de um quadro estrutural é proporcional ao tamanho da viga e da coluna, e é inversamente proporcional à altura e ao espaçamento da coluna entre apoios. Um quadro estrutural resistente a momento fletor pode ser localizado internamente em um edifício ou pode estar no plano das paredes exteriores. Os quadros estruturais resistentes a momentos fletores exigem vigas e colunas consideravelmente maiores, especialmente nos níveis inferiores de estruturas altas.

Todos os elementos em um quadro estrutural resistente a momentos fletores são na realidade vigas e colunas sujeitas a tensões combinadas (momento fletor e tração ou compressão). As vigas e colunas de aço estrutural podem ser ligadas entre si para desenvolver uma ação de quadro estrutural resistente a momento fletor por meio da soldagem, da utilização de parafusos ou rebites de alta resistência ou de uma combinação dessas duas técnicas (Figuras 4.43 e 4.44).

Figura 4.43 Quadro de aço ou de concreto (nós rígidos).

Transferência de Cargas

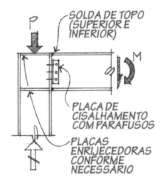

*(a) Ligação resistente ao momento em aço.*

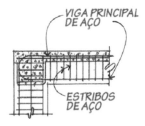

*(b) Conexão resistente ao momento em concreto.*

Figura 4.44   Conexões rígidas em aço e concreto.

Concreto lançado no local ou concreto pré-moldado com ligações moldadas no local fornecem as ligações monolíticas rígidas ou semirrígidas desejadas. Os quadros estruturais podem consistir em vigas e colunas, lajes planas e colunas, e lajes com paredes estruturais. A continuidade inerente que ocorre no lançamento monolítico do concreto fornece uma conexão natural resistente a momentos fletores e, dessa forma, permite que os elementos estruturais estejam em balanço com detalhamento muito simples do aço da armação.

As conexões das ligações se tornam muito complexas e trabalhosas para um quadro rígido estrutural tridimensional em duas direções. Isso se reflete em maiores custos, por isso são preferidos sistemas alternativos de resistência lateral, como quadros contraventados ou *shearwalls* em uma das direções.

Se examinarmos a ideia de uma viga em duas colunas e imaginarmos uma treliça de telhado ao longo do vão de duas colunas, mais uma vez a questão da estabilidade lateral deve ser resolvida. Embora as treliças sejam configurações estáveis em consequência da triangulação, uma treliça suportada por duas colunas conectadas por pinos é instável (Figura 4.45).

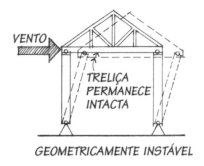

Figura 4.45   Estrutura geometricamente instável de treliça de telhado.

Levando em consideração que as mãos-francesas ajudam a desenvolver rigidez nas conexões de canto para as vigas e colunas, pode ser fornecido um elemento estrutural similar para as treliças desenvolverem resistência ao empenamento (*racking*). Mãos-francesas são ligadas a colunas contínuas, desenvolvendo assim resistência lateral por meio da capacidade da coluna de resistir aos momentos fletores (Figura 4.46).

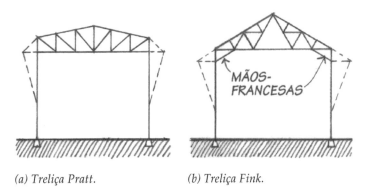

*(a) Treliça Pratt.*           *(b) Treliça Fink.*

Figura 4.46   Estrutura com mãos-francesas para treliças de telhado.

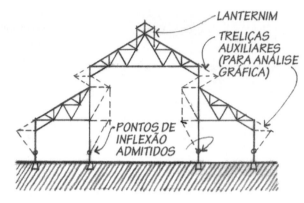

*Figura 4.47    Treliça Fink modificada com coberturas (sheds) laterais e lanternim.*

A coluna contínua desde o solo e ao longo de toda a profundidade da treliça fornece um elemento muito resistente à flexão (conexão rígida) para suportar as cargas laterais (Figura 4.47). As colunas devem ser projetadas para resistir aos momentos fletores potencialmente grandes que se desenvolvem.

Muitas edificações residenciais e comerciais de pequena e média escala dependem das paredes (estruturais ou não) da estrutura para desenvolver a resistência necessária às forças laterais (Figura 4.48). Esse tipo de restrição lateral, denominada anteriormente *parede de contraventamento* (*shearwall*), depende da capacidade da parede em atuar como balanço vertical (cantiléver). O vão do balanço é igual à altura da parede.

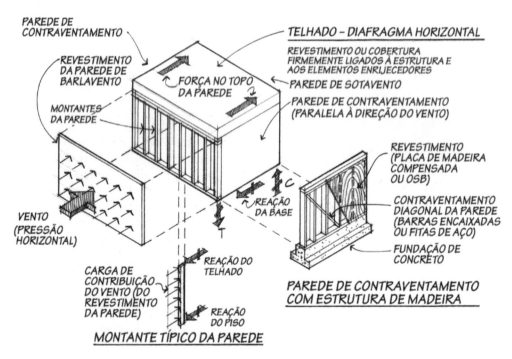

*Figura 4.48    Vista explodida de uma edificação de estrutura leve de madeira mostrando os vários componentes resistentes laterais.*

## Shearwalls

Um *shearwall* age como uma viga em balanço (cantiléver) vertical para fornecer suporte lateral (veja as Figuras 4.48, 4.49, 4.52 e 4.54 a 4.56) e atua sob os efeitos de tensões e deformações de cisalhamento e de flexão. A resistência lateral oferecida por um *shearwall* depende da rigidez relativa da parede e dos diafragmas horizontais. As paredes de contraventamento de edificações com esqueleto estrutural de aço são massas relativamente sólidas feitas normalmente de concreto armado para várias escalas e configurações de edificações.

Quando forem usadas paredes de concreto como paredes compartimentadas, núcleos de escadas e elevadores e aberturas verticais de serviço resistentes ao fogo, é razoável utilizá-las para enrijecimento da edificação contra cargas laterais. Uma estratégia estrutural comum é considerar um quadro estrutural contraventado ou rígido em combinação com paredes de concreto. As vigas do quadro estrutural de aço devem estar ligadas aos núcleos de concreto ou *shearwalls* para transmitir as forças verticais e horizontais a eles. O detalhamento cuidadoso dos elementos do esqueleto estrutural para o *shearwall* é fundamental.

Na Figura 4.49, a largura do *shearwall d* é relativamente grande em relação à altura *h*; portanto, a *deformação de cisalhamento* substitui a de flexão como o aspecto importante. Os materiais normalmente usados em *shearwalls* são concreto, blocos de concreto, tijolos e produtos de revestimento de madeira, como compensados, OSB (*oriented strand board*) e laminados.

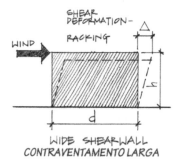

*(a) Parede de contraventamento larga.*

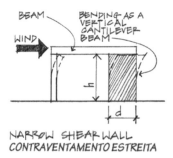

*(b) Parede de contraventamento estreita.*

Figura 4.49  *Proporções das paredes de contraventamento.*

## Pórticos Múltiplos

Até agora, a análise da estabilidade de quadros estruturais em relação a cargas laterais foi limitada a quadros de um único pórtico (painel); entretanto, a maioria das edificações contém vários pórticos na direção horizontal e na direção vertical. Os princípios que se aplicam aos quadros de um único pórtico também são válidos para as estruturas de vários pórticos.

Lembre-se: as diagonais simples devem ser capazes de resistir à tração e compressão. O comprimento das diagonais pode se tornar crítica quando estiverem sujeitas à compressão devido à flambagem. As diagonais de contraventamento devem ser mantidas com o comprimento mais curto possível.

Nos exemplos mostrados na Figura 4.50, é muito possível que apenas um painel precise ser contraventado para que todo o quadro estrutural seja estabilizado. Raramente é necessário que todos os painéis sejam contraventados para que se alcance a estabilidade.

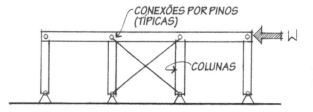

*(a) Contraventamentos diagonais de tração.*

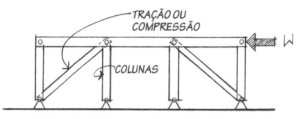

*(b) Contraventamento com diagonal de treliça.*

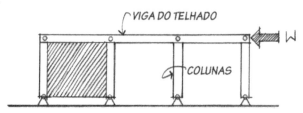

*(c) Parede de contraventamento (também denominada parede de cisalhamento ou shearwall).*

Figura 4.50  *Sistemas de contraventamento em estruturas de pórticos múltiplos.*

## Estruturas com Vários Pórticos e Vários Pavimentos

As estruturas com vários pórticos e vários pavimentos também usam os mesmos princípios de contraventamento. Entretanto, quando as estruturas se tornarem muito mais altas (altura maior do que três vezes a menor dimensão da edificação), apenas determinados tipos de contraventamento e materiais de construção permanecem práticos sob um ponto de vista estrutural e/ou econômico. As mãos-francesas, embora apropriadas para estruturas menores, com um ou dois pavimentos, não são tão efetivas para estruturas maiores. O componente horizontal da força da mão-francesa na coluna produz momentos fletores significativos, que exigem tamanhos maiores de colunas. Contraventamentos diagonais que atravessam um painel inteiro ligando pontos diagonalmente opostos são muito mais eficientes estruturalmente.

Diagonais, contraventamento em X (X-*bracing*) e treliçamento em K em quadros de vários pavimentos formam basicamente treliças verticais em balanço que transmitem as cargas laterais até a fundação (Figura 4.51). Geralmente, essas técnicas de contraventamento são limitadas aos planos das paredes exteriores da edificação para permitir mais flexibilidade para os espaços interiores. Concreto armado (ou alvenaria) e esqueleto estrutural de aço contraventado em poços de escadas e de elevadores são utilizados frequentemente como parte da estratégia para resistir a forças laterais.

Combinações de contraventamento, *shearwall* e/ou quadros rígidos são usadas em muitas edificações (Figura 4.52). Edificações maiores e com vários pavimentos contêm núcleos de utilidade/serviço que incluem elevadores, escadas, caixas para dutos e canalização localizados estrategicamente para atender a critérios funcionais e estruturais. Como geralmente esses núcleos são sólidos a fim de atender às exigências de combate a incêndios, eles podem funcionar como excelentes elementos de resistência lateral, ou no isolamento, ou como parte de uma estratégia global maior.

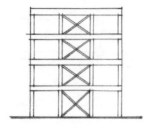

*(a) contraventamento em X.*

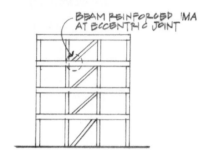

*(b) Barra de contraventamento excêntrica.*

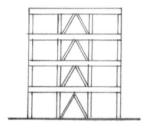

*(c) Treliçamento em K.*

*(d) Parede de contraventamento (shearwall).*

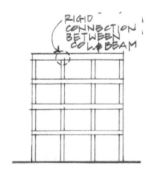

*(e) Quadro estrutural rígido.*

*Figura 4.51 Tipos de sistemas de contraventamento em vários pisos.*

*Figura 4.52 Combinação de sistemas de resistência lateral – estrutura de aço com núcleo central de parede de cisalhamento (shearwall).*

## Quadros Tridimensionais

A Figura 4.53 nos lembra que as edificações são, na verdade, quadros estruturais tridimensionais, e não quadros planos bidimensionais. Todos os exemplos de quadros ilustrados anteriormente admitem que, para entender o todo, apenas uma parte representativa de uma estrutura inteira precisa ser examinada. Cada quadro plano representa apenas um dos vários (ou muitos) quadros que constituem a estrutura. Entretanto, é importante mencionar que uma exigência fundamental da estabilidade geométrica para uma estrutura tridimensional é sua capacidade de resistir a cargas nas três direções ortogonais.

Um quadro tridimensional pode ser estabilizado pelo uso de elementos de contraventamento ou *shearwalls* em um número limitado de painéis no plano horizontal e vertical. Em estruturas com vários pavimentos, esses sistemas de contraventamento devem ser fornecidos em cada um dos níveis de pavimentos.

As paredes transversais externas de uma edificação transmitem as forças de vento para o telhado e os pisos, que por sua vez direcionam-nas para os núcleos de utilidade/serviço, *shearwalls* ou quadros contraventados. Na maioria dos casos, os sistemas de telhado e de piso formam diafragmas horizontais, capazes de transferir a carga lateral aos *shearwalls*.

Em edifícios com estrutura de madeira ou com sistemas de telhado e piso de madeira, o teto ou piso de revestimento é projetado e conectado aos membros de enquadramento de apoio para funcionar como um diafragma horizontal capaz de transferir carga lateral aos *shearwalls*. Em edificações com telhado de concreto e lajes de piso, as lajes também são projetadas para funcionar como diafragmas.

É improvável que o sistema horizontal utilizado em uma direção de carregamento seja diferente do sistema horizontal usado em outra direção. Se o revestimento de madeira ou a laje de concreto armado for projetada para funcionar como um diafragma horizontal para as forças laterais em uma direção, provavelmente pode ser projetada para funcionar como um diafragma para as forças aplicadas na outra direção.

Ocasionalmente, quando o revestimento do telhado ou do piso for muito leve ou flexível e, dessa forma, for incapaz de sustentar as forças do diafragma, o quadro horizontal deve ser projetado para incorporar contravento similar ao das paredes contraventadas ou *shearwalls*.

O contraventamento horizontal pode consistir em cabos de tração, treliças ou painéis rígidos em locais estratégicos (veja a Figura 4.53).

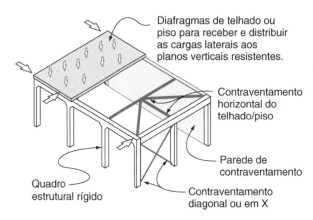

*Figura 4.53  Contraventamento para uma estrutura tridimensional. (Pode-se usar contraventamento em X, diagonais de treliça, mãos-francesas, paredes de contraventamento ou* shearwalls *e conexões rígidas viga-coluna para estabilizar qualquer um desses planos.)*

## Configurações de Contraventamentos

Uma vez configurados os planos dos telhados (ou dos pisos) para funcionarem como um diafragma, uma exigência mínima para estabilizar o telhado é três paredes contraventadas que não sejam todas paralelas nem concorrentes em um ponto comum. A configuração de uma das paredes em relação às outras é muito importante para a resistência a cargas de várias direções (Figura 4.54). Normalmente são construídas mais do que três paredes contraventadas, aumentando assim a rigidez estrutural do quadro para resistir aos deslocamentos laterais (deformação de cisalhamento).

As paredes contraventadas devem estar localizadas estrategicamente ao longo da estrutura para minimizar o potencial de deslocamentos e momentos de torção. Uma solução comum é ter dois *shearwalls* paralelos entre si (separados por uma distância razoável) e uma terceira parede (ou talvez mais) perpendicular às outras duas.

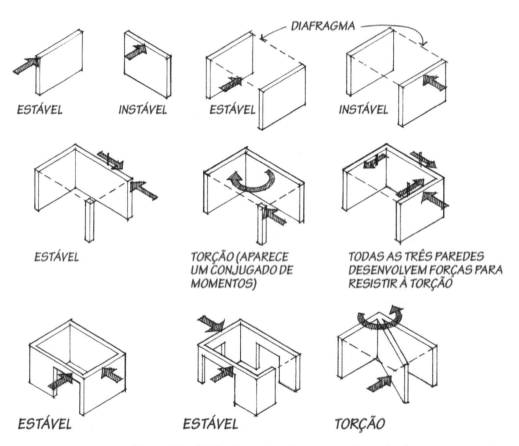

*Figura 4.54   Várias alternativas de construção de paredes de contraventamento – algumas são estáveis, outras são instáveis.*

## Estruturas com Vários Pavimentos

Em estruturas com vários pavimentos, as cargas laterais (oriundas de forças de vento ou de terremotos) são distribuídas para cada um dos níveis dos pavimentos (diafragmas). Em um nível de pavimento qualquer, deve haver um número exigido de paredes contraventadas para transferir as forças laterais acumuladas dos diafragmas superiores. Cada nível de pavimento é similar às estruturas simples examinadas anteriormente, nas quais as cargas do diafragma foram transferidas do nível superior (telhado) para o nível inferior (solo).

Geralmente, as estruturas de vários pavimentos são contraventadas com um número mínimo de quatro planos contraventados por pavimento, com cada parede sendo posicionada de modo a minimizar os momentos e os deslocamentos de torção (Figuras 4.55 a 4.57). Embora frequentemente seja desejável posicionar as paredes contraventadas na mesma posição em cada nível de pavimento, nem sempre isso é necessário. A transferência de cisalhamento ao longo de qualquer nível pode ser examinada como um problema isolado.

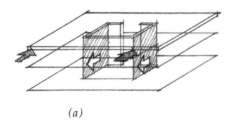 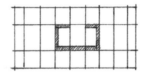

(a)  (b) Diagrama da planta baixa.

*Figura 4.55  Paredes de contraventamento no núcleo central de circulação.*

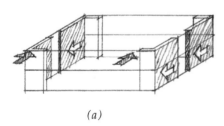 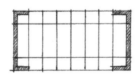

(a)  (b) Diagrama da planta baixa.

*Figura 4.56  Paredes de contraventamento nos cantos exteriores.*

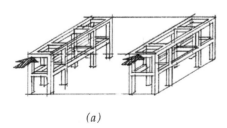 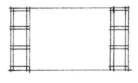

(a)  (b) Diagrama da planta baixa.

*Figura 4.57  Quadros rígidos nos pórticos de extremidade (também podem incluir todo o esqueleto estrutural).*

## Exemplo de Problemas: Estabilidade Lateral/ Diafragmas e *Shearwalls*

**4.7** Um edifício comercial com uma dimensão plana de 30 pés × 30 pés (9,14 × 9,14 m) e uma altura de 10 pés (3,05 m) está sujeito a uma carga de vento de 20 psf (958 Pa). São usadas duas paredes externas contraventadas paralelas à direção do vento para resistir à força no diafragma horizontal do telhado. Admitindo a existência de diagonais de tração em dois dos três pórticos, determine o valor da força desenvolvida em cada diagonal.

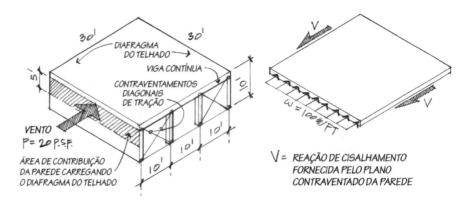

**Solução:**

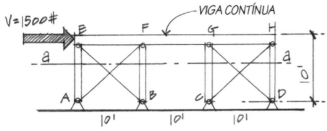

VISTA LATERAL DE UMA PAREDE CONTRAVENTADA

Lembre-se, da Seção 3.3, de que as diagonais de tração são sempre em pares porque uma diagonal ficará solta em face da carga de compressão. O método das seções foi usado anteriormente para determinação da diagonal efetiva.

$$\omega = 20\,\text{psf} \times 5' = 100\,\#/\text{ft}$$

$$V = \frac{\omega L}{2} = \frac{(100\,\#/\text{ft})(30\,\text{ft})}{2} = 1.500\#$$

Nesse caso, as diagonais $AF$ e $CH$ são efetivas na tração, ao passo que os elementos $BE$ e $DG$ são admitidos como elementos com força nula.

Utilizando o método das seções, desenhe um DCL do quadro acima do corte da seção *a-a*.

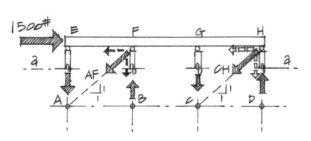

$$AF_x = AF_y = \frac{AF}{\sqrt{2}}$$

$$CH_x = CH_y = \frac{CH}{\sqrt{2}}$$

Apenas os componentes $x$ dos elementos $AF$ e $CH$ são capazes de resistir à força lateral de 1.500# (6672 N). Admitindo $AF_x = CH_x$, então

$$[\Sigma F_x = 0]\, AF_x + CH_x = 1.500\#$$

$$AF_x = CH_x = 750\#$$

$$AF = CH = \frac{750}{\sqrt{2}} = 1.061\#\,(\text{T})$$

Completando a análise usando o método dos nós para as treliças:

**4.8** Uma garagem simples é construída usando quadros estruturais com mãos-francesas e espaçados de 5 pés (1,52 m), de

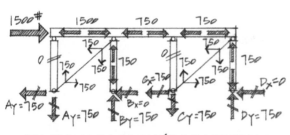

DIAGRAMA DO SOMATÓRIO DAS FORÇAS

Transferência de Cargas

centro a centro. Admitindo a pressão do vento de 20 psf (958 Pa), analise o quadro interno típico.

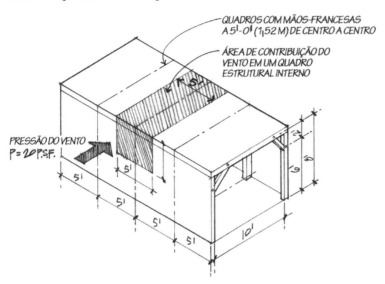

**Solução:**

Cada quadro interno com mãos-francesas deve resistir a uma carga aplicada a uma superfície de contribuição na parede com área de 20 pés quadrados (186 m²) a 20 psf (958 Pa).

$F = p \times A = 20 \#/\text{ft}^2 \times 20\,\text{ft}^2 = 400\#$

Observe que no DCL do quadro estrutural é desenvolvido um total de quatro reações de apoio em A e B. Por serem permitidas apenas três equações de equilíbrio, as reações de apoio não podem ser resolvidas a menos que seja adotada uma hipótese (ou hipóteses) sobre o quadro estrutural ou as características de sua distribuição de carga. Nesse caso, apenas uma hipótese se faz necessária, porque a condição de apoio externo é indeterminada em primeiro grau.

Admita

$A_x = B_x.$

Então,

$[\Sigma F_x = 0]\, A_x + B_x = 400\#$
$\therefore A_x = B_x = 200\#$

Escrevendo as outras equações de equilíbrio, obtemos

$[\Sigma M_A = 0] - 400\#(8') + B_y(10') = 0$
$B_y = 320\#$
$[\Sigma F_y = 0] - A_y + B_y = 0$
$A_y = 320\#$

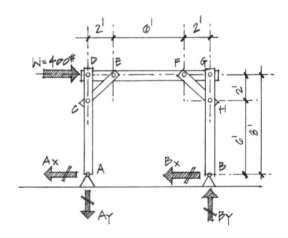

Uma vez determinadas as reações de apoio, passe a seção vertical a-a através de uma mão-francesa. Isole a coluna da esquerda e desenhe um DCL.

$[\Sigma M_D = 0] + CE_x(2') - 200\#(8') = 0$
$\therefore CE_x = 800\#$
$CE = 800\sqrt{2}\#$
$CE_y = 800\#$
$[\Sigma F_x = 0] + 400\# - A_x + CE_x - DE_x = 0$

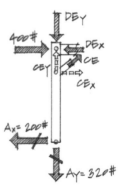

DCL – DA SEÇÃO a-a

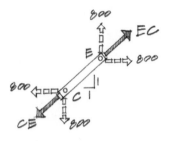

ELEMENTO DE MÃO-FRANCESA CE
(TRAÇÃO)

Substituindo $A_x$ e $CE_x$,

$DE_x = 400\# - 200\# + 800\#$
$DE_x = +1.000\#$
$[\Sigma F_y = 0] - DE_y + CE_y - A_y = 0$
$DE_y = 800\# - 320\#$
$DE_y = +480\#$

De maneira similar, isole a coluna da direita usando o corte da seção b-b,

$[\Sigma M_G = 0] - 200\#(8') + FH_x(2') = 0$
$FH_x = +800\#$
$FH = 800\sqrt{2}\#$
$FH_y = 800\#$
$[\Sigma F_y = 0] + FG_y - FH_y + B_y = 0$
$FG_y = 800\# - 320\# = 480\#$
$[\Sigma F_x = 0] - FG_x + FH_x - B_x = 0$
$FG_x = 800\# - 200\# = 600\#$

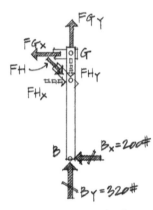

DCL – DA SEÇÃO b-b

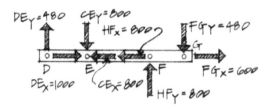

DCL – VIGA DO TOPO

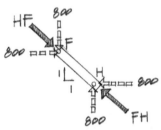

ELEMENTO DE MÃO-FRANCESA FH
(COMPRESSÃO)

**4.9** Nesta seção será realizada uma análise em uma edificação retangular simples de madeira com um pavimento, ilustrando a propagação de cargas e a transferência que ocorre em um sistema resistente de diafragma de telhado e parede de contraventamento.

Os telhados com estrutura de madeira e as paredes são consideravelmente enrijecidos pelo uso de revestimentos de madeira compensada ou OSB/laminado atuando como diafragmas ou *shearwalls*.

A força do vento (admitida como pressão uniforme na face frontal ao vento) é inicialmente distribuída ao diafragma do telhado e do piso (ou fundação). A estrutura com montantes (colunas) tradicionais de madeira nas paredes funcionam como vigas verticais e distribuem metade da carga do vento para o telhado e outra metade para a construção do piso.

As pressões na parede frontal ao vento e a sucção na parede oposta são convertidas em cargas uniformemente distribuídas ω ao longo das bordas frontais e opostas do diafragma do telhado. Frequentemente, as cargas nas bordas frontais ao vento e nas bordas opostas às que recebem diretamente a ação do vento são combinadas em uma distribuição de carga ao longo da borda frontal ao vento.

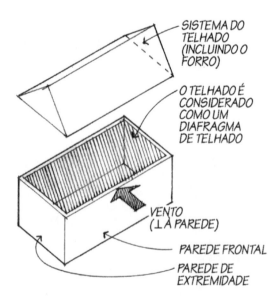

A dimensão de metade da altura da parede representa a dimensão da parede de contribuição, que representa o carregamento do diafragma do telhado. A carga uniforme ω é expressa em unidades de libras por pé linear, a mesma unidade da carga uniforme em uma viga.

ω = pressão do vento $p \times$ ½ da altura da parede

Na realidade, os diafragmas de telhado são tratados basicamente como vigas planas e altas se estendendo de uma parede apoio a outra.

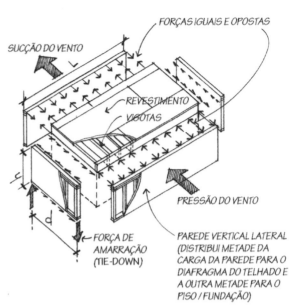

DIAFRAGMA & PAREDE CONTRAVENTAMENTO TÍPICOS

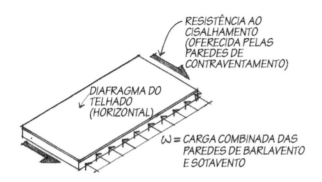

As paredes de contraventamento representam apoios para os diafragmas do telhado com reações resultantes $V$, onde

$$V = \frac{\omega L}{2} (\text{libras})$$

A intensidade da reação de cisalhamento é expressa como o $v$ minúsculo, em que

$$v = \frac{V}{d} (\text{libras/ft})$$

A carga de cisalhamento $V$ é aplicada à borda superior do *shearwall*. O equilíbrio da parede é estabelecido pelo desenvolvimento de uma reação de cisalhamento igual e oposta $V'$ na fundação, acompanhada de um binário de tração ($T$) e compressão ($C$) nas bordas da parede para compensar o momento de tombamento criado por $V$. A tração $T$ é denominada normalmente *força de amarração*.

Por não se poder assumir que o vento aja em uma direção fixa, é exigida outra análise com a pressão do vento aplicada nas paredes de extremidade, perpendiculares à direção da análise anterior. Cada parede é projetada com a espessura do revestimento, tamanho dos pregos e espaçamento necessários para refletir os resultados da análise. Os detalhes desse procedimento de projeto são cobertos com maior profundidade nos cursos subsequentes de estruturas de madeira. Uma excelente análise, com exemplos de paredes de contraventamento em estruturas reais, pode ser encontrada na Internet em http://www.mcvicker.com/vwall/dti.htm.

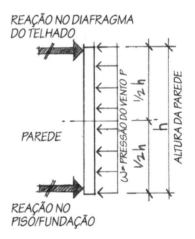

DIAGRAMA DA SEÇÃO DA PAREDE

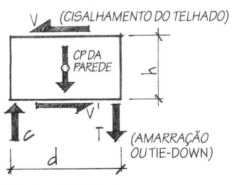

DCL DA PAREDE DE CONTRAVENTAMENTO

**4.10** Exige-se que uma cabine de praia na costa de Washington (velocidade do vento de 100 mph [161 km/h]) resista a uma pressão de vento de 35 psf (1.676 Pa). Admitindo construção com elementos estruturais de madeira, a cabine utiliza um diafragma de telhado e quatro *shearwalls* externos para sua estratégia de resistência lateral.

Desenhe uma vista explodida da edificação e acompanhe o trajeto da carga lateral na direção N-S. Mostre o valor do cisalhamento $V$ e a intensidade do cisalhamento $v$ para o telhado e o *shearwall*. Além disso, determine a força de amarração teórica necessária para estabelecer o equilíbrio do *shearwall*. Observe que o peso próprio da parede pode ser usado para ajudar na estabilização da parede.

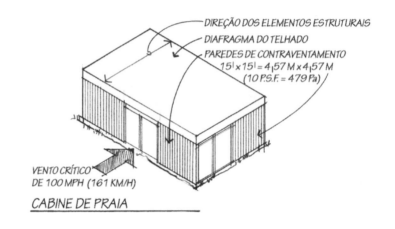

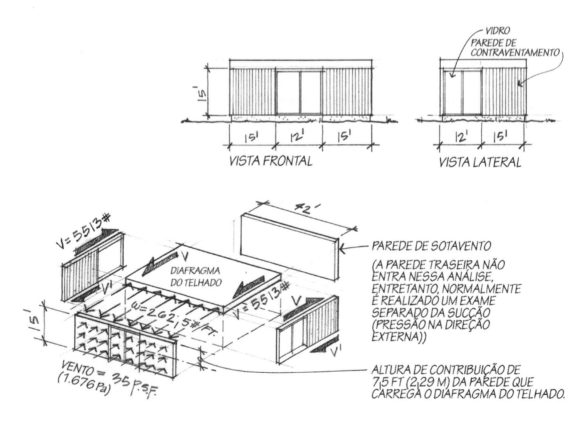

Transferência de Cargas

**Solução:**

$\omega = 35\ \text{psf} \times 7{,}5' = 262{,}5\ \#/\text{ft}$

Examinando o diafragma do telhado como uma viga alta que se estende por 42 pés (13,7 m) no vão entre os *shearwalls*:

$$V = \frac{\omega L}{2} = \frac{262{,}5\ \#/\text{ft}(42')}{2} = 5.513\#$$

Um DCL dos *shearwalls* mostra que se desenvolve um cisalhamento $V'$ na base (fundação) para equilibrar o cisalhamento $V$ no topo da parede. Além do equilíbrio na direção horizontal, deve ser mantido o equilíbrio rotacional pelo desenvolvimento de um binário de forças $T$ e $C$ nas bordas da parte sólida da parede.

$v = V/\text{comprimento do } shearwall = 5.513\#/15' = 368\#/\text{ft}$
(5,37 kN/m).
W = carga permanente da parede
W = 10 psf × 15' × 15' = 2.250# (10,01 kN)

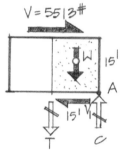

DCL – PAREDE DE
CONTRAVENTAMENTO
(SHEARWALL)

A força de amarração $T$ é determinada escrevendo a equação de equilíbrio de momentos. Somando os momentos em torno do ponto $A$,

$[\Sigma M_A = 0] - V(15') + W(15'/2) + T(15') = 0$
$15T = 5.513\#(15') - 2.250\#(7{,}5')$
$T = \dfrac{(82.695\ \#\text{ft}) - (16.875\ \#\text{-ft})}{15}$
$T = 4.390\#$

## Problemas

**4.8** Determine as forças em cada um dos elementos, incluindo as diagonais efetivas de tração. Admita que a força lateral seja resistida igualmente por cada uma das diagonais de tração.

**4.9** Determine as forças de reação $A$ e $B$ e todas as outras forças nos elementos estruturais. Diferentemente do problema anterior, os elementos de mãos-francesas são capazes de resistir a forças de tração e de compressão. Admita $A_x = B_x$.

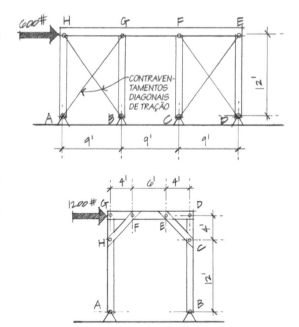

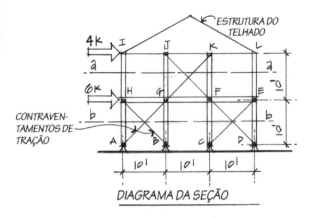

DIAGRAMA DA SEÇÃO

**4.10** Um armazém com dois pavimentos está sujeito a forças laterais conforme a ilustração. Determine as diagonais efetivas de tração e as forças em todos os outros elementos estruturais. Admita que as diagonais efetivas de tração no nível inferior contribuam igualmente para a resistência às forças horizontais.

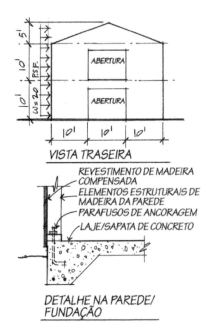

**4.11** Uma estrutura de celeiro está sujeita a velocidades de vento com a pressão equivalente de 20 psf (958 Pa) na projeção vertical (incluindo o telhado).

Analise as forças no diafragma e no *shearwall* admitindo que o vento atinja o celeiro em sua maior dimensão. Use DCLs com vista explodida para acompanhar o trajeto das cargas. Determine a reação de cisalhamento e as forças de amarração na base das paredes.

*Nota: A carga permanente das paredes pode ser usada para ajudar na estabilização contra a rotação em razão dos momentos de tombamento.*

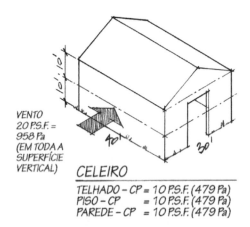

**4.12** Uma pequena garagem utiliza treliças pré-fabricadas e espaçadas de 2 pés e 0 polegada 2′ 0″ (61 cm), de centro a centro. Uma parede da garagem tem uma abertura de 22 pés (6,71 m), emoldurada por uma grande viga laminada e colada. Trace o trajeto das cargas a partir do telhado e determine a carga em cada extremidade da viga. Além disso, determine o tamanho da sapata de concreto que suporta o pilar da viga (admita que a sapata seja quadrada com 10″ (254,0 mm) de espessura).

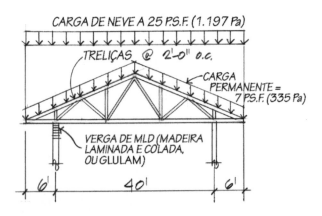

# Resumo

- O caminhamento (ou acompanhamento) das cargas envolve o processo de determinar o carregamento e as reações de apoio dos elementos estruturais individuais à medida que eles são afetados pelo carregamento de outros elementos estruturais. Estruturas simples e determinadas podem ser totalmente analisadas usando DCLs junto com as equações básicas de equilíbrio dos corpos rígidos.

- Cargas distribuídas uniformemente ao longo de uma área de telhado ou de piso são atribuídas a elementos individuais com base no conceito de área de contribuição (quinhão de carga). Admite-se que as áreas de carregamento dos elementos estruturais sejam metade da distância entre os elementos similares adjacentes.

- Todas as estruturas de edificações exigem determinado(s) conjunto(s) de elementos estruturais (sistemas de contraventamento) que fornece(m) a estabilidade lateral necessária para toda a geometria estrutural. Admite-se que as forças de vento e sísmicas em edificações ajam horizontalmente (lateralmente) e devam ser resistidas em combinação com as cargas gravitacionais.

# 5 Resistência dos Materiais

## Introdução

A estática, vista do Capítulo 2 ao Capítulo 4, é basicamente a análise de forças: a determinação das forças internas totais produzidas nos elementos de uma estrutura pelas forças aplicadas externamente. A estática em si não é o projeto de qualquer elemento, mas é a primeira etapa que leva ao projeto estrutural. O objetivo principal de um curso de estudo em resistência (mecânica) dos materiais é o desenvolvimento das relações entre as cargas aplicadas a um corpo que não seja rígido e as forças internas resultantes e as deformações induzidas no corpo. Essas forças internas, juntamente com as forças admissíveis por unidade de área (normalmente expressas no Brasil em Newton por metro quadrado, ou Pascal, e seus múltiplos; nos Estados Unidos elas são expressas normalmente em libras por polegada quadrada, ou psi) são usadas então para determinar o tamanho de um elemento estrutural para resistir satisfatoriamente às cargas aplicadas externamente. Isso constitui a base do projeto estrutural.

Em seu livro *Discorsi e Dimostrazioni Matematiche Intorno a Due Nuove Scienze* (1638), Galileu Galilei (Figura 5.1) fez referência à resistência das vigas e às propriedades dos materiais estruturais. Ele se tornou um dos primeiros estudiosos que promoveu a resistência dos materiais como uma área de estudo.

## 5.1 TENSÃO E DEFORMAÇÃO

Espera-se que o estudo da resistência dos materiais permita ao leitor desenvolver uma lógica racional para a seleção e a pesquisa dos elementos estruturais.

O assunto que será visto do Capítulo 5 ao Capítulo 9 estabelece a metodologia para a solução de três tipos gerais de problemas:

1. **Design** (ou **Dimensionamento**). Dada certa função a realizar (suportar um sistema de cobertura em uma arena de esportes ou os pisos de um edifício comercial de vários andares), de que materiais a estrutura deve ser construída e quais devem ser os tamanhos e as dimensões dos vários elementos? Isso constitui o *design estrutural*, em que frequentemente não há uma única solução para um determinado problema, como havia na estática.
2. **Análise** (ou **Verificação**). Dado o projeto completo, ele é adequado? Isto é, ele realiza a função economicamente e sem deformação excessiva? Qual é a margem de segurança permitida em cada elemento? Isso é conhecido como *análise estrutural*.
3. **Avaliação de Risco**. Dada uma estrutura concluída, qual é sua capacidade real de suporte de carga? A estrutura

*Figura 5.1   Galileu Galilei (1564-1642).*

*Galileu, pressionado por seu pai matemático a estudar medicina, foi mantido propositalmente afastado do estudo da matemática. Entretanto, por uma reviravolta do destino, ele compareceu acidentalmente a uma palestra sobre geometria. Galileu dedicou-se ainda mais ao assunto, que posteriormente o levou aos trabalhos de Arquimedes. Galileu pediu e seu pai atendeu relutantemente, permitindo que ele prosseguisse com o estudo da matemática e da física. A contribuição fundamental de Galileu para a ciência foi sua ênfase sobre a observação direta e a experimentação em vez de uma fé cega na autoridade dos antigos cientistas. Seu talento literário permitiu que escrevesse suas teorias e apresentasse seu método quantitativo de maneira primorosa. Galileu é considerado o fundador da ciência física moderna e suas descobertas e a publicação de seu livro Discorsi e Dimostrazioni Matematiche Intorno a Due Nuove Scienze Attenenti Alla Mecanica & i Movimenti Locali serviu como base para as três leis do movimento propostas por Isaac Newton um século mais tarde.*

*Talvez Galileu seja mais conhecido por suas ideias sobre a queda livre de corpos. Diz a lenda que ele soltou simultaneamente duas balas de canhão, uma 10 vezes mais pesada do que a outra, da Torre Inclinada de Pisa e que ambas foram vistas e ouvidas tocarem o solo ao mesmo tempo. Essa experiência não foi confirmada, mas outras experiências verdadeiramente realizadas por Galileu foram suficientes para despertar dúvidas sobre a física Aristotélica.*

pode ter sido construída para alguma finalidade diferente da que está para ser usada nesse momento. A estrutura e seus elementos são adequados para o novo uso proposto? Isso é conhecido como *problema de avaliação de risco*.

Levando em consideração que o escopo completo desses problemas é obviamente muito amplo para ser coberto em um único texto, este livro se restringirá ao estudo dos elementos isolados e de conjuntos estruturais simples. Posteriormente, livros mais avançados sobre estruturas levarão em consideração a estrutura completa e fornecerão a base essencial para análise e design mais completos.

## Classificação das Cargas Estruturais

As cargas aplicadas a elementos estruturais podem ser de vários tipos e ter várias origens. Suas definições são dadas a seguir, a fim de que a terminologia seja entendida claramente.

### Classificação das cargas em relação ao tempo (Figura 5.2)

1. **Carga estática.** Uma carga aplicada gradualmente para a qual o equilíbrio é alcançado em um tempo relativamente curto. Considera-se que as cargas variáveis ou de ocupação são aplicadas estaticamente.
2. **Carga contínua.** Uma carga que seja constante ao longo de um período de tempo longo, como o peso da estrutura (carga permanente do peso próprio) ou o material e/ou os itens armazenados em um depósito. Esse tipo de carga é tratado da mesma maneira que a carga estática.
3. **Carga de impacto.** Uma carga que seja aplicada rapidamente (uma carga de energia). A vibração normalmente resulta de uma carga de impacto, e o equilíbrio não é estabelecido até a vibração ser eliminada, normalmente por forças naturais de amortecimento.

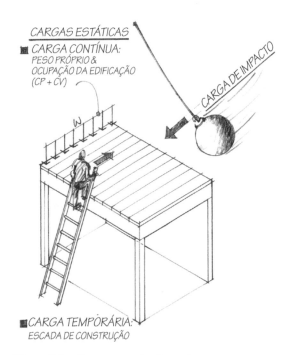

*Figura 5.2   Cargas em relação ao tempo.*

### Classificação das cargas de acordo com a área sobre a qual é aplicada (ver da Figura 3.20 à Figura 3.24)

1. **Carga concentrada.** Uma carga ou uma força que está aplicada em um ponto. Admite-se como carga concentrada qualquer carga que seja aplicada a uma área relativamente pequena comparada com o tamanho do elemento carregado.
2. **Carga distribuída.** Uma carga distribuída ao longo de um comprimento ou de uma área. A distribuição pode ser uniforme ou não uniforme.

### Classificação das cargas de acordo com o local e o método de aplicação

1. **Carga centrada.** Uma carga na qual a carga concentrada resultante passa pelo centro de gravidade (centroide ou centro geométrico) da seção transversal resistente. Se a força concentrada resultante passar através do centro de gravidade de todas as seções resistentes, o carregamento é chamado *axial*. A força $P$ na Figura 5.3 tem uma linha

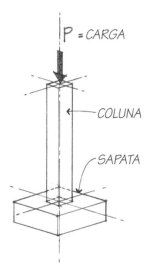

*Figura 5.3   Cargas centradas.*

de ação que passa através do centro de gravidade da coluna, assim como do centro de gravidade da sapata; portanto a carga $P$ é axial.

2. **Carga de flexão ou devida à curvatura.** Aquela em que as cargas são aplicadas transversalmente ao eixo longitudinal do elemento estrutural. A carga aplicada pode incluir binários que estejam contidos em planos paralelos ao eixo do elemento estrutural. Um elemento estrutural sujeito a cargas de flexão apresenta deslocamentos transversais ao longo de seu comprimento. A Figura 5.4 ilustra uma viga sujeita a um carregamento de flexão que consiste em uma carga concentrada, uma carga uniformemente distribuída e um binário (momento).
3. **Carga de torção.** Uma carga que sujeita um elemento estrutural a binários e momentos que torcem o elemento na forma de espiral.
4. **Carregamento combinado.** Uma combinação de dois ou mais tipos de carregamento definidos previamente.

## Conceito de Tensão

*Tensão*, como pressão, é um termo usado para descrever a *intensidade de uma força* – a quantidade de força que age em uma unidade de área. Força, em design estrutural, tem pouco significado até ser conhecido algo a respeito do material resistente, as propriedades da seção transversal e o tamanho do elemento que resiste à força (Figura 5.7).

A força por unidade de área, ou o valor médio da tensão axial, pode ser representado matematicamente como

$$f = \sigma = \frac{P}{A} = \frac{\text{força axial}}{\text{área perpendicular resistente}}$$

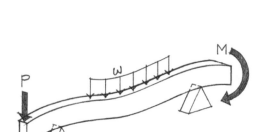

*Figura 5.4   Cargas de flexão em uma viga.*

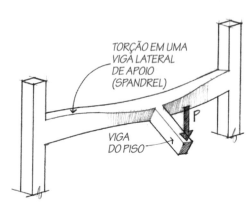

*Figura 5.5   Torção em uma viga externa de piso.*

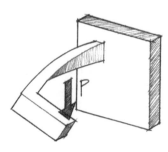

*Figura 5.6   Torção em uma viga em balanço (carregamento excêntrico).*

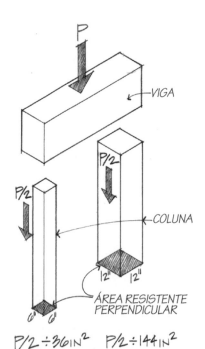

*Figura 5.7   Duas colunas com a mesma carga e tensões diferentes.*

Resistência dos Materiais

em que

$P$ = força ou carga (axial) aplicada; as unidades são expressas como #, kips (k), N ou kN

$A$ = área da seção transversal resistente perpendicular à direção da carga; as unidades são expressas em in², ft², m² ou mm²

$f = \sigma$ (sigma) = o(s) símbolo(s) que representa(m) a força por unidade de área (tensão normal); as unidades são expressas como #/in², k/in², k/ft², pascal (N/m²) ou N/mm²

### Exemplos de Problemas: Tensão

**5.1** Admita duas colunas *curtas* de concreto e que cada uma delas suporte uma carga de compressão com o valor de 300.000# (1334,4 kN). Encontre a tensão.

A coluna 1 tem diâmetro de 10 polegadas (254 mm). } CONCRETO
A coluna 2 tem diâmetro de 25 polegadas (635 mm). } SIMPLES

### Solução:

Provavelmente a Coluna 1 se aproximaria do nível de tensão crítica neste exemplo, ao passo que a Coluna 2, talvez, esteja superdimensionada para uma carga de 300.000# (1334,4 kN).

A inferência no Exemplo de Problema 1 é que cada parte da área suporta uma parcela idêntica de carga (i.e., admite-se que a tensão seja uniforme ao longo de toda a seção transversal). Em estudos elementares de resistência dos materiais, a força por unidade de área em qualquer seção transversal de um elemento estrutural axialmente carregado por duas forças é considerada estar distribuída uniformemente a menos que seja dito explicitamente o contrário.

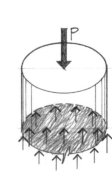

10" diâmetro da coluna.

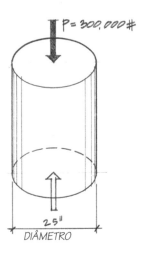

25" diâmetro da coluna.

$$A = \frac{\pi(10^2)}{4} = 78{,}5 \text{ in}^2$$

$$\text{tensão} = \frac{\text{força}}{\text{área resistente}} = \frac{300.000\#}{78{,}5 \text{ in}^2} = 3.820 \ \#/\text{in}$$

$$A = \frac{\pi(25^2)}{4} = 491 \text{ in}^2$$

$$\text{tensão} = \frac{300.000\#}{491 \text{ in}^2} = 611 \ \#/\text{in}^2$$

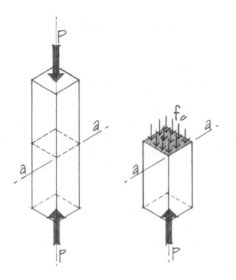

*Figura 5.8  Tensão normal de compressão ao longo da seção a-a.*

## Tensão normal

Uma tensão pode ser classificada de acordo com a reação interna que a produz. De acordo com o que mostram as Figuras 5.8 e 5.9, as forças axiais de tração ou compressão produzem tensões trativas e compressivas, respectivamente. Esse tipo de tensão é classificada como uma *tensão normal*, porque a superfície onde atua a tensão é normal (perpendicular) à direção da carga.

A área submetida a tensões *a-a* é perpendicular ao carregamento.

Na tensão normal de compressão,

$$f_c = \frac{P}{A}$$

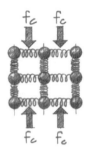

em que

$P$ = carga aplicada
$A$ = superfície resistente normal (perpendicular) a $P$

Na tensão normal de tração,

$$f_t = \frac{P}{A}$$

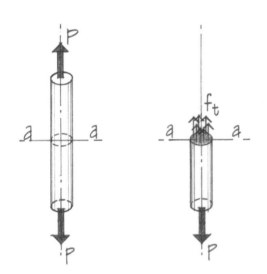

*Figura 5.9  Tensão normal de tração ao longo da seção a-a.*

## Tensão de cisalhamento

A *tensão de cisalhamento*, a segunda classificação de tensão, é causada pela força tangencial na qual a área submetida a tensões é um plano paralelo à direção da carga aplicada. (Da Figura 5.10 à Figura 5.12.) A tensão cisalhante média pode ser representada matematicamente como

$$f_v = \tau = \frac{P}{A} = \frac{\text{força axial}}{\text{área paralela resistente}}$$

em que

$P$ = carga aplicada (# ou k, N ou kN)
$A$ = área da seção transversal paralela à direção da carga (in², m², mm²)
$f_v$ ou $\tau$ = força cisalhante média por unidade de área (psi ou ksi, N/mm²)

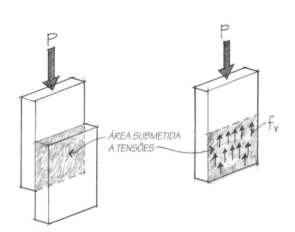

*Figura 5.10  Tensão cisalhante entre dois blocos colados entre si.*

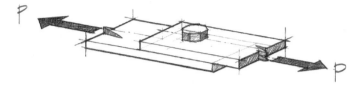

(a) Duas placas aparafusadas por meio de um parafuso.

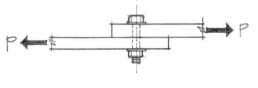

(b) Vista lateral mostrando o parafuso submetido ao corte (cisalhamento).

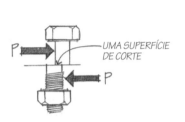

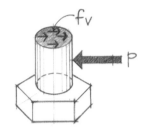

$f_v$ = tensão média de cisalhamento através da seção transversal do parafuso

$A$ = área da seção transversal do parafuso

$$f_v = \frac{P}{A}$$

(c) Forças de cisalhamento (ou corte) agindo no parafuso.

(d) DCL de metade do parafuso.

*Figura 5.11  Uma conexão com parafuso-cisalhamento (corte) simples. DCL da seção média do parafuso em cisalhamento.*

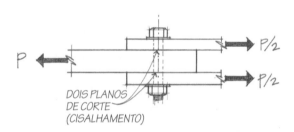

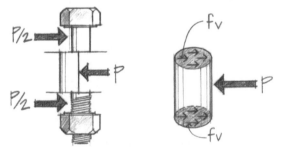

$$f_v = \frac{P}{2A}$$

(dois planos de corte)

Diagrama de corpo livre da seção média do parafuso submetido ao corte.

*Figura 5.12  Uma conexão com parafuso em cisalhamento duplo.*

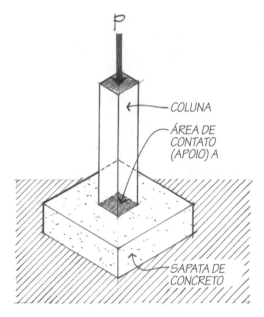

*Figura 5.13 Tensão de suporte (esmagamento) – pilar/sapata/solo.*

## Tensão de suporte (esmagamento)

O terceiro tipo fundamental de tensão, a tensão de esmagamento (Figura 5.13) é na realidade um tipo de tensão normal, mas representa a intensidade da força entre um corpo e outro (i.e., o contato entre a viga e a coluna, a coluna e a sapata, a sapata e o solo). A superfície submetida a tensões é perpendicular à direção da carga aplicada, a mesma da tensão normal. Como as duas tensões anteriores, a tensão de esmagamento média é definida em termos da força por unidade de área

$$f_\text{P} = \frac{P}{A}$$

onde

$f_\text{P}$ = força de esmagamento por unidade de área (psi, ksi ou psf; $N/mm^2$ ou $N/m^2$)

$P$ = carga aplicada (# ou k, N ou kN)

$A$ = área de contato de suporte, ou esmagamento ($in^2$ ou $ft^2$, $mm^2$ ou $m^2$)

Admite-se que tanto a coluna como a sapata sejam elementos estruturais separados e a superfície de apoio seja a área de contato entre eles. Existe também uma superfície de contato entre a sapata e o solo.

Nas três classificações precedentes, a equação básica da tensão pode ser escrita de três maneiras diferentes, dependendo da condição a ser avaliada.

1. $f = P/A$ (Equação básica; usada com a finalidade de análise na qual a carga, o tamanho do elemento estrutural e o material são conhecidos.)
2. $P = f \times A$ (Usada na avaliação ou verificação da capacidade de um elemento estrutural quando o material e o tamanho do elemento são conhecidos.)
3. $A = P/f$ (Versão de projeto ou design da equação de tensão; o tamanho do elemento pode ser determinado se a carga e a capacidade de tensão admissível do material forem conhecidas.)

## Tensão de torção

O quarto tipo de tensão é denominado *tensão de torção* (Figura 5.14). Os elementos sob torção estão sujeitos à ação de empenamento ao longo de seus eixos longitudinais causada por um binário de momento ou por uma carga excêntrica (ver Figuras 5.4 e 5.5). Um dos exemplos mais comuns de um elemento estrutural construtivo sujeito a momentos de torção é uma viga extrema (lateral) de piso. A maioria dos elementos estruturais sujeitos aos efeitos da torção também está submetida a tensões de flexão, cisalhamento, tração e/ou compressão; portanto, é relativamente raro projetar especificamente para torção. Por outro lado, os projetos envolvendo equipamentos e motores com eixos são extremamente sensíveis às tensões resultantes da torção.

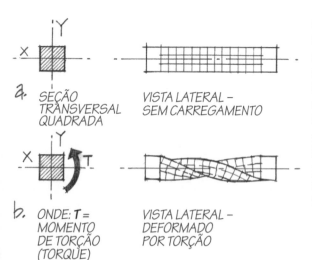

*Figura 5.14 Elemento estrutural sujeito à torção.*

# Exemplos de Problemas: Tensão

**5.2** Um método típico de fixar temporariamente uma viga de aço em uma coluna é usando uma cantoneira com parafusos que passem através do flange da coluna. Dois parafusos com diâmetro de ½" (12,7 mm) são usados para fixar a cantoneira à coluna. Os parafusos devem suportar a carga de uma viga $P = 5\text{ k}$ (22,24 kN) em cisalhamento simples. Determine a tensão média de cisalhamento desenvolvida nos parafusos.

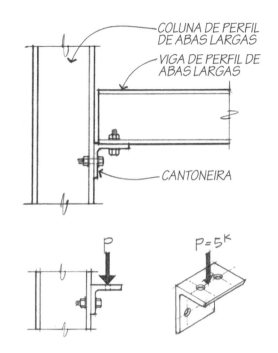

COLUNA DE PERFIL DE ABAS LARGAS
VIGA DE PERFIL DE ABAS LARGAS
CANTONEIRA

**Solução:**

$$f_v = \tau = \frac{P}{A}$$

$$A = 2 \times \frac{\pi D^2}{4} = 2 \times \frac{3{,}14(0{,}5'')^2}{4} = 0{,}393\text{ in}^2$$
↑
(dois parafusos)

$$f_v = \tau = \frac{5\text{ k}}{0{,}393\text{ in}^2} = 12{,}72\text{ ksi}$$

**5.3** Em um suporte típico de piso, um pequeno pilar de madeira tem uma cobertura de um perfil C (canal) para fornecer uma área de suporte maior para as vigotas. As vigotas apresentam 4" × 12" (101,6 × 304,8 mm), corte em bruto. É utilizada a placa base de aço para aumentar a área de apoio na sapata de concreto. A carga transmitida por vigota do piso é 5,0 k (22,24 kN).

Encontre o seguinte:

a. O comprimento mínimo do perfil C exigido para suportar as vigotas se a tensão máxima admissível de esmagamento (suporte) no sentido perpendicular às fibras for de 400 psi (2.758 kPa).
b. O tamanho mínimo do pilar exigido para suportar a carga se a tensão máxima permitida de compressão paralela às fibras for de 1.200 psi (8.274 kPa).
c. O tamanho da placa base exigida se a tensão de suporte (esmagamento) admitida no concreto for de 450 psi (3.103 kPa).
d. O tamanho da sapata se a tensão admitida no solo for de $f_p = 2.000\text{ psf}$ (95,8 kPa).

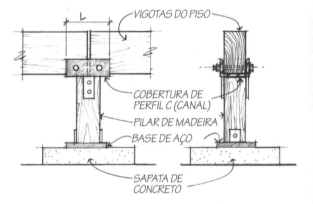

VIGOTAS DO PISO
COBERTURA DE PERFIL C (CANAL)
PILAR DE MADEIRA
BASE DE AÇO
SAPATA DE CONCRETO

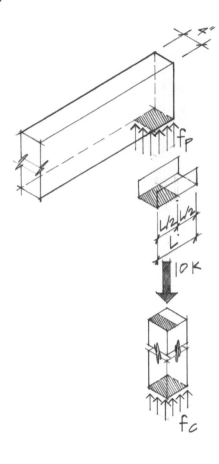

**Solução:**

a. $f_p = \dfrac{P}{A}$    Exame de uma vigota; $P = 5.000\#$

$f_{\text{admissível}} = 400\ \#/\text{in}^2$

$A = \dfrac{P}{f} = \dfrac{5.000\#}{400\ \#/\text{in}^2} = 12{,}5\ \text{in}^2$

$A = 4'' \times L/2$

$4'' \times L/2 = 12{,}5\ \text{in}^2$

$\therefore L = 6{,}25\ \text{in}$

b. $f_c = \dfrac{P}{A}$;    $P = 2 \times 5{,}0\ \text{k} = 10\ \text{k}$

$f_{\text{admissível}} = 1.200\ \#/\text{in}^2$

$A_{\text{exigida}} = \dfrac{P}{f} = \dfrac{10.000\#}{1.200\ \#/\text{in}^2} = 8{,}33\ \text{in}^2, L = \sqrt{A}$

O tamanho mínimo exigido para o pilar quadrado de concreto é $2{,}89'' \times 2{,}89''$ ($73{,}4 \times 73{,}4$ mm).

Na prática, usar no mínimo um pilar de $4'' \times 4''$ ($101{,}6 \times 101{,}6$ mm).

c. $A_{\text{exigida}} = \dfrac{P}{f} = \dfrac{10.000\#}{450\ \#/\text{in}^2} = 22{,}2\ \text{in}^2$

Placa base mínima = quadrada com lado de $4{,}72''$ (120 mm)

Usar uma placa quadrada com $5'' \times 5''$ ($127 \times 127$ mm) no mínimo.

d. $A_{\text{exigida}} = \dfrac{P}{f} = \dfrac{10.000\#}{2.000\ \#/\text{ft}^2} = 5\ \text{ft}^2;\ x = 2{,}24'$

Usar um tamanho de sapata de $2' - 3'' \times 2' - 3''$.

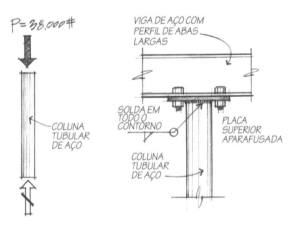

**5.4** Um trecho de um tubo padrão de aço é usado como uma coluna estrutural (pilar) e suporta uma carga axial de 38.000# (169,02 kN). Se a carga admissível por unidade de área na coluna for de 12.000 psi (82740 kPa), que tamanho deve ter o tubo a ser utilizado?

**Solução:**

$F_{\text{admissível}} = 12.000\ \#/\text{in}^2$

$f_c \dfrac{P}{A}$;   $A_{\text{exigida}} = \dfrac{P}{f} = \dfrac{38.000\#}{12.000\ \#/\text{in}^2} = 3{,}17\ \text{in}^2$

Ver a Tabela A.5 no Apêndice.

Usar um tubo de pesos padronizados com $4''$ (101,6 mm) de diâmetro. (Área = 3,17 in² = 20,45 cm²)

Resistência dos Materiais

**5.5** Uma treliça de telhado de madeira está sujeita às cargas mostradas na figura. Em consequência do fato de os comprimentos das peças de madeira serem relativamente restritivos, torna-se necessário construir uma emenda colada (tala de junção) no banzo (barra) inferior. Admitindo que as barras e a tala de junção tenham 6"(152,4 mm) de altura e a cola tenha uma capacidade de 25#/in² = 172,4 kPa (com um grande coeficiente de segurança), determine o comprimento exigido L da tala de junção.

$P = 2.000\#$ (8896 N) na tala

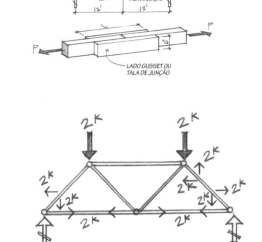

**Solução:**

$$f_v = \tau = \frac{P}{A};$$

$$A_{\text{exigida}} = \frac{P}{f_{\text{admissível}}} = \frac{2.000\#}{25\ \#/\text{in}^2} = 80\ \text{in}^2$$

Cada lado da tala de junção fornece metade da resistência.

$$\therefore A_{\text{exigida}} = 40\ \text{in}^2\ (\text{por lado da tala})$$

$$A = 6'' \times \frac{L}{2} = 3L$$

$$L = \frac{A}{3} = \frac{40\ \text{in}^2}{3\ \text{in}} = 13{,}3\ \text{in}$$

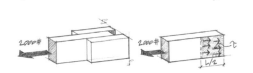

**5.6** A figura mostrada é uma conexão no nó inferior de uma treliça simples. Se a reação for de 10.000# (44480 N) e as barras tiverem seção de 8" × 10" (203,2 × 254 mm), determine a tensão de cisalhamento desenvolvida no plano horizontal *a-b-c*.

**Solução:**

$$\left[\Sigma F_y = 0\right] - P_{1y} + 10.000 = 0$$
$$P_{1y} = 10.000\#$$

$$P_1 = \frac{P_{1y}}{\text{sen}\ 30°} = \frac{10.000\#}{0{,}5} = 20.000\#$$

$$P_{1x} = P_1 \cos 30° = 20\ \text{k}\ (0{,}866)$$
$$= 17{,}32\ \text{k}\ (\text{esforço horizontal})$$

$$f_v = \tau = \frac{P_{1x}}{A} = \frac{17.320\#}{8'' \times 10''} = 216{,}5\ \#/\text{in}^2$$

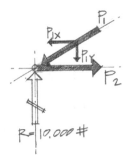

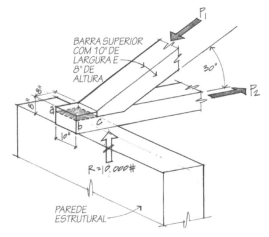

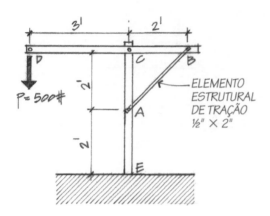

## Problemas

**5.1** Determine a tensão de tração desenvolvida em um elemento estrutural $AB$ devida a uma carga de $P = 500\#$ (2.224 N) em $D$. O elemento estrutural $AB$ tem ½" (12,7 mm) de espessura e 2" (50,8 mm) de largura.

**5.2** A marquise de um hotel de $10' \times 20'$ ($3{,}04 \times 6{,}10$ m) está suspensa por duas hastes inclinadas com um ângulo de 30°. A carga permanente e a carga de neve na marquise chegam a 100 psf (4,79 kPa). Determine as dimensões das duas hastes de aço A36 que tem uma tensão admissível à tração:

$F_t = 22.000$ psi (151,7 MPa)(tensão admissível).

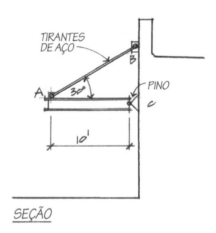

**5.3** Uma pequena coluna de aço suporta uma carga axial de compressão de 120.000# (533,8 kN) e está soldada a uma placa base de aço que repousa sobre uma sapata de concreto.

a. Selecione a seção W8 (perfil de abas largas) mais leve que pode ser usada se a carga máxima por unidade de área não deve ser maior do que 13.500 psi (93,08 MPa).
b. Determine o tamanho da placa base (quadrada) exigida se a tensão admissível de suporte (esmagamento) no concreto for de 450 psi (3.103 kPa).
c. Calcule o tamanho exigido da sapata (quadrada) se a pressão admissível no solo for igual a 3.000 psf (143,6 kPa).

Não considere o peso da coluna, da placa base e da sapata.

**5.4** Admitindo que o peso específico da alvenaria seja 120#/ft³ (18,85 kN/m³), determine a altura máxima de uma parede de tijolos se a tensão admissível de compressão estiver limitada a 150#/in² (1034 kPa) e o tijolo tiver (a) quatro polegadas de largura (101,6 mm) e (b) seis polegadas de largura (152,4 mm).

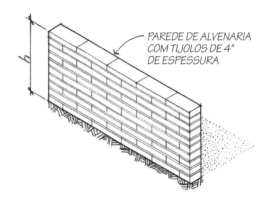

**5.5** A figura correspondente mostra parte de um tipo comum de treliça de telhado, construída principalmente de peças de madeira e hastes de aço. Determine:

a. A tensão admissível média de compressão na barra diagonal de 8" × 8" (203,2 × 203,2 mm) se a carga for de 20 k (88,96 kN).
b. A tensão de tração na haste rosqueada de aço, com $\frac{3}{4}$ (19,05 mm) de diâmetro, se a carga que agir sobre ela for de 4 k (17,79 kN).
c. A tensão de suporte (esmagamento) entre a peça de madeira e a arruela quadrada de aço de 4" × 4" (101,6 × 101,6 mm) se seu furo tiver $\frac{7}{8}$" (22,23 mm) de diâmetro.
d. A tensão de suporte (esmagamento) entre a coluna da parede de tijolos e a peça de madeira de 8" × 10" (203,2 × 254 mm) se a carga na coluna for de 15 k (66,72 kN).
e. O comprimento L exigido para evitar o cisalhamento da parte tracejada do elemento estrutural de 8" × 10" (203,2 × 254 mm) devido ao esforço horizontal de 16 k (71,16 kN) na peça (sapata) de aço. A tensão admissível é $F_v = 120$ psi (827,4 kPa).

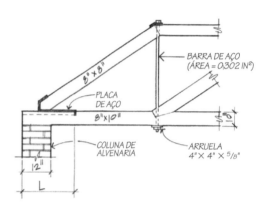

**5.6** Os tensores mostrados no diagrama são apertados até que a peça comprimida BD exerça uma força de 10.000# (44,48 kN) na viga em B. A peça BD é um eixo oco com diâmetro interno de 1 polegada (25,4 mm) e diâmetro externo de 2 polegadas (50,8 mm). Cada uma das hastes AD e CD apresenta área de seção transversal de 1,0 in² (645,2 mm²). O pino C tem diâmetro de 0,75 polegada (19,05 mm). Determine:

a. A tensão axial em BD.
b. A tensão axial em CD.
c. A tensão de cisalhamento no pino em C.

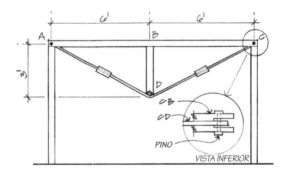

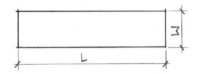

*(a) Pedaço de borracha – sem carregamento.*

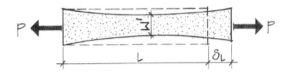

*(b) Pedaço de borracha – submetido ao carregamento.*

*Figura 5.15  Deformação de uma tira de borracha.*

## Deformação e Deformação Específica

A maioria dos materiais de construção se deforma sob a ação de cargas. Quando o tamanho ou o formato de um corpo for alterado, a variação em qualquer direção é denominada *deformação* e o símbolo correspondente é $\delta$ (delta). *Deformação específica*, que é dada pelo símbolo $\varepsilon$ (épsilon) ou $\gamma$ (gama), é definida como a deformação por unidade de comprimento. A deformação ou a deformação específica podem ser o resultado de uma variação de temperatura ou de tensões.

Verifique um pedaço de borracha sendo esticado:

$L$ = Comprimento original
$W$ = Largura original
$W'$ = Nova largura
$\delta_L$ = Variação longitudinal de comprimento (deformação)
$W - W' = \delta_t$ = Variação transversal de comprimento

Na Figura 5.15, a borracha tende a se alongar na direção da carga aplicada com uma deformação resultante $\delta$; correspondentemente, acontece uma contração da largura. Esse comportamento de deformação é típico da maioria dos materiais, porque todos os sólidos se deformam de alguma maneira sob a ação de cargas aplicadas. Não existem "corpos rígidos" de verdade em design (projeto) estrutural.

A deformação específica resultante de uma variação de tensão é definida matematicamente como

$$\varepsilon = \frac{\delta}{L}$$

em que

$\varepsilon$ = deformação por unidade de comprimento (in/in ou mm/mm)
$\delta$ = deformação total (in ou mm)
$L$ = comprimento original (in ou mm)

Os elementos estruturais sujeitos a tensão de cisalhamento sofrem uma deformação que resulta de uma variação de formato.

Em vez de um alongamento ou de um encurtamento, a tensão cisalhante causa uma deformação angular no corpo. O quadrado mostrado na Figura 5.16 torna-se um paralelogramo quando estiver submetido a tensões cisalhantes. A deformação específica de cisalhamento, representada por $\gamma$, é

$$\gamma = \frac{\delta_s}{L} = \tan \phi \cong \phi$$

Quando o ângulo $\phi$ for pequeno, $\tan \phi = \phi$, em que $\phi$ é o ângulo expresso em radianos.

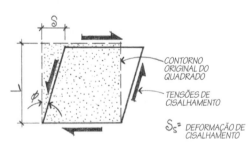

*Figura 5.16  Deformação de cisalhamento.*

# Exemplos de Problemas: Deformação e Deformação Específica

**5.7** Um corpo de prova cilíndrico de concreto é carregado com P = 100 k (445 kN) e o encurtamento resultante é de 0,036 polegada (0,91 mm). Determine a deformação por unidade de comprimento desenvolvida no concreto.

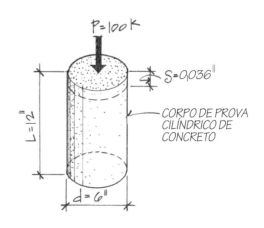

**Solução:**

$$\varepsilon = \frac{\delta}{L} = \frac{0,036''}{12''} = 0,003 \text{ in/in}$$

Observe que o valor da deformação por unidade de comprimento é obtido dividindo um comprimento por um comprimento. O resultado é simplesmente uma relação ou uma taxa (adimensional).

**5.8** Um tirante de treliça tem as dimensões mostradas. Sob carregamento, encontra-se que ocorre um alongamento de 0,400 polegada (10,16 mm) em cada dispositivo de tirante. Se a deformação por unidade de comprimento for igual a 0,0026, qual será a deformação por unidade de comprimento nos dois olhais das extremidades?

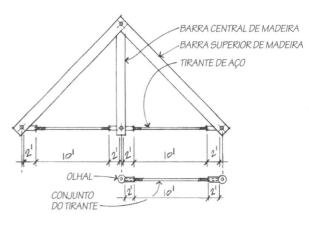

$$\varepsilon = \frac{\delta_{tirante}}{L}; \delta_{tirante} = \varepsilon L = 0,0026 \times 120'' = 0,312''$$

Total $\delta = 0,400'' - 0,312'' = 0,088''$

$$\varepsilon = \frac{\delta_e}{L} = \frac{0,088''}{48''} = 0,00183$$

($L = 2'$ em cada extremidade $= 4' = 48''$)

**5.9** O ponto médio C de um cabo se desloca para C' quando um peso W for suspenso em sua posição. Encontre a deformação específica do cabo.

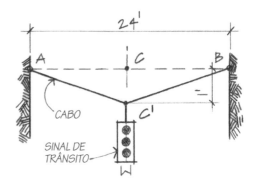

**Solução:**

$$\varepsilon = \frac{\delta}{L}$$

$\delta$ = Deformação = Variação de comprimento do cabo
$L$ = Comprimento original do cabo ou ½ cabo
$BC$ = Comprimento antigo (antes do carregamento)
$BC'$ = Novo comprimento (depois do carregamento)

$$\therefore \delta = BC - BC'$$
$$= \sqrt{12^2 + 1^2} - 12'$$
$$= 12,04' - 12' = 0,04' = 0,48''$$

$$\varepsilon = \frac{0,48''}{12 \times 12} = 0,0033 \text{ in/in ou deixe adimensional}$$

## Problemas

**5.7** Durante o teste de um corpo de prova em um equipamento de teste de tração verifica-se que o corpo de prova se alongou 0,0024 polegada (0,061 mm) entre duas marcas de referência que estavam inicialmente a uma distância de 2 polegadas (50,8 mm). Calcule a deformação específica.

**5.8** Uma coluna de concreto armado tem 12 pés (3,65 m) de comprimento e, ao ser submetida a um carregamento, encurta $\frac{1}{8}''$ (0,00318 m = 3,18 mm). Determine a sua deformação média por unidade de comprimento.

**5.9** Um corpo de prova cilíndrico de concreto com 8" (203,2 mm) de altura e 4" (101,6 mm) de diâmetro está sujeito a uma carga de compressão que resulta em uma deformação específica de 0,003 polegada/polegada (0,003 mm/mm). Determine o encurtamento que ocorre em consequência desse carregamento.

**5.10** Um cabo de aço com 500 pés (152,4 m) de comprimento está tracionado e registra uma deformação média por unidade de comprimento igual a 0,005. Determine o alongamento total devido a esse carregamento.

## 5.2 ELASTICIDADE, RESISTÊNCIA E DEFORMAÇÃO

### Relação Entre Tensão e Deformação Específica

Uma imensa variedade de materiais é usada atualmente em estruturas arquitetônicas: pedras, tijolos, concreto, aço, madeira, alumínio, plástico etc. Todos apresentam propriedades essenciais que as tornam aplicáveis a uma determinada finalidade em uma estrutura. O critério para seleção, em um nível muito básico, é a capacidade do material de suportar as forças sem deformações excessivas ou falhas estruturais reais.

Uma grande consideração em qualquer design estrutural é a deflexão (deslocamento transversal ou deformação). A deformação em estruturas não pode aumentar indefinidamente, e deve desaparecer depois de a carga aplicada ser removida. *Elasticidade* é a propriedade de um material em que as deformações desaparecem com o desaparecimento da carga (Figura 5.17).

Todos os materiais estruturais são elásticos de alguma maneira. Quando as cargas são aplicadas e acontecem as deformações, elas desaparecerão quando a carga for removida, contanto que um determinado limite não seja superado. Esse limite é denominado *limite de elasticidade*. Dentro do limite elástico não acontecem deformações permanentes em consequência da aplicação e da remoção da carga. Entretanto, se esse limite de carregamento for superado, ocorre uma deformação permanente. O comportamento do material é então denominado *plástico* ou *inelástico*.

Em alguns materiais, quando o limite de elasticidade for superado, as ligações moleculares no interior do material são incapazes de serem refeitas, causando assim rachaduras ou separação do material. Tais materiais são denominados *frágeis*. Ferro fundido, aço com alto teor de carbono e cerâmicas são considerados frágeis; aço com baixo teor de carbono, alumínio, cobre e ouro exibem propriedades de *ductibilidade* (ou *ductilidade*), que é uma medida de *plasticidade*.

Os materiais nos quais as ligações moleculares são refeitas depois de o limite de elasticidade ter sido superado apresentarão deformações permanentes; entretanto, o material ainda permanece unificado sem qualquer perda significativa de resistência. Esse tipo de comportamento do material é denominado *dúctil*.

Os materiais dúcteis fornecem um aviso de falha iminente. Os materiais frágeis, não.

Uma das descobertas mais importantes da ciência da mecânica dos materiais foi, sem dúvida alguma, a relativa ao caráter elástico dos materiais. Essa descoberta, feita em 1678 por Robert Hooke, um cientista inglês, relaciona matematicamente tensão com deformação específica. O relacionamento, conhecido como Lei de Hooke, declara que em materiais elásticos a tensão e a deformação específica são proporcionais. Hooke observou experimentalmente esse relacionamento entre tensão e deformação específica carregando vários materiais com forças de tração e medindo posteriormente as deformações subsequentes. Embora as técnicas e os equipamentos de teste do experimento inicial de Hooke tenham melhorado, o relacionamento entre tensão e deformação específica e a determinação das propriedades elásticas e plásticas dos materiais ainda usam o conceito básico de Hooke.

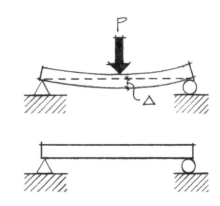

*(a) Comportamento elástico.*

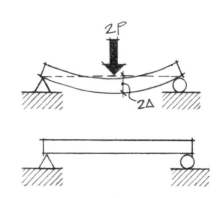

*(b) Comportamento linearmente elástico.*

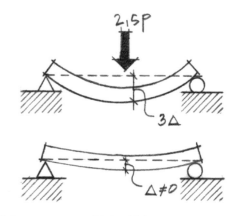

*(c) Comportamento plástico (deformação permanente).*

*Figura 5.17 Exemplos de comportamento elástico e plástico.*

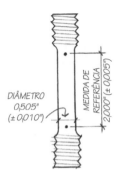

*(a) Antes do carregamento.*

*(b) Com níveis altos de tensão.*

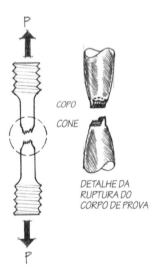

*(c) Na ruptura – observe a seção transversal reduzida.*

*Figura 5.19   Corpos de prova de aço – original, durante o carregamento e na ruptura.*

Atualmente são empregados equipamentos universais de ensaios, similares ao mostrado na Figura 5.18, para aplicar cargas precisas a velocidades também precisas em corpos de prova padronizados de tração e compressão (Figura 5.19). O ensaio de tração é o ensaio mais comum aplicado aos materiais. Vários dispositivos para medir e registrar deformação específica ou variações de comprimento podem ser conectados ao corpo de prova a fim de que sejam obtidos os dados para a representação de diagramas de tensão-deformação específica (ou curvas de carregamento-deformação).

As curvas de tensão-deformação específica obtidas de ensaios de tração ou compressão realizados em vários materiais revelam vários padrões característicos (Figura 5.20). Aços dúcteis laminados, como os aços estruturais comuns com baixo teor de carbono, se alongam consideravelmente depois de seguir uma linha reta de variação de tensão e deformação específica. Para os aços com ligas de quantidades crescentes de carbono e outros materiais que conferem variação da resistência, como cromo, níquel, silício, manganês e assim por diante, a tendência de produzir tal ponto intermediário de alongamento se torna cada vez mais remota. As curvas tensão-deformação específica para aços com alta liga são geralmente retas até um ponto a uma distância muito pequena do ponto de ruptura.

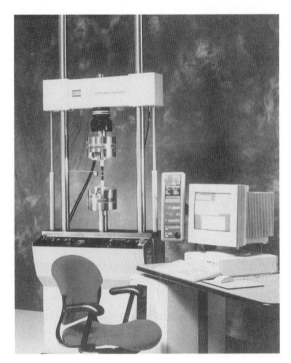

*Figura 5.18   Equipamento universal de ensaio. A foto é cortesia da MTS Systems Corporation.*

As curvas tensão-deformação específica obtidas para materiais como ferro fundido, bronze, concreto, madeira e assim por diante, que frequentemente são curvas ao longo da maioria de sua extensão, contrastam com tal linha reta.

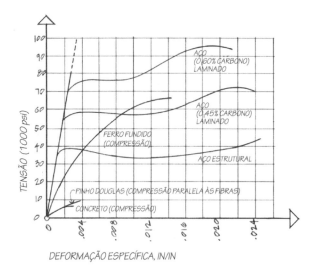

*Figura 5.20  Diagrama tensão-deformação específica de vários materiais.*

A curva tensão-deformação específica para aço com baixo teor de carbono (menos que 0,30% de carbono) (Figura 5.21) formará a base para as próximas observações a respeito dos vários valores comuns de resistência. Esse diagrama representa a deformação específica ao longo do eixo das abscissas e a tensão ao longo do eixo das ordenadas. A tensão é definida como a carga em libras ou kips dividida pela área da seção transversal original do corpo de prova.

À medida que o ensaio prosseguir com a aplicação de cargas maiores a uma velocidade especificada, a área real do corpo de prova diminuirá. Com tensões elevadas, essa redução de área se torna significativa.

A tensão baseada na área inicial não é a *tensão real*, mas é usada geralmente (e é chamada *tensão nominal*). A tensão calculada nos elementos estruturais que suportam cargas baseia-se quase universalmente nessa área original. A deformação específica usada

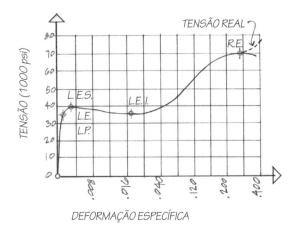

*Figura 5.21  Diagrama tensão-deformação específica para aço estrutural com baixo teor de carbono.*

é o alongamento de uma unidade de comprimento do corpo de prova medido em um comprimento calibrado (entre duas marcas de referência) de duas polegadas (50,8 mm).

Usando uma escala exagerada nos dados de tensão-deformação específica para o aço doce, conforme ilustra a Figura 5.22, os pontos importantes da curva são definidos da seguinte maneira:

1. **Limite de proporcionalidade.** O *limite de proporcionalidade* é a tensão além da qual a relação entre tensão e deformação específica não permanece mais constante. É a maior tensão que um material é capaz de desenvolver sem se afastar da Lei de Hooke de proporcionalidade entre tensão-deformação específica.

2. **Limite de elasticidade.** Localizado muito próximo ao limite de proporcionalidade, ainda que tenha um significado inteiramente diferente, está o *limite de elasticidade*. O limite de elasticidade é a carga máxima por unidade de comprimento que pode ser desenvolvida em um material sem causar um efeito (deformação) permanente. Um corpo de prova com tensão até um valor abaixo do limite de elasticidade assumirá suas dimensões originais quando a carga for removida. Se a tensão exceder seu limite de elasticidade, o corpo de prova se deformará plasticamente e não mais conservará suas dimensões originais ao ser descarregado. Diz-se então ter causado um *efeito* (ou *deformação*) *permanente*.

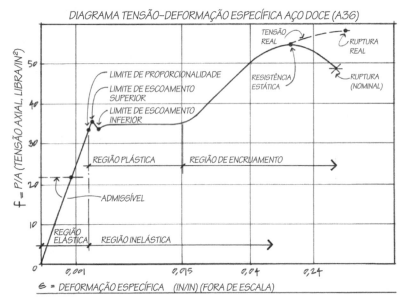

*Figura 5.22 Diagrama tensão-deformação específica para o aço doce (A36) com os pontos importantes destacados.*

3. **Limite de escoamento.** Quando a carga no corpo de prova for levada além do limite de elasticidade, é alcançado um nível de tensão no qual o material continua a se alongar sem um aumento de carga. Esse ponto, chamado *limite de escoamento*, é definido como a tensão na qual ocorre um nítido aumento de deformação específica sem um aumento correspondente da tensão aplicada. Depois de ser alcançado o escoamento inicial (ponto de escoamento superior), a deformação resistente

às forças diminui em face do escoamento do material. O valor da tensão depois do escoamento inicial (o ponto de escoamento inferior) é adotado normalmente como a verdadeira característica do material a ser usada como base para a determinação da tensão admissível (com a finalidade de design ou projeto).

Muitos materiais não exibem pontos de escoamento bem-definidos, e a resistência no escoamento é definida como a tensão na qual o material apresenta um valor limite especificado de deformação permanente. O valor (diferença ou *offset*) especificado usado mais frequentemente é 0,2%, que corresponde a uma deformação específica de 0,002 in/in (0,002 mm/mm) (Figura 5.23).

Quando um corpo de prova for submetido a tensões que estejam além da correspondente ao seu limite de elasticidade e depois disso a carga for removida, um gráfico dos dados mostra que durante o estágio de redução da carga, a curva tensão-deformação específica é paralela à parte inicial da curva. A interseção com o eixo horizontal $x$ corresponde à deformação permanente. Tal ciclo de carga não danifica necessariamente um material, mesmo que a tensão imposta exceda seu limite de elasticidade. A *ductilidade* pode ser reduzida, mas geralmente a *dureza* (capacidade de um material de resistir a arranhões) e a tensão do limite de elasticidade do material aumentarão.

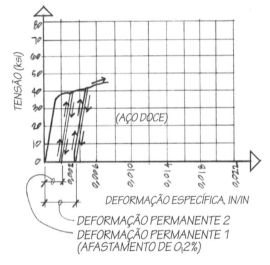

*Figura 5.23  Diagrama tensão-deformação específica mostrando a deformação permanente.*

4. **Resistência estática.** A *resistência estática* de um material é definida como a tensão obtida dividindo a carga máxima alcançada antes da fratura do corpo de prova pela área da seção transversal original. A resistência estática (chamada frequentemente *limite de resistência* ou *resistência última*) do material é usada algumas vezes como base para o estabelecimento das tensões de projeto admissíveis para um material.

5. **Tensão de ruptura** (*tensão de fratura*). Em um material dúctil, normalmente a ruptura não ocorre na carga máxima por unidade de área. Depois de a carga máxima por unidade de área ter sido alcançada, geralmente

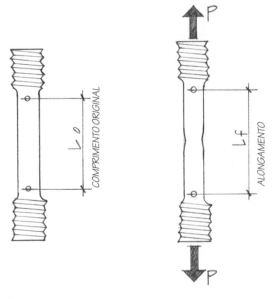

*(a) Sem carregamento.*  *(b) Sob carregamento.*

*Figura 5.24 Alongamento do corpo de prova em consequência do carregamento.*

o material sofre um "estrangulamento", conforme mostra a Figura 5.24(b), e seu alongamento rapidamente crescente será acompanhado por uma diminuição de carga. Essa diminuição se torna mais rápida à medida que o ponto de ruptura se aproxima. A *tensão de ruptura*, obtida dividindo a carga na ruptura pela área original (ruptura nominal) tem pouco ou nenhum valor para o design do projeto. Uma avaliação mais correta da variação de tensão após a obtenção da carga por unidade de área correspondente à resistência estática é obtida dividindo as cargas pelas áreas simultaneamente decrescentes que são observadas (tensão real de ruptura).

6. **Alongamento.** O *alongamento* (Figura 5.24) é uma medida da capacidade do material de sofrer deformação sem ruptura. O *alongamento percentual de ruptura*, definido pela equação a seguir, é uma medida da ductilidade do material. A ductilidade é uma propriedade desejável e necessária, e um elemento estrutural deve tê-la para evitar a falha estrutural em razão do excesso localizado de tensões.

$$\left(\frac{L_f - L_o}{L_o}\right) \times 100\% = \% \text{ de alongamento}$$

em que

$L_o$ = comprimento original do corpo de prova
$L_f$ = comprimento do corpo de prova na ruptura (fratura)

7. **Redução da área.** Quando for aumentada a carga sobre o material submetido ao ensaio, a área original da seção transversal diminui até atingir um valor mínimo no instante da ruptura. É comum exprimir essa redução de área como a razão (ou uma porcentagem) da variação da área em relação à área original da seção transversal do corpo de prova. (Ver Figura 5.24.)

redução percentual (%) de área (ou estricção) =

$$\left(\frac{A_o - A_f}{A_o}\right) \times 100\%$$

em que

$A_f$ = área reduzida por ocasião da ruptura (fratura)
$A_o$ = área original da seção transversal

O corpo de prova rompido exibe uma diminuição local do diâmetro conhecido como *estrangulamento* da região onde acontece a ruptura. É muito difícil determinar o início do estrangulamento e diferenciá-lo da redução uniforme de diâmetro do corpo de prova. A falha estrutural (ruptura) em um corpo de prova de aço estrutural inicia quando o material tiver a área da seção transversal suficientemente reduzida e as ligações moleculares dentro do material começarem a se desfazer. Posteriormente, a resistência estática (resistência última) do material é alcançada e a separação real do material tem início, com a falha estrutural ocorrendo na periferia do corpo de prova com ângulos de 45°. A seguir, acontece a separação completa na parte central na qual o plano de ruptura é normal à direção da força de tração.

A contração percentual de ruptura (também denominada redução percentual de área) pode ser usada como uma medida de ductilidade. Os materiais frágeis apresentam quase nenhuma redução de área, ao passo que os materiais dúcteis apresentam uma grande redução percentual de área (contração percentual de ruptura).

A Tabela 5.1 mostra os valores médios de resistência para os materiais usados em engenharia.

*Tabela 5.1  Valores médios de resistência para materiais selecionados comuns em engenharia*

| Materiais | Limite de Escoamento ou Limite de Proporcionalidade (ksi) ||| Resistência Estática (ksi) ||| Módulo de Elasticidade Longitudinal (ksi) ||
|---|---|---|---|---|---|---|---|---|
| | Tração | Compressão | Cisalhamento | Tração | Compressão | Cisalhamento | Tração ou Compressão | Cisalhamento |
| **Aço:** | | | | | | | | |
| A-36 Estrutural | 36 | 36 | 22 | 58 | | 40 | 29.000 | 12.000 |
| A572 Grau 50* (também A992) | 50 | 50 | 30 | 65 | | 45 | 30.000 | 12.000 |
| **Ferro:** | | | | | | | | |
| Maleável | 25 | 25 | 12 | 50 | | 40 | 24.000 | 11.000 |
| Forjado | 30 | 30 | 18 | 58 | | 38 | 25.000 | 10.000 |
| **Liga de Alumínio:** | | | | | | | | |
| 6061-T6 Laminado/ extrudado | 35 | 35 | 20 | 38 | | 24 | 10.000 | 3.800 |
| 6063-T6 Tubos extrudados | 25 | 25 | 14 | 30 | | 19 | 10.000 | 3.800 |
| **Outros Metais:** | | | | | | | | |
| Latão: 70% Cobre, 30% Zinco | 25 | | 15 | 55 | | 48 | 14.000 | 6.000 |
| Bronze, fundido tratado a quente | 55 | | 37 | 75 | | 56 | 12.000 | 5.000 |
| **Madeira, Seca ao Ar:** | | | | | | | | |
| Pinho Amarelo | | 6,2 | | | 8,4 | 1,0 | 1.600 | |
| Abeto Douglas (Douglas Fir) | | 5,4 | | | 6,8 | 0,8 | 1.600 | |
| Espruce (spruce) | | 4,0 | | | 5,0 | 0,75 | 1.200 | |
| **Concreto:** | | | | | | | | |
| Concreto: traço 1:2:4, 28 dias | | | | | 3,0 | | 3.000 | |

*Com requisitos especiais de acordo do *AISC Technical Bulletin #3*.

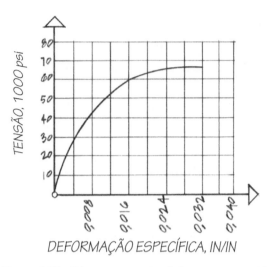

*Figura 5.25 Diagrama tensão-deformação específica para o ferro fundido (ensaio de compressão).*

## 5.3 OUTRAS PROPRIEDADES DOS MATERIAIS

### Ensaios de Compressão

O ensaio de compressão é usado principalmente para testar materiais frágeis, como ferro fundido e concreto (Figura 5.25). O equipamento universal de ensaio é usado com essa finalidade, e os dados são obtidos de maneira similar ao que já foi visto para o ensaio de tração. Os resultados do ensaio de compressão definem geralmente uma região elástica, um limite de proporcionalidade e um limite de escoamento. No ensaio de compressão, a área da seção transversal do corpo de prova se amplia com o aumento da carga, o que produz uma curva tensão-deformação específica continuamente crescente.

### Deformação Lenta (Creep)

A deformação que a maioria dos materiais estruturais sofre quando submetidos a tensões que chegam ao valor de seu limite de elasticidade à temperatura ambiente é uma deformação completa e não aumentará independentemente de por quanto tempo a tensão for aplicada. A temperaturas mais altas, entretanto, os mesmos materiais revelarão uma deformação contínua ou uma deformação lenta que, se tiver permissão para continuar a acontecer, levará posteriormente a deslocamentos excessivos ou à ruptura (Figura 5.26).

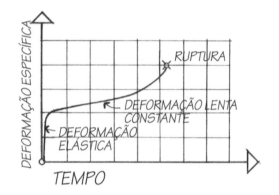

*Figura 5.26 Deformação específica em relação ao tempo (deformação lenta).*

### Fadiga (Cargas Repetidas ou Tensão Cíclica)

Os elementos estruturais sujeitos a condições repetidas de carregamento ou descarregamento, ou a inversões constantes no sentido das tensões, atingirão a ruptura com uma tensão consideravelmente menor do que o valor da resistência estática (resistência última) obtida em um ensaio de tração simples. As falhas estruturais que ocorrem em consequência desse tipo de carregamento repetido são conhecidas como falhas devidas à *fadiga*.

Uma teoria da falha por fadiga admite uma repentina modificação de formato do elemento estrutural carregado. As inconsistências do material fazem com que se desenvolvam tensões localizadas que são muito maiores do que a tensão média no material. Essas tensões localizadas ultrapassam o limite de escoamento do material e fazem com que ocorram localmente deformações permanentes. Deformações permanentes repetidas em uma pequena área fazem com que se desenvolvam fraturas muito finas. Esse processo de fraturamento continua até que a tensão média na área resistente alcance o valor da resistência estática, ou resistência última, do material.

## Coeficiente de Poisson

A redução da seção transversal (estrangulamento) durante um ensaio de tração em aço tem uma relação definida com o aumento de comprimento (alongamento) sofrido pelo corpo de prova. Quando um material for carregado em uma direção, ele apresentará deformações tanto no sentido perpendicular quanto no sentido paralelo à direção do carregamento (ver Figura 5.15). A razão entre a deformação lateral ou perpendicular e a deformação longitudinal ou axial é chamada *coeficiente de Poisson*. O coeficiente de Poisson varia de 0,2 a 0,4 para a maioria dos metais. A maioria dos aços tem valores no intervalo de 0,283 a 0,292. Usa-se o símbolo μ (mu) para representar o coeficiente de Poisson, que é dado pela equação

$$\mu = \frac{\varepsilon_{lateral}}{\varepsilon_{longitudinal}}$$

## Tensão Admissível de Serviço – Coeficiente de Segurança

Define-se uma *tensão de serviço* ou *tensão admissível* (Tabela 5.2) como a tensão máxima permitida no cálculo de um projeto. Ela é a tensão obtida dos resultados de muitos ensaios e da experiência acumulada em muitos anos de observação pioneira no desempenho dos elementos estruturais em emprego real.

Pode-se definir *coeficiente de segurança* como a razão entre uma carga que causa falha estrutural e a carga real estimada. A razão pode ser calculada como a resistência estática (ou a tensão no limite de escoamento) sobre a tensão admissível de serviço.

O Método dos Estados Limites também conhecido por sua sigla em inglês, LRFD (*Load Resistance Factor Design*) ou por método da resistência, representa outra filosofia usada no projeto de concreto e aço e, mais recentemente, de madeira. Embora este livro use o método da tensão admissível em toda sua extensão, o método dos estados limites é apresentado na Seção 8.7.

## Módulo de Elasticidade (Módulo de Young)

Em 1678, Sir Robert Hooke observou que quando materiais laminados eram submetidos a incrementos idênticos de tensão, eles sofriam incrementos idênticos de deformação específica – em outras palavras, a tensão é proporcional à deformação específica. A razão obtida pela divisão da carga por unidade de área por seu valor correspondente de deformação específica foi sugerida por Thomas Young em 1807 como um meio de avaliar a rigidez relativa dos vários materiais (Figura 5.27). A razão é denominada *módulo de Young* ou *módulo de elasticidade longitudinal* (na maioria das vezes é chamado simplificadamente *módulo de elasticidade*), e sua inclinação na parte em que o diagrama tensão-deformação específica é uma linha reta vale:

$$E = \frac{f}{\varepsilon}$$

*Embora não tenha sobrevivido nenhuma imagem de Robert Hooke e seu nome seja um tanto desconhecido atualmente, ele talvez tenha sido o maior cientista experimental do século XVII. Um homem sensível, embora mal-humorado, Hooke dedicou-se a um número enorme de problemas práticos. Dentre as invenções de Hooke que ainda estão em uso atualmente pode-se citar a junta universal utilizada em automóveis e o diafragma de íris, que foi usado na maioria das primeiras câmeras.*

*Hooke fez experiências em uma grande variedade de campos, passando física, astronomia, química, geologia, biologia e até microscopia. É creditada a ele a descoberta de uma das mais importantes leis da ciência da mecânica dos materiais relativa ao caráter elástico dos materiais. Fazendo experiências com o comportamento de corpos elásticos, especialmente molas em espiral, Hooke observou claramente que os sólidos não apenas resistem às cargas mecânicas oferecendo uma força de reação, mas eles também modificam seu formato em resposta àquelas cargas. É essa mudança de formato que permite que o sólido ofereça uma força de reação.*

*Infelizmente, a personalidade de Hooke impediu a aplicação de suas teorias na elasticidade. Ele foi considerado uma pessoa desagradável e questionadora e, segundo relatos, usava essa qualidade na Royal Society contra aqueles que considerava seus inimigos. Isaac Newton teve a infelicidade de liderar tal lista. O ódio que surgiu entre esses dois homens foi tão grande que Newton, que viveu 25 anos após a morte de Hooke, dedicou uma grande parte de seu tempo para denegrir a memória e a importância de Hooke para a ciência aplicada. Em consequência, assuntos como estruturas tiveram sua popularidade abalada e o trabalho de Hooke não foi muito seguido e explorado, por alguns anos depois da morte de Newton*

*Figura 5.27 Sir Thomas Young (1773-1829).*

Young foi um prodígio em sua infância que supostamente podia ler com dois anos de idade e tinha lido a Bíblia inteira duas vezes até atingir quatro anos. Em Cambridge, suas incríveis habilidades lhe renderam o apelido "Fenômeno Young". Ele cresceu e se tornou um adulto prodígio e era conhecedor de 12 idiomas e podia tocar vários instrumentos musicais. Como físico, ele estava interessado na percepção dos sentidos. Desde o olho humano até a própria luz, coube a Young demonstrar a natureza ondulatória da luz. Voltando-se cada vez mais para a Física, ele introduziu o conceito de energia em sua forma moderna em 1807. No mesmo ano, ele sugeriu a relação formada pela divisão de uma carga atuante em uma área unitária pelo valor correspondente a sua deformação específica correspondente (módulo de Young) como um meio de avaliar a rigidez de vários materiais. Ele também foi um egiptologista excelente, que auxiliou na decifração da Pedra de Roseta, a chave para o entendimento dos hieróglifos egípcios.

Indicado para o cargo de Chair of Natural Philosophy na Royal Institution em Londres, surgiu a possibilidade de Young ministrar cursos científicos a audiências populares. Young levou sua missão a sério e se lançou em uma série de cursos sobre a elasticidade de várias estruturas, com muitas observações úteis e inéditas sobre o comportamento de paredes e arcos. Infelizmente para Young, ele não tinha o estilo e as habilidades de oratória de seu colega Humphrey Davy e podia estar recitando hieróglifos na opinião de sua audiência. Desapontado, Young renunciou ao seu cargo e retornou à prática médica.

em que

$E$ = módulo de elasticidade longitudinal (ksi ou psi, N/m² [pascal] ou N/mm²)

$f$ = tensão (ksi ou psi, N/m² [pascal] ou N/mm²)

$\varepsilon$ = deformação específica (in/in, mm/mm)

Essa relação entre tensão e deformação específica permanece constante para todos os aços e muitos outros materiais estruturais dentro de seu campo de utilização.

Geralmente, é desejável um alto módulo de elasticidade longitudinal, porque $E$ é frequentemente conhecido com um fator de rigidez. Os materiais que apresentam altos valores de $E$ são mais resistentes à deformação e, no caso de vigas, sofrem muito menos deslocamentos transversais submetidos a carregamentos. Observe na Figura 5.28 que, dos três materiais mostrados, o corpo de prova de aço tem uma inclinação muito mais íngreme na região elástica do que o alumínio e a madeira e, portanto, será muito mais resistente a deformações.

A equação do módulo de Young também pode ser escrita em um formato expandido muito útil sempre que a tensão e a deformação forem causadas por *forças axiais*.

$$f = \frac{P}{A}; \quad \varepsilon = \frac{\delta}{L}$$

$$E = \frac{P/A}{\delta/L} = \frac{PL}{\delta A'}$$

$$\boxed{\therefore \delta = \frac{PL}{AE}} \quad (\text{Equação elástica})$$

em que

$\delta$ = deformação (in, mm)

$P$ = carga axial aplicada (# ou k, N ou kN)

$L$ = comprimento do elemento estrutural (in, mm)

$A$ = área da seção transversal do elemento estrutural (in², mm²)

$E$ = módulo de elasticidade longitudinal do material (#/in² ou k/in², N/m² [pascal] ou N/mm²)

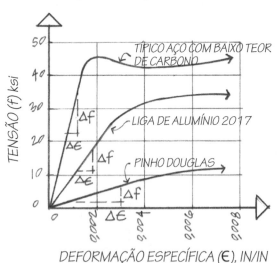

*Figura 5.28 Relação E entre tensão e deformação específica para vários materiais.*

# Tenacidade

A área sob a curva tensão-deformação específica (Figura 5.29) é uma medida do trabalho exigido para causar uma fratura. Essa capacidade de um material absorver energia até a fratura também é usada pelos projetistas como uma propriedade característica de um material e é chamada *tenacidade*. A tenacidade pode ser importante nas aplicações em que as tensões na região plástica do material podem ser atingidas, mas a deformação permanente não é um fator crítico – e até é desejável algumas vezes. Um exemplo seria a utilização de matrizes de conformação de chapas de metal para carcaças de automóvel. Os diagramas tensão-deformação específica indicam que os aços com baixo teor de carbono (doce) são muito mais "tenazes" do que os aços com alto teor de carbono (alta resistência). Algumas vezes esse conceito se opõe ao instinto do engenheiro de especificar o uso de um aço "mais forte" quando uma estrutura sofre uma falha estrutural ou parece apresentar o risco de sofrer uma falha. Isso poderia ser um erro em estruturas maiores, porque mesmo em aço doce, muito de sua resistência não está sendo realmente utilizada. A falha de uma estrutura pode ser controlada pela *fragilidade* do material, não por sua resistência.

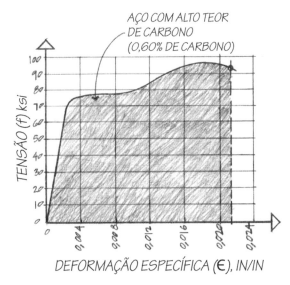

*Figura 5.29  Tenacidade – área sob o diagrama tensão-deformação específica.*

*Tabela 5.2  Tensões admissíveis para materiais selecionados comuns em engenharia*

| Materiais | Peso Específico (densidade) $\gamma$ (pfc) | Módulos da Elasticidade $E$ (ksi) | Tensão Admissível de Tração $F_t$ | Compressão Axial Admissível de $F_c$ | Compressão de Esmagamento Admissível $F_{c\perp}$ | Tensão Admissível de Flexão $F_b$ | Tensão Admissível de Cisalhamento $F_v$ |
|---|---|---|---|---|---|---|---|
| **Metais:** | | | | | | | |
| Aço A-36 $F_y$ = 36 ksi | 490 | 29.000 | 22 ksi | 22 ksi | | 22 ksi | 14,5 ksi |
| A572 Grau 50/A992 | 490 | 30.000 | 30 ksi | 30 ksi | | 30 ksi | 20 ksi |
| Aço A572 $F_y$ = 65 ksi | 490 | 30.000 | 39 ksi | 39 ksi | | 39 ksi | 26 ksi |
| Alumínio | 165 | 10.000 | 16 ksi | 16 ksi | | 16 ksi | 10 ksi |
| Ferro (fundido) | 450 | 15.000 | 5 ksi | 20 ksi | | 5 ksi | 7,5 ksi |
| **Materiais Frágeis:** | | | | | | | |
| Concreto | 150 | 3.000 | 100 psi | 1.350 psi | | | 100 psi |
| Alvenaria de Pedra | 165 | 1.000 | 10 psi | 100 psi | | | 10 psi |
| Alvenaria de Tijolos | 120 | 1.500 | 20 psi | 300 psi | | | 30 psi |
| **Madeira:** | | | | | | | |
| Abeto Douglas - Larico Norte (Douglas-Fir Larch North)* | | | | | | | |
| • Vigotas & Barras (Nº 2) | 35 | 1.700 | 650 psi | 1.050 psi | 625 psi | 1.450 psi | 95 psi |
| • Vigas & Pilares (Nº 1) | 35 | 1.600 | 700 psi | 1.000 psi | 625 psi | 1.300 psi | 85 psi |
| Pinho do Sul* | | | | | | | |
| • Vigotas & Barras (Nº 2) | 35 | 1.600 | 625 psi | 1.000 psi | 565 psi | 1.400 psi | 90 psi |
| • Vigas & Pilares (D-Nº 1) | 35 | 1.600 | 1.050 psi | 975 psi | 440 psi | 1.550 psi | 110 psi |
| Abeto Hem (Hem-Fir)* | | | | | | | |
| • Vigotas & Barras (Nº 2) | 30 | 1.400 | 800 psi | 1.050 psi | 405 psi | 1.150 psi | 75 psi |
| • Vigas & Pilares (Nº 1) | 30 | 1.300 | 600 psi | 850 psi | 405 psi | 1.000 psi | 70 psi |
| **Produtos de Madeira:** | | | | | | | |
| Vigas de Glu-Lam | 35 | 1.800 | 1.100 psi | 1.650 psi | 650 psi | 2.400 psi | 165 psi |
| Vigas de Microlam | 37 | 1.800 | 1.850 psi | 2.460 psi | 750 psi | 2.600 psi | 285 psi |
| Vigas de Parallam | 45 | 2.000 | 2.000 psi | 2.900 psi | 650 psi | 2.900 psi | 290 psi |

*Valores médios das tensões para projeto.

## Exemplos de Problemas: Propriedades dos Materiais

**5.10** Os dados a seguir foram obtidos durante um ensaio de tração em um corpo de prova de aço doce com diâmetro inicial de 0,505 polegada (12,827 mm). Na ruptura, o diâmetro reduzido do corpo de prova foi 0,305 polegada (7,747 mm). Faça um gráfico dos dados e determine o seguinte:

a. Módulo de elasticidade longitudinal.
b. Limite de proporcionalidade.
c. Resistência estática (limite de resistência).
d. Contração percentual de ruptura (estricção).
e. Alongamento percentual de ruptura.
f. Tensão nominal de ruptura.
g. Tensão real de ruptura.

| Carga Axial (#) | Tensão $f$ (#/in$^2$) | Alongamento por 2" de comprimento (in) | Deformação Específica $\delta/L$ (in/in) |
|---|---|---|---|
| 0 | 0 | 0 | 0 |
| 1.640 | 8.200 | 0,00050 | 0,00025 |
| 3.140 | 15.700 | 0,0010 | 0,00050 |
| 4.580 | 22.900 | 0,0015 | 0,00075 |
| 6.000 | 30.000 | 0,0020 | 0,00100 |
| 7.440 | 37.200 | 0,0025 | 0,00125 |
| 8.000 | 40.000 | 0,0030 | 0,00150 |
| 7.980 | 39.900 | 0,00375 | 0,001875 |
| 7.900 | 39.500 | 0,00500 | 0,00250 |
| 8.040 | 40.200 | 0,00624 | 0,00312 |
| 8.040 | 40.200 | 0,00938 | 0,00469 |
| 8.060 | 40.300 | 0,0125 | 0,00625 |
| 9.460 | 47.300 | 0,050 | 0,0250 |
| 12.000 | 60.000 | 0,125 | 0,0625 |
| 13.260 | 66.300 | 0,225 | 0,1125 |
| 13.580 | 67.900 | 0,325 | 0,1625 |
| 13.460 | 67.300 | 0,475 | 0,2375 |
| 13.220 | 66.100 | 0,535 | 0,2675 |
| 9.860 | 49.300 | 0,625 | 0,3125 |

**Solução:**

Diâmetro inicial = 0,505"

$L_{orig} = 2,00"$

$A_{orig} = 0,20 \text{ in}^2$

Diâmetro reduzido na ruptura = 0,305" (7,747 mm)

$A_{ruptura} = 0,073 \text{ in}^2$

a. Módulo de elasticidade longitudinal:

$$E = \frac{\Delta f}{\Delta \varepsilon} = \frac{(30.000 \text{ \#/in}^2)}{0,0010} = 30.000.000 \text{ \#/in}^2$$

b. O limite de proporcionalidade é o último ponto da parte linear do diagrama.

$\therefore f_{prop} = 30.000 \text{ psi}$

c. A resistência estática (limite de resistência ou resistência última) é o módulo da maior tensão.

$\therefore f_{res} = 67.900 \text{ psi}$

d. A contração percentual de ruptura (redução percentual de área ou estricção) é igual a

$$\frac{A_{orig} - A_{ruptura}}{A_{orig}} = \frac{0,20 - 0,073}{0,20} \times 100\% = 63,5\%$$

e. Alongamento percentual de ruptura é igual a

$$\frac{\delta_{total}}{L_{original}} = \frac{0,625''}{2,00''} \times 100\% = 31,25\%$$

f. Tensão nominal de ruptura:

$f_{ruptura} = 49.300 \text{ psi}$

g. Tensão real de ruptura:

$$f_{ruptura} = \frac{9.860\#}{0,073 \text{ in}^2} = 135.068 \text{ psi}$$

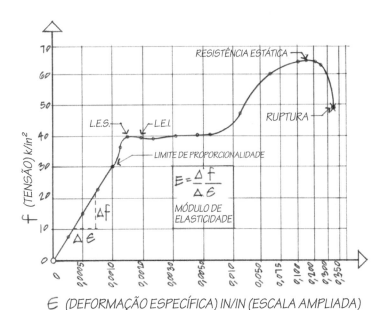

Gráfico dos dados do ensaio de tração no aço.

**5.11** Um corpo de prova de bronze manganês foi submetido a uma carga axial de tração e foram obtidos os seguintes dados.

| | |
|---|---|
| Comprimento calibrado (entre as marcas de referência) | 10 polegadas (254 mm) |
| Comprimento final entre as marcas de referência | 12,25 polegadas (311,15 mm) |
| Carga no limite de proporcionalidade | 18.500# (82,29 kN) |
| Alongamento no limite de proporcionalidade | 0,016 polegada (0,4064 mm) |
| Carga máxima | 55.000# (244,65 kN) |
| Carga na ruptura | 42.000# (186,82 kN) |
| Diâmetro na ruptura | 0,845 polegada (21,463 mm) |

Encontre o seguinte:

a. Limite de proporcionalidade.
b. Módulo de elasticidade longitudinal.
c. Resistência estática (resistência última).
d. Alongamento percentual de ruptura.
e. Contração percentual de ruptura (estricção).
f. Tensão nominal de ruptura.
g. Tensão real de ruptura.

**Solução:**

$$A_{orig} = 0{,}785 \text{ in}^2;\ A_{ruptura} = 0{,}560 \text{ in}^2$$

a. $f_{prop} = \dfrac{18.500\#}{0{,}785 \text{ in}^2} = 23.567 \text{ psi}$

$\varepsilon_{prop} = \dfrac{0{,}016 \text{ in}^2}{10 \text{ in}} = 0{,}0016 \text{ in/in}$

b. $E = \dfrac{\Delta f}{\Delta \varepsilon} = \dfrac{f_{prop}}{\varepsilon_{prop}}$

$E = \dfrac{23.567 \ \#/\text{in}^2}{0{,}0016 \text{ in/in}} = 14.729.375 \text{ psi}$

c. $f_{últ} = \dfrac{\text{carga máx}}{A_{orig}} = \dfrac{55.000\#}{0{,}785 \text{ in}^2} = 70.100 \text{ psi}$

d. % alongamento $= \dfrac{2{,}25''}{10''} \times 100\% = 22{,}5\%$

e. % redução de área $= \dfrac{0{,}785 \text{ in}^2 - 0{,}560 \text{ in}^2}{0{,}785 \text{ in}^2} \times 100\% = 28{,}7\%$

f. $f_{ruptura} = \dfrac{\text{carga na ruptura}}{A_{original}} = 53.503 \text{ psi (nominal)}$

g. $f_{ruptura} = \dfrac{\text{carga na ruptura}}{A_{ruptura}} = 75.000 \text{ psi (real)}$

**5.12** Determine a capacidade de carga admissível da coluna mostrada admitindo que a tensão admissível de compressão ($F_c$ = 600 psi, ou 4137 kPa) contribui para a potencial flambagem. Consulte as tabelas de peças de madeira padronizadas na Tabela A1 do Apêndice para obter informações sobre as propriedades da seção transversal.

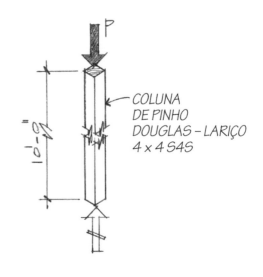
COLUNA DE PINHO DOUGLAS – LARIÇO 4 x 4 S4S

**Solução:**

$$P_{adm} = F_c \times A = 600 \text{ psi} \times \left(3\frac{1}{2}'' \times 3\frac{1}{2}''\right) = 7.350\#$$

Qual é a deformação para $P_{adm}$?

$$\delta = \frac{PL}{AE} = \frac{7.350\# \,(10' \times 12 \text{ in/ft})}{(12{,}25 \text{ in}^2)(1{,}6 \times 10^6 \#/\text{in}^2)} = 0{,}045''$$

**5.13** Um cabo com 600 pés (182,88 m) utilizado em uma cobertura não pode ser esticado mais do que três pés (0,914 m) quando carregado, ou a geometria do telhado será muito prejudicada. Se $E_s = 29 \times 10^3$ ksi = 200 GPa e a carga for 1.500 k = 6672kN, determine o diâmetro exigido para o cabo para evitar o alongamento excessivo ou tensões superiores às permitidas. $F_t$ = 100 ksi = 689,5 MPa (tensão admissível de tração).

**Solução:**

$$\delta = \frac{PL}{AE}; \quad A = \frac{PL}{\delta E} = \frac{1.500 \text{ k}(600')}{3'(29 \times 10^3 \text{ k/in}^2)} = 10{,}34 \text{ in}^2$$

$$A = \frac{\pi D^2}{4}; \quad D = \sqrt{\frac{4(10{,}34 \text{ in}^2)}{\pi}} = 3{,}63''$$

(diâmetro com base na exigência de deformação)

$$f = \frac{P}{A}; \quad A = \frac{P}{f_t} = \frac{1.500 \text{ k}}{100 \text{ k/in}^2} = 15 \text{ in}^2 \Leftarrow \text{determinante}$$

$$D = \sqrt{\frac{4(15 \text{ in}^2)}{\pi}} = 4{,}37'' \Leftarrow \text{determinante}$$

(diâmetro com base na tensão de tração)

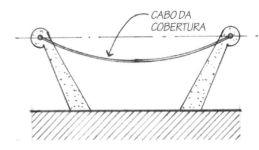
CABO DA COBERTURA

*Seção transversal de uma estrutura com cabo de cobertura.*

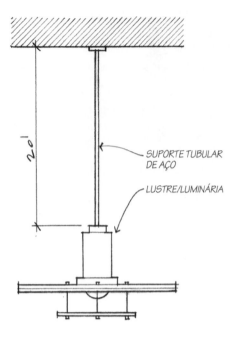

**5.14** Um lustre pesado, com 1.500# (6672 N), está suspenso no telhado do saguão de um teatro. O tubo de aço no qual ele está pendurado tem 20 pés (6,10 m) de comprimento. Determine o tamanho do tubo necessário para suspender o candelabro com segurança. Use aço A36. Qual o alongamento resultante do tubo?

Mais uma vez estamos procurando um tamanho exigido; portanto, esse é um problema de projeto (design).

**Solução:**

$$f_t = \frac{P}{A}$$

$$A_{exigida} = \frac{P}{f_t}$$

Para o aço A36, $F_t$ = 22.000 psi (151,7 MPa)

$$A_{exigida} = \frac{1.500\#}{22.000\ \#/in^2} = 0{,}0682\ in^2$$

Consulte a Tabela A6 no Apêndice.

Um tubo padronizado com $\frac{1}{2}$ polegada (12,7 mm) de diâmetro tem seção transversal com as seguintes propriedades:

| Diâmetro Nominal | Diâmetro Externo | Diâmetro Interno | Espessura da Parede | Peso por Comprimento | Área |
|---|---|---|---|---|---|
| 0,5" | 0,84" | 0,622" | 0,109" | 0,85 #/ft | 0,25 in² |

$$A_{exigida} = 0{,}0682\ in^2 < 0{,}25\ in^2\ OK$$

Para determinar o alongamento,

$$\delta = \frac{PL}{AE} = \frac{1.500\#(20' \times 12\ in/ft)}{(0{,}25\ in^2)(29.000.000\ \#/in^2)} = 0{,}05''$$

**5.15** Um elevador de 15 passageiros em um edifício de 15 andares é construído usando um cabo de aço com diâmetro de 1" (25,4 mm). Admitindo que o código municipal exija um coeficiente de segurança de 11 em relação à resistência estática do cabo, verifique a adequação do cabo e de seu alongamento.

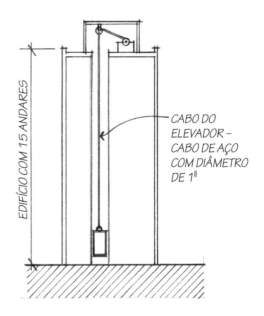

CABO DO ELEVADOR – CABO DE AÇO COM DIÂMETRO DE 1"

**Solução:**

Cabo com 1" (25,4 mm) de diâmetro:

Área líquida resistente = 0,523 in² (337,42 mm²)
Resistência estática = 27 tons = 54 k (240,19 kN)
Peso do cabo = 2,0#/ft = 29,2 N/m
Comprimento do cabo = 14 andares de cabo mais 10"
(254 mm) para a roldana

Cargas no cabo:

15 passageiros com 150# (667,2 N) cada = 2.250# (10008 N)
Cabine do elevador de 15 passageiros = 1.250# (5560 N)
Comprimento do cabo = 14 × 10′
 por andar +
10′ (para a roldana) = 150′ × 2,0#/ft = 300# (1334 N)

$P$ = 3.800# (16,90 kN)

Resistência estática = 54.000# (240,19 kN)

$$\text{resistência com segurança} = \frac{\text{resistência estática}}{\text{coeficiente de segurança}} = \frac{54.000\#}{11} = 4.909\#$$

$P_{real}$ = 3.800# < 4.909# admissível OK

$$\delta = \frac{PL}{AE} = \frac{(3,8\,k)(150' \times 12\,in/ft)}{(0,523\,in^2)(29.000\,k/in^2)} = 0,45''$$

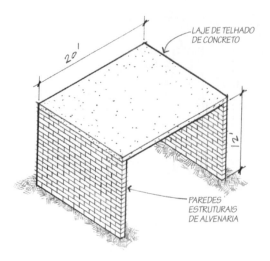

## Problemas

**5.11** Duas paredes de tijolos de uma garagem, com 4" (101,6 mm) de largura e 12 pés (3,65 m) de altura, suportam uma laje de telhado com 20 pés (6,10 m) de largura. O telhado pesa 100 psf (4,79 kPa) e suporta uma carga de neve de 30 psf (1,43 kPa). Verifique a tensão de compressão na base da parede, admitindo que o tijolo (para este problema) tem uma capacidade de 125 psi (861,8 kPa). O tijolo pesa 120#/ft³ (18,85 kN/m³).

*Sugestão:* Analise uma faixa típica de muro com largura de 1 pé (0,3048 m).

**5.12** Um fio de aço com 300 pés (91,44 m) de comprimento e $\frac{1}{8}$ de polegada (3,175 mm) de diâmetro pesa 0,042#/ft (0,612 N/m). Se o fio está suspenso verticalmente em sua extremidade superior, calcule (a) a tensão máxima de tração devida ao seu peso próprio e (b) o peso máximo $W$ que pode ser suportado com segurança admitindo um coeficiente de segurança igual a 3 (três) e uma resistência estática de tração de 65 ksi (448 MPa).

**5.13** Uma barra de aço estrutural com 1½ polegada (38,1 mm) de diâmetro e 25 pés (7,62 m) de comprimento, ao suportar uma sacada, recebe uma carga de tração de 29 k (129 kN); $E = 29 \times 10^3$ ksi = 200 GPa.

a. Encontre o alongamento total $\delta$ da barra.
b. Que diâmetro $d$ será necessário se o alongamento total $\delta$ estiver limitado a 0,1 polegada (2,54 mm)?

**5.14** Uma fita métrica de aço, usada em topografia, com 100 pés (30,48 m) de comprimento e com uma área de seção transversal de 0,006 polegada quadradas (3,871 mm²) deve ser esticada com uma força de 16# (71,16 N) durante sua utilização. Se o módulo de elasticidade desse aço for $E = 30.000$ ksi = 207 GPa, (a) qual o alongamento total $\delta$ da fita de 100 pés (30,48 m) de comprimento e (b) qual a carga por unidade de área (tensão) produzida pela força de tração?

**5.15** As extremidades do arco de madeira laminada mostrado na figura estão unidos entre si por uma haste horizontal de aço com 90 pés e dez polegadas (27,69 m) de comprimento, que deve suportar uma carga total de 60 k (266,88 kN). São usados dois esticadores. Todas as extremidades rosqueadas da haste são reforçadas.

a. Determine o diâmetro exigido $D$ da haste se a tensão admissível máxima for 20 ksi (137,9 MPa).
b. Se o comprimento em repouso da haste for 90 pés e 10 polegadas (27,69 m) e houver quatro roscas por polegada nas extremidades reforçadas, quantas voltas de um esticador retornarão ao seu comprimento em repouso depois de ele ter sido alongado pela tensão admissível máxima de tração? $E = 29 \times 10^3$ ksi = 200 GPa.

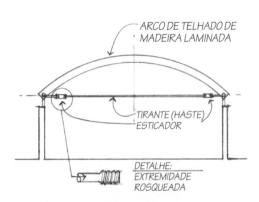

## Concentração de Tensões

Em nossa análise inicial sobre tensão normal (Figura 5.30), adotamos a hipótese de que se for aplicada uma carga centrada (através do eixo do elemento estrutural), a tensão desenvolvida no plano normal poderia ser admitida como uniforme (Figura 5.31). Para a maioria dos acasos, essa é uma hipótese prática a ser feita para uma condição de carga *estática*.

Entretanto, se a geometria do elemento estrutural for modificada de modo a incluir descontinuidades ou mudanças da seção transversal, a tensão não pode mais ser admitida como uniforme ao longo da superfície.

A *trajetória das tensões*, também chamadas *linhas isostáticas*, ligam pontos de tensões principais idênticas e representam as trajetórias das tensões através de um elemento estrutural. Esse conceito fornece uma representação visual da distribuição de tensões de um elemento ou de uma estrutura submetidos a várias condições de carregamento.

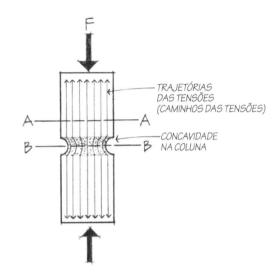

*Figura 5.30  Tensão normal.*

Normalmente, as trajetórias das tensões são desenhadas em incrementos iguais de tensão a fim de indicar uma tensão uniforme. Uma concentração (ajuntamento) de linhas de trajetórias de tensão indica uma concentração de tensões, ou tensões elevadas, da mesma forma que as curvas de nível em um mapa indicam encostas íngremes ou declives acentuados (Figuras 5.32 e 5.33).

Um matemático francês chamado Barre de Saint-Venant (1797-1886) observou que ocorriam distorções localizadas nas áreas de descontinuidade e que as concentrações de tensões eram desenvolvidas, causando uma distribuição irregular de tensões através da superfície tensionada. Entretanto, esses efeitos localizados desapareceram a alguma distância de tais locais. Isso é conhecido como *princípio de Saint-Venant*.

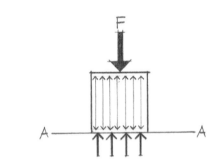

*Figura 5.31  Distribuição uniforme de tensões.*

*Figura 5.33  Coluna submetida a uma carga de compressão.*

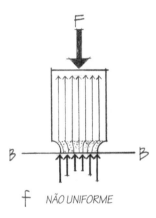

*Figura 5.32  Distribuição não uniforme de tensões.*

*Figura 5.34   Trajetórias das tensões em uma viga (flexão).*

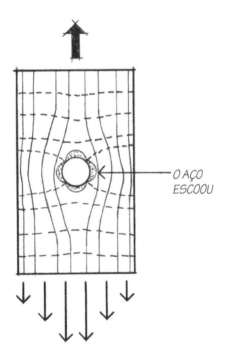

*Figura 5.35   Trajetórias das tensões em torno de um orifício.*

Concentrações de cargas, cantos reentrantes, entalhes, aberturas e outras descontinuidades causarão concentração de tensões. Entretanto, isso não produz necessariamente falhas estruturais mesmo que a tensão máxima ultrapasse a tensão admissível de serviço. Por exemplo, em aço estrutural, as condições extremas de tensões podem ser aliviadas, porque o aço tem a tendência de escoar (ceder), causando assim uma redistribuição de algumas das tensões ao longo da maior parte da seção transversal. Essa redistribuição de tensões permite que a maior parte do elemento estrutural esteja dentro dos limites de tensões admissíveis.

Uma concentração de tensões em concreto é uma questão mais complexa. Tensões excessivas de tração, ainda que localizadas, fazem com que apareçam fissuras no concreto. Após um determinado período de tempo, as fissuras se tornam mais acentuadas em face da alta concentração de tensões na extremidade das fissuras. A fissuração em concreto armado pode ser minimizada pela colocação do aço da armadura através das linhas potenciais de fissuras. A madeira se comporta quase da mesma maneira, quando as fissuras aparecem ao longo das fibras (Figura 5.34).

No passado, a fotoelasticidade (emissão de luz polarizada sobre um material transparente) era usada com frequência para produzir os padrões de tensões para os vários elementos estruturais submetidos a carregamentos. Atualmente, um *software* de modelagem e de análise computacional é capaz de gerar o mapeamento colorido das curvas dos níveis de tensões, representando visualmente a intensidade das tensões tanto para elementos isolados como para a estrutura como um todo.

Frequentemente, os elementos estruturais terão descontinuidades (furos em uma viga para dutos mecânicos, aberturas de janelas em paredes) que interrompem os caminhos das tensões (chamados *trajetórias das tensões*). A tensão na descontinuidade pode ser consideravelmente maior do que a tensão média causada pelo carregamento centrado; dessa forma, existe uma concentração de tensões na descontinuidade (Figura 5.35).

Normalmente, as concentrações de tensões não são significativamente críticas no caso do carregamento estático de materiais dúcteis, porque o material escoará inelasticamente nas áreas de tensões elevadas e ocorrerá uma redistribuição de tensões. O equilíbrio é estabelecido e não haverá dano estrutural algum. Entretanto, em casos de carregamento dinâmico ou de impacto ou no caso de carregamento estático de material frágil, as concentrações de tensões se tornam muito críticas e não podem ser ignoradas. Não ocorre uma redistribuição de tensões que possa restabelecer o equilíbrio.

# Tensão de Torção

Charles-Augustin de Coulomb, um engenheiro francês do século XVIII, foi o primeiro a explicar a torção em um eixo circular sólido ou vazado (oco). Ele desenvolveu experimentalmente uma relação entre o torque aplicado (*T*) e a deformação (ângulo de torção) resultante de hastes circulares.

Da distorção da haste mostrada na Figura 5.36, fica claro que devem haver tensões cisalhantes $f_v$. Em um material elástico, como o aço, o valor absoluto das tensões aumenta proporcionalmente à distância ao centro da seção transversal circular e fluem circularmente em torno da área. Coulomb obteve a seguinte relação utilizando os conceitos de equilíbrio

$$T = \frac{\pi r^3 f_v}{2}$$

onde

*T* = momento de torção (torque) aplicado externamente
$\pi r^2$ = área da seção transversal da haste
*r* = raio da haste
$f_v$ = tensão cisalhante interna no plano transversal da haste

Seções transversais circulares e vazadas (tubos) oferecem a maior resistência ao torque por unidade de volume do material, porque o material localizado nas proximidades do centro está submetido a tensões de menor intensidade e, dessa forma, é menos efetivo.

Os elementos estruturais não circulares, como vigas retangulares ou em I, desenvolvem uma distribuição de tensão cisalhante completamente diferente quando sujeitos a torção.

Um século inteiro depois de Coulomb, Barre de Saint-Venant desenvolveu uma teoria para explicar a diferença entre a torção circular e a torção não circular. As linhas circunferenciais de uma haste circular permanecem no plano original de sua seção transversal quando submetida a forças de torção (Figura 5.36), ao passo que as linhas correspondentes de uma barra retangular se projetam para fora de seu plano original (Figura 5.37). Esse empenamento altera significativamente a distribuição linear simples admitida por Coulomb.

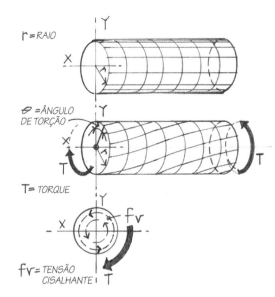

*Figura 5.36 Seção transversal circular sob torção.*

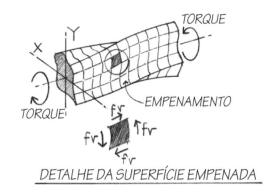

*Figura 5.37 Barra retangular sob torção.*

## 5.4 EFEITOS TÉRMICOS

A maioria dos materiais estruturais aumenta de volume quando submetido ao calor e se contrai quando resfriado. Sempre que um projeto impedir a variação de comprimento de um elemento estrutural sujeito a uma variação de temperatura, são desenvolvidas tensões internas. Algumas vezes essas tensões térmicas podem ser suficientemente altas para ultrapassar o limite elástico e causar danos estruturais sérios. Elementos estruturais livres, sem restrições, não apresentam variações de tensões de acordo com a mudança de temperatura, mas ocorre variação dimensional. Por exemplo, é uma prática comum fornecer juntas de dilatação nos pavimentos das pistas de automóveis para permitir o movimento durante os dias quentes do verão. O impedimento da expansão em um dia quente resultaria indubitavelmente em uma ondulação do pavimento da pista.

Normalmente, a variação de dimensões em razão das mudanças de temperatura é descrita em termos da variação da dimensão linear. A variação de comprimento de um elemento estrutural $\Delta L$ é diretamente proporcional tanto à variação de temperatura $\Delta T$ como ao comprimento original do elemento $L_o$. A sensibilidade térmica, chamada *coeficiente de dilatação linear* ($\alpha$), foi determinada para todos os materiais comuns em engenharia (Tabela 5.3). Medidas apuradas mostraram que a relação entre a deformação específica $\varepsilon$ e a variação de temperatura $\Delta T$ é uma constante:

$$\alpha = \frac{\text{deformação específica}}{\text{variação de temperatura}} = \frac{\varepsilon}{\Delta T} = \frac{\delta/L}{\Delta T}$$

Resolvendo essa equação a fim de obter a deformação,

$$\boxed{\delta = \alpha L \Delta T}$$

onde

$\alpha$ = coeficiente de dilatação térmica
$L$ = comprimento original do elemento estrutural (in)
$\Delta T$ = variação de temperatura (°F)
$\delta$ = variação total de comprimento (in)

*Tabela 5.3  Coeficientes lineares de dilatação (contração) térmica*

| Material | Coeficientes ($\alpha$) [in/in/°F] |
| --- | --- |
| Madeira | $3{,}0 \times 10^{-6}$ |
| Vidro | $4{,}4 \times 10^{-6}$ |
| Concreto | $6{,}0 \times 10^{-6}$ |
| Ferro fundido | $6{,}1 \times 10^{-6}$ |
| Aço | $6{,}5 \times 10^{-6}$ |
| Ferro forjado | $6{,}7 \times 10^{-6}$ |
| Cobre | $9{,}3 \times 10^{-6}$ |
| Bronze | $10{,}0 \times 10^{-6}$ |
| Latão | $10{,}4 \times 10^{-6}$ |
| Alumínio | $12{,}8 \times 10^{-6}$ |

Ou talvez de maior importância ainda para o projeto de engenharia são as tensões desenvolvidas pela restrição da dilatação e da contração livre de elementos estruturais sujeitos a variações de temperatura. Para calcular essas tensões térmicas, é útil determinar inicialmente a livre dilatação ou contração do elemento estrutural envolvido e depois a força e a carga por unidade de área desenvolvida para obrigar o elemento a retornar ao seu comprimento original. O problema a partir desse momento é exatamente o mesmo que aqueles resolvidos nas partes anteriores deste capítulo que trataram de tensões axiais, deformações específicas e deformações. A quantidade de tensão desenvolvida para fazer a barra voltar ao seu comprimento original $L$ é

$$f = \varepsilon E = \frac{\delta}{L}E = \frac{\alpha L \Delta T E}{L} = \alpha \Delta T E$$

$$\therefore \boxed{f = \alpha \Delta T E}$$

### Exemplos de Problemas: Efeitos Térmicos

**5.16** Uma fita métrica de topografia mede exatamente 100 pés (30,48 m) entre as marcações finais quando a temperatura é de 70°F (21,11°C). Qual é o erro total cometido ao ser medida uma poligonal geodésica (caminho de levantamento) de 5.000 pés (1524 m) quando a temperatura da fita for de 30°F (−1,11°C)?

$\delta = \alpha L \Delta T$

$\alpha_s = 6{,}5 \times 10^{-6}$

$\Delta T = 70°F - 30°F = 40°F$

$\delta = (6{,}5 \times 10^{-6}\,\text{in/in/°F})(100' \times 12\,\text{in/ft})(40°F)$
$\quad = 0{,}312\,\text{in (por 100')}$

Comprimento total da poligonal = 5.000'

$\dfrac{5.000'}{100'/\text{medição}} = 50$ comprimentos de fita

$\therefore \delta_{total} = 50 \times 0{,}312'' = 15{,}6'' = 1{,}3'$

**5.17** Uma viga constituída por um perfil de abas largas W18 × 35 (ver a Tabela A.3 no Apêndice) é usada como uma viga de suporte para uma ponte. Se ocorrer uma variação (elevação) de temperatura de 40°F (4,44°C), determine a deformação resultante.

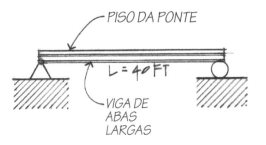

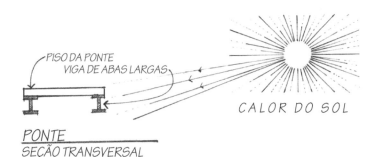

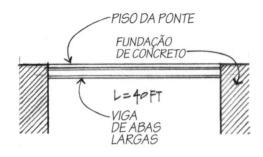

**Solução:**

$$\delta = \alpha L \Delta T = (6{,}5 \times 10^{-6}\,\text{in/in/°F})(40' \times 12\,\text{in/ft})(40°)$$
$$= 1{,}25 \times 10^{-1}\,\text{in} = 0{,}125''$$

O que aconteceria se ambas as extremidades da viga estivessem solidamente encravadas nas fundações de concreto em ambos os lados? Admita que ela esteja inicialmente livre de tensões no sentido axial.

**Solução:**

Em face de os suportes impedirem a ocorrência de qualquer deformação, surgirão tensões induzidas.

$$\Delta f = \varepsilon E = \frac{\alpha L \Delta TE}{L} = \alpha \Delta TE$$

$$f = (6{,}5 \times 10^{-6}\,\text{in/in/°F})(40°F)(29 \times 10^{6}\,\text{k/in}^3) = 7.540\,\#/\text{in}^2$$

**5.18** Calcule a tensão térmica induzida em consequência de uma variação de temperatura de 100°F (37,78°C), admitindo que seja possível a viga ter uma dilatação de ¼ polegada (6,35 mm).

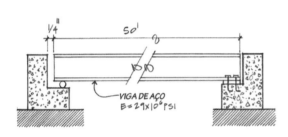

**Solução:**

$$\delta = \alpha L \Delta T = (6{,}5 \times 10^{-6}/°F)(100°F)(50' \times 12\,\text{in/ft})$$
$$= 0{,}39''$$

Deformação restrita:

$$\delta' = 0{,}39'' - 0{,}25'' = 0{,}14''$$

$$\varepsilon' = \frac{\delta'}{L}$$

e

$$f = \varepsilon' E$$

$$\therefore \Delta f = \varepsilon' E = \frac{\delta'}{L}(E) = \frac{0{,}14''}{600''}(29 \times 10^6\,\text{psi}) = 6.767\,\text{psi}$$

**5.19** Uma viga constituída de um perfil de abas largas (W8 × 31) é usada para segurar duas paredes de contenção conforme ilustrado. Se as paredes se moverem 0,01 polegada (0,254 mm) no sentido de se afastarem quando a viga estiver sujeita a uma variação de temperatura de 100°F (37,78°C), determine a tensão na viga.

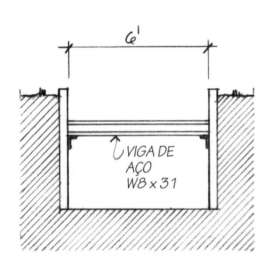

**Solução:**

O alongamento total da viga se seu deslocamento não estivesse restrito é de

$$\delta = \alpha L \Delta T = (6{,}5 \times 10^{-6}/°F)(72'')(100°F) = 0{,}0468''$$

Em consequência de as paredes se moverem 0,01 polegada (0,254 mm), a viga deve ser comprimida por uma força que cause a deformação de

$$\delta' = 0{,}0468'' - 0{,}01'' = 0{,}0368''$$

Portanto,

$$f = \varepsilon E = \frac{\delta'(E)}{L} = \frac{0{,}0368''(29 \times 10^6\,\text{psi})}{72''} = 14.822\,\text{psi}$$

## Problemas

**5.16** Uma longa parede estrutural de concreto tem juntas de dilatação verticais colocadas a cada 40 pés (12,19 m). Determine a largura exigida da folga em uma junta se ela estiver completamente aberta a 20°F (–6,67°C) e tiver acabado de se fechar a 80°F (26,67°C). Admita $\alpha = 6 \times 10^{-6}/°F = 10,8 \times 10^{-6}/°C$.

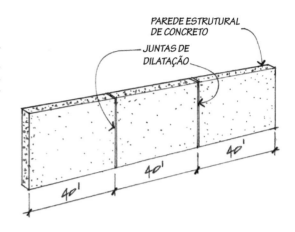

**5.17** Um painel de uma divisória de alumínio com 12 pés (3,65 m) de altura está fixo a grandes colunas de concreto (na parte superior e na parte inferior) quando a temperatura é de 65°F (18,33°C). Não é tomada medida alguma no sentido vertical para movimento térmico diferencial. Por causa do isolamento entre eles, o Sol aquece o painel da parede até 120°F (48,89°C), mas aquece a coluna até apenas 80°F (26,67°C). Determine a tensão de compressão resultante na parede divisória.

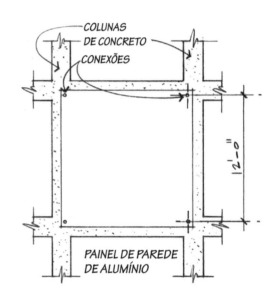

**5.18** Os trilhos de aço de um trecho contínuo e reto de uma estrada de ferro têm 60 pés (18,29 m) de comprimento cada e são colocados com espaçamento de 0,25 polegada (6,35 mm) entre suas extremidades a 70°F (21,11°C).

a. Em que temperatura as extremidades dos trilhos entrarão em contato?
b. Que tensão de compressão será produzida nos trilhos se a temperatura se elevar a 150°F (65,56°C)?

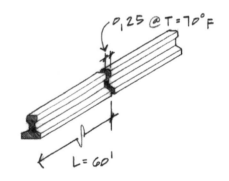

*Figura 5.38 Colunas de concreto armado com aço longitudinal e concreto resistindo à carga de compressão.*

## 5.5 ELEMENTOS ESTRUTURAIS ESTATICAMENTE INDETERMINADOS (CARREGADOS AXIALMENTE)

Até agora neste trabalho sempre foi possível encontrar as forças internas em qualquer elemento de uma estrutura por meio das equações de equilíbrio; isto é, as estruturas eram estaticamente determinadas. Se em qualquer estrutura o número de forças e distâncias desconhecidas superar o número de equações de equilíbrio independentes que são aplicáveis, diz-se que a estrutura é estaticamente indeterminada. Uma coluna de concreto armado, como a mostrada na Figura 5.38, é um exemplo de sistema estaticamente indeterminado no qual é necessário escrever equações adicionais envolvendo a geometria das deformações dos elementos de uma estrutura para complementar as equações de equilíbrio. O esquema a seguir é um procedimento que pode ser útil para a análise de alguns problemas envolvendo elementos estruturais carregados axialmente e estaticamente indeterminados.

1. Desenhe o DCL.
2. Observe o número de incógnitas presentes (módulos e posições).
3. Reconheça o tipo de sistema de forças no DCL e observe o número de equações de equilíbrio independentes disponível para esse sistema.
4. Se o número de incógnitas superar o número de equações de equilíbrio, deve ser escrita uma equação de deformação para cada incógnita extra.
5. Quando o número de equações de equilíbrio independentes e de equações de deformações for igual ao número de incógnitas, as equações podem ser resolvidas simultaneamente. As deformações e as forças devem ser relacionadas entre si para que as equações possam ser resolvidas simultaneamente.

É recomendado que seja desenhado um diagrama de deslocamentos mostrando as deformações para auxiliar na obtenção da equação de deformação correta.

## Exemplos de Problemas: Elementos Estruturais Estaticamente Indeterminados (Carregados Axialmente)

**5.20** Uma coluna curta, constituída por uma peça de madeira bruta de 4" × 4" (101,6 × 101,6 mm) reforçada por placas laterais de aço, deve suportar uma carga axial de 20 k (88,96 kN). Determine a tensão que se desenvolve na madeira e nas placas de aço se

$$E_{madeira} = 1{,}76 \times 10^3 \text{ ksi}; E_{aço} = 29 \times 10^3 \text{ ksi}$$

As placas rígidas no topo e na base permitem que a madeira e as placas laterais de aço se deformem uniformemente sob a ação de $P$.

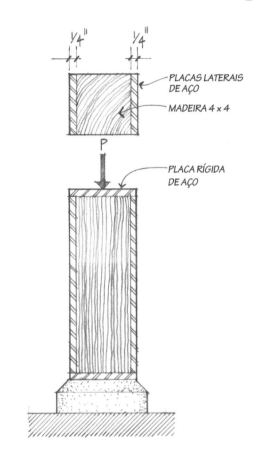

**Solução:**

Das condições de equilíbrio:

$f_t$ = Tensão desenvolvida na madeira
$f_s$ = Tensão desenvolvida no aço

$$\left[\Sigma F_y = 0\right] - 20\,\text{k} + f_s A_s + f_t A_t = 0$$

em que

$$A_s = 2 \times \tfrac{1}{4}'' \times 4'' = 2 \text{ in}^2$$
$$A_t = 4'' \times 4'' = 16 \text{ in}^2$$
$$2\,\text{in}^2(f_s) + 16\,\text{in}^2(f_t) = 20\,\text{k}$$

Obviamente, apenas a equação de equilíbrio é insuficiente para determinar o valor das duas incógnitas. Portanto, outra equação deve ser escrita envolvendo a relação entre as deformações.

$$\delta = \delta_t = \delta_s$$

Tendo em vista que os elementos estruturais de madeira e de aço apresentam comprimentos iguais, $L_t = L_s$; então,

$$\varepsilon = \frac{\delta_t}{L_t} = \frac{\delta_s}{L_s}; \quad \varepsilon_t = \varepsilon_s$$

mas $E = \dfrac{f}{\varepsilon}$ ou $\varepsilon = \dfrac{f}{E}$

$$\therefore \frac{f_t}{E_t} = \frac{f_s}{E_s}; \quad f_t = f_s \frac{E_t}{E_s}$$

$$f_t = \frac{1{,}76 \times 10^3 \text{ ksi}}{29 \times 10^3 \text{ ksi}}(f_s) = 0{,}061(f_s)$$

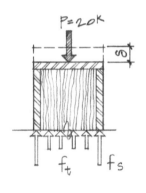

Substituindo na equação de equilíbrio,

$$2\,\text{in}^2(f_s) + 16\,\text{in}^2(0{,}061 f_s) = 20\,\text{k}$$
$$2 f_s + 0{,}976 f_s = 20 \text{ ksi}; \; 2{,}976 f_s = 20 \text{ ksi}$$
$$f_s = 6{,}72 \text{ ksi}$$
$$f_t = 0{,}061(6{,}72 \text{ ksi}) = 0{,}41 \text{ ksi}$$

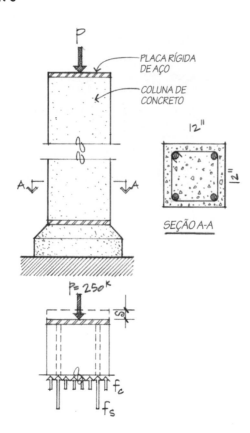

**5.21** Uma coluna curta de concreto medindo 12 polegadas quadradas (7742 mm²) é reforçada por quatro barras #8 ($A_s = 4 \times 0{,}79$ in² $= 3.14$ in², ou 2026 mm²) e suporta uma carga axial de 250 k (1112 kN). São usadas placas rígidas no topo e na base para assegurar a ocorrência de deformações idênticas no aço e no concreto. Calcule a tensão desenvolvida em cada material se

$E_c = 3 \times 10^6$ psi e
$E_s = 29 \times 10^6$ psi

**Solução:**

Do equilíbrio,

$$\left[\Sigma F_y = 0\right] - 250\,\text{k} + f_s A_s + f_c A_c = 0$$
$$A_s = 3{,}14\,\text{in}^2$$
$$A_c = (12'' \times 12'') - 3{,}14\,\text{in}^2 \cong 141\,\text{in}^2$$
$$3{,}14 f_s + 141 f_c = 250\,\text{k}$$

Da relação entre as deformações,

$$\delta_s = \delta_c; \quad L_s = L_c$$
$$\therefore \frac{\delta_s}{L} = \frac{\delta_c}{L}$$

e

$$\varepsilon_s = \varepsilon_c$$

Porque

$$E = \frac{f}{\varepsilon}$$

e

$$\frac{f_s}{E_s} = \frac{f_c}{E_c}$$

$$f_s = f_c \frac{E_s}{E_c} = \frac{29 \times 10^3 (f_c)}{3 \times 10^3} = 9{,}67 f_c$$

Substituindo na equação de equilíbrio,

$$3{,}14(9{,}76 f_c) + 141 f_c = 250$$
$$30{,}4 f_c + 141 f_c = 250$$
$$171{,}4 f_c = 250$$
$$f_c = 1{,}46\,\text{ksi}$$
$$\therefore f_s = 9{,}67(1{,}46)\,\text{ksi}$$
$$f_s = 14{,}1\,\text{ksi}$$

# Problemas

**5.19** A coluna mostrada consiste em uma armadura de várias barras de aço inseridas em um cilindro de concreto. Determine a área da seção transversal de concreto e de aço e as tensões em cada uma delas se a coluna se deforma 0,01 polegada (0,254 mm) ao suportar uma carga de 100 k (444,8 kN).

$E_{aço} = 29 \times 10^6$ psi

$E_{concreto} = 3 \times 10^6$ psi

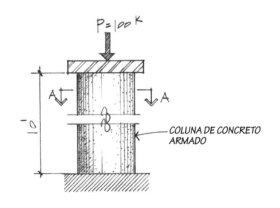

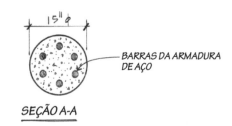

SEÇÃO A-A

**5.20** Um tubo curto e oco de aço ($L = 30''$, ou 762 mm) é preenchido com concreto. A dimensão externa do tubo é 12,75 polegadas (323,85 mm) e a espessura da parede é 0,375 polegada (9,52 mm). O conjunto é comprimido por uma força axial $P = 180$ k (ou 800,64 kN) aplicada a placas de cobertura completamente rígidas. Determine a tensão desenvolvida em cada material e o encurtamento da coluna.

$E_{concreto} = 3 \times 10^3$ ksi

$E_{aço} = 29 \times 10^3$ ksi

**5.21** Duas placas de aço com espessura de ¼ polegada (6,35 mm) e oito polegadas (203,2 mm) de largura são colocadas nos lados de um bloco de carvalho com 4 polegadas (101,6 mm) de espessura e oito polegadas de largura (203,2 mm). Se $P = 50.000\#$ (ou 222,4 kN) for aplicada no centro da placa rígida superior, determine o seguinte:

a. A tensão desenvolvida no aço e na peça de carvalho.
b. A deformação resultante da carga aplicada $P$.

$E_{aço} = 30 \times 10^6$ psi; $E_{carvalho} = 2 \times 10^6$ psi

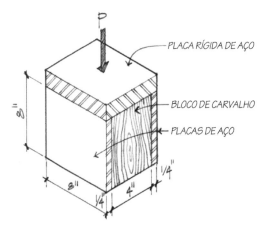

**5.22** Uma fita métrica de topografia feita em aço temperado e tendo uma área de seção transversal de 0,004 polegada quadrada (2,58 mm²) mede exatamente 100 pés (30,48 m) de comprimento quando é exercida uma força de tração de 15# (66,72 N) sobre ela a 80°F (26,67°C).

a. Usando a mesma força de tração sobre ela, que comprimento a fita métrica teria a 40°F (4,44°C)?
b. Que força de tração $P$ é exigida para manter seu comprimento de 100 pés (30,48 m) a 40°F (4,44°C)?

$E_s = 29 \times 10^3$ ksi

**Resumo**

- Tensão é a intensidade de uma força – a quantidade de força que age em uma área unitária. Matematicamente, a tensão é escrita como

$$f = \frac{P}{A} = \frac{\text{força axial}}{\text{força resistente}}$$

- Duas tensões básicas são a tensão normal (de tração ou de compressão) e a tensão cisalhante.

- As tensões de tração tendem a alongar um elemento estrutural, ao passo que a tensão de compressão encurta o elemento. Ambas são formas de tensão normal em que a área resistente (a área da seção transversal do elemento estrutural) é perpendicular à direção do carregamento.

$$f_{\text{compressão}} = f_c = \frac{P}{A} \quad f_{\text{tração}} = f_t = \frac{P}{A}$$

- A tensão cisalhante é desenvolvida em uma área paralela à direção das cargas aplicadas. A equação da tensão cisalhante é idêntica à da tensão normal, exceto pela área resistente utilizada.

$$f_{\text{cisalhamento}} = f_c = \frac{P}{A}$$

- Deformação específica é uma medida da deformação por unidade de comprimento. A deformação específica axial (em função da tração, compressão ou variação térmica) é definida pela equação

$$\varepsilon = \frac{\delta}{L} = \frac{\text{deformação}}{\text{comprimento do elemento}}$$

- Elasticidade é uma propriedade dos materiais em que as deformações desaparecem com a remoção da carga. Todos os materiais estruturais são elásticos até um determinado grau. Se as cargas permanecerem abaixo do limite elástico do material, não é causada uma deformação permanente com a aplicação e a remoção da carga.

- Quando as cargas ultrapassarem o limite elástico de um material como o aço, surge uma deformação permanente e o comportamento é denominado plástico ou inelástico.

- Os aços estruturais apresentam vários aspectos importantes que podem ser desenvolvidos em um gráfico que representa a tensão de acordo com a deformação específica.

    - **Limite de elasticidade.** A tensão máxima que pode ser desenvolvida sem que seja causada uma deformação permanente.

    - **Limite de escoamento.** A tensão na qual ocorre uma deformação específica significativa sem um aumento correspondente de tensão. Esse valor de tensão é empregado na determinação da tensão admissível (níveis de segurança e de serviço) usada no projeto e no design de elementos estruturais de aço.

    - **Resistência estática.** O nível mais elevado de tensão atingido antes da falha estrutural.

    - **Ruptura.** O nível de tensão por ocasião da ruptura física.

Resistência dos Materiais

- A medida da elasticidade de um material é conhecida como o módulo de elasticidade longitudinal (ou simplesmente módulo de elasticidade) ou módulo de Young.

$$E = \frac{f}{\varepsilon} = \frac{\text{tensão}}{\text{deformação específica}} \text{ (na região elástica)}$$

Essa relação ($E$) representa a inclinação da parte elástica do diagrama tensão-deformação específica. Geralmente são desejáveis valores elevados de $E$, porque o material é mais resistente à deformação. O módulo de elasticidade é uma medida da rigidez do material.

- Ocorrem concentrações de tensões quando a geometria de um elemento estrutural for modificada de modo a incluir descontinuidades ou alterações nas seções transversais.

- Elementos estruturais sem restrições apresentarão mudanças em suas dimensões em função da variação de temperatura.

$$\delta = \alpha L \Delta T = \text{(coeficiente de dilatação térmica)} \times \text{(comprimento)} \times \text{(variação de temperatura)}$$

- Se um elemento estrutural estiver completamente restringido e não puder ocorrer deformação alguma em função da variação térmica, aparecerão tensões internas. A tensão interna é calculada como

$$f = \alpha \Delta T E = \text{(coeficiente de dilatação térmica)}$$
$$\times \text{(variação de temperatura)}$$
$$\times \text{(módulo de elasticidade longitudinal)}$$

# 6 Propriedades das Seções Transversais dos Elementos Estruturais

## Introdução

O projeto de vigas exige o conhecimento dos valores das resistências dos materiais (tensões admissíveis), da tensão crítica de cisalhamento e dos momentos e informações sobre suas seções transversais. O formato e a relação entre as dimensões da seção transversal de uma viga são muito importantes para manter as tensões de flexão e cisalhamento dentro dos limites admissíveis e controlar a deflexão (deslocamento transversal) que surgirá em decorrência das cargas. Por que uma viga de 2" × 8" (50,8 × 203,2 mm) apresenta deslocamento transversal menor quando apoiada sobre seu lado menor para um carregamento no meio do vão em relação à mesma viga de 2" × 8" (50,8 × 203,2 mm) quando apoiada sobre o lado maior? Colunas com seções transversais configuradas de modo inadequado podem ficar altamente suscetíveis à flambagem sob a ação de cargas relativamente moderadas. Assim, as colunas de tubos circulares são melhores para suportar cargas axiais do que colunas com uma seção transversal em cruz? (Figura 6.1)

Nos capítulos que se seguem será necessário calcular duas propriedades cruciais das seções transversais para o projeto de vigas e colunas. As duas propriedades são o *centroide* e o *momento de inércia*.

## 6.1 CENTRO DE GRAVIDADE – CENTROIDES

*Centro de gravidade* ou *centro de massa* se refere a massas ou pesos, e pode ser imaginado como um único ponto no qual o peso pode ser sustentado e estar em equilíbrio em todas as direções. Se o peso ou o objeto for homogêneo, o centro de gravidade e o centroide coincidirão. No caso de um martelo com cabo de madeira, seu centro de gravidade estaria próximo à parte de metal e o *centroide*, que é encontrado ignorando o peso e considerando apenas o volume, estaria próximo ao meio do cabo. Em decorrência dos pesos específicos diferentes, o centro de gravidade e o centroide não coincidem.

Normalmente, *centroide* se refere aos centros das linhas, das áreas e dos volumes. O centroide das áreas das seções transversais (de vigas e colunas) será usado posteriormente como *origem das referências* para o cálculo das outras propriedades das seções.

O método de localizar o centro de gravidade de uma massa ou uma área é baseado no método da determinação da resultante de

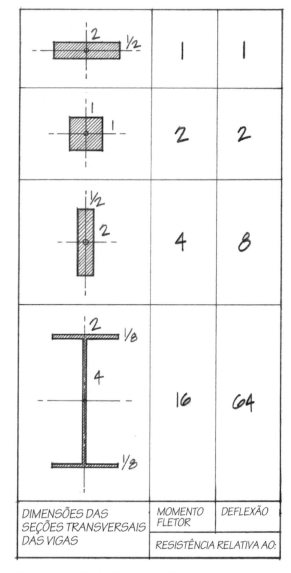

*Figura 6.1 Resistência relativa de quatro seções transversais de vigas (com as mesmas áreas de seção transversal) às tensões de flexão e aos deslocamentos transversais (deflexões).*

um sistema de forças paralelas. Se uma área ou massa for dividida em um grande número de áreas pequenas e iguais, com cada uma delas sendo representada por um vetor (peso) agindo em seu centroide, o vetor resultante de toda a área agirá através do centro de gravidade da área da massa total.

O centro de gravidade de uma massa ou de uma área é o ponto teórico onde pode-se considerar que toda a massa ou área está concentrada.

Para desenvolver as equações necessárias para calcular os eixos baricêntricos (centroidais) de uma área, imagine uma placa simples e quadrada de espessura uniforme (Figura 6.2).

$\bar{x}$ = distância x ao centro de gravidade = 2' (61 cm) do eixo y de referência

$\bar{y}$ = distância y ao centro de gravidade = 2' (61 cm) do eixo x de referência

Pode parecer óbvio que o centroide esteja localizado em, $\bar{x}$ = 2' (61 cm) e $\bar{y}$ = 2' (61 cm), mas pode ser necessária uma metodologia para ser empregada em áreas com formatos mais estranhos e complicados.

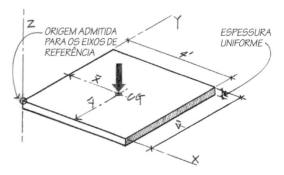

Figura 6.2   Centroide de toda a placa.

A primeira etapa, usando o método descrito a seguir, é dividir a área em incrementos menores chamados *componentes* (Figura 6.3).

Cada componente tem seu próprio peso e centroide, com todos os pesos dirigidos no sentido perpendicular à área da superfície (plano x-y). O módulo da resultante é igual à soma algébrica dos pesos componentes.

$$\boxed{W = \Sigma \Delta W}$$

onde

$W$ = peso total da placa

$\Delta W$ = peso do componente

Os centroides são obtidos calculando os momentos em torno dos eixos x e y, respectivamente. O princípio envolvido pode ser enunciado como

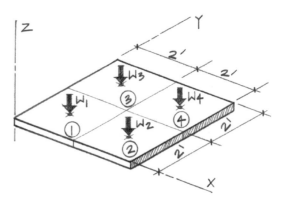

Figura 6.3   Placa dividida em quatro componentes.

*O momento de uma área em torno de um eixo é igual à soma algébrica dos momentos de suas áreas componentes em torno do mesmo eixo.*

Considerando os diagramas das Figuras 6.4 e 6.5, escreva as equações de momentos:

$\Sigma M_y: \bar{x}W = W_1 x_2 + W_2 x_1 + W_3 x_2 + W_4 x_1$

e

$\Sigma M_x: \bar{y}W = W_1 y_1 + W_2 y_1 + W_3 y_2 + W_4 y_2$

$$\boxed{\bar{x} = \frac{\Sigma(x \Delta W)}{W}}$$

$$\boxed{\bar{y} = \frac{\Sigma(y \Delta W)}{W}}$$

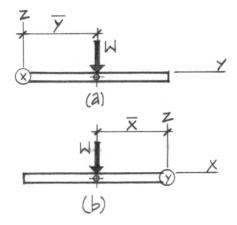

*Figura 6.4  Vistas laterais de toda a placa.*

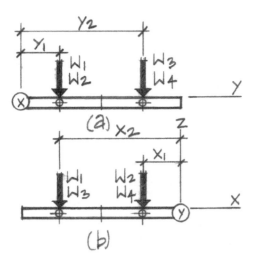

*Figura 6.5  Vistas laterais de uma quarta parte da placa.*

Se a placa for dividida em um número infinito de partes elementares, as expressões para os centroides podem ser escritas na forma matemática como

$$\bar{x} = \frac{\int x\,dW}{W}$$

$$\bar{y} = \frac{\int y\,dW}{W}$$

Admitindo que a placa tenha espessura uniforme $t$,

$$W = \gamma t A$$

onde

$W$ = peso total da placa
$\gamma$ = peso específico do material da placa
$t$ = espessura da placa
$A$ = área da superfície da placa

Correspondentemente, para as partes (áreas) componentes da placa com espessura uniforme $t$,

$$\Delta W = \gamma t \Delta A$$

onde

$\Delta W$ = peso da área componente da placa
$\Delta A$ = área da superfície componente

Se retornarmos às equações de momentos escritas anteriormente e substituirmos os valores de $\gamma t A$ por $W$ e $\gamma t \Delta A$ por $\Delta W$, verificamos que se a placa for homogênea e de espessura constante, $\gamma t$ é cancelado nas equações.

A equação de momento resultante seria escrita então como

$$\Sigma M_y: \bar{x}W = x_2\Delta A_1 + x_1\Delta A_2 + x_2\Delta A_3 + x_1\Delta A_4$$

$$\Sigma M_x: \bar{y}W = y_1\Delta A_1 + y_1\Delta A_2 + y_2\Delta A_3 + y_2\Delta A_4$$

$$\bar{x} = \frac{\Sigma(x\Delta A)}{A}$$

$$\bar{y} = \frac{\Sigma(y\Delta A)}{A}$$

onde

$$A = \Sigma \Delta A$$

*O momento de uma área é definido como o produto da área multiplicada pela distância perpendicular do eixo do momento ao centroide da área.*

Os centroides de algumas das áreas mais comuns foram determinados e são mostrados na Tabela 6.1.

O resultado anterior mostra que o centroide de uma área pode ser obtido dividindo a área em áreas elementares e somando os momentos das áreas elementares em torno de um eixo. Ao encontrar o centroide de uma área mais complexa (*i.e.*, uma área composta), pode-se usar uma metodologia similar.

Áreas compostas ou mais complexas são divididas inicialmente em formas geométricas mais simples (como as mostradas na Figura 6.1) com centroides conhecidos. É escolhida uma origem de eixos de referência (normalmente o canto inferior esquerdo) para estabelecer os eixos de referência $x$ e $y$. A seguir, são somados os momentos em torno dos eixos $x$ e $y$, respectivamente. O centroide determina a *nova* origem dos eixos de referência para os cálculos subsequentes de outras propriedades da seção transversal (momento de inércia e raio de giração).

*Tabela 6.1  Centroides de áreas simples*

| Forma | Desenho | $\bar{x}$ | $\bar{y}$ | Área |
|---|---|---|---|---|
| Retângulo | | $b/2$ | $h/2$ | $bh$ |
| Triângulo | | $b/3$ | $h/3$ | $bh/2$ |
| Semicírculo | | $0$ | $4r/3\pi$ | $\pi r^2/2$ |
| Quadrante de círculo | | $4r/3\pi$ | $4r/3\pi$ | $\pi r^2/4$ |
| Segmento parabólico | | $5b/8$ | $2h/5$ | $2bh/3$ |
| Complemento de um segmento parabólico | | $3b/4$ | $3h/10$ | $bh/3$ |

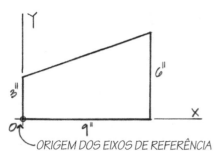

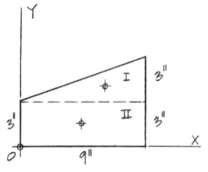

## Exemplos de Problemas: Centroides

**6.1** Determine as distâncias $x$ e $y$ ao centro de gravidade da área mostrada. Use o canto inferior esquerdo do trapézio como origem dos eixos de referência.

**Solução:**

Selecione uma origem dos eixos de referência conveniente. Normalmente é vantajoso selecionar uma origem de eixos de referência de forma que as distâncias $x$ e $y$ sejam medidas nas direções positivas de $x$ e $y$ a fim de evitar cálculos com sinais negativos.

Divida o trapézio em formas geométricas mais simples: um retângulo e um triângulo.

Quando as áreas compostas se tornarem mais complexas, pode ser conveniente usar um formato de tabela para os cálculos do eixo baricêntrico.

| Componente | Área ($\Delta A$) | $x$ | $x\Delta A$ | $y$ | $y\Delta A$ |
|---|---|---|---|---|---|
| (triângulo) | $\dfrac{9''(3'')}{2} = 13{,}5 \text{ in}^2$ | $6''$ | $81 \text{ in}^3$ | $4''$ | $54 \text{ in}^3$ |
| (retângulo) | $9''(3'') = 27 \text{ in}^2$ | $4{,}5''$ | $121{,}5 \text{ in}^3$ | $1{,}5''$ | $40{,}5 \text{ in}^3$ |
|  | $A = \Sigma \Delta A = 40{,}5 \text{ in}^2$ |  | $\Sigma x \Delta A =$ $202{,}5 \text{ in}^3$ |  | $\Sigma y \Delta A =$ $94{,}5 \text{ in}^3$ |

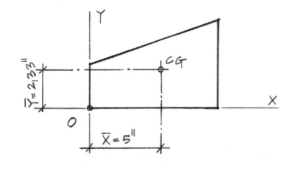

As distâncias $x$ e $y$ do centro de gravidade à origem dos eixos de referência são

$$\bar{x} = \frac{\Sigma x \Delta A}{A} = \frac{202{,}5 \text{ in}^3}{40{,}5 \text{ in}^2} = 5''$$

$$\bar{y} = \frac{\Sigma y \Delta A}{A} = \frac{94{,}5 \text{ in}^3}{40{,}5 \text{ in}^2} = 2{,}33''$$

Propriedades das Seções Transversais dos Elementos Estruturais

**6.2** Encontre o centroide da área em L mostrada no gráfico. Considere a origem de eixos de referência ilustrada.

**Solução:**

Novamente, a área composta será dividida em dois retângulos simples. A solução a seguir se baseia no diagrama da Figura (a).

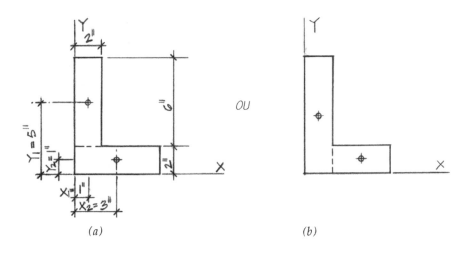

(a)          (b)

| Componente | Área ($\Delta A$) | $x$ | $x\Delta A$ | $y$ | $y\Delta A$ |
|---|---|---|---|---|---|
| | $2''(6'') = 12$ in$^2$ | $1''$ | 12 in$^3$ | $5''$ | 60 in$^3$ |
| | $2''(6'') = 12$ in$^2$ | $3''$ | 36 in$^3$ | $1''$ | 12 in$^3$ |
| | $A = \Sigma \Delta A = 24$ in$^2$ | | $\Sigma x \Delta A = 48$ in$^3$ | | $\Sigma y \Delta A = 72$ in$^3$ |

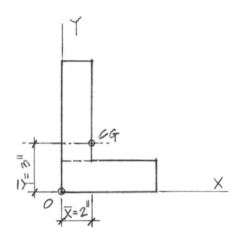

A distância do centroide aos eixos de referência é

$$\bar{x} = \frac{\Sigma x \Delta A}{A} = \frac{48 \text{ in}^3}{24 \text{ in}^2} = 2''$$

$$\bar{y} = \frac{\Sigma y \Delta A}{A} = \frac{72 \text{ in}^3}{24 \text{ in}^2} = 3''$$

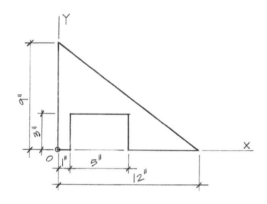

**6.3** Determine o centro de gravidade (centroide) do triângulo com o corte mostrado. Esse problema em particular utilizará o conceito de áreas negativas na solução.

**Solução:**

Mais uma vez a origem dos eixos de referência está localizada no canto inferior esquerdo, por conveniência (evitando distâncias negativas).

| Componente | Área (ΔA) | x | xΔA | y | yΔA |
|---|---|---|---|---|---|
| (triângulo) | $\frac{12''(9'')}{2} = 54 \text{ in}^2$ | 4″ | 216 in³ | 3″ | 162 in³ |
| (área negativa) | $-3''(5'') = -15 \text{ in}^3$ | 3,5″ | −52,5 in³ | 1,5″ | −22,5 in³ |
|  | ΣΔA = 39 in² |  | ΣxΔA = 163,5 in³ |  | ΣyΔA = 139,5 in³ |

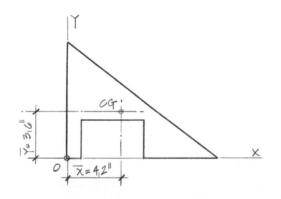

$$\bar{x} = \frac{\Sigma x \Delta A}{A} = \frac{163,5 \text{ in}^3}{39 \text{ in}^2} = 4,2''$$

$$\bar{y} = \frac{\Sigma y \Delta A}{A} = \frac{139,5 \text{ in}^3}{39 \text{ in}^2} = 3,6''$$

Propriedades das Seções Transversais dos Elementos Estruturais

**6.4** Encontre o centroide da seção de aço composta, constituída por um perfil (abas largas) W12 × 87 e uma placa de cobertura de $\frac{1}{2}'' \times 14''$ (12,7 × 355,6 mm) soldada ao flange superior. Obtenha as informações sobre o perfil de abas largas na Tabela A3 do Apêndice.

**Solução:**

W12 × 87:
$d = 12,53''$
$b_f = 12,13''$
$A = 25,6 \text{ in}^2$

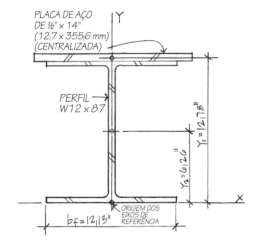

| Componente | Área ($\Delta A$) | $x$ | $x\Delta A$ | $y$ | $y\Delta A$ |
|---|---|---|---|---|---|
| (placa 14" × ½") | 7 in² | 0" | 0 | 12,78" | 89,5 in³ |
| (perfil W) | 25,6 in² | 0" | 0 | 6,26" | 160,3 in³ |
| | $A = \Sigma \Delta A = 32,6 \text{ in}^2$ | | $\Sigma x \Delta A = 0$ | | $\Sigma y \Delta A = 249,8 \text{ in}^3$ |

$$\bar{x} = \frac{\Sigma x \Delta A}{A} = \frac{0}{32,6 \text{ in}^2} = 0$$

$$\bar{y} = \frac{\Sigma y \Delta A}{A} = \frac{249,8 \text{ in}^3}{32,6 \text{ in}^2} = 7,7''$$

O centroide, ou centro de gravidade (CG), torna-se agora a nova origem de eixos de referência para a avaliação de outras propriedades da seção transversal.

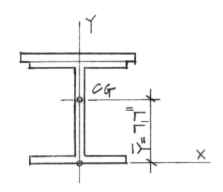

## Problemas

Encontre o centroide das seções transversais e áreas a seguir.

**6.1**

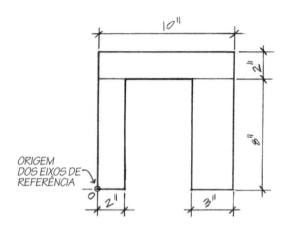

**6.2**

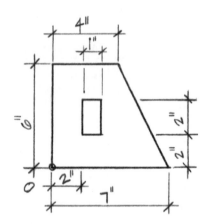

**6.3**

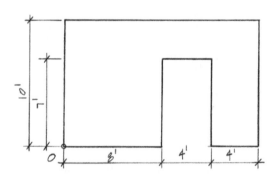

6.4

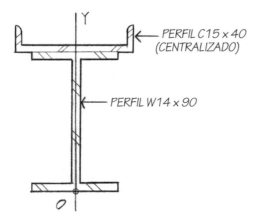

6.5

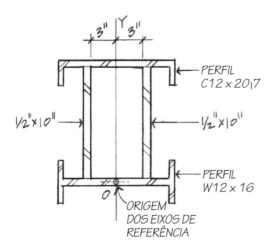

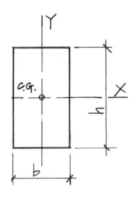

Área = $b \times h$ (in² ou mm²)

Perímetro = $2b + 2h$ (in ou mm)

*Figura 6.6   Seção transversal retangular.*

## 6.2   MOMENTO DE INÉRCIA DE UMA ÁREA

O *momento de inércia*, ou *segundo momento de área* como às vezes é chamado, é uma expressão matemática usada no estudo da resistência de vigas e pilares. Ela mede o efeito do formato da seção transversal na resistência da viga à tensão de flexão e ao deslocamento transversal (deflexão). A instabilidade ou flambagem de colunas esbeltas também é influenciada pelo momento de inércia de sua seção transversal.

O momento de inércia, ou o valor-$I$, é um fator de forma que quantifica a localização relativa do material em uma seção transversal em termos de sua eficiência. A seção transversal de uma viga com um grande momento de inércia apresentará menores tensões e deflexões sob a ação de uma determinada carga do que uma seção com momento de inércia menor. Uma coluna longa e esbelta não estará suscetível à flambagem lateral se o momento de inércia de sua seção transversal for suficiente. O momento de inércia é uma medida da rigidez da seção transversal, ao passo que o módulo de elasticidade longitudinal (ou, simplesmente, módulo de elasticidade) $E$ (estudado no Capítulo 5) é uma medida da rigidez do material.

O conceito de momento de inércia é essencial para o entendimento do comportamento da maioria das estruturas, e infelizmente seu conceito não tem analogia ou descrição física precisa. A unidade dimensional do momento de inércia $I$ é a de unidade de comprimento (metros, centímetros, polegadas etc.) elevada à quarta potência (m⁴, cm⁴, in⁴ etc.).

Admitindo a seção transversal retangular mostrada na Figura 6.6, pode ser dada uma descrição física da seguinte maneira:

área = $b \times h$ (in² ou mm²)
perímetro = $2b + 2h$ (in ou mm)

Entretanto, o momento de inércia da seção transversal é

$$\boxed{I = \frac{bh^3}{12} \text{ in}^4}$$

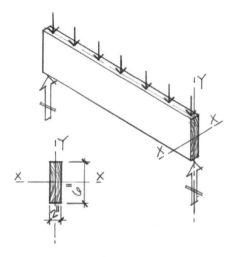

*Figura 6.7(a)   Vigota de 2" × 6" (50,8 × 152,4 mm).*

para uma seção transversal retangular.

O momento de inércia de uma área (área vezes a distância ao quadrado) é muito abstrato e difícil de visualizar como uma propriedade física.

Se considerarmos duas vigas prismáticas feitas do mesmo material, mas com diferentes seções transversais, a viga cuja área de seção transversal tiver maior momento de inércia terá maior resistência à flexão. Entretanto, ter o maior momento de inércia não significa simplesmente ter uma área de seção transversal maior. A orientação de uma seção transversal em relação ao eixo de flexão é crucial para a obtenção de um grande momento de inércia.

Uma seção retangular de 2" × 6" (50,8 × 152,4 mm) é usada como uma vigota na Figura 6.7(a) e como uma prancha na Figura 6.7(b). Da prática, já é conhecido que a vigota é muito mais resistente à flexão do que a prancha. Como muitos elementos estruturais, o retângulo tem um eixo (orientação) forte e um eixo fraco. É muito mais eficiente carregar uma seção transversal de forma que a flexão ocorra em torno do eixo forte.

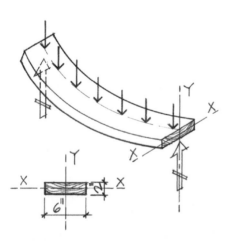

*Figura 6.7(b)   Prancha de 6" × 2" (152,4 × 50,8 mm).*

Pode ajudar a entender o conceito de momento de inércia se imaginarmos uma analogia com base na inércia real em função do movimento e da massa. Imagine que duas formas geométricas mostradas na Figura 6.8 sejam cortadas em uma placa de aço de $\frac{1}{2}$ polegada (12,7 mm) e colocadas e giradas em torno do eixo $x$. As duas formas apresentam áreas iguais, mas a forma da Figura 6.8(a) tem um momento de inércia $I_{x\text{-}x}$ muito maior em relação ao eixo de rotação. Seria muito mais difícil começar sua rotação e, uma vez em movimento, seria muito mais difícil parar. O mesmo princípio está presente quando uma patinadora artística gira no gelo. Com os braços encolhidos, a patinadora girará rapidamente; com os braços esticados (criando resistência aumentada para girar e/ou mais inércia), a patinadora reduz a velocidade.

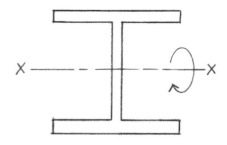

Figura 6.8(a)   Forma do perfil de abas largas.

Em nossa discussão a respeito do método de encontrar o centro de gravidade de áreas, cada área foi subdividida em áreas elementares menores que foram multiplicadas por suas respectivas distâncias perpendiculares ao eixo de referência. O procedimento é bastante similar para a determinação do momento de inércia. Entretanto, o momento de inércia em torno do mesmo eixo exigiria que cada área elementar fosse multiplicada pelo quadrado das respectivas distâncias perpendiculares ao eixo de referência.

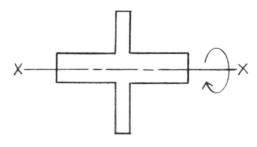

Figura 6.8(b)   Forma de crucifixo.

O valor de um momento de inércia pode ser calculado para qualquer formato em relação a qualquer eixo de referência (Figura 6.9).

Suponha que desejamos encontrar o momento de inércia de uma área irregular, conforme a mostrada na Figura 6.9, em torno do eixo $x$. Inicialmente consideraríamos que a área consiste em muitas áreas infinitamente menores $dA$ (onde $dA$ é uma área muito menor do que $\Delta A$). Considerando o $dA$ mostrado, seu momento de inércia em torno do eixo $x$ seria $y^2 dA$. Entretanto, esse produto é apenas uma pequena parcela de todo o momento de inércia. Cada $dA$ que constitui a área, quando multiplicada pelo quadrado de seu braço de momento correspondente $y$ e somada às outras, fornecerá o momento de inércia de toda a área em torno do eixo $x$.

O momento de inércia de uma área em torno de um eixo dado é definido como a soma dos produtos de todas as áreas elementares pelo quadrado de suas respectivas distâncias àquele eixo. Portanto, as duas equações a seguir obtidas a partir da Figura 6.9 são

$$I_x = \int_0^A y^2 dA$$

$$I_y = \int_0^A x^2 dA$$

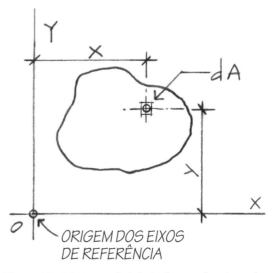

Figura 6.9   Momento de inércia de uma área irregular.

A dificuldade desse processo de integração é grandemente dependente da equação do contorno da área e de seus limites. Quando a integração se torna difícil demais ou quando for possível uma solução aproximada mais simples, o momento de inércia pode ser expresso em termos finitos por

$$I_x = \Sigma y^2 \Delta A$$

$$I_y = \Sigma x^2 \Delta A$$

A solução se torna menos precisa quando o tamanho de $\Delta A$ for aumentado.

Um momento de inércia tem a unidade de comprimento elevada à quarta potência, porque a distância ao eixo de referência é elevada ao quadrado. Por esse motivo, o momento de inércia é chamado algumas vezes *segundo momento de uma área*. O mais importante é que ele significa que os elementos ou áreas que estão relativamente afastados do eixo contribuirão substancialmente mais para um momento de inércia do que aqueles que estão mais próximos a ele.

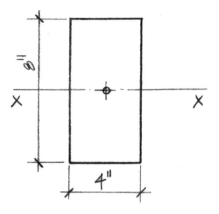

*Seção transversal da viga (4″ × 8″) ou (101,6 × 203,2 mm).*

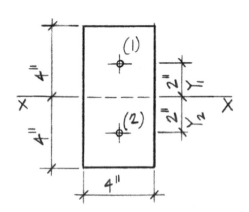

*$I_x$ com base em duas áreas elementares.*

### Exemplos de Problemas: Momento de Inércia por Aproximação

**6.5** Para ilustrar o método aproximado de cálculo de momento de inércia, examinaremos uma viga com seção transversal de 4″ × 8″ (101,6 × 203,2 mm).

O momento de inércia $I$ é sempre calculado em relação a um ponto ou a um eixo de referência. O eixo de referência mais útil e mais utilizado é o eixo baricêntrico (centroidal). (Agora você vê o motivo de encontrar o centroide de uma área.)

No primeiro cálculo aproximado para $I_x$ vamos admitir a seção transversal em questão dividida em duas áreas elementares.

Cada área elementar mede 4″ × 4″ (101,6 × 101,6 mm), e a distância $y$ ao centro de gravidade do componente é duas polegadas (50,8 mm).

$$A_1 = 16\,\text{in}^2; \quad y_1 = 2''$$
$$A_2 = 16\,\text{in}^2; \quad y_2 = 2''$$

$$I_x = \Sigma y^2 \Delta A = (16\,\text{in}^2)(2'')^2 + (16\,\text{in}^2)(2'')^2 = 128\,\text{in}^4$$

Quanto menores os elementos selecionados, mais preciso será o valor da aproximação. Portanto, vamos examinar a mesma seção transversal e subdividi-la em quatro elementos iguais.

$$A_1 = 8\,\text{in}^2; \quad y_1 = +3''$$
$$A_2 = 8\,\text{in}^2; \quad y_2 = +1''$$
$$A_3 = 8\,\text{in}^2; \quad y_3 = -1''$$
$$A_4 = 8\,\text{in}^2; \quad y_4 = -3''$$

$$I_x = \Sigma y^2 \Delta A = (8\,\text{in}^2)(+3'')^2 + (8\,\text{in}^2)(+1'')^2$$
$$+ (8\,\text{in}^2)(-1'')^2 + (8\,\text{in}^2)(-3'')^2$$

$$I_x = 72\,\text{in}^4 + 8\,\text{in}^4 + 8\,\text{in}^4 + 72\,\text{in}^4 = 160\,\text{in}^4$$

Observe que o valor de $I_x$ é diferente daquele do cálculo anterior.

Se a seção transversal fosse dividida em áreas ainda menores, $I_x$ se aproximará ao valor exato. Para comparar os dois cálculos anteriores com o valor exato de $I_x$ para uma seção transversal retangular, o retângulo será dividido em áreas infinitamente pequenas $dA$.

$$I_x = \int y^2 dA; \quad dA = b\,dy$$

$$I_x = \int y^2 dA = \int_{-h/2}^{+h/2} y^2 b\,dy = b\int_{-h/2}^{+h/2} y^2 dy = \left.\frac{by^3}{3}\right|_{-h/2}^{+h/2}$$

$$I_x = \frac{b}{3}\left[\left(\frac{h}{2}\right)^3 - \left(\frac{-h}{2}\right)^3\right] = \frac{b}{3}\left[\frac{h^3}{8} + \frac{h^3}{8}\right] = \frac{bh^3}{12}$$

Substituindo $b = 4''$ (101,6 mm) e $h = 8''$(203,2 mm),

$$I_{\text{exato}} = \frac{(4'')(8'')^3}{12} = 171 \text{ in}^4$$

O momento de inércia pode ser determinado em torno do eixo $y$ da mesma maneira que foi determinado para o eixo $x$.

Os momentos de inércia calculados pelo método da integração (exato) para algumas formas geométricas básicas são mostrados na Tabela 6.2.

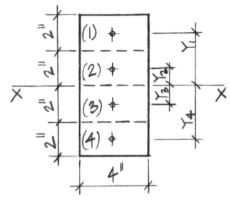

$I_x$ com base em quatro áreas elementares.

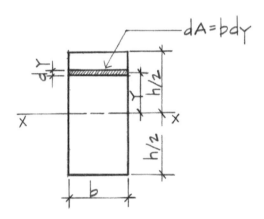

$I_x$ com base na integração de áreas $dA$.

*Tabela 6.2  Momentos de inércia para formas geométricas simples*

| Forma | Momento de Inércia ($I_x$) |
|---|---|
| Retângulo (base $b$, altura $h$, eixo $X$ no centroide a $h/2$) | $I_x = \dfrac{bh^3}{12}$ |
| Triângulo (base $b$, altura $h$, eixo $X$ a $h/3$ da base) | $I_x = \dfrac{bh^3}{36}$ |
| Círculo (raio $r$, diâmetro $d$) | $I_x = \dfrac{\pi r^4}{4} = \dfrac{\pi d^4}{64}$ |
| Coroa circular (diâmetros $D$ e $d$) | $I_x = \dfrac{\pi(D^4 - d^4)}{64}$ |
| Semicírculo (raio $r$, eixo $X$ a $.4244\,r$ da base) | $I_x = r^4\left(\dfrac{\pi}{8} - \dfrac{8}{9\pi}\right) = 0{,}11\, r^4$ |

Propriedades das Seções Transversais dos Elementos Estruturais

**6.6** Determine o valor de $I$ em torno do eixo $x$ (baricêntrico, ou centroidal).

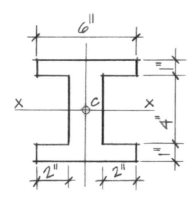

**Solução:**

Esse exemplo será resolvido usando o *método da área negativa*.

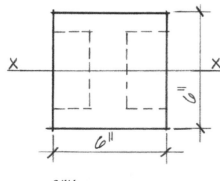

*Sólido*

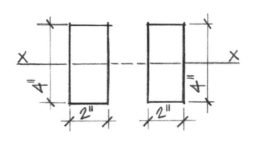

*Aberturas*

$$I_{\text{sólido}} = \frac{bh^3}{12}$$

$$I_{\text{aberturas}} = 2 \times \frac{bh^3}{12}$$

$$I_{\text{sólido}} = \frac{(6'')(6'')^3}{12} = 108 \text{ in}^4$$

$$I_{\text{aberturas}} = 2 \times \frac{(2'')(4'')^3}{12} = 21{,}3 \text{ in}^4$$

$$I_x = 108 \text{ in}^4 - 21{,}3 \text{ in}^4 = 86{,}7 \text{ in}^4$$

**Nota:** $I_x$ é um valor exato aqui, porque os cálculos foram baseados em uma equação exata para retângulos.

## Momento de Inércia por Integração:

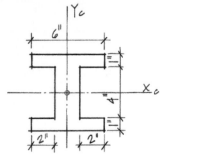
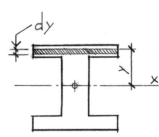

$$I_{x_c} = \int y^2 dA$$

onde

$dA = bdy$ ($b$ = base)

$y$ varia de

$$\left.\begin{array}{l} 0 \to +2'' \\ 0 \to -2'' \end{array}\right\} \text{ enquanto } b = 2''$$

e de:

$$\left.\begin{array}{l} +2'' \to +3'' \\ -2'' \to -3'' \end{array}\right\} \text{ enquanto } b = 6''$$

$$I_{x_c} = \int_A y^2 b dy$$

Considere $b$ como uma constante dentro de suas linhas de contorno definidas.

$$I_{x_c} = \int_{-2}^{+2}(2)y^2 dy + \int_{+2}^{+3}(6)y^2 dy + \int_{-3}^{-2}(6)y^2 dy$$

$$I_{x_c} = \frac{2y^3}{3}\bigg|_{-2}^{+2} + \frac{6y^3}{3}\bigg|_{+2}^{+3} + \frac{6y^3}{3}\bigg|_{-3}^{-2}$$

$$I_{x_c} = \frac{2}{3}(8 - [-8]) + 2(27 - 8) + 2(-8 - [-27])$$

$$I_{x_c} = 10{,}67 + 38 + 38 = 86{,}67 \text{ in}^4$$

## 6.3 MOMENTO DE INÉRCIA DE ÁREAS COMPOSTAS

Nas construções de concreto e aço, normalmente as seções transversais empregadas para vigas e colunas não são como as formas geométricas simples mostradas na Tabela 6.2. A maioria das formas estruturais é uma composição de duas ou mais formas simples combinadas em configurações adequadas para produzir eficiência estrutural ou vantagem construtiva. Chamamos essas formas de *áreas compostas* (Figura 6.10).

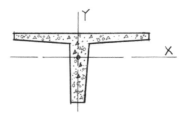

*(a) Seção em T de concreto pré-moldado.*

Em projeto estrutural, o momento de inércia em torno do eixo baricêntrico da seção transversal é uma propriedade importante da seção. Por ser possível calcular os momentos de inércia em relação a qualquer eixo de referência, foi necessária uma referência-padrão para obter consistência ao comparar a rigidez de uma seção transversal com outra.

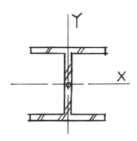

O *teorema dos eixos paralelos* fornece uma maneira simples de calcular o momento de inércia de uma figura em torno de qualquer eixo paralelo ao eixo baricêntrico (Figura 6.11). O princípio do teorema dos eixos paralelos pode ser enunciado da seguinte forma:

*(b) Seção de perfil de abas largas de aço.*

> *O momento de inércia de uma área em relação a qualquer eixo que não passe por seu centro de gravidade é igual ao momento de inércia daquela área em relação ao seu próprio eixo paralelo baricêntrico mais o produto da área pelo quadrado da distância entre os dois eixos.*

*(c) Placa de concreto pré-moldado.*

O teorema dos eixos paralelos expresso na forma de equação é

$$I_x = \Sigma I_{x_c} + \Sigma A d_y^2$$

que é a fórmula de transferência para o eixo $x$ principal e onde

$I_x$ = momento de inércia da seção transversal total em torno de seu eixo baricêntrico principal $x$ (in$^4$)

$I_{x_c}$ = momento de inércia da área componente em torno de seu próprio eixo baricêntrico (in$^4$ ou mm$^4$)

$A$ = área do componente (in$^2$ ou mm$^2$)

$dy$ = distância perpendicular entre o eixo baricêntrico principal e o eixo paralelo que passa pelo centro de gravidade do componente (in ou mm)

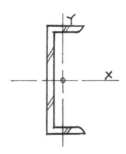

*(d) Seção de perfil C de aço.*

**Figura 6.10** *Formas compostas de seções transversais para vigas.*

A fórmula de transferência entre o eixo principal $y$ é expressa como

$$I_y = \Sigma I_{y_c} + \Sigma A d_x^2$$

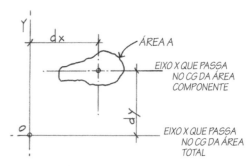

**Figura 6.11** *Área de transferência em torno dos eixos x e y.*

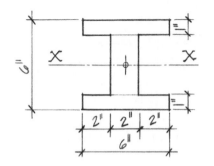

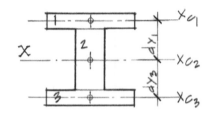

## Exemplos de Problemas: Momento de Inércia de Áreas Compostas

**6.7** Determine o momento de inércia $I_x$ em torno do eixo baricêntrico $x$.

**Nota:** *Essa seção é idêntica à do Exemplo de Problema 6.6.*

**Solução:**

Em vez do método de área negativa, será usada a fórmula de transferência, empregando o teorema dos eixos paralelos.

A seção transversal será dividida em três componentes conforme ilustrado (duas abas e a alma).

Cada componente da área total tem seu próprio centro de gravidade, e o eixo que passa por ele é indicado por $x_c$. O eixo baricêntrico principal de toda a seção transversal é $X$. Observe que o eixo baricêntrico principal $X$ coincide com o eixo componente $x_{c_2}$.

Quando as áreas compostas se tornam mais complexas, pode ser aconselhável colocar os cálculos no formato de uma tabela para minimizar os erros e a confusão.

| Componente | $I_{x_c}$ (in$^4$) | $A$ (in$^2$) | $d_y$ (in) | $Ad_y^2$ (in$^4$) |
|---|---|---|---|---|
| (aba superior) | $\dfrac{bh^3}{12} = \dfrac{6''(1'')^3}{12}$ $= 0{,}5 \text{ in}^4$ | 6 in$^2$ | 2,5'' | 37,5 in$^4$ |
| (alma) | $\dfrac{2''(4'')^3}{12} = 10{,}67 \text{ in}^4$ | 8 in$^2$ | 0'' | 0 |
| (aba inferior) | $= 0{,}5 \text{ in}^4$ | 6 in$^2$ | −2,5'' | 37,5 in$^4$ |
|  | $\Sigma I_{x_c} = 11{,}67 \text{ in}^4$ |  |  | $\Sigma Ad_y^2 = 75 \text{ in}^4$ |

O momento de inércia de toda a área composta é

$$I_X = \Sigma I_{x_c} + \Sigma Ad_y^2 = 11{,}67 \text{ in}^4 + 75 \text{ in}^4 = 86{,}67 \text{ in}^4$$

O conceito da fórmula de transferência envolve a inércia adicional exigida para acrescentar ou transferir um eixo de um local para outro. O termo $Ad_y^2$ representa a inércia adicional desenvolvida em torno do eixo $X$ devida aos componentes 1 e 2.

Propriedades das Seções Transversais dos Elementos Estruturais

**6.8** Determine o momento de inércia em torno dos eixos baricêntricos $x$ e $y$ da área composta mostrada.

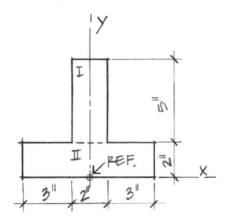

**Solução:**

Normalmente, o primeiro passo na determinação do momento de inércia em torno de um eixo baricêntrico principal exige a determinação do local do centro de gravidade (particularmente em seções transversais assimétricas).

| Componente | $\Delta A$ | $x$ | $x\Delta A$ | $y$ | $y\Delta A$ |
|---|---|---|---|---|---|
| | $10\,\text{in}^2$ | $0''$ | $0$ | $4,5''$ | $45\,\text{in}^3$ |
| | $16\,\text{in}^2$ | $0''$ | $0$ | $1''$ | $16\,\text{in}^3$ |
| | $A = \Sigma\Delta A$ $= 26\,\text{in}^2$ | | $\Sigma x\Delta A = 0$ | | $\Sigma y\Delta A$ $= 61\,\text{in}^3$ |

$\bar{x} = 0$

$\bar{y} = \dfrac{\Sigma y \Delta A}{A} = \dfrac{61\,\text{in}^3}{26\,\text{in}^2} = 2,35''$

$d_{y1} = y_1 - \bar{y} = 4,5'' - 2,35'' = 2,15''$

$d_{y2} = \bar{y} - y_2 = 2,35'' - 1'' = 1,35''$

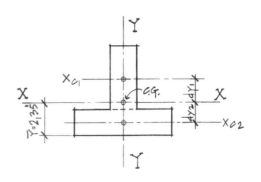

| Componente | A | $I_{x_c}$ | $d_y$ | $Ad_y^2$ | $I_{y_c}$ | $d_x$ | $Ad_x^2$ |
|---|---|---|---|---|---|---|---|
| (5″×2″ vertical) | 10 in² | $\dfrac{2''(5'')^3}{12} = 20{,}8 \text{ in}^4$ | 2,15″ | 46,2 in⁴ | $\dfrac{5''(2'')^3}{12} = 3{,}3 \text{ in}^4$ | 0″ | 0 |
| (8″×2″ horizontal) | 16 in² | $\dfrac{8''(2'')^3}{12} = 5{,}3 \text{ in}^4$ | 1,35″ | 29,2 in⁴ | $\dfrac{2''(8'')^3}{12} = 85{,}3 \text{ in}^4$ | 0″ | 0 |
| | | $\Sigma I_{x_c} = 26{,}1 \text{ in}^4$ | | $\Sigma Ad_y^2 = 75{,}4 \text{ in}^4$ | $\Sigma I_{y_c} = 88{,}6 \text{ in}^4$ | | $\Sigma Ad_x^2 = 0$ |

$$I_x = \Sigma I_{x_c} + \Sigma Ad_y^2 = 26{,}1 \text{ in}^4 + 75{,}4 \text{ in}^4 = 101{,}5 \text{ in}^4$$

$$I_y = \Sigma I_{y_c} + \Sigma Ad_x^2 = 88{,}6 \text{ in}^4 + 0 \text{ in}^4 = 88{,}6 \text{ in}^4$$

**6.9** Encontre $I_x$ e $I_y$ para a seção transversal em L mostrada.

**Solução:**

Pode ser conveniente preencher uma tabela para encontrar o local do centro de gravidade assim como o momento de inércia.

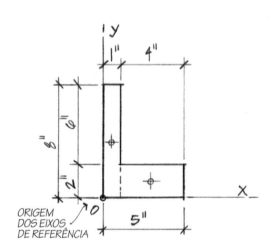

| Componente | Área | x | Ax | y | Ay |
|---|---|---|---|---|---|
| (vertical) | 8 in² | 0,5″ | 4 in³ | 4″ | 32 in³ |
| (horizontal) | 8 in² | 3″ | 24 in³ | 1″ | 8 in³ |
| | $\Sigma A = 16 \text{ in}^2$ | | $\Sigma Ax = 28 \text{ in}^3$ | | $\Sigma Ay = 40 \text{ in}^3$ |

$$\bar{x} = \frac{28 \text{ in}^3}{16 \text{ in}^2} = 1{,}75''; \quad \bar{y} = \frac{40 \text{ in}^3}{16 \text{ in}^2} = 2{,}5''$$

Propriedades das Seções Transversais dos Elementos Estruturais

| Componente | $A$ | $I_{x_c}$ | $d_y$ | $Ad_y^2$ | $I_{y_c}$ | $d_x$ | $Ad_x^2$ |
|---|---|---|---|---|---|---|---|
| | $8\ in^2$ | $\dfrac{1''(8'')^3}{12}$ $= 42{,}67\ in^4$ | $1{,}5''$ | $18\ in^4$ | $\dfrac{8''(1'')^3}{12}$ $= 0{,}67\ in^4$ | $1{,}25''$ | $12{,}5\ in^4$ |
| | $8\ in^2$ | $\dfrac{4''(2'')^3}{12}$ $= 2{,}67\ in^4$ | $1{,}5''$ | $18\ in^4$ | $\dfrac{2''(4'')^3}{12}$ $= 10{,}67\ in^4$ | $1{,}25''$ | $12{,}5\ in^4$ |

$\Sigma I_{x_c} = 45{,}34\ in^4; \quad \Sigma I_{y_c} = 11{,}34\ in^4$

$\Sigma Ad_y^2 = 36\ in^4; \quad \Sigma Ad_x^2 = 25\ in^4$

$I_x = \Sigma I_{x_c} + \Sigma Ad_y^2; \quad I_x = 81{,}34\ in^4$

$I_y = \Sigma I_{y_c} + \Sigma Ad_x^2; \quad I_y = 36{,}34\ in^4$

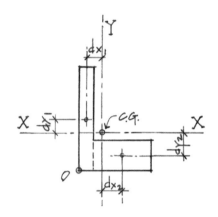

## Problemas

Determine $I_x$ e $I_y$ para as seções transversais dos Problemas 6.6 a 6.8 e $I_x$ para os Problemas 6.9 a 6.11.

**6.6**

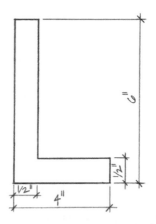

**6.7**

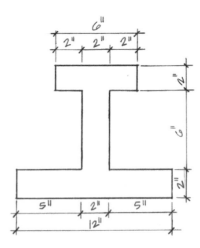

**6.8**

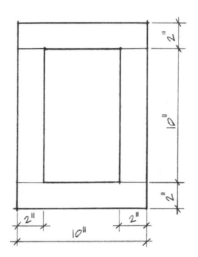

Propriedades das Seções Transversais dos Elementos Estruturais

**6.9** Todos os elementos são S4S (aplainados nos 4 lados). Consulte a Tabela A1 no Apêndice.

2 × 4 S4S; 1,5" × 3,5"; $A = 5{,}25\ in^2$
2 × 12 S4S; 1,5" × 11,25"; $A = 16{,}88\ in^2$

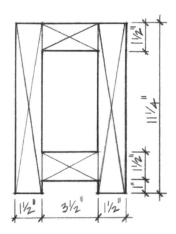

**6.10**

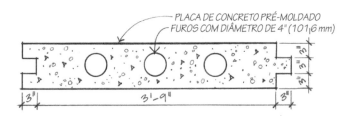

**6.11** Consulte os valores para os aços na Tabela A3 do Apêndice.

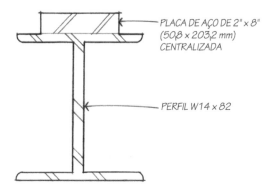

## Exemplos de Problemas

**6.10** Uma viga composta de aço é constituída por um perfil W18 × 97 colocado no sentido lateral ligado à placa vertical de 1" × 32" (25,4 × 812,8 mm) e a uma placa horizontal de 2" × 16" (50,8 × 406,4 mm). Admitindo que a placa vertical esteja no centro da alma do perfil de abas largas, calcule $I_x$ e $I_y$ em torno dos eixos baricêntricos da seção transversal total.

**Solução:**

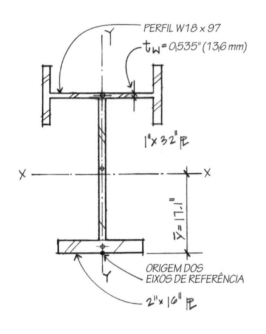

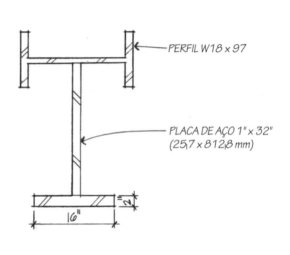

| Componente | Área | y | Ay |
|---|---|---|---|
| ⊢⊣ | 28,5 in² | $2" + 32" + \dfrac{0,532"}{2}$ = 34,27" | 976,7 in³ |
| │ | 1" × 32" = 32 in² | 2" + 16" = 18" | 576 in³ |
| ▭ | 2" × 16" = 32 in² | 1" | 32 in³ |
|  | ΣA = 92,5 in² |  | ΣAy = 1.585 in³ |

$$\bar{y} = \frac{\Sigma y \Delta A}{A} = \frac{1.584,6 \text{ in}^3}{92,5 \text{ in}^2} = 17,1"$$

Propriedades das Seções Transversais dos Elementos Estruturais

| Componente | A | $I_{x_c}$ (in⁴) | $d_y$ | $Ad_y^2$ | $I_{y_c}$ (in⁴) | $d_x$ | $Ad_x^2$ |
|---|---|---|---|---|---|---|---|
| ⊢⊣ | 28,5 in² | 201 | 17,2" | 8.431 in⁴ | 1.750 | 0" | 0 |
| ∣ | 32 in² | $\dfrac{1''(32'')^3}{12} = 2.731$ | 0,9" | 26 in⁴ | $\dfrac{32''(1'')^3}{12} = 2,7$ | 0" | 0 |
| ▭ | 32 in² | $\dfrac{16''(2'')^3}{12} = 10,7$ | 16,1" | 8.295 in⁴ | $\dfrac{2''(16'')^3}{12} = 682,7$ | 0" | 0 |
|  |  | $\Sigma I_{x_c} = 2.942,7$ in⁴ |  | $\Sigma Ad_y^2 = 16.752$ in⁴ | $\Sigma I_{y_c} = 2.435,4$ in⁴ |  | $\Sigma Ad_x^2 = 0$ |

$I_x = \Sigma I_{x_c} + \Sigma Ad_y^2 = 2.942,7 \text{ in}^4 + 16,752 \text{ in}^4 = 19.694,7 \text{ in}^4$

$I_y = \Sigma I_{y_c} + \Sigma Ad_x^2 = 2.435,4 \text{ in}^4 + 0 \text{ in}^4 = 2.435,4 \text{ in}^4$

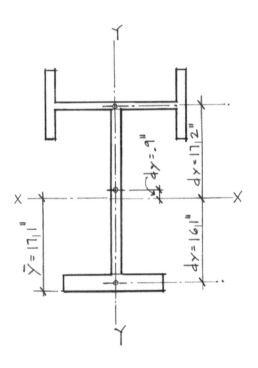

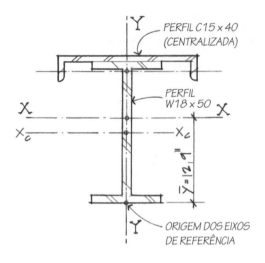

**6.11** Um sistema de piso fortemente carregado usa uma seção de aço composta, conforme ilustrado. Uma seção de perfil C15 × 40 é ligada à aba superior do perfil W18 × 50. Determine $I_x$ e $I_y$ em torno dos eixos baricêntricos da seção total usando as propriedades das seções transversais dadas nas tabelas para perfis laminados padrão (ver as Tabelas A3 e A4 do Apêndice).

**Solução:**

Determine os eixos baricêntricos da seção composta em primeiro lugar.

| Componente | Área | $y$ | $Ay$ |
|---|---|---|---|
| (C15×40) | 11,8 in² | $d + t_w - x =$ $18 + 0{,}52 - 0{,}78 =$ 17,74″ | 209,3 in³ |
| (W18×50) | 14,7 in² | $\dfrac{d}{2} = \dfrac{18''}{2} = 9''$ | 132,3 in³ |
|  | $\Sigma A = 26{,}5$ in² |  | $\Sigma Ay = 341{,}6$ in³ |

$$\bar{y} = \frac{\Sigma y \Delta A}{A} = \frac{341{,}6 \text{ in}^3}{26{,}5 \text{ in}^2} = 12{,}9''$$

| Componente | $A$ | $I_{x_c}$ | $d_y$ | $Ad_y^2$ | $I_{y_c}$ | $d_x$ | $Ad_x^2$ |
|---|---|---|---|---|---|---|---|
| (C) | 11,8 in² | 9,23 | $y_1 - \bar{y}$ $= (17{,}7 - 12{,}9)$ $= 4{,}8''$ | 272 in⁴ | 349 in⁴ | 0″ | 0 |
| (W) | 14,7 in² | 800 | $\bar{y} - y_2$ $= (12{,}9 - 9)$ $= 3{,}9''$ | 224 in⁴ | 40,1 in⁴ | 0″ | 0 |
|  |  | $\Sigma I_{x_c}$ $= 809$ in⁴ |  | $\Sigma Ad_y^2$ $= 496$ in⁴ | $\Sigma I_{y_c}$ $= 389$ in⁴ |  | $\Sigma Ad_x^2$ $= 0$ |

$$I_x = \Sigma I_{x_c} + \Sigma Ad_y^2 = 809 \text{ in}^4 + 496 \text{ in}^4 = 1.305 \text{ in}^4$$

$$I_y = \Sigma I_{y_c} + \Sigma Ad_x^2 = 389 \text{ in}^4 + 0 \text{ in}^4 = 389 \text{ in}^4$$

Propriedades das Seções Transversais dos Elementos Estruturais

## Problemas

Determine os momentos de inércia das áreas compostas usando os perfis laminados padrão mostrados a seguir.

**6.12**

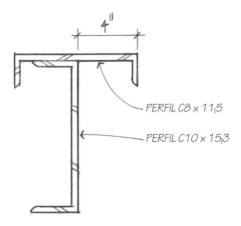

**6.13**

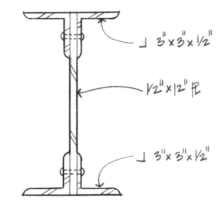

**6.14**

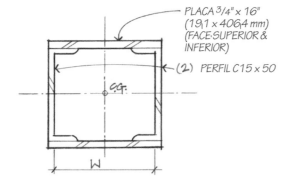

Uma coluna composta, quadrada e oca é formada pela solda de duas placas de $\frac{3}{4}'' \times 16''$ (19,1 × 406,4 mm) às abas de dois perfis C15 × 50. Por motivos estruturais, necessita-se ter $I_x$ igual a $I_y$. Encontre a distância $W$ exigida para conseguir isso.

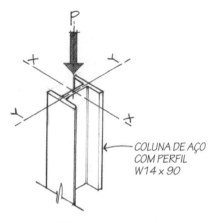

*Figura 6.12   Perfil de aba larga axialmente carregada.*

## 6.4   RAIO DE GIRAÇÃO

No estudo do comportamento de colunas, usaremos o termo *raio de giração* (r). O raio de giração expressa a relação entre a área de uma seção transversal e um momento de inércia baricêntrico. É um fator de forma que mede a resistência da coluna à flambagem em torno de um eixo.

Admita que uma coluna feita com um perfil de aço W14 × 90 (Figura 6.12) esteja carregada axialmente até atingir falha estrutural por flambagem (Figura 6.13).

Um exame da coluna flambada revelará que a falha ocorre em torno do eixo $y$. Uma medida da capacidade da coluna de resistir à flambagem é o valor de seu raio de giração (r). Para o perfil W14 × 90, os valores dos raios de giração em torno dos eixos $x$ e $y$ são

W14 × 90:   $r_x = 6{,}14''$

$r_y = 3{,}70''$

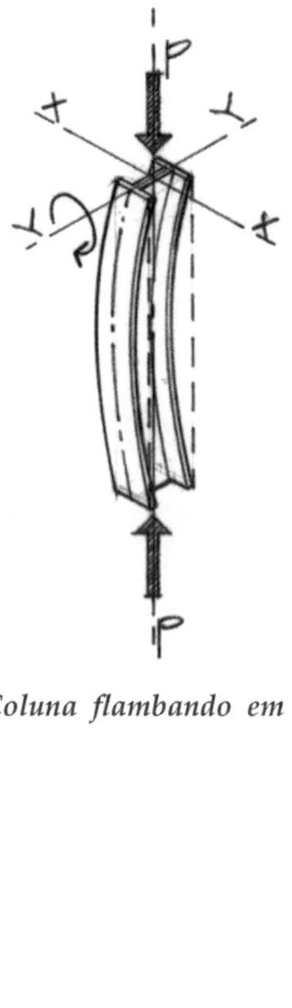

Quanto maior o valor de $r$, mais resistência será oferecida contra a flambagem.

O raio de giração de uma seção transversal (área) é definido como a distância ao seu eixo de momento de inércia na qual toda a área poderia ser considerada como se estivesse concentrada (como um buraco negro no espaço) sem modificação de seu momento de inércia (Figura 6.14).

Se

$$A_1 = A_2$$

e

$$I_{x1} = I_{x2}$$

então

$$I_x = A r^2$$

$$\therefore r_x^2 = \frac{I_x}{A}$$

e

$$r_x = \sqrt{\frac{I_x}{A}}$$
$$r_y = \sqrt{\frac{I_y}{A}}$$

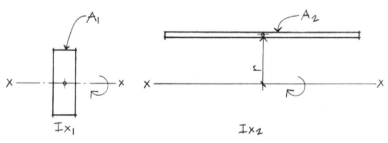

*Figura 6.13   Coluna flambando em torno do eixo fraco (y).*

*Figura 6.14   Raio de giração para $A_1$ e $A_2$.*

Para todos os perfis laminados padrão em aço, os valores dos raios de giração são dados nas tabelas de propriedades das seções transversais de aço no Apêndice (da Tabela A3 à Tabela A6).

Propriedades das Seções Transversais dos Elementos Estruturais

## Exemplos de Problemas: Raio de Giração

**6.12** Usando a seção transversal mostrada no Exemplo de Problema 6.11, encontramos que

$$I_x = 1.305 \text{ in}^4; \quad A = 26{,}5 \text{ in}^2$$
$$I_y = 389 \text{ in}^4$$

Os raios de giração para os dois eixos baricêntricos são calculados como

$$r_x = \sqrt{\frac{I_x}{A}} = \sqrt{\frac{1.305 \text{ in}^4}{26{,}5 \text{ in}^2}} = 7{,}02''$$

$$r_y = \sqrt{\frac{I_y}{A}} = \sqrt{\frac{389 \text{ in}^4}{26{,}5 \text{ in}^2}} = 3{,}83''$$

**6.13** Duas seções transversais quadradas idênticas são orientadas conforme ilustrado na Figura 6.15. Qual delas tem valor maior de $I$? Encontre o raio de giração $r$ para cada uma delas.

**Solução:**

Figura (a): $\quad I_x = \dfrac{bh^3}{12} = \dfrac{a(a)^3}{12} = \dfrac{a^4}{12}$

Figura (b): $\quad$ Constituída de quatro triângulos

$$\therefore I_x = \frac{4(bh^3)}{36} + 4(Ad_y^2)$$

$b = 0{,}707a; \quad h = 0{,}707a; \quad d_y = \dfrac{h}{3} = \dfrac{0{,}707a}{3}$

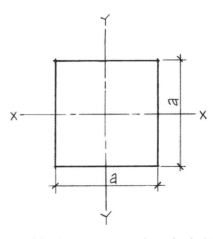

Figura 6.15(a)  Seção transversal quadrada (a)x(a).

$$I_x = \frac{4(0{,}707a \times [0{,}707a]^3)}{36} + 4\left(\frac{1}{2} \times 0{,}707a \times 0{,}707a\right)\left(\frac{0{,}707a}{3}\right)^2$$

$$I_x = \frac{a^4}{36} + \frac{a^4}{18} = \frac{3a^4}{36} = \frac{a^4}{12}$$

Os raios de giração de ambas as seções transversais são iguais.

$$r_x = \sqrt{\frac{I_x}{A}} = \sqrt{\frac{\frac{a^4}{12}}{a^2}} = \sqrt{\frac{a^2}{12}} = \frac{a}{2}\sqrt{\frac{1}{3}} = \frac{a}{2\sqrt{3}}$$

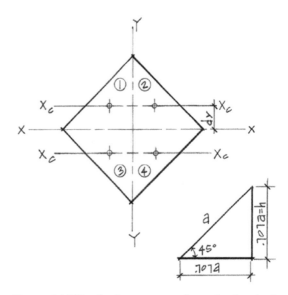

Figura 6.15(b)  Seção transversal quadrada girada a 45°.

**Resumo**

- *Centro de gravidade (C.G.)* ou *centro de massa*, se refere a massas ou pesos idealizados como um único ponto no qual o peso poderia ser sustentado ou estar em equilíbrio em todas as direções.

- *Centroide* se refere ao centro geométrico de linhas, áreas e volumes. O projeto de vigas e colunas utiliza o centroide das áreas das seções transversais para o cálculo de outras propriedades da seção.

- As áreas compostas são constituídas de áreas mais simples.

$$(A = \Sigma \Delta A)$$

- O momento de uma área em torno de um eixo é igual à soma algébrica dos momentos de suas áreas componentes em torno do mesmo eixo.

$$\bar{x} = \frac{\Sigma x \Delta A}{A}; \quad \bar{y} = \frac{\Sigma y \Delta A}{A}$$

- O momento de uma área é definido como o produto da área pela distância perpendicular do eixo do momento ao centroide da área.

- Momento de inércia ($I$), ou segundo momento de área, é um fator que quantifica o efeito da forma da seção transversal da viga ou coluna resistir à flexão, deflexão e flambagem. O momento de inércia é uma medida da rigidez da seção transversal.

$$I_x = \Sigma y^2 \Delta A; \quad I_y = \Sigma x^2 \Delta A;$$

- Quando os formatos das seções transversais não forem formas geométricas simples, mas uma composição de duas ou mais formas simples combinadas, usa-se o teorema dos eixos paralelos para determinação do momento de inércia em torno de qualquer eixo paralelo ao eixo baricêntrico.

$$I_x = \Sigma I_{x_c} + \Sigma A d_y^2; \quad I_y = \Sigma I_{y_c} + \Sigma A d_x^2$$

- O raio de giração expressa a relação entre a área de uma seção transversal e um momento de inércia baricêntrico. Esse fator de forma é usado na medida da esbeltez da coluna e de sua resistência à flambagem.

$$r_x = \sqrt{\frac{I_x}{A}}; \quad r_y = \sqrt{\frac{I_y}{A}}$$

# 7 Flexão e Cisalhamento em Vigas Simples

## Introdução

Uma viga é um elemento estrutural longo e esbelto que resiste a cargas normalmente aplicadas no sentido transversal (perpendicular) ao seu eixo longitudinal. Essas forças transversais fazem com que a viga sofra flexão no plano das cargas aplicadas e se desenvolvam tensões internas no material quando ele resiste a essas cargas.

Provavelmente as vigas são o tipo mais comum de elemento estrutural usado em telhados e pisos de uma construção de qualquer tamanho, assim como em pontes e outras aplicações estruturais. Nem todas as vigas precisam ser horizontais; elas podem ser verticais ou inclinadas. Além disso, elas podem apresentar uma, duas ou várias reações.

## 7.1 CLASSIFICAÇÃO DAS VIGAS E DAS CARGAS

O projeto de uma viga envolve a determinação do tamanho, da forma e do material com base na tensão de flexão, na tensão de cisalhamento e no deslocamento transversal (deflexão) causados pelas cargas aplicadas (Figura 7.1).

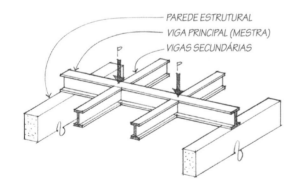

*(a) Diagrama esquemático de uma viga carregada.*

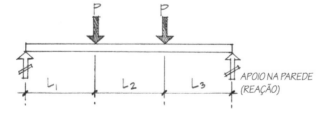

*(b) DCL da viga.*

*Figura 7.1 Viga de aço com cargas e reações de apoio.*

Frequentemente as vigas são classificadas de acordo com suas condições de apoio. A Figura 7.2 ilustra as seis principais classificações de vigas.

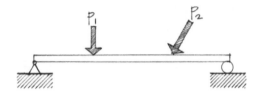
*(a) Simplesmente apoiada: dois apoios.*

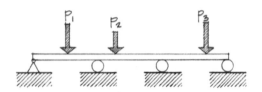
*(b) Contínua: três ou mais apoios.*

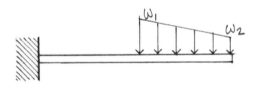
*(c) Engastada: uma extremidade fixa rigidamente.*

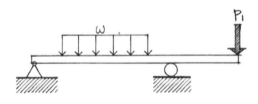
*(d) Balanço: dois apoios — um ou ambos os apoios não localizados na extremidade.*

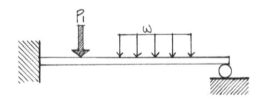
*(e) Engastada e apoiada: dois apoios – uma extremidade é fixa.*

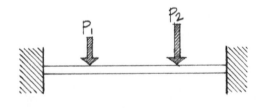
*(f) Biengastada: ambos os apoios são fixos, não permitindo reação nas extremidades fixas.*

*Figura 7.2  Classificação baseada em condições de apoio.*

Flexão e Cisalhamento em Vigas Simples

## Tipos de Conexões

As condições reais de apoio e de conexões para vigas e colunas são definidas como apoios em roletes (ou apoio de primeiro gênero), articulações (ou apoios em pinos, ou ainda apoio de segundo gênero) ou engaste (apoio fixo ou apoio de terceiro gênero). A Figura 7.3 ilustra exemplos de condições comuns de apoio e conexões encontradas na prática.

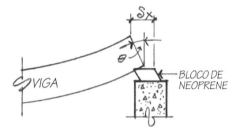

(a) Viga apoiada em um bloco de neoprene.

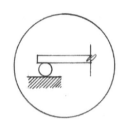

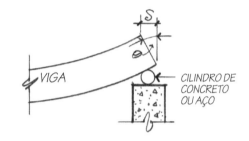

(b) Viga apoiada em um cilindro de concreto ou de aço.

*Exemplos de apoio de primeiro gênero, ou rolete, (a, b). O deslocamento horizontal e a rotação são permitidos; podem aparecer como consequência da atuação de cargas ou de condições térmicas.*

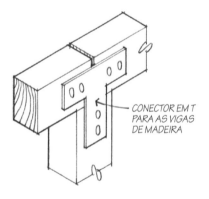

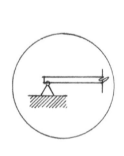

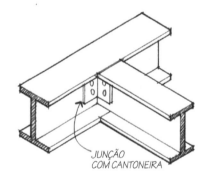

(c) Conexão de viga e coluna de madeira com placa em T.

(d) Viga de aço conectada a uma viga principal também de aço.

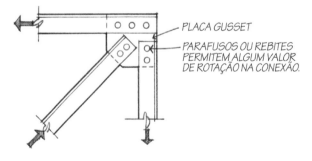

(e) Base de coluna com conexão típica por pino.

(f) Nó de treliça — três cantoneiras de aço com placa gusset.

*Exemplos de apoios de segundo gênero ou pino (c, d, e, f). Permitem algum valor de rotação na conexão.*

*Figura 7.3  Classificação baseada em tipos de conexão (continua na próxima página).*

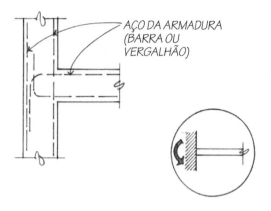

(g) Conexão piso — parede de concreto armado.

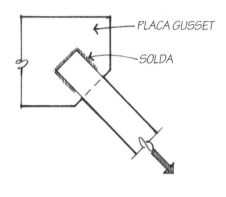

(h) Tira de aço soldada a uma placa gusset.

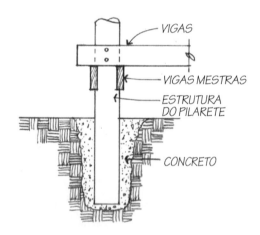

(i) Estrutura de um pilarete de madeira — base embutida.

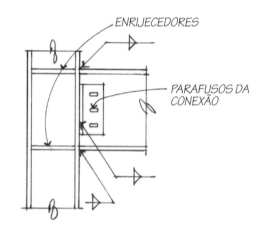

(j) Conexão engastada viga-coluna.

Exemplos de apoios fixos (g, h, i, j). Não há rotação na conexão.

Figura 7.3  Classificação baseada em tipos de conexão (continuação).

Flexão e Cisalhamento em Vigas Simples

A Figura 7.4 ilustra os quatro tipos fundamentais de cargas que podem agir em uma viga.

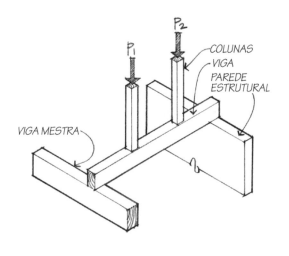

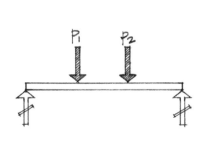

*(a) Carga concentrada.*

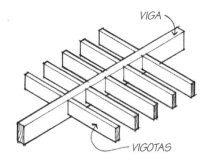

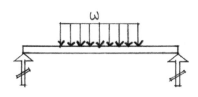

*(b) Carga uniformemente distribuída.*

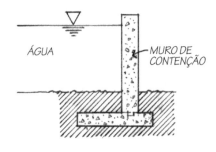

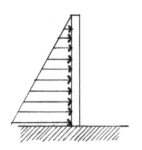

*(c) Carga com distribuição não uniforme.*

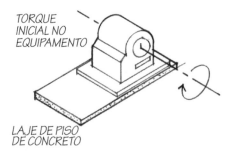

*(d) Momento puro.*

*Figura 7.4   Classificação com base no tipo de carga.*

## 7.2 CISALHAMENTO E MOMENTO FLETOR

Quando uma viga estiver sujeita a qualquer um dos carregamentos mencionados anteriormente, seja isoladamente ou em qualquer combinação, ela deve resistir a essas cargas e permanecer em equilíbrio. Para a viga permanecer em equilíbrio, deve haver um sistema de forças internas na viga para resistir às forças e aos momentos aplicados. As tensões e os deslocamentos transversais das vigas são funções das reações, das forças e dos momentos internos. Por esse motivo, é conveniente "mapear" essas forças internas e construir diagramas que forneçam uma imagem completa dos módulos e das direções das forças e dos momentos que agem ao longo do comprimento da viga. Esses diagramas são conhecidos como *diagramas de carregamento, de esforços cortantes (DEC) e de momentos fletores (DMF)* (Figura 7.5).

- O *diagrama de carregamento* mostrado na Figura 7.5 corresponde a uma carga concentrada na extremidade livre de uma viga em balanço (cantiléver). (O diagrama de carregamento é basicamente o DCL da viga.)
- O *diagrama de esforços cortantes* (*DEC*) mostrado na Figura 7.5 é um gráfico da variação do esforço cortante ao longo do comprimento da viga.
- O *diagrama de momentos fletores* (*DMF*) mostrado na Figura 7.5 é um gráfico da variação do momento fletor ao longo da viga.

Um *diagrama de esforços cortantes* é um gráfico no qual a *abscissa* (eixo de referência horizontal) representa as distâncias ao longo do comprimento da viga, e as *ordenadas* (medidas verticais a partir da abscissa) representam o esforço cortante nas seções correspondentes da viga. Um *diagrama de momentos fletores* é um gráfico no qual a abscissa representa as distâncias ao longo do comprimento da viga e as ordenadas representam o momento fletor nas seções correspondentes.

Os diagramas de esforços cortantes e de momentos fletores podem ser desenhados calculando valores dos esforços cortantes e dos momentos fletores em várias seções ao longo da viga e plotando pontos suficientes para obter uma curva suave. Entretanto, tal procedimento é bastante demorado e embora ele seja desejável para a solução gráfica de determinados tipos de problemas estruturais, serão desenvolvidos dois métodos mais rápidos nas Seções 7.3 e 7.5.

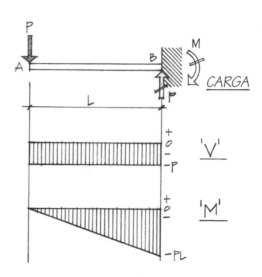

*Figura 7.5   Diagramas de carregamento, esforços cortantes (DEC) e momentos fletores (DMF).*

Torna-se necessária uma convenção de sinais para os diagramas de esforços cortantes e de momentos fletores se os resultados obtidos pelo seu uso precisarem ser interpretados de maneira conveniente e confiável.

Por definição, o cisalhamento em uma seção é considerado positivo quando a parte da viga à esquerda da seção de corte (para uma viga horizontal) tender a estar em uma posição elevada em relação à parte à direita da seção de corte, conforme mostra a Figura 7.6.

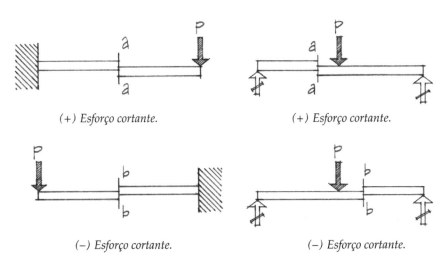

*Figura 7.6  Convenções de sinais para o cisalhamento.*

Também por definição, o momento fletor em uma viga horizontal é positivo em seções para as quais as fibras superiores da viga estejam submetidas à compressão e as fibras inferiores estejam tracionadas, conforme está ilustrado na Figura 7.7.

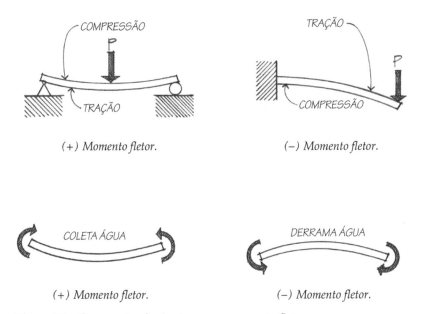

*Figura 7.7  Convenções de sinais para o momento fletor.*

O *momento positivo* gera uma curvatura que tende a reter água (curvatura côncava para cima), ao passo que o *momento negativo* causa uma curvatura que permite a água escorrer (curvatura côncava para baixo).

Essa convenção é um padrão para a matemática e é aceita universalmente. Por essa convenção estar relacionada com o formato provável dos deslocamentos transversais (deflexões) da viga para uma condição prescrita de carregamento, pode ser útil esquematizar intuitivamente o formato da viga deformada para auxiliar na determinação dos sinais adequados dos momentos fletores (Figura 7.8).

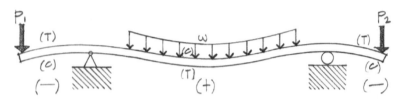

*Figura 7.8   Configuração dos deslocamentos transversais causados pelo carregamento em uma viga com balanços.*

A viga com balanços mostrada na Figura 7.8 apresenta uma curvatura variável que resulta em momentos que passam de negativos para positivos e, em seguida, novamente para negativos. A consequência aqui é que o vão da viga inclui uma ou mais seções transversais em que o momento fletor é nulo para possibilitar a variação de sinal exigida. Quase sempre, tal seção, denominada *ponto de inflexão*, está presente em vigas com balanços e múltiplos vãos.

Uma característica importante da convenção de sinais usada para os diagramas de esforços cortantes e de momentos fletores é que ela difere da convenção usada na estática. Ao usar as equações de equilíbrio, as forças dirigidas para cima e para a direita são positivas, e os momentos com tendência de giro no sentido contrário ao dos ponteiros do relógio são positivos. A nova convenção de sinais é empregada especificamente para o desenho dos diagramas de esforços cortantes e de momentos fletores. Certifique-se de não confundir essas duas convenções.

## 7.3 MÉTODO DO EQUILÍBRIO PARA OS DIAGRAMAS DE ESFORÇOS CORTANTES E DE MOMENTOS FLETORES

Um método básico usado na obtenção dos diagramas de esforços cortantes e de momentos fletores é conhecido como *método de equilíbrio*. Valores específicos de $V$ e $M$ são determinados com base nas equações da estática válidas para seções apropriadas do elemento estrutural. Nas explicações que se seguem, admitiremos que o elemento estrutural seja uma viga que recebe a ação de cargas verticais de cima para baixo, mas o elemento pode ser girado de qualquer ângulo.

Um método conveniente para a construção de diagramas de esforço cortante e momentos fletores é desenhar um DCL de toda a viga e então construir os diagramas de esforços cortantes e momentos fletores diretamente abaixo.

A menos que a carga seja uniformemente distribuída ou varie de acordo com uma equação conhecida ao longo de toda a viga, não pode ser escrita uma única expressão elementar para o esforço cortante e o momento fletor que se aplique a todo o vão da viga. Em vez disso, torna-se necessário dividir a viga em intervalos limitados por mudanças bruscas no carregamento.

Deve ser selecionada uma origem (podem ser usadas origens diferentes para intervalos diferentes) e direções positivas devem ser indicadas para os eixos coordenados. Em face de o esforço cortante ($V$) e o momento fletor ($M$) variarem como uma função de $x$ ao longo do comprimento da viga, as equações para $V$ e $M$ podem ser obtidas dos diagramas de corpo livre dos trechos de viga (ver Exemplo de Problema 7.1). Os diagramas completos de esforços cortantes e de momentos fletores devem indicar os valores do esforço cortante e do momento fletor em cada seção em que eles atingirem o máximo valor positivo e o máximo valor negativo. As seções nas quais o cisalhamento (esforço cortante) e/ou o momento fletor forem nulos também devem ser indicadas.

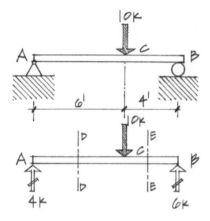

DCL de toda a viga (denominado frequentemente diagrama de cargas).

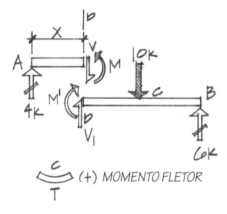

DCL das seções da viga que passam através de D.

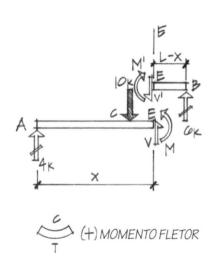

DCL das seções da viga que passam através de E.

## Exemplos de Problemas: Método de Equilíbrio para Diagramas de Esforços Cortantes e de Momentos Fletores

**7.1** Considerando o método do equilíbrio, desenhe o diagrama de esforços cortantes e o diagrama de momentos fletores para uma viga simplesmente apoiada com uma única carga concentrada.

**Solução:**

Encontre o valor das reações externas em $A$ e $B$. Corte a viga através da seção $D$–$D$. Desenhe um DCL para cada trecho de viga.

Examine o segmento $AD$ do DCL cortado através de $D$.

$[\Sigma F_y = 0] V = 4\,\text{k}$

$[\Sigma M_D = 0] M = 4\,\text{k}(x)$

**Nota:** O esforço cortante V é constante entre A e C. O momento varia como uma função de x (linearmente) entre A e C.

@ $x = 0, M = 0$

@ $x = 6', M = 24$ k-ft

Examine o segmento $AE$ do DCL cortado através de $E$.

$[\Sigma F_y = 0] V = 10\,\text{k} - 4\,\text{k} = 6\,\text{k}$

$[\Sigma M = 0] + M + 10\,\text{k}\,(x - 6') - 4\,\text{k}(x) = 0$

$M = 60\,\text{k-ft} - 6x$

@ $x = 6', M = 24$ k-ft

@ $x = 10', M = 0$

**Nota:** O esforço cortante V = 6 k (26,7 kN) permanece constante entre C e B. O momento varia linearmente, diminuindo quando x aumenta entre C e B.

*Diagrama de Carregamento (DCL).*

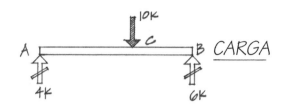

*Diagrama de Esforços Cortantes (DEC).*

Esforço cortante constante de A a C (positivo).
Esforço cortante constante de C a B (negativo).
$V_{máx} = 6$ k (26,7 kN), cisalhamento $(-)$

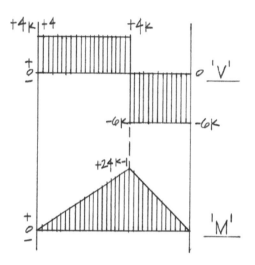

*Diagrama de Momentos Fletores (DMF).*

Todos os momentos são positivos.
Momento fletor aumenta linearmente de A a C ($x = 0$ a $x = 6'$) ou ($x = 0$ a $x = 1,83$ m).
Momento fletor diminui linearmente de C a B ($x = 6'$ a $x = 10'$) ou ($x = 1,83$ m a $x = 3,05$ m).

*DCL das seções da viga que passam através de E.*

**7.2** Desenhe o diagrama de esforços cortantes e o diagrama de momentos fletores para uma viga com balanço carregada da maneira ilustrada. Determine os locais e módulos do $V_{máx}$ e do $M_{máx}$ críticos.

Desenhe um DCL. Encontre o valor das reações externas. Com base em sua intuição, faça um esquema da configuração deformada da viga para ajudar na determinação dos sinais do momento.

*Viga carregada.*

*Diagrama de cargas (DCL).*

*Seções transversais a, b e c entre as cargas e as reações.*

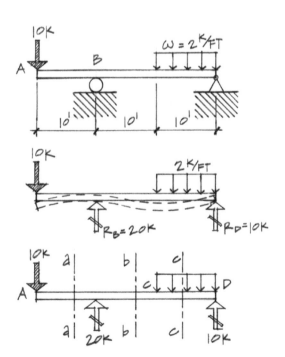

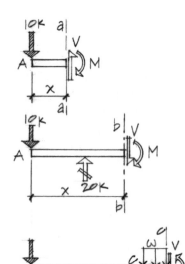

**Solução:**

Para encontrar $V_{crítico}$, examine a seção (a) à esquerda e à direita das cargas concentradas e a seção (b) no início e no final da carga distribuída.

*DCL na seção de corte a-a.*

Seção a-a, $x = 0$ até $x = 10'$ ($x = 0$ até $x = 3{,}05$ m)
$[\Sigma F_y = 0]$ $V = 10$ k (44,5 kN), cisalhamento (−)
Imediatamente à direita de A, $V = 10$ k (44,5 kN)
Em $x = 10'$, $V = 10$ k (44,5 kN)

*DCL na seção de corte b-b.*

Seção b-b, $x = 10'$ até $x = 20'$ ($x = 3{,}05$ m até $x = 6{,}10$ m)
Imediatamente à direita de B, $[\Sigma F_y = 0]$ $V = 10$ k (44,5 kN)
(+) cisalhamento (constante)
Imediatamente à esquerda de C, em $x = 20'$ ($x = 6{,}10$ m),
$[\Sigma F_y = 0]$ e $V = 10$ k (44,5 kN)

*DCL na seção de corte c-c.*

Seção c-c, $x = 20'$ até $x = 30'$ ($x = 6{,}10$ m até $x = 9{,}14$ m)
Imediatamente à direita de C, $[\Sigma F_y = 0]$ $V = 10$ k (44,5 kN)
(+) cisalhamento
Imediatamente à esquerda de D, em $x = 30'$ $x = 9{,}14$ m),
$[\Sigma F_y = 0]$ e
$V = 20$ k $-$ 10 k $-$ 2k/ft$(x - 20)'$
$V = 50$ k $- 2x$

O $M_{máx}$ ocorre em locais onde $V = 0$ ou onde $V$ muda de sinal. Isso ocorre duas vezes, em B e entre C e D.

Para $M_{máx}$ em B:

Examine a seção de corte imediatamente à esquerda ou à direita da carga concentrada.

$M = (10\text{ k})(10') = 100$ k-ft (135,6 kN-m), momento (−)

Para $M_{máx}$ entre C e D:

Examine a equação da seção de corte c-c.

$[\Sigma F_y = 0] - 10\,\text{k} + 20\,\text{k} - 2\,\text{k/ft}(x - 20') - V = 0$
$-10\,\text{k} + 20\,\text{k} - 2x + 40 - V = 0$
$\therefore V = 50 - 2x$

Mas $M_{máx}$ ocorre em $V = 0$.

$\therefore 0 = 50 - 2x, \quad x = 25'$
$[\Sigma M_c = 0]$ em $x = 25'$
$+10\,\text{k}(25') - 20\,\text{k}(15') + 2\,\text{k/ft}(5')(2{,}5') + M = 0$
$M_{máx} = 25$ k-ft (+) momento fletor

**Nota:** *As vigas com uma extremidade em balanço desenvolvem dois valores possíveis de* $M_{máx}$.

$\therefore M_{crítico} = 100$ k-ft em B (−) momento fletor

Construa os diagramas de esforços cortantes e de momentos fletores resultantes.

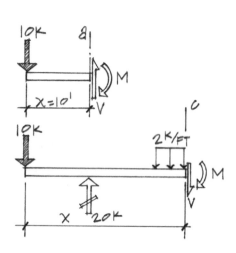

*Diagrama de cargas.*

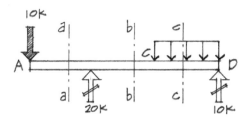

*Diagrama de esforços cortantes (DEC).*

*Diagrama de momentos fletores (DMF).*

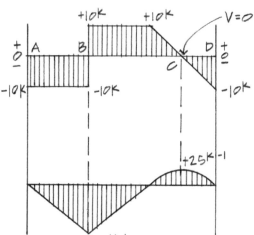

## Problemas

Construa os diagramas de esforços cortantes e de momentos fletores usando o método de equilíbrio. Indique os valores absolutos de $V_{máx}$ e $M_{máx}$.

**7.1**

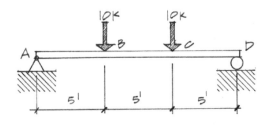

**7.2**

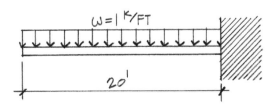

**7.3**

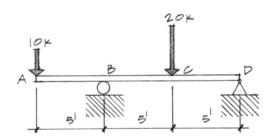

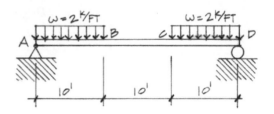

## 7.4 RELAÇÃO ENTRE CARGA, ESFORÇO CORTANTE TRANSVERSAL E MOMENTO FLETOR

A construção dos diagramas de esforços cortantes e momentos fletores pelo *método de equilíbrio* é muito demorada, particularmente quando deve ser considerado um grande número de seções de corte. As relações matemáticas entre cargas, esforços cortantes e momentos podem ser usadas para simplificar a construção de tais diagramas. Essas relações podem ser obtidas examinando um DCL de um comprimento elementar de uma viga, como o mostrado na Figura 7.9.

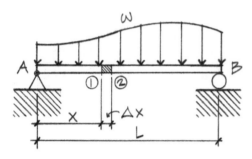

*Figura 7.9(a)   Viga com uma carga generalizada.*

Neste exemplo, admitiremos uma viga simplesmente apoiada com uma carga distribuída variável. Destaque tal comprimento pequeno (elementar) da viga entre as seções ① e ②. Desenhe um DCL do segmento de viga com um comprimento elementar do segmento de viga $\Delta x$.

$V$ = Esforço de cisalhamento à esquerda; ①
$V + \Delta V$ = Esforço de cisalhamento à direita; ②
$\Delta V$ = Variação de esforço cortante entre as seções ① e ②

O elemento de viga deve estar em equilíbrio e a equação $[\Sigma F_y = 0]$ fornece

$$[\Sigma F_y = 0] + V - \omega(\Delta x) - (V + \Delta V) = 0$$
$$+V - \omega \Delta x - V - \Delta V = 0$$
$$\Delta V = -\omega \Delta x$$
$$\frac{\Delta V}{\Delta x} = -\omega$$

**Nota:** *O sinal negativo representa uma inclinação negativa para essa condição particular de carregamento.*

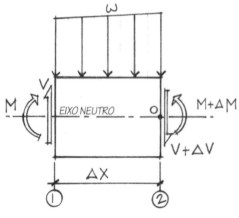

*Figura 7.9(b)   Uma seção elementar da viga.*

Em cálculo, a expressão anterior assume a seguinte forma:

$$\boxed{\frac{dV}{dx} = \omega}$$

A equação anterior indica que em qualquer seção na viga, a inclinação do diagrama de esforços cortantes é igual à intensidade do carregamento.

Se examinarmos o esforço cortante na viga entre os pontos $x_1$ e $x_2$ (Figura 7.10), obtemos

$$V = \omega \Delta x$$
$$\text{mas } \Delta V = V_2 - V_1$$
$$\text{e } \Delta x = x_2 - x_1$$
$$\therefore V_2 - V_1 = \omega(x_2 - x_1)$$

Flexão e Cisalhamento em Vigas Simples

Quando $dV/dx = \omega$ for conhecido como uma função de $x$, a equação pode ser integrada entre limites definidos da seguinte maneira:

$$\int_{v_1}^{v_2} dV = \int_{x_1}^{x_2} \omega dx$$

$$\boxed{V_2 - V_1 = \omega(x_2 - x_1)}$$ (**Nota:** *Mesma equação como acima.*)

Isto é, a variação de esforço cortante entre as seções em $x_1$ e $x_2$ é igual à área sob o diagrama de carregamento entre as duas seções.

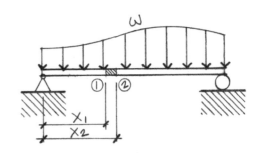

Figura 7.10 Seção da viga entre os pontos ① e ②.

Outra equação de equilíbrio em torno do ponto 0 da Figura 7.9(a) pode ser escrita como

$$[\Sigma M_0 = 0] - V(\Delta x) - M + (M + \Delta M) + \omega(\Delta x)\left(\frac{\Delta x}{2}\right) = 0$$

$$-V\Delta x - M + M + \Delta M + \frac{\omega \Delta x^2}{2} = 0$$

Se $\Delta x$ for um valor pequeno, o quadrado de $\Delta x$ se tornará insignificante.

$$\therefore \Delta M = V\Delta x \text{ ou } dM = Vdx$$

$$\boxed{\frac{dM}{dx} = V}$$

A equação anterior indica que em qualquer seção da viga a inclinação do diagrama de momentos fletores é igual ao esforço cortante. Mais uma vez, examinando a viga entre os pontos ① e ② da Figura 7.10:

$$\Delta M = M_2 - M_1; \Delta x = x_2 - x_1$$

$$\therefore M_2 - M_1 = V(x_2 - x_1)$$

$$\text{ou} \int_{M_1}^{M_2} dM = \int_{x_1}^{x_2} Vdx$$

$$\boxed{M_2 - M_1 = V(x_2 - x_1)}$$

## 7.5 DIAGRAMAS DE CARREGAMENTO, ESFORÇOS CORTANTES E MOMENTOS FLETORES (MÉTODO SEMIGRÁFICO)

As duas expressões desenvolvidas na seção anterior podem ser usadas para que sejam desenhados os diagramas de esforços cortantes e de momentos fletores e que sejam calculados os valores dos esforços cortantes e momentos fletores em várias seções ao longo da viga, de acordo com a necessidade. Normalmente esse método é denominado *método semigráfico*.

Antes de ilustrar o método semigráfico para os diagramas de esforços cortantes e de momentos fletores, pode ser útil ver a relação que existe entre todos os diagramas (Figura 7.11). O exemplo mostrado refere-se a uma viga simplesmente apoiada com uma carga uniforme ao longo de todo o vão.

Antes de demonstrar o método semigráfico, também é necessário um entendimento das curvas básicas e do relacionamento entre as curvas (Figuras 7.12 e 7.13).

$$\text{Carga: } \omega = \frac{dV}{dx} = \frac{d^2M}{dx^2} = \frac{EId^4y}{dx^4}$$

na qual

$$E = \text{módulo de elasticidade}$$
$$I = \text{momento de inércia}$$

$$\text{Esforço cortante: } V = \frac{dM}{dx} = EI\frac{d^3y}{dx^3}$$

$$\text{Momento fletor: } M = \frac{d^2y}{dx^2}EI$$

$$\frac{M}{EI} = \frac{d^2y}{dx^2} = \frac{d\theta}{dx}$$

$$\text{Inclinação: } \quad \theta = \frac{dy}{dx}$$

Deflexão: $y$

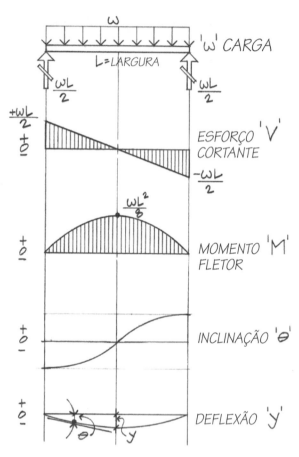

*Figura 7.11 Relacionamento entre os diagramas de carregamento, esforços cortantes, momentos fletores, inclinações e deslocamentos transversais (deflexões).*

Curva de grau zero

$y = c$

$c$ = constante

Curva de primeiro grau

Linha reta — pode ser crescente ou decrescente linearmente.

Inclinação = $\dfrac{\Delta y}{\Delta x}$

$y = cx$

$c$ = constante

Curva de segundo grau

Parabólica — crescente (tendendo para a vertical) ou decrescente (tendendo para a horizontal).

$y = kx^2 + c$

Curva de terceiro grau

Geralmente mais acentuada do que uma curva de segundo grau.

$y = kx^3 + k'x^2 + \ldots$

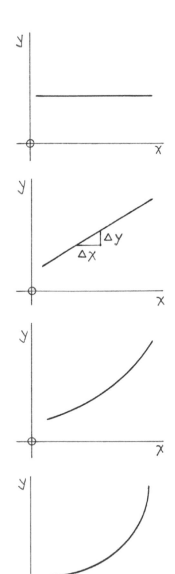

*Figura 7.12 Curvas básicas.*

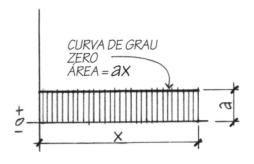

### Curva de grau zero

Uma curva de grau zero pode representar uma carga uniformemente distribuída ou a área sob um diagrama de esforços cortantes. $x = x$ de qualquer ponto ao longo da viga.

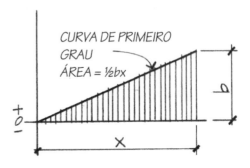

### Curva de primeiro grau

Uma curva de primeiro grau pode representar um carregamento triangular, a área sob o diagrama de esforços cortantes para uma carga uniforme ou a área sob o diagrama de momentos fletores para uma carga concentrada.

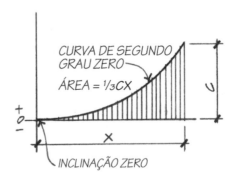

### Curva de segundo grau

Normalmente, uma curva de segundo grau representa a área de um diagrama de esforços cortantes devido a uma distribuição triangular de cargas, ou poderia representar o diagrama de momentos fletores para uma distribuição uniforme de cargas.

*Figura 7.13   Curvas básicas e suas propriedades.*

# Diagramas de Carregamento, Esforços Cortantes e Momentos Fletores (Método Semigráfico)

Considerações gerais para o desenho de diagramas de esforços cortantes e de momentos fletores:

1. Quando todas as cargas e reações forem conhecidas, o esforço cortante e o momento fletor nas extremidades da viga podem ser determinados por inspeção visual.
2. Em uma extremidade simplesmente apoiada em apoio tipo rolete (apoio de primeiro gênero) ou com apoio do tipo pino (apoio de segundo gênero), o esforço cortante deve ser igual à reação de extremidade e o momento fletor deve ser nulo.
3. Tanto o esforço cortante como o momento fletor são nulos em uma extremidade livre de uma viga (viga engastada, também denominada viga cantiléver, ou viga apoiada com extremidades em balanço).
4. Em uma viga com extremidade engastada ou fixa, as reações são iguais aos valores do esforço cortante e do momento fletor.
5. Os diagramas de carregamento, esforço cortante ou momento fletor são desenhados em uma sequência definida, com o diagrama de carregamento no topo, o diagrama de esforços cortantes imediatamente abaixo do diagrama de carregamento e o diagrama de momentos fletores imediatamente abaixo do diagrama de esforços cortantes.
6. Quando forem escolhidas direções positivas no sentido de baixo para cima e da esquerda para a direita, uma carga uniformemente distribuída agindo de cima para baixo fornecerá uma inclinação negativa no diagrama de esforços cortantes e uma carga uniformemente positiva (uma carga agindo de baixo para cima) fornecerá uma inclinação positiva.
7. Uma força concentrada produz uma variação brusca no diagrama de esforços cortantes.
8. A variação de esforço cortante entre duas seções quaisquer é dada pela área sob o diagrama de carregamento entre as mesmas duas seções: $(V_2 - V_1) = \omega_{médio}(x_2 - x_1)$.
9. A variação do esforço cortante em uma força concentrada é igual à força concentrada.
10. A inclinação em qualquer ponto de um diagrama de momentos fletores é dada pelo esforço cortante do ponto correspondente sobre o diagrama de esforços cortantes: Um esforço cortante positivo representa uma inclinação positiva, e um esforço cortante negativo representa uma inclinação negativa.
11. A taxa de crescimento ou diminuição da inclinação do diagrama de momentos fletores é determinada pelo aumento ou diminuição das áreas no diagrama de esforços cortantes.
12. A variação do momento entre duas seções quaisquer é dada pela área sob o diagrama de esforços cortantes entre as seções correspondentes: $(M_2 - M_1) = V_{médio}(x_2 - x_1)$.
13. Um conjugado de momentos (binário) aplicado a uma viga fará com que o momento varie abruptamente de um valor igual ao momento do binário.

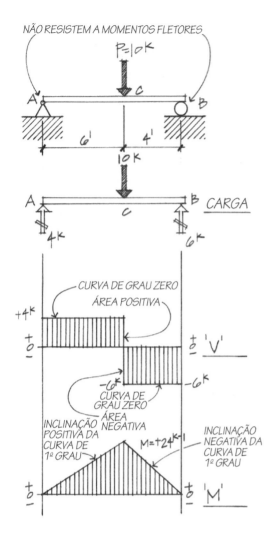

## Exemplos de Problemas: Diagramas de Esforços Cortantes e de Momentos Fletores

**7.3** A viga $ABC$ é carregada com uma única carga concentrada conforme ilustrado. Construa os diagramas de esforços cortantes e de momentos fletores.

**Solução:**

Os diagramas de carregamento, de esforços cortantes e de momentos fletores são colocados em uma ordem definida, tendo em vista a relação matemática entre eles (ver Figura 7.11).

Desenhe um DCL da viga e encontre o valor das reações de apoio externas. Esse DCL é o diagrama de carregamento.

Por inspeção, o esforço cortante na extremidade $A$ é +4 k (17,79 kN).

Entre $A$ e $C$ não há carga mostrada no diagrama de carregamento. Portanto,

$$\omega = 0$$

$$V_2 - V_1 = \omega(x_2 - x_1)$$

$$\therefore V_2 - V_1 = 0$$

Não há variação de esforço cortante entre $A$ e $C$ (o esforço cortante é constante).

Em $C$, a carga concentrada de 10 k (44,5) causa uma variação abrupta do esforço cortante de +4 k (17,79 kN) para −6 k (26,7 kN). A variação total do esforço cortante é igual ao módulo da carga concentrada.

Entre $C$ e $B$ não existe carga; portanto, não há variação de esforço cortante. O esforço cortante permanece uma constante −6 k (26,7 kN).

No apoio $B$, uma força de 6 k (26,7 kN) faz com que o esforço cortante retorne a zero. Não há esforço cortante resultante na extremidade da viga.

O momento no apoio de segundo gênero (pino) e no apoio de primeiro gênero (rolete) é zero; apoios de primeiro e de segundo gênero não possuem capacidade de resistir a momentos.

A variação de momento fletor entre dois pontos quaisquer de uma viga é igual à área sob a curva do esforço cortante entre esses mesmos dois pontos:

$$M_2 - M_1 = V(x_2 - x_1)$$

Entre $A$ e $C$, a área sob a curva do esforço cortante é a área de um retângulo:

$$\text{área} = 6' \times 4\,k = 24\,k\text{-ft}$$

Porque a área do esforço cortante é positiva, a variação do momento fletor ocorrerá ao longo de uma curva crescente positiva. A variação do momento fletor é uniforme (linearmente crescente).

Diagrama de esforços cortantes → Diagrama de momentos fletores

Curva de grau zero    Curva de primeiro grau
Área (+)       Inclinação (+)

Flexão e Cisalhamento em Vigas Simples

De C a B, a área do diagrama de esforços cortantes é

Área = 4′ × 6 k = 24 k-ft (32,5 kN-m).

A variação de momento fletor de C a B é 24 k-ft (32,5 kN-m).

Área do esforço cortante → Diagrama de momentos fletores
Curva de grau zero     Curva de primeiro grau
Área (−)     Inclinação (−)

Porque a área do esforço cortante é negativa, a inclinação da curva de momentos fletores é negativa.

O momento fletor em B deve voltar a zero porque não existe, em um apoio de primeiro gênero (rolete), a capacidade para resistir a um momento.

**7.4** Construa os diagramas de esforços cortantes e de momentos fletores para uma viga simplesmente apoiada ABC, que está sujeita a uma carga uniforme parcial.

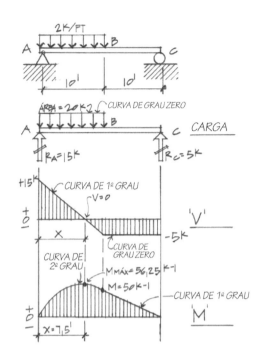

**Solução:**

Desenhe um DCL da viga e encontre os valores das reações externas. Esse é o *diagrama de carregamento*.

Por inspeção, vemos que, em A, a reação de 15 k (66,7 kN) é o esforço cortante. O esforço cortante no ponto da reação da extremidade é igual à própria reação. Entre A e B há uma carga uniforme *de cima para baixo* (−) de 2 k/ft (29,2 kN/m). A variação do esforço cortante entre A e B é igual à área sob o diagrama de carregamento entre A e B. Área = 2 k/ft (10 ft) = 20 k (89,0 kN). Portanto, o esforço cortante varia de +15 k (66,7 kN) a −5 k (22,2 kN).

EC chega a zero a certa distância de A.

$$\underbrace{V_2 - V_1}_{15\,k \to 0} = \underbrace{\omega}_{2\,k/ft}\, \underbrace{(x_2 - x_1)}_{x}; \quad \therefore 15\,k = 2\,k/ft\,(x); \quad x = 7,5'$$

Entre B e C, não há carga na viga, portanto não ocorre variação do esforço cortante. O esforço cortante é constante entre B e C.

O momento fletor no apoio de segundo gênero (pino) e no apoio de primeiro gênero (rolete) é nulo.

Calcule a área sob o diagrama de esforços cortantes entre A e x.

$$\text{área} = \left(\tfrac{1}{2}\right)(7,5\,\text{ft})(15\,k) = 56,25\,\text{k-ft}$$

A variação do momento fletor entre A e x é igual a 56,25 k-ft (76,3 kN-m), e porque a área do esforço cortante é positiva (+), a inclinação da curva do momento fletor é positiva (+). A curva de primeiro grau do esforço cortante causa uma curva de segundo grau do momento fletor. A curva do esforço cortante é positiva, mas, em consequência do fato de a área estar diminuindo, a inclinação do momento correspondente é positiva, mas decrescente.

**7.5** Desenhe os diagramas de esforços cortantes e de momentos fletores para a carga uniforme parcial em uma viga engastada (cantiléver).

**Solução:**

Encontre as reações externas.

O diagrama de carregamento tem uma carga uniforme, que é uma curva de grau zero. Por a força estar agindo de cima para baixo,

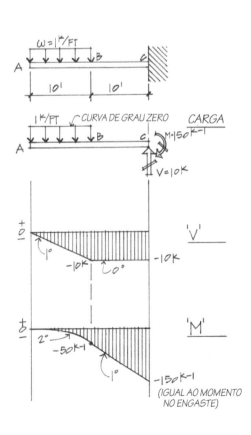

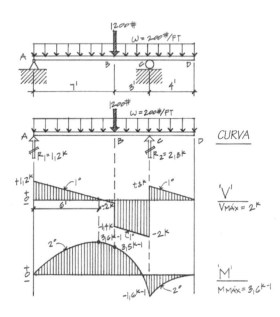

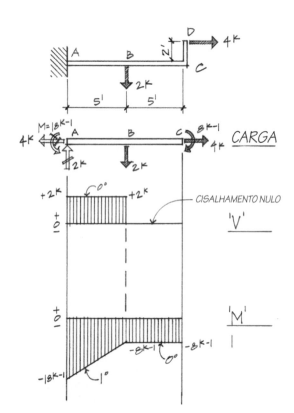

ela constitui uma área negativa, produzindo desta forma uma inclinação negativa no diagrama de esforços cortantes. A área de esforço cortante resultante é desenhada como uma curva de primeiro grau com inclinação negativa. Não há carga entre B e C no diagrama de carregamento; portanto, não há variação de esforço cortante entre B e C.

A área sob o diagrama de esforços cortantes entre A e B é igual a 50 k-ft (67,8 kN-m). Por ser negativa a área do esforço cortante, ela produz um momento com inclinação negativa. À medida que a área do esforço cortante cresce de A para B (tornando-se mais negativa), a curva do momento fletor desenvolve uma inclinação negativa crescente (mais íngreme).

A área do esforço cortante é uniforme entre B e C; portanto, ela produz uma curva de primeiro grau no diagrama de momentos fletores. A área do esforço cortante ainda é negativa; portanto, o diagrama de momentos fletores é desenhado com uma inclinação de primeiro grau negativa.

7.6  Desenhe os diagramas de carregamento, esforços cortantes e momentos fletores para a viga apoiada e com balanço em uma extremidade, mostrada na ilustração, com uma carga uniforme e uma carga concentrada. (*Nota: Vigas com balanço em uma extremidade desenvolvem dois pontos de* $M_{máx}$ *possíveis.*)

**Solução:**

Encontre as reações de apoio. A seguir, usando o diagrama de carregamento, trabalhe da extremidade esquerda para a extremidade direita da viga. O diagrama de esforços cortantes é uma curva de primeiro grau com uma inclinação negativa entre A e B e cruza o eixo horizontal seis pés à direita do apoio A. Na carga concentrada de 1.200 # (5338 N), acontece uma variação abrupta em V. O diagrama de esforços cortantes continua com uma inclinação negativa de primeiro grau entre B e C e, mais uma vez, uma força concentrada de reação em C causa uma variação abrupta de V. De C a D, o diagrama de esforços cortantes varia linearmente de 0,8 k (3,56 kN) a zero.

O diagrama de momentos fletores desenvolve dois pontos de pico, a uma distância de seis pés à direita do apoio A (onde V = 0) e também no apoio C (onde o diagrama de esforços cortantes cruza o eixo horizontal). As curvas de primeiro grau do diagrama de esforços cortantes geram curvas de segundo grau no diagrama de momentos fletores. Os momentos são nulos tanto no apoio A como na extremidade livre D. Observe que o momento no apoio de primeiro gênero C não é nulo, porque a viga continua como um balanço.

7.7  Para uma viga engastada (cantiléver) com uma extremidade em ângulo reto para cima, desenhe os diagramas de carregamento, esforços cortantes e momentos fletores.

**Solução:**

Determine as reações de apoio. A seguir, mova a força horizontal de 4 k (17,79 kN) em C de modo a alinhá-la com o eixo da viga A-B-C.

Por a força de 4 k (17,79 kN) ter sido movida para a nova linha de ação, deve ser adicionado um momento M = 8 k-ft (10,85 kN-m) ao ponto C.

Flexão e Cisalhamento em Vigas Simples

O diagrama de esforços cortantes é muito simples neste exemplo. O apoio da esquerda é empurrado para cima com uma força de 2 k (8,90 kN) e permanece constante até B, porque não há outras cargas presentes entre A e B.

Em B, uma força que age de cima para baixo traz V novamente para zero e V permanece zero todo o trecho até C (não há cargas verticais entre B e C).

O diagrama de momentos fletores inicia com um momento na extremidade esquerda por causa da presença da reação momento $M = 18$ k-ft (24,4 kN-m).

Imagine a curvatura da viga para determinar se $M = 18$ k-ft (24,4 kN-m) deve ser desenhado na direção positiva ou negativa. Porque a curvatura em função do cisalhamento resulta em tração na superfície superior da viga, a convenção de sinais informa que essa é uma condição de momento negativo. Entre A e B, o momento permanece negativo, mas com uma inclinação positiva de primeiro grau. Não há variação de momento fletor entre B e C; portanto, o módulo permanece $-8$ k-ft (10,85 kN-m), que corresponde ao momento aplicado em C.

7.8  Desenhe os diagramas de carregamento, de esforços cortantes e de momentos fletores para uma viga com balanço e com uma carga triangular e uma carga uniforme.

**Solução:**

É necessário determinar a distância $x$ no diagrama de esforços cortantes onde $V = 0$.

De A a D, o esforço cortante varia de $+3,67$ k (16,32 kN) a zero.

$\therefore V_2 - V_1 = +3,67$ k

$\omega(x_2 - x_1)$ = área abaixo do diagrama de carga entre A e D.

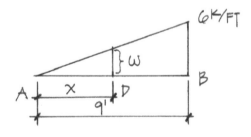

Se estudarmos o diagrama de carregamento, encontramos que varia de A a B. Portanto, $\omega$ deve ser uma função da distância $x$.

Usando a semelhança de triângulos,

$$\frac{\omega}{x} = \frac{6\,k/ft}{9'} \quad \therefore \omega = \frac{2}{3}x$$

A área sob o diagrama de carregamento entre A e D é igual a

$$\omega(x_2 - x_1) = \left(\frac{1}{2}\right)(x)\left(\frac{2}{3}x\right) = \frac{x^2}{3}$$

$$V_2 - V_1 = \omega(x_2 - x_1)$$

Igualando:

$$3,67\,k = \frac{x^2}{3}; \quad x = 3,32\,ft$$

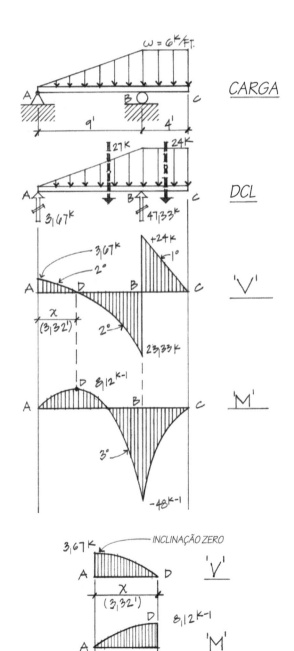

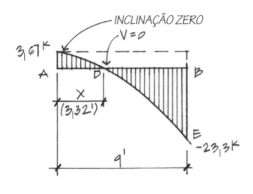

A variação de momento fletor de $A$ a $D$ é encontrada por

$$M_2 - M_1 = V(x_2 - x_1)$$

(área sob o diagrama de esforços cortantes)

$$\text{Área} = \left(\frac{2}{3}\right)bh = \left(\frac{2}{3}\right)(3{,}32')(3{,}67\,k) = 8{,}12\,\text{k-ft.}$$

A variação calculada de momento fletor entre $D$ e $B$ (área de esforço cortante $DBE$) não pode ser calculada como a área de uma parábola com tangente horizontal em $D$ porque não há inclinação zero em ponto algum ao longo da curva $DE$.

Em vez disso, a área deve ser determinada usando o conceito de cálculo da área $ABE$ acima da parábola e subtração da seção $ADB$.

área $ABE$ (parábola) $= A = \frac{1}{3}(9')(27\,k) = 81$ k-ft

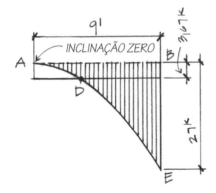

área total de $ADB = 3{,}67\,k \times (9') = 33$ k-ft

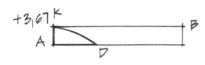

área $(AD) = \frac{2}{3}(3{,}32')(3{,}67\,k) = 8{,}12$ k-ft

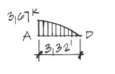

área $DBE = 33$ k-ft $- 8{,}12$ k-ft $= 24{,}87$ k-ft

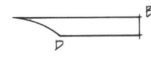

área $DBE = 81$ k-ft $- 24{,}87$ k-ft $= 56{,}13$ k-ft

Entre $D$ e $B$, o momento fletor varia de

$$M_2 - M_1 = 56{,}13\,\text{k-ft} - 8{,}12\,\text{k-ft} = 48\,\text{k-ft}$$

A variação do momento fletor entre $B$ e $C$ é igual à área triangular do esforço cortante:

área $(BC) = \left(\frac{1}{2}\right)(4')(24\,k) = 48$ k-ft

A área positiva do esforço cortante produz uma curva decrescente de segundo grau.

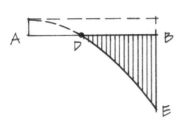

**7.9** O diagrama mostra uma carga de suporte em uma sapata isolada. Desenhe os diagramas de carregamento, esforços cortantes e momentos fletores da figura mostrada.

**Solução:**

Uma sapata isolada típica suportando a carga de uma coluna desenvolve diagramas específicos de esforços cortantes e de momentos fletores.

Entre *A* e *B*, o esforço cortante varia de zero a 5 k (22,24 kN) (que é a área sob a carga da capacidade de suporte do solo que age de baixo para cima). Por ser positiva a envoltória da carga, a inclinação do diagrama de esforços cortantes é positiva. A carga da coluna em *B* faz com que ocorra uma variação abrupta do diagrama de esforços cortantes. Uma envoltória de carga positiva entre *B* e *C* gera novamente uma inclinação positiva de primeiro grau até zero.

O momento fletor na extremidade esquerda da sapata é zero e aumenta positivamente até um módulo de 5 k-ft. (6,78 kN-m) em *B*. Uma inclinação decrescente negativa é gerada entre *B* e *C* na medida em que a curva chega a zero em *C*.

$$M_2 - M_1 = V(x_2 - x_1)$$

Área do triângulo:

$$\frac{1}{2}(2')(5\,k) = 5\,k\text{-}ft$$

(diagrama de esforços cortantes)

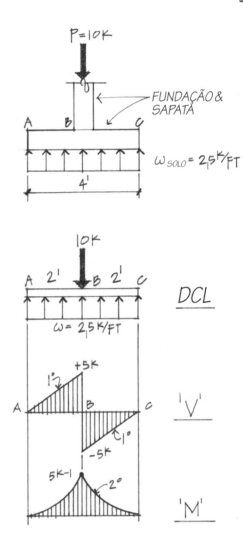

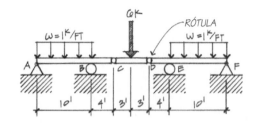

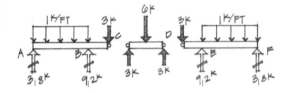

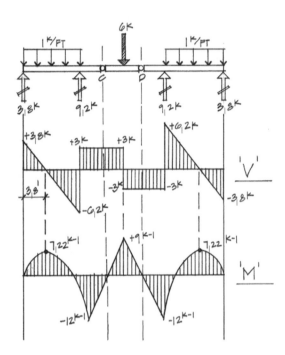

**7.10** Uma viga composta com rótulas (articulações) internas é carregada de acordo com a ilustração.

**Solução:**

O problema ilustrado aqui representa uma viga composta, que se constitui basicamente em várias vigas mais simples ligadas entre si por articulações (rótulas).

A viga *CD* representa uma viga simples com dois apoios de segundo gênero (pinos) e as vigas *ABC* e *DEF* são vigas isoladas com balanços.

Ao encontrar o valor das reações de apoio em *A*, *B*, *E* e *F*, separe cada seção da viga e desenhe um DCL individual para cada uma delas.

Uma vez determinadas as reações de apoio, reconstrua a viga com sua configuração original e comece a construção dos diagramas de esforços cortantes e de momentos fletores.

Lembre-se de que as articulações (rótulas) em *C* e *D* não têm capacidade para resistir a momentos ($M = 0$).

O diagrama de esforços cortantes cruza o eixo horizontal em cinco lugares; portanto, cinco pontos de pico são desenvolvidos no diagrama de momentos fletores. O momento é mais crítico nos pontos dos apoios *B* e *E*.

## Problemas

Construa os diagramas de carregamento, de esforços cortantes e de momentos fletores para as seguintes condições de vigas usando o método semigráfico.

**7.5**

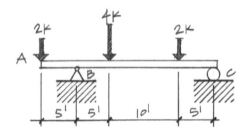

**7.6**

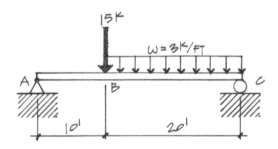

7.7

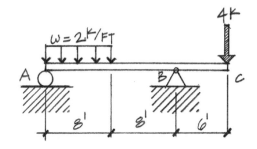

7.8

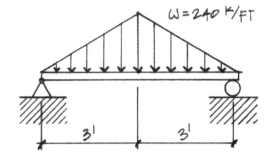

7.9

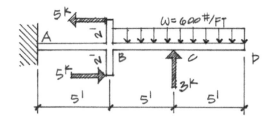

7.10

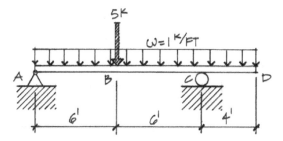

7.11

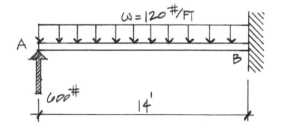

7.12

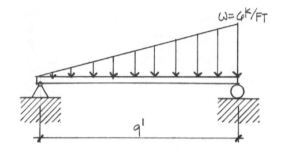

7.13

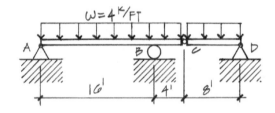

7.14

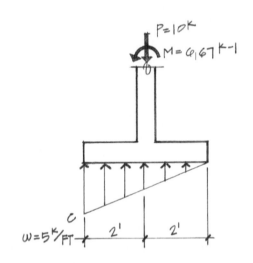

7.15

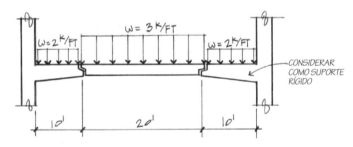

# Flexão e Cisalhamento em Vigas Simples

A maioria do software comercialmente disponível apresentará numérica e visualmente os diagramas de carregamento, de esforços cortantes e de momentos fletores de sistemas de vigas e quadros estruturais. A Figura 7.14 é um exemplo dos diagramas de esforços cortantes e de momentos fletores gerados para um quadro rígido com vigas de seção transversal mista de aço/concreto (*filler beams*).

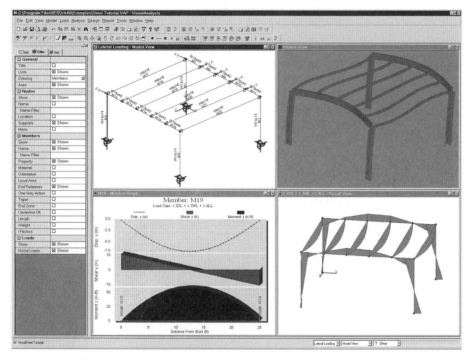

*Figura 7.14  Diagramas de carregamento, de esforços cortantes e de momentos fletores para um quadro e as vigas. A imagem é reproduzida com permissão e cortesia de Integrated Engineering Software, Inc., Bozeman, Montana.*

Pode-se encontrar software gratuito capaz de gerar diagramas de carregamento, de esforços cortantes e de momentos fletores na Internet em:

http://www.eas.asu.edu/~ece313/beams/beams.html

http://www.iesweb.com*

## Resumo

- Tensões e deslocamentos transversais em vigas são funções das reações internas, das forças e dos momentos. Portanto, torna-se conveniente "mapear" essas forças internas e mostrar, na forma de um diagrama, os esforços cortantes e os momentos fletores que agem ao longo de todo o comprimento da viga. Esses diagramas são conhecidos como *diagramas de carregamento, de esforços cortantes (DEC)* e de *momentos fletores (DMF)*.

- Um diagrama de carregamento representa as forças externas que agem na viga, incluindo as reações de apoio. Ele é basicamente o DCL da viga.

---

***Nota:** Esse revendedor oferece uso educacional de um pacote de software estrutural substancial se houver a solicitação de seu professor.*

- O diagrama de esforços cortantes (DEC) é um gráfico da variação do esforço cortante ao longo do comprimento da viga.

- O diagrama de momentos fletores (DMF) é um gráfico dos momentos fletores ao longo do comprimento da viga.

- Um método de obter o diagrama de esforços cortantes e de momentos fletores é o método do equilíbrio. Valores específicos de $V$ e $M$ são determinados pelas equações de equilíbrio que são válidas para seções apropriadas da viga.

- As relações matemáticas que existem entre as cargas, esforços cortantes e momentos fletores podem ser usados para simplificar a construção dos diagramas de esforços cortantes e de momentos fletores. São usadas duas equações na geração do método semigráfico para desenhar os diagramas de esforços cortantes e de momentos fletores.

$$\frac{dV}{dx} = \omega; \quad \int_{V_1}^{V_2} dV = \int_{x_1}^{x_2} \omega dx; \quad V_2 - V_1 = \omega(x_2 - x_1)$$

A variação de esforço cortante entre as seções $x_1$ e $x_2$ é igual à área sob o diagrama de cargas entre as duas seções.

$$\frac{dM}{dx} = V; \quad \int_{M_1}^{M_2} dM = \int_{x_1}^{x_2} V dx; \quad M_2 - M_1 = V(x_2 - x_1)$$

A variação de momento fletor entre as seções $x_1$ e $x_2$ é igual à área sob o diagrama de esforços cortantes entre as duas seções.

# 8 Tensões de Flexão e de Cisalhamento em Vigas

## Introdução

Um dos primeiros estudos a respeito da resistência e do deslocamento transversal de vigas foi realizado por Galileu Galilei. Galileu foi o primeiro a analisar a resistência à flexão de uma viga. Assim, ele se tornou o fundador de um ramo da ciência inteiramente novo: a teoria da resistência dos materiais, que desempenhou uma parte vital da ciência da engenharia moderna.

Galileu começou com a observação de uma viga em balanço, ou cantiléver (Figura 8.1) sujeita a uma carga na extremidade livre. Ele igualou os momentos estáticos da carga externa ao da resultante das forças de tração na viga (admitidas uniformemente distribuídas ao longo de toda a seção transversal da viga, conforme mostra a Figura 8.2) em relação ao eixo de rotação (admitido estar localizado na borda inferior da seção transversal engastada). Galileu concluiu que a resistência ao cisalhamento de uma viga não era diretamente proporcional à sua largura, mas, em vez disso, era proporcional ao quadrado de sua altura. Entretanto, como ele baseou sua proposição simplesmente em considerações de estática, sem ter ainda introduzido a noção de elasticidade — uma ideia proposta por Robert Hooke, meio século mais tarde —, Galileu errou na avaliação do valor absoluto da resistência à flexão em relação à tensão de tração na viga.

Expresso em termos modernos, o momento de resistência (momento de inércia) da viga retangular teria, de acordo com Galileu, o valor de

$$\frac{bh^3}{4}$$

que é o triplo do valor correto:

$$\frac{bh^3}{12}$$

Cerca de 50 anos depois das observações de Galileu, um físico francês, Edme Mariotte (1620-1684), ainda mantendo o conceito do fulcro (eixo neutro na base da seção) na superfície de compressão da viga, mas argumentando que as extensões dos elementos longitudinais da viga (algumas vezes denominados *fibras*) seriam proporcionais à distância do centro, sugeriu que a distribuição das tensões de tração era como a mostrada na Figura 8.3.

Mais tarde, Mariotte rejeitou o conceito de fulcro e observou que parte da viga no lado comprimido estava sujeita a uma tensão de compressão que apresentava uma distribuição triangular. Entretanto, essa expressão para a carga última ainda estava baseada no conceito original.

*Figura 8.1 Viga engastada (cantiléver) carregada na extremidade livre.* De Discorsi e Demonstrazioni Matematiche, *Galileo Galilei, Leyden, 1638. Desenho baseado na ilustração em* Schweizerische Bauzeitung, *Vol.119.*

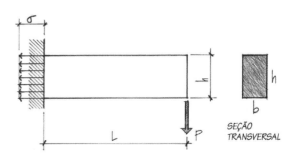

*Figura 8.2 Flexão de acordo com Galileu. Redesenhado a partir de uma ilustração em* Schweizerische Bauzeitung, *Vol.116.*

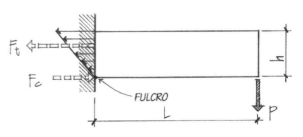

*Figura 8.3 Flexão de acordo com Mariotte.*

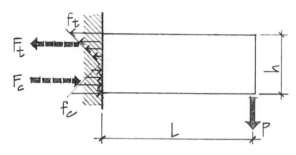

*Figura 8.4  Flexão de acordo com Coulomb.*

Dois séculos depois da teoria inicial de Galileu Galilei, Charles-Augustin de Coulomb (1736-1806) e Louis-Marie-Henri Navier (1785-1836) finalmente conseguiram encontrar a resposta correta. Em 1773, Coulomb publicou um artigo que descartou o conceito de fulcro e propôs a distribuição triangular mostrada na Figura 8.4, na qual tanto a tensão de tração quanto a tensão de compressão têm a mesma distribuição linear.

## 8.1 DEFORMAÇÕES ESPECÍFICAS POR FLEXÃO

A precisão da teoria de Coulomb pode ser demonstrada examinando uma viga simplesmente apoiada sujeita à flexão. Admite-se que a viga (a) seja inicialmente reta e de seção transversal constante, (b) seja elástica e tenha o módulo de elasticidade à tração igual ao módulo de elasticidade à compressão e (c) seja homogênea — isto é, toda de mesmo material. Admite-se ainda que uma seção plana antes da deformação permaneça plana depois da flexão [Figuras 8.5(a) e 8.5(b)].

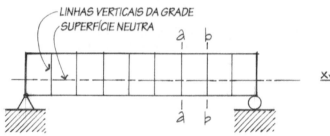

*Seção transversal da viga.*

*Figura 8.5(a)  Vista lateral da viga antes do carregamento.*

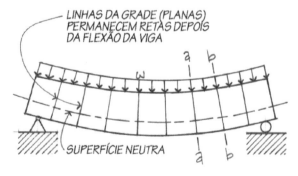

*Figura 8.5(b)  Flexão da viga submetida a um carregamento.*

Para que isso seja estritamente verdadeiro, a viga precisa ser fletida apenas por binários (momentos, sem que haja cisalhamento em planos transversais). A viga deve ter dimensões que não permitam a flambagem, e as cargas devem ser aplicadas de forma que não haja torção (empenamento).

Examinando uma parte da viga fletida entre as seções a–a e b–b (Figura 8.6), observa-se que, a certa distância C acima da base da viga, os elementos longitudinais (fibras) não sofrem variação de comprimento.

A superfície curva (①–②) formada por esses elementos é conhecida como *superfície neutra* e a interseção dessa superfície com qualquer seção transversal é denominada *eixo neutro da seção transversal*. O eixo neutro corresponde ao eixo baricêntrico de uma seção transversal. Todos os elementos (fibras) em um lado da superfície neutra estão comprimidos, e aqueles no lado oposto estão tracionados. Para a viga simples mostrada na Figura 8.5, a parte da viga acima da superfície neutra sofre compressão, ao passo que a parte inferior está submetida a tensões de tração.

Adota-se a hipótese de que todos os elementos longitudinais (fibras) apresentam o mesmo comprimento inicial antes do carregamento.

Mais uma vez de acordo com a Figura 8.6,

$$\frac{\delta_y}{y} = \frac{\delta_c}{c}$$

ou

$$\delta_y = \frac{y}{c}\delta_c$$

em que

$\delta_y$ = deformação desenvolvida ao longo das fibras localizadas a uma distância $y$ abaixo da superfície neutra

$\delta_c$ = deformação na superfície inferior da viga localizado a uma distância $c$ abaixo da superfície neutra

Por todos os elementos terem o mesmo comprimento inicial $\Delta x$, a deformação específica de qualquer elemento pode ser determinada dividindo a deformação pelo comprimento do elemento; portanto, a deformação específica se torna

$$\varepsilon_y = \frac{y\varepsilon_c}{c}$$

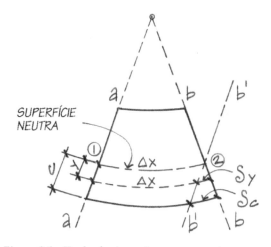

Figura 8.6  Trecho de viga após o carregamento.

que indica que a deformação de qualquer fibra é diretamente proporcional à distância da fibra à superfície neutra.

Com a aceitação da premissa de que as deformações específicas longitudinais são proporcionais à distância da superfície neutra, agora se adota a hipótese de que a lei de Hooke é válida, o que restringe as tensões a valores dentro do limite de proporcionalidade do material. Então, a equação se torna

$$\frac{\varepsilon_y}{y} = \frac{f_y}{E_y y} = \frac{f_c}{E_c c}$$

O resultado final, se $E_c = E_y$ (constante), é

$$\frac{f_y}{y} = \frac{f_c}{c}$$

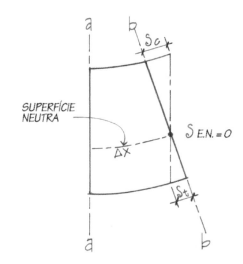

Figura 8.7  Trecho deformado de uma viga em consequência do carregamento.

que comprova a conclusão de Coulomb.

Redesenhando o diagrama mostrado na Figura 8.6 de modo a incluir as deformações causadas pela compressão assim como as causadas pela tração em consequência das tensões de flexão, podemos usar a lei de Hooke para explicar as variações de tensão que ocorrem na seção transversal (Figura 8.7).

A deformação no eixo neutro é igual a zero depois da flexão; portanto, a tensão no eixo neutro é nula. Na fibra superior ocorre o encurtamento máximo (deformação por compressão) pelo desenvolvimento das tensões máximas de compressão. Inversamente, ocorre a tensão máxima de tração nas fibras inferiores, resultando em uma deformação máxima por alongamento (Figura 8.8).

## 8.2  EQUAÇÃO DAS TENSÕES DE FLEXÃO

Considere um trecho de uma viga que está sujeito à flexão pura apenas por momentos (binários, designados por $M$) em cada extremidade, conforme mostra a Figura 8.9. Em virtude de a viga estar em equilíbrio, os momentos em cada extremidade serão iguais numericamente, mas de sentidos opostos. Em consequência dos pares de

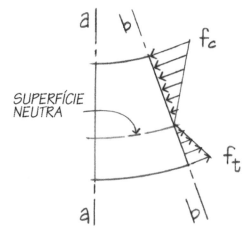

Figura 8.8  Tensões normais na seção b-b causadas pela flexão.

M = MOMENTO DE BINÁRIO

*Vista lateral da viga durante a flexão.*  *Seção transversal da viga.*

*Figura 8.9   Curvatura da viga causada pelo momento fletor.*

momentos, a viga sofre flexão a partir de sua posição reta original até atingir o formato curvo (deformado) indicado pela Figura 8.9.

Por causa dessa ação de flexão, encontramos que os comprimentos das partes superiores da viga diminuem, ao passo que as partes inferiores da viga se alongam. Essa ação tem o efeito de comprimir a parte superior da viga e tracionar a parte inferior. Deve ser obtida uma equação que relacione a tensão de flexão com o momento externo e as propriedades geométricas da viga. Isso pode ser feito examinando um segmento de viga cujo sistema de forças internas em qualquer seção transversal seja um momento $M$, conforme mostra a Figura 8.10, na qual

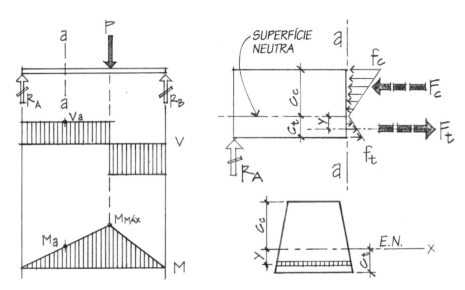

*Figura 8.10   Tensões normais causadas pela flexão na seção transversal de uma viga.*

$c_c$ = distância do eixo neutro (E.N.) até a fibra mais comprimida
$c_t$ = distância do eixo neutro (E.N.) até a fibra mais tracionada
$y$ = distância do eixo neutro (E.N.) até uma área $\Delta A$
$\Delta A$ = pequena faixa de área na seção transversal da viga

Se indicarmos como $\Delta A$ o elemento de área em qualquer distância $y$ do eixo neutro (ver Figura 8.10) e a tensão nela como $f$, a exigência de equilíbrio de forças leva a

$$[\Sigma F_x = 0] \Sigma f_t \Delta A + \Sigma f_c \Delta A = 0$$

em que

$f_t$ = tensão de tração abaixo do E.N.
$f_c$ = tensão de compressão acima do E.N.

Portanto,

$$\Sigma f_t \Delta A = F_t$$

e

$$\Sigma f_c \Delta A = F_c$$

Se cada $f_y \Delta A$ for multiplicado por sua distância $y$ acima ou abaixo do eixo neutro,

$$M = \Sigma f_y y \Delta A$$

em que

$M$ = momento fletor interno (Figura 8.11)

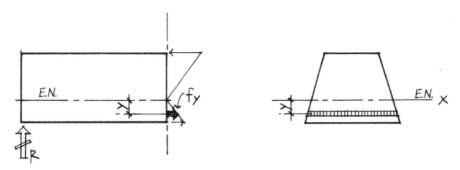

*Figura 8.11   Tensão normal causada pela flexão a qualquer distância do eixo neutro.*

Mas lembrando da relação desenvolvida por Coulomb,

$$\frac{f_y}{y} = \frac{f_c}{c}$$

e

$$f_y = \frac{y}{c} f_c$$

Substituindo a relação $f_y$ na equação de momento:

$$M = \Sigma f_y y \Delta A = \Sigma \frac{y}{c} f_c y \Delta A = \frac{f_c}{c} \Sigma y^2 \Delta A$$

No Capítulo 6, desenvolvemos a relação para o momento de inércia, na qual

$$I = \Sigma y^2 \Delta A \text{ (momento de inércia)}$$

$$\therefore M = \frac{f_c I}{c}$$

ou

$$\boxed{f_b = \frac{Mc}{I}} \leftarrow \text{momento de flexão}$$

em que

$f_b$ = tensão de flexão na fibra mais afastada, acima e abaixo do E.N.

$c$ = distância do E.N. até a fibra mais afastada

$I$ = momento de inércia da seção transversal em torno de seu eixo baricêntrico (ou E.N.)

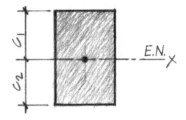

(a) Seção transversal retangular.

$c_1 = c_2; \ f_{topo} = f_{base}$

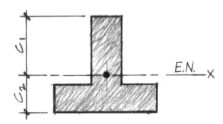

(b) ) Seção transversal assimétrica.

$c_1 > c_2; \ f_{topo} > f_{base}$

*Figura 8.12  Distâncias até as fibras extremas em seções transversais de vigas.*

$M$ = momento em algum ponto ao longo do comprimento da viga

**Nota:** *A tensão de flexão f é diretamente proporcional ao valor c; portanto, o maior momento fletor em uma seção transversal é obtido selecionando o maior valor de c para seções transversais assimétricas (Figura 8.12).*

### Exemplos de Problemas: Tensão de Flexão

**8.1** Uma viga de abeto 4 × 12 (101,6 × 304,8 mm) S4S Douglas é carregada e apoiada da maneira indicada.

   a. Calcule a tensão de flexão máxima desenvolvida na viga.
   b. Determine o valor absoluto da tensão de flexão desenvolvida três pés (0,91 m) à esquerda do apoio B.

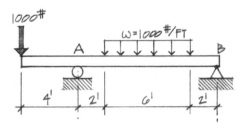

### Solução:

A tensão máxima de flexão desenvolvida na viga ocorre onde o momento fletor é maior. Para determinar o momento fletor máximo, faça um gráfico dos diagramas de esforços cortantes (*DEC*, ou *V*) e de momentos fletores (*DMF* ou *M*).

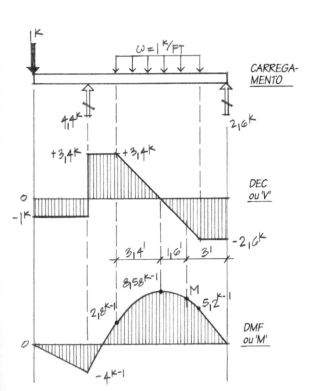

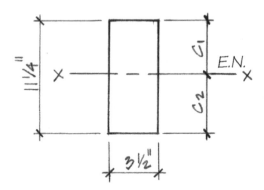

Esforço cortante (*V*) três pés (0,91 m) à esquerda de *B*:

$V = \omega(1,6')$

$V = 1,6 \text{ k}$

4 × 12 S4S

$A = 39,4 \text{ in}^2$

(a)  $M_{máx} = 8,58 \text{ k-ft}$

$$f_b = \frac{Mc}{I_x} = \frac{(8,58 \text{ k-ft} \times 12 \text{ in/ft})(5,63'')}{415,3 \text{ in}^4} = 1,4 \text{ ksi}$$

(b) Momento três pés (0,91 m) à esquerda de B:

$M = 8{,}58\,\text{k-ft} - \frac{1}{2}(1{,}6')(1{,}6\,\text{k})$

$M = 8{,}58\,\text{k-ft} - 1{,}28\,\text{k-ft}$

$M = 7{,}3\,\text{k-ft}$

$f = \dfrac{(7.300\,\#\text{-ft} \times 12\,\text{in/ft})(5{,}63'')}{415{,}3\,\text{in}^4} = 1.188\,\text{psi}$

**8.2** Uma viga deve ter o comprimento de 12 pés (3,6 m) e suportar uma carga uniformemente distribuída de 120 #/ft (1,751 kN/m). Determine que seção transversal estaria submetida a menores tensões: (a), (b) ou (c).

**Solução:**

(a) *Prancha.*

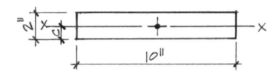

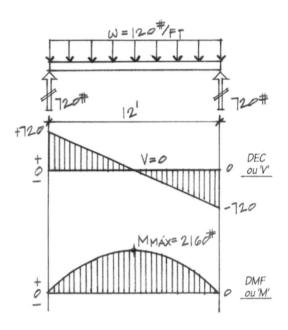

$A = 20\,\text{in}^2;\quad I_x = 6{,}7\,\text{in}^4;\quad c = 1''$

$f_{\text{máx}} = \dfrac{Mc}{I} = \dfrac{(2.160\,\#\text{-ft} \times 12\,\text{in/ft})(1'')}{6{,}7\,\text{in}^4} = 3.869\,\#/\text{in}^2$

(b) *Viga com seção retangular.*

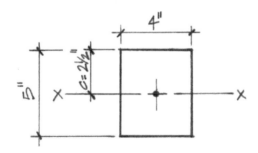

$A = 20\,\text{in}^2;\quad I_x = 41{,}7\,\text{in}^4;\quad c = 2{,}5''$

$f_{\text{máx}} = \dfrac{Mc}{I}\dfrac{(2.160\,\#\text{-ft} \times 12\,\text{in/ft})(2{,}5'')}{(41{,}7\,\text{in}^4)} = 1.554\,\#/\text{in}^2$

(c) *Viga com seção em I.*

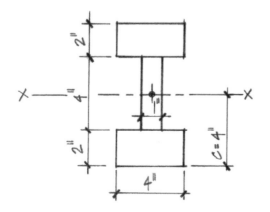

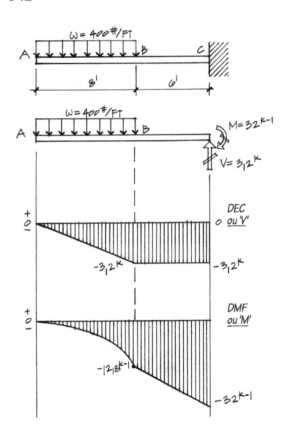

$A = 20\,\text{in}^2;\quad I_x = 154{,}7\,\text{in}^4;\quad c = 4''$

$$f_{\text{máx}} = \frac{Mc}{I} = \frac{(2.160\,\text{\#-ft} \times 12\,\text{in/ft})(4'')}{154{,}7\,\text{in}^4} = 670\,\text{\#/in}^2$$

**8.3** Uma viga de aço W8 × 28 está carregada e apoiada conforme ilustrado. Determine a tensão máxima de flexão.

**Solução:**

$V = \omega \times 8' = 400\,\text{\#/ft} \times 8' = 3.200\,\text{\#}$

$M = 3{,}2\,\text{k}(10') = 32\,\text{k-ft}$

$f_{\text{máx}} = \dfrac{Mc}{I}$ ($M_{\text{máx}}$ do diagrama de momentos fletores)

$I = 98{,}0\,\text{in}^4$

$c = \dfrac{d}{2} = \dfrac{8{,}06''}{2} = 4{,}03''$

$M = 32\,\text{k-ft} \times 12\,\text{in/ft} = 384\,\text{k-in}$

$f = \dfrac{(384\,\text{k-in})(4{,}03'')}{98{,}0\,\text{in}^4} = 15{,}8\,\text{ksi}$

$F_{\text{adm}} = 22\,\text{ksi} \quad \therefore\,\text{OK}$

Qual é a tensão de flexão que seria desenvolvida se a viga de aço fosse substituída por uma viga de pinho (Southern Pine) 6 × 16 (152,4 × 406,4 mm) S4S Nº 1? (Obtenha as propriedades das seções de peças de madeira na Tabela A.1 do Apêndice.)

**Solução:**

$f = \dfrac{Mc}{I}$

$I = 1.707\,\text{in}^4$

$c = \dfrac{d}{2} = \dfrac{15{,}5''}{2} = 7{,}75''$

$f = \dfrac{(384.000\,\text{\#-in})(7{,}75'')}{1.707\,\text{in}^4} = 1.743\,\text{psi}$

$F_{\text{adm}} = 1.550\,\text{psi} \quad \therefore\,\text{Não Serve}$

Tensões de Flexão e de Cisalhamento em Vigas

8.4 Determine as tensões máximas de tração e de compressão causadas pela flexão da viga mostrada.

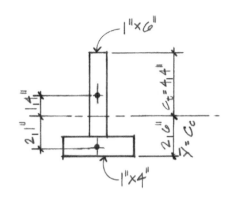

**Solução:**

| Componente | $A$ | $y$ | $Ay$ |
|---|---|---|---|
| ⊟ | 6 in² | 4″ | 24 in³ |
| ⊟ | 4 in² | 0,5′ | 2 in³ |

$\Sigma A = 10 \text{ in}^2; \quad \Sigma Ay = 26 \text{ in}^3$

$\bar{y} = \dfrac{\Sigma Ay}{\Sigma A} = \dfrac{26 \text{ in}^3}{10 \text{ in}^2} = 2{,}6''$

| Componente | $I_{x_c}$ (in⁴) | $dy$ (in) | $Ay^2$ (in⁴) |
|---|---|---|---|
| ⊟ | 18 | 1,4 | 11,76 |
| ⊟ | 0,33 | 2,1 | 17,64 |

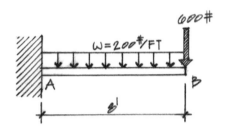

$\Sigma I_{x_c} = 18{,}33 \text{ in}^4; \quad \Sigma A d_y^2 = 29{,}4 \text{ in}^4$

$I_x = 18{,}33 \text{ in}^4 + 29{,}4 \text{ in}^4 = 47{,}73 \text{ in}^4$

$f_{b \atop (\text{topo})} = \dfrac{Mc_t}{I} = \dfrac{(11.200 \text{ \#-ft} \times 12 \text{ in/ft})(4{,}4'')}{47{,}73 \text{ in}^4}$

$\qquad = 12.390 \text{ \#/in}^2$

$f_{b \atop (\text{base})} = \dfrac{Mc_c}{I} = \dfrac{(11.200 \text{ \#-ft} \times 12 \text{ in/ft})(2{,}6'')}{47{,}73 \text{ in}^4}$

$\qquad = 7.321 \text{ \#/in}^2$

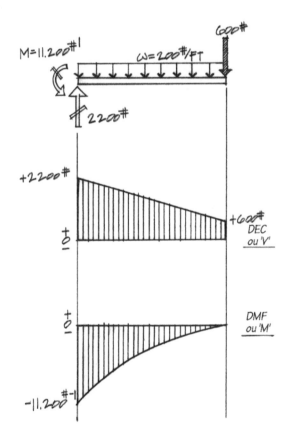

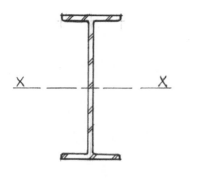

*VIGA DE AÇO W14 x 38*

11,20 IN² = ÁREA DA SEÇÃO
386 IN⁴ = I EM RELAÇÃO AO EIXO X-X
54,6 IN³ = S (MÓDULO DE RESISTÊNCIA À FLEXÃO)

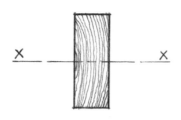

*VIGA DE MADEIRA 4 x 10 (101,6 x 254,0 MM)*

32,38 IN² = ÁREA DA SEÇÃO
230,84 IN⁴ = I EM RELAÇÃO AO EIXO X-X
49,91 IN³ = S (MÓDULO DE RESISTÊNCIA À FLEXÃO)

## Módulo de Resistência à Flexão da Seção

A maioria dos perfis estruturais usados na prática (aço estrutural, madeira, alumínio etc.) apresentam formatos padronizados que normalmente estão disponíveis na indústria. As propriedades da seção transversal como a área ($A$), o momento de inércia ($I$) e suas dimensões (altura e largura) para os perfis-padrão normalmente estão relacionados com manuais e tabelas.

As propriedades de seções não padronizadas e seções compostas podem ser calculadas pelos métodos mencionados no Capítulo 6.

Como um meio de expandir a equação básica da flexão para uma forma de projeto, as duas propriedades da seção transversal $I$ e $c$ são combinadas como $I/c$, que é chamado *módulo de resistência à flexão*.

$$f_b = \frac{Mc}{I} = \frac{M}{I/c}$$

Módulo de resistência à flexão: $S = I/c$

Portanto,

$$\boxed{f_b = \frac{Mc}{I} = \frac{M}{S}}$$

onde

$S$ = módulo de resistência à flexão, normalmente em torno do eixo $x$ (in.³)

$M$ = momento fletor na viga, normalmente $M_{máx}$

Por serem conhecidos os valores de $I$ e $c$ para as seções padronizadas, seu módulo de resistência à flexão ($S$) também é apresentado em manuais. Para seções não padronizadas e para formas geométricas regulares, o módulo de resistência à flexão pode ser obtido calculando o momento de inércia da área e depois dividindo $I$ por $c$, a distância do eixo neutro à fibra mais afastada. Em seções simétricas, $c$ tem apenas um valor, mas em seções não simétricas $c$ terá dois valores, conforme mostra a Figura 8.12(b). Entretanto, na análise e no projeto de vigas, normalmente estamos interessados na tensão máxima que ocorre na fibra mais afastada (extrema). Em tais problemas, deve ser usado o maior valor de $c$.

Se reescrevermos a equação básica da flexão na forma de projeto,

$$\boxed{S_{exigido} = \frac{M}{F_b}}$$

onde

$F_b$ = tensão admissível de flexão (ksi ou psi)

$M$ = momento fletor máximo na viga (k-in ou #-in)

a utilidade do módulo de resistência à flexão se torna muito evidente, porque existe apenas uma incógnita em vez de duas ($I$ e $c$).

Tensões de Flexão e de Cisalhamento em Vigas

## Exemplos de Problemas: Módulos de Resistência à Flexão

**8.5** Dois perfis metálicos C10 × 15,3 são colocados unidos por suas almas para formar uma viga com 10 polegadas (254 mm) de altura. Determine a carga $P$ admissível se $F_b = 22$ ksi (151,7 MPa). Admita o aço de grau A36.

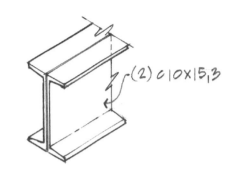

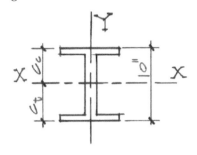

**Solução:**

$I_x = 67{,}4 \text{ in}^4 \times 2 = 134{,}8 \text{ in}^4$

$M_{\text{máx}} = \frac{1}{2}(5)(5) + (P/2)(5)$

$M_{\text{máx}} = 12{,}5 + 2{,}5P = (12{,}5 \text{ k-ft} + 2{,}5P) \times 12 \text{ in/ft}$

$f = \dfrac{Mc}{I} = \dfrac{M}{S}$

$M = F_b S$

$S = 2 \times 13{,}5 \text{ in}^3 = 27 \text{ in}^3$

Igualando ambas as equações de $M_{\text{máx}}$,

$M = 22 \text{ ksi} \times 27 \text{ in}^3 = 594 \text{ k-in}$

$(12{,}5 \text{ k-ft} + 2{,}5P)(12 \text{ in/ft}) = 594 \text{ k-in}$

Dividindo ambos os lados da equação por 12 in/ft,

$12{,}5 \text{ k-ft} + 2{,}5'(P) = 49{,}5 \text{ k-ft}$

$2{,}5P = 37 \text{ k}$

$P = 14{,}8 \text{ k}$

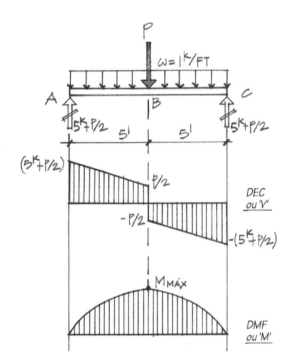

**8.6** Um sistema de piso de madeira utilizando vigotas de 2 × 10 (50,8 × 254,0 mm) S4S é colocado para cobrir um vão de 14 pés (4,27 m, simplesmente apoiadas). O piso suporta uma carga de 50 psi (344,74 kPa, carga permanente mais carga variável, CP + CV). Com que espaçamento devem ser colocadas as vigotas? Admita abeto Douglas-Larício (Douglas fir-Larch) N° 2 ($F_b = 1.450$ psi, ou 10 MPa).

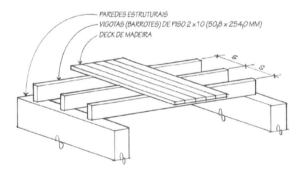

**Solução:**

Com base no critério da tensão admissível,

$f = \dfrac{Mc}{I} = \dfrac{M}{S}$

$M_{\text{máx}} = S \times f_b = (21{,}4 \text{ in}^3)(1{,}45 \text{ k/in}^3) = 31 \text{ k-in}$

$M = \dfrac{31 \text{ k-in}}{12 \text{ in/ft}} = 2{,}58 \text{ k-ft}$

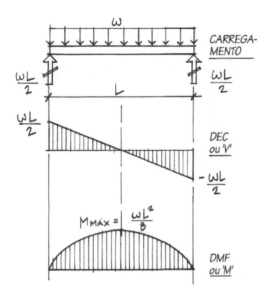

Com base no diagrama de momentos fletores,

$$M_{máx} = \frac{\omega L^2}{8}$$

Portanto,

$$\omega = \frac{8M}{L^2}$$

Substituindo o valor de $M$ obtido anteriormente,

$$\omega = \frac{3(2{,}58 \text{ k ft})}{(14')^2} = 0{,}105 \text{ k/ft}$$
$$= 105 \#/\text{ft}$$

mas

$\omega = \#/\text{ft}^2 \times$ largura de contribuição (espaçamento $s$ entre vigotas ou barrotes)

$$s = \frac{\omega}{50 \text{ psf}} = \frac{105 \,\#/\text{ft}}{50 \,\#/\text{ft}^2} = 2{,}1'$$
$$s = 25'' \text{ espaçamento de } 25''$$

Use espaçamento de 24" (609,6 mm) de centro a centro.

**Nota:** *O espaçamento é mais prático para a construção de contrapisos de madeira compensada, com base em um módulo de quatro pés (1,22 m) da lâmina.*

8.7  Projete as vigas do telhado e do segundo piso se $F_b = 1.550$ psi (10,69 MPa, Pinho (Southern Pine) N° 1).

**Solução:**

*Condições de carregamento:*

Telhado: Carga de neve + Carga permanente (telhado) = 200 #/ft (2919 N/m).

Paredes: carga concentrada de 400 # (1779 N) nas vigas do segundo pavimento

Murada: carga concentrada de 100 # (445 N) na extremidade do balanço da viga

Segundo pavimento: Carga permanente + Carga variável = 300 #/ft ou 4,38 kN/m (também no deck do balanço)

*Projeto da viga do telhado:*

$M_{máx} = 3.600$ #-ft

$S_{exigido} = \dfrac{(3{,}6\text{ k-ft})(12\text{ in/ft})}{1{,}55\text{ k/in}^2} = 27{,}9\text{ in}^3$

De acordo com a tabela de madeiras no Apêndice: Use 4 × 8 (101,6 × 203,2 mm) S4S ($S = 30{,}7$ in³ ou 503,1 cm³).

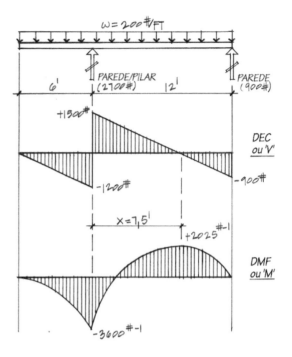

*Projeto do segundo pavimento:*

$M_{máx} = 9.112$ #-ft

$S_{exigido} = \dfrac{M}{F_b}$

$S_{exigido} = \dfrac{(9{,}112\text{ k-ft})(12\text{ in/ft})}{1{,}55\text{ k/in}^2} = 70{,}5\text{ in}^3$

Da tabela de madeiras no Apêndice: Use 4 × 12 S4S. ($S = 73{,}8$ in³ ou 1209 cm³)

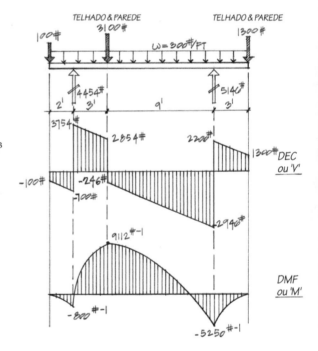

## Problemas

**8.1** Uma viga engastada e livre tem um vão de 9 pés (2,74 m) com uma carga concentrada de 2.000 # (8896 N) em sua extremidade livre. Se for usado um perfil W8 × 18 ($F_b = 22$ ksi, ou 151,68 MPa) a estrutura estará em segurança?

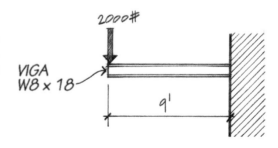

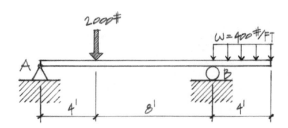

**8.2** A viga com balanço em uma extremidade usa um elemento 4 × 12 (101,6 × 304,8 mm) S4S de abeto Douglas-Larício (Douglas fir-Larch) Nº 1. Determine a máxima resistência à flexão desenvolvida. A estrutura é segura? ($F_b$ = 1300 psi ou 8963,5 kPa)

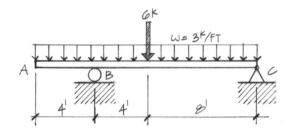

**8.3** Uma viga de 16 pés (4,88 m) com balanço em uma extremidade é carregada de acordo com a figura. Admitindo um perfil W8 × 35, determine a tensão máxima de flexão desenvolvida. (Aço A992, $F_b$ = 30 ksi ou 206,8 MPa)

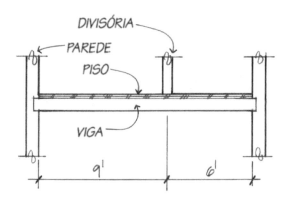

**8.4** Uma viga como a mostrada suporta um piso e uma divisória, em que se admite que a carga do piso seja distribuída uniformemente (500 #/ft, ou 7,30 kN/m) e a divisória contribui com uma carga concentrada de 1.000 # (4448 N). Selecione a seção W8 mais leve se $F_b$ = 22 ksi (151,7 MPa).

**8.5** Uma viga de piso W8 × 18 suporta uma laje de concreto e um equipamento que pesa 2.400 # (10675 N). Desenhe os diagramas de esforços cortantes (DEC) e de momentos fletores (DMF) e determine a adequação da viga com base nas tensões de flexão ($F_b$ para o aço A992 é 30 ksi, ou 206,8 MPa).

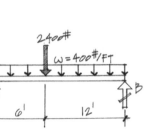

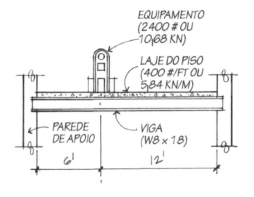

8.6 Uma verga acima de uma abertura para uma porta com 10 pés (3,05 m) de largura suporta uma carga triangular, conforme ilustrado. Admitindo que a verga seja constituída de um perfil W8 × 15 (aço A36), determine a tensão normal desenvolvida em consequência da flexão. Que tamanho de viga de madeira, com largura nominal de oito polegadas (203,2 mm) poderia ser usada se $F_b$ = 1.600 psi (11032 kPa)?

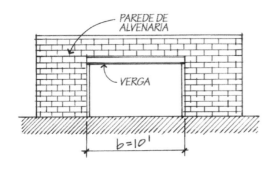
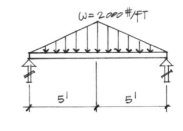

8.7 São usadas vigas laminadas e coladas (glu-lam) para suportar o telhado e a carga de uma roldana em um depósito. O vão das vigas é de 24 pés (7,31 m), havendo ainda mais um balanço de 8 pés (2,44 m) acima da área de carregamento. Determine a adequação da tensão normal causada pela flexão da viga.

*Propriedades da viga laminada e colada (Glu-lam):*

$b = 6{,}75''$
$h = 12''$
$S = 162 \, in^3$
$I = 974 \, in^4$
$F_b = 2.400 \, psi$

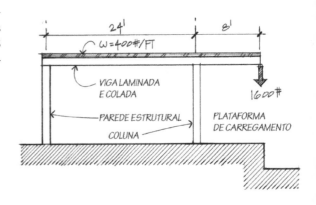

8.8 Uma viga de aço W8 × 28 é carregada e apoiada conforme a ilustração. Determine a tensão normal máxima desenvolvida no muro causada pela flexão da viga. Qual é a tensão normal causada pela flexão em um ponto localizado 4 pés (1,22 m) à direita da extremidade livre da viga? (Construa os diagramas de esforços cortantes e de momentos fletores.)

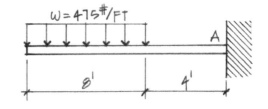

8.9 Selecione o perfil $W$ mais leve com altura nominal de 14 polegadas (355,6 mm) para suportar a carga mostrada. Admita aço A992. ($F_b$ = 30 ksi ou 206,8 MPa)

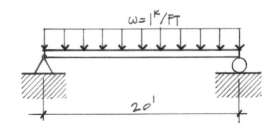

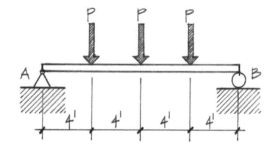

**8.10** Uma viga de um perfil W18 × 40 (A36) é usada para suportar três cargas concentradas de módulo $P$. Determine o valor máximo admissível para $P$. Desenhe os diagramas de esforços cortantes e de momentos fletores como auxílio.

## 8.3 TENSÃO DE CISALHAMENTO — LONGITUDINAL E TRANSVERSAL

Além do momento fletor interno presente em vigas, um segundo fator importante a ser considerado na determinação da resistência de vigas é o cisalhamento. Geralmente, está presente um esforço interno de cisalhamento $V$ e, em alguns casos, ele pode determinar o projeto de vigas. Muitos materiais (*e.g.*, madeira) são essencialmente fracos ao cisalhamento; por esse motivo, a carga a ser suportada pode depender da capacidade dos materiais (viga) a resistir às forças de cisalhamento.

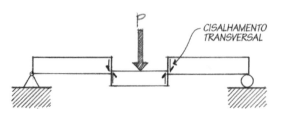

*Figura 8.13   Cisalhamento transversal em uma viga (ver Seção 7.2).*

Pelo fato de as vigas normalmente serem horizontais, e por serem verticais as seções transversais nas quais as tensões normais causadas pela flexão são analisadas, essas tensões de cisalhamento em vigas são geralmente denominadas *verticais* (transversais) e *horizontais* (longitudinais).

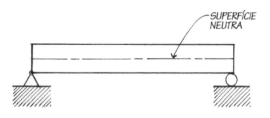

*(a) Viga sem carregamento.*

A ação de cisalhamento transversal (Figura 8.13) é uma condição de cisalhamento puro e ocorre mesmo quando não há flexão da viga. Entretanto, as vigas fletem, e quando isso acontece, as fibras de um lado do eixo neutro são submetidas à compressão e as do outro lado são submetidas à tração. Na realidade, as fibras de ambos os lados da superfície neutra tendem a deslizar em direções opostas entre si.

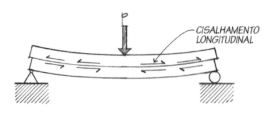

*(b) Cisalhamento longitudinal.*

*Figura 8.14   Tensões longitudinais de cisalhamento em vigas.*

A existência de tensões de cisalhamento horizontais (longitudinais) em uma viga fletida pode ser visualizada facilmente em um monte de cartas de um baralho. O deslizamento de uma superfície sobre outra, que é plenamente visível, é uma ação do cisalhamento que, se evitada, fará com que surjam tensões de cisalhamento horizontais naquelas superfícies (Figura 8.14).

Se for construída uma viga colocando um elemento estrutural de 4" × 4" (101,6 × 101,6 mm) sobre outro sem que haja nenhum tipo de ligação e a seguir essa viga for carregada em uma direção normal ao comprimento da viga, a deformação resultante parecerá um tanto com a mostrada na Figura 8.15(a). O fato de uma viga sólida não exibir esse movimento relativo de elementos longitudinais, conforme mostra a Figura 8.15(b), indica a presença de tensões de cisalhamento em planos longitudinais. A avaliação dessas tensões de cisalhamento será estudada agora por intermédio dos DCLs e do método do equilíbrio.

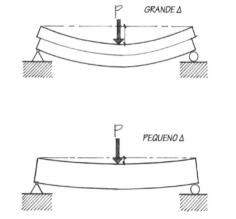

*Figura 8.15   O efeito das tensões de cisalhamento.*

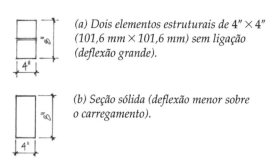

*(a) Dois elementos estruturais de 4" × 4" (101,6 mm × 101,6 mm) sem ligação (deflexão grande).*

*(b) Seção sólida (deflexão menor sobre o carregamento).*

# Relação entre as Tensões de Cisalhamento Transversais e Longitudinais

No Capítulo 7, desenvolvemos um método de traçar o gráfico dos diagramas de esforços cortantes com base em vigas que sofrem a ação do cisalhamento transversal. Esta seção mostrará agora que em qualquer ponto em uma viga fletida, as tensões de cisalhamento verticais e horizontais são iguais. Portanto, o diagrama de esforços cortantes DEC (ou $V$) é uma representação tanto do cisalhamento transversal quanto do cisalhamento longitudinal ao longo da viga.

Considere uma viga simplesmente apoiada conforme ilustrado na Figura 8.16(a). Quando é passada uma seção $a$-$a$ através da viga, é desenvolvida uma força cisalhante $V$, representando a soma total de todas as forças de cisalhamento transversais por unidade de área na seção de corte, conforme ilustra a Figura 8.16(b). Se agora isolássemos um pequeno elemento quadrado dessa viga, a seguinte relação seria encontrada

$$V = \Sigma f_v A$$

em que

$f_v$ = força cisalhante por unidade de área

$A$ = área da seção transversal da viga

Removendo o pequeno quadrado elementar da viga, desenhamos um DCL mostrando as forças que agem nele (Figura 8.17).

tensão de cisalhamento ao longo da seção de corte $a$-$a$

Admita que

$$\Delta y = \Delta x$$

e que o elemento quadrado é muito pequeno.

$f_v$ = tensão de cisalhamento transversal

Para o equilíbrio vertical,

$$[\Sigma F_y = 0] f_{v_1} = f_{v_2} \text{ (forma um momento binário)}$$

Para haver o equilíbrio rotacional no elemento quadrado, some os momentos em torno do ponto $O$.

$$[\Sigma M_o = 0] f_{v_1}(\Delta x) = f_{v_3}(\Delta y)$$

Mas

$$\Delta x = \Delta y$$

Portanto,

$$f_{v_1} = f_{v_2} = f_{v_3} = f_{v_4}$$

As tensões de cisalhamento $f_{v_3}$ e $f_{v_4}$ formam um binário no sentido anti-horário. Do exemplo anterior, podemos concluir que

$$f_{\text{transversal}} = f_{\text{longitudinal}}$$

em um determinado ponto ao longo da viga.

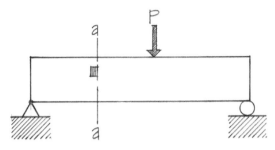

(a) Viga simplesmente apoiada.

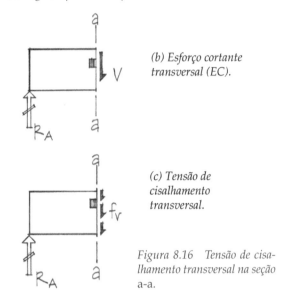

(b) Esforço cortante transversal (EC).

(c) Tensão de cisalhamento transversal.

Figura 8.16 Tensão de cisalhamento transversal na seção $a$-$a$.

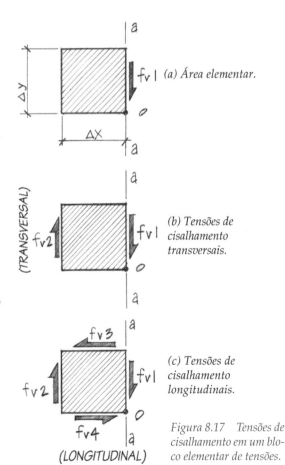

(a) Área elementar.

(b) Tensões de cisalhamento transversais.

(c) Tensões de cisalhamento longitudinais.

Figura 8.17 Tensões de cisalhamento em um bloco elementar de tensões.

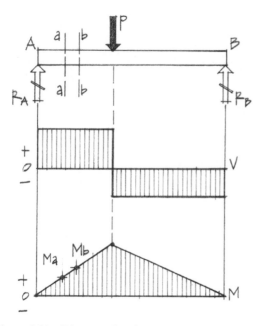

Figura 8.18 *Diagrama de esforços cortantes (DEC ou V) e diagrama de momentos fletores (DMF ou M) de uma viga submetida a um carregamento.*

## 8.4 DESENVOLVIMENTO DA EQUAÇÃO GERAL DA TENSÃO DE CISALHAMENTO

Para chegar a uma relação para a tensão de cisalhamento, considere a viga mostrada na Figura 8.18. Na seção *a-a* o momento é $M_a$, e na seção *b-b*, uma distância incremental para a direita, o momento é $M_b$.

Do diagrama de momentos fletores da Figura 8.18, vemos que

$$M_b > M_a$$

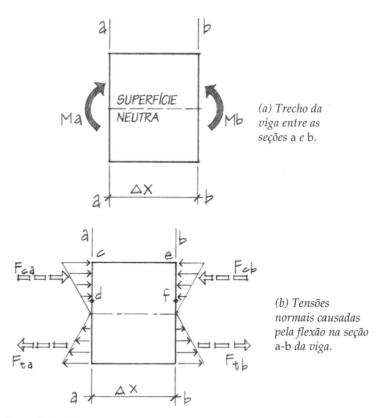

Figura 8.19 *Tensões normais causadas pela flexão na seção transversal de uma viga.*

Portanto,

$$F_{ca} < F_{cb} \text{ e } F_{ta} < F_{tb}$$

Isolando uma pequena seção da viga incremental (entre as seções *a-a* e *b-b* mostradas nas Figuras 8.19a e 8.19b) acima da superfície neutra, a Figura 8.20 mostra a distribuição das tensões normais de tração e compressão causadas pela flexão. No elemento *cdef*, as forças $C_1$ e $C_2$ são as resultantes das tensões de compressão que agem nos planos transversais *cd* e *ef*. É exigida a força de cisalhamento *V* no plano *df* para haver equilíbrio horizontal.

$$C_2 > C_1$$

$$\Sigma F_x = 0; \quad C_1 + V - C_2 = 0$$

$$\therefore V = C_2 - C_1 = (f_v)(b)(\Delta x)$$

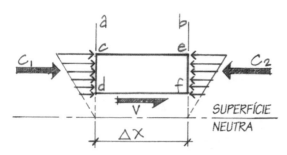

Figura 8.20 *DCL da parte superior da viga entre as seções a-b.*

Examine a seção transversal desse segmento isolado de viga (Figura 8.21).

$\Delta A$ = pequeno incremento de área

$y$ = distância do Eixo Neutro (E.N.) até a área $A$.

Da fórmula da flexão,

$$f_y = \frac{My}{I}$$

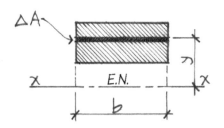

Figura 8.21  Parte superior da seção transversal da viga.

A força que age na área $\Delta A$ é igual a

$$\Delta A f_y = \frac{My \Delta A}{I}$$

Mas se somarmos todos os valores de $\Delta A$ na seção transversal destacada e mostrada na Figura 8.21,

$$\begin{bmatrix} \text{Área da seção} \\ \text{transversal sombreada} \end{bmatrix} = \Sigma \Delta A$$

$$\begin{bmatrix} \text{Força total sobre a área} \\ \text{da seção transversal} \\ \text{sombreada na seção } b\text{-}b \end{bmatrix} = C_2$$

$$C_2 = \frac{\Sigma M_b y \Delta A}{I} = \frac{M_b}{I} \Sigma \Delta A_y$$

onde

$M_b$ = momento fletor interno na seção $b$-$b$, obtido no diagrama de momentos fletores (Figura 8.18)

$I$ = momento de inércia de *toda* a seção transversal da viga, é um valor constante

$\Sigma \Delta A y$ = Soma de todos os valores de $\Delta A$ que constituem a área sombreada multiplicados pelas respectivas distâncias $y$ ao E.N.

$$\Sigma \Delta A y = \Delta A \bar{y}$$

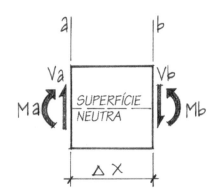

Figura 8.22  Segmento de viga entre a-b.

onde

$\bar{y}$ = distância do E.N. ao centro de gravidade (centroide) da seção transversal sombreada

Normalmente $A\bar{y}$ é denominado momento estático ou primeiro momento de área. Será usado o símbolo $Q$ para representar o valor $A\bar{y}$:

$$Q = A\bar{y}$$

A seguir, substituindo:

$$C_2 = \frac{M_b Q}{I}; \quad \text{e} \quad C_1 = \frac{M_a Q}{I}$$

Mas

$$V = C_2 - C_1$$

Portanto,

$$V = \frac{M_b Q}{I} - \frac{M_a Q}{I} = \frac{Q}{I}(M_b - M_a)$$

Para vigas de seção transversal constante:

$Q$ = constante, $I$ = constante

Olhando novamente o trecho da viga entre a seção *a-a* e a seção *b-b* mostrado na Figura 8.22, em que $M_b > M_a$, a condição de equilíbrio de forças verticais e de momentos deve ser estabelecida:

$$[\Sigma F_y = 0] V_a = V_b = V_T \text{ (transversal)}$$

$$[\Sigma M_o = 0] + M_b - M_a - V_T \Delta x = 0$$

$$M_b - M_a = V_T \Delta x$$

Substituindo ($M_b - M_a$) na equação anterior,

$$V_{\text{longitudinal}} = \frac{Q}{I}(V_T \Delta x)$$

em que

$V_L$ = força de cisalhamento que atua na superfície longitudinal da viga (área = $b\Delta x$)

$f_v$ = tensão cisalhante (longitudinal) = $V$/área sob cisalhamento

$$f_v = \frac{V}{b \Delta x}$$

$$f_v = \frac{Q}{I}\frac{(V_T \Delta x)}{b \Delta x}$$

Simplificando, a equação resultante representa a fórmula geral do cisalhamento:

$$\boxed{f_v = \frac{VQ}{Ib}}$$

em que

$f_v$ = tensão de cisalhamento; transversal ou longitudinal

$V$ = esforço cortante na viga em um determinado ponto ao longo do comprimento, normalmente obtido de um diagrama de esforços cortantes

$Q = A\bar{y}$ = primeiro momento de área, ou momento estático

$A$ = área acima ou abaixo do nível no qual a tensão de cisalhamento é desejável

$\bar{y}$ = distância do E.N. da seção transversal da viga ao centroide da área acima ou abaixo do plano desejado onde a tensão cisalhante está sendo determinada

$I_x$ = momento de inércia de toda a seção transversal

$b$ = largura da viga no plano no qual a tensão de cisalhamento está sendo examinada

# Exemplos de Problemas: Tensão de Cisalhamento

**8.8** Calcule a tensão normal máxima causada pela flexão e a tensão de cisalhamento da viga ilustrada.

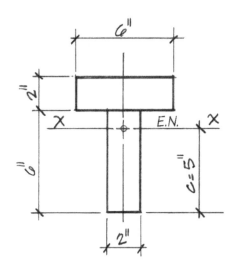

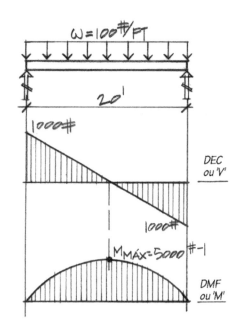

## Solução:

| Componente | $I_{x_c}$ | A | dy | $Ady^2$ |
|---|---|---|---|---|
| ▭ | 4 in⁴ | 12 in² | 2″ | 48 in⁴ |
| ▯ | 36 in⁴ | 12 in² | 2″ | 48 in⁴ |
|  | $\Sigma I_{x_c} = 40$ in⁴ |  |  | $\Sigma Ad_y^2 = 96$ in⁴ |

$I_x = 136$ in⁴

| Componente | A | y | Ay |
|---|---|---|---|
| ▭ | 12 in² | 2″ | 24 in³ |
| ▯ | 2 in² | 1/2″ | 1 in³ |
|  | $\Sigma A = 14$ in² |  | $\Sigma Ay = Q = 25$ in³ |

$$\bar{y} = \frac{25 \text{ in}^3}{14 \text{ in}^2} = 1{,}79''$$

$$f_{b_{máx}} = \frac{Mc}{I} = \frac{(5.000 \text{ \#-ft} \times 12 \text{ in/ft})(5'')}{136 \text{ in}^4} = 2.200 \text{ \#/in}^2$$

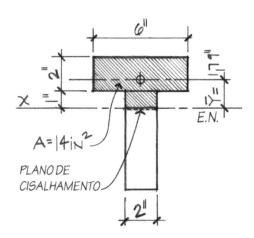

*(a) Seção acima do eixo neutro.*

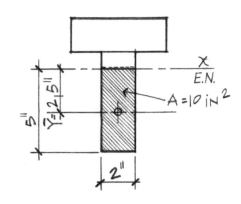

*(b) Seção abaixo do eixo neutro.*

De (a):

$V_{máx} = 1.000\#$ (do diagrama de esforços cortantes)

$Q = \Sigma Ay = A\bar{y} = 14\,in^2(1,79") = 25\,in^3$

$I_x = 136\,in^4$ (para toda a seção transversal)

$b = 2"$

$$\therefore f_v = \frac{VQ}{Ib} = \frac{1.000\#(25\,in^3)}{136\,in^4(2\,in)} = 92\,psi$$

De (b):

$V = 1.000\#$

$Q = A\bar{y} = 25\,in^3$

$I_x = 136\,in^4$

$b = 2"$

$$\therefore f_v = \frac{1.000\#(25\,in^3)}{136\,in^4(2\,in)} = 92\,psi$$

**Nota:** Adote a metade mais simples da seção transversal para calcular $Q = A\bar{y}$.

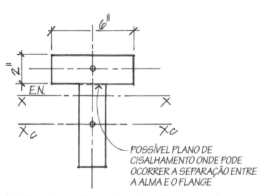

(c) Plano de cisalhamento entre o flange e a alma.

Que tensão de cisalhamento se desenvolve na base do flange? (Esse cálculo forneceria uma indicação de que tipo de tensão de cisalhamento deve ser resistida se for usado cola, pregos ou qualquer outro dispositivo de ligação para unir o flange à alma.)

$V = 1.000\#$

$I = 136\,in^4$

$b = 2"$ ou $6"$ (mas um $b$ menor fornece um $f_v$ maior $\therefore$ Usar $b = 2"$ ou 50,8 mm)

$Q = Ay = (12\,in^2)(2") = 24\,in^3$

$$\therefore f_v = \frac{1.000\#(24\,in^3)}{136\,in^4(2\,in)} = 88,3\,psi$$

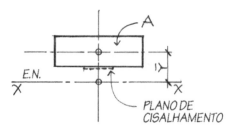

(d) Plano de cisalhamento acima do plano de cisalhamento.

Tensões de Flexão e de Cisalhamento em Vigas

**8.9** Determine a tensão de cisalhamento máxima desenvolvida na seção transversal da viga mostrada a seguir.

**Solução:**

| Componente | $I_{x_c}$ |
|---|---|
| (dois retângulos 6″×4″) | $\dfrac{2(6)(4)^3}{12} = 64\,\text{in}^4$ |
| (retângulo 2″×12″) | $\dfrac{2(12)^3}{12} = 288\,\text{in}^4$ |
| | $I_x = \Sigma I_{x_c} = 352\,\text{in}^4$ |

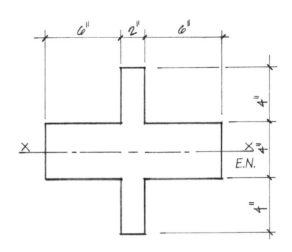

*Seção transversal da viga*

Serão examinados dois locais para determinar a tensão de cisalhamento máxima. Um plano de cisalhamento passará através do eixo neutro (normalmente o local crítico) e o outro estará onde a seção tem uma redução para duas polegadas.

| Componente | $A$ | $y$ | $Ay$ |
|---|---|---|---|
| (2″×4″, E.N.) | $8\,\text{in}^2$ | $4''$ | $32\,\text{in}^3$ |
| (14″×2″) | $28\,\text{in}^2$ | $1''$ | $28\,\text{in}^3$ |

$$\Sigma Ay = 60\,\text{in}^3$$

$Q = A\bar{y} = \Sigma Ay = 60\,\text{in}^3$

$f_v = \dfrac{VQ}{Ib} = \dfrac{6.000\#(60\,\text{in}^3)}{352\,\text{in}^4(14\,\text{in})} = 73{,}1\,\text{psi}$

(a E.N.)

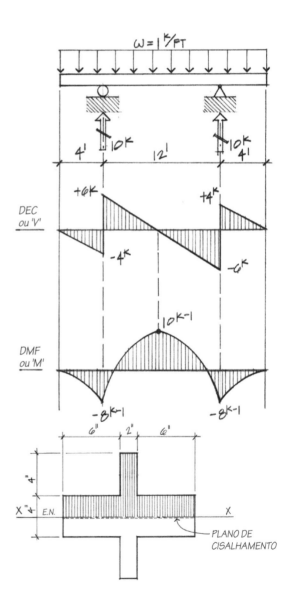

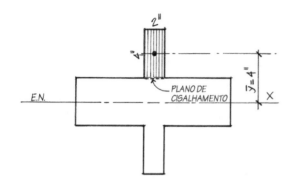

| Componente | A | y | Ay |
|---|---|---|---|
|  | 8 in² | 4" | 32 in³ |

$\Sigma Ay = 32 \text{ in}^3$

$Q = \Sigma Ay = 32 \text{ in}^3$

$f_v = \dfrac{VQ}{Ib} = \dfrac{6.000\#(32 \text{ in}^3)}{352 \text{ in}^4 (2 \text{ in})} = 272{,}7 \text{ psi}$

$\therefore f_{v_{máx}} = 272{,}7 \text{ psi}$

É nesse ponto que provavelmente ocorreria uma falha estrutural por cisalhamento.

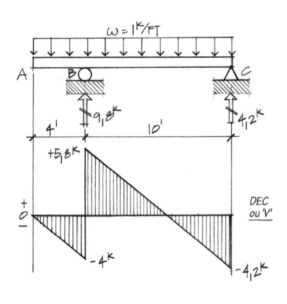

**8.10** Para a seção transversal de viga mostrada ao lado, determine a tensão de cisalhamento longitudinal que é desenvolvida no eixo neutro e em incrementos de uma polegada acima do eixo neutro. Use $V_{máx}$ em seus cálculos.

**Solução:**

Para a equação geral de tensão de cisalhamento, a determinação deve ser feita para o $V_{máx}$ e para as propriedades $I$, $b$ e $Q$ da seção transversal. O valor de $V_{máx}$ é obtido mais convenientemente em uma leitura direta do diagrama de esforços cortantes.

Em face de o momento de inércia $I$ ser constante para uma determinada seção transversal, ele pode ser calculado como

$I_x = \dfrac{bh^3}{12} = \dfrac{(4")(8")^3}{12} = 171 \text{ in}^4$

A largura da seção transversal (plano de cisalhamento) também é constante; portanto, $b = 4"$ (101,6 mm).

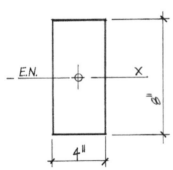

*Seção transversal da viga*

Tensões de Flexão e de Cisalhamento em Vigas

Os valores de $Q = A\bar{y}$ para cada um dos quatro planos de cisalhamento, incluindo o eixo neutro no qual a tensão de cisalhamento horizontal (longitudinal) é desejada, são mostrados da Figura 8.23(a) à Figura 8.23(d) e são calculados da seguinte maneira:

$I_x = 171 \text{ in}^4, \quad b = 4''$
$Q = A\bar{y} = (16 \text{ in}^2)(2'') = 32 \text{ in}^3$
$f_v = \dfrac{VQ}{Ib} = \dfrac{(5.800\#)(32 \text{ in}^3)}{171 \text{ in}^4 (4 \text{ in})} = 271 \text{ psi}$

(E.N.)

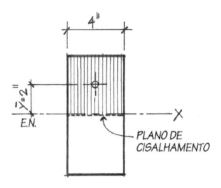

Figura 8.23(a)  Tensões de cisalhamento no eixo neutro (E.N.)

$I_x = 171 \text{ in}^4, \quad b = 4''$
$Q = A\bar{y} = (4'')(3'')(2,5'') = 30 \text{ in}^3$
$f_v = \dfrac{VQ}{Ib} = \dfrac{(5.800\#)(30 \text{ in}^3)}{171 \text{ in}^4 (4 \text{ in})} = 254 \text{ psi}$

(1'' ou 2,54 cm, acima do E.N.)

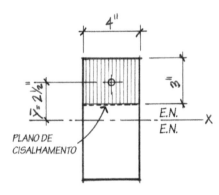

Figura 8.23(b)  Tensões de cisalhamento 1'' (25,4 mm) acima do E.N.

$I_x = 171 \text{ in}^4, \quad b = 4''$
$Q = A\bar{y} = (8 \text{ in}^2)(3'') = 24 \text{ in}^3$
$f_v = \dfrac{VQ}{Ib} = \dfrac{(5.800\#)(24 \text{ in}^3)}{171 \text{ in}^4 (4 \text{ in})} = 204 \text{ psi}$

(2'' ou 5,08 cm acima do E.N.)

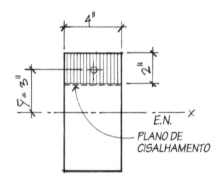

Figura 8.23(c)  Tensões de cisalhamento 2'' (50,8 mm) acima do E.N.

$I_x = 171 \text{ in}^4, \quad b = 4''$
$Q = A\bar{y} = (4 \text{ in}^2)(3,5'') = 14 \text{ in}^3$
$f_v = \dfrac{VQ}{Ib} = \dfrac{(5.800\#)(14 \text{ in}^3)}{171 \text{ in}^4 (4 \text{ in})} = 119 \text{ psi}$

(3'' ou 7,62 cm acima do E.N.)

Colocando os valores das tensões de cisalhamento em um gráfico adjacente à seção transversal da viga, obtemos uma curva parabólica conforme ilustrado na Figura 8.24. Se fossem obtidos os valores de tensões de cisalhamento para os pontos correspondentes abaixo do eixo neutro, teríamos encontrado os valores correspondentes. Completando a curva, verifica-se que o valor máximo da tensão de cisalhamento ocorre no plano (superfície) neutro, em que $A y$ é máximo e as tensões normais causadas pela flexão são iguais a zero.

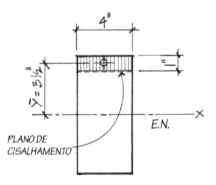

Figura 8.23(d)  Tensões de cisalhamento 3'' (76,2 mm) acima do E.N.

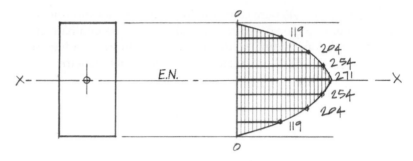

Seção transversal da viga    Gráfico das intensidades das tensões em vários locais da seção transversal da viga

*Figura 8.24  Distribuição de tensões de cisalhamento em uma seção transversal retangular.*

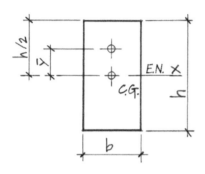

*Figura 8.25  Seção transversal da viga.*

Por causa de seu uso frequente em projetos, pode ser obtida uma expressão para a tensão cisalhante máxima (Figura 8.25) que ocorre em vigas retangulares maciças (principalmente vigas de madeira).

O plano de cisalhamento é máximo no eixo neutro, conforme ilustra a Figura 8.24.

$$f_v = \frac{VQ}{Ib}; \quad I_x = \frac{bh^3}{12}; \quad A = b \times \frac{h}{2} = \frac{bh}{2}$$

$$b = b; \quad \bar{y} = \frac{h}{4}$$

$$Q = A\bar{y}$$

Portanto,

$$f_v = \frac{V\left(\frac{bh}{2} \times \frac{h}{4}\right)}{\left(\frac{bh^3}{12}\right)(b)} = \frac{12Vbh^2}{8b^2h^3} = \frac{3V}{2bh}$$

Entretanto, $bh$ = área de toda a seção transversal da viga.

Simplificando,

$$\boxed{f_{v_{máx} (E.N.)} = \frac{3V}{2A} = \frac{1,5V}{A}}$$ para seções transversais retangulares maciças

onde

$f_{v_{máx}}$ = tensão máxima de cisalhamento no E.N.
$V$ = esforço cortante máximo na viga carregada
$A$ = área da seção transversal da viga

Tensões de Flexão e de Cisalhamento em Vigas

Das equações que acabaram de ser desenvolvidas, encontramos que a tensão cisalhante máxima (de projeto) para uma seção retangular é 50% maior do que o valor da tensão média (Figura 8.26).

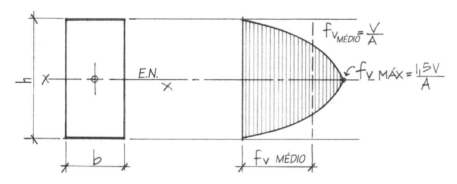

Seção transversal    Gráfico das tensões de cisalhamento de uma seção retangular.

Figura 8.26  Distribuição das tensões de cisalhamento — pontos principais.

**8.11** Uma viga em caixão (seção retangular oca) composta de madeira compensada, com os flanges superior e inferior de 2 × 4 S4S mantidos na posição por intermédio de pregos. Determine o espaçamento (distância) entre os pregos se a viga suporta uma carga uniforme de 200 #/ft (2919 N/m) ao longo do seu vão de 26 pés (7,92 m). Admita que os pregos possuam uma capacidade de resistência ao cisalhamento de 80 # (356 N) cada.

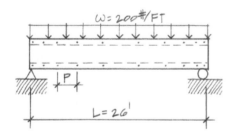

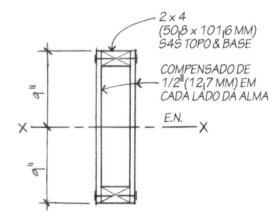

Seção transversal de uma viga caixão construída com madeira compensada.

### Solução:

Construa o diagrama de esforços cortantes para obter a condição crítica de cisalhamento e sua localização.

Observe que a condição de cisalhamento é crítica nos apoios e que a intensidade do cisalhamento diminui com a proximidade à linha de centro da viga. Isso indicaria que o espaçamento entre pregos $P$ varia do apoio até o meio da viga. Os pregos têm espaçamentos menores no apoio, mas ocorre um aumento do espaçamento no meio do vão, de acordo com o diagrama de esforços cortantes.

$$f_v = \frac{VQ}{Ib}$$

$$I_x = \frac{(4,5")(18")^3}{12} - \frac{(3,5")(15")^3}{12} = 1.202,6 \text{ in}^4$$

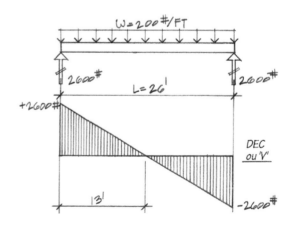

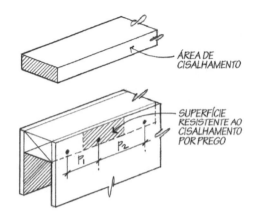

$$Q = A\bar{y} = (5{,}25\,\text{in}^2)(8{,}25'') = 43{,}3\,\text{in}^3$$

Esforço cortante $= f_v \times A_v$

onde

$A_v$ = área de cisalhamento

Admita o seguinte:

$F$ = capacidade dos dois pregos (um em cada lado) no flange, representando duas superfícies de cisalhamento

$$F = f_v \times b \times p = \frac{VQ}{Ib} \times bp$$

$$\therefore F = p \times \frac{VQ}{I} \quad p = \frac{FI_x}{VQ}$$

No local de cisalhamento máximo (apoio), $V$ = 2.600 # (11565 N),

$$p = \frac{(2\,\text{pregos} \times 80\,\#/\text{prego})(1.202{,}6\,\text{in}^4)}{(2.600\#)(43{,}3\,\text{in}^3)} = 1{,}71''$$

Verificando a exigência de espaçamento $p$ em diferentes locais ao longo da viga, obtemos um gráfico (como o diagrama de esforços cortantes) das exigências de espaçamento.

No apoio,

$V_0 = 2.600\#,\ p_0 = 1{,}36''$

$$V_2 = 2.200\#;\ p_2 = \frac{(2 \times 80\,\#/\text{prego})(1.202{,}6\,\text{in}^4)}{(2.200\#)(43{,}3\,\text{in}^3)} = 2{,}02''$$

$$V_4 = 1.800\#;\ p_4 = \frac{(2 \times 80\,\#/\text{prego})(1.202{,}6\,\text{in}^4)}{(1.800\#)(43{,}3\,\text{in}^3)} = 2{,}47''$$

$$V_6 = 1.400\#;\ p_6 = \frac{(2 \times 80\,\#/\text{prego})(1.202{,}6\,\text{in}^4)}{(1.400\#)(43{,}3\,\text{in}^3)} = 3{,}17''$$

$$V_8 = 1.000\#;\ p_8 = \frac{(2 \times 80\,\#/\text{prego})(1.202{,}6\,\text{in}^4)}{(1.000\#)(43{,}3\,\text{in}^3)} = 4{,}44''$$

$$V_{10} = 600\#;\ p_{10} = \frac{(2 \times 80\,\#/\text{prego})(1.202{,}6\,\text{in}^4)}{(600\#)(43{,}3\,\text{in}^3)} = 7{,}04''$$

Para adotar um valor prático de espaçamento, deveriam ser usados incrementos de meia polegada (12,7 mm) ou de uma polegada (25,4 mm).

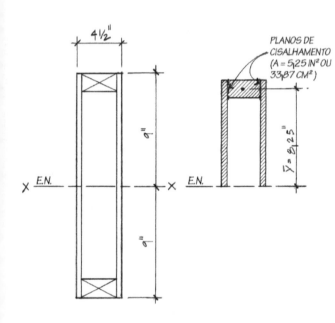

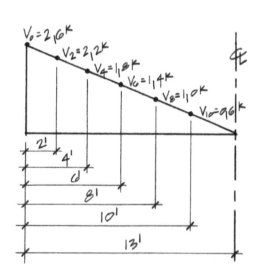

## Variações da Tensão de Cisalhamento em Vigas

As vigas devem ser dimensionadas para suportar com segurança as tensões máximas causadas pela flexão e pelo cisalhamento. A variação das tensões normais de tração e de compressão causadas pela flexão ao longo da área de uma seção transversal foi analisada na Seção 8.2. Da mesma forma que na tensão normal causada pela flexão, a tensão de cisalhamento também varia em uma seção transversal, conforme a ilustração de uma seção transversal retangular na Figura 8.26. Com poucas exceções, geralmente a tensão cisalhante máxima ocorre no eixo neutro.

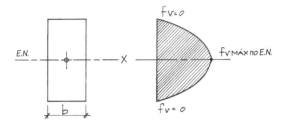

*(a) Viga retangular.*

A variação da tensão de cisalhamento ao longo da seção transversal de uma viga T, de uma viga I e de uma seção com um perfil de abas largas está ilustrada na Figura 8.27(b), na Figura 8.27(c) e na Figura 8.28. A curva tracejada na Figura 8.27(c) indica qual seria a variação da tensão se a área da viga permanecesse retangular com a largura constante $b$. Essa variação seria similar à mostrada na Figura 8.27(a). O aumento repentino da tensão de cisalhamento no lado inferior do flange superior é causado pela variação da largura de $b$ para $t$ polegadas.

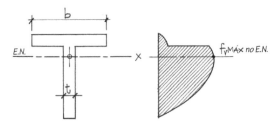

*(b) Viga T.*

$$f_v = \frac{VQ}{Ib}$$

Uma variação similar ocorre na transição flange-alma de uma viga T, conforme ilustra a Figura 8.27(b), mas aqui a curva abaixo do eixo neutro respeita o padrão usual de uma viga retangular.

Ao examinar a distribuição da tensão cisalhante de uma seção de abas largas, verificamos que a maior parte do cisalhamento é resistida pela alma e muito pouca resistência é oferecida pelos flanges. O oposto é verdadeiro no caso de tensões de flexão — os flanges resistem a maior parte da tensão normal causada pela flexão e a alma oferece pouca resistência à flexão (Figura 8.28).

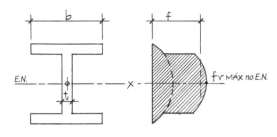

*(c) Viga I.*

Figura 8.27  *Variações da tensão cisalhante.*

O cálculo do valor absoluto exato da tensão máxima usando $VQ/Ib$ pode se tornar difícil por causa da presença dos arredondamentos (filetes) onde o flange se une à alma. É ainda mais difícil conseguir um alto nível de precisão em vigas com seção em canal ou vigas I padrão, que apresentam superfícies de flange inclinadas. Dessa forma, o American Institute of Steel Construction (AISC) recomenda o uso de uma fórmula aproximada muito mais simples, para os perfis comuns de aço:

$$f_{v_{\text{médio}}} = \frac{V}{t_w d}$$

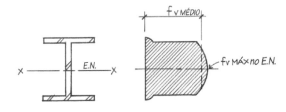

Seção de abas largas.   Distribuição da tensão cisalhante.

Figura 8.28  *Distribuição das tensões de cisalhamento para um perfil de abas largas.*

em que

$V$ = esforço cortante

$d$ = altura da viga

$t_w$ = espessura da alma

Essa fórmula dá uma tensão cisalhante média para a alma ao longo de toda a altura da viga, ignorando a contribuição do flange (Figura 8.29).

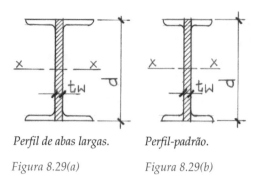

*Perfil de abas largas.*

Figura 8.29(a)

*Perfil-padrão.*

Figura 8.29(b)

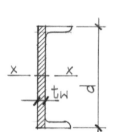

*Perfil canal (perfil C).*

Figura 8.29(c)

Figura 8.30  *Flambagem da alma em vigas de aço.*

As almas resistem aproximadamente 90% do cisalhamento total dos perfis estruturais, conforme ilustra a Figura 8.29. Contrastando com isso, os flanges resistem 90% das tensões normais causadas pela flexão.

Dependendo do perfil de aço específico, a fórmula da tensão cisalhante média

$$f_{v_{médio}} = \frac{V}{t_w d}$$

pode conter erro de até 20% em termos não conservativos. Isso significa que quando uma tensão cisalhante calculada com essa equação ficar com uma diferença de menos de 20% em relação à tensão cisalhante máxima admissível, a tensão real máxima ($VQ/Ib$) pode ultrapassar um pouco a tensão admissível.

Felizmente, esse nível baixo de precisão raramente causa algum problema por dois motivos:

1. Os aços estruturais são muito resistentes ao cisalhamento.
2. A maioria das vigas secundárias e vigas principais em edificações, ao contrário de alguns equipamentos, apresentam tensões de cisalhamento baixas.

Podem aparecer altas-tensões de cisalhamento em vigas de vãos curtos fortemente carregadas ou se forem aplicadas grandes cargas concentradas adjacentes a um apoio. Na determinação do tamanho de uma viga de aço, normalmente as tensões de flexão ou o deslocamento transversal (deflexão) serão determinantes.

Quando as tensões de cisalhamento se tornam excessivas, as vigas de aço não apresentam falha estrutural com ruptura ao longo do eixo neutro, como poderia ocorrer em vigas de madeira. Em vez disso, é a flambagem de uma alma relativamente fina por compressão que constitui uma falha por cisalhamento (Figura 8.30). O AISC forneceu várias fórmulas de design para determinar quando se deve utilizar área extra de suporte em cargas concentradas ou quando se fazem necessários enrijecedores de alma para evitar tais falhas estruturais (Figura 8.31).

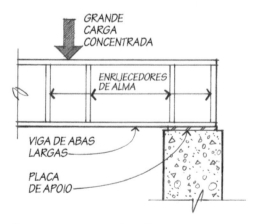

Figura 8.31  *Enrijecedores de alma.*

Tensões de Flexão e de Cisalhamento em Vigas

## Exemplos de Problemas: Tensão de Cisalhamento

**8.12** Um viga de perfil-padrão americano (American Standard) S12 × 31,8 resiste a um esforço cortante $V = 12$ k (53,38 kN) nos apoios. Determine a tensão cisalhante média na alma. $F_v = 14,5$ ksi (10 MPa) (aço A36).

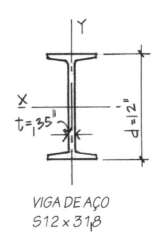

VIGA DE AÇO
S12 × 31,8

**Solução:**

$$f_{v_{médio}} = \frac{V}{t_w d}$$

$V = 12$ k

$t_w = 0{,}35''$

$d = 12''$

$$f_{v_{médio}} = \frac{12\,k}{(0{,}35'')(12'')} = 2{,}86 \text{ ksi} < F_v = 14{,}5 \text{ ksi}$$

∴ OK

**8.13** Uma viga de aço A36 com perfil W12 × 50 é carregada da maneira ilustrada. Calcule a tensão $f_{v_{médio}}$ crítico.

**Solução:**

$F_v = 14{,}5$ ksi (Aço A36)

$V = 35$ k

$t_w = 0{,}37''$

$d = 12{,}19''$

$$f_{v_{médio}} = \frac{V}{t_w d} = \frac{35\,k}{(0{,}37'')(12{,}19'')} = 7{,}76 \text{ ksi} < F_v = 14{,}5 \text{ ksi}$$

∴ OK

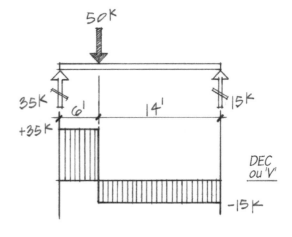

## Problemas

**8.11** Duas placas de aço (A572, $F_y = 50$ ksi ou 345 MPa) são soldadas entre si para formar uma viga T invertida. Determine a tensão normal máxima causada pela flexão. Além disso, determine a tensão cisalhante máxima no eixo neutro da seção transversal e a interseção onde a alma se une ao flange.

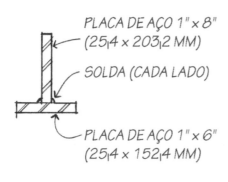

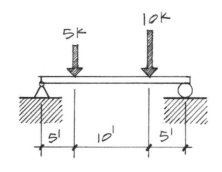

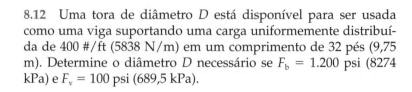

**8.12** Uma tora de diâmetro $D$ está disponível para ser usada como uma viga suportando uma carga uniformemente distribuída de 400 #/ft (5838 N/m) em um comprimento de 32 pés (9,75 m). Determine o diâmetro $D$ necessário se $F_b$ = 1.200 psi (8274 kPa) e $F_v$ = 100 psi (689,5 kPa).

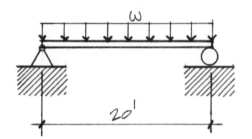

**8.13** A viga de 20 pés (6,10 m) mostrada tem uma seção transversal constituída por uma placa de aço de 1" × 10" (25,4 × 254 mm) soldada ao topo de uma seção W8 × 31. Determine a carga máxima $\omega$ que a viga pode suportar quando a seção de aço atingir a tensão normal máxima admissível causada pela flexão de $F_b$ = 22 ksi (151,7 MPa). Para o $\omega$ calculado, determine a tensão cisalhante $f_v$ desenvolvida entre a placa e a superfície superior do flange (use a largura do flange para $b$).

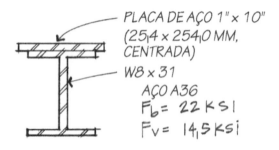

**8.14** Uma verga com 12 pés (3,6 m) de comprimento é usada para suportar as cargas impostas à abertura de uma porta. Admitindo que seja usada uma viga caixão com 12 polegadas (304,8 mm) de comprimento total conforme ilustrado, determine a tensão normal máxima causada pela flexão e a tensão cisalhante desenvolvida.

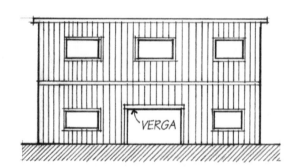

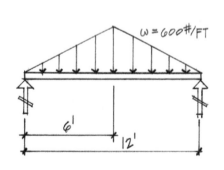

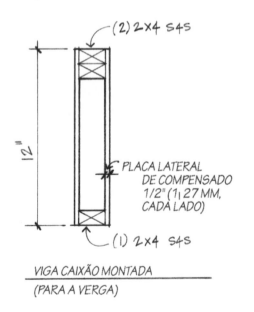

Tensões de Flexão e de Cisalhamento em Vigas

**8.15** A seção transversal da viga de madeira mostrada é carregada com ω ao longo de seu vão de 6 pés (1,82 m). Determine o valor máximo de ω se a tensão normal admissível causada pela flexão for $F_b = 1.600$ psi (11032 kPa) e a tensão cisalhante admissível for $F_v = 85$ psi (586 kPa).

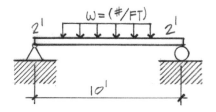

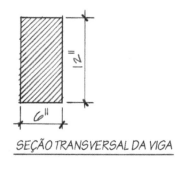

SEÇÃO TRANSVERSAL DA VIGA

**8.16** Uma viga S4S 4 × 12 (101,6 × 304,8 mm) suporta duas cargas concentradas conforme ilustrado. Admitindo $F_b = 1.600$ psi (11032 kPa) e $F_v = 85$ psi (586 kPa), determine:

  a. A carga máxima admissível P.
  b. A tensão normal causada pela flexão e a tensão de cisalhamento 4 pés (1,22 m) à direita do apoio A.

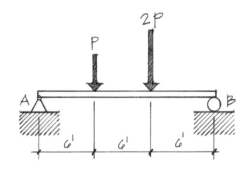

**8.17** A viga mostrada é construída pela soldagem de placas de cobertura a duas seções em C. Que carga uniformemente distribuída máxima essa viga pode suportar em um vão de 20 pés (6,1 m) se $F_b = 20$ ksi (137,90 MPa).

Verifique a tensão de cisalhamento onde a placa se liga ao flange do perfil C.

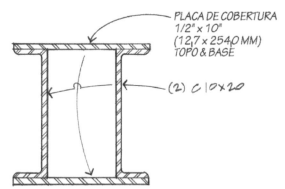

**8.18** Selecione o perfil W mais leve de aço para viga com base na condição de flexão. Verifique $f_{v_{médio}}$ para a viga selecionada.

$$\left. \begin{array}{l} F_b = 22 \text{ ksi} \\ F_v = 14,5 \text{ ksi} \end{array} \right\} \text{ Aço A36}$$

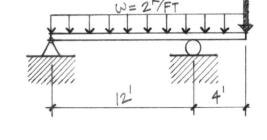

**8.19** Uma prancha está sendo usada para suportar uma carga triangular conforme ilustrado. Admitindo que a prancha meça 12 polegadas (304,8 mm) de largura, determine a espessura exigida para a prancha se $F_b = 1.200$ psi (8274 kPa) e $F_v = 100$ psi (689,5 kPa).

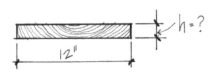

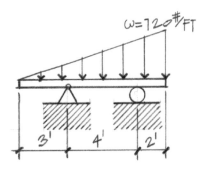

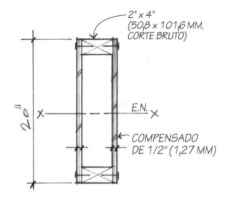

**8.20** Uma viga caixão composta por peças de madeira compensada tem a peça superior e inferior de 2″ × 4″ (50,8 × 101,6 mm) mantida por pregos ao longo das linhas superior e inferior da viga. Determine o espaçamento (*pitch*) dos pregos se a viga suportar uma carga de 5 k (22,24 kN) no meio do vão. Cada prego é capaz de resistir ao cisalhamento de 80# (355,84 N).

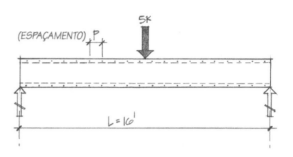

## 8.5 DEFLEXÃO EM VIGAS

Conforme analisado em seções anteriores deste capítulo, o design de vigas para uma determinada carga e condição de apoio exige a investigação da resistência à tensão normal causada pela flexão e à tensão de cisalhamento. Entretanto, muito frequentemente, o design de uma viga é determinado por sua *deflexão* admissível. Em design, frequentemente a deformação (chamada *deflexão* em vigas) adquire uma importância equivalente às considerações de resistência, especialmente em estruturas de grandes vãos.

A deflexão, uma exigência de *rigidez*, representa uma modificação na posição vertical de uma viga em consequência das cargas aplicadas. O módulo da carga, o comprimento do vão da viga, o momento de inércia da seção transversal da viga e o módulo de elasticidade da viga são fatores que determinam o valor da deflexão resultante. Geralmente, o valor da *deflexão admissível* ou *permissível* é limitado pelas normas de edificações ou por considerações práticas, como minimizar trincas em rebocos de superfícies de forro ou reduzir a flexibilidade de um piso.

A madeira, como material estrutural, é menos rígida (tem valor menor de *E*) do que o aço ou o concreto; em consequência, para ela a deflexão é sempre uma preocupação. Os efeitos nocivos das grandes deflexões podem incluir a expulsão dos pregos em forros de gesso, fendas em rebocos de superfícies horizontais e inclinação visível de forros e pisos. Em algumas situações de design, principalmente os vãos mais longos, um elemento estrutural de madeira que satisfaça as exigências de resistência não necessariamente satisfará os critérios de deflexão.

As vigas de aço, embora sejam relativamente mais resistentes do que as vigas de madeira, também precisam ser verificadas quanto à deflexão. Deve-se tomar cuidado particular em situações de grandes vãos no que diz respeito à probabilidade de curvatura excessiva e ao *acúmulo* de água (*ponding*). O acúmulo de água é potencialmente uma das condições mais perigosas para tetos planos. Ele ocorre quando um teto plano sofre deflexão suficiente para evitar o escoamento da água normal. Em vez disso, uma determinada quantidade de água é coletada no meio do vão, e com o peso adicional da água acumulada o teto sofre uma deflexão maior, permitindo que ainda mais água seja coletada, o que por sua vez causa uma deflexão ainda maior. Esse ciclo progressivo continua até que aconteça o dano estrutural ou o colapso da estrutura. Os códigos de obras exigem que todos os telhados sejam projetados com inclinação suficiente para assegurar que aconteça a drenagem depois de uma deflexão por um período longo ou que os telhados sejam projetados para suportar as cargas máximas, incluindo os efeitos do acúmulo de água.

Os *limites admissíveis de deflexão* para vigas estão apresentados na Tabela 8.1. Esses limites se baseiam nos padrões do AITC (*American Institute of Timber Construction*), do AISC (*American Institute of Steel Construction*) e do UBC (*Uniform Building Code*).

*Tabela 8.1  Limites recomendáveis de deflexão admissível*

| Classificação de Uso | Carga Variável | Carga Permanente e Variável |
|---|---|---|
| Vigas de Telhado: | | |
| Industriais | 1/180 | 1/120 |
| Comerciais e Institucionais | | |
| Sem teto de gesso | 1/240 | 1/180 |
| Com teto de gesso | 1/360 | 1/240 |
| Vigas de Piso: | | |
| Uso comum* | 1/360 | 1/240 |

*Uso comum se refere aos pisos destinados a construções para as quais o conforto em caminhar e a minimização da rachadura do gesso sejam as considerações principais.*

Frequentemente, o cálculo das deflexões *reais* das vigas é aproximado por meio do ponto de vista matemático que exige a solução de uma equação diferencial parcial de segunda ordem que depende do carregamento e das condições de apoio da viga. Esse método é matematicamente simples, mas apresenta grandes problemas associados à avaliação das condições de apoio adequadas, assim como nos cálculos exigidos para que a solução seja obtida.

Há muitas maneiras de tratar do problema das deflexões de vigas: pelo método momento-área, pelo método da viga conjugada, por integração dupla e por fórmulas. Esta seção tratará exclusivamente das fórmulas de deflexão já estabelecidas e encontradas em manuais-padrão, como o manual do AISC, os manuais de projetos de madeira e similares.

Atualmente, as deflexões são calculadas automaticamente para a maioria dos projetos de vigas feitos em um computador. A intenção desta seção é apresentar alguns conceitos fundamentais relativos à deflexão e seu papel no projeto de vigas em vez de explorar as muitas técnicas matemáticas sofisticadas que podem ser empregadas para obter os valores das deflexões. Um entendimento dos conceitos básicos da deflexão permitirá o uso de software computacional para compreender melhor os resultados obtidos.

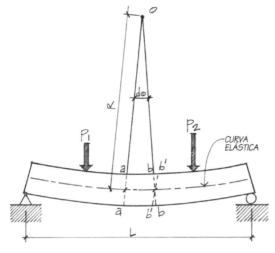

*Figura 8.32(b)   Depois do carregamento.*

## A Curva Elástica — Raio de Curvatura de uma Viga

Quando uma viga sofre deflexão, a superfície neutra da viga assume uma posição curva, conhecida como *curva elástica* ou simplesmente *elástica* (Figura 8.32).

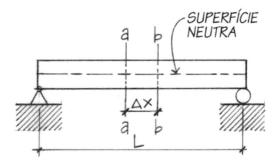

*Figura 8.32(a)   Antes do carregamento.*

De acordo com a teoria de vigas, admite-se que os planos $a$ e $b$ [Figura 8.32(a)], que são paralelos antes do carregamento, permaneçam planos depois da flexão, de forma que passem a apresentar um pequeno ângulo $d\theta$ [Figura 8.32(b)]. Se a curvatura for pequena, podemos admitir que $R_a = R_b = R$ seja o raio de curvatura da superfície neutra (curva elástica).

O comprimento do segmento entre as seções $a$ e $b$ é designada como $\Delta x$. Se $d\theta$ for muito pequeno e $R$ for muito grande, então $\Delta x = R d\theta$ porque, para pequenos ângulos, sen $\theta$ = tan $\theta$ = $\theta$. Da Figura 8.33, $\Delta x' = (R + c)d\theta$, pelo mesmo motivo.

Comprimento: $ab = \Delta x$

$a'b' = \Delta x'$

O alongamento total que as fibras inferiores sofrerão será

$\delta_c = \Delta x' - \Delta x$

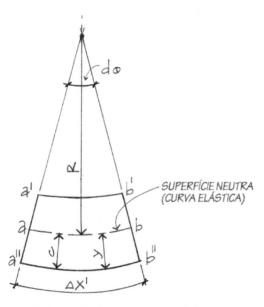

*Figura 8.33   Trecho da viga entre a-a e b-b.*

Substituindo os valores dados anteriormente, temos

$\delta_c = (R + c)d\theta - R d\theta = R d\theta + c d\theta - R d\theta$

$\therefore \delta_c = c d\theta$

De $\varepsilon = \delta/L$, temos

$$\varepsilon_c = \frac{\Delta x' - \Delta x}{\Delta x} = \frac{c(d\theta)}{R(d\theta)} = \frac{c}{R}$$

Similarmente, pode-se demonstrar que a deformação específica a qualquer distância $y$ da superfície neutra pode ser escrita como

$$\varepsilon_y = \frac{y}{R}$$

Sabemos que

$$\varepsilon_y = \frac{f_y}{E} \quad \text{e} \quad f_y = \frac{My}{I}; \text{então } \varepsilon_y = \frac{My}{EI}$$

Igualando as duas expressões para $\varepsilon_y$, temos

$$\frac{My}{EI} = \frac{y}{R} \text{ ou } R = \frac{EI}{M} \text{ ou } \frac{1}{R} = \frac{M}{EI}$$

onde

> $R$ = raio de curvatura
> $M$ = momento fletor na seção na qual $R$ é desejado
> $E$ = módulo de elasticidade
> $I$ = momento de inércia da seção transversal da viga

Por ter sido usada a fórmula da flexão para encontrar essa relação, ela só será válida para aqueles elementos estruturais que atendam as hipóteses feitas para a obtenção da fórmula da flexão. Normalmente $E$ e $I$ são constantes para uma determinada viga. A equação do raio de curvatura anterior é considerada como uma equação básica no desenvolvimento das fórmulas da deflexão.

## Fórmulas de Deflexão

Muitos padrões de carregamento e condições de apoio ocorrem tão frequentemente em construção que os guias de consulta (e.g., AISC, AITC etc.) e manuais de engenharia trazem as fórmulas apropriadas para suas deflexões. Alguns dos casos mais comuns são mostrados na Tabela 8.2. Na maior parte das vezes, os valores exigidos de deflexão para a situação de projeto de uma viga podem ser determinados por meio dessas fórmulas, e não se torna necessário recorrer à teoria da deflexão. Mesmo quando a situação real de carregamento não corresponder a um dos casos presentes nas tabelas, ele é suficientemente preciso para a maioria das situações de projeto para fornecer uma resposta aproximada para a deflexão máxima usando uma ou mais fórmulas.

As deflexões reais calculadas devem ser comparadas com as deflexões admissíveis permitidas pelos códigos de obras.

$$\boxed{\Delta_{\text{real}} \leq \Delta_{\text{admissível}}}$$

*Tabela 8.2   Casos comuns de carregamento e deflexões de vigas*

| Carregamento da Viga e Apoios | Deflexão Real* |
|---|---|
| (a) Carregamento uniformemente distribuído, viga simplesmente apoiada | $\Delta_{\text{máx}} = \dfrac{5\omega L^4}{384EI}$   (no centro do vão) |
| (b) Carga concentrada no meio do vão | $\Delta_{\text{máx}} = \dfrac{PL^3}{48EI}$   (no centro do vão) |

*Tabela 8.2   Casos comuns de carregamento e deflexões de vigas (Continuação)*

| Carregamento da Viga e Apoios | Deflexão Real* |
|---|---|
| (c) Duas cargas concentradas iguais nos pontos que dividem a viga em três partes | $\Delta_{máx} = \dfrac{23PL^3}{648EI} = \dfrac{PL^3}{28{,}2EI}$   (no centro do vão) |
| (d) Três cargas concentradas iguais nos pontos que dividem a viga em quatro partes | $\Delta_{máx} = \dfrac{PL^3}{20{,}1EI}$   (no centro do vão) |
| (e) Carga uniformemente distribuída, ambas as extremidades engastadas | $\Delta_{máx} = \dfrac{\omega L^4}{384EI}$   (no centro do vão) |
| (f) Viga engastada e livre com carga uniformemente distribuída | $\Delta_{máx} = \dfrac{\omega L^4}{8EI}$   (na extremidade livre) |
| (g) Viga engastada e livre com carga concentrada na extremidade | $\Delta_{máx} = \dfrac{PL^3}{3EI}$   (na extremidade livre) |

*Em razão de nos EUA normalmente os comprimentos dos vãos das vigas serem dados em pés e as deflexões serem dadas em polegadas, deve-se incluir um fator de conversão em todas as fórmulas de deflexão anteriores. Multiplique cada equação de deflexão pelo

fator de conversão = CF = $(12\,\text{in/ft})^3 = 1.728\,\text{in}^3/\text{ft}^3$

Exemplos de Problemas. Deflexões de Vigas

**8.14** Usando Abeto Douglas-Larício (DF-L) N°. 1, calcule a viga de piso simplesmente apoiada mostrada de forma a satisfazer os critérios de flexão, cisalhamento e deflexão.

$1/4 < b/h < 1/2$

$\Delta_{adm(DL+LL)} = L/240; \Delta_{adm(LL)} = L/360$

$F_b = 1.300 \text{ psi}; F_v = 85 \text{ psi}; E = 1,6 \times 10^6 \text{ psi}$

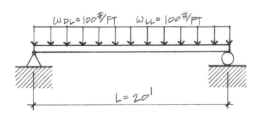

**Solução:**

*Flexão*

$$M_{máx} = \frac{\omega L^2}{8} = \frac{200 \text{ \#/ft}(20')^2}{8} = 10.000 \text{ \#-ft}$$

$$S_{exigido} = \frac{M_{máx}}{F_b} = \frac{10 \text{ k-ft} \times 12 \text{ in/ft}}{1,3 \times 10^3 \text{ k/in}^2} = 92,3 \text{ in}^3$$

*Cisalhamento*

$$V_{máx} = \frac{\omega L}{2} = \frac{200 \text{ \#/ft}(20')}{2} = 2.000\text{\#}$$

$$A_{exigido} = \frac{1,5 V_{máx}}{F_v} = \frac{1,5 \times (2.000\text{\#})}{85 \text{ \#/in}^2} = 35,3 \text{ in}^2$$

*Deflexão (Admissível)*

$$\Delta_{adm(CP+CV)} = \frac{L}{240} = \frac{20' \times 12 \text{ in/ft}}{240} = 1''$$

ou

$$\Delta_{adm(CV)} = \frac{L}{360} = \frac{20' \times 12 \text{ in/ft}}{360} = 0,67''$$

Observe que os valores de $S_{exigido}$ e $A_{exigida}$ não levam em consideração o peso próprio da viga.

Tentar 6 × 12 S4S.

$(A = 63,25 \text{ in}^2; S_x = 121,23 \text{ in}^3; I_x = 697,07 \text{ in}^4)$

Vigas econômicas (eficientes) normalmente têm uma relação largura/altura $(b/h)$ de ¼ < $b/h$ < ½.

Verifique o efeito do peso da viga e o modo como ele influi nas condições da tensão normal causada pela flexão e da tensão de cisalhamento.

*Flexão*

$$S_{ad} = \frac{M_{ad}}{F_b}$$

em que $M_{ad}$ = momento fletor adicional devido ao peso da viga.

$$M_{ad} = \frac{\omega_{viga} L^2}{8}$$

A conversão para a densidade da madeira de 35 pcf, libras por pé cúbico (abeto Douglas e Pinho do Sul) em libras por pé linear (plf) fica

$\omega_{viga} = 0{,}252 \times$ área da seção transversal da viga

$\omega_{viga} = 0{,}252 \times 63{,}25 = 16 \text{ plf}$

$$\therefore M_{ad} = \frac{16 \text{ \#/ft}(20')^2}{8} = 800 \text{ \#-ft}$$

$$S_{ad} = \frac{M_{ad}}{F_b} = \frac{800 \text{ \#ft} \times 12 \text{ in/ft}^2}{1.300 \text{ psi}} = 7{,}4 \text{ in}^3$$

$\therefore S_{total} = 92{,}3 \text{ in}^3 + S_{ad} = 92{,}3 \text{ in}^3 + 7{,}4 \text{ in}^3$

$S_{total} = 99{,}7 \text{ in}^3 < 121{,}2 \text{ in}^3 \therefore \text{OK}$

*Cisalhamento*

$V_{ad} =$ cisalhamento adicional desenvolvido em virtude do peso da viga

$$\therefore V_{ad} = \frac{\omega_{viga} L}{2} = \frac{16 \text{ \#/ft}(20')}{2} = 160\text{\#}$$

$$A_{ad} = \frac{1{,}5 \, V_{ad}}{F_v} = \frac{1{,}5 \times 160\text{\#}}{85 \text{ psi}} = 2{,}8 \text{ in}^2$$

$\therefore A_{total} = 35{,}3 \text{ in}^2 + A_{ad} = 35{,}3 \text{ in}^2 + 2{,}8 \text{ in}^2$

$A_{total} = 38{,}1 \text{ in}^2 < 63{,}25 \text{ in}^2 \therefore \text{OK}$

*Deflexão (Real)*

$$\Delta_{real} = \frac{5\omega_{LL} L^4}{384 EI} = \frac{5(100 \text{ \#/ft})(20')^4(1.728 \text{ in}^3/\text{ft}^3)}{384(1{,}6 \times 10^6 \text{ psi})(697{,}1 \text{ in}^4)} = 0{,}32''$$

$\Delta_{real(CV)} = 0{,}32'' < \Delta_{adm(CV)} = 0{,}67''$

$$\Delta_{real} = \frac{5\omega_{total} L^4}{384 EI} = \frac{5(216 \text{ \#/ft})(20')^4(1.728 \text{ in}^3/\text{ft}^3)}{384(1{,}6 \times 10^6 \text{ psi})(697{,}1 \text{ in}^4)} = 0{,}7''$$

**Nota:** $\omega_{total} = 216 \text{ \#/ft}$ (3152 N/m) inclui o peso próprio da viga.

$\Delta_{real(CP+CV)} = 0{,}7'' < \Delta_{real(CP+CV)} = 1''$

$\therefore$ OK  Usar: $6 \times 12$ S4S.

Tensões de Flexão e de Cisalhamento em Vigas

**8.15** Calcule uma viga de Pinho do Sul (Southern Pine) Nº 1 para suportar as cargas mostradas (viga do telhado, sem revestimento). Admita que a viga esteja apoiada em cada extremidade em uma parede de blocos de alvenaria.

$F_b = 1.550 \text{ psi}; F_v = 110 \text{ psi}; E = 1,6 \times 10^6 \text{ psi}$

**Solução:**

*Flexão*

$$S_{\text{exigido}} = \frac{M_{\text{máx}}}{F_b} = \frac{12,8 \text{ k-ft} \times 12 \text{ in/ft}}{1,55 \text{ ksi}} = 99,1 \text{ in}^3$$

*Cisalhamento*

$$A_{\text{exigida}} = \frac{1,5 V_{\text{máx}}}{F_v} = \frac{1,5 \times (2.750\#)}{110 \text{ psi}} = 37,5 \text{ in}^2$$

*Deflexão (Admissível)*

$$\Delta_{\text{adm}} = \frac{L}{240} = \frac{15' \times 12 \text{ in/ft}}{240} = 0,75''$$

Experimente 6 × 12 (152,4 × 304,8 mm) S4S.

$\left(A = 63,3 \text{ in}^2; S_x = 121 \text{ in}^3; I_x = 697 \text{ in}^4\right)$

$\omega_{\text{viga}} \approx 0,252 \times 63,3 = 16 \#/\text{ft}$

*Flexão*

$$M_{\text{ad}} = \frac{\omega_{\text{viga}} L^2}{8} = \frac{16 \#/\text{ft}(15')^2}{8} = 450 \#\text{-ft}$$

$$S_{\text{ad}} = \frac{M_{\text{ad}}}{F_b} = \frac{450 \#\text{-ft} \times 12 \text{ in/ft}}{1.550 \text{ psi}} = 3,5 \text{ in}^3$$

$S_{\text{total}} = 99,1 \text{ in}^3 + 3,5 \text{ in}^3 = 102,5 \text{ in}^3 < 121 \text{ in}^3 \therefore \text{OK}$

**Nota:** *Normalmente $S_{ad}$ é aproximadamente 2% a 5% de $S_{exigido}$.*

*Cisalhamento*

$$V_{\text{ad}} = \frac{\omega_{\text{viga}} L}{2} = \frac{16 \#/\text{ft}(15')}{2} = 120\#$$

$$A_{\text{ad}} = \frac{1,5 V_{\text{ad}}}{F_v} = \frac{1,5 \times 120\#}{110 \text{ psi}} = 1,6 \text{ in}^2$$

$A_{\text{total}} = 37,5 \text{ in}^2 + 1,6 \text{ in}^2 = 39,1 \text{ in}^2 < 63,3 \text{ in}^2 \therefore \text{OK}$

*Deflexão Real*

Usando a superposição (combinação, ou *superposição*, ou uma carga sobre a outra),

$$\Delta_{\text{real}} = \frac{5 \omega_{\text{LL}} L^4}{384 EI} + \frac{23 P L^3}{648 EI} \text{ (no centro do vão)}$$

$$\therefore \Delta_{\text{real}} = \frac{5(100 + 16)(15')^4 (1.728)}{384(1,6 \times 10^6)(697 \text{ in}^4)} + \frac{23(2.000\#)(15')^3(1.728)}{684(1,6 \times 10^6)(697 \text{ in}^4)}$$

$\Delta_{\text{real}} = 0,12'' + 0,35'' = 0,47'' < 0,75'' \therefore \text{OK}$

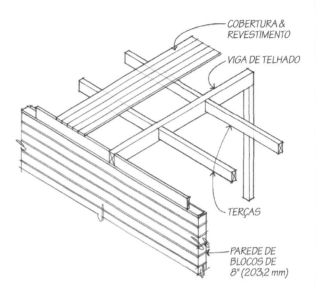

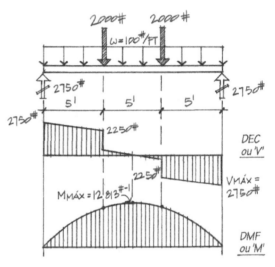

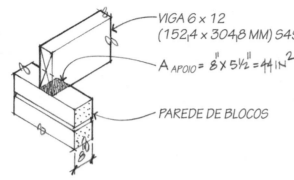

Verifique a tensão de esmagamento (suporte) entre a viga e o apoio na parede de blocos de alvenaria.

$$f_p = \frac{P}{A_{\text{compressão}}} = \frac{2.870\,\#}{44\,\text{in}^2} = 65{,}2\,\text{psi}$$

A tensão de esmagamento admissível perpendicular às fibras para o Pinho do Sul Nº 1 é:

$$F_{c\perp} = 440\,\text{psi} \therefore \text{OK}$$

Use 6 × 12 (152,4 × 304,8 mm) S4S.

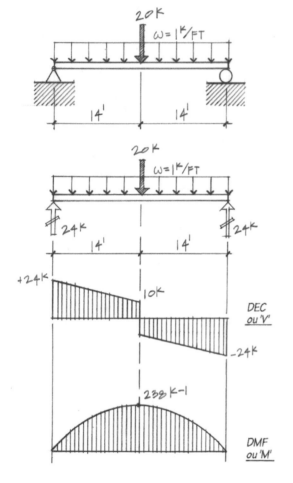

**8.16** Uma viga de aço (A572 Grau 50) é carregada da maneira ilustrada. Admitindo uma exigência de deflexão de $\Delta_{\text{total}} = L/240$ e uma restrição de altura de 18 polegadas (457,2 mm), selecione a seção mais econômica.

$$F_b = 30\,\text{ksi};\,F_v = 20\,\text{ksi};\,E = 30 \times 10^3\,\text{ksi}$$

**Solução:**

$$V_{\text{máx}} = 24\,\text{k}$$
$$M_{\text{máx}} = 238\,\text{k-ft}$$

Normalmente as vigas metálicas são dimensionadas pela flexão. Uma vez selecionada uma seção inicial, verifica-se o cisalhamento e a deflexão.

*Flexão*

$$S_{\text{exigido}} = \frac{M}{F_b} = \frac{238\,\text{k-ft} \times 12\,\text{in/ft}}{30\,\text{ksi}} = 95{,}2\,\text{in}^3$$

Tentar W18 × 55.

$(S_x = 98{,}3\,\text{in}^3;\,I_x = 890\,\text{in}^4;\,t_w = 0{,}39'';\,d = 18{,}11'')$

$$M_{\text{ad}} = \frac{\omega_{\text{viga}}L^2}{8} = \frac{55\,\#/\text{ft}(28')^2}{8} = 5.390\,\#\text{-ft}$$

$$S_{\text{ad}} = \frac{M_{\text{ad}}}{F_b} = \frac{5{,}39\,\text{k-ft} \times 12\,\text{in/ft}}{30\,\text{ksi}} = 2{,}2\,\text{in}^3$$

$$S_{\text{total}} = 95{,}2\,\text{in}^3 + 2{,}2\,\text{in}^3 = 97{,}4\,\text{in}^3 < 98{,}3\,\text{in}^3 \therefore \text{OK}$$

*Verificação do cisalhamento*

$$V_{\text{ad}} = \frac{\omega_{\text{viga}}\,L}{2} = \frac{55\,\#/\text{ft}(28')}{2} = 770\,\#$$

$$f_{v_{\text{médio}}} = \frac{V_{\text{máx}}}{t_w d} = \frac{24.000\# + 770\#}{(0{,}39'')(18{,}11'')} = 3.510\,\text{psi}$$

$$f_{v_{\text{médio}}} = 3.510\,\text{psi} < 20.000\,\text{psi} \therefore \text{OK}$$

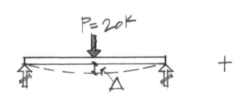

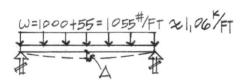

*Verificação da Deflexão*

$$\Delta_{adm} = \frac{L}{240} = \frac{28' \times 12\,\text{in/ft}}{240} = 1{,}4''$$

$$\Delta_{real} = \frac{PL^3}{48EI} + \frac{5\omega L^4}{384EI}$$

$$\Delta_{real} = \frac{20\,\text{k}(28')^3 1{,}728}{48(30 \times 10^3)(890)} + \frac{5(1{,}06\,\text{k/ft})(28')^4 1{,}728}{(384)(30 \times 10^3)(890)}$$

$$\Delta_{real} = 0{,}59'' + 0{,}55'' = 1{,}14'' < 1{,}4'' \therefore \text{OK}$$

Usar W18 × 55.

**8.17** Uma planta parcial de um edifício de escritórios é ilustrada. Todo o aço estrutural é A36. Dimensione uma viga típica interna B1 e restrinja a deflexão das cargas variáveis em $\Delta_{CV} < L/360$. Limite a altura em 14 polegadas (355,6 mm). Além disso, dimensione a viga externa, restringindo a deflexão total em $\Delta_{CV} < L/240$. Limite a altura em 18 polegadas (457,2 mm).

*Cargas:*

| | |
|---|---|
| Piso de concreto: | 150 pcf (23,56 kN/m³) |
| Piso de madeira acabado com 1": | 2,5 psf (119,7 Pa) |
| Forro suspenso resistente ao fogo: | 3,0 psf (143,6 Pa) |
| CV: | 70 psf* |
| Parede divisória: | 400 #/ft (5838 N/m) |

*Ocupação em edifícios de escritórios com partições móveis.

Aço A36:

$F_b = 22$ ksi
$F_v = 14{,}5$ ksi
$E = 29 \times 10^3$ ksi

### Solução:

**Dimensionamento da Viga B1**

| | |
|---|---|
| Piso de concreto de 5": | 62,5 psf (2,99 kPa) |
| Piso de madeira acabado com 1": | 2,5 psf (119,7 Pa) |
| Forro suspenso: | 3,0 psf (143,6 Pa) |
| Carga Permanente Total | 68 psf (3,26 kPa) |

Carga Variável Total = 70 psf × 8' (largura de contribuição) = 560 #/ft (8,17 kN/m)

CP + CV Total = 138 psf × 8' (largura de contribuição) = 1.104 #/ft (16,11 kN/m);

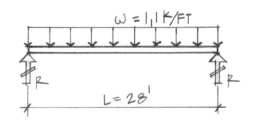

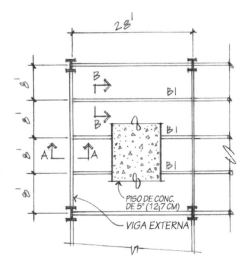

*Planta parcial do piso (edifício de escritórios).*

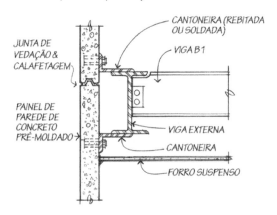

*Seção a-a.*

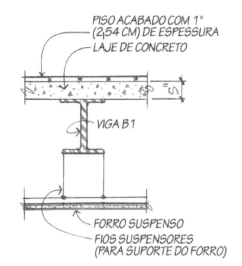

*Seção b-b.*

$$M_{máx} = \frac{\omega L^2}{8} = \frac{1,1 \text{ k/ft}(28')^2}{8} = 108 \text{ k-ft}$$

$$S_{exigido} = \frac{M_{máx}}{F_b} = \frac{108 \text{ k-ft} \times 12 \text{ in/ft}}{22 \text{ ksi}} = 59 \text{ in}^3$$

Experimente W14 × 43 ($S = 62,7 \text{ in}^3$; $I = 428 \text{ in}^4$). Não se faz necessária verificação adicional para $S_{ad}$.

*Deflexão*

$$\Delta_{adm(CV)} = \frac{L}{360} = \frac{28' \times 12 \text{ in/ft}}{22 \text{ ksi}} = 0,93''$$

$$\Delta_{real(CV)} = \frac{5\omega_{LL}L^4}{384EI} = \frac{5(0,56 \text{ k/ft})(28')(1.728 \text{ in}^3/\text{ft}^3)}{384(29 \times 10^3 \text{ ksi})(428 \text{ in}^4)} = 0,62''$$

$$\Delta_{real(CV)} = 0,62'' < \Delta_{adm(CV)} = 0,93'' \therefore \text{OK}$$

Usar W14 × 43.

*Reação da Viga Interna na Viga Externa*

$$R = \frac{\omega_{total}L}{2} = \frac{(1,1 + 0,043 \text{ k/ft})(28')}{2} = 16,1 \text{ k}$$

**Dimensionamento da Viga Externa**

Parede divisória = 400 plf (5.838 N/m)
Comprimento do vão = 32' (9,75 m)

$$\Delta_{adm(P+V)} = \frac{L}{240} = \frac{32' \times 12 \text{ in/ft}}{240} = 1,6''$$

$$M_{máx} = 309 \text{ k-ft}$$

$$S_{exigido} = \frac{309 \text{ k-ft} \times 12 \text{ in/ft}}{22 \text{ ksi}} = 168,5 \text{ in}^3$$

Tentar W18 × 97 ($S_x = 188 \text{ in}^3$; $I_x = 1.750 \text{ in}^4$).

$$M_{ad} = \frac{0,097 \text{ k/ft}(32')^2}{8} = 12,4 \text{ k-ft}$$

$$S_{ad} = \frac{12,4 \text{ k-ft} \times 12 \text{ in/ft}}{22 \text{ ksi}} = 6,8 \text{ in}^3$$

$$S_{total} = 168,5 + 6,8 = 175,3 \text{ in}^3 < 188 \text{ in}^3 \therefore \text{OK}$$

*Deflexão*

$$\Delta_{total(CP+CV)} = \frac{5\omega L^4}{384EI} + \frac{PL^3}{20,1EI}$$

$$\Delta_{total(CP+CV)} = \frac{5(,5)(32')^4(1.728)}{384(29 \times 10^3)(1.750)} + \frac{16,1(32')^3(1.728)}{20,1(29 \times 10^3)(1.750)}$$

$$\Delta_{real} = 0,23'' + 0,91'' = 1,14'' < \frac{L}{240} = 1,6'' \therefore \text{OK}$$

*Verificação ao Cisalhamento*

$$f_{v_{médio}} = \frac{V}{t_w h} = \frac{30,6 \text{ k} + 1,6 \text{ k}}{(0,535'')(18,59'')} = 3,2 \text{ ksi} < 14,5 \text{ ksi} \therefore \text{OK}$$

Usar W18 × 97.

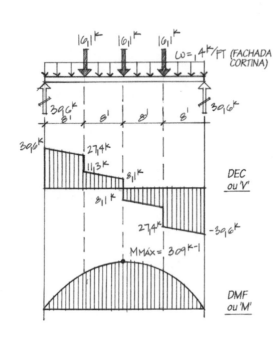

Tensões de Flexão e de Cisalhamento em Vigas

**8.18** O deck deve ser construído usando madeira da espécie norte-americana *Hem-Fir* de grau qualidade Nº 2. As vigotas devem ter espaçamento de 2 pés (61 cm), de centro a centro, com comprimento de vão de 10 pés (3,05 m). Uma extremidade das vigas é suportada por um muro de fundação de concreto e a outra extremidade é suportada por uma viga. Na realidade, a viga de apoio é constituída por duas vigas, dividida no meio do vão. As vigotas e as vigas devem ser consideradas como simplesmente apoiadas.

*Cargas:*

Deck de pranchas de 2" = 5 psf (239,40 Pa)

$CV$ = 60 psf (2873 Pa)

*Para as vigotas:*

$\Delta_{total} < L/240$

$F_b = 1.150$ psi

$F_v = 75$ psi

$E = 1,4 \times 10^6$ psi

*Para as vigas:*

$\Delta_{total} < L/240$

$F_b = 1.000$ psi

$F_v = 75$ psi

$E = 1,4 \times 10^6$ psi

**Solução:**

*Dimensionamento das Vigotas:*

deck de 2"           = 5 psf
CV                   = 60 psf
Total CP + CV        = 65 psf

$\omega_{CV+CP} = 65$ psf $\times 2' = 130$ #/ft

$V_{máx} = \dfrac{\omega L}{2} = \dfrac{130\,\#/ft\,(10')}{2} = 650\,\#$

$M_{máx} = \dfrac{\omega L^2}{8} = \dfrac{130\,\#/ft\,(10')^2}{8} = 1.625\,\#\text{-ft}$

$A_{exigida} = \dfrac{1,5\,V}{F_v} = \dfrac{1,5(650\#)}{75\,\#/in^2} = 13\,in^2$

$S_{exigida} = \dfrac{M}{F_b} = \dfrac{1.625\,\#\text{-ft} \times 12\,in/ft}{1.150\,psi} = 17\,in^3$

Tentar $2 \times 10$.

($A = 13,88\,in^2; S_x = 21,4\,in^3; I_x = 98,9\,in^4; \omega_{viga} = 3,5\,\#/ft$)

**Nota:** A madeira da espécie Hem-Fir tem uma densidade de 30 pcf (4,71 kN/m³); em consequência, o fator de conversão é $\omega_{viga} = 0,22 \times$ área da seção transversal da viga.

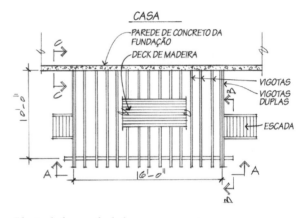

*Planta de formas do deck.*

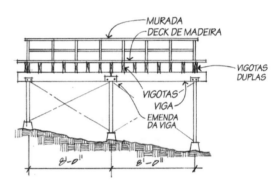

*Vista lateral A-A.*

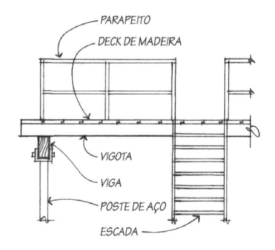

*Vista lateral B-B.*

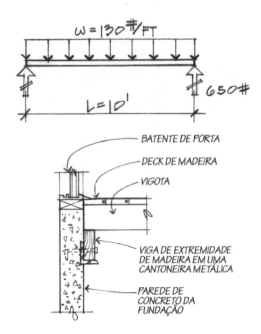

*Seção C-C.*

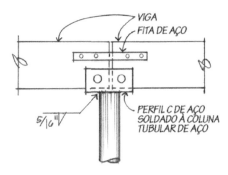

*Detalhe da emenda das vigas.*

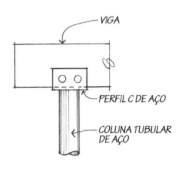

*Apoio da viga.*

*Flexão e Cisalhamento*

$$V_{ad} = \frac{3{,}5\,\#/\text{ft}\,(10')}{2} = 17{,}5\,\#$$

$$A_{ad} = \frac{1{,}5(17{,}5\,\text{in}^3)}{75\,\text{psi}} = 0{,}35\,\text{in}^2$$

$$A_{total} = 13{,}4\,\text{in}^2 \therefore \text{OK}$$

$$M_{ad} = \frac{3{,}5\,\#\text{-ft}\,(10')^2}{8} = 43{,}75\,\#\text{-ft}$$

$$S_{ad} = \frac{43{,}75\,\#\text{-ft} \times 12\,\text{in/ft}}{1{,}150\,\text{psi}} = 0{,}5\,\text{in}^3$$

$$S_{total} = 17{,}5\,\text{in}^3 \therefore \text{OK}$$

*Deflexão*

$$\Delta_{adm(CP+CV)} = \frac{L}{240} = \frac{10' \times 12\,\text{in/ft}}{240} = 0{,}5''$$

$$\Delta_{real(CP+CV)} = \frac{5\omega L^4}{384EI} = \frac{5(130 + 3{,}5)(10')^4(1.728)}{384(1{,}4 \times 10^6)(98{,}9)}$$

$$\Delta_{real(CP+CV)} = 0{,}22'' < 0{,}5'' \therefore \text{OK}$$

Use vigotas de 2 × 10 (50,8 × 254,0 mm) com espaçamento de 2 pés (61 cm) de centro a centro (equivalente a 2 psf ou 95,8 Pa).

### Dimensionamento da Viga

Como as vigas estão espaçadas uniformemente e estão com um espaçamento relativamente pequeno, admita que as cargas estejam distribuídas uniformemente na viga.

*Cargas:*

deck de pranchas de madeira de 2" (50,8 mm) = 5 psf

2 × 10 (50,8 × 254,0 mm) a cada 2' (61 cm) de centro a centro = 2 psf

CV = 60 psf

$$\omega = 67\,\text{psf} \times 5' = 335\,\#/\text{ft}$$

$$V_{máx} = \frac{\omega L}{2} = \frac{335\,\#/\text{ft}\,(8')}{2} = 1.340\,\#$$

$$M_{máx} = \frac{\omega L^2}{8} = \frac{335\,\#/\text{ft}\,(8')^2}{8} = 2.680\,\#\text{-ft}$$

$$A_{exigida} = \frac{1{,}5\,V}{F_v} = \frac{1{,}5(1.340\,\#)}{75\,\text{psi}} = 26{,}8\,\text{in}^2$$

$$S_{exigida} = \frac{M}{F_b} = \frac{2.680\,\#\text{-ft} \times 12\,\text{in/ft}}{1.000\,\text{psi}} = 32{,}2\,\text{in}^3$$

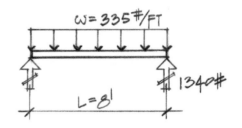

Tentar $4 \times 10$. ($A = 32{,}38\,\text{in}^2$; $S_x = 49{,}91\,\text{in}^3$; $I_x = 230{,}84\,\text{in}^4$; $\omega_{viga} = 8\#/\text{ft}$)

$A_{ad}$ e $S_{ad}$ não devem ser críticos aqui.

$$\Delta_{adm} = \frac{L}{240} = \frac{8' \times 12\,\text{in/ft}}{240} = 0{,}4''$$

$$\Delta_{real} = \frac{5\omega L^4}{384 EI} = \frac{5(335\,\#/\text{ft})(8')^4(1.728)}{384(1{,}4 \times 10^6)(231\,\text{in}^4)}$$

$\Delta_{real} = 0{,}1'' < 0{,}4'' \therefore \text{OK}$

Usar uma viga $4 \times 10$ (101,6 $\times$ 254,0 mm) S4S.

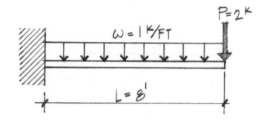

Problemas

**8.21** Admitindo aço A36, selecione a seção W8 mais econômica. Verifique a tensão cisalhante e determine a deflexão na extremidade livre.

$F_b = 22$ ksi

$F_v = 14,5$ ksi

$E = 29 \times 10^3$ ksi

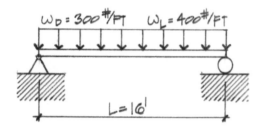

**8.22** Dimensione uma viga da espécie Douglas fir-Larch Nº 1 para suportar a carga mostrada.

$F_b = 1.300$ psi

$F_v = 85$ psi

$E = 1,6 \times 10^6$ psi

$\Delta_{adm(CV)} = L/360$

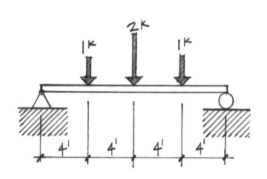

**8.23** Dimensione a viga mostrada admitindo o carregamento ser consequência da carga permanente e da carga variável.

$\Delta_{adm(CV + CP)} = L/240$

Admitindo que a viga seja da espécie Southern Pine Nº 1 apoiada em ambas as extremidades pelas vigas principais de acordo com a ilustração, calcule e verifique as tensões de esmagamento (suporte) desenvolvidas entre a viga 6 × _ (152,4 mm × _ ) e uma viga principal 6 × 12 (152,4 × 304,8 mm).

$F_b = 1.550$ psi;  $F_v = 110$ psi;

$E = 1,6 \times 10^6$ psi;  $F_{c\perp} = 410$ psi

**8.24** Dimensione B1 e SB1 admitindo aço A36. A altura máxima da viga está limitada até a dimensão nominal de 16 polegadas (406,4 mm).

Carga Variável 40 psf (1915 Pa)

Concreto 150 pcf (23,56 kN/m³)

Parede divisória na viga externa SB1 300 plf (4378 N/m)

Forro suspenso de gesso 5 psf (239,4 Pa)

Deck de metal 4 psf (191,5 Pa)

$\Delta_{CV} < L/360$ para B1; $\Delta_{CP + CV} < L/240$ para SB1

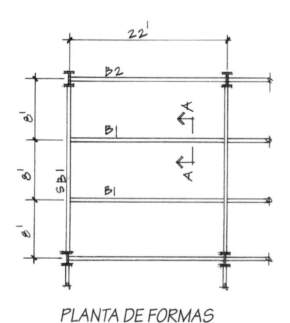

PLANTA DE FORMAS

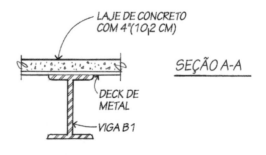

SEÇÃO A-A

Tensões de Flexão e de Cisalhamento em Vigas

## 8.6 FLAMBAGEM LATERAL EM VIGAS

Em discussões anteriores sobre vigas, ficou implícito que tornar uma viga o mais alta possível (maior $I_x$) geralmente era vantajoso, porque os valores de $I_x$ e $S_x$ são maximizados. Entretanto, há limites para o quanto uma viga deve ser alta quando usada no contexto de edificações.

Quando uma viga simplesmente apoiada estiver sujeita a um carregamento, o flange ou a superfície superior estará comprimida, ao passo que o flange ou a superfície inferior estará tracionada. No lado comprimido da viga, há uma tendência que aconteça a flambagem (deflexão lateral), da mesma forma que uma coluna (ou pilar) pode flambar quando solicitada por um carregamento axial. Em uma viga engastada e livre (cantiléver) ou em balanço, a flambagem ou *instabilidade lateral* se desenvolverá em consequência da compressão da superfície interior da viga (Figura 8.34). Vigas muito finas e altas são particularmente suscetíveis à flambagem lateral, mesmo com níveis de tensão relativamente baixos.

Para resistir a essa tendência de uma viga se deslocar lateralmente, ou a superfície comprimida precisa ser reforçada por outros elementos estruturais, ou a viga precisa ser redimensionada de modo a fornecer um valor maior de $I_y$. A grande maioria das vigas, como as de piso e de telhado em edificações, são suportadas lateralmente pelas estruturas de piso ou de telhado ligadas e apoiadas nelas.

Pisos de metal soldados a vigas, vigas com o flange superior inserido na laje de concreto ou construções de material composto (vigas de aço fixas mecanicamente a decks metálicos e lajes de concreto) são exemplos de suporte lateral para vigas de aço.

As estruturas de madeira empregam normalmente suporte contínuo ao longo da superfície comprimida superior através do revestimento pregado com um espaçamento relativamente pequeno e blocos sólidos para fornecer restrição à rotação das extremidades. Dependendo do vão da viga de madeira, são colocados escoras ou blocos sólidos em intervalos regulares para haver resistência à flambagem lateral.

Não se leva em consideração o suporte lateral para algumas das vigas de telhado que suportam revestimentos de telhados relativamente leves.

Determinadas vigas são inerentemente estáveis contra qualquer tendência de flambagem lateral em virtude do formato de suas seções transversais. Por exemplo, uma viga retangular com uma grande relação largura/altura (os valores de $I_y$ e $I_x$ são relativamente próximos) e carregada no plano vertical não apresenta o

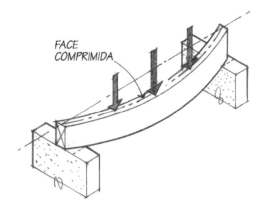

*(a) Viga simplesmente apoiada.*

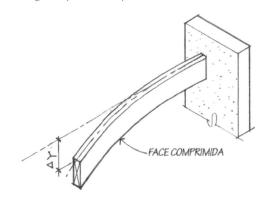

*(b) Viga engastada e livre (cantiléver).*

Figura 8.34 *Flambagem lateral em vigas.*

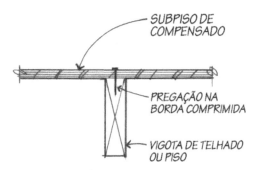

Figura 8.35(a) *Vigota típica de piso de madeira com pregação contínua.*

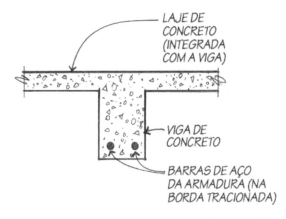

Figura 8.35(b) *Viga/laje de concreto criados monoliticamente.*

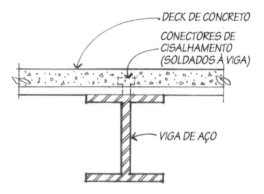

*Figura 8.35(c)   Laje de concreto composta com viga de aço.*

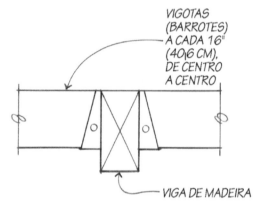

*Figura 8.35(d)   Viga de madeira ligada a vigotas.*

problema de estabilidade lateral (Figura 8.35). Uma viga com perfil de abas largas que tenha o flange comprimido suficientemente largo e espesso para fornecer resistência à flexão em um plano horizontal ($I_y$ suficientemente grande) também terá resistência considerável à flambagem (Figura 8.36).

O problema de instabilidade lateral em vigas de aço sem reforço (perfis W) é mais evidente, porque as dimensões da seção transversal são tais que elementos relativamente esbeltos estão sujeitos a tensões de compressão. Os elementos esbeltos apresentam grandes relações largura/espessura e são particularmente suscetíveis à flambagem.

Uma viga que não tenha seção transversal rígida lateralmente deve ser reforçada frequentemente ao longo de seu lado comprimido para desenvolver sua capacidade completa de resistência ao momento. Seções que não estejam reforçadas adequadamente ou suportadas lateralmente por elementos secundários (Figura 8.34) podem apresentar falha estrutural prematura.

Na Seção 8.2, o dimensionamento de vigas de aço admitiu uma tensão normal admissível causada pela flexão de $F_b = 0,6F_y$, em que $F_b = 22$ ksi (151,7 MPa) para o aço A36. As vigas de aço suportadas lateralmente ao longo de seus flanges comprimidos e atendendo aos requisitos específicos da AISC podem usar um valor admissível $F_b = 0,66F_y$, em que $F_b = 24$ ksi (165,5 MPa) para o aço A36. Quando os comprimentos não apoiados dos flanges comprimidos se tornarem grandes, as tensões admissíveis podem ser limitadas para *abaixo* do nível $F_b = 0,6F_y$.

Para efeito de dimensionamento preliminar de vigas de aço na prática arquitetônica e em particular para este texto, a tensão normal admissível causada pela flexão será admitida como

$$F_b = 0,60F_y$$

No caso de vigas de madeira, as dimensões das seções transversais são tais que as relações altura/largura sejam relativamente pequenas. Um método comum de tratar a questão da estabilidade lateral é seguir *regras práticas* que foram desenvolvidas ao longo do tempo. Essas regras se aplicam a vigas de madeira serrada e vigotas e pernas de treliças (Tabela 8.3). As relações altura/largura das vigas estão baseadas nas dimensões nominais.

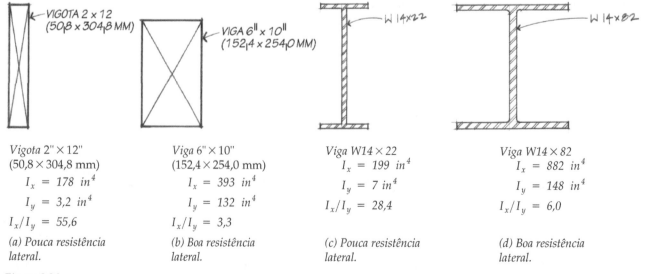

*Vigota 2" × 12"*
(50,8 × 304,8 mm)
$I_x = 178$ $in^4$
$I_y = 3,2$ $in^4$
$I_x/I_y = 55,6$

(a) Pouca resistência lateral.

*Viga 6" × 10"*
(152,4 × 254,0 mm)
$I_x = 393$ $in^4$
$I_y = 132$ $in^4$
$I_x/I_y = 3,3$

(b) Boa resistência lateral.

*Viga W14 × 22*
$I_x = 199$ $in^4$
$I_y = 7$ $in^4$
$I_x/I_y = 28,4$

(c) Pouca resistência lateral.

*Viga W14 × 82*
$I_x = 882$ $in^4$
$I_y = 148$ $in^4$
$I_x/I_y = 6,0$

(d) Boa resistência lateral.

*Figura 8.36*

*Tabela 8.3  Exigências de reforço lateral para vigas de madeira*

| Razão Altura/Largura da Viga | Tipo de Suporte Lateral Exigido | Exemplo |
|---|---|---|
| 2 a 1 | Nenhum | |
| 3 a 1 | As extremidades da viga devem conservar sua posição | |
| 5 a 1 | Manter a borda de compressão alinhada (continuamente) | |
| 6 a 1 | Deve ser usado contraventamento diagonal | |
| 7 a 1 | Ambas as bordas da viga devem ser mantidas alinhadas | |

## 8.7 INTRODUÇÃO AO MÉTODO DOS ESTADOS LIMITES (LRFD, *LOAD RESISTANCE FACTOR DESIGN*)

Toda a análise anterior e problemas de dimensionamento apresentados neste livro estavam baseados na tensão admissível de um elemento estrutural de aço ou de madeira. Chamado inicialmente método da *tensão de serviço* ou da *carga de serviço*, o método das *tensões admissíveis* (ASD, *allowable stress design*) foi o procedimento clássico usado por muitos anos no projeto de estruturas de aço, madeira e concreto. Entretanto, essa metodologia está lentamente dando lugar ao que é conhecido como método da *resistência* ou dos *estados limites*.

No cálculo estrutural de concreto, tendo em vista a complexidade da análise de seções compostas usando o método das tensões admissíveis, as especificações de concreto ACI 318 vêm empregando o *método baseado na resistência* desde os anos 1970.

Ao calcular peças de aço ou de madeira, é preciso ser feita uma escolha quanto à filosofia de design — ou seja, o método das tensões admissíveis (ASD) ou o método baseado na resistência, conhecido atualmente como o *método dos estados limites* ou LRFD (*load and resistance factor design*). Embora o LRFD seja relativamente novo para o cálculo de estruturas de madeira, agora ele aparece junto ao ASD nas edições atuais do *National Design Specification for Wood Construction Manual*. Na 13ª edição do *Steel Construction Manual* da AISC, o processo de design também é permitido.

Projetar estruturas de aço usando o ASD é relativamente simples e tem um registro comprovado de fornecer a base para um projeto seguro e confiável. A filosofia do ASD baseia-se em manter as tensões dos elementos estruturais abaixo de uma porcentagem especificada da tensão de escoamento do aço (ver Tabela 5.2). A adequação do design proposto é avaliada com base nos limites especificados e estabelecidos para tensão admissível, estabilidade e deformação.

Uma margem de segurança, obtida dividindo a tensão admissível pela tensão de ruptura, geralmente a tensão de escoamento para o aço, constitui o *fator de segurança*. Os elementos estruturais são dimensionados de forma que as tensões reais calculadas com base nas cargas previstas (tanto carga permanente como carga variável) sejam menores do que as tensões admissíveis, dentro da região das tensões elásticas. O comportamento de uma estrutura sujeita a uma sobrecarga ou falha estrutural não é considerado.

Também conhecido como *método da resistência*, *método dos estados limites* ou *método da carga última*, o LRFD é usado no cálculo de uma estrutura de modo que ela suporte a combinação mais crítica de *cargas ponderadas* (*fatoradas*) aplicadas ao elemento estrutural. O *estado limite* é uma condição na qual uma estrutura ou um componente estrutural não é mais adequado ou útil. Um elemento estrutural pode ter vários *estados limites*. O estado limite de *resistência* diz respeito à segurança e se relaciona com a capacidade de suporte de carga, que pode se referir à capacidade de resistência ao momento fletor, ao cisalhamento, à flambagem ou à formação de rótulas plásticas. Os estados limites de *serviço* se relacionam com o desempenho em condições normais (deformação elástica ou movimento inaceitável, vibração inaceitável e deformação permanente). Essencialmente, o método ASD compara as tensões reais com as admissíveis, ao passo que o método LRFD compara a resistência com a resistência real.

O método dos estados limites para o aço foi proposto inicialmente em 1978 e formalmente adotado pelo AISC em 1986. Entretanto, no começo a mudança para o LRFD não foi aceita universalmente pelos profissionais de engenharia, embora quase todas as universidades passassem a ensinar o método dos estados limites dentro de 10 anos depois de sua introdução.

Acredita-se que o método LRFD tenha várias vantagens sobre o método das tensões admissíveis:

- O método dos estados limites leva em consideração a natureza não linear do diagrama tensão-deformação específica para materiais sujeitos a altos níveis de tensão. Ele fornece uma representação mais adequada do comportamento dos elementos estruturais compostos de aço (Figuras 8.37 e 8.38) e dos elementos sujeitos a grandes cargas sísmicas.

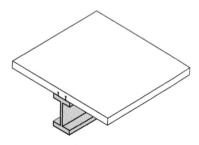

*Viga de aço com laje maciça e conectores de cisalhamento para atuação em conjunto.*

**Figura 8.37** *Viga composta.*

- As cargas permanentes que agem em uma estrutura podem ser determinadas com certo grau de precisão, ao passo que as cargas variáveis são menos previsíveis. O método LRFD leva isso em consideração especificando maiores fatores de carregamento para as cargas variáveis. Em face de o método ASD não ter previsão semelhante disponível, ele leva a um design mais conservativo para estruturas com alta razão entre a carga permanente e a carga variável e a um fator de segurança inadequado para estruturas com alta razão entre a carga variável e a carga permanente.
- O método dos estados limites leva em consideração a variabilidade da resistência nominal de diferentes tipos de elementos estruturais aplicando diferentes valores para o fator de resistência relativo à resistência nominal. No método ASD, não é possível atingir uma confiabilidade uniforme para elementos estruturais diferentes.

No método LRFD é usada a teoria da probabilidade para estabelecer uma margem de segurança com base na variabilidade das cargas previstas e na resistência dos elementos estruturais. Acontece a falha estrutural quando a resistência nominal de um elemento é incapaz de resistir às forças nele aplicadas.

A terceira edição do *Manual of Steel Construction: Load and Resistance Factor Design*, da AISC, exige que todas as estruturas de aço e elementos estruturais de aço sejam dimensionados de forma que nenhum *estado limite de resistência* seja ultrapassado quando sujeito a todas as combinações de *cargas ponderadas (fatoradas)* exigidas. Em outras palavras, a resistência de projeto de um elemento estrutural precisa ser maior ou igual à resistência exigida. A resistência exigida é o efeito (momento fletor, cisalhamento, tração ou compressão axial etc.) causado pela maior combinação de cargas ponderadas.

A equação geral da especificação LRFD é

$$\Sigma \gamma_i Q_i \leq \phi R_n$$

em que

- $\gamma$ = fator de carga para o tipo de carga (carga permanente, carga variável, vento, terremoto etc.)
- $i$ = tipo de carga (carga permanente, carga variável, vento etc.)
- $Q_i$ = efeito nominal da carga
- $\gamma_i$ = fator de carga correspondente a $Q_i$
- $\Sigma \gamma_i Q_i$ = resistência ou capacidade exigida
- $\phi$ = fator de resistência correspondente a $R_n$
- $R_n$ = resistência ou capacidade nominal (resistência última, força, momento, cisalhamento ou tensão)
- $\phi R_n$ = resistência de projeto

A resistência nominal é a capacidade de um componente estrutural resistir aos efeitos das cargas, com base nas resistências dos materiais (tensão de escoamento ou resistência última) (Figura 8.39) obtida por meio de ensaios de laboratório ou de campo ou por meio de fórmulas usando os princípios consagrados pela mecânica estrutural.

A resistência última exigida de um elemento estrutural ($\Sigma \gamma_i Q_i$) consiste na combinação mais crítica de *cargas ponderadas* aplicada ao elemento estrutural. As cargas ponderadas consistem em cargas atuantes ou cargas de serviço multiplicadas pelos fatores de carga apropriados para levar em conta as incertezas inerentes às cargas.

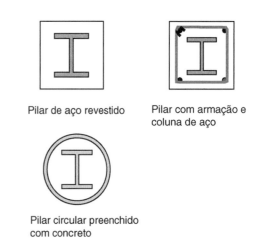

Figura 8.38  Colunas compostas.

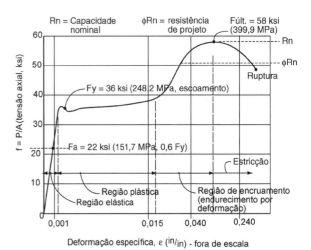

Figura 8.39  Diagrama tensão-deformação para o aço doce (A36).

A resistência exigida $\Sigma\gamma_i Q_i$ é definida por seis combinações de cargas. Uma combinação de carga pode ter até três partes separadas, que podem consistir em (a) o efeito da carga permanente ponderada, (b) o efeito da carga variável máxima em 50 anos e (c) um efeito de carga variável possível denominada como o valor de um *instante específico* (*arbitrary-point-in-time*, ou *APT*). Tais valores de APT são normalmente uma fração de seus valores de projeto, porque refletem uma pequena probabilidade de que possam ocorrer simultaneamente com a outra carga variável máxima em 50 anos mais a carga permanente completa.

As cargas nominais que devem ser levadas em consideração em projetos incluem as seguintes:

$D$ = carga permanente; inclui o peso dos elementos estruturais e outros elementos permanentes suportados pela estrutura, como as divisórias permanentes

$L$ = carga variável resultante da ocupação e dos equipamentos móveis

$L_r$ = carga variável do telhado

$R$ = carga de chuva; carga inicial da água de chuva ou carga da água do gelo, excluindo a contribuição do acúmulo de água (*ponding*)

$S$ = carga de neve

$W$ = carga de vento

$E$ = carga de terremoto

As seis condições de carga para a resistência exigida $\Sigma\gamma Q$ são as seguintes:

- $\Sigma\gamma Q = 1,4D$ (durante a construção, quando a carga predominante é a carga permanente)
- $\Sigma\gamma Q = 1,2D + 1,6L + 0,5$ ($L_r$ ou $S$ ou $R$) (quando os valores máximos da carga variável de ocupação determinam a condição de carregamento)
- $\Sigma\gamma Q = 1,2D + 1,6$ ($L_r$ ou $S$ ou $R$) $L + (0,5L^*$ ou $0,8W)$ (quando os valores máximos da carga variável de telhado, água de chuva ou neve determinam a condição de carregamento)
- $\Sigma\gamma Q = 1,2D + 1,3W + 0,5L^* + 0,5$ ($L_r$ ou $S$ ou $R$) (quando sujeito aos valores máximos de carga de vento, aumentando os efeitos da carga permanente)
- $\Sigma\gamma Q = 1,2D \pm 1,0E + 0,5L^* + 0,2S$ (quando sujeito aos valores máximos de carga sísmica, aumentando os efeitos da carga permanente)
- $\Sigma\gamma Q = 0,9D \pm (1,3W$ ou $1,0E)$ (quando sujeito aos valores máximos de vento ou carga sísmica, em oposição aos efeitos da carga permanente)

\* *Substitua 0,5L por 1,0L para garagens, lugares de concentração de público e áreas nas quais* L > 100#/ft² (4,79 kPa).

A resistência de projeto de um elemento estrutural consiste na resistência teórica última ou nominal do elemento $R_n$ multiplicada pelo fator de resistência apropriado $\phi$, que leva em conta a variabilidade da resistência nominal. O fator de resistência $\phi$ para as várias condições de tensões é o seguinte:

$\phi_b$ = 0,90 para vigas (flexão)

$\phi_v$ = 0,90 para vigas (cisalhamento)

$\phi_c$ = 0,85 para elementos comprimidos

$\phi_t$ = 0,90 para elementos tracionados (estado de escoamento)

$\phi_t$ = 0,75 para elementos tracionados (estado de ruptura)

Tensões de Flexão e de Cisalhamento em Vigas

Exemplos de Problemas: Método dos Estados Limites (LRFD)

**8.19** As vigas de piso W18 × 55 típicas de um edifício de escritórios estão espaçadas por 12 pés (3,65 m), de centro a centro, e suportam uma carga permanente superposta de 90 #/ft² (4,31 kPa) e uma carga variável de 50 #/ft² (2,39 kPa). Determine a combinação de cargas determinante e a carga fatorada (ponderada) correspondente.

**Solução:**

CP: $D = 90\,\#/\text{ft}^2 \times 12{,}0' + 55\,\#/\text{ft} = 1.135\,\#/\text{ft}$

CV: $L = 50\,\#/\text{ft}^2 \times 12{,}0' = 600\,\#/\text{ft}$

Duas combinações se aplicam a essa estrutura de piso, porque não há carga variável de telhado, de neve, de chuva ou de vento ou terremoto a serem considerados.

$1{,}4D = 1{,}4 \times 1.135\,\#/\text{ft} = 1.589\,\#/\text{ft}$ (apenas CP)

$1{,}2D + 1{,}6L = 1{,}2 \times 1.135\,\#/\text{ft} + 1{,}6 \times 600\,\#/\text{ft}$

$= 2.322\,\#/\text{ft}$

A carga máxima fatorada de 2322 #/ft (33,89 kN/m) determina o projeto das vigas do piso.

**8.20** O projeto de um telhado suporta uma carga permanente de 65 #/ft² (3,11 kPa) e uma carga de neve de 40 #/ft² (1.915 Pa). Além disso, uma pressão de vento de 20 #/ft² (957,6 Pa, de elevação ou de abaixamento) deve ser considerada. Determine a condição de carga determinante.

**Solução:**

Devem ser levadas em consideração seis combinações de carga neste exemplo:

$1{,}4D = 1{,}4 \times 65\,\#/\text{ft}^2 = 91\,\#/\text{ft}^2$

$1{,}2D + 1{,}6L + 0{,}5S = 1{,}2 \times 65\,\#/\text{ft}^2 + 0 + 0{,}5 \times 40\,\#/\text{ft}^2 = 98\,\#/\text{ft}^2$

$1{,}2D + 1{,}6S + 0{,}8W = 1{,}2 \times 65\,\#/\text{ft}^2 + 1{,}6 \times 40\,\#/\text{ft}^2 + 0{,}8 \times 20\,\#\text{ft}^2 = 158\,\#/\text{ft}^2$

$1{,}2D + 1{,}3W + 0{,}5S = 1{,}2 \times 65\,\#/\text{ft}^2 + 1{,}3 \times 20\,\#/\text{ft}^2 + 0{,}5 \times 40\,\#/\text{ft}^2 = 124\,\#/\text{ft}^2$

$1{,}2D \pm 1{,}0E + 0{,}2S = 1{,}2 \times 65\,\#/\text{ft}^2 + 0 + 0{,}2 \times 40\,\#/\text{ft}^2 = 86\,\#/\text{ft}^2$

$0{,}9D \pm 1{,}3W = 0{,}9 \times 65\,\#/\text{ft}^2 + 1{,}3 \times 20\,\#/\text{ft}^2 = 84{,}5\,\#/\text{ft}^2$

Neste exemplo, a combinação de cargas determinante para o projeto do telhado é:

$1{,}2D + 1{,}6S + 0{,}8W = 158\,\#/\text{ft}^2$

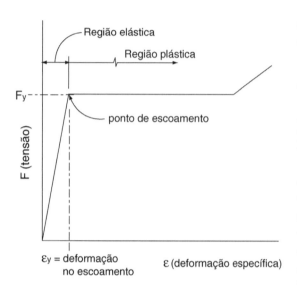

*Além do ponto de escoamento, ocorre uma deformação significativa sem aumento da tensão. O comportamento do aço é inelástico ou plástico. A falha estrutural real não ocorre até acontecer a deformação excessiva ou a ruptura do material.*

*Figura 8.40   Diagrama tensão-deformação idealizado para aço dúctil.*

## Perfis e Seções-Padrão de Aço Estrutural

Muitos tipos de aço e várias resistências são usados na construção de edificações, mas determinadas seções podem estar disponíveis apenas em tipos (graus, ou grades) específicos. Por exemplo, o aço A992 é oferecido com $F_y$ = 50 ksi (345 MPa), mas principalmente em perfis W. O aço A36 tem escoamento e resistência última à tração mais baixos, mas é a fonte principal para os perfis M, S, C, L e MC, assim como para placas, hastes e barras. Os pilares HP geralmente estão disponíveis em aço A572 Grau 50 e A36 Grau 36. Quando forem exigidas maiores resistências para as seções W, são especificados os aços A572 Grau 60 ou Grau 65.

## Tensões de Flexão

A tensão normal devido à flexão ou à curvatura é a preocupação principal do projeto de vigas. A resistência à flexão de um elemento é limitada por uma flambagem local de uma seção transversal (a alma ou o flange da viga), flambagem lateral por torção de todo o elemento ou desenvolvimento de uma *rótula plástica* em uma determinada seção transversal.

O projeto, usando a filosofia do método LRFD, admite que uma viga tenha a capacidade de desenvolver tensões de escoamento ao longo de toda sua seção transversal (Figura 8.40), que representa o *estado limite de resistência*. O conceito projeto no regime plástico tira proveito da propriedade dúctil de um material, que é caracterizada por seu fluxo plástico irrestrito (Figura 8.41). Essa característica da viga de desenvolver uma capacidade maior enquanto todas as fibras ao longo da seção transversal estão escoando depende de que os elementos individuais daquela viga (os flanges e a alma) permaneçam estáveis. Uma viga que tenha essa estabilidade é denominada *compacta* (Figura 8.42) e pode adquirir sua *capacidade de momento plástico* ($M_p$) e não apresenta flambagem local. Essa capacidade de momento plástico é adquirida quando todas as fibras da viga escoaram e é, em média, 10% a 12% maior do que o momento necessário para produzir o início do escoamento. Quando a viga alcança sua capacidade de momento plástica, ela escoou todas as fibras de sua seção transversal e desenvolve uma rótula plástica (Figura 8.43).

O termo *rótula plástica* reflete o fato de que a viga não tem mais capacidade rotacional e muito provavelmente entrará em colapso se não ocorrer uma redistribuição de momentos (Figura 8.44). A condição de rótula plástica representa o limite absoluto da utilidade da seção transversal. Apenas as vigas que forem compactas (resistentes à flambagem local) e estiverem reforçadas (contraventadas) adequadamente (para evitar a flambagem lateral por torção) pode chegar a esse limite superior de resistência à flexão.

O critério da AISC de determinação da compacidade da seção transversal de uma viga (ver Figura 8.42) para evitar a flambagem local é expresso como

$$\frac{b_f}{2t_f} \leq \frac{65}{\sqrt{F_y}}$$

(verifica a compacidade dos flanges de perfis W e outros perfis I e canais, ou perfis C)

em que

$b_f$ = largura do flange (in)

# Tensões de Flexão e de Cisalhamento em Vigas

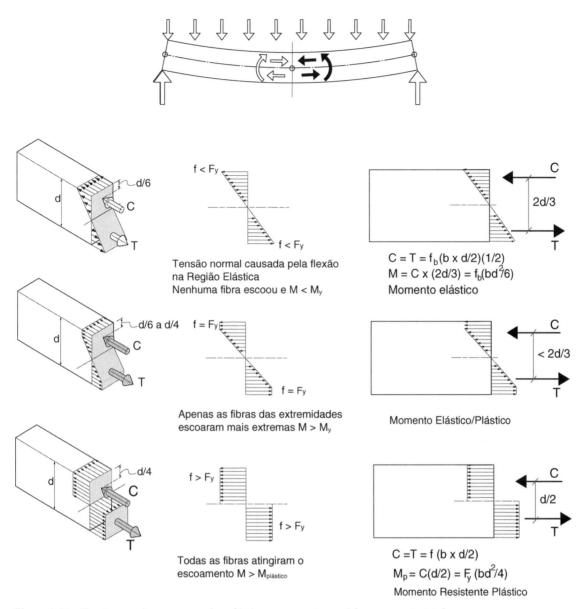

*Figura 8.41  Tensões em vigas para o regime elástico, escoamento parcial e escoamento total.*

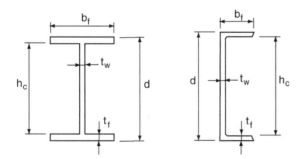

*Figura 8.42  Definições para calcular a compacidade das vigas.*

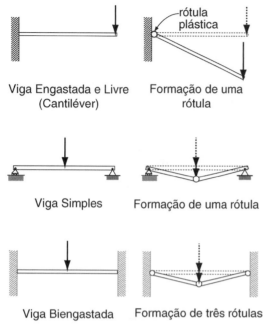

Figura 8.43 *Instabilidade resultante de rótulas plásticas.*

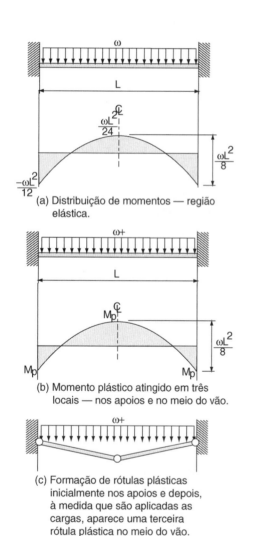

Figura 8.44 *Rótulas plásticas e redistribuição de momentos.*

$t_f$ = espessura do flange (in)

$F_y$ = tensão de escoamento mínima (ksi)

e como

$$\frac{h_c}{t_w} \leq \frac{640}{\sqrt{F_y}}$$

(verifica a compacidade da alma)

em que

$h_c$ = altura da alma (in)

$t_w$ = espessura da alma (in)

Para o aço A36 com $F_y$ = 36 ksi (248 MPa),

$$\frac{b_f}{2t_f} \leq 10,8 \quad \text{e} \quad \frac{h_c}{t_w} \leq 107$$

Para A572 e A992, com $F_y$ = 50 ksi (345 MPa),

$$\frac{b_f}{2t_f} \leq 9,19 \quad \text{e} \quad \frac{h_c}{t_w} \leq 90,5$$

### Exemplos de Problemas: Compacidade

**8.21** Verifique a compacidade de um perfil W10 × 45 se ele for feito de aço A992 ($F_y$ = 50 ksi, ou 345 MPa).

**Solução:**

Da Tabela A.3 do Apêndice,

$b_f$ = 8,020"; $t_f$ = 0,620"

$t_w$ = 0,350"; $h_c$ = 10,10" − 2(0,620") = 8,76"

Verificando a compacidade do flange,

$b_f/2t_f$ = 8,020"/2(0,620") = 6,47 < 9,19

(o flange é compacto)

Verificação da compacidade da alma,

$h_c/t_w$ = 8,76"/0,35" = 25,0 < 90,5 (a alma é compacta)

### Suporte Lateral do Flange Comprimido

Em uma viga compacta laminada em torno de seu eixo mais forte (*x-x*), o fator controlador que afeta a capacidade da viga é o suporte lateral do flange de compressão (Figura 8.45). É mais provável que o suporte completo do flange de compressão produza uma rótula plástica como seu estado limite. O suporte inadequado do flange comprimido pode resultar em instabilidade do modo daquela das colunas em vigas, um tipo de comportamento conhecido como *flambagem lateral por torção*. O flange comprimido mais esbelto começa a se dobrar fora do plano, e a viga passa a ser submetida a um componente de torção causado pelas forças dirigidas para baixo ao longo do flange superior (Figura 8.46).

A Figura 8.45 demonstra duas maneiras comuns em que a amarração (suporte lateral) do plano de flambagem pode ser conseguida, permitindo assim que o flange comprimido seja estabilizado e aumenta a capacidade da viga de resistir a mais cargas.

Mais uma vez, de acordo com a Figura 8.41, as relações entre o momento e a tensão máxima (fibra extrema) para uma determinada seção transversal em vários estágios do carregamento são os seguintes: Na região elástica, antes do limite de escoamento,

$$M = S(f_b)$$

No escoamento inicial,

$$M_y = S(F_y)$$

Na plastificação completa (i.e., rótula plástica),

$$M_p = Z(F_y)$$

onde

$M$ = momento fletor causado pelas cargas aplicadas (k-in)
$M_y$ = momento fletor no escoamento inicial (k-in)
$M_p$ = momento plástico (k-in)
$S$ = módulo elástico de resistência à flexão (in³)
$Z$ = módulo plástico de resistência à flexão (in³)
$f_b$ = tensão normal causada pela flexão na região elástica (ksi)
$F_y$ = tensão de escoamento mínima (ksi)

Lembre-se da Seção 8.2 que o módulo elástico de resistência à flexão, $S = I/c$, na qual $I$ = momento de inércia da seção transversal em relação ao eixo que passa em seu centro de gravidade (in⁴).

Usando uma viga com seção transversal retangular como exemplo, o módulo elástico de resistência à flexão da seção é dado pela equação

$$S = bh^2/6 \, (\text{in}^3)$$

ao passo que a fórmula para o módulo plástico de resistência à flexão da seção é

$$Z = bh^2/4$$

em que

$b$ = largura da seção transversal retangular da viga (in)
$h$ = altura ou profundidade da viga (in)

Uma comparação do momento plástico com o momento no escoamento inicial mostra a razão

$$M_p/M_y = (F_y)(bh^2/4)/(F_y)(bh^2/6) = 1{,}5$$

A razão $M_p/M_y$ indica, em termos do momento de escoamento, o módulo do momento que causa o escoamento completo da seção transversal. Essa razão é independente das propriedades do material do elemento estrutural; ela depende unicamente das propriedades $Z$ e $S$ da seção transversal.

A razão $Z/S$ é definida como o *fator de forma*. Os fatores de forma das vigas com perfis de abas largas variam entre 1,10 e 1,18, com a média estando em 1,14. Os fatores de forma para outros formatos de seção transversal são 1,70 para uma barra redonda e 1,50 para um retângulo. Como indicado anteriormente, o escoamento completo de uma seção transversal de um elemento estrutural resulta em uma rótula plástica se não houver instabilidade presente. Para

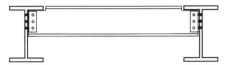

Suporte lateral (amarração) oferecido por outros elementos estruturais transversais

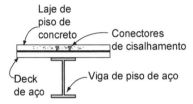

Ação conjunta da viga — uma laje com conectores de cisalhamento que estabilizam o flange comprimido da viga

*Figura 8.45* Flanges de compressão com suportes laterais.

*Figura 8.46* Flambagem por torção lateral do flange comprimido.

uma viga simplesmente apoiada (ver Figura 8.43), as cargas maiores do que a carga última (correspondente a $M_p$) farão uma rótula plástica girar e, em seguida, causarão a falha estrutural da viga.

No exemplo de uma viga com extremidade fixa e de comprimento $L$, suportando uma carga uniformemente distribuída ω, o maior momento desenvolvido é $\omega L^2/12$ nas extremidades. A resistência elástica é o módulo da carga que inicia o escoamento nessas extremidades. Com um aumento da intensidade da carga, são formadas rótulas plásticas nas extremidades da viga, enquanto o momento aumenta na parte central para conservar o equilíbrio com a carga. Essa redistribuição de momento continua até que resulte o escoamento no centro com a formação de uma terceira rótula plástica no meio do vão da viga. Então é formado um "mecanismo" e a viga não pode receber mais carga adicional alguma. O resultado é a instabilidade e a viga apresentará falha estrutural.

### Design para a Flexão

A exigência mais elementar para o design de vigas no método dos estados limites (LRFD) é que a capacidade de projeto do momento $\phi_b M_n$ deve ser maior ou igual à resistência à flexão (fatorada) exigida, $M_u$. A resistência à flexão exigida é conhecida geralmente como *momento último*.

$$\phi_b M_n \geq M_u$$

na qual

$\phi_b = 0{,}90$ para a flexão

$M_n$ = capacidade nominal de momento

$M_u$ = momento (fatorado) exigido

Conforme mencionado anteriormente, a resistência à flexão é afetada pelo comprimento do flange comprimido sem suportes laterais e a compacidade do elemento estrutural. Para seções *compactas* contidas lateralmente, nas quais o momento plástico é atingido antes que ocorra a flambagem local, o design se baseia no estado limite de escoamento. Portanto,

$$M_n = M_p = F_y Z_x$$

A forma de projeto da equação para a determinação do módulo de resistência à flexão exigido da seção $Z_x$ do máximo momento fatorado de carga $M_u$ (k-ft) é

$$Z_x = \frac{12 M_u}{\phi_b F_y}$$

Questões de flambagem lateral por torção, flambagem local do flange e flambagem local da alma estão além do escopo e dos objetivos deste texto e não serão vistos.

### Tensões de Cisalhamento

Embora normalmente seja a resistência à flexão que controle a seleção de vigas de perfis de aço laminados, a resistência ao cisalhamento deve ser conferida. O cisalhamento pode ser crítico em casos de elementos estruturais com vãos pequenos, especialmente aqueles que suportam grandes cargas concentradas. Para os perfis de aço laminados, com um eixo de simetria no plano de

Tensões de Flexão e de Cisalhamento em Vigas

carregamento, a capacidade do flange de resistir ao cisalhamento é insignificante e não são exigidos enrijecedores de alma. As equações da especificação do LRFD da AISC podem ser simplificadas da seguinte maneira:

Para $\dfrac{h}{t_w} \leq \dfrac{418}{\sqrt{F_y}}$,

$$\sum \gamma_i R_i = V_u \leq \phi_v V_n = 0{,}9(0{,}6 F_{yw} A_w)$$

onde

$h$ = a distância livre entre filetes (para perfis laminados)
$t_w$ = espessura da alma (in)
$d$ = altura total da seção laminada (in)
$V_u$ = cisalhamento máximo das cargas fatoradas
$\phi_v$ = fator de resistência para o cisalhamento (0,9)
$V_n$ = cisalhamento nominal (capacidade última)
$F_{yw}$ = resistência ao cisalhamento do aço na alma
$A_w = t_w d$ = área da alma

Outras fórmulas do LRFD da AISC são dadas para casos em que

$\dfrac{h}{t_w} \leq \dfrac{418}{\sqrt{F_y}}$

mas elas não serão levadas em consideração neste livro.

### Exemplos de Problemas: Capacidade de Momento

**8.22** Determine a capacidade de momento de uma viga de piso com perfil W18 × 40 com $F_y$ = 50 ksi (345 MPa). Admita que a viga esteja totalmente contida lateralmente ao longo do flange comprimido (ver Figura 8.47) com um deck composto de concreto ancorado fixamente por pinos de cisalhamento.

**Solução:**

Deve-se fazer inicialmente uma verificação para averiguar a compacidade. Para o perfil W18 × 40,

$d = 17{,}90''; \ b_f = 6{,}015''; \ t_f = 0{,}525$

$t_w = 0{,}315; \ h = 15{,}5''; \ Z_x = 78{,}4 \ \text{in}^4$

$\dfrac{b_f}{2 t_f} = \dfrac{6{,}015''}{2 \times 0{,}525''} =$

$= 5{,}73 \leq 9{,}19$ para aço com 50 ksi (345 MPa)

e

$\dfrac{h_c}{t_w} = \dfrac{15{,}50''}{0{,}315} = 49{,}2 \leq 90{,}5$

A seção do perfil W18 × 40 é compacta, e a capacidade de momento será igual ao momento plástico.

$M_n = M_p = F_y Z_x = (50 \ \text{k/in}^2)(78{,}4 \ \text{in}^4) = 3.920 \ \text{k-in}$

$M_n = 3.920/12 = 327 \ \text{k-ft}$

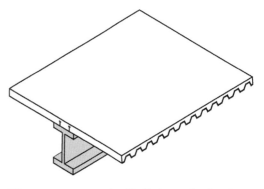

*Viga composta com piso (deck) de metal colocado no sentido perpendicular ao vão da viga. São soldados conectores de cisalhamento ao flange da viga e ao piso para criar uma ação conjunta com a laje de concreto.*

*Figura 8.47 Exemplo de viga composta.*

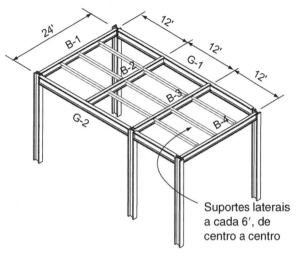

Figura 8.48 Vista isométrica da organização parcial da estrutura de aço.

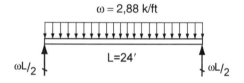

**8.23** Uma viga simplesmente apoiada (B-2) suporta uma carga uniformemente distribuída e está escorada lateralmente em intervalos de 6 pés (ou 1,82 m, ver Figura 8.48) além de uma laje composta que está fixa ao flange comprimido da viga por meio de pinos de cisalhamento. Admita que a viga seja feita de grau ASTM A992 com $F_y = 50$ ksi (345 MPa).

Selecione o perfil W mais leve para suportar as seguintes cargas com segurança:

$$CP = 100 \text{ psf}; \quad CV = 75 \text{ psf}$$

As vigas são espaçadas de 12 pés (3,65 m), de centro a centro.

**Solução:**

$$\omega_{CP} = 100 \text{ \#/ft}^2 \times 12' = 1.200 \text{ \#/ft}$$
$$\omega_{CV} = 75 \text{ \#/ft}^2 \times 12' = 900 \text{ \#/ft}$$

Por esse exemplo representar uma condição de carga de piso, as duas considerações de cargas fatoradas que se aplicam são

$$1,4D = 1,4 \times 1.200 \text{ \#/ft} = 1680 \text{ \#/ft} \text{ (apenas para CP)}$$

$$1,2D + 1,6L = 1,2(1.200 \text{ \#/ft}) = 1,6(900 \text{ \#/ft})$$
$$= 2.880 \text{ \#/ft}$$

A carga fatorada (ponderada) de 2.880 #/ft (42,03 kN/m) determina o design das vigas do piso.

$$M_u = \frac{\omega L^2}{8} = \frac{(2,88 \text{ k-ft})(24')^2}{8} = 207,4 \text{ k-ft}$$

$$V_u = \frac{\omega L}{2} = \frac{(2,88 \text{ k-ft})(24')}{2} = 34,6 \text{ k}$$

$$Z_x = \frac{12M_u}{\phi_b F_y} = \frac{12(207,4 \text{ k-ft})}{(0,90)(50 \text{ k/in}^2)} = 55,3 \text{ in}^3$$

Das Tabelas A11(a) e A11(b) do Apêndice, selecione o tamanho inicial mais leve.

Experimente W18 × 35.

Tentar W18 × 35.

$$Z_x = 66,5 \text{ in}^3, d = 17,7 \text{ in}, h = 15,5 \text{ in}$$
$$b_f = 6,00 \text{ in}, t_f = 0,425 \text{ in}, t_w = 0,30 \text{ in}$$

$$M_p = F_y Z_x = (50 \text{ k-in}^2)\left(\frac{66,5 \text{ in}^3}{12 \text{ in/ft}}\right) = 277 \text{ k-ft}$$

$$\phi M_p = (0,90)(277 \text{ k-ft}) = 249 \text{ k-ft}$$

Esse valor também pode ser encontrado diretamente na Tabela A11(b) no Apêndice.

A seguir, verifique a compacidade da seção da viga.

$$\frac{b_f}{2t_f} = \frac{6,00''}{2(0,425'')} = 7,06 < 9,19 \text{ (o flange é compacto)}$$

$$\frac{h}{t_w} = \frac{15,5''}{0,300''} = 51,7 < 90,5 \text{ (a alma é compacta)}$$

Verificação do cisalhamento:

$$\frac{h}{t_w} \leq \frac{418}{\sqrt{F_y}}$$

então use

$$V_u \leq \phi_v V_n = (0{,}90)(0{,}6 F_y t_w d)$$

$$\frac{h}{t_w} = \frac{15{,}5''}{0{,}300''} = 51{,}7 < \frac{418}{\sqrt{F_y}} = \frac{418}{\sqrt{50}} = 59$$

Portanto,

$$\phi_v V_n = (0{,}90)(0{,}6)(50)(0{,}30 \times 17{,}7'') = 143{,}4 \text{ k}$$

$$V_u = 34{,}6 \text{ k} < \phi_v V_n = 143{,}4 \text{ k}$$

∴ a viga atende ao exigido em relação ao cisalhamento

O perfil W18 × 35 é adequado e a seção mais leve a ser usada como uma viga de piso.

## Resumo

- As vigas sujeitas a cargas transversais desenvolvem momentos internos, que resultam na ação de flexão. Parte da seção transversal da viga está sujeita a tensões de compressão, ao passo que a porção restante da seção transversal está tracionada. A transição da tensão de compressão para tração ocorre no eixo neutro, que corresponde ao eixo baricêntrico da seção transversal da viga.

- As tensões de flexão são diretamente proporcionais ao momento fletor da viga e inversamente proporcionais ao momento de inércia da viga em relação ao eixo neutro.

- As tensões normais causadas pela flexão variam de zero no eixo neutro até um valor máximo nas fibras do topo e/ou da base.

- Geralmente, no projeto de vigas, é usada a tensão normal máxima causada pela flexão, e a equação é expressa como

$$f_b = \frac{Mc}{I} = \frac{(\text{momento}) \times (\text{distância do E.N. até a fibra extrema})}{(\text{momento de inércia})}$$

- A maioria dos perfis estruturais usados na prática são perfis-padrão, normalmente disponíveis na indústria. As propriedades da seção transversal são conhecidas e estão disponíveis em tabelas e manuais. Portanto, a equação básica da flexão pode ser simplificada substituindo o termo chamado *módulo de resistência à flexão* (S), em que

$$S = \frac{I}{c}$$

- Substituindo o módulo de resistência à flexão na fórmula da flexão, a equação se torna

$$f_b = \frac{Mc}{I} = \frac{M}{I/C} = \frac{M}{S}$$

- Reescrevendo a equação na forma de design, os tamanhos apropriados das vigas podem ser selecionados das tabelas.

$$S_{exigido} = \frac{M_{máx}}{F_b} = \frac{\text{momento fletor máximo}}{\text{tensão normal admissível causada pela flexão}}$$

- Além do momento fletor, as vigas estão sujeitas ao cisalhamento transversal (vertical) e longitudinal (horizontal). Em qualquer ponto ao longo do comprimento da viga, o cisalhamento transversal e o cisalhamento longitudinal são iguais. Portanto, o diagrama de esforços cortantes ($V$) pode ser usado na análise ou design de vigas por cisalhamento.

- A tensão de cisalhamento geral em qualquer ponto de uma viga é expressa como

$$f_v = \frac{VQ}{Ib} = \frac{(\text{esforço cortante}) \times (\text{momento estático } A\bar{y})}{(\text{momento de inércia}) \times (\text{largura do plano de cisalhamento})}$$

- A tensão de cisalhamento em perfis de abas largas, canal (C) e T em aço é geralmente suportada pela alma. Muito pouca resistência ao cisalhamento é oferecida pelo flange; portanto, a equação geral da tensão de cisalhamento é simplificada para

$$f_{v_{médio}} = \frac{V}{t_w d} = \frac{(\text{esforço cortante})}{(\text{espessura da alma}) \times (\text{altura da viga})}$$

Essa fórmula dá a tensão de cisalhamento média para a alma ao longo de toda a altura da viga. O aço estrutural é muito resistente ao cisalhamento; portanto, geralmente a fórmula da tensão de cisalhamento média é suficiente para uma verificação.

- Para seções transversais maciças em madeira, a fórmula geral da tensão de cisalhamento é simplificada para

$$f_{v_{máximo}} = \frac{1,5\,V}{A} = \frac{1,5 \times (\text{esforço cortante})}{(\text{área da seção transversal})}$$

- A tensão de cisalhamento máxima em uma viga retangular é 50% maior do que o valor médio da tensão. Frequentemente, as vigas de madeira são críticas em relação ao cisalhamento porque a tensão admissível ao cisalhamento para a madeira é muito baixa.

- O terceiro requisito para o design de vigas é a deflexão. Uma exigência de rigidez, a deflexão representa uma variação da posição vertical de uma viga em consequência das cargas aplicadas. Geralmente, o valor da deflexão admissível ou permitida é limitado pelos códigos de obras.

- As deflexões são uma função do módulo da carga, do comprimento do vão da viga, do momento de inércia da seção transversal da viga e do módulo de elasticidade da viga.

- As deflexões reais da viga devem ser comparadas com a deflexão admissível limitada pelo código.

$$\Delta_{real} < \Delta_{admissível}$$

# 9 Análise e Projeto de Colunas

## Introdução

*Colunas* são basicamente elementos estruturais verticais responsáveis pelo suporte de cargas compressivas de telhados e pisos e pela transmissão das forças verticais para as fundações e subsolo. O trabalho estrutural realizado pela coluna é bem mais simples do que o das vigas porque as cargas aplicadas estão com a mesma orientação vertical. Embora as colunas sejam consideradas normalmente elementos verticais, na realidade elas podem ser colocadas com qualquer orientação. As colunas são definidas pelo valor de seu comprimento entre as extremidades de apoio e podem ser muito curtas (por exemplo, pilares em sapatas) ou muito longas (pilares de pontes e viadutos). Normalmente elas são usadas como elementos principais de treliças, quadros estruturais e infraestrutura de pontes. Normalmente as cargas são aplicadas na extremidade de um elemento, produzindo tensões axiais de compressão.

Os termos comuns usados para identificar os elementos de colunas incluem *escoras, estroncas, postes, pilares, estacas* e *hastes*, de acordo com a Figura 9.1. Virtualmente, todos os materiais comuns de construção incluindo aço, madeira, concreto (armado e protendido) e alvenaria são usados na construção de colunas. Cada material tem características (do material ou de produção) que apresentam oportunidades e limitações quanto aos formatos das seções transversais e aos perfis escolhidos. As colunas são os componentes estruturais mais importantes que afetam significativamente o desempenho global e a estabilidade da edificação e, dessa forma, são projetadas com coeficientes de segurança maiores do que os de outras estruturas. A falha de um barrote ou de uma viga pode ser localizada e pode não afetar gravemente a integridade da edificação; entretanto, a falha de uma coluna estratégica pode ser catastrófica para uma grande área da estrutura. Os coeficientes de segurança para as colunas se adaptam às incertezas das irregularidades do material, à fixação de apoio nas extremidades das colunas e levam em consideração as imperfeições da construção, da mão de obra e a excentricidade inevitável do carregamento (fora do eixo).

*(a) Passarela coberta. Foto de Matt Bissen.*

*(b) Barras comprimidas em um biplano. Foto de Chris Brown.*

Figura 9.1 *Exemplos de elementos estruturais comprimidos.*

## 9.1 COLUNAS CURTAS E LONGAS – MODOS DE RUPTURA

As grandes lajes de pedra usada em Stonehenge eram extremamente pesadas e tendiam a serem estabilizadas por seu próprio peso. As colunas pesadas de pedra continuaram a ser usadas em estruturas gregas e romanas, mas com o desenvolvimento do ferro forjado, do ferro fundido, do aço e do concreto armado, as colunas começaram a adquirir proporções muito mais esbeltas.

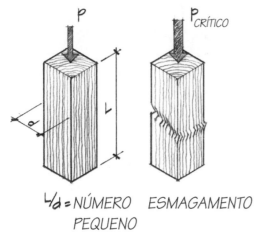

*Figura 9.2(a) Esmagamento: Coluna curta – a resistência do material é ultrapassada.*

A esbelteza das colunas influencia enormemente sua capacidade de suportar carga. Por ser um elemento estrutural comprimido, seria razoável admitir que ela chegasse à ruptura em consequência do esmagamento ou do encurtamento excessivo, uma vez que o nível de tensões superaria o limite de elasticidade (limite de escoamento) do material. Entretanto, para a maioria das colunas, a ruptura ocorre em um nível mais baixo de tensões do que a resistência do material da coluna, porque a maioria das colunas é relativamente esbelta (longa em relação à sua dimensão lateral) e apresentam falha estrutural em virtude da flambagem (instabilidade lateral). A *flambagem* é o deslocamento repentino e descontrolado de uma coluna, momento em que nenhuma carga adicional pode ser suportada. A deflexão lateral ou flambagem levará posteriormente à falha por flexão se as cargas forem aumentadas. Colunas muito curtas e robustas apresentarão falha estrutural por esmagamento em consequência da ruptura do material; colunas longas e esbeltas apresentarão falha por flambagem – uma função das dimensões da coluna e de seu módulo de elasticidade (Figura 9.2).

## Colunas Curtas

Os cálculos das tensões para colunas curtas são muito simples e se fundamentam na equação básica de tensões desenvolvida no início do Capítulo 5. Se a carga e o tamanho da coluna forem conhecidos, a tensão real de compressão pode ser calculada como

$$f_a = \frac{P_{\text{real}}}{A} \leq F_a$$

em que

$f_a$ = tensão real de compressão (psi ou ksi, Pa ou MPa)

$A$ = área da seção transversal da coluna (in² ou m²)

$P_{\text{real}}$ = carga real na coluna (# ou k, N ou kN)

$F_a$ = tensão admissível de compressão de acordo com as normas (psi ou ksi, Pa ou MPa)

Essa equação de tensão pode ser facilmente reescrita em uma forma de design ou projeto com o intuito de determinar o tamanho exigido de uma coluna curta se a carga e a resistência do material forem conhecidas:

$$A_{\text{exigida}} = \frac{P_{\text{real}}}{F_a}$$

em que

$A_{\text{exigida}}$ = área mínima da seção transversal da coluna

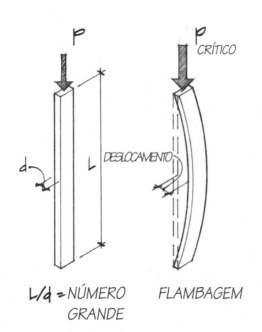

*Figura 9.2(b) Flambagem: Coluna longa – instabilidade elástica.*

## Colunas Longas – Flambagem de Euler

O fenômeno da flambagem em colunas esbeltas deve-se às excentricidades inevitáveis de carregamento e à probabilidade de existência de irregularidades na resistência de um material submetido à compressão. A flambagem pode ser evitada (teoricamente) se as cargas aplicadas forem absolutamente axiais e o material da coluna for totalmente homogêneo, sem imperfeições. Obviamente, isso não é possível; em consequência, a flambagem configura uma situação real para qualquer coluna esbelta.

A capacidade de carga de uma coluna esbelta depende diretamente da dimensão e da forma da coluna, assim como da rigidez do material ($E$). Ela é independente da tensão relativa ao limite de escoamento (resistência) do material.

O comportamento de flambagem de colunas esbeltas, dentro de seu limite elástico, foi investigado inicialmente por um matemático suíço com o nome de Leonhard Euler (1707-1783) (Figura 9.3). A equação de Euler apresenta a relação entre a carga que causa a flambagem em uma coluna com apoios em pinos (apoios de segundo gênero) em suas extremidades e as propriedades de resistência da coluna. A carga crítica de flambagem pode ser determinada pela equação

*Figura 9.3   Leonhard Euler (1707-1783).*

$$P_{\text{crítico}} = \frac{\pi^2 E I_{\text{mín}}}{L^2}$$

em que

$P_{\text{crítico}}$ = carga axial crítica que causa flambagem na coluna (# ou k, N ou kN)

$E$ = módulo de elasticidade longitudinal do material da coluna (psi ou ksi, Pa ou MPa)

$I_{\text{mín}}$ = menor momento de inércia da seção transversal da coluna (in$^4$ ou m$^4$)

$L$ = comprimento da coluna entre os apoios extremos com pinos (apoios de segundo gênero)

Observe que quando o comprimento da coluna se torna muito longo, a carga crítica se torna muito pequena, aproximando-se de zero como limite. Inversamente, os comprimentos muito curtos de colunas exigem cargas extremamente grandes para que o elemento estrutural venha a apresentar flambagem. Cargas elevadas resultam em tensões elevadas, o que causa o esmagamento em vez da flambagem.

*Conhecido como um dos matemáticos mais prolíficos de todos os tempos, Euler escreveu proficuamente em assuntos de todos os temas. Seus artigos científicos ainda foram publicados 40 anos após sua morte. Progressivamente, ele começou a substituir os métodos geométricos de prova usados por Galileu e Newton por métodos algébricos. Ele contribuiu consideravelmente com a ciência da mecânica. Sua descoberta envolvendo a flambagem de estruturas e painéis esbeltos resultou de testes de sua invenção, chamada "cálculo das variações" para resolver um problema que envolvia a flambagem de colunas sob a ação de seu próprio peso. Foi necessário usar o cálculo das variações para resolver esse problema hipotético porque os conceitos de tensão e deformação só seriam inventados muito tempo depois.*

*Euler e sua família, de origem suíço-germânica, foram mantidos em relativa tranquilidade alternativamente pelos dirigentes da Rússia e da Prússia. Durante uma passagem pela Rússia, ele desafiou o filósofo francês visitante e ateu, Diderot, a um debate sobre o ateísmo. Para grande satisfação de Catarina, a Grande, e outros membros da corte, Euler enunciou seu próprio argumento a favor de Deus na forma de uma equação simples e completamente irrelevante: "Sir, $\frac{a + b^n}{n} = x$, portanto Deus existe." Qualquer matemática ia além da compreensão do pobre Diderot, e ele ficou sem palavras. Admitindo que foi provado algo que ele claramente não entendia e se sentindo um tolo, Diderot deixou a Rússia.*

A equação de Euler demonstra a suscetibilidade da coluna à flambagem como uma função do quadrado do comprimento da coluna, da rigidez do material utilizado ($E$) e da rigidez da seção transversal medida pelo momento de inércia ($I$) (Figura 9.4).

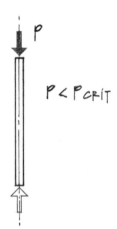

*Figura 9.4(a)  Equilíbrio estável: Coluna longa (P menor do que a carga crítica) – a rigidez da coluna mantém o elemento estrutural em equilíbrio estável.*

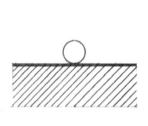
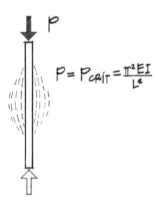

*Figura 9.4(b)  Equilíbrio neutro: Coluna longa ($P = P_{crit}$) – a carga da coluna é igual à carga crítica de flambagem; o elemento estrutural está em um estado de equilíbrio neutro.*

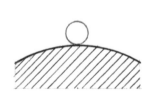
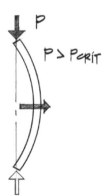

*Figura 9.4(c)  Equilíbrio instável: Coluna longa ($P > P_{crit}$) – o elemento estrutural sofre flambagem rapidamente, mudando para um estado de instabilidade.*

Análise e Projeto de Colunas

Para maior compreensão do fenômeno de flambagem, vamos examinar uma coluna esbelta que apresente uma curvatura inicial leve antes do carregamento (Figura 9.5).

Em virtude de a carga $P$ estar deslocada (em posição excêntrica em relação ao eixo central da coluna), um momento $M = P \times e$ resulta nas tensões de flexão além da tensão de compressão $f = P/A$. Se a carga for aumentada, o momento adicional faz com que a coluna se flexione ainda mais e, dessa forma, em uma excentricidade ou deslocamento maior. Esse momento $M' = P' \times \Delta$ resulta em um momento aumentado que causa mais deslocamento, criando assim um momento ainda maior (efeito $P - \Delta$). Um momento fletor e um deslocamento progressivo continuam até que a estabilidade da coluna fique comprometida. A carga crítica na qual é alcançado o limite da capacidade da coluna em resistir um deslocamento incontrolável e progressivo é conhecida como *carga crítica de flambagem de Euler*.

Mais uma vez é importante mencionar que a equação de Euler, que não contém coeficientes de segurança, só é válida para colunas longas e esbeltas que apresentem falha estrutural por flambagem e nas quais as tensões estejam bem dentro do limite de elasticidade do material. Colunas curtas tendem a apresentar falha estrutural pelo esmagamento (compressão) em níveis de tensão muito altos, muito além da região elástica do material da coluna.

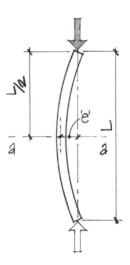

*Figura 9.5(a)   Coluna com uma leve curvatura 'e' em relação à vertical.*

## Índices de Esbeltez

A propriedade geométrica de uma seção transversal chamada *raio de giração* foi apresentada brevemente no Capítulo 6. Essa propriedade dimensional está sendo mencionada novamente, aplicada ao projeto de colunas. Outra forma útil da equação de Euler pode ser desenvolvida substituindo o raio de giração pelo momento de inércia, na qual

$$r = \sqrt{\frac{I}{A}}$$
$$I = Ar^2$$

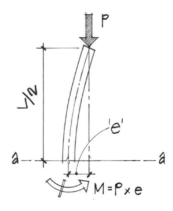

*Figura 9.5(b)   O desalinhamento da carga P produz um momento M = P × e.*

em que

$r$ = raio de giração da seção transversal da coluna (in ou m)

$I$ = menor (mínimo) momento de inércia (in$^4$ ou m$^4$)

$A$ = área da seção transversal da coluna (in$^2$ ou m$^2$)

A tensão crítica desenvolvida em uma coluna longa na flambagem pode ser expressa por

$$f_{\text{crítico}} = \frac{P_{\text{crítico}}}{A} = \frac{\pi^2 E(Ar^2)}{AL^2} = \frac{\pi^2 E}{(L/r)^2}$$

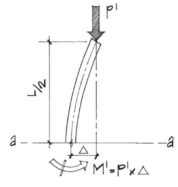

*Figura 9.5(c)   P' > P: Aumento da carga com aumento do desalinhamento $\Delta$ > e.*

As seções das colunas com valores elevados de $r$ são mais resistentes à flambagem (Figura 9.6). Em face de o raio de giração ser obtido por meio do momento de inércia, podemos deduzir que a configuração da seção transversal é crítica para que sejam obtidos valores maiores de $r$.

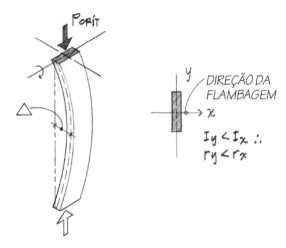

*Figura 9.6  Flambagem da coluna em torno de seu eixo fraco.*

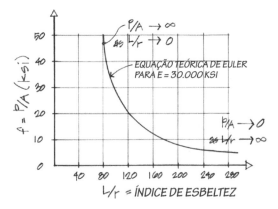

*Figura 9.7  Tensão de flambagem em função do índice de esbeltez.*

O termo $L/r$ na equação acima é conhecido como *índice de esbeltez*. A tensão crítica de flambagem de uma coluna é inversamente proporcional ao quadrado do índice de esbeltez.

Altos índices de esbeltez significam tensões críticas menores (Figura 9.7) que causarão flambagem; inversamente, menores índices de esbeltez resultam em tensões críticas mais altas (mas ainda dentro do limite elástico do material). O índice de esbeltez é um indicador fundamental para o modo de ruptura que se pode esperar de uma coluna submetida a algum carregamento.

Como comparação de seções transversais de colunas de aço encontradas frequentemente em edificações, observe a diferença entre os valores de $r_{\text{mín.}}$ para as três seções transversais mostradas na Figura 9.8. Todas as três seções têm áreas de seções transversais relativamente iguais, mas raios de giração muito diferentes em torno do eixo crítico de flambagem. Se fosse admitido que todas as três colunas tivessem 15 pés (aproximadamente 4,5 m) de comprimento e apoios com pinos (apoios de segundo gênero) em ambas as extremidades, os índices de esbeltez correspondentes seriam realmente muito diferentes.

Em geral, as seções transversais mais eficientes de colunas para cargas axiais são aquelas com valores quase iguais de $r_x$ e $r_y$. As seções transversais circulares e tubulares e tubos quadrados são as formas mais efetivas, porque o raio de giração em torno de ambos os eixos são os mesmos ($r_x = r_y$). Por esse motivo, esses tipos de seção são usados frequentemente como colunas para cargas leves e moderadas. Entretanto, elas não são necessariamente adequadas para grandes cargas e onde precisarem ser feitas muitas conexões com vigas. As considerações práticas e as vantagens de fazer conexões estruturais para perfis de abas largas facilmente acessíveis superam frequentemente as puras vantagens estruturais de perfis com seção transversal fechada (por exemplo, tubos e seções circulares). Seções especiais de abas largas são fabricadas especificamente para fornecer colunas relativamente simétricas (razões $r_x/r_y$ próximas a 1,0) com grande capacidade de suporte de carga. A maioria das seções dessas colunas apresenta altura e largura do flange aproximadamente iguais (configuração "quadrada") e geralmente estão na categoria de altura nominal de 10, 12 e 14 polegadas (aproximadamente 254, 305 e 355 mm).

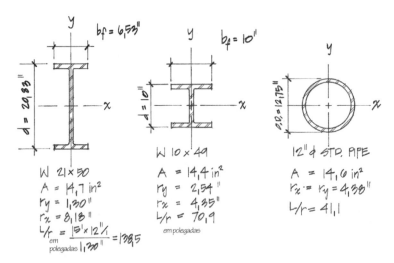

*Figura 9.8  Comparação de seções transversais de aço com áreas equivalentes.*

Análise e Projeto de Colunas

## Exemplos de Problemas: Colunas Curtas e Longas – Modos de Ruptura

**9.1** Determine a carga crítica de flambagem para uma coluna tubular de peso-padrão de aço com 3" ø que tem 16 pés (4,8 m) de altura e apresenta apoios por pinos. Admita $E = 29 \times 10^6$ psi (200 GPa).

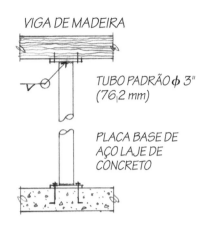

**Solução:**

Da equação de flambagem de Euler,

$$P_{\text{crítico}} = \frac{\pi^2 EI}{L^2}$$

Normalmente é usado o menor (mínimo) momento de inércia na equação de Euler para produzir a carga crítica de flambagem. Entretanto, neste exemplo, $I_x = I_y$ para um tubo circular:

$I = 3{,}02 \text{ in}^4$ (Não há eixo fraco para a flambagem.)

$$P_{\text{crítico}} = \frac{(3{,}14)^2 (29 \times 10^6 \text{ psi})(3{,}02 \text{ in}^4)}{(16' \times 12 \text{ in/ft})^2} = 23{,}424\#$$

A tensão crítica correspondente pode ser calculada como

$$f_{\text{crítico}} = \frac{P_{\text{crítico}}}{A} = \frac{23{,}424\#}{2{,}23 \text{ in}^2} = 10{,}504 \text{ psi}$$

Essa coluna sofrerá flambagem com um nível de tensões relativamente baixo.

$F_{\text{compressão}} = 22 \text{ ksi}$

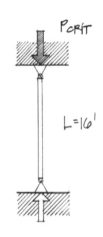

**9.2** Determine a tensão crítica de flambagem para uma coluna de aço W12 × 65 com 30 pés (9 m) de comprimento. Admita apoios simples com pinos na extremidade superior e na extremidade inferior.

$F_y = 36 \text{ ksi}$ (Aço A36)

$E = 29 \times 10^3 \text{ ksi}$

**Solução:**

$$f_{\text{crítico}} = \frac{\pi^2 E}{(L/r)^2}$$

Para um perfil W12 × 65, $r_x = 5{,}28''$, $r_y = 3{,}02''$

Calcule o índice de esbeltez $L/r$ para cada um dos dois eixos.

Substitua o maior dos dois valores na equação de Euler, porque ele levará ao valor de tensão mais crítico

$$\frac{L}{r_x} = \frac{30' \times 12 \text{ in/ft}}{5{,}28''} = 68{,}2.$$

$$\frac{L}{r_y} = \frac{30' \times 12 \text{ in/ft}}{3{,}02''} = 119{,}2 \leftarrow \text{Limitante}$$

(Produz um valor menor de tensão na flambagem)

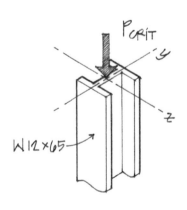

$$f_{\text{crítico}} = \frac{\pi^2 (29 \times 10^3 \text{ ksi})}{(119{,}2)^2} = 20{,}1 \text{ ksi}$$

O uso de $L/r_x$ levará claramente a um valor de tensão muito maior.

Isso indica que a coluna sofrerá flambagem em torno do eixo *y* com uma carga muito menor do que a que seria exigida para que a flambagem acontecesse de outra maneira. Em termos práticos, isso significa que no caso de uma sobrecarga a coluna não seria capaz de alcançar a carga crítica necessária para fazer com que ela sofresse flambagem em torno de seu eixo forte; ela apresentaria falha estrutural com um valor de carga mais baixo pela flambagem em torno de seu eixo fraco. Portanto, no cálculo dos valores de carga e tensão crítica, sempre use o maior valor de $L/r$.

## 9.2 CONDIÇÕES DE APOIO NAS EXTREMIDADES E CONTRAVENTAMENTO LATERAL

Na análise anterior da equação de Euler, foi admitido que cada coluna tivesse apoios em pinos (segundo gênero) no qual as extremidades do elemento estrutural estavam livres para sofrer rotação (mas não para sofrer translação) em qualquer direção. Portanto, se fosse aplicada uma carga verticalmente até que a coluna flambasse, ela se deformaria com a configuração de uma curva suave (ver a Figura 9.8). O comprimento dessa curva é conhecido como *comprimento efetivo* ou *comprimento de flambagem*. Entretanto, na prática, nem sempre esse é o caso, e o comprimento que está livre para flambar é grandemente influenciado por suas condições de apoio nas extremidades.

A suposição de extremidades com pinos é uma consideração importante, porque uma modificação nas condições de extremidade imposta em tal coluna pode ter um grande efeito em sua capacidade de carga. Se uma coluna for conectada rigidamente em seu topo e sua base, não é provável que ela sofra flambagem com a mesma carga admitida para uma coluna com pinos nas extremidades. Restringir as extremidades de uma coluna tanto para uma condição de translação como de rotação livre geralmente aumenta a capacidade de suporte de carga de uma coluna. Permitir a transação e a rotação nas extremidades de uma coluna geralmente reduz sua capacidade de suporte de carga.

As fórmulas de projeto de colunas geralmente admitem uma condição na qual ambas as extremidades são fixas no que diz respeito à translação, mas livres para girar (conectadas por pinos). Quando existirem outras condições, a capacidade de carregamento é aumentada ou diminuída, de modo que a tensão admissível de compressão deve ser aumentada ou diminuída ou o índice de esbeltez deve ser aumentado. Por exemplo, em colunas de aço, é usado um fator *K* como multiplicador para converter o comprimento real em um comprimento efetivo de flambagem com base nas condições de extremidade (Figura 9.9). Os valores teóricos de *K* listados na Figura 9.10 são *menos* conservadores do que os valores reais usados com frequência na prática de projetos estruturais.

**Caso A: Ambas as Extremidades com Pinos** – Estrutura contraventada adequadamente contra forças laterais (vento e terremotos).

$$L_e = L$$
$$K = 1,0$$
$$P_{crítico} = \frac{\pi^2 EI}{L^2}$$

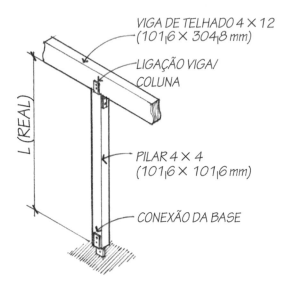

*Figura 9.9 Comprimento efetivo de uma coluna em relação ao comprimento real.*

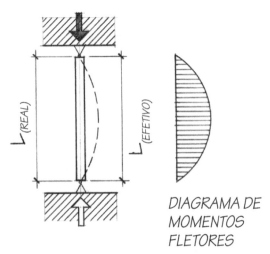

*Figura 9.10(a) Caso A – comprimento efetivo de flambagem, ambas as extremidades rotuladas (pinos).*

*Exemplos:*
Coluna de madeira com pregos na extremidade superior e na extremidade inferior.

Coluna de aço com conexão de cantoneira simples na extremidade superior e na extremidade inferior.

**Caso B: Ambas as Extremidades Fixas** – Estrutura contraventada adequadamente contra forças laterais.

$L_e = 0{,}5L$

$K = 0{,}5$

$P_{\text{crítico}} = \dfrac{\pi^2 EI}{(0{,}5L)^2} = \dfrac{4\pi^2 EI}{L^2}$

*Exemplos:*
Coluna de concreto rigidamente conectada (lançado monoliticamente) a grandes vigas na extremidade superior e na extremidade inferior.

Colunas de aço conectadas rigidamente (soldadas) a grandes vigas de aço na extremidade superior e na extremidade inferior.

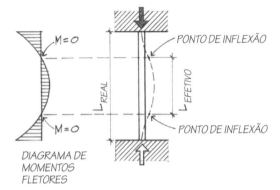

*Figura 9.10(b)   Caso B – comprimento efetivo de flambagem, ambas as extremidades engastadas (fixas).*

**Caso C: Uma Extremidade com Pino (Rotulada) e Uma Extremidade Fixa (Engastada)** – Estrutura contraventada adequadamente contra forças laterais.

$L_e = 0{,}707L$

$K = 0{,}7$

$P_{\text{crítico}} = \dfrac{\pi^2 EI}{(0{,}7L)^2} = \dfrac{2\pi^2 EI}{L^2}$

*Exemplos:*
Coluna de concreto conectada rigidamente a uma laje de concreto na base e ligada a um telhado leve na extremidade superior.

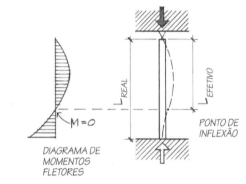

*Figura 9.10(c)   Caso C – comprimento efetivo de flambagem, uma extremidade com pino (rotulada) e uma extremidade fixa (engastada).*

**Caso D: Uma Extremidade Livre e Uma Extremidade Fixa** – Translação lateral possível (desenvolve carga excêntrica na coluna).

$L_e = 2{,}0L$

$K = 2{,}0$

$P_{\text{crítico}} = \dfrac{\pi^2 EI}{(2L)^2} = \dfrac{\frac{1}{4}\pi^2 EI}{L^2}$

*Exemplos:*
Tanque de água colocado sobre uma coluna tubular simples.

Analogia de um mastro.

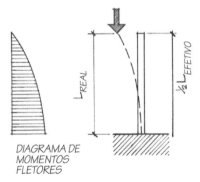

*Figura 9.10(d)   Caso D – comprimento efetivo de flambagem, uma extremidade livre e uma extremidade fixa (engastada).*

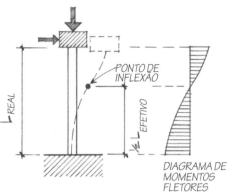

*Figura 9.10(e)  Caso E – comprimento efetivo de flambagem, ambas as extremidades com alguma translação lateral.*

**Caso E: Ambas as Extremidades Fixas com Alguma Translação Lateral**

$L_e = 1,0L$

$K = 1,0$

$P_{crítico} = \dfrac{\pi^2 EI}{(L)^2}$

*Exemplos:*
Colunas em uma estrutura fixa relativamente flexível (concreto ou aço).

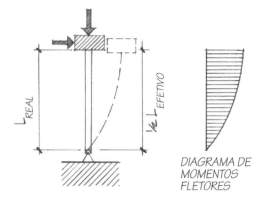

*Figura 9.10(f)  Caso F – comprimento efetivo de flambagem, base com pinos (rotulada), extremidade superior fixa (engastada) com alguma translação lateral.*

**Caso F: Base com Pinos (Rotulada), Extremidade Superior Fixa (Engastada) com Alguma Translação Lateral**

$L_e = 2,0L$

$K = 2,0$

$P_{crítico} = \dfrac{\pi^2 EI}{(2L)^2} = \dfrac{\frac{1}{4}\pi^2 EI}{L^2}$

*Exemplos:*
Coluna de aço com uma conexão rígida a uma viga na extremidade superior e uma conexão simples de pino na base. Há alguma flexibilidade na estrutura, permitindo que as cargas da coluna sejam posicionadas excentricamente.

## Contraventamento Lateral Intermediário

Na seção anterior, vimos que a seleção do tipo de conexão de extremidade usada influenciou diretamente a capacidade de flambagem da coluna. As conexões fixas parecem ser uma solução óbvia para minimizar os tamanhos das colunas; entretanto, o custo associado à construção de conexões rígidas é alto e tais conexões são difíceis de fazer. Além disso, geralmente admite-se que as colunas de madeira sejam conectadas por pinos, porque a resistência do material geralmente impede a construção de juntas verdadeiramente rígidas. Que outros métodos existem para assegurar um aumento da capacidade da coluna sem que sejam especificados tamanhos maiores de colunas?

Uma estratégia comum usada para aumentar a eficiência de uma coluna é acrescentar *contraventamento lateral* em torno do eixo fraco de flambagem (Figura 9.11). Painéis de paredes enchimento, vergas em janelas, reforços em divisórias e outros sistemas fornecem contraventamentos laterais possíveis que podem ser usados para reduzir o comprimento de flambagem da coluna. O contraventamento dado em um plano não fornece, necessariamente, resistência à flambagem no plano perpendicular (Figura 9.12). As colunas devem ser verificas em ambas as direções para que seja determinado o índice de esbeltez a ser usado na análise ou no projeto.

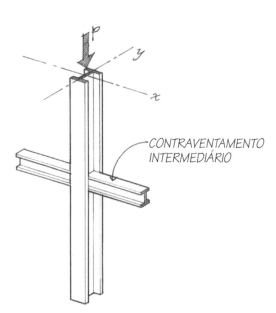

*Figura 9.11  Coluna com perfil de seção transversal de abas largas contraventada em torno do eixo fraco de flambagem.*

Análise e Projeto de Colunas

Seções muito esbeltas podem ser usadas em colunas se elas forem contraventadas adequadamente ou reforçadas contra a flambagem entre os pisos, de acordo com o apresentado nas Figuras 9.13(a)-(d).

A restrição lateral fornecida pelo contraventamento atua somente na resistência à flambagem em torno do eixo y. A coluna ainda está suscetível à flambagem em uma curva suave em torno do eixo x.

Devem ser calculados os índices de esbeltez para ambos os eixos a fim de que seja definida que direção é a determinante.

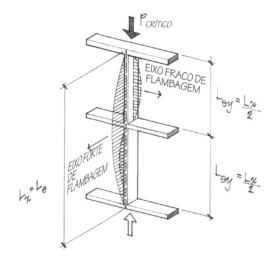

Figura 9.12 Coluna retangular de madeira contraventada em torno do eixo Y, mas livre para flambar em torno do eixo X.

$$P_1 = \frac{\pi^2 EI}{L^2}$$

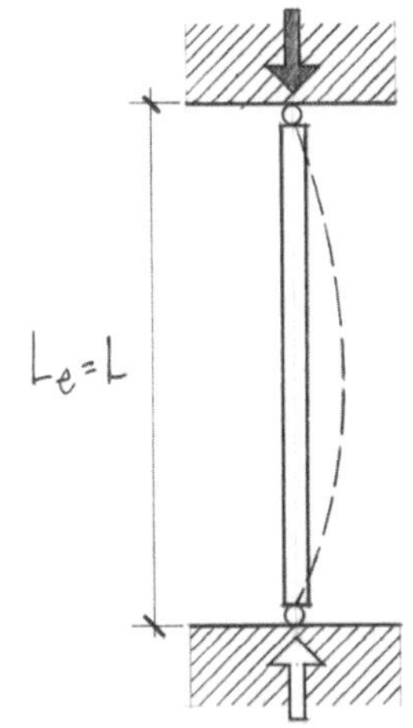

(a) Sem contraventamento.

$$P_2 = \frac{\pi^2 EI}{\left(\frac{1}{2}L\right)^2} = 4P_1$$

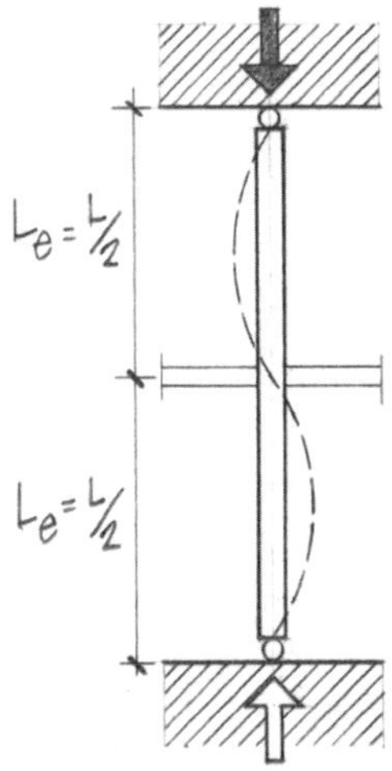

(b) Contraventamento no ponto médio.

$$P_3 = \frac{\pi^2 EI}{\left(\frac{1}{3}L\right)^2} = 9P_1$$

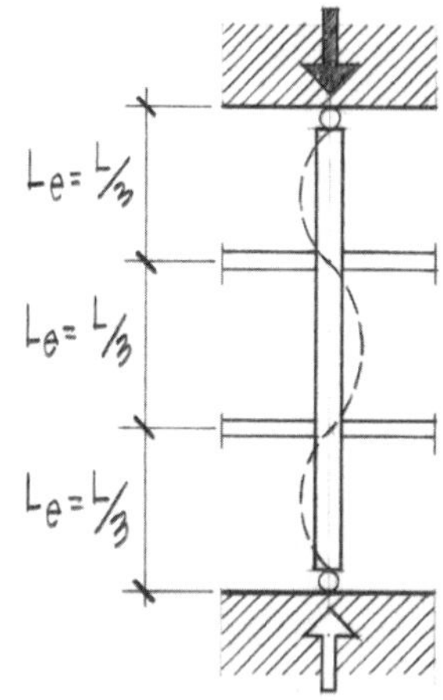

(c) Contraventamentos nas terças partes.

$$P_4 = \frac{\pi^2 EI}{\left(\frac{2}{3}L\right)^2} = \frac{9}{4}P_1$$

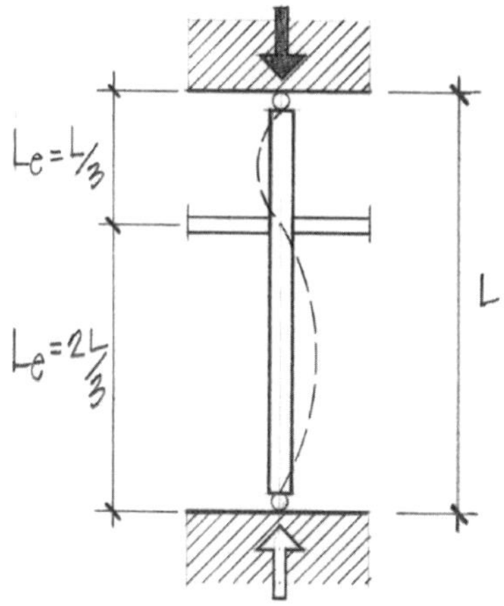

(d) Contraventamento assimétrico.

Figura 9.13 Comprimentos efetivos de flambagem para várias condições de apoio lateral.

## Exemplos de Problemas: Condições de Apoio das Extremidades e Contraventamento Lateral

**9.3** Determine a carga crítica de flambagem para uma coluna 4 × 8 S4S de abeto Douglas que tem 18 pés (5,48 m) de comprimento e está contraventada na metade de sua altura em relação a sua direção fraca de flambagem. $E = 1{,}3 \times 10^6$ psi ($8{,}9 \times 10^6$ kPa)

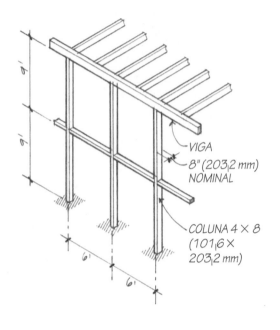

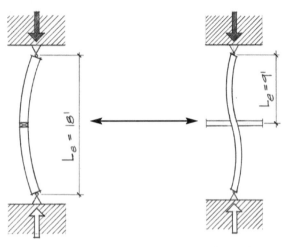

(a) Eixo forte de flambagem.    (b) Eixo fraco de flambagem.

**Solução:**

$4 \times 8$ S4S $\left(I_x = 111{,}2 \text{ in}^4; I_y = 25{,}9 \text{ in}^4; A = 25{,}38 \text{ in}^2\right)$

$r_x \sqrt{\dfrac{I_x}{A}} = 2{,}1''$ $\qquad r_y \sqrt{\dfrac{I_y}{A}} = 1{,}01''$

Carga que causa a flambagem em torno do eixo $x$:

$$P_{\text{crítico}} = \frac{\pi^2 E I_x}{L_x^2} = \frac{3{,}14^2 (1{,}3 \times 10^6 \text{ psi})(111{,}2 \text{ in}^4)}{(18' \times 12 \text{ in/ft})^2}$$
$$= 30.550\#$$

Carga que causa flambagem em torno do eixo $y$:

$$P_{\text{crítico}} = \frac{\pi^2 E I_y}{L_y^2} = \frac{3{,}14^2 (1{,}3 \times 10^6 \text{ psi})(25{,}9 \text{ in}^4)}{(9' \times 12 \text{ in/ft})^2}$$
$$= 28.460\#$$

Porque a carga exigida para fazer com que o elemento estrutural sofra flambagem em torno do eixo $y$ mais fraco é menor do que a carga que está associada à flambagem em torno do eixo mais forte $x$, a carga crítica de flambagem para toda a coluna é de 28,46 k (126,6 kN). Nesse caso, o elemento estrutural sofrerá flambagem na direção da menor dimensão.

Quando as colunas são realmente submetidas a testes, normalmente se encontra uma diferença entre as cargas reais de flambagem e as previsões teóricas. Isso é particularmente verdadeiro para colunas próximas à transição entre o comportamento de colunas curtas e longas. O resultado é que frequentemente as cargas de flambagem são levemente menores do que as previstas, particularmente nas proximidades da zona de transição, na qual frequentemente a ruptura é parcialmente elástica e parcialmente inelástica (esmagamento).

**9.4** Uma coluna de aço W8 × 40 suporta treliças ligadas a sua alma, que serve para fixar o eixo fraco e vigas leves que se prendem ao flange, simulando uma conexão de pinos em torno do eixo forte. Se a conexão da base for admitida como um pino, determine a carga crítica de flambagem que a coluna é capaz de suportar.

**Solução:**

W8 × 40 $\left(A = 11{,}7\,\text{in}^2; r_x = 3{,}53''; I_x = 146\,\text{in}^4; r_y = 2{,}04''; I_y = 49{,}1\,\text{in}^4\right)$

A primeira coisa a fazer é determinar o eixo crítico de flambagem (isto é, que eixo tem o maior valor de $KL/r$).

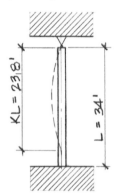

$L_e = KL = 0{,}7\,(34') = 23{,}8'$

$\dfrac{KL}{r_y} = \dfrac{23{,}8' \times 12\,\text{in/ft}}{2{,}04''} = 140$

Eixo Fraco

$L_e = L;\quad K = 1{,}0;\quad KL = 37'$

$\dfrac{KL}{r_x} = \dfrac{(37' \times 12\,\text{in/ft})}{3{,}53''} = 125{,}8$

Eixo Forte

O eixo fraco para essa coluna é crítico porque

$\dfrac{KL}{r_y} > \dfrac{KL}{r_x}$

$P_{\text{crítico}} = \dfrac{\pi^2 E I_y}{L_e^2} = \dfrac{\pi^2 E I_y}{(KL)^2} = \dfrac{3{,}14^2 \left(29 \times 10^3\,\text{ksi}\right)\left(49{,}1\,\text{in}^4\right)}{(23{,}8 \times 12\,\text{in/ft})^2}$

$= 172{,}1\,\text{k}$

$f_{\text{crítico}} = \dfrac{P_{\text{crítico}}}{A} = \dfrac{172{,}1\,\text{k}}{11{,}7\,\text{in}^2} = 14{,}7\,\text{ksi}$

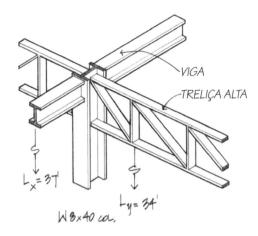

*Conexões estruturais em topo de coluna.*

*Treliças altas podem ser consideradas como apoios rígidos para flambagem em torno do eixo y.*

*Vigas leves simulam apoios de segundo gênero (pinos ou rótulas) em torno do eixo x.*

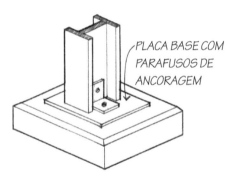

*Conexão da base da coluna.*

*A coluna de aço W8 × 40 (A36) está ligada à base por meio de uma pequena placa base com dois parafusos de ancoragem. Admite-se que essa conexão como um pino (rótula) que permite rotação em duas direções, mas não permite translação.*

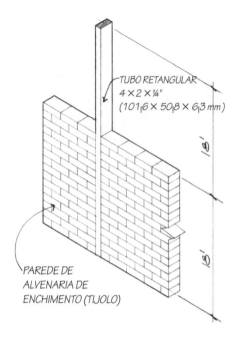

*Eixo fraco*

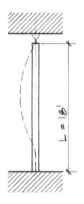

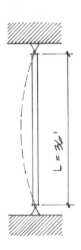

*Eixo forte*

**9.5** Um tubo retangular de aço é usado como uma coluna com 36 pés (10,97 m). Ela tem pinos das extremidades e seu eixo fraco é contraventado na metade da altura por uma parede de alvenaria de acordo com a figura. Determine a carga crítica de flambagem da coluna. $E = 29 \times 10^3$ ksi (200 GPa).

**Solução:**

$4'' \times 2'' \times \frac{1}{4}''$ tubo retangular
($A = 2{,}59 \text{ in}^2; I_x = 4{,}69 \text{ in}^4; r_x = 1{,}35''; I_y = 1{,}54 \text{ in}^4; r_y = 0{,}77''$)

Mais uma vez, a primeira coisa a fazer na solução deve ser envolver a determinação do índice de esbeltez crítico.

Eixo Fraco
$K = 0{,}7$
$KL = 0{,}7 \times 18' = 12{,}6' = 151{,}2''$

$$\frac{KL}{r_y} = \frac{151{,}2''}{0{,}77''} = 196{,}4$$

Eixo Forte
$K = 1{,}0$

$KL = 1{,}0 \times 36' = 36' = 432''$

$$\frac{KL}{r_x} = \frac{432''}{1{,}35''} = 320 \leftarrow \text{Limitante}$$

Como $\dfrac{KL}{r_x} > \dfrac{KL}{r_y}$, a flambagem é mais crítica em torno do eixo forte.

$$P_{\text{crítico}} = \frac{\pi^2 E I_x}{(KL_x)^2} = \frac{3{,}14^2 (29 \times 10^3 \text{ ksi})(4{,}69 \text{ in}^4)}{(432'')^2}$$
$$= 7{,}19 \text{ k}$$

$$f_{\text{crítico}} = \frac{P_{\text{crítico}}}{A} = \frac{7{,}19 \text{ k}}{2{,}59 \text{ in}^2} = 2{,}78 \text{ ksi}$$

Análise e Projeto de Colunas

**9.6** Determine a capacidade de carga de flambagem de uma escora de 2 × 4, com 12 pés (3,65 m) de altura se estiver presente um reforço na metade de sua altura. Admita $E = 1,2 \times 10^6$ psi (8,27 GPa).

**Solução:**

$2 \times 4$ S4S $\left(A = 5,25 \text{ in}^2; I_x = 5,36 \text{ in}^4; I_y = 0,984 \text{ in}^4\right)$

$$r_x = \sqrt{\frac{I_x}{A}} = \sqrt{\frac{5,36}{5,25}} = 1,01''$$

$$r_y = \sqrt{\frac{I_y}{A}} = \sqrt{\frac{0,984}{5,25}} = 0,433''$$

Eixo Fraco
$L = 12'$
$K = 0,5$
$KL = 0,5 \times 12' = 6' = 72''$
$$\frac{KL}{r_y} = \frac{72''}{0,433''} = 166,3$$

Eixo Forte
$L = 12'$
$K = 1,0$
$KL = 1,0 \times 12' = 12' = 144''$
$$\frac{KL}{r_x} = \frac{144''}{1,01''} = 142,6$$

O eixo fraco é determinante porque $\dfrac{KL}{r_y} > \dfrac{KL}{r_x}$

$$P_{\text{crítico}} = \frac{\pi^2 EI}{(KL)^2} = \frac{3,14^2 (1,2 \times 10^6 \text{ psi})(0,984 \text{ in}^4)}{(72'')^2}$$
$$= 2.246\#$$

$$f_{\text{crítico}} = \frac{P_{\text{crítico}}}{A} = \frac{2.246\#}{5,25 \text{ in}^2} = 428 \text{ psi}$$

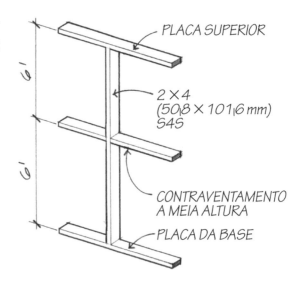

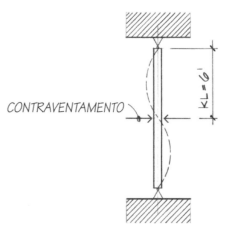

*Eixo fraco.*

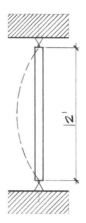

*Eixo forte.*

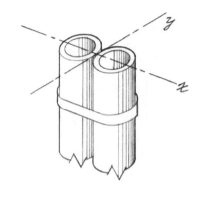

## Problemas

**9.1** Uma coluna de aço W8 × 31 com 20 pés (6 m) de comprimento tem apoio de pinos (segundo gênero) em ambas as extremidades. Determine a carga crítica de flambagem e a tensão desenvolvida na coluna. $E = 29 \times 10^3$ ksi.

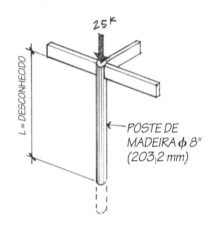

**9.2** Duas seções tubulares padrão com ø (diâmetro) de 3½" (89 mm) são amarradas entre si para formar a coluna mostrada na figura. Se a coluna tiver conexões de pinos em seus apoios e 24 pés (7,32 m) de altura, determine a carga axial crítica quando ocorrer a flambagem. $E = 29 \times 10^6$ psi (200 GPa).

**9.3** Determine o comprimento crítico máximo de uma coluna W10 × 54 que suporta uma carga axial de 250 k (1112 kN). $E = 29 \times 10^3$ ksi (200 GPa).

**9.4** Um poste de madeira com 8 polegadas (203,2 mm) de diâmetro está preso a uma grande sapata de concreto no nível do terreno e está completamente ligada a um apoio de pino em sua extremidade superior. Que altura o poste pode ter e ainda suportar uma carga de 25 k (111 kN)? $E = 1,0 \times 10^6$ psi (6,9 GPa).

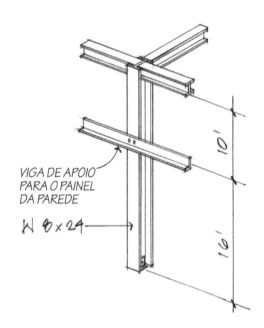

**9.5** Determine a carga crítica de flambagem e a tensão em um tubo estrutural retangular de 8" × 6" × 3/8" (203 × 152 × 9,5 mm) usado como uma coluna com 38 pés (11,6 m) de comprimento, conectada por pinos em sua extremidade superior e em sua extremidade inferior.

**9.6** Determine a carga crítica de flambagem e a tensão para a coluna mostrada na figura.

## 9.3 COLUNAS DE AÇO CARREGADAS AXIALMENTE

A maior parte da análise realizada até agora se limitou a colunas muito curtas que sofrem compressão excessiva (esmagamento) e, na outra extremidade da escala, a colunas longas e esbeltas que sofrem flambagem. Em algum ponto entre esses dois extremos se situa uma zona na qual uma coluna "curta" experimenta uma transição para uma coluna "longa". A equação de flambagem de

Análise e Projeto de Colunas

Euler admite que a tensão crítica de flambagem permanece dentro do limite de proporcionalidade do material, de forma que o módulo de elasticidade longitudinal $E$ permanece válido. Substituindo o valor do limite de proporcionalidade $F_{proporcionalidade} = 31.000$ psi (214 MPa) para o aço A36 (próximo a $F_y = 36.000$ psi ou 248 MPa) na equação de Euler, encontra-se que o índice de esbeltez mínimo necessário para o comportamento elástico é

$$f_{crítico} = \frac{P_{crítico}}{A} = \frac{\pi^2 E}{(L/r)^2}; \quad \text{então}$$

$$\frac{\ell}{r} = \sqrt{\frac{\pi^2 E}{P/A}} = \sqrt{\frac{\pi^2(29.000.000)}{31.000}} = 96$$

As colunas (aço A36) com índices de esbeltez abaixo de $L/r \leq 96$ exibem geralmente características de *flambagem inelástica* ou esmagamento (*crushing*).

O limite superior de $KL/r$ para colunas de aço depende do bom senso e do projeto seguro, e normalmente é estabelecido pelo código de obras. As colunas de aço estrutural estão limitadas a um índice de esbeltez igual a

$$\boxed{\frac{KL}{r} \leq 200}$$

Na realidade, as colunas não fazem uma transição abrupta de curtas para longas ou vice-versa. Existe uma zona de transição entre os dois extremos, e ela é conhecida normalmente como *zona das colunas intermediárias*. As colunas intermediárias apresentam falha estrutural por uma combinação de esmagamento (*crushing* ou escoamento) e flambagem (Figura 9.14).

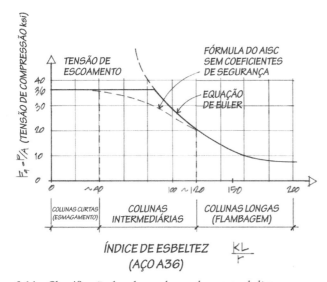

*Figura 9.14* Classificação de colunas de acordo com a esbeltez.

O trecho inicialmente horizontal da curva (na zona das colunas curtas) indica o escoamento do material sem ocorrência da flambagem. No outro extremo da curva ($K\ell/r > 120$) as tensões de compressão são relativamente baixas, e a flambagem é o modo de ruptura. Na zona das colunas intermediárias ($40 < K\ell/r < 120$) a falha apresenta aspectos tanto de ocorrer por escoamento como por flambagem.

A capacidade de suporte de carga das colunas de comprimento intermediário é influenciada tanto pela resistência quanto pelas propriedades elásticas do material da coluna. Fórmulas empíricas, baseadas em testes e pesquisas exaustivos, foram desenvolvidas para cobrir o projeto das colunas dentro dos limites de cada categoria.

Desde 1961, a AISC adotou as *fórmulas de projeto de colunas* que incorporam o uso de um coeficiente variável de segurança, que depende da esbeltez, para a determinação da tensão admissível de compressão. As fórmulas da AISC reconhecem apenas duas categorias de esbeltez: curtas/intermediárias e longas (Figura 9.15).

As colunas esbeltas são definidas como aquelas que apresentam $KL/r$ acima de um valor denominado $C_c$, para o qual

$$C_c = \sqrt{\frac{2\pi^2 E}{F_y}}$$

em que

$E$ = módulo de elasticidade longitudinal

$F_y$ = tensão de escoamento do aço

O aço doce (A36) com $F_y$ = 36 ksi (248 MPa) tem $C_c$ = 126,1; o aço de alta resistência com $F_y$ = 50 ksi (345 MPa) tem $C_c$ = 107,0.

O valor $C_c$ representa a linha teórica de divisão entre o comportamento inelástico e o comportamento elástico.

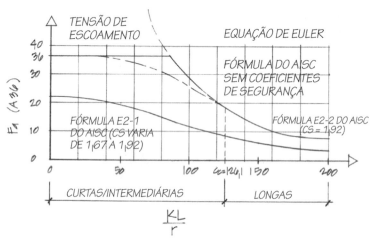

*Figura 9.15* Tensão admissível de compressão de acordo com as fórmulas da AISC.

A fórmula da tensão admissível da AISC ($F_a$) para colunas curtas/intermediárias ($KL/r < C_c$) é expressa por

$$F_a = \frac{\left[1 - \frac{(K\ell/r)^2}{2C_c^2}\right](F_y)}{\frac{5}{3} + \frac{3(K\ell/r)}{8C_c} - \frac{(K\ell/r)^3}{8C_c^3}} \quad \text{(AISC Eq. E2–1)}$$

em que

$K\ell/r$ = o maior índice de esbeltez efetivo de qualquer comprimento de coluna não contraventado

$F_a$ = tensão admissível de compressão (psi ou ksi, Pa ou MPa)

Análise e Projeto de Colunas

Quando elementos estruturais axialmente carregados tiverem um valor $K\ell/r > C_c$, a tensão admissível é calculada como

$$F_a = \frac{12\pi^2 E}{23(K\ell/r)^2}$$ (AISC Eq. E2–2)

Observe que as duas equações anteriores representam equações reais de projeto que podem ser usadas para dimensionar elementos estruturais comprimidos. Essas equações parecem um tanto assustadoras, especialmente a E2-1. Felizmente, o manual de construção em aço da própria AISC (*Manual of Steel Construction*) desenvolveu tabelas de projeto para $K\ell/r$ de 1 a 200 com a respectiva tensão admissível $F_a$. Não são necessários quaisquer cálculos usando E2-1 e E2-2, porque essas equações foram usadas para gerar as tabelas (Tabelas 9.1 e 9.2).

Em trabalhos estruturais, admitem-se frequentemente as extremidades com pinos (com apoios de segundo gênero) mesmo que as extremidades das colunas de aço geralmente estejam restritas de alguma forma em sua base pela soldagem a uma placa base, que por sua vez é ancorada com chumbadores a uma sapata de concreto. Colunas tubulares de aço geralmente apresentam placas soldadas em cada extremidade e a seguir são ligadas por parafusos às outras partes da estrutura. Tais restrições, entretanto, podem variar muito e são difíceis de avaliar. Dessa forma, os projetistas raramente aproveitam a restrição para aumentar a tensão admissível, que, portanto, aumenta o coeficiente de segurança do projeto.

Por outro lado, os ensaios indicaram que no caso de condições de extremidade fixa os valores teóricos de $K = 0,5$ são um tanto *não conservadores* no projeto de colunas de aço. Por ser raramente possível uma fixação verdadeira da junta, a AISC recomenda o uso dos *valores recomendados de* K (Figura 9.16).

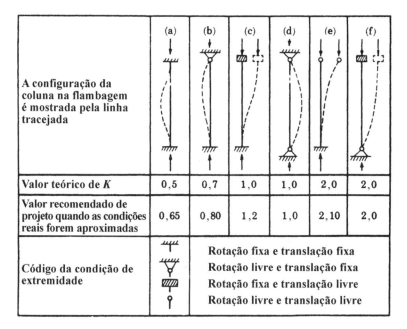

*Figura 9.16    Valores de projeto de K recomendados pela AISC.*

*Reproduzido com a permissão do American Institute of Steel Construction, Chicago, Illinois; do* Manual of Steel Construction: Allowable Stress Design, *9ª ed., Segunda rev. (1995).*

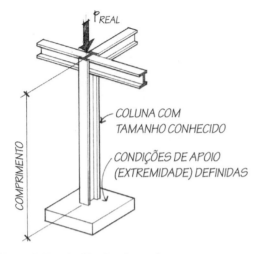

*Figura 9.17  Análise de colunas de aço.*

Todos os exemplos examinados neste capítulo admitem que as colunas façam parte de um sistema de construção contraventado. Os deslocamentos laterais são minimizadas pelo uso de sistemas separados de contraventamento (quadro contraventado ou paredes de cisalhamento) e os valores de K para as colunas contraventadas não podem ultrapassar 1,0. Em edifícios não contraventados, como os que utilizam quadros rígidos, os deslocamentos laterais podem resultar em comprimentos efetivos de colunas maiores do que o comprimento real da coluna ($K > 1,0$). É exigida uma análise muito mais abrangente para colunas com deslocamento lateral e, dessa forma, não será analisada neste texto.

## Análise de Colunas de Aço

A análise de colunas implica determinação da tensão admissível de compressão $F_a$ em uma determinada coluna ou de sua capacidade de carga admissível $P_{admissível}$ (Figura 9.17). Um procedimento simples de análise é mencionado a seguir.

**Dados:**

Comprimento da coluna, condições de apoio, grau do aço ($F_y$), carga aplicada e tamanho da coluna.

**Exigido:**

Verificar a adequação da coluna. Em outras palavras, saber se

$$P_{real} < P_{admissível}$$

**Procedimento:**

a. Calcular $K\ell/r_{mín.}$; o maior $K\ell/r$ é o determinante dos cálculos.
b. Entrar na Tabela do AISC adequada (Tabela 9.1 ou 9.2 nas próximas páginas).
c. Retirar o respectivo $F_a$.
d. Calcular: $P_{admissível} = F_a \times A$

em que

$A$ = área da seção transversal da coluna (in²)
$F_a$ = tensão admissível de compressão (ksi)

e. Verificar a adequação da coluna.

Se

$$P_{admissível} > P_{real}$$

então OK.

Se

$$P_{admissível} < P_{real}$$

então há tensão excessiva.

Análise e Projeto de Colunas

*Tabela 9.1*

### Tabela C-36
**Tensão Admissível**
Para Elementos Estruturais Comprimidos de Aço com Tensão de Escoamento Especificada de 36-ksi (248,2 MPa)[a]

| $\dfrac{Kl}{r}$ | $F_a$ (ksi) | $\dfrac{Kl}{r}$ | $F_a$ (ksi) | $\dfrac{Kl}{r}$ | $F_a$ (ksi) | $\dfrac{Kl}{r}$ | $F_a$ (ksi) | $\dfrac{Kl}{r}$ | $F_a$ (ksi) |
|---|---|---|---|---|---|---|---|---|---|
| 1 | 21,56 | 41 | 19,11 | 81 | 15,24 | 121 | 10,14 | 161 | 5,76 |
| 2 | 21,52 | 42 | 19,03 | 82 | 15,13 | 122 | 9,99 | 162 | 5,69 |
| 3 | 21,48 | 43 | 18,95 | 83 | 15,02 | 123 | 9,85 | 163 | 5,62 |
| 4 | 21,44 | 44 | 18,86 | 84 | 14,90 | 124 | 9,70 | 164 | 5,55 |
| 5 | 21,39 | 45 | 18,78 | 85 | 14,79 | 125 | 9,55 | 165 | 5,49 |
| 6 | 21,35 | 46 | 18,70 | 86 | 14,67 | 126 | 9,41 | 166 | 5,42 |
| 7 | 21,30 | 47 | 18,61 | 87 | 14,56 | 127 | 9,26 | 167 | 5,35 |
| 8 | 21,25 | 48 | 18,53 | 88 | 14,44 | 128 | 9,11 | 168 | 5,29 |
| 9 | 21,21 | 49 | 18,44 | 89 | 14,32 | 129 | 8,97 | 169 | 5,23 |
| 10 | 21,16 | 50 | 18,35 | 90 | 14,20 | 130 | 8,84 | 170 | 5,17 |
| 11 | 21,10 | 51 | 18,26 | 91 | 14,09 | 131 | 8,70 | 171 | 5,11 |
| 12 | 21,05 | 52 | 18,17 | 92 | 13,97 | 132 | 8,57 | 172 | 5,05 |
| 13 | 21,00 | 53 | 18,08 | 93 | 13,84 | 133 | 8,44 | 173 | 4,99 |
| 14 | 20,95 | 54 | 17,99 | 94 | 13,72 | 134 | 8,32 | 174 | 4,93 |
| 15 | 20,89 | 55 | 17,90 | 95 | 13,60 | 135 | 8,19 | 175 | 4,88 |
| 16 | 20,83 | 56 | 17,81 | 96 | 13,48 | 136 | 8,07 | 176 | 4,82 |
| 17 | 20,78 | 57 | 17,71 | 97 | 13,35 | 137 | 7,96 | 177 | 4,77 |
| 18 | 20,72 | 58 | 17,62 | 98 | 13,23 | 138 | 7,84 | 178 | 4,71 |
| 19 | 20,66 | 59 | 17,53 | 99 | 13,10 | 139 | 7,73 | 179 | 4,66 |
| 20 | 20,60 | 60 | 17,43 | 100 | 12,98 | 140 | 7,62 | 180 | 4,61 |
| 21 | 20,54 | 61 | 17,33 | 101 | 12,85 | 141 | 7,51 | 181 | 4,56 |
| 22 | 20,48 | 62 | 17,24 | 102 | 12,72 | 142 | 7,41 | 182 | 4,51 |
| 23 | 20,41 | 63 | 17,14 | 103 | 12,59 | 143 | 7,30 | 183 | 4,46 |
| 24 | 20,35 | 64 | 17,04 | 104 | 12,47 | 144 | 7,20 | 184 | 4,41 |
| 25 | 20,28 | 65 | 16,94 | 105 | 12,33 | 145 | 7,10 | 185 | 4,36 |
| 26 | 20,22 | 66 | 16,84 | 106 | 12,20 | 146 | 7,01 | 186 | 4,32 |
| 27 | 20,15 | 67 | 16,74 | 107 | 12,07 | 147 | 6,91 | 187 | 4,27 |
| 28 | 20,08 | 68 | 16,64 | 108 | 11,94 | 148 | 6,82 | 188 | 4,23 |
| 29 | 20,01 | 69 | 16,53 | 109 | 11,81 | 149 | 6,73 | 189 | 4,18 |
| 30 | 19,94 | 70 | 16,43 | 110 | 11,67 | 150 | 6,64 | 190 | 4,14 |
| 31 | 19,87 | 71 | 16,33 | 111 | 11,54 | 151 | 6,55 | 191 | 4,09 |
| 32 | 19,80 | 72 | 16,22 | 112 | 11,40 | 152 | 6,46 | 192 | 4,05 |
| 33 | 19,73 | 73 | 16,12 | 113 | 11,26 | 153 | 6,38 | 193 | 4,01 |
| 34 | 19,65 | 74 | 16,01 | 114 | 11,13 | 154 | 6,30 | 194 | 3,97 |
| 35 | 19,58 | 75 | 15,90 | 115 | 10,99 | 155 | 6,22 | 195 | 3,93 |
| 36 | 19,50 | 76 | 15,79 | 116 | 10,85 | 156 | 6,14 | 196 | 3,89 |
| 37 | 19,42 | 77 | 15,69 | 117 | 10,71 | 157 | 6,06 | 197 | 3,85 |
| 38 | 19,35 | 78 | 15,58 | 118 | 10,57 | 158 | 5,98 | 198 | 3,81 |
| 39 | 19,27 | 79 | 15,47 | 119 | 10,43 | 159 | 5,91 | 199 | 3,77 |
| 40 | 19,19 | 80 | 15,36 | 120 | 10,28 | 160 | 5,83 | 200 | 3,73 |

[a]Quando a relação entre a largura e a espessura do elemento estrutural ultrapassar os limites da seção não compacta da Sect. B5.1, ver o Apêndice B5.
Nota: $C_c = 126,1$

*Reproduzida com a permissão do American Institute of Steel Construction, Chicago, Illinois; do* Manual of Steel Construction: Allowable Stress Design, *9ª ed., Segunda rev. (1995).*

*Tabela 9.2*

## Tabela C-50
### Tensão Admissível
### Para Elementos Estruturais Comprimidos de Aço com Tensão de Escoamento Especificada 50-ksi (345 MPa)[a]

| $Kl/r$ | $F_a$ (ksi) | $Kl/r$ | $F_a$ (ksi) | $Kl/r$ | $F_a$ (ksi) | $Kl/r$ | $F_a$ (ksi) | $Kl/r$ | $F_a$ (ksi) |
|---|---|---|---|---|---|---|---|---|---|
| 1 | 29,94 | 41 | 25,69 | 81 | 18,81 | 121 | 10,20 | 161 | 5,76 |
| 2 | 29,87 | 42 | 25,55 | 82 | 18,61 | 122 | 10,03 | 162 | 5,69 |
| 3 | 29,80 | 43 | 25,40 | 83 | 18,41 | 123 | 9,87 | 163 | 5,62 |
| 4 | 29,73 | 44 | 25,26 | 84 | 18,20 | 124 | 9,71 | 164 | 5,55 |
| 5 | 29,66 | 45 | 25,11 | 85 | 17,99 | 125 | 9,56 | 165 | 5,49 |
| 6 | 29,58 | 46 | 24,96 | 86 | 17,79 | 126 | 9,41 | 166 | 5,42 |
| 7 | 29,50 | 47 | 24,81 | 87 | 17,58 | 127 | 9,26 | 167 | 5,35 |
| 8 | 29,42 | 48 | 24,66 | 88 | 17,37 | 128 | 9,11 | 168 | 5,29 |
| 9 | 29,34 | 49 | 24,51 | 89 | 17,15 | 129 | 8,97 | 169 | 5,23 |
| 10 | 29,26 | 50 | 24,35 | 90 | 16,94 | 130 | 8,84 | 170 | 5,17 |
| 11 | 29,17 | 51 | 24,19 | 91 | 16,72 | 131 | 8,70 | 171 | 5,11 |
| 12 | 29,08 | 52 | 24,04 | 92 | 16,50 | 132 | 8,57 | 172 | 5,05 |
| 13 | 28,99 | 53 | 23,88 | 93 | 16,29 | 133 | 8,44 | 173 | 4,99 |
| 14 | 28,90 | 54 | 23,72 | 94 | 16,06 | 134 | 8,32 | 174 | 4,93 |
| 15 | 28,80 | 55 | 23,55 | 95 | 15,84 | 135 | 8,19 | 175 | 4,88 |
| 16 | 28,71 | 56 | 23,39 | 96 | 15,62 | 136 | 8,07 | 176 | 4,82 |
| 17 | 28,61 | 57 | 23,22 | 97 | 15,39 | 137 | 7,96 | 177 | 4,77 |
| 18 | 28,51 | 58 | 23,06 | 98 | 15,17 | 138 | 7,84 | 178 | 4,71 |
| 19 | 28,40 | 59 | 22,89 | 99 | 14,94 | 139 | 7,73 | 179 | 4,66 |
| 20 | 28,30 | 60 | 22,72 | 100 | 14,71 | 140 | 7,62 | 180 | 4,61 |
| 21 | 28,19 | 61 | 22,55 | 101 | 14,47 | 141 | 7,51 | 181 | 4,56 |
| 22 | 28,08 | 62 | 22,37 | 102 | 14,24 | 142 | 7,41 | 182 | 4,51 |
| 23 | 27,97 | 63 | 22,20 | 103 | 14,00 | 143 | 7,30 | 183 | 4,46 |
| 24 | 27,86 | 64 | 22,02 | 104 | 13,77 | 144 | 7,20 | 184 | 4,41 |
| 25 | 27,75 | 65 | 21,85 | 105 | 13,53 | 145 | 7,10 | 185 | 4,36 |
| 26 | 27,63 | 66 | 21,67 | 106 | 13,29 | 146 | 7,01 | 186 | 4,32 |
| 27 | 27,52 | 67 | 21,49 | 107 | 13,04 | 147 | 6,91 | 187 | 4,27 |
| 28 | 27,40 | 68 | 21,31 | 108 | 12,80 | 148 | 6,82 | 188 | 4,23 |
| 29 | 27,28 | 69 | 21,12 | 109 | 12,57 | 149 | 6,73 | 189 | 4,18 |
| 30 | 27,15 | 70 | 20,94 | 110 | 12,34 | 150 | 6,64 | 190 | 4,14 |
| 31 | 27,03 | 71 | 20,75 | 111 | 12,12 | 151 | 6,55 | 191 | 4,09 |
| 32 | 26,90 | 72 | 20,56 | 112 | 11,90 | 152 | 6,46 | 192 | 4,05 |
| 33 | 26,77 | 73 | 20,38 | 113 | 11,69 | 153 | 6,38 | 193 | 4,01 |
| 34 | 26,64 | 74 | 20,10 | 114 | 11,49 | 154 | 6,30 | 194 | 3,97 |
| 35 | 26,51 | 75 | 19,99 | 115 | 11,29 | 155 | 6,22 | 195 | 3,93 |
| 36 | 26,38 | 76 | 19,80 | 116 | 11,10 | 156 | 6,14 | 196 | 3,89 |
| 37 | 26,25 | 77 | 19,61 | 117 | 10,91 | 157 | 6,06 | 197 | 3,85 |
| 38 | 26,11 | 78 | 19,41 | 118 | 10,72 | 158 | 5,98 | 198 | 3,81 |
| 39 | 25,97 | 79 | 19,21 | 119 | 10,55 | 159 | 5,91 | 199 | 3,77 |
| 40 | 25,83 | 80 | 19,01 | 120 | 10,37 | 160 | 5,83 | 200 | 3,73 |

[a] Quando a relação entre a largura e a espessura do elemento estrutural ultrapassar os limites da seção não compacta da Sect. B5.1, ver o Apêndice B5.
Nota: $C_c = 107,0$

*Reproduzida com a permissão do American Institute of Steel Construction, Chicago, Illinois; do* Manual of Steel Construction: Allowable Stress Design, *9ª ed., Segunda rev. (1995).*

Análise e Projeto de Colunas

## Exemplos de Problemas: Colunas de Aço Carregadas Axialmente

**9.7** Uma coluna com o perfil W12 × 53 ($F_y = 36$ ksi, ou 248 MPa) deve ser usada como suporte principal de uma construção civil. Se for admitido que a altura não contraventada da coluna seja de 16 pés (4,8 m) e haja apoios de segundo gênero (pinos) em suas extremidades, calcule a carga admissível na coluna.

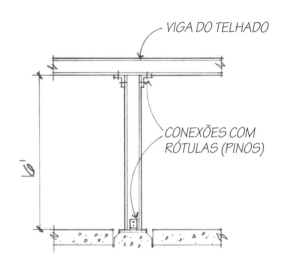

### Solução:

Entre na tabela de propriedades da seção do AISC (Tabela A3 do Apêndice) e extraia os dados para a coluna de perfil W12 × 53.

W12 × 53:  $A = 15{,}6\,\text{in}^2$;

$r_x = 5{,}23\,\text{in},\ r_y = 2{,}48\,\text{in}$

Por ter sido admitido que a coluna tenha apoios de segundo gênero (pinos) em ambas as extremidades e para ambas as direções de flambagem, o menor raio de giração ($r_y$) levará ao índice de esbeltez mais crítico (maior).

O índice de esbeltez crítico é calculado a seguir como

$$\frac{K\ell}{r_y} = \frac{(1{,}0)(16' \times 12\,\text{in/ft})}{2{,}48''} = 77{,}42$$

Para determinar a tensão admissível de compressão $F_a$, entre com o valor do índice de esbeltez crítico na Tabela 9.1.

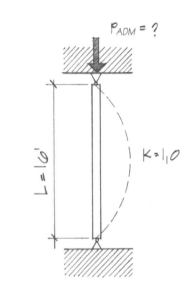

|  | $K\ell/r$ | $F_a$ |
|---|---|---|
|  | 77 | 15,69 ksi |
| $KL/r = 77{,}42 \rightarrow$ Interpolando | | 15,64 ksi |
|  | 78 | 15,58 ksi |

A capacidade admissível do perfil W12 × 53 é calculada como:

$$P_{\text{admissível}} = F_a \times A = 15{,}64\,\text{k/in}^2 \times 15{,}6\,\text{in}^2 = 244\,\text{k}$$

**9.8** Uma coluna de aço (W14 × 82) com 24 pés (7 m) de altura e com $F_y = 50$ ksi (345 MPa) tem apoios de segundo gênero (pinos) em ambas as extremidades. Seu eixo fraco é contraventado na metade da altura, mas a coluna tem liberdade para flambar em todos os 24 pés (7 m) na direção forte. Determine a capacidade de carga que essa coluna pode suportar com segurança.

**Solução:**

Propriedades do perfil W14 × 82:

$A = 24{,}1 \text{ in}^2$

$r_x = 6{,}05''$

$r_y = 2{,}48''$

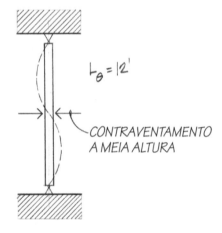

*Eixo fraco de flambagem.*

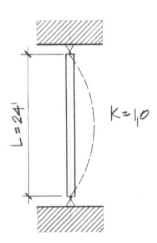

*Eixo forte de flambagem.*

Calcule o índice de esbeltez em torno de ambos os eixos para determinar a direção crítica de flambagem.

$$\frac{K\ell}{r_x} = \frac{24' \times 12 \text{ in/ft}}{6{,}05''} = 47{,}6$$

$$\frac{K\ell}{r_y} = \frac{12' \times 12 \text{ in/ft}}{2{,}48''} = 58{,}1$$

O maior índice de esbeltez é o que determina a capacidade; portanto, é usado o eixo fraco de flambagem para determinar $F_a$.

Da Tabela 9.2,

Interpolando para $K\ell/r = 58{,}1$; $F_a = 23{,}04$ ksi

$\therefore P_{\text{admissível}} = F_a \times A = 23{,}04 \text{ k/in}^2 \times 24{,}1 \text{ in}^2 = 555 \text{ k}$

Análise e Projeto de Colunas

**9.9** Um tubo de peso-padrão de aço ($F_y$ = 50 ksi, ou 345 MPa) com diâmetro (ø) de 4" (101,6 mm) suporta um sistema de estrutura de telhado de acordo com o ilustrado. A conexão viga de madeira-coluna é considerada como de segundo gênero (pino), ao passo que a base da coluna está engastada rigidamente no concreto. Se a carga do telhado for de 35 k (156 kN), a coluna é adequada?

**Solução:**

Tubo de peso-padrão com quatro polegadas de diâmetro:

$A = 3{,}17 \text{ in}^2$

$r = 1{,}51 \text{ in}$

Embora o valor teórico de $K$ seja 0,7 para as condições de apoio mostradas, o valor que o AISC recomenda usar em projeto é

$K = 0{,}80$

$$K\ell/r = \frac{0{,}80 \times (18' \times 12 \text{ in/ft})}{1{,}51''} = 114{,}43$$

Usando a Tabela 9.2,

$F_a = 11{,}4 \text{ ksi}$

$P_a = 11{,}4 \text{ k/in}^2 \times 3{,}17 \text{ in}^2 = 36{,}14 \text{ k} > 35 \text{ k}$

A coluna é adequada.

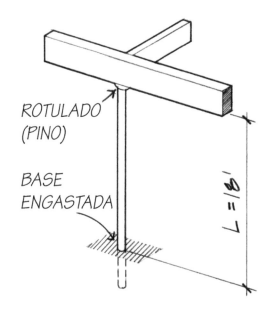

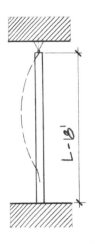

## Problemas

**9.7** Determine a capacidade de carga admissível ($P_{\text{admissível}}$) para uma coluna de aço com $F_y$ = 36 ksi (248 MPa), de perfil W12 × 65, quando $L$ = 18' (5,5 m) e

a. tanto a base como o topo forem engastados (fixos).
b. a base seja engastada e o topo tenha um apoio de segundo gênero (rótula ou pino).
c. tanto a base quanto o topo tenham apoios de segundo gênero (rótulas ou pinos).

**9.8** Duas seções de perfil C12 × 20,7 são soldadas entre si para formar uma seção retangular fechada. Se $L$ = 20' (6 m) e o topo e a base tiverem apoios de segundo gênero (pinos), determine a capacidade de carga axial $P_a$. Admita $F_y$ = 36 ksi (248 MPa).

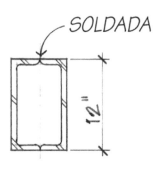

**9.9** Uma cantoneira de 5" ×3½" × ½" (127 × 89 × 12,7 mm) é usada como um elemento estrutural comprimido em uma treliça. Se $L = 7'$ (2,1 m) determine a carga axial admissível para $F_y = 36$ ksi (248 MPa).

**9.10** Determine a altura máxima admissível de uma coluna de aço A36 (tubo-padrão de aço com diâmetro ø de 5", ou 127 mm) se a carga aplicada for de 60 k (267 kN). Admita que o topo tenha um apoio de segundo gênero (pino) e a base seja engastada (apoio de terceiro gênero).

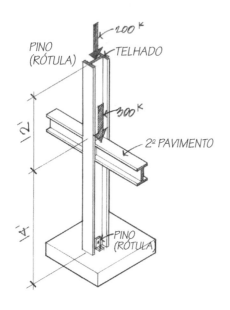

**9.11** Uma coluna contínua em dois pavimentos, feita com o perfil W12 × 106 de aço A36, suporta uma carga de telhado de 200 k (890 kN) e uma carga intermediária (segundo piso) de 300 k (1334 kN). Admita que o topo e a base tenham apoios de segundo gênero (pinos). A seção da coluna mostrada é adequada?

*Nota: Admita que a carga do segundo piso esteja aplicada no topo da coluna – isso resultará em uma resposta bastante conservadora. O conceito de cargas intermediárias é muito mais complicado e não será visto com mais detalhes neste livro.*

## Projeto de Colunas de Aço

O projeto (dimensionamento) de colunas de aço carregadas axialmente (em outras palavras, a seleção do tamanho adequado de uma coluna) é normalmente realizado por meio do uso de tabelas específicas para colunas, como aquelas contidas na 9ª edição do manual construção em aço do AISC (*Manual of Steel Construction: Allowable Stress Design*). O *projeto (dimensionamento) estrutural* difere da *análise* pelo fato de que cada problema tem várias respostas possíveis. Por exemplo, a seleção do tamanho de uma coluna é simplesmente dependente da resistência e das exigências de segurança, mas outras questões (tanto arquitetônicas quanto construtivas) podem influenciar a seleção final.

Por se admitir que as tabelas de dimensionamento de colunas (*Column Design Tables*) do AISC não estejam disponíveis (isso exigiria a compra do manual do AISC), o projeto de colunas de aço envolverá um processo iterativo de tentativa e erro. Essa metodologia parece ser longa e cansativa, mas na realidade, normalmente são necessários muito poucos ciclos para encontrar uma solução.

Uma análise anterior sobre a eficiência de seções transversais de colunas para cargas axiais (ver a Figura 9.8) sugeriu o uso de elementos estruturais circulares ou "retangulares" de abas largas. Junto com preocupações espaciais e construtivas, os tamanhos máximos ou mínimos podem ser especificados previamente pelo arquiteto, limitando o universo de escolhas que de outra forma estaria disponível. Isso não limita de modo algum as possibilidades de projeto; na realidade, isso ajuda a orientar o projeto estrutural e as escolhas feitas pelo engenheiro. Estruturas de aço de pequena envergadura podem usar colunas de abas largas com tamanho nominal de 8 e 10 polegadas (203 a 254 mm), ao passo que construções civis maiores com cargas mais pesadas usarão frequentemente tamanhos nominais de 12 e 14 polegadas (305 a 356 mm). Essas seções correspondem aos tamanhos em "caixa" (retangulares) ou quadrados, com a altura e a largura do flange da seção transversal sendo aproximadamente iguais.

Um procedimento empírico (tentativa e erro) pode ser descrito da seguinte maneira (Figura 9.18):

**Dado:**

Comprimento da coluna, condições de apoio, grau do aço ($F_y$), carga aplicada ($P_{real}$).

**Exigido:**

Tamanho da coluna para suportar a carga com segurança.

**Procedimento:**

a. Arbitre um tamanho. Mas por onde começar? Se for uma construção de menor envergadura, experimente um perfil quadrado W8 ou W10 com peso correspondente ao meio do grupo de perfis. Uma estimativa similar usando seções maiores é adequada para cargas mais pesadas.

b. Uma vez selecionado o *tamanho arbitrado*, as propriedades da seção transversal se tornarão conhecidas. Calcule o índice de esbeltez crítico, levando em consideração as condições de extremidade e os contraventamentos intermediários.

c. Usando o maior valor $K\ell/r$, entre na Tabela 9.1 ou 9.2. Obtenha o valor respectivo de $F_a$.

d. Calcule o valor de $P_{admissível} = F_a \times A$ da seção arbitrada.

e. Verifique se $P_{admissível} > P_{real}$.

Se $P_{admissível} < P_{real}$, então a coluna está com tensões excessivas e, a seguir, deve ser selecionada uma seção maior. Se a seção arbitrada for muito forte, repita os cálculos com um tamanho menor. Uma maneira de examinar a eficiência relativa da seção transversal é verificar a porcentagem de seu nível de tensões.

$$\% \text{ de tensão} = \frac{P_{real}}{P_{admissível}} \times 100\%$$

Uma porcentagem de tensão no intervalo de 90% a 100% é muito eficiente.

f. Repita esse processo até ser obtida uma seção transversal adequada, porém eficiente.

**Nota:** As etapas (b) e (e) são, em essência, o procedimento usado anteriormente na análise de colunas de aço.

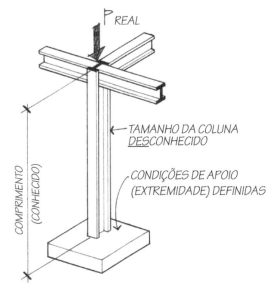

Figura 9.18 Projeto (dimensionamento) de colunas de aço.

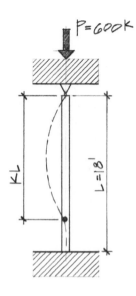

## Exemplos de Problemas: Projeto (Dimensionamento) de Colunas de Aço

**9.10** Selecione a coluna mais econômica que utilize o perfil W12 e com 18 pés (5,5 m) de altura a fim de suportar uma carga axial de 600 k (2669 kN) usando o aço A572 Grau 50. Admita que a coluna tenha apoio de segundo gênero no topo, mas seja engastada na base.

**Solução:**

Como primeira aproximação nesse processo de tentativa e erro, experimente o perfil W12 × 96 (aproximadamente o meio das seções "em caixa" disponíveis).

$$W12 \times 96 \ (A = 28{,}2 \text{ in}^2, r_x = 5{,}44", r_y = 3{,}09")$$

Calcule o valor $(K\ell/r)$ crítico:

$$\frac{K\ell}{r_x} = \frac{(0{,}80)(18' \times 12 \text{ in/ft})}{5{,}44"} = 31{,}8$$

$$\frac{K\ell}{r_y} = \frac{(0{,}80)(18' \times 12 \text{ in/ft})}{3{,}09} = 55{,}9$$

O maior índice de esbeltez é crítico, portanto use

$$K\ell/r = 55{,}9$$

Entre na Tabela 9.2 e obtenha o valor respectivo de $F_a$:

$$F_a = 23{,}41 \text{ ksi}$$

$$P_{\text{admissível}} = F_a \times A$$

$$P_{\text{admissível}} = 23{,}41 \text{ k/in}^2 \times 28{,}2 \text{ in}^2 = 660 \text{ k} > 600 \text{ k}$$

$$\% \text{ tensão} = \frac{P_{\text{real}}}{P_{\text{admissível}}} \times 100\% = \frac{600 \text{ k}}{660 \text{ k}} \times 100\% = 91\%$$

Essa seleção é muito eficiente e ainda apresenta uma margem de segurança entre a tensão atuante e a tensão máxima. Portanto, use o perfil W12 × 96.

Análise e Projeto de Colunas

**9.11** Selecione a coluna mais econômica que utilize o perfil W8 e com 16 pés (4,9 m) de altura, com $P = 180$ k (801 kN). Admita a existência de um contraventamento lateral na metade da altura no eixo fraco de flambagem e que o topo e a base têm rótulas (apoios de segundo gênero). $F_y = 36$ ksi (248 MPa).

### Solução:

Mais uma vez, precisamos começar arbitrando um tamanho e depois verificando a adequação da escolha.

Tente W8 × 35.

$$W8 \times 35 \left( A = 10{,}3 \text{ in}^2; r_x = 3{,}51"; r_y = 2{,}03" \right)$$

Determine o índice de esbeltez crítico:

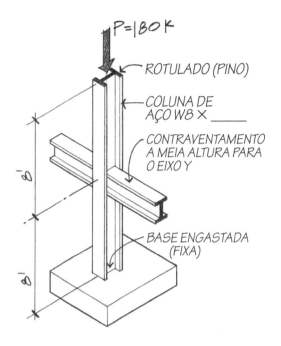

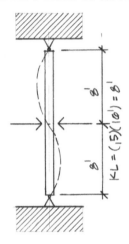

*Eixo fraco.*

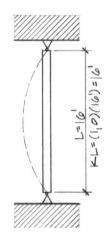

*Eixo forte.*

$$\frac{K\ell}{r_y} = \frac{(0{,}80)(18' \times 12 \text{ in/ft})}{3{,}09} = 55{,}9$$

$$\frac{K\ell}{r_x} = \frac{(0{,}80)(18' \times 12 \text{ in/ft})}{5{,}44"} = 31{,}8$$

A flambagem em torno do eixo forte é mais crítica neste exemplo em virtude do contraventamento lateral fornecido para o eixo fraco. Portanto, é obtido o valor de $F_a$ por meio da Tabela 9.1 com base em $K\ell/r = 54{,}7$.

$F_a = 17{,}93$ ksi

$$P_{\text{admissível}} = F_a \times A = (17{,}93 \text{ ksi}) \times \left( 10{,}3 \text{ in}^2 \right)$$
$$= 184{,}7 \text{ k}$$

$P_{\text{admissível}} = 184{,}7 \text{ k} > P_{\text{real}} = 180 \text{ k}$

% tensão = $\dfrac{180 \text{ k}}{184{,}7 \text{ k}} \times 100\% = 97{,}5\%$

(seleção muito eficiente)

Portanto, use o perfil W8 × 35.

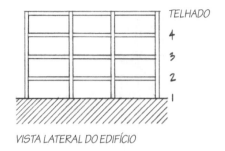

VISTA LATERAL DO EDIFÍCIO

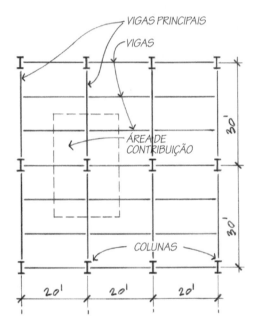

Planta do piso.

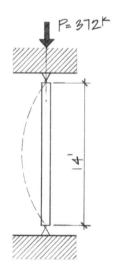

COLUNA INTERNA TÍPICA

**9.12** Um edifício com quatro pavimentos tem um sistema construtivo do modelo viga-viga principal-coluna. As colunas apresentam espaçamento de 20 pés (6,10 m), de centro a centro, em uma direção, e 30 pés (9,14 m), de centro a centro, na direção perpendicular. Uma coluna interna suporta uma área de piso de contribuição de 600 pés quadrados (55,74 metros quadrados).

Para um dimensionamento preliminar, encontre uma seção econômica W10 ou W12 para uma coluna interna do primeiro piso. Admita que as colunas tenham comprimentos sem contraventamento de 14 pés (4,2 m) e $K = 1{,}0$. $F_y = 36$ ksi (248 MPa).

*Cargas no Telhado:*    Carga Permanente = 80 psf (3.830 Pa)
                             Carga de Neve = 30 psf (1.436 Pa)

*Cargas no Piso:*        Carga Permanente = 100 psf (4.788 Pa)
                             Carga Variável = 70 psf (3.352 Pa)

**Solução:**

Carga total no telhado: CP + CN = 80 + 30 =
$(110 \text{ psf}) \times (600 \text{ ft}^2) = 66.000\# = 66 \text{ k}$

Carga total no telhado: CP + CV = 100 + 70 =
$(170 \text{ psf}) \times (600 \text{ ft}^2) = 102.000\# = 102 \text{ k por piso}$

A carga no topo da coluna interna do primeiro piso é resultado da carga no telhado mais as três cargas de três pisos.

A carga total na coluna do primeiro piso = $P_{\text{real}}$

$P_{\text{real}} = 66 \text{ k (telhado)} + 3(102 \text{ k}) \text{ (pisos)} = 372 \text{ k}$

Tente W10 × 60.

W10 × 60 ($A = 17{,}6 \text{ in}^2; r_y = 2{,}57'$)

A hipótese adotada é a de que o eixo $y$ é a direção crítica de flambagem, porque não é fornecido contraventamento na direção do eixo fraco.

$$\frac{K\ell}{r_y} = \frac{(1{,}0)(14' \times 12 \text{ in/ft})}{2{,}57''} = 65{,}4$$

$\therefore F_a = 16{,}9 \text{ ksi}$

$P_a = 16{,}9 \text{ ksi} \times 17{,}6 \text{ in}^2 = 297{,}4 \text{ k} < 372 \text{ k}$

Portanto, a seção dessa coluna encontra-se submetida a uma tensão excessiva. Selecione uma seção maior.

Tente W10 × 77.

W10 × 77 ($A = 22{,}6 \text{ in}^2, r_y = 2{,}60''$)

$$\frac{K\ell}{r_y} = \frac{(1{,}0)(14' \times 12 \text{ in/ft})}{2{,}60''} = 64{,}6$$

$\therefore F_a = 16{,}98 \text{ ksi}$

$P_a = 16{,}98 \text{ ksi} \times 22{,}6 \text{ in}^2 = 383{,}7 \text{ k}$

$P_a = 383{,}7 \text{ k} > 372 \text{ k} \therefore \text{ OK}$

Análise e Projeto de Colunas

% tensão = $\frac{372}{383,7} \times 100\% = 97\%$

Use W10 × 77.

Pode-se realizar um dimensionamento da coluna usando uma seção W12 adotando um procedimento idêntico. O tamanho resultante da seção W12 seria

W12 × 72 ($P_a = 377$ k)

Ambas as seções transversais são adequadas quanto às tensões despertadas e à eficiência do material. Entretanto, a seção W12 × 72 é mais econômica, porque seu peso tem 5 libras por pé (22 N/m) a menos. A decisão final envolveria inquestionavelmente questões relacionadas com a coordenação dimensional e a construção.

## Problemas

*Nota: Os problemas de dimensionamento de colunas a seguir admitem apoios de segundo gênero (pinos ou rótulas) nas extremidades superior e inferior e $F_y = 36$ ksi (248 MPa).*

**9.12** Selecione a coluna tubular de aço (peso-padrão) mais econômica a fim de suportar uma carga de 30 k (133 kN) e tenha um comprimento de 20 pés (6,10 m).

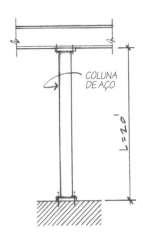

**9.13** Qual a coluna W8 mais econômica para o Problema 9.12?

**9.14** Selecione a seção transversal de uma coluna de aço adequada com 24 pés (7,32 m) de comprimento, contraventada na metade da altura em relação ao eixo fraco e que suporte uma carga de 350 k (1557 kN). Use uma seção W14. (Ver o Exemplo de Problema 9.11.)

**9.15** Um edifício com seis pavimentos tem uma estrutura com o modelo viga-coluna e que está adequadamente protegido contra incêndios. As colunas apresentam espaçamento de 20 pés (6,10 m), de centro a centro em uma direção e de 25 pés (7,62 m), de centro a centro na direção perpendicular. Uma coluna interna típica suporta a carga referente a uma área de contribuição de piso de 500 pés quadrados (46,45 metros quadrados). O código de obras regulador especifica que a estrutura deve ser projetada de modo a suportar uma carga permanente da estrutura mais uma carga de neve de 40 psf (1.915 Pa) e uma carga variável em cada piso de 125 psf (5.985 Pa). A carga permanente do telhado é estimada como de 80 psf (3.830 Pa) e cada piso tem 100 psf (4.788 Pa ). O comprimento não contraventado da coluna do piso térreo é de 20 pés (6,10 m) e as colunas dos outros níveis de pisos têm 16 pés (4,88 m). Dimensione uma coluna interna típica do terceiro piso e uma coluna interna típica do primeiro piso usando a seção W12 mais econômica em cada nível.

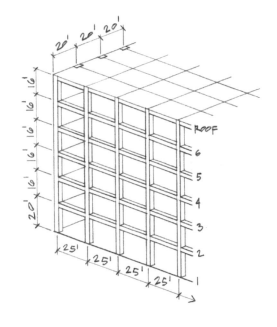

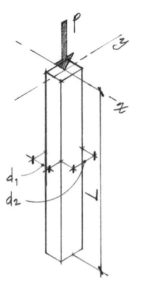

*Figura 9.19  Índice de esbeltez de colunas de madeira.*

## 9.4 COLUNAS DE MADEIRA CARREGADAS AXIALMENTE

Normalmente as colunas de madeira são encontradas suportando vigas comuns e vigas mestras, que por sua vez suportam áreas de contribuição de lajes de telhados e de pisos. Outros elementos estruturais, como pilares de pontes, barras comprimidas de uma treliça ou as escoras de um muro de contenção, sujeitos à compressão também são calculados empregando os mesmos métodos utilizados para colunas de edificações.

De acordo com o exposto na Seção 9.1, colunas longas tenderão a flambar sob a ação da carga crítica, ao passo que colunas curtas apresentarão falha estrutural pelo esmagamento (*crushing*) das fibras. Para colunas de madeira, a razão entre o comprimento da coluna e sua largura é tão importante quanto para colunas de aço. Entretanto, em colunas de madeira o índice de esbeltez é definido como o comprimento não contraventado lateralmente em polegadas dividido pela menor (mínima) dimensão da coluna (Figura 9.19).

$$\text{índice de esbeltez} = \frac{L}{d_{\text{mín.}}} = \frac{L}{d_1}$$

em que

$$d_1 < d_2$$

As colunas de madeira estão restritas a um índice de esbeltez máximo:

$$\frac{L}{d} \leq 50$$

que é aproximadamente o mesmo que $\frac{KL}{r_{\text{mín.}}} \leq 200$ usado para colunas de aço.

Um índice $L/d$ maior indica maior instabilidade e tendência de a coluna apresentar flambagem em relação à menor carga axial.

O comprimento efetivo de colunas de aço foi determinado pela aplicação de um fator $K$ (ver Figura 9.16) ao comprimento não contraventado da coluna para levar em consideração a fixação das extremidades. São usados fatores similares de comprimento efetivo, chamados $K_e$ em colunas de madeira, para levar em consideração as várias condições de extremidade. Na realidade, os valores de projeto recomendados de $K_e$ são idênticos àqueles das colunas de aço, exceto para uma coluna com uma base com apoio de segundo gênero ou em pinos (rotulada) e uma conexão superior rígida, suscetível a algum deslocamento (Figura 9.20).

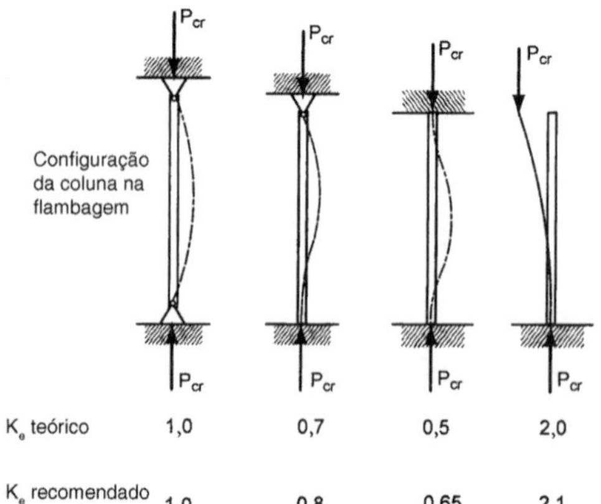

A maioria das construções de madeira é detalhada de modo que essa translação (deslocamento) fique restrita, mas as extremidades da coluna têm liberdade para girar (isto é, apoio de segundo gênero, também denominada conexão de pinos ou rótula). Geralmente, o valor adotado de $K_e$ é 1,0 e o comprimento efetivo é igual ao comprimento real não contraventado. Mesmo que possa haver alguma fixação na conexão superior ou na conexão inferior, fica difícil avaliar o grau da fixação a ser admitida no projeto ou dimensionamento. Portanto, $K_e = 1,0$ é uma suposição aceitável que normalmente é um pouco conservadora em algumas condições de apoio.

*Figura 9.20  Valores recomendados de projeto do coeficiente $K_e$ para levar em consideração a fixação da extremidade.*

Análise e Projeto de Colunas

As colunas de madeira podem ser elementos estruturais maciços retangulares, redondos [Figura 9.21(a)] ou de outros formatos, ou colunas espaçadas constituídas de dois ou mais elementos estruturais maciços separados por reforçadores [Figura 9.21(b)].

Em virtude de a maioria das colunas de madeira em edificações ser de seções retangulares maciças, os métodos de análise e projeto (design ou dimensionamento) examinados nesta seção estarão limitados a esses tipos. Normalmente um tratamento mais abrangente para o design de elementos estruturais de madeira é visto em cursos mais avançados de estruturas.

Em 1992, a *American Forest and Paper Association*, em sua publicação *National Design Specification for Wood Construction (NDS-91)*, aprovou um novo padrão e incorporou uma nova metodologia e novas equações para o projeto e design de elementos estruturais e conexões de madeira. A divisão anterior de categorias de colunas de madeira em regiões de colunas curtas, intermediárias e longas resultava em três equações diferentes para cada intervalo respectivo de esbeltez. O NDS-91 utiliza agora uma única equação, fornecendo uma curva contínua ao longo de todo o intervalo de índices de esbeltez (Figura 9.22).

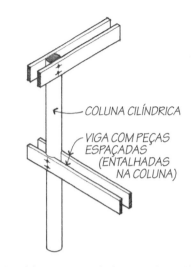

Figura 9.21(a)   Um exemplo de uma coluna cilíndrica.

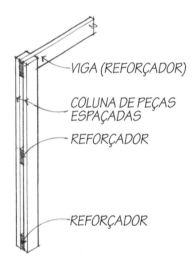

Figura 9.21(b)   Um exemplo de uma coluna com peças de madeira espaçadas.

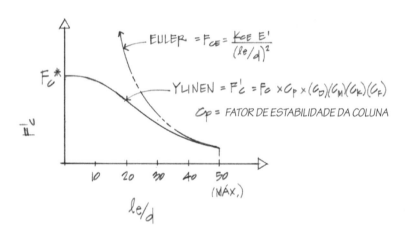

Figura 9.22   Curva de colunas de Ylinen – tensão admissível em função do índice de esbeltez.

A tensão admissível de compressão para uma coluna de madeira carregada axialmente de tamanho conhecido é expressa por

$$f_c = \frac{P}{A} \leq F_c'$$

em que

$f_c$ = tensão real de compressão paralela às fibras
$P$ = força axial de compressão no elemento estrutural
$A$ = área da seção transversal da coluna
$F_c'$ = tensão admissível de compressão paralela às fibras

Para obter a tensão admissível de compressão $F_c'$, são necessários muitos ajustes à tensão-base tabulada.

O NDS-91 define a tensão $F_c'$ como

$$F_c' = F_c(C_D)(C_M)(C_t)(C_F)(C_p)$$

em que:

$F_c'$ = tensão admissível de compressão paralela às fibras

$F_c$ = tensão de compressão tabulada paralela às fibras (encontrada em normas técnicas, tabelas do NDS e manuais de projeto de estruturas de madeira)

$C_D$ = fator de duração de carga (definido posteriormente nesta seção)

$C_M$ = fator de umidade do serviço (leva em consideração o teor de umidade da madeira)

= 1,0 para condições secas de serviço como na maioria das estruturas estudada, condição seca de serviço definida como:

teor de umidade ≤ 19% para madeira serrada

teor de umidade ≤ 16% para madeira laminada e colada (*glu-lams*)

$C_t$ = fator de temperatura (normalmente adotado como 1,0 para condições normais de temperatura)

$C_F$ = fator de tamanho (um ajuste baseado no tamanho dos elementos estruturais utilizados)

$C_p$ = fator de estabilidade da coluna (leva em consideração a flambagem e é influenciado diretamente pelo índice de esbeltez)

Tendo em vista que o objetivo deste livro é analisar e dimensionar elementos estruturais de uma maneira preliminar (em vez de realizar o exame completo das equações e verificações executados por um engenheiro civil), a equação anterior de tensão admissível de compressão será simplificada do modo que se segue:

$$\boxed{F_c' = F_c^* C_p}$$

em que

$$\boxed{F_c^* = F_c(C_D)(C_M)(C_t)(C_F) \cong F_c C_D}$$

(para o projeto preliminar de colunas)

Essa simplificação admite que $C_M$, $C_t$ e $C_F$ são iguais a 1,0, o que é geralmente o caso para a maioria das colunas de madeira.

Agora se seguem algumas observações a respeito do fator de duração de carga $C_D$. A madeira tem uma propriedade estrutural exclusiva pela qual ela pode suportar tensões maiores se as cargas forem aplicadas por um curto período de tempo. Todos os valores tabulados de tensões contidos em normas técnicas, NDS ou manuais de projeto de estruturas de madeira se aplicam a durações "normais" de carga e condições secas de serviço. O valor de $C_D$ ajusta as tensões tabuladas aos valores admissíveis com base na duração (tempo) do carregamento. A duração "normal" é admitida como 10 anos, e $C_D$ = 1,0. O carregamento de curta duração do vento, de terremotos, de neve ou do impacto permite valores de $C_D$ maiores do que 1,0, mas menores do que 2,0 (Figura 9.23).

O fator de estabilidade da coluna $C_p$ multiplicado por $F_c$ define essencialmente a curva (equação) da coluna de acordo com o ilustrado na Figura 9.22. Essa equação, desenvolvida originalmente por Ylinen, explica o comportamento de colunas de madeira

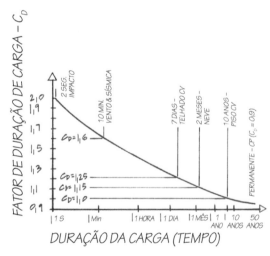

*Figura 9.23* Curva de Madison para fatores de duração de carga.

como a interação de dois modos de ruptura: flambagem (*buckling*) e esmagamento (*crushing*).

$$C_p = \frac{1 + (F_{cE}/F_c^*)}{2c} - \sqrt{\left[\frac{1 + (F_{cE}/F_c^*)}{2c}\right]^2 - \frac{F_{cE}/F_c^*}{c}}$$

em que

$F_{cE}$ = tensão crítica de flambagem de Euler para colunas
$= \dfrac{K_{cE}E'}{(\ell_e/d)^2} \cong \dfrac{K_{cE}E}{(\ell_e/d)^2}$

$F_c^* \cong F_c C_D$

$E'$ = módulo de elasticidade longitudinal associado ao eixo de flambagem da coluna

$c$ = fator de interação entre a flambagem (*buckling*) e o esmagamento (*crushing*) para as colunas
= 0,9 para colunas de madeira laminada e colada (*glu-lams*)
= 0,8 para colunas de madeira serrada

$K_{cE}$ = 0,30 para madeira classificada visualmente
= 0,418 para madeira laminada e colada (*glu-lam*)

O fator de estabilidade da coluna é influenciado diretamente pelo valor da tensão de flambagem de Euler $F_{cE}$, que por sua vez é inversamente proporcional ao quadrado do índice de esbeltez da coluna. Poderia ser criada uma tabela para simplificar os cálculos de análise/dimensionamento (design) de colunas para valores de entrada de índices de esbeltez entre 1 e 50, que resulta em valores de $F_{cE}$ para elementos estruturais de madeira serrada e de madeira laminada e colada (*glu-lam*). Assim, se vários valores de $F_{cE}$ forem divididos por $F_c^*$, gerando valores para uma relação ($F_{cE}/F_c^*$), um computador poderia calcular facilmente os valores correspondentes de $C_p$.

A Tabela 9.3 foi criada com essa finalidade e elimina a necessidade de cálculos exaustivos para encontrar o valor de $C_p$.

*Tabela 9.3*

## Fator de Estabilidade de Colunas $C_p$

$"C_p"$    $F_c' = C_p \cdot F_c^*$    $F_{CE} = \dfrac{30\,E}{(l/d)^2}$ para postes serrados    $F_{CE} = \dfrac{418\,E}{(l/d)^2}$ para postes laminados e colados (Glu-Lam)

| $\dfrac{F_{CE}}{F_c^*}$ | Serrada $C_p$ | Laminada e Colada (Glu-Lam) $C_p$ | $\dfrac{F_{CE}}{F_c^*}$ | Serrada $C_p$ | Laminada e Colada (Glu-Lam) $C_p$ | $\dfrac{F_{CE}}{F_c^*}$ | Serrada $C_p$ | Laminada e Colada (Glu-Lam) $C_p$ | $\dfrac{F_{CE}}{F_c^*}$ | Serrada $C_p$ | Laminada e Colada (Glu-Lam) $C_p$ |
|---|---|---|---|---|---|---|---|---|---|---|---|
| 0,00 | 0,000 | 0,000 | 0,60 | 0,500 | 0,538 | 1,20 | 0,750 | 0,822 | 2,40 | 0,894 | 0,940 |
| 0,01 | 0,010 | 0,010 | 0,61 | 0,506 | 0,545 | 1,22 | 0,755 | 0,826 | 2,45 | 0,897 | 0,941 |
| 0,02 | 0,020 | 0,020 | 0,62 | 0,512 | 0,552 | 1,24 | 0,760 | 0,831 | 2,50 | 0,899 | 0,943 |
| 0,03 | 0,030 | 0,030 | 0,63 | 0,518 | 0,559 | 1,26 | 0,764 | 0,836 | 2,55 | 0,901 | 0,944 |
| 0,04 | 0,040 | 0,040 | 0,64 | 0,524 | 0,566 | 1,28 | 0,769 | 0,840 | 2,60 | 0,904 | 0,946 |
| 0,05 | 0,049 | 0,050 | 0,65 | 0,530 | 0,573 | 1,30 | 0,773 | 0,844 | 2,65 | 0,906 | 0,947 |
| 0,06 | 0,059 | 0,060 | 0,66 | 0,536 | 0,580 | 1,32 | 0,777 | 0,848 | 2,70 | 0,908 | 0,949 |
| 0,07 | 0,069 | 0,069 | 0,67 | 0,542 | 0,587 | 1,34 | 0,781 | 0,852 | 2,75 | 0,910 | 0,950 |
| 0,08 | 0,079 | 0,079 | 0,68 | 0,548 | 0,593 | 1,36 | 0,785 | 0,855 | 2,80 | 0,912 | 0,951 |
| 0,09 | 0,088 | 0,089 | 0,69 | 0,553 | 0,600 | 1,38 | 0,789 | 0,859 | 2,85 | 0,914 | 0,952 |
| 0,10 | 0,098 | 0,099 | 0,70 | 0,559 | 0,607 | 1,40 | 0,793 | 0,862 | 2,90 | 0,916 | 0,953 |
| 0,11 | 0,107 | 0,109 | 0,71 | 0,564 | 0,613 | 1,42 | 0,796 | 0,865 | 2,95 | 0,917 | 0,954 |
| 0,12 | 0,117 | 0,118 | 0,72 | 0,569 | 0,619 | 1,44 | 0,800 | 0,868 | 3,00 | 0,919 | 0,955 |
| 0,13 | 0,126 | 0,128 | 0,73 | 0,575 | 0,626 | 1,46 | 0,803 | 0,871 | 3,05 | 0,920 | 0,956 |
| 0,14 | 0,136 | 0,138 | 0,74 | 0,580 | 0,632 | 1,48 | 0,807 | 0,874 | 3,10 | 0,922 | 0,957 |
| 0,15 | 0,145 | 0,147 | 0,75 | 0,585 | 0,638 | 1,50 | 0,810 | 0,877 | 3,15 | 0,923 | 0,958 |
| 0,16 | 0,154 | 0,157 | 0,76 | 0,590 | 0,644 | 1,52 | 0,813 | 0,879 | 3,20 | 0,925 | 0,959 |
| 0,17 | 0,164 | 0,167 | 0,77 | 0,595 | 0,650 | 1,54 | 0,816 | 0,882 | 3,25 | 0,926 | 0,960 |
| 0,18 | 0,173 | 0,176 | 0,78 | 0,600 | 0,655 | 1,56 | 0,819 | 0,884 | 3,30 | 0,927 | 0,961 |
| 0,19 | 0,182 | 0,186 | 0,79 | 0,605 | 0,661 | 1,58 | 0,822 | 0,887 | 3,35 | 0,929 | 0,961 |
| 0,20 | 0,191 | 0,195 | 0,80 | 0,610 | 0,667 | 1,60 | 0,825 | 0,889 | 3,40 | 0,930 | 0,962 |
| 0,21 | 0,200 | 0,205 | 0,81 | 0,614 | 0,672 | 1,62 | 0,827 | 0,891 | 3,45 | 0,931 | 0,963 |
| 0,22 | 0,209 | 0,214 | 0,82 | 0,619 | 0,678 | 1,64 | 0,830 | 0,893 | 3,50 | 0,932 | 0,963 |
| 0,23 | 0,218 | 0,224 | 0,83 | 0,623 | 0,683 | 1,66 | 0,832 | 0,895 | 3,55 | 0,933 | 0,964 |
| 0,24 | 0,227 | 0,233 | 0,84 | 0,628 | 0,688 | 1,68 | 0,835 | 0,897 | 3,60 | 0,934 | 0,965 |
| 0,25 | 0,235 | 0,242 | 0,85 | 0,632 | 0,693 | 1,70 | 0,837 | 0,899 | 3,65 | 0,936 | 0,965 |
| 0,26 | 0,244 | 0,252 | 0,86 | 0,637 | 0,698 | 1,72 | 0,840 | 0,901 | 3,70 | 0,937 | 0,966 |
| 0,27 | 0,253 | 0,261 | 0,87 | 0,641 | 0,703 | 1,74 | 0,842 | 0,903 | 3,75 | 0,938 | 0,966 |
| 0,28 | 0,261 | 0,270 | 0,88 | 0,645 | 0,708 | 1,76 | 0,844 | 0,904 | 3,80 | 0,938 | 0,967 |
| 0,29 | 0,270 | 0,279 | 0,89 | 0,649 | 0,713 | 1,78 | 0,846 | 0,906 | 3,85 | 0,939 | 0,968 |
| 0,30 | 0,278 | 0,288 | 0,90 | 0,653 | 0,718 | 1,80 | 0,849 | 0,908 | 3,90 | 0,940 | 0,968 |
| 0,31 | 0,287 | 0,297 | 0,91 | 0,658 | 0,722 | 1,82 | 0,851 | 0,909 | 3,95 | 0,941 | 0,969 |
| 0,32 | 0,295 | 0,306 | 0,92 | 0,661 | 0,727 | 1,84 | 0,853 | 0,911 | 4,00 | 0,942 | 0,969 |
| 0,33 | 0,304 | 0,315 | 0,93 | 0,665 | 0,731 | 1,86 | 0,855 | 0,912 | 4,05 | 0,943 | 0,969 |
| 0,34 | 0,312 | 0,324 | 0,94 | 0,669 | 0,735 | 1,88 | 0,857 | 0,914 | 4,10 | 0,944 | 0,970 |
| 0,35 | 0,320 | 0,333 | 0,95 | 0,673 | 0,740 | 1,90 | 0,858 | 0,915 | 4,15 | 0,944 | 0,970 |
| 0,36 | 0,328 | 0,342 | 0,96 | 0,677 | 0,744 | 1,92 | 0,860 | 0,916 | 4,20 | 0,945 | 0,971 |
| 0,37 | 0,336 | 0,351 | 0,97 | 0,680 | 0,748 | 1,94 | 0,862 | 0,918 | 4,25 | 0,946 | 0,971 |
| 0,38 | 0,344 | 0,360 | 0,98 | 0,684 | 0,752 | 1,96 | 0,864 | 0,919 | 4,30 | 0,947 | 0,972 |
| 0,39 | 0,352 | 0,368 | 0,99 | 0,688 | 0,756 | 1,98 | 0,866 | 0,920 | 4,35 | 0,947 | 0,972 |
| 0,40 | 0,360 | 0,377 | 1,00 | 0,691 | 0,760 | 2,00 | 0,867 | 0,921 | 4,40 | 0,948 | 0,972 |
| 0,41 | 0,367 | 0,386 | 1,01 | 0,694 | 0,764 | 2,02 | 0,869 | 0,922 | 4,45 | 0,949 | 0,973 |
| 0,42 | 0,375 | 0,394 | 1,02 | 0,698 | 0,767 | 2,04 | 0,870 | 0,924 | 4,50 | 0,949 | 0,973 |
| 0,43 | 0,383 | 0,403 | 1,03 | 0,701 | 0,771 | 2,06 | 0,872 | 0,925 | 4,55 | 0,950 | 0,974 |
| 0,44 | 0,390 | 0,411 | 1,04 | 0,704 | 0,774 | 2,08 | 0,874 | 0,926 | 4,60 | 0,950 | 0,974 |
| 0,45 | 0,398 | 0,420 | 1,05 | 0,708 | 0,778 | 2,10 | 0,875 | 0,927 | 4,65 | 0,951 | 0,974 |
| 0,46 | 0,405 | 0,428 | 1,06 | 0,711 | 0,781 | 2,12 | 0,876 | 0,928 | 4,70 | 0,952 | 0,975 |
| 0,47 | 0,412 | 0,436 | 1,07 | 0,714 | 0,784 | 2,14 | 0,878 | 0,929 | 4,75 | 0,952 | 0,975 |
| 0,48 | 0,419 | 0,444 | 1,08 | 0,717 | 0,788 | 2,16 | 0,879 | 0,930 | 4,80 | 0,953 | 0,975 |
| 0,49 | 0,427 | 0,453 | 1,09 | 0,720 | 0,791 | 2,18 | 0,881 | 0,931 | 4,85 | 0,953 | 0,975 |
| 0,50 | 0,434 | 0,461 | 1,10 | 0,723 | 0,794 | 2,20 | 0,882 | 0,932 | 4,90 | 0,954 | 0,976 |
| 0,51 | 0,441 | 0,469 | 1,11 | 0,726 | 0,797 | 2,22 | 0,883 | 0,932 | 5,00 | 0,955 | 0,976 |
| 0,52 | 0,448 | 0,477 | 1,12 | 0,729 | 0,800 | 2,24 | 0,885 | 0,933 | 6,00 | 0,963 | 0,981 |
| 0,53 | 0,454 | 0,484 | 1,13 | 0,731 | 0,803 | 2,26 | 0,886 | 0,934 | 8,00 | 0,973 | 0,986 |
| 0,54 | 0,461 | 0,492 | 1,14 | 0,734 | 0,806 | 2,28 | 0,887 | 0,935 | 10,00 | 0,979 | 0,989 |
| 0,55 | 0,468 | 0,500 | 1,15 | 0,737 | 0,809 | 2,30 | 0,888 | 0,936 | 20,00 | 0,990 | 0,995 |
| 0,56 | 0,474 | 0,508 | 1,16 | 0,740 | 0,811 | 2,32 | 0,889 | 0,937 | 40,00 | 0,995 | 0,997 |
| 0,57 | 0,481 | 0,515 | 1,17 | 0,742 | 0,814 | 2,34 | 0,891 | 0,937 | 60,00 | 0,997 | 0,998 |
| 0,58 | 0,487 | 0,523 | 1,18 | 0,745 | 0,817 | 2,36 | 0,892 | 0,938 | 100,00 | 0,998 | 0,999 |
| 0,59 | 0,494 | 0,530 | 1,19 | 0,747 | 0,819 | 2,38 | 0,893 | 0,939 | 200,00 | 0,999 | 0,999 |

*Tabela desenvolvida e permissão de uso concedida pelo Prof. Ed Lebert, Department of Architecture, University of Washington.*

## Análise de Colunas de Madeira

Pode-se adotar um procedimento simples para verificar a adequação ou a capacidade de colunas de madeira (Figura 9.24). Essa metodologia serve para a análise aproximada e admite as simplificações mencionadas na seção anterior.

**Dado:**

Tamanho da coluna, comprimento da coluna, grau e espécie da madeira e condições de extremidade.

**Exigido:**

A capacidade admissível de uma coluna ou a adequação de uma determinada coluna.

**Procedimento:**

a. Calcular o valor de $(\ell_e/d)_{\text{mín.}}$
b. Obter $F_c'$ (tensão admissível de compressão)

em que

$$F_c' = F_c(C_D)(C_M)(C_t)(C_F)(C_p)$$

ou

$$F_c' = F_c^* C_p$$

Calcule

$$F_{cE} = \frac{K_{cE} E}{(\ell_e/d)^2}$$

$K_{cE} = 0{,}3$ (madeira serrada)

$K_{cE} = 0{,}418$ (madeira laminada e colada ou *glu-lam*)

$c = 0{,}8$ (madeira serrada)

$c = 0{,}9$ (madeira laminada e colada ou *glu-lam*)

c. Calcule $F_c^* \cong F_c C_D$

d. Calcule a relação $\dfrac{F_{cE}}{F_c^*}$

e. Entre na Tabela 9.3; obtenha o respectivo $C_p$
f. Calcule: $F_c' = F_c^* C_p$
   $\therefore P_{\text{admissível}} = F_c' \times A \leq P_{\text{real}}$
em que

$A$ = área da seção transversal da coluna

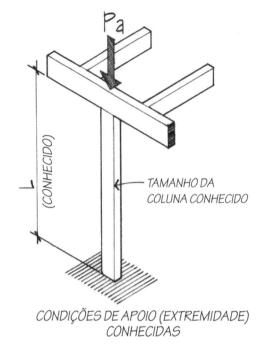

Figura 9.24 *Verificando a capacidade de colunas de madeira.*

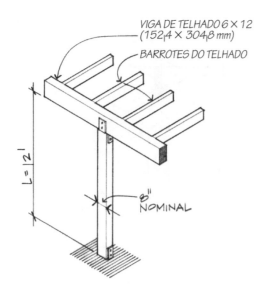

## Exemplos de Problemas: Análise de Colunas de Madeira

**9.13** Um poste de abeto Douglas Nº 1 com 6 × 8 (152,4 × 203,2 mm) suporta uma carga de telhado de 20 k (89 kN). Verifique a adequação da coluna admitindo condições de apoio de segundo gênero (pino ou rótula) no topo e na base. Da Tabela 5.2, use $F_c$ = 1.000 psi (6.895 kPa) e $E = 1,6 \times 10^6$ psi (11,03 GPa).

**Solução:**

Abeto Douglas Nº 1, 6 × 8 (152,4 × 203,2 mm) S4S ($A = 41,25$ in², ou 266,1 cm²)

$$\frac{\ell_e}{d} = \frac{12' \times 12 \text{ in/ft}}{5,5''} = 26,2$$

$$F_{cE} = \frac{0,3E}{(\ell_e/d)^2} = \frac{0,3(1,6 \times 10^6)}{(26,2)^2} = 699 \text{ psi}$$

$$F_c^* \cong F_c C_D$$

O fator de duração de carga para a neve é $C_D = 1,15$

(aumento de 15% na tensão em relação à condição "normal")

$\therefore F_c^* = (1.000 \text{ psi})(1,15) = 1.150 \text{ psi}$ (7,93 MPa)

O fator de estabilidade da coluna $C_p$ pode ser obtido por meio da Tabela 9.3, entrando com a razão

$$\frac{F_{cE}}{F_c^*} = \frac{699 \text{ psi}}{1.150 \text{ psi}} = 0,61$$

$$\therefore C_p = 0,506$$

$$F_c' = F_c^* C_p = (1.150 \text{ psi}) \times (0,506) = 582 \text{ psi}$$

Então

$$P_{\text{admissível}} = P_a = F_c' \times A = (582 \text{ psi}) \times (41,25 \text{ in}^2)$$
$$= 24.000 \text{ \#}$$
$$P_a = 24 \text{ k} > P_{\text{real}} = 20 \text{ k}$$

A coluna é adequada.

Análise e Projeto de Colunas

**9.14** Uma coluna de Pinho do Sul (*Southern Pine*), com 6 × 8 (152,4 × 203,2 mm) e 18 pés (5,49 m) de altura suporta uma carga de telhado (carga permanente mais uma carga variável durante sete dias) é igual a 16 k (71,2 kN). O eixo fraco de flambagem está contraventado em um ponto a 9 pés e 6 polegadas (2,90 m) do apoio da base. Determine a adequação da coluna.

### Solução:

Poste de Pinho do Sul (*Southern Pine*) 6 × 8 (152,4 × 203,2 mm) S4S: ($A = 41{,}25$ in² ou 266,1 cm²); $F_c = 975$ psi ou 6722 kPa; $E = 1{,}6 \times 10^6$ psi ou 11,03 GPa)

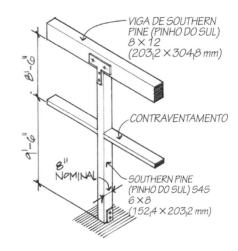

Verifique o índice de esbeltez em torno do eixo fraco:

$$\frac{\ell_e}{d} = \frac{(9{,}5' \times 12\,\text{in/ft})}{5{,}5''} = 20{,}7$$

O índice de esbeltez em torno do eixo forte é

$$\frac{\ell_e}{d} = \frac{(18' \times 12\,\text{in/ft})}{7{,}5''} = 28{,}8$$

Esse valor é o que determina a carga.

$$F_{cE} = \frac{0{,}3E}{(\ell_e/d)^2} = \frac{0{,}3(1{,}6 \times 10^6\,\text{psi})}{(28{,}8)^2} = 579\,\text{psi}$$

$$F_c^* \cong F_c C_D$$

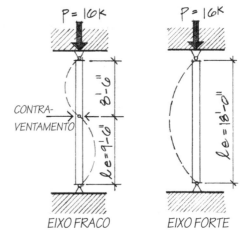

em que

$C_D = 1{,}25$ para carga com duração de 7 dias

∴ $F_c^* = 975\,\text{psi} \times 1{,}25 = 1.219\,\text{psi}$

$$\frac{F_{cE}}{F_c^*} = \frac{579\,\text{psi}}{1.219\,\text{psi}} = 0{,}47$$

Da Tabela 9.3, $C_p = 0{,}412$.

∴ $F_c' = F_c^* C_p = 1.219\,\text{psi} \times 0{,}412 = 502\,\text{psi}$

$$P_a = F_c' \times A = (502\,\text{psi}) \times (41{,}25\,\text{in}^2) = 20.700\,\#$$
$$P_a = 20{,}7\,\text{k} > P_{real} = 16\,\text{kips}$$
∴ OK

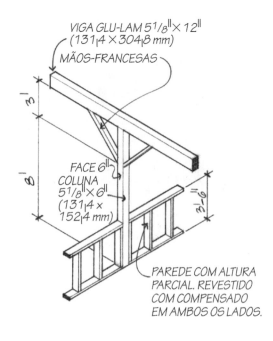

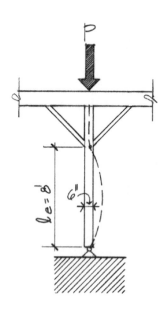

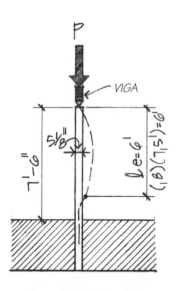

**9.15** Uma coluna de madeira laminada e colada de abeto Douglas com 11 pés (3,35m) de altura é usada para suportar uma carga de telhado (carga permanente mais neve) de acordo com o ilustrado. Uma parede com meia altura fornece contraventamento na direção $5\frac{1}{8}''$ (131,4 mm) e mãos-francesas da viga fornecem apoio para a face de 6 polegadas (152,4 mm). Determine a capacidade da coluna.

**Solução:**

Poste de madeira laminada e colada de $5\frac{1}{8}'' \times 6''$ (131,4 × 152,4 mm): ($A = 30,8$ in² ou 198,71 cm² ; $F_c = 1650$ psi ou 11376 kPa; $E = 1,8 \times 10^6$ psi ou 12,4 GPa)

Flambagem no plano da dimensão de 6″ (152,4 mm):

$$\frac{\ell_e}{d} = \frac{8' \times 12\,\text{in/ft}}{6''} = 16 \Leftarrow \text{Limitante}$$

Na direção de $5\frac{1}{8}''$ (131,4 mm):

$$\frac{\ell_e}{d} = \frac{8' \times 12\,\text{in/ft}}{6''} = 16 \Leftarrow \text{Limitante}$$

Comparando a condição de flambagem em ambas as direções, a direção de 6″ (152,4 mm) é mais crítica e, portanto, determina a carga.

$$F_{cE} = \frac{0{,}418E}{(\ell_e/d)^2} = \frac{0{,}418 \times (1{,}8 \times 10^6\,\text{psi})}{(16)^2}$$
$$= 2{,}939\,\text{psi}$$

$$F_c^* \cong F_c C_D = 1.650\,\text{psi} \times (1{,}15) = 1.898\,\text{psi}$$

$$\frac{F_{cE}}{F_c} = \frac{2.939\,\text{psi}}{1.898\,\text{psi}} = 1{,}55$$

Da Tabela 9.3, $C_p = 0{,}883$.

$$\therefore F_c' = F_c^* C_p = 1.898\,\text{psi} \times (0{,}883) = 1.581\,\text{psi}$$

$$P_a = F_c' \times A = 1.581\,\text{psi} \times (30{,}8\,\text{in}^2) = 48.700\,\text{\#}$$

Análise e Projeto de Colunas

## Projeto (Dimensionamento) de Colunas de Madeira

O dimensionamento em madeira é um *processo de tentativa e erro* (Figura 9.25). Comece fazendo uma estimativa rápida do tamanho (exercite sua intuição) e verifique a adequação ou inadequação seguindo o procedimento de análise dado na seção anterior. As colunas de madeira carregadas axialmente sem contraventamento no meio da altura geralmente possuem seção transversal quadrada ou, em alguns casos, apenas levemente retangulares. Felizmente, há poucas seções transversais de madeira a escolher em relação à grande variedade de tamanhos disponíveis em aço.

Um procedimento de projeto usando o método da tentativa e erro poderia ser o seguinte:

**Dado:**

Comprimento da coluna, carga na coluna, grau e espécie da madeira a ser usada e condições de extremidade.

**Exigido:**

Um tamanho de madeira econômico.

**Procedimento:**

a. Arbitre um tamanho inicial; a menos que o eixo fraco da coluna esteja contraventado, experimente selecionar uma seção transversal quadrada ou quase quadrada.
b. Siga os mesmos passos usados no procedimento de análise da seção anterior.
c. Se $P_{admissível} \geq P_{real}$, então OK.
d. Se $P_{admissível} \leq P_{real}$, escolha um tamanho maior e repita mais uma vez o procedimento de análise.

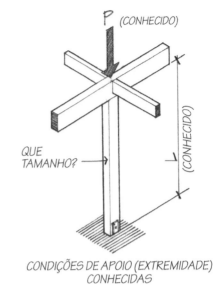

*Figura 9.25* Projeto de colunas de madeira.

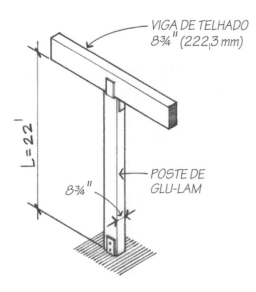

## Exemplos de Problemas: Projeto (Dimensionamento) de Colunas de Madeira

**9.16** É exigida uma coluna de madeira laminada e colada (*glu-lam*) com 22 pés (6,71 m) de altura para suportar uma carga de telhado (incluindo neve) de 40 k (177,9 kN). Admitindo 8¾" (222,3 mm) em uma dimensão (para se adequar à largura de viga acima dela), determine o tamanho mínimo da coluna se o topo e a base apresentarem apoios de segundo gênero (pinos ou rótulas).

Selecione dentre os seguintes tamanhos:

$8\frac{3}{4}'' \times 9''$ ($A = 78{,}75 \text{ in}^2$)
$8\frac{3}{4}'' \times 1010\frac{1}{2}''$ ($A = 91{,}88 \text{ in}^2$)
$8\frac{3}{4}'' \times 12''$ ($A = 105{,}0 \text{ in}^2$)

**Solução:**

Coluna de madeira laminada e colada (*glu-lam*): ($F_c = 1.650$ psi, $E = 1{,}8 \times 10^6$ psi)

Experimente $8\frac{3}{4}'' \times 10\frac{1}{2}''$ ou 222,3 × 266,7 mm ($A = 91{,}9 \text{ in}^2$ ou 592,90 cm²)

Tentar $8\frac{3}{4}'' \times 10\frac{1}{2}''$

$8\frac{3}{4}'' \times 10\frac{1}{2}''$ ($A = 91{,}9 \text{ in}^2$)

$$\frac{\ell_e}{d_{\text{mín.}}} = \frac{22 \times 12}{8{,}75} = 30{,}2 < 50 \quad \text{(índice de esbeltez máximo)}$$

$$F_{cE} = \frac{0{,}418 E}{(\ell_e/d)^2} = \frac{0{,}418(1{,}8 \times 10^6)}{(30{,}2)^2} = 825 \text{ psi}$$

$$F_c^* \cong F_c C_D = 1.650 \text{ psi}(1{,}15) = 1.898 \text{ psi}$$

$$\frac{F_{cE}}{F_c^*} = \frac{825}{1.898} = 0{,}43$$

Da Tabela 9.3, $C_p = 0{,}403$

$$F_c' = F_c^* C_p = 1.898(0{,}403) = 765 \text{ psi}$$

$$P_a = F_c' \times A = 765 \text{ psi}(91{,}9 \text{ in}^2) = 70.300 \,\# > 40.000 \,\#$$

Repita novamente, tentando uma seção transversal menor e mais econômica.

Experimente $8\frac{3}{4}'' \times 9''$ ou 222,25 × 228,6 mm

($A = 78{,}8 \text{ in}^2$ ou 508,39 cm²)

Em virtude de a dimensão crítica ainda ser $8\frac{3}{4}''$ (222,3 mm), os valores de $F_{cE}$, $F_c^*$ e $F_c'$ permanecem os mesmos que na tentativa 1. A única modificação que afeta a capacidade da coluna é a área da seção transversal.

$$\therefore P_a = F_c' A = (765 \text{ psi})(78{,}8 \text{ in}^2) = 60.300 \,\#$$

$$P_a = 60{,}3 \text{ k} > 40 \text{ k}$$

Use seção transversal de madeira laminada e colada (*glu-lam*) de $8\frac{3}{4}'' \times 9''$ (222,3 × 228,6 mm).

Análise e Projeto de Colunas

## Problemas

**9.16** Uma coluna 6 × 6 (152,4 × 152,40 mm) S4S de Pinho do Sul (*Southern Pine*) (Denso N° 1) é usada para suportar vigas superiores que suportam as cargas de vigotas de telhado. Determine a capacidade da coluna admitindo que haja apoio de segundo gênero (pinos ou rótulas) no topo e na base. Admita uma carga variável de telhado com duração de sete dias.

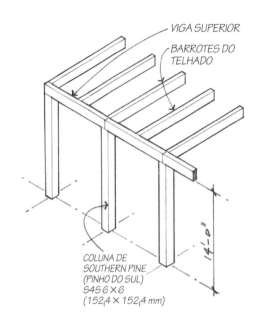

**9.17** Uma coluna 8 × 8 (203,2 × 203,2 mm) S4S de primeiro andar suporta uma carga $P_1 = 20$ k (89,0 kN) do telhado e dos pisos superiores e uma carga adicional $P_2 = 12$ k (53,4 kN) do segundo piso. Determine a adequação da coluna admitindo uma duração "normal" da carga.

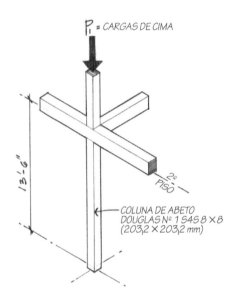

**9.18** Determine a capacidade de carga axial de uma coluna de madeira laminada e colada (*glu-lam*) de $6\frac{3}{4}'' \times 10\frac{1}{2}''$ ou 171,5 × 267,7 mm ($A = 70,88$ in² ou 457,29 cm²) admitindo contraventamento lateral em relação ao eixo fraco no nível da metade da altura. Admita que haja apoios de segundo gênero (pinos ou rótulas) em ambas as direções de flambagem ($F_c = 1.650$ psi ou 11376 kPa; $E = 1,8 \times 10^6$ psi ou $12,41 \times 10^6$ kPa).

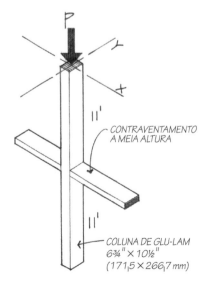

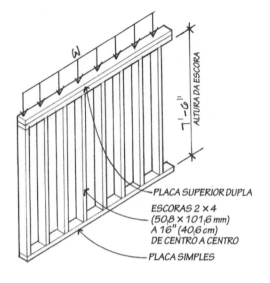

**9.19** Uma parede estrutural interna no porão de uma residência utiliza escoras de 2 × 4 (50,8 × 101,6 mm) S4S com espaçamento de 16 polegadas (406,4 mm) de centro a centro para suportar a carga do piso acima dela. É fornecido um revestimento de ambos os lados da parede, que serve para evitar a flambagem em torno do eixo fraco do elemento estrutural. Determine a carga admissível ω (em libras por pé linear) admitindo a madeira (vigotas/pranchas) ser Hem-Fir. A seguir, usando o valor calculado de ω, determine a tensão de compressão desenvolvida entre a escora e a placa da base.

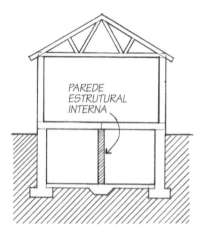

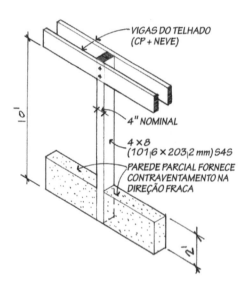

**9.20** Uma peça de abeto Douglas de 4 × 8 (101,6 × 203,2 mm) S4S suporta uma viga de telhado conforme a ilustração. A conexão entre a viga e a coluna é considerada como de segundo gênero (pino ou rótula). A extremidade inferior tem um pino para a flambagem em torno do eixo forte, mas está engastada em relação ao eixo fraco por uma meia parede que mede 2 pés (61 cm) de altura. Determine a área de contribuição que pode ser suportada por essa coluna se Carga Permanente = 20 psf (959 Pa) e Carga de Neve = 30 psf (1.436 Pa).

**9.21** Determine o tamanho mínimo da coluna (Pinho do Sul, ou *Southern Pine*, Denso Nº 1) exigido para suportar uma carga axial de $P = 25$ k (111,2 kN) admitindo um comprimento efetivo da coluna $\ell_e = 16'$ (4,88 m).

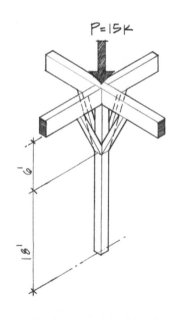

**9.22** Uma coluna interna de madeira laminada e colada (glulam) suporta uma carga de telhado de $P = 15$ k (66,72 kN). A altura total da coluna é 24 pés (7,32 m), mas a existência de mãos-francesas nas vigas reduz a altura não contraventada para 18 pés (5,49 m). Admitindo que uma dimensão seja 6¾" (171,4 mm), determine o tamanho mínimo exigido. Use $F_c = 1.650$ psi (11376 kPa) e $E = 1,8 \times 10^6$ psi (12,41 GPa).

Selecione um tamanho dentre os seguintes:

$6\frac{3}{4}" \times 7\frac{1}{2}" \left(A = 50,63 \text{ in}^2\right)$
$6\frac{3}{4}" \times 9" \left(A = 60,75 \text{ in}^2\right)$
$6\frac{3}{4}" \times 10\frac{1}{2}" \left(A = 70,88 \text{ in}^2\right)$

Análise e Projeto de Colunas

## 9.5 COLUNAS SUJEITAS A CARREGAMENTO COMBINADO OU EXCENTRICIDADE

Até agora, as seções anteriores admitiram elementos estruturais comprimidos sujeitos a cargas concêntricas (cargas que agiam através do centro de gravidade da seção transversal da coluna). O estudo de colunas carregadas axialmente (Figura 9.26) foi essencial para o entendimento da principal questão da esbeltez e sua relação com os modos de ruptura que envolvem o esmagamento (*crushing*) e a flambagem (*buckling*). Entretanto, na prática, raramente se vê o carregamento concêntrico. Esta seção apresenta a ideia de excentricidade (Figura 9.27) e/ou o carregamento lateral (Figura 9.28) e seu efeito sobre o comportamento da coluna.

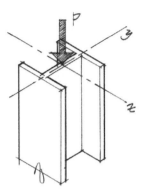

*Figura 9.26   Coluna carregada concentricamente (axialmente).*

Muitas colunas estão sujeitas à flexão em combinação com as cargas axiais de compressão. O carregamento não uniforme, o desalinhamento da estrutura ou mesmo a irregularidade de um elemento estrutural fará com que uma carga não passe pelo centro de gravidade da seção transversal da coluna. Os elementos estruturais comprimidos que suportam momento fletor causado pela excentricidade ou pelo carregamento lateral além da compressão são denominados *vigas-colunas* (Figura 9.29).

A hipótese adotada para colunas axialmente carregadas foi a relativa uniformidade da distribuição de tensões ao longo da área da seção transversal, de acordo com o ilustrado na Figura 9.30(a). A tensão normal causada pela flexão, que envolve tensões de tração e compressão, deve ser adicionada algebricamente às tensões de compressão do carregamento vertical. Se a viga for muito flexível e a coluna for muito rígida, o efeito da excentricidade será pequeno, porque a maior parte das tensões normais causadas pela flexão será absorvida pela viga. Excentricidades relativamente pequenas alteram a distribuição final de tensões, mas a seção transversal permanecerá comprimida, ainda que de maneira não uniforme, como ilustra a Figura 9.30(b). Por outro lado, se uma viga rígida estiver ligada a uma coluna menos rígida, será transmitida uma excentricidade consideravelmente grande à coluna. Quando houver grandes excentricidades presentes, podem ser desenvolvidas tensões de tração em alguma parte da seção transversal, conforme ilustra a Figura 9.30(c).

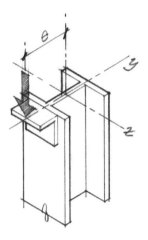

*Figura 9.27   Coluna carregada excentricamente.*

As tensões de tração que se desenvolvem em construções de alvenaria do passado inicialmente foram objeto de muita atenção, mas tiveram pouca influência nos sistemas construtivos e nos materiais usados atualmente. Madeira, aço, concreto protendido e concreto armado apresentam boa capacidade de tração.

A construção de alvenaria das catedrais góticas exigiu um grande conhecimento de que as forças resultantes (dos arcobotantes e do pilar vertical) permanecessem dentro de uma região (o *terço central*) da seção transversal a fim de evitar tensões de tração. A área limitada pelos pontos que divide em três cada uma das faces pilar é denominada área do *núcleo central* (Figura 9.31).

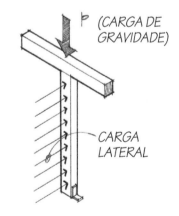

*Figura 9.28   Coluna com compressão e carga lateral.*

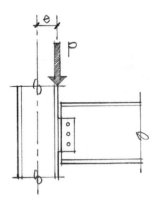
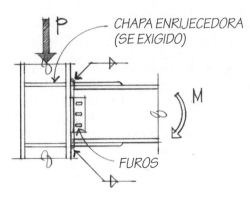

*(a) Conexão flexível (resistente ao cisalhamento) de vigas.*
e = Excentricidade; M = P × e

*(b) Conexão resistente ao momento fletor (ligação rígida).*
M = Momento causado pela flexão da viga

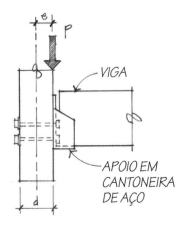
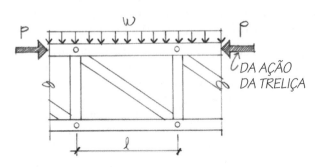

*(c) Conexão viga-coluna de madeira.*
e = d/2 = excentricidade; M = P × e

*(d) Banzo superior de uma treliça – compressão e flexão.*

$$M = \frac{\omega \ell^2}{8}$$

*Figura 9.29  Exemplos do comportamento da viga-coluna.*

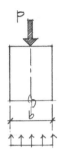
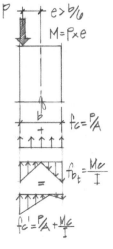

*(a) Axialmente carregada – tensão uniforme de compressão.*

*(b) Pequena excentricidade – tensão variando linearmente.*

*(c) Grande excentricidade – tensão de tração em parte da seção transversal.*

*Figura 9.30  Distribuição de tensões para colunas retangulares carregadas excentricamente.*

Análise e Projeto de Colunas

As vigas-colunas são calculadas usando uma equação de interação que incorpora a tensão normal causada pela flexão e a tensão de compressão. A equação de interação geral é expressa como

$$\boxed{\frac{f_a}{F_a} + \frac{f_b}{F_b} \le 1.}\quad \text{(equação de interação)}$$

em que

$f_a = P/A$ [a tensão (axial) real de compressão]

$F_a$ = tensão admissível de compressão [baseada em $K\ell/r$ (aço) ou $\ell_e/d$ (madeira)]

$f_b = \dfrac{Mc}{I} = \dfrac{M}{S}$ (tensão normal real causada pela flexão)

$M = P \times e$ para elementos estruturais carregados excentricamente

$M$ = momento fletor devido à carga lateral ou ação de quadro rígido

$F_b$ = tensão normal admissível causada pela flexão (valores das tabelas)

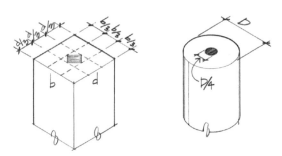

*Figura 9.31 Áreas do núcleo central para duas seções transversais.*

Se um elemento estrutural estiver sujeito à compressão axial e flexão em torno dos eixos $x$ e $y$, a fórmula de interação é adaptada para incorporar a flexão biaxial (Figura 9.32). Portanto, a forma mais generalizada da equação é

$$\boxed{\frac{f_a}{F_a} + \frac{f_{bx}}{F_{bx}} + \frac{f_{by}}{F_{by}} \le 1{,}0}\quad \text{(para flexão em duas direções)}$$

em que

$f_{bx} = \dfrac{M}{S_x}$ = tensão normal real causada pela flexão em torno do eixo $x$

$f_{by} = \dfrac{M}{S_y}$ = tensão normal real causada pela flexão em torno do eixo $y$

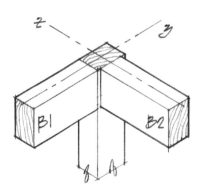

Quando tanto a flexão quanto as forças axiais agirem em um elemento estrutural, a grandeza da tensão axial é expressa como uma determinada porcentagem da tensão axial admissível, e a tensão normal causada pela flexão será uma determinada fração da tensão normal admissível causada pela flexão. A soma dessas duas porcentagens não pode ser maior do que a unidade (100% da tensão). A curva de interação mostrada na Figura 9.33 ilustra a combinação teórica das tensões axiais de compressão e normal causada pela flexão.

Momentos fletores em colunas, sejam eles causados por forças laterais, momentos aplicados ou excentricidade de cargas de extremidade, podem fazer com que um elemento estrutural se desloque lateralmente, resultando em um momento fletor adicional causado pelo efeito $P - \Delta$ (ver Figura 9.5). Na Figura 9.33, uma coluna esbelta se curva de uma quantidade $\Delta$ em virtude de uma carga lateral. Entretanto, o deslocamento lateral gera uma excentricidade para a carga $P$, que resulta na criação de um momento adicional na metade da altura da coluna igual a $P \times \Delta$ (conhecido como *momento de segunda ordem* e também como *ampliação de momento*). Colunas esbeltas são particularmente sensíveis a esse efeito $P - \Delta$, e ele deve ser levado em conta na equação de interação (Figura 9.34).

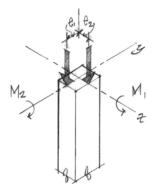

$M_1 = P_1 \times e_1$ (EM TORNO DO EIXO $x$)

$M_2 = P_2 \times e_2$ (EM TORNO DO EIXO $y$)

*Figura 9.32 Exemplo de flexão biaxial causada por duas cargas excêntricas.*

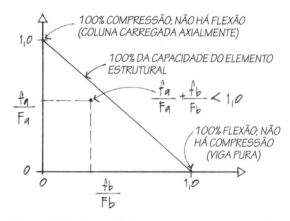

*Figura 9.33  Curva de interação para compressão e flexão.*

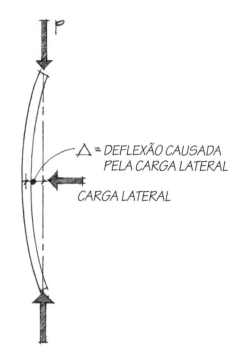

*Figura 9.34  Efeito $P - \Delta$ em uma coluna esbelta.*

Os manuais do AISC (aço) e NDS (madeira) apresentaram um fator de ampliação para incorporar o efeito $P - \Delta$, que é derivado do momento fletor inicial. Uma representação generalizada tanto para o aço como para a madeira é

$$\frac{f_a}{F_a} + \frac{f_b(\text{fator de ampliação})}{F_b} \leq 1,0$$

A equação real de análise/projeto para o aço da forma especificada pelo AISC é expressa como

$$\frac{f_a}{F_a} + \frac{C_{Mx} f_{bx}}{\left(1 - \dfrac{f_a}{F'_{ex}}\right) F_{bx}} + \frac{C_{My} f_{by}}{\left(1 - \dfrac{f_a}{F'_{ey}}\right) F_{by}}$$

em que

$$\frac{1}{1 - f_a/F_e'} = \text{fator de ampliação para levar em consideração } P - \Delta$$

$$F_e' = \frac{12\pi^2 E}{23(K\ell/r)^2} = \text{fórmula de Euler com um coeficiente de segurança}$$

$C_M$ = fator de modificação, que leva em consideração o carregamento e as condições de extremidade

Uma equação equivalente especificada pelo NDS para análise e dimensionamento de colunas de madeira sujeitas à compressão e flexão uniaxial é

$$\frac{f_c}{f_c'} + \frac{f_{bx}}{f'_{bx}[- (f_c/F_{cEx})]} \leq 1,0$$

em que

$\dfrac{f_c}{F_c'}$ = equivalente à relação do aço para compressão

$f_c = \dfrac{P}{A}$ = tensão real de compressão

$F_c' = F_c C_D C_M C_t C_F C_p$ = tensão admissível de compressão

$f_{bx} = \dfrac{M}{S_x}$ = tensão normal causada pela flexão em torno do eixo $x$

$F_{bx}'$ = tensão normal admissível causada pela flexão em torno do eixo $x$

$\dfrac{1}{[1 - f_c/F_{cEx}]}$ = fator de ampliação para o efeito $P - \Delta$

Analisar e dimensionar (projetar) vigas-colunas usando as equações do AISC e do NDS são realizados mais adequadamente em cursos de especialização que tratem com o projeto de aço e madeira. A simplificação excessiva das equações anteriores não resulta necessariamente em aproximações adequadas, mesmo para atender à finalidade de um projeto preliminar. Este texto não inclui problemas que envolvam o uso da equação de interação.

Análise e Projeto de Colunas

## Resumo

- A esbeltez das colunas influencia enormemente a capacidade de uma coluna de suportar cargas. Colunas curtas e grossas apresentam falha estrutural por esmagamento (*crushing*) em virtude do colapso do material, enquanto colunas longas e esbeltas apresentam falha estrutural por flambagem (*buckling*). A flambagem (instabilidade elástica) é o deslocamento lateral repentino e não controlado de uma coluna.

- Colunas curtas são avaliadas com base na equação básica de tensões:

$$f_a = \frac{P_{real}}{A} = \frac{(\text{carga real})}{(\text{área da seção transversal})} \leq F_a \text{ (tensão admissível de compressão)}$$

- A carga crítica de flambagem de uma coluna esbelta foi prevista por Leonhard Euler.

$$P_{crítico} = \frac{\pi^2 E I_{mín}}{L^2} = \frac{\pi^2 (\text{módulo de elasticidade longitudinal})(\text{menor momento de inércia})}{(\text{comprimento da coluna entre extremidades rotuladas})}$$

Com o aumento do comprimento da coluna, a carga crítica diminui. A equação de Euler não incorpora o coeficiente de segurança. $P_{crítico}$ representa a carga real de ruptura.

- O comprimento de uma coluna entre extremidades rotuladas (com apoios de segundo gênero) dividido pelo menor raio de giração da coluna é conhecido como índice de esbeltez.

$$\text{índice de esbeltez} = \frac{L}{r_{mín.}}$$

Altos índices de esbeltez significam tensões críticas menores que resultam em flambagem. As seções transversais com altos raios de giração $r$ são mais resistentes à flambagem.

- A equação de flambagem de Euler admite extremidades rotuladas (ou seja, com apoios de segundo gênero, ou com pinos). Se o apoio de uma coluna estiver restrito no topo e/ou na base em relação à rotação, a capacidade de suporte de carga de uma coluna aumenta.

- O índice de esbeltez de uma coluna é ajustado por um fator $K$ a fim de incorporar as condições de apoio das extremidades.

$$\text{índice de esbeltez} = \frac{KL}{r}$$

em que $K$ é o multiplicador para converter o comprimento real em um comprimento efetivo de flambagem baseado nas condições de extremidade.

- A eficiência da coluna pode ser aumentada pela introdução de um contraventamento lateral em torno do eixo fraco. O contraventamento lateral reduz o comprimento efetivo de flambagem de uma coluna, resultando assim em uma capacidade de carga maior.

- Colunas de aço estrutural são classificadas como curtas, intermediárias e longas. As duas fórmulas de tensão admissível de compressão reconhecem duas categorias de esbeltez – curtas/intermediárias e longas.

- Colunas curtas são expressas como uma função da esbeltez e da resistência ao escoamento do aço.

- A fórmula de colunas longas é uma versão modificada da fórmula de flambagem de Euler com um coeficiente de segurança incorporado.

- A esbeltez de colunas de madeira retangulares é avaliada por

$$\text{índice de esbeltez} = \frac{L}{d_{\text{mín.}}} = \frac{(\text{comprimento da coluna})}{(\text{dimensão mínima da coluna})}$$

- A maioria das construções em madeira admite que as extremidades sejam rotuladas (com pinos, ou apoios de segundo gênero) e têm liberdade de rotação ($K = 1$).

- Geralmente, a análise e o projeto de colunas de madeira seguem as cláusulas estabelecidas pelo manual do *National Design Specification for Wood Construction*.

- Muitas colunas usadas em edificações reais estão sujeitas à flexão em combinação com cargas axiais de compressão. A condição geral de tensão é expressa como

$$\frac{f_a}{F_a} + \frac{f_b}{F_b} \leq 1{,}0 \ (\text{fórmula de interação})$$

$$\frac{(\text{tensão real de compressão})}{(\text{tensão admissível de compressão})} + \frac{(\text{tensão normal real causada pela flexão})}{(\text{tensão normal admissível causada pela flexão})} \leq 1{,}0$$

# 10 Conexões Estruturais

## Introdução

No Capítulo 4 foi feito um exame das trajetórias das cargas através de um sistema estrutural, começando com o telhado, pisos, paredes e colunas e finalmente chegando às cargas e até às fundações. Foram obtidas as forças e as reações de apoio para cada elemento estrutural por meio do uso de DCLs e das equações de equilíbrio (Capítulo 3). Posteriormente, a construção de diagramas de carga, esforço cortante e momento fletor (Capítulo 7) permitiu que determinássemos os esforços cortantes e os momentos fletores críticos usados no projeto e dimensionamento de elementos estruturais sujeitos à flexão, que incluem vigotas, barras, vigas secundárias e vigas principais. As reações de vigas secundárias e principais foram usadas então para o dimensionamento de colunas de madeira e de aço.

Os elementos estruturais individuais foram dimensionados como elementos isolados, admitindo que a transferência de cargas de um elemento para o seguinte acontecia de forma ideal. Entretanto, na realidade todos os arranjos estruturais são relacionados entre si e os elementos individuais trabalham em conjunto com outros elementos por meio de conexões físicas. Os elementos estruturais devem ser unidos de forma que permitam a transferência segura de cargas de um elemento para outro. Muitas das falhas estruturais em edificações e pontes ocorrem nas conexões dos elementos e não nos elementos propriamente ditos. As técnicas usadas por carpinteiros, soldadores e ferreiros para fazer uma conexão específica podem criar situações que não são adequadas aos cálculos matemáticos. Parafusos colocados inadequadamente, número de parafusos subdimensionado ou com resistência insuficiente, furos de parafusos muito largos, soldas realizadas com penetração inadequada do material da solda, aperto inapropriado de um parafuso, e assim por diante, podem levar a conexões estruturais insatisfatórias. Para evitar tais ligações deficientes – ou pelo menos limitar a quantidade de suas ocorrências – existem vários códigos de obras. O projeto de estruturas de madeira, incluindo suas conexões, é previsto pelo AITC e pelo NDS pelo *American Forest and Paper Association*. Em projeto de estruturas de aço, o *Manual of Steel Construction* do AISC e as especificações do *American Welding Society* (AWS) são os mais abrangentes e os mais largamente usados na indústria.

*Figura 10.1   Sir Humphrey Davy (1778-1829).*

*O colega e, de alguma forma, rival de Thomas Young, Davy foi nomeado Professor de Química no Royal Institute com 24 anos de idade, no mesmo ano que Young foi nomeado. Davy, em contraste com Young, demonstrava uma personalidade pública dinâmica e cativante em suas aulas, que traziam ao Instituto tanto dinheiro como publicidade. Davy foi extremamente produtivo em seu trabalho, se isolando e conduzindo amplas pesquisas. Ele descobriu os efeitos hilariantes e anestésicos do óxido nitroso (gás do riso), assim como foi pioneiro no campo da engenharia elétrica. Uma das maiores contribuições para o mundo moderno da construção foi seu desenvolvimento da solda em arco no início dos anos 1800. Davy permaneceu no Royal Institute durante toda sua carreira profissional e prosperou. Mais tarde, foi nomeado cavaleiro e se tornou Sir Humphrey. Davy também ocupou o cargo de presidente da Royal Society.*

## 10.1   CONEXÕES APARAFUSADAS DE AÇO

Geralmente, os parafusos usados em conexões de edificações estão sujeitos a forças que causam tração, cisalhamento ou uma combinação desses dois esforços. As conexões típicas nas quais os elementos de ligação ficam sujeitos ao cisalhamento axial são as placas de junção usadas em treliças, emendas de vigas e placas de ligação ou gusset (Figura 10.2). As uniões de consoles e placas de cisalhamento são conexões excêntricas típicas de resistência ao cisalhamento (Figuras 10.3 e 10.4). Parafusos sob tração são comuns em conexões de suspensão de cargas ou ganchos (Figura 10.5). Conexões típicas de engaste viga-coluna são exemplos de combinação de esforços de tração e cisalhamento (Figura 10.6).

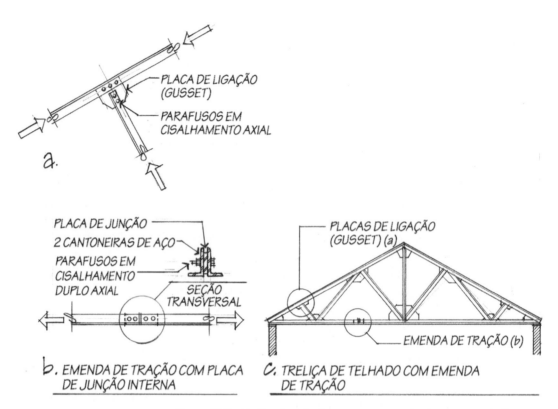

*Figura 10.2  Treliça de telhado com uma emenda de tração – cisalhamento axial.*

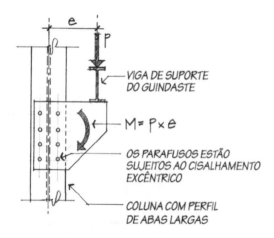

*Figura 10.3  Console, prédio de moinho – cisalhamento excêntrico.*

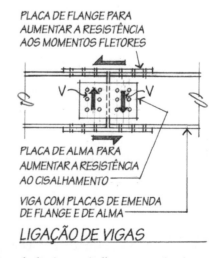

*Figura 10.4  Emenda de vigas – cisalhamento excêntrico.*

Conexões Estruturais

A conexão mostrada na Figura 10.6(a) não é mais recomendada em virtude de sua dificuldade de fabricação e por seu custo. A solda simplificou consideravelmente a conexão de engaste, conforme ilustra a Figura 10.6(b). Muitas conexões de engastes empregam atualmente uma combinação de solda de oficina e montagem em campo para simplificar o processo de construção, assim como para não aumentar os custos.

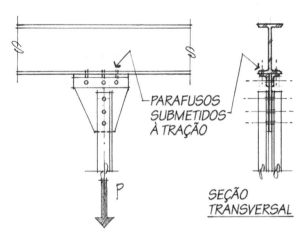

Figura 10.5   Conexão de suspensão de carga – parafusos sob tração.

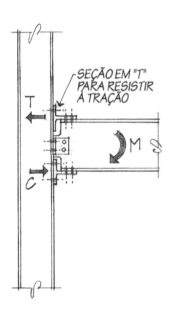
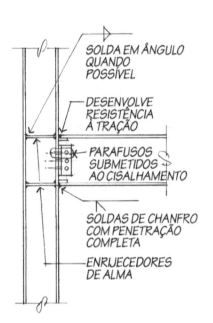
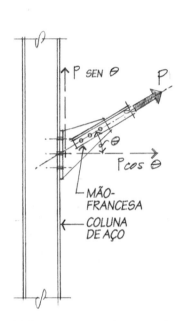

(a) conexão aparafusada em duplo T (T-Stub).

(b) Conexão típica resistente a momento com parafusos e soldas.

(c) Conexão em mão-francesa sob tração e cisalhamento.

Figura 10.6   Parafusos sujeitos ao cisalhamento e à tração.

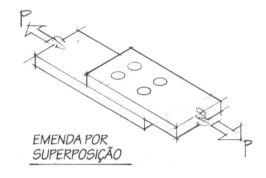

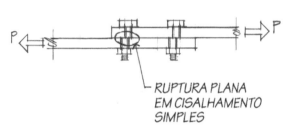

*Figura 10.7  Falha por corte – cisalhamento simples (uma superfície de cisalhamento).*

## Falha Estrutural de Conexões Aparafusadas

A escolha de tensões de projeto adequadas para ligações aparafusadas não é uma tarefa simples. Deve-se atentar tanto para os possíveis modos de ruptura de uma determinada ligação como para o comportamento dos materiais submetidos a tal carregamento. Além disso, os métodos de fabricação de uma ligação em particular podem induzir a tensões latentes localizadas ou a condições físicas que poderiam fazer com que a ligação apresentasse falha estrutural. Entretanto, o projeto de uma ligação aparafusada é, em muitos casos, uma questão comparativamente simples e geralmente os cálculos não são muito complexos.

Ao projetar adequadamente uma conexão aparafusada, deve-se prever e controlar as tensões máximas desenvolvidas nas seções críticas. Por ser esperado que a falha ocorra em uma dessas seções críticas, qualquer informação a respeito de onde essas seções podem estar localizadas fornece informações para um projeto bem-sucedido. Várias condições críticas comuns se desenvolvem em todas as ligações, tendo cada uma delas o potencial para produzir uma falha estrutural. Nas Figuras 10.7 a 10.12 são mostrados cinco tipos básicos de falha estrutural:

1. Cisalhamento (corte) do parafuso (Figuras 10.7 e 10.8).
2. Falha por esmagamento (compressão ou *crushing*) do elemento conectado em contato com o parafuso (Figura 10.9).
3. Falha de tração do material do elemento conectado (Figura 10.10).
4. Rasgamento (arrancamento) do elemento conectado (Figura 10.11).
5. Corte em bloco, uma condição que pode ocorrer quando o flange superior da viga for cortado para formar a interseção com uma viga principal (Figura 10.12).

Normalmente, as ligações aparafusadas são classificadas pelo tipo e pela complexidade da ligação. As ligações aparafusadas encontradas mais frequentemente são a junta de superposição e a junta de topo, mostradas esquematicamente nas Figuras 10.7 e 10.8 (e nas Figuras 5.11 e 5.12).

### Falha por corte

A tensão resistente de cisalhamento desenvolvida é apenas uma tensão de cisalhamento média. As tensões de cisalhamento não são uniformes na seção transversal do parafuso, mas são admitidas dessa maneira para efeito de projeto.

Corte simples:

$$f_{v\,(\text{média})} = \frac{P}{n \times A} \leq F_v$$

em que

$f_v$ = tensão média de cisalhamento (psi ou ksi, Pa ou MPa)

$P$ = carga na placa ou conexão (# ou kips, N ou kN)

$A$ = área da seção transversal do parafuso (in² ou m²)

$F_v$ = Tensão de cisalhamento admissível do parafuso (psi ou ksi, Pa ou MPa)

$n$ = número de parafusos

Conexões Estruturais

Corte duplo:

$$f_{v_{(média)}} = \frac{P}{2A \times n} \leq F_v$$

em que

$f_v$ = tensão média de cisalhamento (psi ou ksi, Pa ou MPa)
$P$ = cargas na placa ou conexão (# ou kips, N ou kN)
$2A$ = duas áreas de seção transversal por parafuso (in² ou m²)
$F_v$ = tensão admissível de cisalhamento (psi ou ksi, Pa ou MPa)
$n$ = número de parafusos

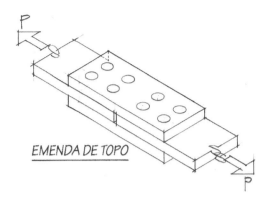

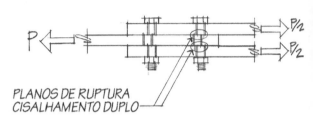

*Figura 10.8 Cisalhamento duplo – dois planos de cisalhamento para oferecer resistência.*

## Falha por Esmagamento (Figura 10.9)

A falha por esmagamento envolve os elementos que estão sendo unidos e não o parafuso em si.

A área de contato do parafuso que comprime a placa é admitida como

$$A_p = n \times t \times d$$

em que

$A_p$ = área de contato da placa (in² ou m²)
$t$ = espessura da placa (in ou m)
$d$ = diâmetro do parafuso (in ou m)
$n$ = número de parafusos envolvidos no esmagamento

A tensão *média* de esmagamento desenvolvida entre o parafuso e a placa pode ser expressa como

$$f_{p_{(média)}} = \frac{P}{A_p} \leq F_p$$

em que

$f_p$ = tensão média de esmagamento (psi ou ksi, Pa ou MPa)
$A_p$ = área de esmagamento (in² ou m²)
$P$ = carga aplicada (# ou kips, N ou kN)
$F_p$ = tensão admissível de esmagamento (psi ou ksi, Pa ou MPa)
$F_p = 1{,}2\, F_u$
$F_u$ = tensão última (psi ou ksi, Pa ou MPa)

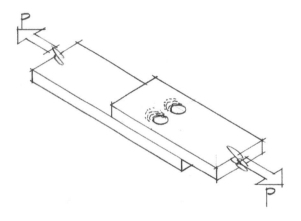

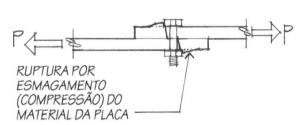

*Figura 10.9 Falha por esmagamento.*

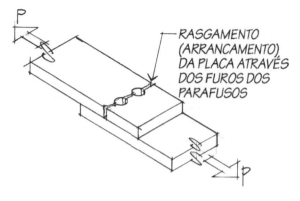

## Falha por tração

A área sombreada na Figura 10.10 representa a quantidade de material remanescente através de um corte para resistir à carga aplicada depois de levar em consideração os espaços deixados pelo furo do parafuso:

$$A_{\text{líquida}} = (b - n \times D)t$$

em que

$A_{\text{líquida}}$ = área líquida da placa que resiste à tração (in² ou m²)
$b$ = largura da placa (in ou m)
$D$ = diâmetro de um furo de parafuso de tamanho padronizado.
($D$ = diâmetro do parafuso + $\frac{1}{16}''$)
$t$ = espessura da placa (in ou m)
$n$ = número de parafusos em uma linha

A tração líquida média na placa ao longo da primeira linha de parafusos é expressa como

$$f_{t\,(\text{líquida})} = \frac{P}{A_{\text{líquida}}} \le F_t$$

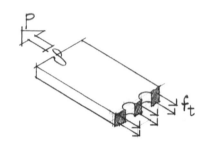

*Figura 10.10 Falha por tração.*

em que

$f_t$ = tensão média de tração ao longo da área líquida do elemento estrutural (psi ou ksi, Pa ou MPa)
$P$ = carga aplicada (# ou kips, N ou kN)
$F_t$ = tensão admissível de tração ao longo da área líquida
$F_t$ = 0,5$F_u$
$F_u$ = tensão última de tração (psi ou ksi, Pa ou MPa)

*Rasgamento de borda* (Figura 10.11) e *rasgamento da alma* (*corte de bloco* ou *block shear*, Figura 10.12) são modos possíveis de ruptura quando forem usados valores altos admissíveis de peças de união juntamente com material relativamente fino. Entretanto, é menos provável que a falha ocorra porque as especificações de projeto exigem bordas e distâncias de extremidades amplas e espaçamento mínimo dos parafusos.

A Figura 10.13 ilustra, para fins de projeto preliminar, o espaçamento e as distâncias de borda mínimos especificados pelo AISC a fim de evitar esses modos de ruptura. O AISC especifica um espaçamento lateral (*passo* ou *pitch*) mínimo e um espaçamento

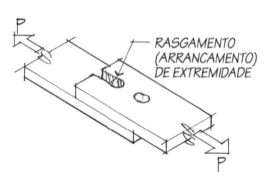

*Figura 10.11 Rasgamento de borda.*

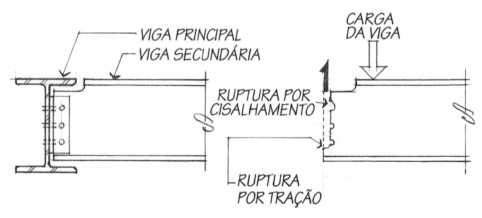

*Figura 10.12 Rasgamento da alma ou corte de bloco.*

longitudinal (*gauge*) mínimo (de centro a centro) de $2\frac{2}{3}$ vezes o diâmetro do parafuso (*d*), com $3d$ sendo o espaçamento preferido. Em alguns casos é usada uma dimensão de três polegadas (76,2 mm) para todos os tamanhos de parafusos até uma polegada de diâmetro. As falhas por cisalhamento e esmagamento, resultado de tensões excessivas nos parafusos, são evitadas fornecendo um número suficiente de peças de ligação a fim de manter as tensões dentro dos limites admissíveis.

## Tensões de Projeto para Parafusos

Os parafusos substituíram os rebites como meio de conectar elementos estruturalmente, por serem mais silenciosos, mas simples e podem ser colocados mais rapidamente com equipes de trabalho menores, resultando em menores custos operacionais. Possivelmente a metodologia de construção mais comum atualmente é utilizar soldagem em oficina e montagem no local (no campo).

São usados três tipos principais de parafusos nas construções em aço. *Parafusos comuns*, também conhecidos pela American Society of Testing Materials (ASTM) A307 como *parafusos brutos* ou *parafusos sem acabamento*, são adequados para uso em estruturas leves de aço nas quais a vibração e o impacto não precisam ser levados em consideração. Além disso, os parafusos comuns não são permitidos em alguns códigos de obras na construção de edificações que ultrapassem determinados limites. Quando existirem essas condições, os parafusos podem ficar frouxos, comprometendo a resistência da ligação.

Os outros dois tipos de parafusos, indicados pela ASTM A325 e A490, são *parafusos de alta resistência* e são os conectores usados com mais frequência em ligações de aço estrutural feitas no local da obra (Figura 10.14). Os parafusos de alta resistência são identificados na cabeça com a legenda A325 ou A490 e a marca do fabricante. Os parafusos estão disponíveis em vários tamanhos, desde $\frac{5}{8}''$ (15,9 mm) até $1\frac{1}{2}''$ (38,1 mm) de diâmetro. Entretanto, os tamanhos usados com mais frequência na construção civil são $\frac{3}{4}''$ (19,0 mm) e $\frac{7}{8}''$ (22,2 mm). Parafusos com diâmetros maiores exigem equipamento especial assim como espaçamento e distâncias às bordas maiores para colocação adequada. As capacidades admissíveis ao cisalhamento do AISC estão listadas na Tabela 10.1 e os valores de esmagamento admissíveis do AISC estão apresentados na Tabela 10.2.

A Figura 10.15 mostra duas placas unidas entre si por um parafuso de alta resistência com uma porca e duas arruelas. Quando um parafuso de alta resistência é apertado, surge nele uma força de tração muito alta $T$, assim prendendo firmemente umas nas outras as partes a serem ligadas. É a força de atrito resultante $S$ que resiste à carga aplicada; diferentemente de parafusos comuns, não há tensão real de corte ou de esmagamento. Quando a carga $P$ na ligação ultrapassa o valor de $S$, ocorre o deslizamento (escorregamento ou *slip*). Se houver escorregamento entre as placas, suas bordas são colocadas em contato com o fuste (haste) do parafuso, assim nele produzindo tensões de esmagamento e cisalhamento. Se não houver deslizamento, a carga $P$ é transmitida de uma placa à outra pela resistência de atrito.

Teoricamente, o fuste do parafuso e as superfícies das placas através das quais ele passa não estão em contato de maneira alguma, porque os furos são feitos ligeiramente maiores do que o parafuso. Mesmo quando uma conexão desse tipo estiver sujeita a vibrações, a alta-tensão residual de tração evita o afrouxamento.

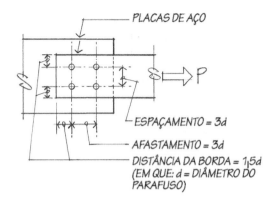

*Figura 10.13  Espaçamento lateral e distância da borda mínimos.*

*Figura 10.14  Parafuso ASTM A490 com controle de tensão (torque) com ponta broca que permite aperto com a intensidade adequada. Disponível em parafusos A325 e A490 para conexões aparafusadas de alta resistência. Imagem impressa com permissão e cedida pela LeJeune Bolt Company.*

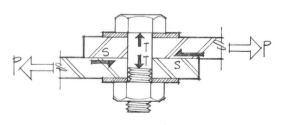

*Figura 10.15  Parafuso de alta resistência em cisalhamento simples.*

*Figura 10.16 Parafusadeira com controle de torque. Imagem reimpressa com permissão. Cortesia da LeJeune Bolt Company.*

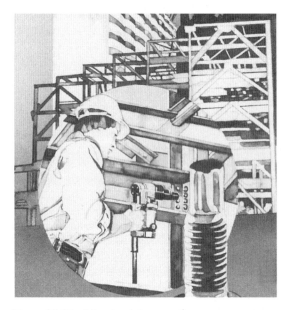

*Figura 10.17 "Apertando" os parafusos e as porcas com uma parafusadeira com controle de torque. Imagem reimpressa com permissão. Cortesia da LeJeune Bolt Company.*

Conexões fixadas mecanicamente que transmitem cargas por meio do cisalhamento em suas peças são classificadas como *resistente ao deslizamento* (*slip-critical*, SC) ou *tipo esmagamento* (*tipo contato*, N ou X). As conexões resistentes ao deslizamento, também conhecidas anteriormente por *conexões tipo atrito*, dependem da força de travamento suficientemente alta para evitar o deslizamento das partes unidas entre si em condições previstas de serviço.

As conexões do tipo esmagamento (ou contato) baseiam-se no contato (esmagamento) entre o(s) parafuso(s) e os lados do furo para transferir a carga de um elemento conectado a outro.

Antes de a tração ser aplicada a parafusos de alta resistência por aperto, as superfícies unidas adjacentes à cabeça do parafuso, porcas e arruelas devem estar livres de crostas, sujeira ou outro material estranho.

O aperto de parafusos de alta resistência em conexões resistentes ao deslizamento é realizado por chaves de torque ou de impacto especiais até uma tração igual a 70% da resistência mínima especificada à tração do parafuso. O *Research Council on Structural Connections* fornece quatro métodos para controlar a tração no parafuso: (a) chave calibrada, (b) parafuso tipo *twist-off* de controle de tensão (torque), (c) o indicador direto de tração e (d) o método de giro da porca (*turn-of-nut*), que exige rotação adicional especificada da porca depois de os parafusos serem apertados manualmente com uma chave (aperto "*snug-tight*"). O aperto *snug-tight* é definido como o esforço total de um ferreiro com uma chave de boca (chave fixa) comum que faz com que as partes conectadas fiquem firmemente em contato. Quando os parafusos não estiverem completamente apertados, as conexões são denominadas como conexões do tipo esmagamento, nas quais uma pequena quantidade de movimento (deslizamento) é aguardada (Figuras 10.16 e 10.17).

A alta força de travamento produzida pelo aperto adequado de parafusos A325 e A490 é suficiente para assegurar que não ocorra o deslizamento entre as partes conectadas sob a ação da tensão máxima admissível em conexões resistentes ao deslizamento (tipo atrito) e que provavelmente não ocorra sob a ação de cargas de serviço em conexões tipo contato (esmagamento). A tensão admissível em conexões tipo esmagamento se baseia em um coeficiente de segurança de 2,0 ou maior, que foi considerado adequado após um longo período de observação. Esse coeficiente de segurança é maior do que o usado para o projeto de um elemento de ligação.

As tensões de cisalhamento admissíveis para os parafusos A325 e A490 usados em furos redondos padrão são as seguintes:

A325-SC  $F_v$ = 17 ksi ou 117 MPa (conexão resistente ao deslizamento, furo redondo padrão).

A325-N  $F_v$ = 21 ksi ou 145 MPa (conexão tipo contato com roscas incluídas no plano de cisalhamento).

A325-X  $F_v$ = 30 ksi ou 207 MPa (conexão tipo contato com roscas excluídas do plano de cisalhamento).

A490-SC  $F_v$ = 22 ksi ou 152 MPa (conexão resistente ao deslizamento, furo redondo padrão).

A490-N  $F_v$ = 28 ksi ou 193 MPa (conexão tipo contato com roscas incluídas no plano de cisalhamento).

A490-X  $F_v$ = 40 ksi ou 276 MPa (conexão tipo contato com roscas excluídas do plano de cisalhamento).

Veja na Tabela 10.1 a tensão de cisalhamento admissível do AISC para outros parafusos.

Conexões Estruturais

A eficiência de conectores rosqueados para resistir ao cisalhamento em conexões do tipo contato é reduzida quando as roscas dos parafusos se estenderem ao(s) plano(s) de cisalhamento entre as placas conectadas (Figuras 10.18 e 10.19). Os valores de tensões de cisalhamento admissíveis permanecem os mesmos para as conexões resistentes ao deslizamento que apresentem roscas do parafuso incluídas nos planos de cisalhamento.

Os parafusos A325 e A490 de alta resistência são dimensionados e produzidos totalmente de acordo com sua finalidade, de forma que as roscas possam ser excluídas dos planos de cisalhamento quando isso for desejado.

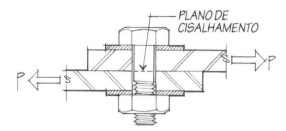

Figura 10.18  Roscas excluídas do plano de cisalhamento.

Normalmente são usados vários tipos de furos para conexões aparafusadas (Figura 10.20): (a) furos redondos padrão, (b) furos alargados, (c) furos com entalhes curtos e (d) furos com entalhes longos.

Os *furos redondos padrão* são feitos $\frac{1}{16}''$ (1,59 mm) maiores do que o diâmetro do parafuso. Em conexões de aço com aço, os furos redondos padrão podem ser usados em muitos casos de ligações e, em algumas ocasiões, são os preferidos. Por exemplo, os furos redondos padrão são usados normalmente em conexões de vigas principais (mestras) e vigas comuns (secundárias) a colunas (pilares) como um meio de controlar a dimensão de centro a centro entre as colunas e para facilitar o alinhamento da coluna em uma posição vertical. Os furos alargados e os furos com entalhes são usados normalmente no local para reduzir o tempo de instalação e montagem durante a construção.

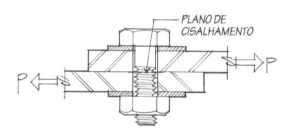

Figura 10.19  Plano de cisalhamento atravessando as roscas.

Os *furos alargados* têm diâmetros nominais até $\frac{3}{16}''$ (4,76 mm) maiores do que parafusos com diâmetros de $\frac{7}{8}''$ (22,22 mm) ou menores, ao passo que os parafusos com diâmetros de $1''$ (25,4 mm) ou maiores terão um furo $\frac{1}{4}''$ (6,35 mm) maior. Os furos alargados são permitidos apenas em conexões resistentes ao deslizamento (tipo atrito).

Os *furos com entalhes curtos* são $\frac{1}{16}''$ (1,59 mm) mais largos do que o diâmetro do parafuso e apresentam um comprimento que não ultrapassa em mais de $\frac{1}{16}''$ (1,59 mm) o diâmetro alargado. Esse tipo de furo pode ser usado tanto em conexões tipo contato quanto em conexões tipo atrito, mas se empregado em conexões tipo contato, os entalhes devem estar perpendiculares à direção do carregamento.

Os *furos com entalhes longos* são $\frac{1}{16}''$ (1,59 mm) mais largos do que o diâmetro do parafuso e têm comprimento que não ultrapassa em mais de $2\frac{1}{2}$ vezes o diâmetro do parafuso. Esse tipo de furo pode ser usado em conexões tipo atrito independentemente da direção do carregamento. Entretanto, em conexões tipo contato o carregamento deve estar perpendicular à direção do entalhe. Os furos entalhados são particularmente úteis quando se fizer necessária alguma parcela de ajuste. Os furos com entalhes longos só podem ser usados em um dos elementos estruturais conectados em uma ligação; o outro elemento estrutural deve usar um furo redondo padrão ou ser soldado.

As tensões admissíveis de cisalhamento para parafusos em conexões resistentes ao deslizamento (tipo atrito) permanecem inalteradas para os furos alargados e com entalhes (oblongos) curtos. Entretanto, os valores das tensões admissíveis de cisalhamento diminuem quando são usados furos com entalhes (oblongos) longos para cargas aplicadas perpendiculares ao entalhe e ocorre uma redução ainda maior para cargas aplicadas no sentido paralelo ao entalhe.

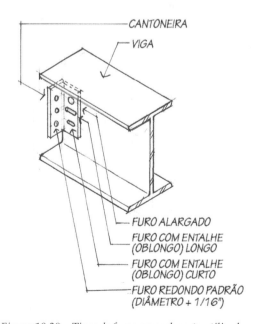

Figura 10.20  Tipos de furos normalmente utilizados.

*Tabela 10.1*

## PARAFUSOS, PEÇAS ROSQUEADAS E REBITES
### Cisalhamento
### Carga admissível em kips

**TABELA CISALHAMENTO**

| | Designação ASTM | Tipo de Conexão[a] | Tipo de Furo[b] | $F_v$ ksi | Carrega-mento[c] | 5/8 | 3/4 | 7/8 | 1 | 1 1/8 | 1 1/4 | 1 3/8 | 1 1/2 |
|---|---|---|---|---|---|---|---|---|---|---|---|---|---|
| | | | | | | \multicolumn{8}{l}{Diâmetro Nominal, $d$, in} |
| | | | | | | \multicolumn{8}{l}{Área (Conforme o Diâmetro Nominal) in²} |
| | | | | | | 0,3068 | 0,4418 | 0,6013 | 0,7854 | 0,9940 | 1,227 | 1,485 | 1,767 |
| Parafusos | A307 | — | STD NSL | 10,0 | S D | 3,1 6,1 | 4,4 8,8 | 6,0 12,0 | 7,9 15,7 | 9,9 19,9 | 12,3 24,5 | 14,8 29,7 | 17,7 35,3 |
| | A325 | SC[a] Classe A | STD | 17,0 | S D | 5,22 10,4 | 7,51 15,0 | 10,2 20,4 | 13,4 26,7 | 16,9 33,8 | 20,9 41,7 | 25,2 50,5 | 30,0 60,1 |
| | | | OVS, SSL | 15,0 | S D | 4,60 9,20 | 6,63 13,3 | 9,02 18,0 | 11,8 23,6 | 14,9 29,8 | 18,4 36,8 | 22,3 44,6 | 26,5 53,0 |
| | | | LSL | 12,0 | S D | 3,68 7,36 | 5,30 10,6 | 7,22 14,4 | 9,42 18,8 | 11,9 23,9 | 14,7 29,4 | 17,8 35,6 | 21,2 42,4 |
| | | N | STD, NSL | 21,0 | S D | 6,4 12,9 | 9,3 18,6 | 12,6 25,3 | 16,5 33,0 | 20,9 41,7 | 25,8 51,5 | 31,2 62,4 | 37,1 74,2 |
| | | X | STD, NSL | 30,0 | S D | 9,2 18,4 | 13,3 26,5 | 18,0 36,1 | 23,6 47,1 | 29,8 59,6 | 36,8 73,6 | 44,5 89,1 | 53,0 106,0 |
| | A490 | SC[a] Classe A | STD | 21,0 | S D | 6,44 12,9 | 9,28 18,6 | 12,6 25,3 | 16,5 33,0 | 20,9 41,7 | 25,8 51,5 | 31,2 62,4 | 37,1 74,2 |
| | | | OVS, SSL | 18,0 | S D | 5,52 11,0 | 7,95 15,9 | 10,8 21,6 | 14,1 28,3 | 17,9 35,8 | 22,1 44,2 | 26,7 53,5 | 31,8 63,6 |
| | | | LSL | 15,0 | S D | 4,60 9,20 | 6,63 13,3 | 9,02 18,0 | 11,8 23,6 | 14,9 29,8 | 18,4 36,8 | 22,3 44,6 | 26,5 53,0 |
| | | N | STD, NSL | 28,0 | S D | 8,6 17,2 | 12,4 24,7 | 16,8 33,7 | 22,0 44,0 | 27,8 55,7 | 34,4 68,7 | 41,6 83,2 | 49,5 99,0 |
| | | X | STD, NSL | 40,0 | S D | 12,3 24,5 | 17,7 35,3 | 24,1 48,1 | 31,4 62,8 | 39,8 79,5 | 49,1 98,2 | 59,4 119,0 | 70,7 141,0 |
| Rebites | A502-1 | — | STD | 17,5 | S D | 5,4 10,7 | 7,7 15,5 | 10,5 21,0 | 13,7 27,5 | 17,4 34,8 | 21,5 42,9 | 26,0 52,0 | 30,9 61,8 |
| | A502-2 A502-3 | — | STD | 22,0 | S D | 6,7 13,5 | 9,7 19,4 | 13,2 26,5 | 17,3 34,6 | 21,9 43,7 | 27,0 54,0 | 32,7 65,3 | 38,9 77,7 |
| Peças rosqueadas | A36 ($F_u$=58 ksi) | N | STD | 9,9 | S D | 3,0 6,1 | 4,4 8,7 | 6,0 11,9 | 7,8 15,6 | 9,8 19,7 | 12,1 24,3 | 14,7 29,4 | 17,5 35,0 |
| | | X | STD | 12,8 | S D | 3,9 7,9 | 5,7 11,3 | 7,7 15,4 | 10,1 20,1 | 12,7 25,4 | 15,7 31,4 | 19,0 38,0 | 22,6 45,2 |
| | A572, Gr. 50 ($F_u$=65 ksi) | N | STD | 11,1 | S D | 3,4 6,8 | 4,9 9,8 | 6,7 13,3 | 8,7 17,4 | 11,0 22,1 | 13,6 27,2 | 16,5 33,0 | 19,6 39,2 |
| | | X | STD | 14,3 | S D | 4,4 8,8 | 6,3 12,6 | 8,6 17,2 | 11,2 22,5 | 14,2 28,4 | 17,5 35,1 | 21,2 42,5 | 25,3 50,5 |
| | A588 ($F_u$=70 ksi) | N | STD | 11,9 | S D | 3,7 7,3 | 5,3 10,5 | 7,2 14,3 | 9,3 18,7 | 11,8 23,7 | 14,6 29,2 | 17,7 35,3 | 21,0 42,1 |
| | | X | STD | 15,4 | S D | 4,7 9,4 | 6,8 13,6 | 9,3 18,5 | 12,1 24,2 | 15,3 30,6 | 18,9 37,8 | 22,9 45,7 | 27,2 54,4 |

[a] SC = Resistente ao Deslizamento.
N: Conexão tipo contato com rosca *incluída* no plano de cisalhamento.
X: Conexão tipo contato com rosca *excluída* do plano de cisalhamento.
[b] STD: Furos redondos padrão ($d + 1/16$ in)    OVS: Furos alargados
LSL: Furos com entalhes (oblongos) longos normais à direção da carga    SSL: Furos com entalhes (oblongos) curtos
NSL: Furos com entalhes (oblongos) longos ou curtos normais à direção da carga (exigido em conexões tipo contato).
[c] S: Cisalhamento simples    D: Cisalhamento duplo
Para peças rosqueadas de material não listado, use $F_v = 0,17 F_u$ quando as roscas estiverem incluídas em um plano de cisalhamento e $F_v = 0,22 F_u$ quando as roscas estiverem excluídas de um plano de cisalhamento.
Para parafusos totalmente apertados com diâmetro de 1 1/8-in (28,6 mm) e maiores, podem ser exigidas chaves especiais de impacto.
Quando conexões tipo contato usadas em ligações de elementos tracionados tiverem um padrão de conectores cujo comprimento, medido no sentido paralelo ao da linha da força, ultrapassar 50 in (127 cm), os valores tabulados devem ser reduzidos em 20%. Ver a Commentary Sect. J3.4 do AISC ASD.

*Copyright © do American Institute of Steel Construction, Inc. Reimpresso com permissão. Todos os direitos reservados.*

*Tabela 10.2*

## PARAFUSOS E PEÇAS ROSQUEADAS
### Esmagamento
### Cargas admissíveis em kips

**TABELA ESMAGAMENTO**
**Conexões Resistentes ao Deslizamento e Tipo Contato**

| Espessura do Material | $F_u$ = 58 ksi (400 MPa) Diâmetro do Parafuso ||| $F_u$ = 65 ksi (448 MPa) Diâmetro do Parafuso ||| $F_u$ = 70 ksi (483 MPa) Diâmetro do Parafuso ||| $F_u$ = 100 ksi (689 MPa) Diâmetro do Parafuso |||
|---|---|---|---|---|---|---|---|---|---|---|---|---|
| | 3/4 | 7/8 | 1 | 3/4 | 7/8 | 1 | 3/4 | 7/8 | 1 | 3/4 | 7/8 | 1 |
| 1/8 | 6,5 | 7,6 | 8,7 | 7,3 | 8,5 | 9,8 | 7,9 | 9,2 | 10,5 | 11,3 | 13,1 | 15,0 |
| 3/16 | 9,8 | 11,4 | 13,1 | 11,0 | 12,8 | 14,6 | 11,8 | 13,8 | 15,8 | 16,9 | 19,7 | 22,5 |
| 1/4 | 13,1 | 15,2 | 17,4 | 14,6 | 17,1 | 19,5 | 15,8 | 18,4 | 21,0 | 22,5 | 26,3 | 30,0 |
| 5/16 | 16,3 | 19,0 | 21,8 | 18,3 | 21,3 | 24,4 | 19,7 | 23,0 | 26,3 | 28,1 | 32,8 | 37,5 |
| 3/8 | 19,6 | 22,8 | 26,1 | 21,9 | 25,6 | 29,3 | 23,6 | 27,6 | 31,5 | 33,8 | 39,4 | 45,0 |
| 7/16 | 22,8 | 26,6 | 30,5 | 25,6 | 29,9 | 34,1 | 27,6 | 32,2 | 36,8 | | 45,9 | 52,5 |
| 1/2 | 26,1 | 30,5 | 34,8 | 29,3 | 34,1 | 39,0 | 31,5 | 36,8 | 42,0 | | | 60,0 |
| 9/16 | 29,4 | 34,3 | 39,2 | 32,9 | 38,4 | 43,9 | | 41,3 | 47,3 | | | |
| 5/8 | 32,6 | 38,1 | 43,5 | | 42,7 | 48,8 | | 45,9 | 52,5 | | | |
| 11/16 | | 41,9 | 47,9 | | 46,9 | 53,6 | | | 57,8 | | | |
| 3/4 | | 45,7 | 52,2 | | | 58,5 | | | | | | |
| 13/16 | | | 56,6 | | | | | | | | | |
| 7/8 | | | 60,9 | | | | | | | | | |
| 15/16 | | | | | | | | | | | | |
| 1 | 52,2 | 60,9 | 69,6 | 58,5 | 68,3 | 78,0 | 63,0 | 73,5 | 84,0 | 90,0 | 105,0 | 120,0 |

Notas:

Esta tabela se aplica a todos conectores mecânicos tanto em conexões resistentes ao deslizamento como tipo contato que utilizem furos padronizados. Os furos padronizados devem ter um diâmetro nominalmente 1/16 in maiores do que o diâmetro nominal do parafuso (d + 1/16 in)

Os valores de esmagamento indicados na tabela baseiam-se em $F_p$ = 1,2 $F_u$

$F_u$ = resistência mínima de tração especificada para o elemento conectado.

Em conexões que transmitem força axial e cujo comprimento entre conectores extremos medido no sentido paralelo à linha da força ultrapassar 50 in (127 cm), os valores da tabela devem ser reduzidos em 20%. As conexões que usam parafusos de alta resistência em furos alongados com a carga aplicada em uma direção diferente daquela aproximadamente normal (de 80 a 100 graus) ao eixo do furo e conexões com parafusos em furos alargados devem ser dimensionadas para resistência contra o deslizamento sob a carga de serviço de acordo com a Specification Sect. J3.8 do AISC ASD.

Os valores da tabela se aplicam quando a distância *l* paralela à linha de ação da força de centro do parafuso até a borda do elemento conectado não for menor do que 1 ½ d e a distância do centro de um parafuso ao centro do parafuso adjacente não for menor do que 3d. Ver a Commentary Sect. J3.8 do AISC ASD.

Sob determinadas condições, valores maiores do que os valores da tabela podem ser justificados de acordo com a Specification Sect. J3.7.

Os valores estão limitados à capacidade de esmagamento em cisalhamento duplo dos parafusos A490-X.

Os valores para as espessuras decimais podem ser obtidos multiplicando o valor decimal da espessura não listada pelo valor dado para a espessura de 1 polegada (1 in).

*Copyright © do American Institute of Steel Construction, Inc. Reimpresso com permissão. Todos os direitos reservados.*

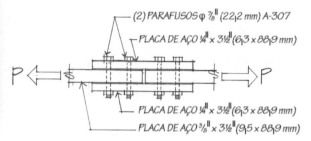

*Figura 10.21   Emenda de topo típica.*

*Parafusos em cisalhamento duplo.*

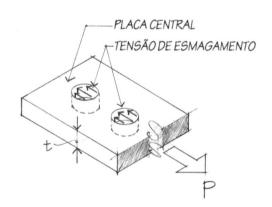

*Tensão de esmagamento na placa.*

## Exemplos de Problemas

**10.1** Determine a capacidade de carga admissível da conexão mostrada na Figura 10.21 se forem usados parafusos comuns com $\phi$ 7/8" (22,2 mm) A307 com furos redondos padrão. Admita que as placas sejam de aço A36.

### Solução:

Ocorrem três modos possíveis de ruptura nessa condição típica de emenda de topo. Serão feitas verificações de cisalhamento, esmagamento e tração líquida para determinar a condição crítica que limita a capacidade da conexão.

*Cisalhamento Simples – Cisalhamento Duplo*

Examine uma seção de corte que passe através da conexão na emenda de topo e desenhe o diagrama de corpo livre de uma metade da ligação. O parafuso passa através das três placas e por isso estão sujeitos ao cisalhamento duplo. A equação geral para determinação da capacidade de cisalhamento dessa conexão é

$$P_v = F_v \times A_v$$

onde

$F_v = 10$ ksi (ver Tabela 10.1)

$$A_v = 2\,\text{parafusos} \times \underbrace{2}_{\text{cisalhamento duplo}} \times \left(\pi \times \frac{d^2}{4}\right)$$

$$A_v = 2 \times 2 \times \left[\pi \times \frac{\left(\frac{7}{8}\right)^2}{4}\right] = 2{,}41\,\text{in}^2$$

$$P_v = F_v \times A_v = 10\,\text{k/in}^2 \times 24{,}1\,\text{in}^2 = 24{,}1\,\text{k}$$

Outro meio de obter o mesmo resultado, mas minimizando alguns dos cálculos, é usar a Tabela 10.1, na qual são dadas as capacidades de carga dos tamanhos e graus de parafuso usados normalmente tanto para cisalhamento simples como para cisalhamento duplo.

$$\therefore P_v = 2\,\text{parafusos} \times 12\,\text{k/parafuso} = 24\,\text{k}$$
(em cisalhamento duplo)

*Esmagamento*

Os parafusos comuns são verificados quanto ao esmagamento no qual admitindo furos redondos padrão, a tensão admissível é adotada como

$$F_p = 1{,}2 F_u$$

em que

$F_u = 58$ ksi para o aço A36

$F_p = 1{,}2 \times (58\,\text{ksi}) = 69{,}6\,\text{ksi}$

A placa central é crítica.

$$\therefore P_p = 2\,\text{parafusos} \times \left(\tfrac{3}{8}'' \times \tfrac{7}{8}''\right) \times 69{,}6\,\text{k/in}^2 = 45{,}7\,\text{k}$$

Conexões Estruturais

Ou, usando o esmagamento (compressão) admissível do AISC na Tabela 10.2,

$P_p = 2 \text{ parafusos} \times 22,8 \text{ k/parafuso} = 45,6 \text{ k}$

Lembre-se de que a ruptura por esmagamento acontece no material da placa que está sendo conectada e não no conector (parafuso).

*Tração Líquida – Na Conexão*

A tração líquida resulta no rasgamento da placa em consequência de haver material insuficiente (seção transversal) para resistir às tensões de tração. O número e a colocação dos parafusos em uma linha através da conexão influenciam enormemente a suscetibilidade da placa à ruptura por tração líquida.

$F_t = 0,5F_u = 0,5(58 \text{ ksi}) 29 \text{ ksi}$

$A_{\text{líquida}} = \left(\frac{3''}{8}\right) \times \left(3\frac{1}{2}'' - \frac{15}{16}''\right) = 0,96 \text{ in}^2$

$P_t = 0,96 \text{ in}^2 \times 29 \text{ k/in}^2 = 27,8 \text{ k}$

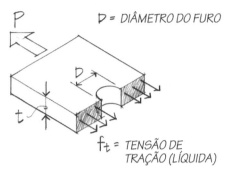

*Tensão líquida de tração.*

A tração na área bruta da placa (em uma região além da conexão):

$A_{\text{bruto}} = \left(\frac{3''}{8}\right) \times \left(3\frac{1}{2}''\right) = 1,31 \text{ in}^2$

$P_t = F_t \times A_{\text{bruto}}$

e

$F_t = 0,6F_y = 0,6(36 \text{ ksi}) = 22 \text{ ksi}$

$\therefore \underset{(\text{bruto})}{P_t} = 1,31 \text{ in}^2 \times 22 \text{ k/in}^2 = 28,2 \text{ k}$

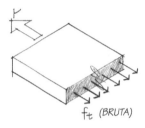

*Tensão de tração na área bruta da barra.*

Levando em consideração que a verificação ao cisalhamento resultou no menor valor admissível, ele determina a capacidade da conexão.

$\therefore P_{\text{admissível}} = 24 \text{ k } (106,8 \text{ kN}).$

**10.2** A emenda de topo mostrada na Figura 10.22 usa duas placas de $8 \times \frac{3}{8}''$ (203,2 × 9,5 mm) para cobrir (em "sanduíche") as placas de $8 \times \frac{1}{2}''$ (203,2 × 12,7 mm) que estão sendo unidas. São usados quatro parafusos A325-SC com $\phi\frac{7}{8}''$ (22,2 mm) em ambos os lados da emenda. Admitindo aço A36 e furos redondos padrão, determine a capacidade admissível da conexão.

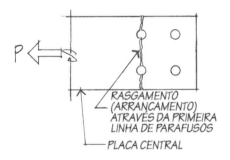

*Figura 10.22  Conexão de emenda de topo.*

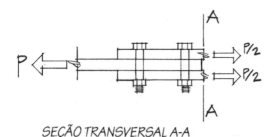

SEÇÃO TRANSVERSAL A-A

*Seção transversal A-A.*

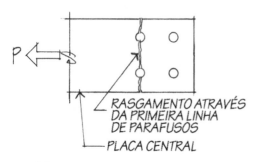

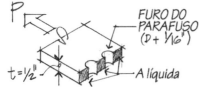

**Solução:**

Serão feitas verificações de cisalhamento, esmagamento e tração líquida para determinar a condição crítica que limita a capacidade da conexão.

*Cisalhamento Simples:* Usando o cisalhamento admissível do AISC indicado na Tabela 10.1,

$P_v = 20{,}4 \text{ k/parafuso} \times 4 \text{ parafusos} =$
$= 81{,}6 \text{ k (cisalhamento duplo)}$

*Esmagamento:* Use o valor admissível de esmagamento do AISC encontrado na Tabela 10.2.

O material mais fino com a maior carga proporcional é limitante; portanto, a placa central de ½"(12,7 mm) é a que limita a capacidade. Admita que os parafusos tenham espaçamento de $3d$, de centro a centro.

$P_b = 30{,}5 \text{ k/parafuso} \times 4 \text{ parafusos} = 122 \text{ k}$

*Tração:* A placa central é crítica porque sua espessura é menor do que a espessura combinada das duas placas externas.

$$\text{Diâmetro do furo} = (\text{diâmetro do parafuso}) + \tfrac{1}{16}'' = \tfrac{7}{8}'' + \tfrac{1}{16}''$$
$$= \tfrac{15}{16}''$$

$P_t = F_t \times A_{\text{líquida}}$

em que

$F_t = 0{,}5 F_u = 0{,}5(58 \text{ ksi}) = 29 \text{ ksi}$

$P_t = 29 \text{ k/in}^2 \times 3{,}06 \text{ in}^2 = 88{,}7 \text{ k}$

A capacidade máxima da conexão é limitada pelo cisalhamento.

$P_{\text{adm}} = 81{,}6 \text{ k}$

**10.3** Uma conexão simples de treliça é construída usando parafusos A325-N em furos redondos padrão. Determine o tamanho dos parafusos exigidos para a condição de carregamento mostrada na Figura 10.23.

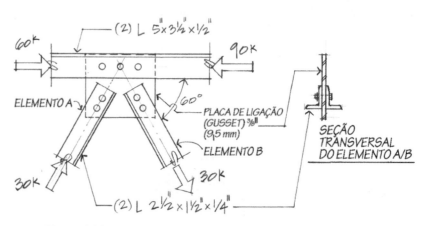

*Figura 10.23  Nó típico de treliça com placa de ligação (gusset).*

## Solução:

Cada elemento da treliça será examinado individualmente para determinar o número mínimo de parafusos exigido. Serão verificados o cisalhamento e o esmagamento em cada barra. Entretanto, não será feito cálculo algum a respeito da tração líquida, porque as cantoneiras e a placa de ligação (gusset) possuem grandes áreas transversais.

*Barras Diagonais A e B*

*Cisalhamento:* Cisalhamento duplo, dois parafusos:

$$\frac{30\,k}{2\,\text{parafusos}} = 15\,k/\text{parafuso}$$

Usando a Tabela 10.1,

$$2 - \tfrac{3}{4}''\phi\,\text{A325-N}\ (P_v = 2 \times 18{,}6\,k/\text{parafuso} = 37{,}2\,k)$$

*Esmagamento:* A placa de ligação (gusset) de $\tfrac{3}{8}''$ (9,5 mm) é crítica quanto ao esmagamento.

$$A_{\text{parafuso}} = \frac{15\,k/\text{parafuso}}{F_p} = \frac{15\,k}{69{,}6\,k/\text{in}^2} = 0{,}216\,\text{in}^2$$

Área de compressão (esmagamento):

$$A_p = d \times t = 0{,}216\,\text{in}^2$$

$$d = \frac{0{,}216\,\text{in}^2}{\tfrac{3}{8}''} = 0{,}576\,\text{in}$$

São necessários dois parafusos de $\phi\tfrac{5}{8}''$ (15,9 mm) para o esmagamento.

O cisalhamento limita o projeto; portanto use dois parafusos de $\phi\tfrac{3}{4}''$ (19,0 mm).

*Barra Horizontal C*

A carga a ser equilibrada é de 30 k (133,4 kN) no sentido horizontal.

$$P = 30\,k$$

A carga de projeto é a mesma das barras *A* e *B*; portanto, são exigidos dois parafusos A325-N com $\phi\tfrac{3}{4}''$ (19,0 mm). Entretanto, na prática é útil fornecer um número ímpar de conectores de forma que a interseção das linhas das forças das duas barras diagonais aconteça no centro do arranjo de parafusos da barra horizontal. Isso tende a reduzir a possibilidade de excentricidade inesperada da conexão. Além disso, é aconselhável que seja mantido o mesmo tamanho de parafuso em toda a conexão para minimizar os erros resultantes da substituição de parafusos.

Portanto, use três parafusos A325-N de $\tfrac{3}{4}''$ (19,0 mm).

**10.4** Para a emenda de topo aparafusada com três linhas de parafusos mostrada na Figura 10.24, determine a carga que pode ser suportada por solicitações de cisalhamento, esmagamento (compressão) e tração. Admita parafusos A325-SC em parafusos redondos padrão.

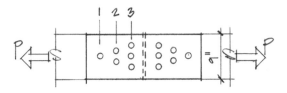

*Figura 10.24   Uma distribuição típica de parafusos.*

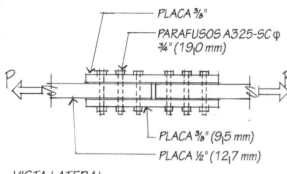

VISTA LATERAL

**Solução:**

*Cisalhamento:* Seis parafusos com $\phi\frac{3}{4}''$ (19,0 mm) em cisalhamento duplo (ver Tabela 10.1):

$P_v = 6 \text{ parafusos} \times 15\,\text{k/parafuso} = 90\,\text{k}$

*Esmagamento:* A placa central é crítica para o esmagamento. Usando a Tabela 10.2,

$P_p = 6 \text{ parafusos} \times 26{,}1\,\text{k/parafuso} = 156{,}6\,\text{k}$

*Tração Líquida:* A capacidade de tração da placa (central) será verificada através das três linhas de parafusos. Esse tipo particular de disposição dos parafusos é usado algumas vezes para reduzir a possibilidade de ruptura por tração. A ideia é fazer que aconteça a transferência de carga através das linhas de parafusos, diminuindo progressivamente a força para cada fileira subsequente de parafusos.

Seção 1

$F_t = 29\,\text{ksi}$

Diâmetro do parafuso $D = \frac{3}{4}'' + \frac{1}{16}'' = 0{,}8125''$

$A_{\text{líquida}} = \frac{1}{2}'' \times (9'' - 0{,}813'') = 4{,}1\,\text{in}^2$
(através de um parafuso)

$P_{t_1} = F_t \times A_{\text{líquida}} = 29\,\text{k/in}^2 \times 4{,}1\,\text{in}^2$

Seção 2

O parafuso através da seção 1 reduz a carga total de tração que ocorre na seção 2. Portanto, a capacidade de tração da seção 2 incluirá a contribuição de cisalhamento de um parafuso da seção 1.

$A_{\text{líquida}} = \frac{1}{2}'' \times (9'' - 2 \times 0{,}813'') = 3{,}69\,\text{in}^2$
(através de dois parafusos)

$P_{t_2} = (29\,\text{k/in}^2 \times 3{,}69\,\text{in}^2) + \underbrace{15\,\text{k}}_{\substack{\text{(1 parafuso em} \\ \text{cisalhamento)}}} = 92\,\text{k}$

Seção 3

Essa seção incluirá a contribuição de cisalhamento dos parafusos das seções 1 e 2. A área líquida da placa através da linha de parafusos da seção 3 é

$A_{\text{líquida}} = \frac{1}{2}'' \times (9'' - 3 \times 0{,}813'') = 3{,}28\,\text{in}^2$

$P_{t_3} = 29\,\text{k/in}^2 \times 3{,}28\,\text{in}^2 + 3(15\,\text{k}) = 140{,}1\,\text{k}$

Com base no exame das condições de cisalhamento, esmagamento e tração líquida através de três seções diferentes, a capacidade da conexão é limitada pelo cisalhamento:

$P_{\text{adm}} = P_v = 90\,\text{k}$

## Problemas

**10.1** Determine a carga admissível $P$ permitida para essa conexão de emenda em cisalhamento duplo admitindo aço A36 e parafusos A325-SC em furos redondos padrão.

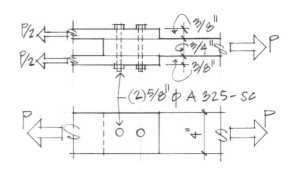

**10.2** A barra vertical de aço mostrada tem $\frac{3}{8}''$ (9,5 mm) e deve ser dimensionada para suportar uma carga de tração $P = 28$ k (124,6 kN). Serão usados dois parafusos A325-X. Admitindo material A36 e furos redondos padrão, calcule o seguinte:

  a. O diâmetro $d$ exigido dos parafusos.
  b. A largura $W$ exigida para a barra.

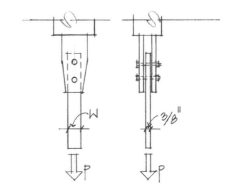

**10.3** A conexão do tipo mostrado usa três parafusos A325-X (STD) com $\phi\frac{3}{4}''$ (19,0 mm) na conexão superior e dois parafusos A325-X (STD) $\phi\frac{7}{8}''$ (22,2 mm) na barra de três polegadas (76,2 mm). Qual a carga máxima $P$ que essa conexão pode suportar?

*Nota: Esse é um exercício acadêmico. Geralmente, não é aconselhável usar parafusos de tamanhos diferentes na mesma conexão.*

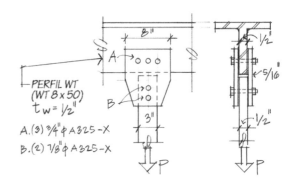

**10.4** Determine o número de parafusos necessário para cada elemento estrutural que faz parte do nó de treliça mostrado. Os parafusos têm $\phi \frac{3}{4}''$ (19,0 mm) A325-X (NSL), e os elementos são de aço A36.

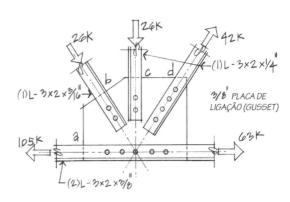

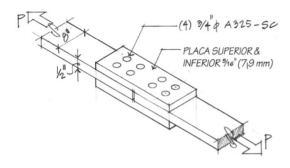

**10.5** Determine a capacidade dessa emenda de topo em relação ao cisalhamento, esmagamento e tração líquida. As placas são feitas de aço A36 e os quatro parafusos de cada lado da ligação são A325-SC com furos redondos padrão.

**10.6** Uma ponte suspensa sobre um rio usa em seu sistema principal de suspensão um sistema de barras emendadas, conectadas da maneira mostrada. Admitindo aço A36 e parafusos A490-X, determine a carga máxima $P$ que o sistema pode suportar. Verifique quanto ao cisalhamento, esmagamento e tração líquida no parafuso e tração no parafuso e tração no elemento estrutural.

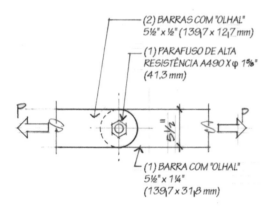

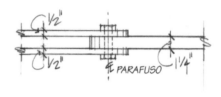

## Conexões Flexíveis Padrão de Vigas

Existem tabelas do padrão AISC disponíveis para atender o projeto de uma grande maioria de conexões estruturais típicas em que vigas secundárias de estruturas mistas tipo *"filler beams"* se ligam a vigas principais ou vigas principais se ligam a colunas (pilares) (Figuras 10.25 e 10.26). Esse tipo de conexão-padrão de cisalhamento consiste em duas cantoneiras colocadas com suas faces traseiras (costas com costas) em cada lado da alma da viga secundária ou da viga principal.

Quando uma viga se ligar a uma viga principal de forma que as superfícies superiores dos flanges superiores estejam na mesma altura, é usado o termo *flush top* (alinhados pelo topo). Para conseguir isso, é necessário cortar uma parte do flange superior do modo ilustrado na parte direita da Figura 10.25. Isso é conhecido como entalhe, recorte ou ajuste (*coping*) ou travamento (*blocking*) e, por economia, deve ser evitado sempre que possível.

As conexões de vigas em esqueletos estruturais geralmente são dimensionadas quanto ao cisalhamento, ao esmagamento (compressão) e rasgamento da alma ou cisalhamento de bloco (para vigas com flange superior entalhado). Um exemplo de tabela do AISC é mostrado na Tabela 10.3 para uso no projeto de conexões resistentes ao deslizamento (tipo atrito) ou tipo esmagamento (contato) com base na capacidade ao cisalhamento de furos de tamanho padronizado. São consideradas outras tabelas do AISC (não incluídas neste livro) para verificação das capacidades quanto ao esmagamento e ao rasgamento da alma.

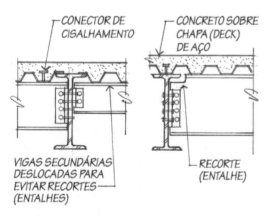

*Figura 10.25 Conexão típica resistente ao cisalhamento entre viga secundária e viga principal.*

Conexões Estruturais

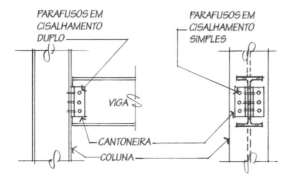

*Figura 10.26   Conexão flexível padrão entre viga e coluna.*

A Tabela 10.3 fornece valores de acordo com o tipo do parafuso, o tamanho do parafuso, o tipo de furo, o número de parafusos (usando dimensão de afastamento de 3 polegadas, ou 76,2 mm), espessura da cantoneira e comprimento. Parafusos de alta resistência, tanto em conexões tipo atrito como tipo contato, admitem uma condição de cisalhamento duplo através da alma da viga e uma ligação com cisalhamento simples ao flange da coluna ou à alma da viga principal. A espessura e o comprimento da cantoneira são dependentes do tamanho do conector, da grandeza da carga aplicada e da limitação de espaço no interior dos flanges da viga. As cantoneiras devem ser capazes de se encaixar no espaço livre entre os ressaltos dos flanges (Figura 10.27). Os comprimentos das cantoneiras são geralmente pelo menos metade da altura da viga para fornecer alguma resistência à rotação de sua extremidade.

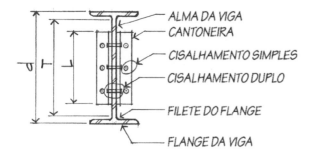

*Figura 10.27   Seção transversal de viga com cantoneiras.*

*Tabela 10.3*

## CONEXÕES FLEXÍVEIS EM VIGAS
### Aparafusadas
### TABELA  Cargas admissíveis em kips

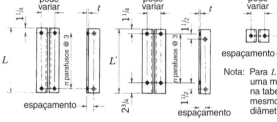

Nota: Para $L = 2½"$ (63,5 mm) use uma metade do valor mostrado na tabela para $L = 5½$, para o mesmo tipo de parafuso, diâmetro e espessura.

ALTERNAR PARAFUSOS DEFASADOS

### TABELA  Cisalhamento do Parafuso[a]

Para parafusos A307 em furos padrão ou alongados e para parafusos A325 e A490 em conexões **resistentes ao deslizamento** com furos padrão e Classe A, fazer com que a condição de superfície fique limpa de carepas de aço.

| Tipo de Parafuso | \multicolumn{3}{c}{A307} | \multicolumn{3}{c}{A325-SC} | \multicolumn{3}{c}{A490-SC} | |
|---|---|---|---|---|---|---|---|---|---|---|
| $F_v$, Ksi | \multicolumn{3}{c}{10,0} | \multicolumn{3}{c}{17,0} | \multicolumn{3}{c}{21,0} | Nota: |
| Diâmetro do Parafuso, $d$ In | ¾ | ⅞ | 1 | ¾ | ⅞ | 1 | ¾ | ⅞ | 1 | Para conexões resistentes ao deslizamento com furos alargados ou alongados, ver Tabela II-B. |
| Espessura da Cantoneira $t$, In | ¼ | ¼ | ¼ | ¼ | 5/16 | ½ | 5/16 | ½ | 5/8 | |

| L In | L' In | n | | | | | | | | | |
|---|---|---|---|---|---|---|---|---|---|---|---|
| 29½ | 31 | 10 | 88,4 | 120 | 157 | 150 | 204 | 267 | 186 | 253 | 330 |
| 26½ | 28 | 9 | 79,5 | 108 | 141 | 135 | 184 | 240 | 167 | 227 | 297 |
| 23½ | 25 | 8 | 70,7 | 96,2 | 126 | 120 | 164 | 214 | 148 | 202 | 264 |
| 20½ | 22 | 7 | 61,9 | 84,2 | 110 | 105 | 143 | 187 | 130 | 177 | 231 |
| 17½ | 19 | 6 | 53,0 | 72,2 | 94,2 | 90,1 | 123 | 160 | 111 | 152 | 198 |
| 14½ | 16 | 5 | 44,2 | 60,1 | 78,5 | 75,1 | 102 | 134 | 92,8 | 126 | 165 |
| 11½ | 13 | 4 | 35,3 | 48,1 | 62,8 | 60,1 | 81,8 | 107 | 74,2 | 101 | 132 |
| 8½ | 10 | 3 | 26,5 | 36,1 | 47,1[b] | 45,1 | 61,3 | 80,1 | 55,7 | 75,8 | 99,0 |
| 5½ | 7 | 2 | 17,7 | 24,1 | 31,4[b] | 30,0 | 40,9 | 53,4 | 37,1 | 50,5 | 66,0 |

Notas:

[a] Os valores de cargas da tabela estão baseados no cisalhamento duplo de parafusos a menos que seja observado o contrário. Ver a RCSC Specification para outras condições de superfície.

[b] A capacidade mostrada está baseada no cisalhamento duplo dos parafusos; entretanto, para o comprimento $L$, o cisalhamento líquido sobre a espessura da cantoneira especificada é crítico. Ver Tabela II-C.

*Copyright © do American Institute of Steel Construction, Inc. Reimpresso com permissão. Todos os direitos reservados.*

*Tabela 10.3  Continuação.*

## CONEXÕES FLEXÍVEIS EM VIGAS
### Aparafusadas
### TABELA  Cargas admissíveis em kips

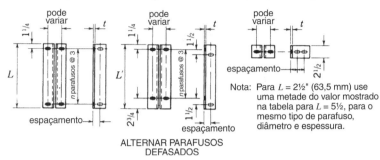

Nota: Para $L = 2\frac{1}{2}"$ (63,5 mm) use uma metade do valor mostrado na tabela para $L = 5\frac{1}{2}$, para o mesmo tipo de parafuso, diâmetro e espessura.

ALTERNAR PARAFUSOS DEFASADOS

### TABELA  Cisalhamento do Parafuso[a]

Para parafusos A307 em furos padrão ou alongados e para parafusos A325 e A490 em conexões resistentes ao deslizamento com furos padrão e Classe A, fazer com que a condição de superfície fique limpa de carepas de aço.

| Tipo de Parafuso | A325-N | | | A490-N | | | A325-X | | | A490-X | | |
|---|---|---|---|---|---|---|---|---|---|---|---|---|
| $F_v$, Ksi | 21,0 | | | 28,0 | | | 30,0 | | | 40,0 | | |
| Diâmetro do Parafuso, $d$ In | ¾ | ⅞ | 1 | ¾ | ⅞ | 1 | ¾ | ⅞ | 1 | ¾ | ⅞ | 1 |
| Espessura da Cantoneira $t$, In | 5/16 | ⅜ | ⅝ | ⅜ | ½ | ⅝ | ⅜ | ⅝ | ⅝ | ½ | ⅝ | ⅝ |

| $L$ In | $L'$ In | $n$ | | | | | | | | | | | |
|---|---|---|---|---|---|---|---|---|---|---|---|---|---|
| 29½ | 31 | 10 | 186 | 253 | 330 | 247 | 337 | 440[b] | 265 | 361 | c | 353 | 481 | c |
| 26½ | 28 | 9 | 167 | 227 | 297 | 223 | 303 | 396[b] | 239 | 325 | c | 318 | 433 | c |
| 23½ | 25 | 8 | 148 | 202 | 264 | 198 | 269 | 352[b] | 212 | 289 | c | 283 | 385 | c |
| 20½ | 22 | 7 | 130 | 177 | 231 | 173 | 236 | 308[b] | 186 | 253 | c | 247 | 337 | c |
| 17½ | 19 | 6 | 111 | 152 | 198 | 148 | 202 | 264[b] | 159 | 216 | 283 | 212 | 289 | 377 |
| 14½ | 16 | 5 | 92,8 | 126 | 165 | 124 | 168 | 220[b] | 133 | 180 | 236 | 177 | 242 | 314 |
| 11½ | 13 | 4 | 74,2 | 101 | 132 | 99,0 | 135 | 176[b] | 106 | 144 | 188 | 141 | 192 | 251 |
| 8½ | 10 | 3 | 55,7 | 75,8[b] | 99,0 | 74,2 | 101[b] | 132[b] | 79,5[b] | 108 | 141 | 106[b] | 144 | 188 |
| 5½ | 7 | 2 | 37,1 | 50,5[b] | 66,0 | 49,5 | 67,3[b] | 88,0[b] | 53,0[b] | 72,2 | 94 | 70,7[b] | 96 | 126 |

[a]Os valores de cargas da tabela estão baseados no cisalhamento duplo de parafusos a menos que seja observado o contrário. Ver a RCSC Specification para outras condições de superfície.

[b]A capacidade mostrada está baseada no cisalhamento duplo dos parafusos; entretanto, para o comprimento $L$, o cisalhamento líquido sobre a espessura da cantoneira especificada é crítico. Ver Tabela II-C.

[c]A capacidade é determinada pelo cisalhamento líquido sobre as cantoneiras para os comprimentos $L$ e $L'$. Ver Tabela II-C.

*Copyright © do American Institute of Steel Construction, Inc. Reimpresso com permissão. Todos os direitos reservados.*

## Exemplos de Problemas

**10.5** Considerando o valor da Tabela 10.3 do AISC para cisalhamento do parafuso na conexão de viga com esqueleto estrutural, determine a adequação ao cisalhamento da ligação mostrada na Figura 10.28. Que espessura e comprimento de cantoneira são exigidos?

Reação na extremidade da viga = 60 k (266,9 kN).

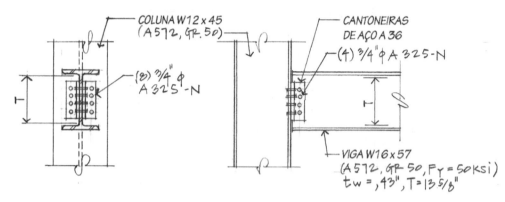

*Figura 10.28   Ligação típica entre viga e coluna.*

**Solução:**

Entre com um diâmetro do parafuso de $\phi\frac{3}{4}''$ (da Tabela 10.3), conectores do tipo A325-N e $n = 4$ parafusos em cisalhamento duplo através da alma da viga.

O cisalhamento admissível = 74,2 k > 60 k (ou 330 > 267 kN).

A conexão é adequada no que diz respeito ao cisalhamento.

As cantoneiras têm $\frac{5}{16}''$ (7,9 mm) de espessura e um comprimento de $11\frac{1}{2}''$ (292,1 mm). Em virtude de as cantoneiras serem menores do que a dimensão do espaço livre $T$ entre os ressaltos dos flanges, não haverá um problema de colocação.

**10.6** Determine o número de parafusos exigido para a conexão da Figura 10.29 com base no cisalhamento se a reação de apoio na extremidade for de 120 k (534 kN). Qual a espessura e o comprimento exigido para a cantoneira? A cantoneira se encaixa dentro do espaço entre os flanges?

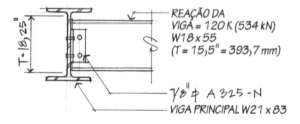

*Figura 10.29   Conexão típica resistente ao cisalhamento entre viga secundária e viga principal.*

**Solução:**

Da Tabela 10.3, essa conexão exige cinco parafusos A325-N $\phi\frac{7}{8}''$ (22,2 mm) através da alma da viga e dez parafusos com $\phi\frac{7}{8}''$ (22,2 mm) através da alma da viga principal.

Capacidade de cisalhamento = 126 k > 120 k (560 > 534 kN).

As cantoneiras têm $\frac{3}{4}''$ (19,0 mm) de espessura e $14\frac{1}{2}''$ (368,3 mm) de comprimento.

Em virtude de $T = 15,5''$ (393,7 mm) ser maior do que $L = 14,5''$ (368,3 mm), as cantoneiras da ligação devem se encaixar adequadamente entre os flanges.

Conexões Estruturais

## Problemas

**10.7** A conexão de uma viga secundária a uma viga principal é aparafusada e usa duas cantoneiras e cinco parafusos A490-X, de acordo com o ilustrado. A reação da viga é igual a 210 kip (934 kN). Admitindo parafusos de aço A36 e espaçamento entre eles de 3 polegadas (76,2 mm), determine o diâmetro de parafuso exigido, a espessura e o comprimento da cantoneira.

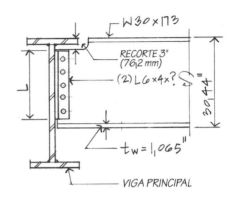

**10.8** Uma conexão metálica padrão entre uma viga e uma coluna usa aço A36 com parafusos A325-SC e $\phi\frac{3}{4}''$ (19,0 mm) com espaçamento de três polegadas (76,2 mm). Para a conexão mostrada, determine o seguinte:

a. A capacidade máxima admissível de cisalhamento para a conexão.
b. O número exigido de parafusos.
c. O comprimento $L$ da cantoneira.

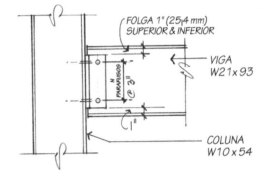

## 10.2 CONEXÕES SOLDADAS

A soldagem, do modo normalmente considerado em uso estrutural, pode ser definida como um método de unir metais por fusão sem a aplicação de pressão. O metal na ligação, juntamente com o metal adicional fornecido na forma de material de adição (de um eletrodo), é fundido, formando uma pequena cavidade ou poça. Com o resfriamento, a solda e o metal da base formam uma ligação contínua e quase homogênea. Muitos processos de soldagem são reconhecidos pela AWS, mas para o aço estrutural usado na construção civil, a soldagem de arco é o método geralmente empregado. Neste livro, o termo *soldagem* se refere à soldagem de arco, no qual o processo de fusão ocorre pela geração de calor de um arco elétrico. A soldagem de arco foi possibilitada inicialmente pela descoberta do arco elétrico por Sir Humphrey Davy (ver a Figura 10.1) no início do século XIX. Ele também desenvolveu a metodologia de iniciar e manter um arco elétrico.

A soldagem de arco elétrico exige uma fonte de energia conectada a um circuito que inclui um cabo terra à peça a ser soldada e, no cabo do eletrodo (cabo de soldagem), o porta-eletrodo (tenaz) e o eletrodo em si (Figura 10.30).

É formado um arco sustentado em um espaço entre as peças a serem soldadas e o eletrodo, completando o circuito elétrico. A resistência do ar ou do gás no espaço transforma a energia elétrica em calor com temperaturas extremamente altas (aproximadamente 6.500 °F, ou 3593 °C, na ponta do eletrodo). É gerado calor intenso pelo arco no qual o metal base e o metal de enchimento do eletrodo se liquefazem (em uma temperatura superior a 3.000 °F, ou 1649 °C) em uma cavidade (chamada *poça*). Quando o metal

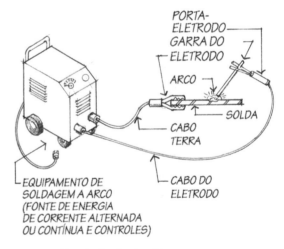

*Figura 10.30 O circuito de soldagem.*

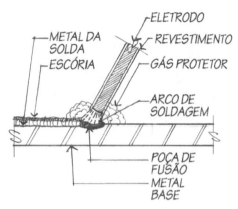

*Figura 10.31   Soldagem a arco com eletrodo revestido.*

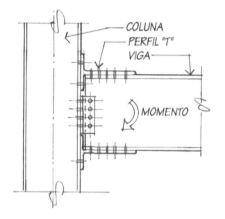

*Figura 10.32   Conexão aparafusada em duplo T (T-Stub) resistente ao momento fletor – não recomendada para construções novas.*

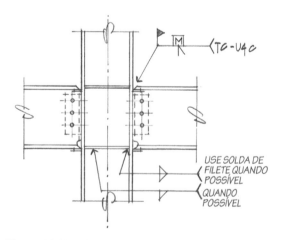

*Figura 10.33   Conexão soldada típica resistente ao momento fletor.*

fundido se resfria e se solidifica, os metais são unidos em uma peça metalurgicamente sólida e homogênea.

A soldagem a arco com eletrodo revestido (Figura 10.31) é usada para controlar a oxidação da poça de fusão para evitar a porosidade do metal (causando a fragilização) e para controlar a fusão da haste, e assim conseguir um poder mais efetivo de penetração.

A soldagem a arco com eletrodo revestido é realizada normalmente pelo uso de um revestimento químico de um eletrodo, ao passo que a soldagem por arco submerso considera frequentemente um fluxo granular para submergir o arco e proteger o metal fundido do ar.

Recentemente foram realizados grandes avanços nos processos automáticos e semiautomáticos de soldagem de forma que atualmente a soldagem manual está geralmente limitada a soldas pequenas e soldagens em campo (soldagem realizada no local da obra). Uma prática muito comum para a confecção de conexões estruturais é soldar em oficina um dispositivo de conexão – cantoneiras, placas de apoio e assim por diante – a um elemento estrutural e então unir esse elemento a outro elemento de conexão no local da obra por meio de parafusos.

Em algumas ocasiões, como conexões de engastes (resistentes ao momento fletor), ligações completamente soldadas são uma opção razoável. Levando em consideração que os elementos estruturais soldados podem ser ligados entre si de modo a fornecerem uma capacidade de resistência a momentos sem que sejam usadas placas ou cantoneiras de conexão (Figuras 10.32 e 10.33), normalmente a conexão soldada é mais simples, mais compacta e exige menor equipe de trabalho.

Os furos de parafusos são evitados; portanto, é usada a seção bruta ao invés da seção líquida para determinar a área da seção transversal dos elementos estruturais submetidos à tração.

Ocasionalmente, surgirão problemas na aplicação da solda a conexões de elementos estruturais. A seleção de um eletrodo errado, o uso de configurações de amperagem/voltagem inadequadas no equipamento de solda, velocidade de resfriamento da solda muito rápida e o desenvolvimento de tensões internas de resfriamento diferencial são alguns dos fatores que afetam soldagens satisfatórias. No passado, essas considerações eram a principal preocupação do soldador. Entretanto, com o surgimento de melhores métodos e da padronização, muito dessa responsabilidade agora foi transferida do soldador para a norma de soldagem do AWS. Os trabalhos seriamente comprometidos foram substancialmente eliminados pela exigência de que cada soldador passe por testes rígidos de qualificação e submetam seus trabalhos ao exame cuidadoso de um inspetor treinado. Para testar ainda mais a segurança de ligações soldadas, são usados ocasionalmente o exame ultrassônico e a inspeção magnética de partículas para localizar falhas internas.

Os projetistas de conexões estruturais, sejam elas aparafusadas ou soldadas, sempre devem estar cientes das condições reais durante as atividades de construção a fim de facilitarem esse processo e fornecerem uma solução econômica. É possível uma grande variedade de tipos de conexões e de combinações e um projetista experiente é o mais indicado para determinar uma conexão prática e econômica.

Conexões Estruturais

## Tipos de Ligações Soldadas

Há vários tipos de ligações soldadas utilizadas na prática. A seleção do tipo apropriado é uma função da grandeza da carga na ligação, da direção da carga aplicada, da configuração da ligação, da dificuldade de preparação da ligação e do custo da construção. As soldas em ângulo (filete) (Figura 10.34) e soldas de topo (chanfro) (Figura 10.35) são os dois tipos de solda mais utilizados na construção civil.

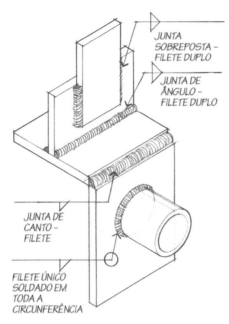

Figura 10.34  Soldas de filete típicas.

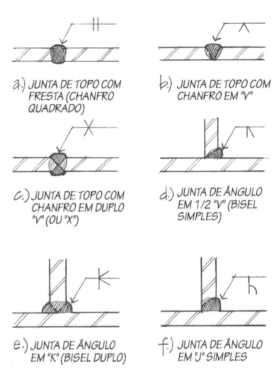

Figura 10.35  Soldas de chanfro (topo) típicas.

Ocasionalmente, são empregadas as soldas de tampão em furos circulares (*plug welds*) ou alongados (*slot welds*) (Figura 10.36) em circunstâncias especiais. A análise a seguir estará limitada a solicitações de carregamento em soldas em ângulo e de topo. Os símbolos comuns usados para indicar o tipo de solda são mostrados na Tabela 10.4. Os símbolos adequados são indicados para soldas em ângulo e de topo (chanfro) nas Figuras 10.34 e 10.35.

As soldas em ângulo e de topo (chanfro) diferem principalmente pela maneira que acontece a transferência de tensões. As soldas de chanfro normalmente estão submetidas à tração ou compressão direta (Figura 10.37), ao passo que as soldas em ângulo geralmente estão sujeitas ao cisalhamento, assim como à tração e compressão (Figura 10.38).

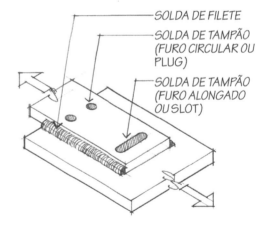

Figura 10.36  Soldas de tampão em furos circulares (plug) e furos alongados (slot).

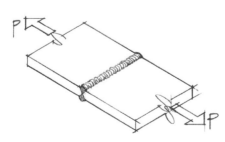

Figura 10.37(a)  A solda de chanfro com penetração total desenvolve a capacidade completa de tração da placa.

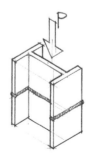

Figura 10.37(b)  A solda de chanfro com penetração total ou parcial desenvolve a capacidade completa de compressão da seção transversal.

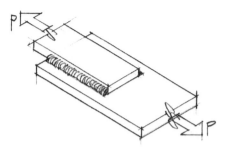

*Figura 10.38(a)   As soldas de filete resistem ao cisalhamento.*

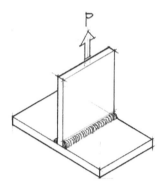

*Figura 10.38(b)   A solda de filete resiste à tração por meio do cisalhamento através da garganta.*

A resistência de uma solda de chanfro com penetração completa é proporcional à sua área de seção transversal e à resistência do material de adição. Levando-se em conta que o metal de adição do eletrodo supera a resistência de um metal base de aço A36, a solda de chanfro é mais resistente do que o material base quanto ao cisalhamento, à tração e à compressão. A resistência de soldas de chanfro com penetração completa é admitida conservadoramente como igual à do material base. Em outras palavras, admite-se que uma solda de chanfro de mesma seção transversal dos elementos estruturais unidos seja 100% eficiente na transferência de tensões. Se uma solda de chanfro fosse feita com penetração incompleta, sua resistência teria que ser reduzida de acordo com a norma de solda utilizada.

As soldas de chanfro são usadas geralmente em montagens estruturais nas quais as soldas com resistências completas sejam obrigatórias. Elas exigem quantidades relativamente grandes de metal de solda e algumas vezes podem surgir problemas durante o processo de solda. As soldas de chanfro também exigem o corte de elementos estruturais em comprimentos aproximadamente exatos das extremidades a serem unidas, e podem precisar de ampla preparação de borda. Em consequência, as soldas de chanfro (topo) são mais caras para serem produzidas do que as soldas de filete.

Conexões Estruturais

*Tabela 10.4*

## JUNTAS SOLDADAS
### Símbolos Padrão

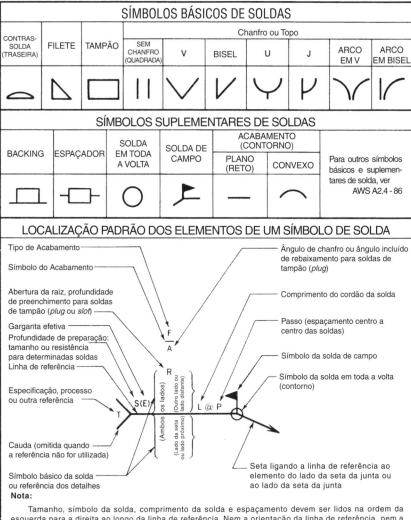

*Copyright © do American Institute of Steel Construction, Inc. Reimpresso com permissão. Todos os direitos reservados.*

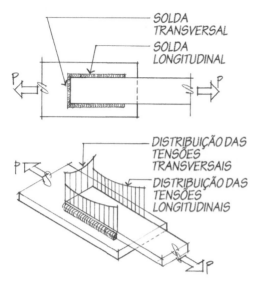

*Figura 10.39 Tensões longitudinais e transversais em soldas de filete.*

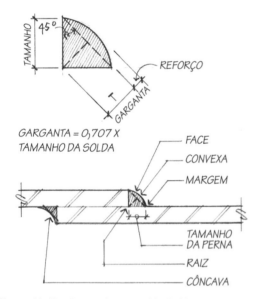

*Figura 10.40 Partes de uma solda de filete.*

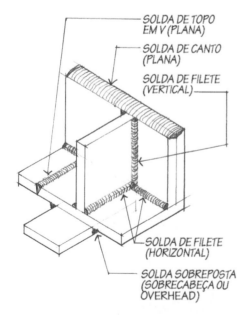

A solda em ângulo é uma das mais utilizadas. É a solda pela qual os fabricantes de aço unem o material das placas para fazer vigas e vigas mestras compostas e, mais frequentemente, para unir vigas a colunas ou a vigas principais. Embora as soldas de chanfro apresentem maior resistência do que as soldas em ângulo, a maior parte das conexões estruturais é unida por soldagem em ângulo. As soldas em ângulo possibilitam maiores tolerâncias de ajustes e geralmente não exigem preparação antes da soldagem. A resistência última de uma solda em ângulo é dependente da direção da carga aplicada, que é paralela (longitudinal) ou transversal à solda.

Experiências mostraram que as extremidades de uma solda em ângulo, permanecendo paralela à linha de ação da carga, são solicitadas por maiores tensões do que a parte média da solda, conforme o ilustrado na Figura 10.39. Além disso, quando uma solda de extremidade for combinada com soldas longitudinais, a tensão na solda de extremidade será aproximadamente 30% maior do que aquela nas soldas laterais (longitudinais); entretanto, esse fato não é considerado na maioria das especificações de projeto.

Em soldas em ângulo, com uma seção transversal teoricamente triangular, admite-se que a tensão crítica aja na *área mínima da garganta (estrangulamento)*, independentemente da direção da carga aplicada. A *garganta* de uma solda em ângulo (Figura 10.40) é medida a partir da raiz (vértice interior do triângulo) até a face teórica da solda. A garganta é igual ao produto da garganta teórica $T$ e o comprimento da solda. O esforço cisalhante, o momento fletor e as forças axiais causam tensões cisalhantes (através da garganta) em soldas em ângulo.

Geralmente, as soldas em ângulo são especificadas com pernas iguais, e o comprimento dessas pernas é usado convenientemente para representar o tamanho da solda. A espessura da garganta efetiva $T$ de uma solda com ângulo de 45° com pernas iguais é considerada como

$$T = 0{,}707 \times \text{comprimento da solda}$$

Os eletrodos compatíveis e usados mais frequentemente para a soldagem do aço A36 são o E60XX e o E70XX, em que o prefixo $E$ indica *eletrodo* e os dois primeiros dígitos indicam a resistência última à tração em milhares de libras por polegada quadrada. Por exemplo, um eletrodo E70XX tem uma capacidade última à tração de 70 ksi (483 MPa). O próximo dígito indica a posição da solda (Figura 10.41) na qual o eletrodo é capaz de produzir soldas satisfatórias. Por exemplo,

E701X          Todas as posições
E702X          Posição horizontal e chanfros horizontais

A resistência da solda de chanfro se baseia na tensão de cisalhamento admissível para o metal da solda ao longo da área da garganta efetiva. As especificações do AISC limitam a tensão de cisalhamento admissível sobre a área efetiva em 30% da resistência nominal de tração do metal da solda. Portanto, para o aço A36 e eletrodos E60XX e E70XX,

$$F_v = 0{,}30 \times 60 \text{ ksi} = 18 \text{ ksi} \quad (\text{E60XX})$$

$$F_v = 0{,}30 \times 70 \text{ ksi} = 21 \text{ ksi} \quad (\text{E70XX})$$

*Figura 10.41 Tipos de solda com base em sua posição.*

Conexões Estruturais

As resistências por polegada de solda para qualquer tamanho de solda de pernas iguais pode ser encontrada multiplicando o tamanho da solda por 0,707 vez a tensão de cisalhamento admissível.

Dimensão da garganta: $T = 0{,}707 \times$ tamanho da solda

Área da garganta: $A_{garganta} = T \times$ comprimento da solda

Para 1" de solda: $A_{garganta} = T \times 1''$

resistência da solda por polegada = área da garganta $(A_t) \times$ tensão de cisalhamento admissível $(F_v)$

A Tabela 10.5 está incluída aqui para possibilitar cálculos mais rápidos que envolvam soldas em ângulo.

*Tabela 10.5  Resistência admissível de soldas em ângulo por polegada de solda*

| Tamanho da Solda (in) | E70XX (k/in) |
|---|---|
| $\frac{3}{16}''$ | 2,78 |
| $\frac{1}{4}''$ | 3,71 |
| $\frac{5}{16}''$ | 4,64 |
| $\frac{3}{8}''$ | 5,57 |
| $\frac{7}{16}''$ | 6,49 |
| $\frac{1}{2}''$ | 7,42 |
| $\frac{5}{8}''$ | 9,27 |
| $\frac{3}{4}''$ | 11,13 |

Além da resistência da solda em ângulo baseada no tamanho e no comprimento da solda, outras especificações de normas são completamente apresentadas no *Manual of Steel Construction Allowable Stress Design* do AISC e no código estrutural do AWS. Alguns dos outros itens do código são os seguintes:

- O tamanho máximo de uma solda em ângulo aplicada a uma borda quadrada de uma placa ou seção com espessura de $\frac{1}{4}''$ (6,3 mm) ou maior deve ser $\frac{1}{16}''$ (1,59 mm) menor do que a espessura nominal da borda. Ao longo das bordas de material com espessuras menores do que $\frac{1}{4}''$ (6,3 mm), o tamanho máximo pode ser igual à espessura do material.

- O tamanho mínimo de uma solda em ângulo depende da espessura dos dois elementos estruturais a serem soldados, mas não pode ser maior do que a espessura do elemento estrutural mais fino. O tamanho mínimo de soldas em ângulo é $\frac{1}{8}''$ (3,2 mm) para material com uma espessura de $\frac{1}{4}''$ (6,3 mm) ou menos, $\frac{3}{16}''$ (4,8 mm) para uma espessura de material entre $\frac{1}{4}''$ (6,3 mm) e $\frac{1}{2}''$ (12,7 mm), $\frac{1}{4}''$ (6,3 mm) para uma espessura de material entre $\frac{1}{2}''$ (12,7 mm) e $\frac{3}{4}''$ (19,0 mm), e $\frac{5}{16}''$ (7,9 mm) para espessura de material acima de $\frac{3}{4}''$ (19,0 mm).

- O comprimento efetivo mínimo de soldas em ângulo deve ser quatro vezes o tamanho nominal ou, em caso contrário, o tamanho da solda deve ser tomado como $\frac{1}{4}''$ (6,3 mm) de seu tamanho efetivo.

- Se duas ou mais soldas forem paralelas entre si, o comprimento deve ser no mínimo igual à distância perpendicular entre elas (Figura 10.42).

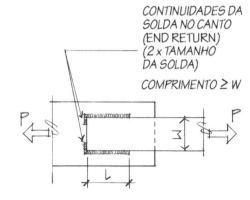

*Figura 10.42  Comprimento mínimo para soldas paralelas.*

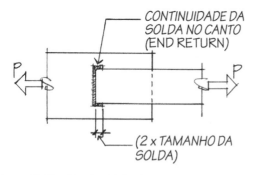

*Figura 10.43  Continuidades (contorno) ao longo das extremidades (end returns) para soldas de filete.*

- O comprimento mínimo de soldas em ângulo intermitentes não deve ser menor do que quatro vezes o tamanho da solda, com um mínimo de $1\frac{1}{2}''$ (38,1 mm).

- Soldas em ângulo laterais ou de extremidade que terminem nas extremidades ou nas laterais devem ser continuadas, se for prático, em torno dos cantos por uma distância mínima de duas vezes o tamanho nominal da solda (Figura 10.43). É fornecida resistência adicional a soldas em ângulo com cobertura das extremidades.

As preocupações de custos também são muito determinantes do tamanho da solda em ângulo a ser utilizada. O volume do metal da solda tem uma correlação direta com os custos da mão de obra envolvida com a realização da solda. A solda mais econômica minimiza o volume do metal da solda e, ao mesmo tempo, reduz o fornecimento de calor assim como a contração e distorção da emenda. Minimizar o metal da solda também minimiza o potencial de defeitos da solda. Os tamanhos de soldas em ângulo devem ser mantidos em $\frac{5}{16}''$ (7,9 mm) ou menos, porque a solda de $\frac{5}{16}''$ (7,9 mm) é o maior tamanho de solda que pode ser depositado em um passe com o processo de arco de eletrodo revestido nas posições horizontais e planas. Soldas em ângulo maiores geralmente exigem dois ou mais passes.

Na prática, também é aconselhável manter o mesmo tamanho de filete ao longo da ligação. Uma mudança no tamanho do filete precisa de uma mudança de hastes de soldagem e, portanto, retarda o trabalho e pode causar erros.

### Exemplos de Problemas

**10.7**  Determine a capacidade da conexão da Figura 10.44 admitindo aço A36 com eletrodos E70XX.

**Solução:**

Capacidade da solda:

Para uma solda de filete de $\frac{5}{16}''$ (7,9 mm),
$S = 3{,}98$ k/in (6970 N/cm)

Comprimento da solda $= 22''$

Capacidade da solda $= 22'' \times 3{,}98$ k/in $= 87{,}6$ k

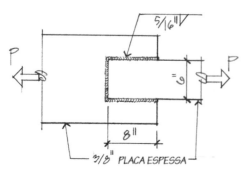

*Figura 10.44  Placa com solda de filete em três lados.*

Capacidade da placa:

$$F_{t\,\text{admissível}} = 0{,}6F_y = 22 \text{ ksi}$$

$$\text{capacidade da placa} = \tfrac{3}{8}'' \times 6'' \times 22 \text{ k/in}^2 = 49{,}5 \text{ k}$$

$\therefore$ capacidade da placa limita, $P_{\text{admissível}} = 49{,}5$ k

O tamanho da solda utilizada é obviamente forte demais. Sendo assim, a que tamanho a solda pode ser reduzida de forma que sua resistência seja mais compatível com a capacidade da placa? Para tornar a capacidade da solda $\approx$ capacidade da placa,

$$22'' \times (\text{capacidade da solda por polegada}) = 49{,}5 \text{ k}$$

$$\text{capacidade da solda por polegada} = \frac{49{,}5 \text{ k}}{22 \text{ in}} = 2{,}25 \text{ k/in}$$

Da Tabela 10.5, use solda de $\frac{3}{16}''$ (4,8 mm) ($S = 2{,}78$ k/in = 4869 N/cm).

Tamanho mínimo do filete = $\frac{3}{16}''$ (4,8 mm) com base em uma placa de $\frac{3}{8}''$ (9,5 mm) de espessura.

**10.8** Determine o tamanho e o comprimento de soldas em ângulo longitudinais que desenvolverão a resistência da placa menor (Figura 10.45). Admita aço A36 com eletrodos E70XX.

### Solução:

capacidade da placa = $4'' \times \frac{3}{8}'' \times 22 \text{ k/in}^2 = 33 \text{ k}$

Maior tamanho de solda (limitada pela espessura da placa)

tamanho da solda = $\frac{3}{8}'' - \frac{1}{16}'' = \frac{5}{16}''$

*Nota: Isso é bom, porque esse tamanho de solda pode ser depositado em uma passada.*

Resistência admissível da solda: $S = 4{,}64$ k/in

comprimento total da solda exigido = $\dfrac{33 \text{ k}}{4{,}64 \text{ k/in}} = 7{,}1 \text{ in}$

Arredondando o valor para o $\frac{1}{4}''$ (6,3 mm) mais próximo, use um total de $7\frac{1}{4}''$ (184,1 mm) de solda de $\frac{5}{16}''$ (7,9 mm) ou $\frac{5}{16}'' \times 3\frac{5}{8}''$ (7,9 × 92,1 mm) em cada lado.

*Nota: O AWS especifica que o comprimento da solda em cada lado da placa para soldas paralelas não deve ser menor do que a distância perpendicular entre as soldas. Essa exigência visa a assegurar o desenvolvimento completo da capacidade da placa.*

∴ Use um comprimento mínimo de solda de 4" (101,6 mm) em cada lado da placa.

Pode-se tentar utilizar um tamanho de solda menor porque é exigido um comprimento maior de solda.

Tente:

$\frac{1}{4}''$ solda com $S = 3{,}71$ k/in

comprimento total da solda exigido = $\dfrac{33 \text{ k}}{3{,}71 \text{ k/in}} = 8{,}9 \text{ in}$

∴ Use $\frac{1}{4}'' \times 4\frac{1}{2}''$ solda em cada lado.

**10.9** Determine a capacidade da solda em chanfro com penetração completa mostrada na Figura 10.46. Admita aço A36 com eletrodos E70XX.

### Solução:

Soldas em chanfro com penetração completa transmitem a capacidade total da placa.

∴ $P_t = \frac{3}{8}'' \times 4'' \times 22 \text{ k/in}^2 = 33 \text{ k}$

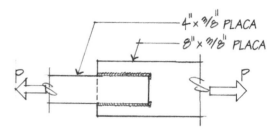

Figura 10.45 *Soldas de filete paralelas.*

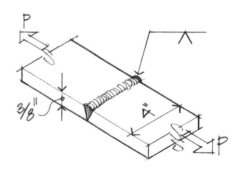

Figura 10.46 *Solda de chanfro transversal com penetração total.*

## Excentricidade em Ligações Soldadas

Um dos exemplos mais comuns de ligações soldadas carregadas excentricamente é o de uma cantoneira estrutural soldada a uma placa de ligação (gusset) conforme ilustrado na Figura 10.47. Admite-se que carga $P$ na cantoneira aja ao longo de seu eixo baricêntrico. Consequentemente, tendo em vista que a cantoneira tem uma seção transversal assimétrica, as soldas marcadas $L_1$ e $L_2$ são feitas com comprimentos desiguais de forma que suas tensões sejam proporcionais de acordo com a área distribuída da cantoneira.

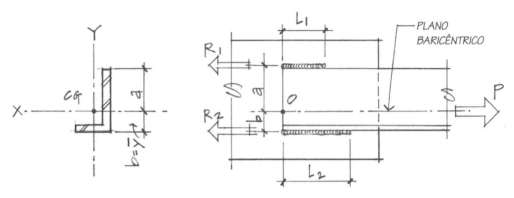

Figura 10.47  *Cantoneira soldada a uma placa de ligação (gusset).*

Escrevendo as equações de equilíbrio para a força aplicada e a resistência $R_1$ e $R_2$,

$$[\Sigma F_x = 0] \; R_1 + R_2 = P$$

ou

$$S_1 L_1 + S_2 L_2 = P$$

Se a resistência da solda (Tabela 10.5) for definida como $S$,

$$[\Sigma M_0 = 0] \; R_1 \times a = R_2 \times b$$

ou

$$S_1 L_1 a = S_2 L_2 b$$

e se o tamanho da solda for constante,

$$S_1 = S_2$$

em que

$$L_1 = \frac{L_2 b}{a}$$

Conexões Estruturais

## Exemplo de Problema

**10.10** Uma cantoneira $L3 \times 2 \times \frac{5}{16}''$ (aço A36) está conectada a uma placa de ligação (gusset) por solda em ângulo de $\frac{1}{4}''$ (6,3 mm) de acordo com o ilustrado na Figura 10.48. Determine os comprimentos $L_1$ e $L_2$ para suportar uma carga de tração de 30 k (133,4 kN). Admita que a cantoneira esteja sujeita a variações repetidas de tensões (minimize a excentricidade).

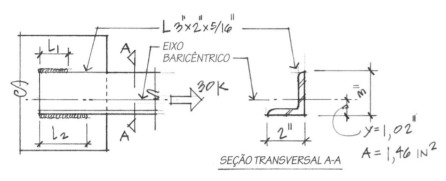

*Figura 10.48* Conexão soldada de cantoneira de aço e uma placa de ligação (gusset).

$[\Sigma F_x = 0] R_1 + R_2 = 30\,\text{k}$

$[\Sigma M_0 = 0] R_1(1,98'') = R_2(1,02'')$

$R_1 = \dfrac{1,02 R_2}{1,98} = 0,515 R_2$

Substituindo:

$0,515 R_2 + R_2 = 30\,\text{k}$

$R_2 = 19,8\,\text{k} \text{ e } R_1 = 10,2\,\text{k}$

Para soldas em ângulo de ¼'' (6,3 mm) (eletrodo E70),

Resistência da solda: $S = 4,64\,\text{k/in}$ (8126 N/cm)

$R_1 = S \times L_1 = 3,71\,\text{k/in}\ (L_1)$

Use: $\frac{1}{4}'' \times 2\frac{3}{4}''$ solda.

$R_2 = S \times L_2 = 3,71\,\text{k/in}\ (L_2)$

Use: $\frac{1}{4}'' \times 5\frac{3}{8}''$ solda.

Verifique a capacidade de tração da cantoneira:

$P_t = A \times F_t = 1,46\,\text{in}^2 \times 22\,\text{k/in}^2 = 32,1\,\text{k} > 30\,\text{k}$
$\therefore$ OK

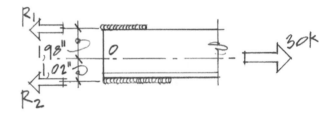

*DCL da solda da cantoneira de aço.*

## Problemas

Admita em cada problema que o metal base é aço A36 e que os eletrodos são E70XX.

**10.9** Determine a capacidade máxima de suporte de carga dessa junta sobreposta.

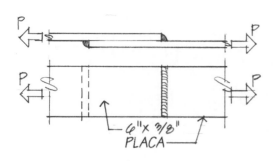

**10.10** Determine a capacidade de cisalhamento da solda em ângulo mostrada.

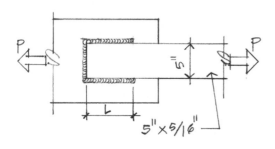

**10.11** Que comprimento $L$ é exigido para desenvolver a capacidade completa da placa?

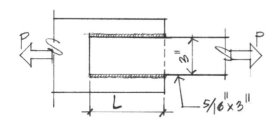

**10.12** Determine a capacidade da conexão com solda em ângulo de ¼" (6,3 mm) ilustrada. Qual seria a capacidade da conexão se, em vez disso, fosse usada solda em chanfro?

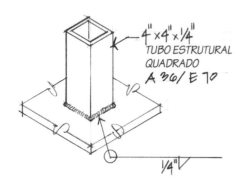

**10.13** Calcule o comprimento e o tamanho da solda em ângulo necessária para desenvolver a capacidade completa de tração da cantoneira. Use uma solda em ângulo completa na transversal na extremidade e soldas balanceadas nos lados (para minimizar a excentricidade).

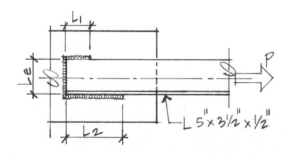

## 10.3 DETALHES COMUNS DE ELEMENTOS ESTRUTURAIS DE AÇO

A teoria da análise estrutural admite que as conexões entre vigas e colunas ou entre colunas e fundações são rígidas (fixas), não permitindo rotação relativa entre os elementos conectados, ou com pinos reais, rotulados sem nenhum resistência a momentos fletores. Na realidade, o projeto estrutural lida com conexões que não se enquadram completamente em nenhuma dessas hipóteses. A maioria das conexões apresenta algum grau de resistência a momentos fletores e um grau variável de resistência rotacional da ligação.

O comportamento real da conexão (i.e., características de momento fletor e rotacional) influi na resistência de cada um dos elementos estruturais conectados e na estabilidade de toda a estrutura da edificação. Detalhar adequadamente as conexões para que elas forneçam uma trajetória contínua do carregamento ao longo dos elementos estruturais interconectados é essencial para assegurar que se desenvolvam as forças resistentes na conexão física, e assim seja possibilitada a estabilidade estrutural global. As opções de estratégias de resistência lateral influem grandemente no projeto de cada elemento estrutural e de suas conexões.

Os três sistemas laterais básicos resistentes para estruturas com esqueleto (quadros) de aço, analisados no Capítulo 4, são o quadro rígido (Figura 10.49), o quadro contraventado (Figura 10.50) e o sistema de paredes (ou painéis) de contraventamento (*shearwalls* ou paredes estruturais). Os sistemas de quadros rígidos exigem o emprego de conexões rígidas, resistentes a momentos fletores, ao passo que os quadros contraventados são geralmente projetados como conexões rotuladas (com pinos). Geralmente, os custos de material e de mão de obra são muito menores em conexões rotuladas se comparados com os de conexões rígidas, resistentes aos momentos fletores.

*Figura 10.49 Quadro estrutural rígido exposto para fornecer estabilidade lateral.*

### Exemplos de Detalhes de Conexões

É particularmente útil, ao estudar quadros estruturais de aço, examinar alguns dos detalhes padrões ou típicos de conexões usados na preparação das plantas estruturais. Os desenhos auxiliares da Figura 10.51 à Figura 10.55 mostram detalhes padrões, de uma forma muito geral e básica, empregados com frequência em desenhos de detalhamento de construções em aço. Os detalhes selecionados referem-se à estrutura hipotética mostrada na Figura 10.51. O exemplo de estrutura admite uma estratégia lateral que utiliza um sistema de quadros rígidos trabalhando em conjunto com um núcleo de contraventamento de concreto localizado centralmente. A estabilidade lateral é conseguida pelo uso de um sistema de paredes estruturais com quadros contraventados na direção perpendicular. Para ilustrar os vários tipos de conexões empregadas com os diferentes tipos de contraventamento foi criado um quadro com contraventamento composto. Esse não é um tipo de sistema de quadro contraventado que seria visto normalmente em um quadro estrutural real de uma construção civil.

*Figura 10.50 Contraventamento concêntrico nos dois pisos inferiores e contraventamento excêntrico nos dois pisos superiores.*

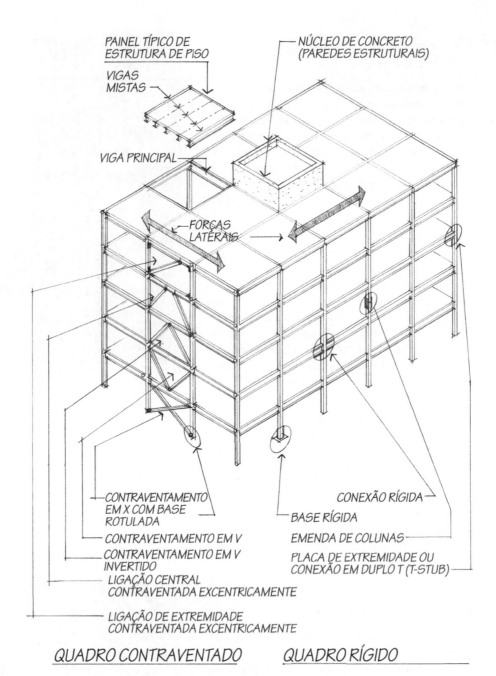

*Figura 10.51  Edifício com estrutura de aço utilizando um quadro rígido com núcleo de paredes estruturais na direção longitudinal e um quadro contraventado com núcleo de paredes estruturais na direção transversal.*

## Quadros Rígidos

Os quadros rígidos são construídos com vigas e colunas rigidamente fixadas entre si por meio de conexões resistentes a momentos fletores (engastadas). O quadro rígido desenvolve sua resistência para suportar cargas gravitacionais e laterais provenientes da interação de momentos entre as vigas e as colunas (de acordo com o ilustrado na Figura 10.52). As conexões viga-coluna conservam sua orientação relativa de 90° entre si quando submetidas a um carregamento, mesmo que o conjunto da conexão gire como um todo.

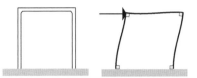

Quadro rígido – viga-coluna e apoios

Conexão rígida viga-coluna e bases rígidas. Todos os elementos estruturais compartilham a resistência da força lateral por meio da flexão.

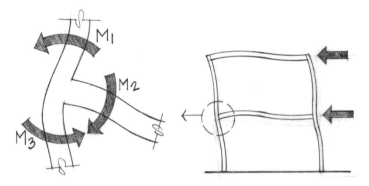

*Figura 10.52  Quadro rígido com interação viga-coluna.*

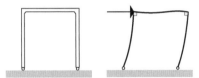

Quadro com duas rótulas – base rotulada (pinos)

A maioria dos quadros admite conexões rotuladas (apoio de pinos) na base uma vez que as sapatas estão suscetíveis a algum grau de rotação.

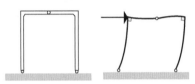

Quadro com três rótulas

Quadro com três rótulas; uma rótula no meio do vão da viga.

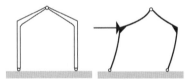

Quadro de telhado de duas águas com três rótulas

Quadro rígido com telhado de duas águas. Grandes momentos fletores são desenvolvidos na base do telhado (ligação entre a viga inclinada e a coluna).

*Figura 10.53  Exemplos de quadros rígidos de um único pórtico e um único piso.*

Colunas, vigas secundárias, vigas principais e ligações são responsáveis pela transferência das forças horizontais, verticais e rotacionais (momentos) ao longo do quadro rígido. Levando em consideração que os momentos fletores são compartilhados tanto por vigas como por colunas, as dimensões dos elementos estruturais são geralmente maiores do que as encontradas em sistemas de quadros contraventados. A estabilidade da estrutura é mantida pela rigidez normalmente alta ($I_x$) exigida na coluna e na viga secundária ou principal. Portanto, tipicamente os elementos estruturais são orientados de modo a tirar proveito de seu eixo forte.

As conexões de vigas-colunas consistem frequentemente em uma conexão de cisalhamento para cargas gravitacionais agindo em combinação com flanges de vigas soldadas em campo (no local da obra) para resistir a momentos fletores (Figura 10.53).

Comparados com os quadros contraventados ou estruturas de paredes estruturais (painéis de contraventamento ou *shearwalls*), os quadros rígidos apresentam a vantagem de fornecer espaço desobstruído. Entretanto, sob cargas sísmicas elevadas, as grandes deformações encontradas podem causar prejuízo aos acabamentos arquitetônicos. Os sistemas de quadros rígidos são eficientes para construções de baixa a média altura.

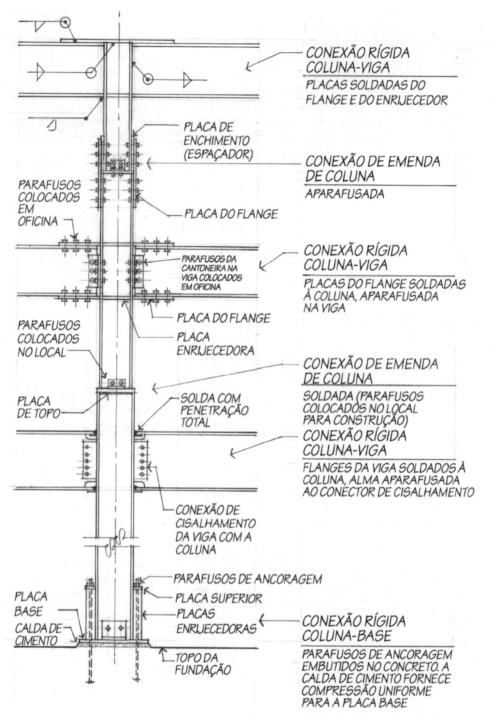

*Figura 10.54* Detalhes de conexões rígidas comuns para ligações entre vigas e colunas, emendas de colunas e ligações entre colunas e fundações.

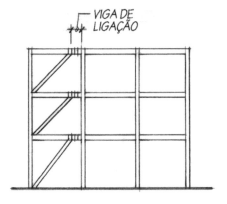

*Figura 10.55(a)    Contraventamento diagonal excêntrico.*

*Figura 10.55(b)    Contraventamento em K excêntrico.*

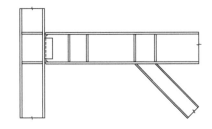

*Figura 10.56(a)    Detalhe de conexão de um quadro estrutural contraventada excentricamente.*

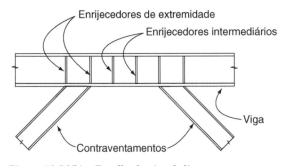

*Figura 10.56(b)    Detalhe da viga de ligação.*

## Quadros Contraventados

Os quadros contraventados encontrados em uso atualmente incluem o contraventamento em X (ou *X-bracing*) [Figura 4.51(a)], contraventamento em K (*K-bracing*, V ou V invertido) [Figura 4.51(c)] e contraventamento excêntrico [Figura 4.51(b)]. Duas categorias básicas de quadros contraventados são os quadros contraventados concêntrica e excentricamente. O contraventamento diagonal [Figura 4.50(b)], o contraventamento em X e contraventamento em K ou V são classificados como contraventamentos concêntricos. Os elementos estruturais de um quadro contraventado concentricamente agem como um sistema de treliças verticais e geralmente admite-se que os elementos estruturais diagonais atuem principalmente sob tração e algumas vezes sob compressão. A diagonal de tração do contraventamento em X é analisada normalmente como estando submetida apenas a forças de tração. Essa hipótese de projeto considera apenas uma metade dos elementos estruturais para resistir às forças laterais, enquanto admite-se que o elemento adjacente dentro do mesmo painel seja ignorado para resistir à tensão de compressão. O contraventamento em K é usado para projetar situações nas quais é exigido o acesso através do plano do contraventamento. O V invertido (contraventamento em K) permite espaço livre para portas, corredores e salas.

Os elementos estruturais de contraventamento em quadros contraventados excentricamente, como os mostrados nas Figuras 10.55(a) e 10.55(b) estão conectados à viga de modo a formar uma "viga de ligação" curta entre o contraventamento e a coluna ou entre dois contraventamentos opostos. As vigas de ligação agem como um "fusível" para evitar que os outros elementos estruturais do quadro sejam submetidos a tensões excessivas. Em tremores de terra leves a moderados, um quadro estrutural contraventado excentricamente se comporta como um quadro contraventado (rotulado) em vez de se comportar como um quadro rígido (resistente a momentos). Portanto, a estrutura permite deslocamentos laterais menores, experimenta pequenos danos arquitetônicos e nenhum dano estrutural. Em grandes terremotos, a viga de ligação (Figuras 10.56 e 10.57) é projetada especificamente para se deslocar, absorvendo assim grande quantidade de energia sísmica e evitando a flambagem de outros elementos de contraventamento. Os quadros contraventados são mais econômicos quando comparados aos quadros rígidos.

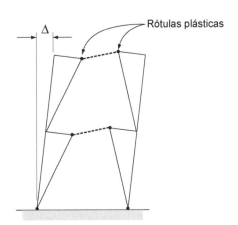

*Figura 10.57    Rotação da viga de ligação.*

Um resumo dos vários sistemas de resistência lateral em aço é mostrado na Figura 10.58.

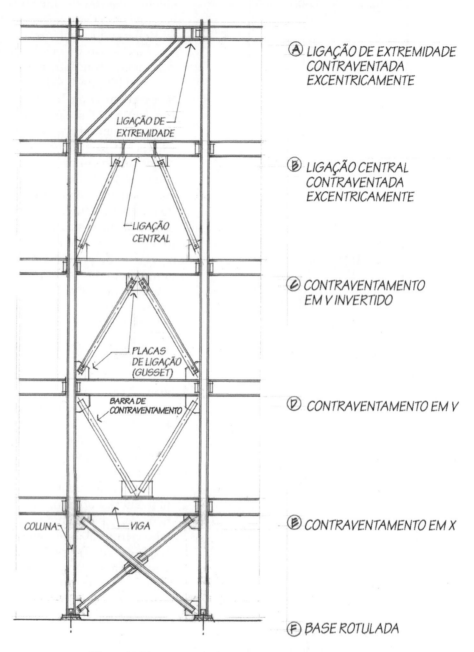

*Figura 10.58  Estratégia de resistência lateral usando um quadro contraventado concêntrica e excentricamente.*

Conexões Estruturais

**Resumo**

- Cinco tipos básicos de falha estrutural que podem causar uma condição de tensão crítica em uma ligação são
    - Cisalhamento do parafuso.
    - Falha de esmagamento (compressão) dos elementos estruturais conectados em contato com o parafuso.
    - Falha de tração do material do elemento estrutural conectado.
    - Rasgamento de extremidade do material do elemento estrutural conectado.
    - Cisalhamento de bloco.

- Há três tipos principais de parafusos usados atualmente em construções de aço:
    - Parafuso comum ASTM A307 – usado em estruturas de quadros de aço leve nas quais a vibração e o impacto não são críticos.
    - Parafusos de alta resistência ASTM A325 e A490 – os conectores mais amplamente empregados em construções de aço.

- Conexões de alta resistência ajustadas mecanicamente e que transmitem carga por meio do cisalhamento em seus enrijecedores são classificadas como resistentes ao deslizamento (*slip-critical*, SC) ou tipo contato (N ou X).

- As conexões resistentes ao deslizamento (ou tipo atrito) dependem de uma força de travamento suficientemente alta para evitar o deslizamento das partes conectadas em condições de serviço.

- As conexões do tipo contato baseiam-se no contato (esmagamento) entre o(s) parafuso(s) e os lados dos furos para transferir a carga de um elemento estrutural conectado ao outro.

- São usadas as tabelas-padrão do AISC para auxiliar no projeto de uma grande variedade de conexões estruturais típicas nas quais as vigas de estruturas mistas se ligam às vigas principais ou as vigas principais se ligam às colunas.

- Os vários tipos de ligações soldadas usam geralmente uma solda em ângulo ou uma solda de chanfro (de topo).

- As soldas em ângulo resistem às cargas por cisalhamento. Admite-se que tensão de cisalhamento crítica aja na área mínima da garganta da solda. A garganta de uma solda em ângulo é medida a partir da raiz até a face teórica da solda.

- A resistência de uma solda de chanfro com penetração total é proporcional à área de sua seção transversal e à resistência do metal de adição. Em geral, admite-se que a resistência de uma solda de chanfro seja igual à resistência do material base que estiver sendo soldado.

# 11 Estrutura, Construção e Arquitetura

*Estudo de Caso de Construção: REI Flagship Store, Seattle, WA*
*Arquitetos: Mithun Partners, Inc.*
*Engenheiros Estruturais: RSP-EQE*
*Empreiteira: Gall Landau Young*

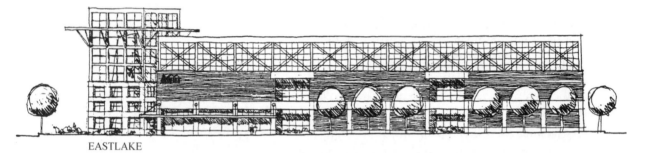

Figura 11.1    Vista lateral leste, esboço do projeto. Cortesia de Mithun Partners, Inc.

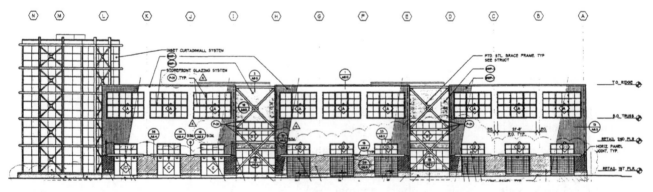

Figura 11.2    Vista lateral leste, projeto de engenharia. Cortesia de Mithun Partners, Inc.[1]

Figura 11.3    Vista lateral leste, fotografia do edifício concluído. Fotografada por Robert Pisano.

---

[1] As figuras que reproduzem detalhes construtivos e extrator de plantas ou projetos reais, em CAD, neste capítulo foram reproduzidas com seu formato original existente na Mithum Partneer. Inc. (N.T.)

# Estrutura, Construção e Arquitetura

## Introdução

É difícil separar precisamente as contribuições dos engenheiros, arquitetos e empreiteiros para o sucesso de um projeto de um edifício. O processo de design e construção varia de acordo com o proprietário, o local da obra, o design e a equipe de construção. A maior parte dos projetos de edifícios começa com um programa do cliente destacando as exigências funcionais e espaciais, que são então interpretadas e organizadas em prioridades pelo arquiteto, que coordena o trabalho arquitetônico de design com o trabalho dos outros consultores do projeto. O arquiteto e o engenheiro estrutural devem satisfazer uma grande variedade de fatores para determinar o sistema estrutural mais apropriado.

## 11.1 INICIAÇÃO DO PROJETO — PRÉ-DIMENSIONAMENTO (PREDESIGN)

### REI Supera a Loja e o Local de Capitol Hill

A Recreation Equipment, Inc., ou REI, confecciona e vende equipamento e vestuário para atividades ao ar livre em Seattle desde 1938. O design da loja da marca REI começou com uma análise do antigo edifício de um armazém adaptado da REI nas vizinhanças de Capitol Hill em Seattle. Foi preparado um documento do programa destacando as exigências funcionais e espaciais da loja. A necessidade de área adicional de vendas, as melhorias estruturais para aumentar a segurança contra terremotos, a acessibilidade a portadores de deficiências (elevadores, em particular), carregamento aumentado e estacionamento exigiriam renovação difícil e cara da edificação existente, assim como aquisição de área extra no local. Depois de avaliar diversos locais, foi selecionado um nas vizinhanças de Cascade e comprado pra relocação da loja.

O empreiteiro geral (Gall Landau Young) estava contratado antes da seleção do arquiteto e dos consultores de engenharia. A colaboração da equipe de projeto e do empreiteiro geral ajudou a assegurar que as questões construtivas — cronograma, custo e disponibilidade de materiais — fossem levadas em consideração desde o início do processo do projeto.

O local selecionado foi um quarteirão completo — aproximadamente 90.400 pés quadrados (8.398,4 m²) — e foi ocupado por várias edificações existentes e áreas pavimentadas de estacionamento. O tamanho, a configuração e as condições precárias das instalações existentes as tornavam inadequadas para adaptação e renovação. A vizinhança era uma mistura variada de edifícios industriais, comerciais e residenciais logo após o centro comercial da cidade, e adjacente a uma movimentada rodovia interestadual. As condições do solo eram típicas da área: tilito glacial compactado, sem problemas incomuns de água subterrânea.

*Figura 11.4* A loja original estava localizada em um armazém convertido com a estrutura aparente de madeira pesada. O aspecto rústico e funcional do edifício era consistente com a natureza dos produtos da REI. Foto cedida por Mithun Partners, Inc.

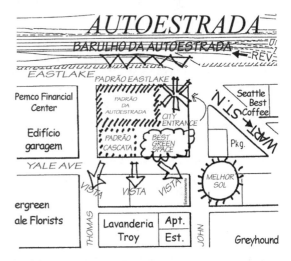

*Figura 11.5* Diagrama de análise do local mostrando as edificações e as vias adjacentes em relação à orientação solar. Esquema cedido por Mithun Partners, Inc.

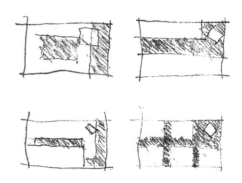

*Figura 11.6* Primeiros diagramas de planejamento do local estudando a localização dos prédios e do espaço ao ar livre no local.

## 11.2 O PROCESSO DO DESIGN

### O Programa e as Exigências do Proprietário

Os integrantes da REI gostavam das instalações do antigo armazém, e foi decidido que a nova loja deveria refletir o sentimento e a noção da loja anterior. Eram desejados, além do espaço de vendas a varejo de 98.000 pés quadrados (9.104,5 m²), uma sala de reuniões com 250 lugares, uma *delicatéssen* com 100 lugares, escritórios administrativos, uma loja de aluguel e conserto de artigos e uma estrutura de escalada em rocha com vários andares. Além disso, as normas de zoneamento da cidade exigiam 160.000 pés quadrados (14.864,5 m²) para estacionamento de 467 carros, plataformas de carregamento para caminhões grandes e algumas pequenas áreas com jardins.

Por causa de seu compromisso com a qualidade ambiental, a REI solicitou que a instalação fosse adequada à região e ao clima, conservando tanto energia quanto materiais. Expondo os elementos estruturais e os sistemas mecânicos, os materiais e a mão de obra (dinheiro) que seriam necessários para conciliar e realizar o acabamento dos espaços seriam poupados. Deixar visíveis os sistemas mecânicos e estruturais contribuiu significativamente para o aspecto funcional prático e coerente do edifício. Foi exigido também um esforço maior de design e coordenação para tornar atraentes os sistemas que normalmente ficavam ocultos.

Os códigos de obras civis limitam a área e a altura dos edifícios com base em sua taxa de ocupação ou uso e em seu tipo de construção. Geralmente, são permitidos edifícios maiores se for empregada construção mais cara e resistente a incêndios.

Depois de analisar o local, o programa e as exigências do código de obras, foram desenvolvidas e avaliadas várias opções.

A opção 4 dividia o projeto em duas partes, um edifício garagem de oito andares e um edifício de vendas de três andares na parte sul do local. A grande estrutura de estacionamento com carros no telhado e edifício volumoso de vendas eram inconsistentes com a

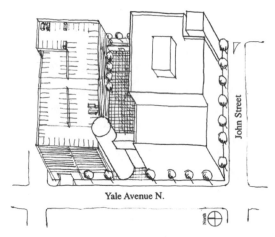

*Figura 11.8  Esboços tridimensionais do projeto, opção 4. A volumosa estrutura de estacionamento e o bloco de vendas a varejo dominavam o local. Um átrio interno é exigido para permitir a passagem da luz do Sol para os pisos inferiores. Esboço cedido por Mithun Partners, Inc.*

*Figura 11.7  Fotografia do modelo de massa (modelo sólido), opção 5, usado para estudar as dimensões e os formatos externos gerais dos prédios. Foto cedida por Mithun Partners, Inc.*

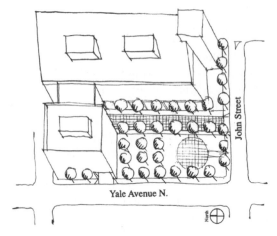

*Figura 11.9  Esboços tridimensionais do projeto, opção 5. O estacionamento é encaixado abaixo dos prédios, deixando mais espaço externo ao ar livre para paisagismo. Dividir o programa em blocos separados cria prédios menores que se adaptam melhor à escala das construções vizinhas existentes. Esboço cedido por Mithun Partners, Inc.*

escala da vizinhança existente e exigiriam que os vendedores entrassem no edifício por meio de elevadores. Além disso, os grandes pisos para as vendas exigiriam um átrio caro para permitir a passagem de luz natural para o interior. Essa alternativa foi abandonada em prol da opção 5.

A estrutura do estacionamento foi escondida pela colocação da maior parte do estacionamento abaixo do nível do edifício das vendas, na parte superior do local. Utilizando a inclinação existente do terreno a escavação foi reduzida, e um espaço externo maior e mais aproveitável foi permitido na parte sul ensolarada do local. Dividindo a instalação de vendas em duas partes, uma edificação similar a um armazém com dois andares ao longo da borda da autoestrada protegia o interior do bloco do ruído do tráfego, e um edifício de concreto com quatro andares na parte noroeste dividiu o projeto em componentes menores mais apropriados ao aspecto da vizinhança.

Foi criado um grande pórtico de recepção no lado oeste da edificação destinado aos pedestres, e foi adicionado um revestimento de vidro com 85 pés (25,9 m) de altura para a parede de escalada com 65 pés (19,81 m) de altura no canto sudeste, às vistas da autoestrada.

*Figura 11.10   Esboço esquemático do projeto da opção 5 conforme a vista da Eastlake Avenue. Esboço cedido por Mithun Partners, Inc.*

*Figura 11.11   Modelo de apresentação, evidenciando o espaço de entrada na extremidade sudoeste. A maior parte das decisões em larga escala a respeito dos prédios e da planta de situação foi definida nesse instante. Foto cedida por Mithun Partners, Inc.*

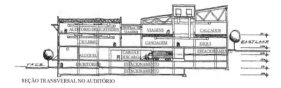

*Figura 11.12(a)  Seção transversal do edifício — esboço esquemático do projeto.*

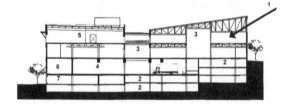

*Figura 11.12(b)  Seção transversal do edifício — desenho de desenvolvimento do projeto. Desenvolvimentos e refinamentos adicionais dos espaços livres e do sistema estrutural resultaram em uma mudança das treliças em arco (tipo bowstring) para vigas de madeira laminada e colada (glulam) na parte da Yale Street (no lado esquerdo dos desenhos). Desenhos cedidos por Mithun Partners, Inc.*

## 11.3  DESIGN ESQUEMÁTICO

O design selecionado foi refinado e testado ainda mais a fim de adequar cuidadosamente o programa ao local. A circulação (o movimento das pessoas e dos carros entrando e saindo do local) e a construção horizontal, assim como a vertical, foram desenvolvidas em plantas e cortes transversais. Os níveis de estacionamento abaixo do solo forneciam paredes de contenção totalmente de concreto e uma fundação sólida para a construção.

As áreas principais de vendas foram concebidas como grandes espaços abertos para lembrar o aspecto da loja original no armazém. Estudos para permitir a passagem de luz natural para as áreas principais de vendas sugeriam que o telhado devia ser inclinado, para admitir que a luminosidade do leste entrasse muito acima das paredes durante a manhã, quando o ganho de calor seria menos problemático. A inclinação do telhado também criou uma parede protetora em grande escala em relação ao lado da autoestrada e uma parede na escala de pedestre no lado da entrada com jardins. O pórtico de entrada protegia o lado oeste de chuvas constantes e do sol do final da tarde. A água da chuva do grande telhado em meia água (*shed*) seria coletada no lado oeste da edificação e usada para complementar e recarregar a cachoeira dentro do pátio ajardinado.

O equipamento mecânico para aquecimento e resfriamento do edifício foi colocado em uma posição central no topo do telhado para possibilitar uma distribuição mais econômica do ar condicionado.

*Figura 11.13  Uma fotografia da torre da escada/elevador de entrada e do pórtico frontal ilustra como as ideias preliminares mostradas na Figura 11.11 foram finalmente projetadas e construídas. Fotografia de Robert Pisano.*

Os arquitetos pesquisaram as exigências do código de obras de Seattle (Seattle and Uniform Building Code) e determinaram que com base na ocupação/uso, área de piso e altura, o projeto devia ser dividido em três prédios (Figura 11.14). Embora os três prédios fossem contíguos espacialmente, eles deveriam ser separados por paredes ou pisos resistentes ao fogo. Cada edifício tinha um tipo diferente de construção, com padrões diferentes de resistência ao fogo para os elementos estruturais e as paredes.

- **Edifício 1**. Uma garagem com três níveis de estacionamento situada principalmente abaixo do nível do solo e usando a construção mais resistente ao fogo (Tipo I). Os elementos estruturais devem ser não combustíveis: aço, ferro, concreto ou alvenaria.
- **Edifício 2**. Uma estrutura de vendas ao varejo com dois andares localizada acima dos níveis de estacionamento e contendo as principais áreas de vendas. A construção é do tipo III-N (ou não classificada), que permite que os elementos estruturais sejam de qualquer material, incluindo madeira.
- **Edifício 3**. Uma estrutura de dois níveis acima da garagem contendo algumas lojas de vendas ao varejo e depósitos, um pequeno auditório, um restaurante e um espaço para escritórios. A construção é do tipo III-1 hora, exigindo que os elementos estruturais sejam dotados de uma proteção correspondente a uma hora de incêndio. Normalmente usa-se projeção de spray resistente ao fogo ou painéis de gesso para proteger os elementos estruturais. A cidade de Seattle também permite que construções com madeira pesada sejam classificadas como Tipo III-1 hora.

As estimativas de custo e os estudos de viabilidade da construção foram fornecidos pelo empreiteiro da obra em pontos críticos ao longo do processo de design.

*Figura 11.15 Usa-se concreto armado moldado no local para permitir que as paredes estruturais tenham uma resistência de quatro horas a incêndios no Edifício 3 (localizado na extremidade noroeste do local). A textura em madeira serrada das placas ajuda a estabelecer um aspecto industrial e fornece uma proteção resistente a intempéries. Foto cedida por Mithun Partners, Inc.*

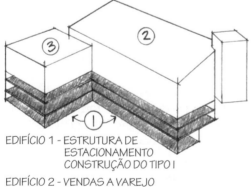

*Figura 11.14 Diagrama dos tipos de construção dos prédios.*

*Figura 11.16 Fotografia da laje de concreto pós-tensionada do edifício garagem no local do apoio com engrossamento de espessura (pastilha ou "drop panel") sobre a coluna (também ilustrado na Figura 11.19). Foto cedida por Mithun Partners, Inc.*

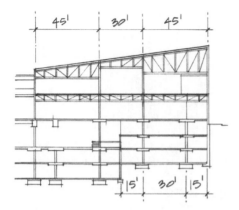

*Figura 11.17 Seção transversal parcial leste-oeste do edifício mostrando os vãos estruturais dos pisos de vendas ao varejo alinhados acima dos níveis de estacionamento. Desenho cedido por Mithun Partners, Inc.*

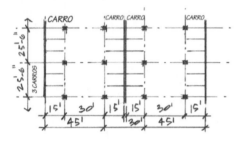

*Figura 11.18 Diagrama da planta baixa das exigências do espaço de estacionamento e dimensões dos vãos estruturais. Desenho cedido por Mithun Partners, Inc.*

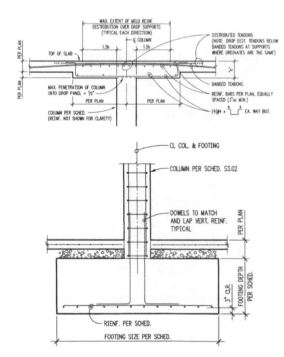

*Figura 11.19 Detalhes estruturais da laje de concreto pós-tensionada na coluna e detalhes da coluna de concreto armado convencional na fundação. Desenho cedido por Mithun Partners, Inc.*

## 11.4 DESENVOLVIMENTO DO DESIGN E DOCUMENTOS DA CONSTRUÇÃO

No desenvolvimento do design esquemático, a organização e o espaçamento aproximado dos vãos estruturais foram adequados ao layout do estacionamento. Os pilares, as paredes estruturais e as paredes de contraventamento foram cuidadosamente localizados a fim de utilizar eficientemente o espaço dos níveis de estacionamento. Em virtude de os pisos destinados às vendas poderem ser organizados de modo mais flexível, a estrutura vertical desses níveis poderia se alinhar com as colunas e as paredes estruturais nos níveis de estacionamento inferiores com uma quantidade mínima de vigas de transferência e espaços inúteis. Os três vãos estruturais ajudaram a organizar os espaços nos pisos de vendas — posicionando a circulação e as escadas no vão central de dois andares, com áreas de exposição nos vãos laterais.

Enquanto a análise do percurso da carga vertical segue normalmente de cima para baixo (começando com as cargas no telhão e terminando na fundação), o layout dos vãos estruturais foi desenvolvido de baixo para cima, ajudando a manter o percurso da carga vertical o mais direto possível.

Os arquitetos e os engenheiros estruturais basearam a seleção dos materiais para os elementos estruturais e os painéis de fechamento em vários critérios:

- Exigências dos códigos de obras para resistência a incêndios.
- Propriedades estruturais, desempenho e eficiência.
- Resistência a intemperismo e deterioração; longevidade.
- Aparência, estética ou aspecto.
- Custo e disponibilidade, incluindo mão de obra de construção especializada.
- Eficiência de recursos.

### Edifício Garagem e Edifício 3

O concreto armado é um material econômico e durável e, por isso, foi usado para o edifício garagem. Localizado abaixo do nível do solo, o concreto foi usado nas paredes de contenção no lado da autoestrada. O teto/piso de concreto forneceu uma separação horizontal contra incêndios e satisfez a exigência de construção de resistência a fogo do Tipo I para elementos estruturais.

Foram usadas lajes de concreto pós-tensionado para sua razão eficiente vão/profundidade. As lajes tinham apenas 6½" (16,5 cm) de espessura, vencendo um vão de 30 pés (9,14 m) em alguns locais. Engrossamentos da espessura da laje (também chamados pastilhas ou "*drop panels*") nas suas conexões com as colunas a reforçaram contra as tensões de "cisalhamento por punção" e forneceram altura adicional para as tensões normais causadas pela flexão sobre as colunas. Reduzindo a dimensão vertical (altura) da estrutura do estacionamento, os custos foram reduzidos na escavação, no escoramento e na estrutura vertical.

Convencionalmente, o concreto armado foi empregado para as colunas, as paredes estruturais, as paredes de contraventamento, os muros de contenção e as sapatas. Todo concreto utilizou cinzas volantes recicladas na mistura, um subproduto de resíduo das usinas termoelétricas a carvão.

Estrutura, Construção e Arquitetura

**497**

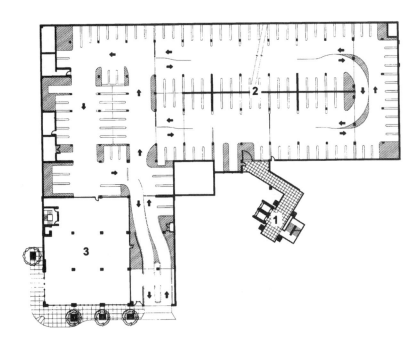

1 Torre da Escada de Entrada
2 Estacionamento
3 Escritórios Administrativos

**PLANTA BAIXA DO ESTACIONAMENTO**

*Figura 11.20  Planta baixa do nível de estacionamento no subsolo. Desenho cedido por Mithun Partners, Inc.*

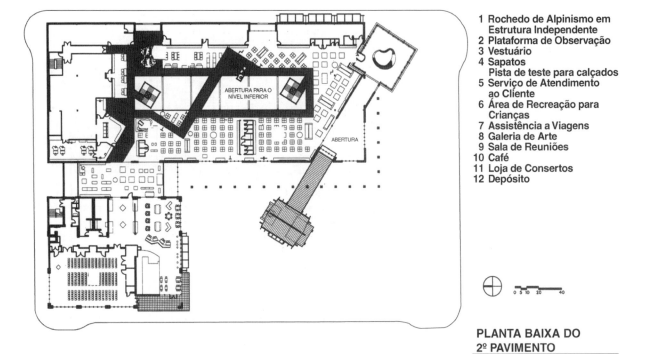

1 Rochedo de Alpinismo em Estrutura Independente
2 Plataforma de Observação
3 Vestuário
4 Sapatos
  Pista de teste para calçados
5 Serviço de Atendimento ao Cliente
6 Área de Recreação para Crianças
7 Assistência a Viagens
8 Galeria de Arte
9 Sala de Reuniões
10 Café
11 Loja de Consertos
12 Depósito

**PLANTA BAIXA DO 2º PAVIMENTO**

*Figura 11.21  Planta baixa do nível de vendas ao varejo superior. O traçado dos deslocamentos através do edifício e a organização das áreas de vendas estão relacionados ao esqueleto estrutural, mas não são determinadas por ele. Desenho cedido por Mithun Partners, Inc.*

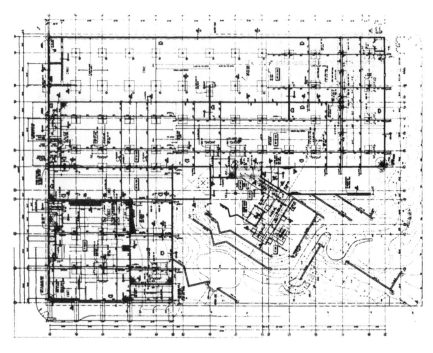

*Figura 11.22 Planta estrutural do nível de estacionamento. Sapatas, colunas e paredes de contraventamento de concreto estão colocadas com espaçamento regular para permitir o estacionamento e a manobra dos carros. Desenho cedido por Mithun Partners, Inc.*

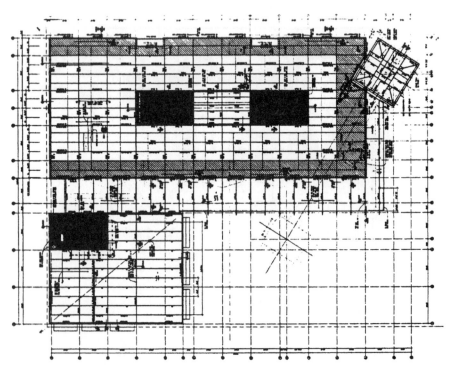

*Figura 11.23 Planta baixa da estruturado telhado. O esqueleto estrutural montado no nível de estacionamento fica aparente na estrutura do telhado. As áreas sombreadas na borda do telhado indicam os painéis de cisalhamento no diafragma do telhado. Desenho cedido por Mithun Partners, Inc.*

Estrutura, Construção e Arquitetura

## Pisos das Vendas a Varejo

Como não havia exigências de proteção ao fogo para os elementos estruturais do Edifício 2, que abriga os pisos das vendas a varejo, foi escolhida madeira como um material estrutural econômico que também transmitiria um aspecto mais quente da loja original. Os vãos e as exigências de espaços livres para o teto e o piso foram estabelecidos efetivamente pelos locais dos pilares nos níveis inferiores do estacionamento.

O emprego de madeira pesada, comum na construção de depósitos americanos antigos, foi avaliado. Entretanto, atualmente, a existência de madeira de qualidade está, em grande parte, limitada ao material reciclado de estruturas velhas e abandonadas, e os custos são relativamente altos. As vigas e treliças de aço e madeiras laminadas e coladas (glu-lam) apresentam melhor relação custo-benefício e podem vencer os vãos exigidos de maneira eficiente, mas não se mostravam apropriadas nas dimensões e no aspecto estético. Finalmente, foram desenvolvidas as treliças feitas com barras de madeira laminada e colada (glu-lam) e elementos estruturais sob compressão, assim como elementos e conexões de aço sob tração. As treliças se desenvolviam de leste a oeste vencendo um vão de 45 pés (13,7 m).

Os arquitetos, os empreiteiros e os engenheiros estruturais analisaram a ideia de usar um sistema de telhado industrial muito comum e econômico. Após essas discussões, os engenheiros estruturais desenvolveram um sistema "Berkeley" modificado. O revestimento do piso de $\frac{5}{8}''$ pré-fabricado parcialmente no local foi pregado a barrotes de $2'' \times 6''$ (50,8 × 152,4 mm) espaçados de 24 polegadas (609,6 mm) de centro a centro. Os barrotes tinham 8 pés (2,44 m) de comprimento e se distribuíam entre as vigas laminadas e coladas. As dimensões tiravam proveito das dimensões modulares de $4' \times 8'$ (1,22 × 2,44 m) do revestimento de compensado.

As terças de madeira laminada e colada com $3\frac{1}{8}'' \times 18''$ (79,4 × 457,2 mm) venciam 25 pés e 6 polegadas (7,77 m) entre as treliças. O espaçamento de 8 pés (2,44 m) das vigas de glu-lam estabeleceu o espaçamento dos pontos dos painéis da treliça. Em virtude da inclinação do banzo superior, os painéis da treliça mudavam suas dimensões e as barras diagonais de tração não estavam trabalhando tão eficientemente quanto poderiam. Para manter um aspecto consistente e o modelo da construção, as hastes tracionadas foram dimensionadas para o pior caso e permaneceram com o mesmo diâmetro, mesmo com as cargas variando.

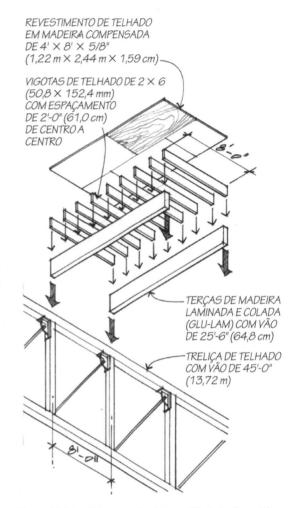

*Figura 11.24   Diagrama do sistema "Berkeley" modificado da estrutura de telhado.*

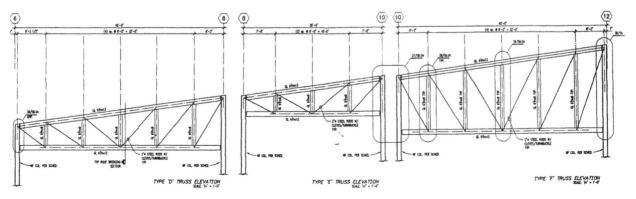

*Figura 11.25   Esquemas construtivos — vista lateral das treliças do telhado. A estrutura de vigas laminadas e coladas (glu-lam) liga-se à treliça nos pontos dos painéis a 8 pés (2,44 m), de centro a centro.*

*Figura 11.26   Fotografia da área de vendas e do vão central de circulação em dois andares. As treliças do teto e do piso se distribuem facilmente entre as colunas, permitindo arranjos mais flexíveis de texturas de mostruários. A maioria das paredes interiores não é estrutural, portanto mesmo as salas podem ser reconfiguradas com o tempo para se adaptar a modificações de uso do edifício. Colunas constituídas por quatro toras aparafusadas entre si servem para suportar as escadas e ampliar o deck metálico do telhado, onde eles são suportados lateralmente por mãos-francesas. Embora uma menor quantidade de toras ou toras menores pudesse suportar adequadamente a escada, foram usadas várias toras maiores para conservar visualmente a proporção com a altura do espaço. Fotografia de Robert Pisano.*

# Estrutura, Construção e Arquitetura

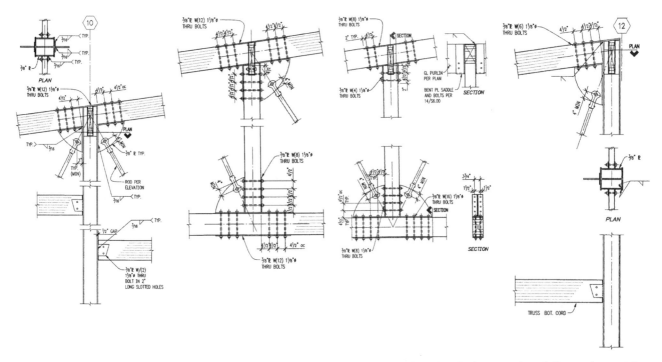

*Figura 11.27  Esquemas construtivos detalhando as conexões com as emendas das treliças de telhado. Uma placa de ligação (gusset) de aço, perfurada de modo a receber o pino de segurança (com contrapino)/haste de tração, é soldada a uma chapa de aço dobrado, que por sua vez é aparafusada nas barras de madeira laminada e colada (glu-lam) da treliça. Outra chapa de aço no lado oposto age como uma grande arruela. Desenhos cedidos por Mithun Partners, Inc.*

O piso foi estruturado quase da mesma maneira que o telhado, mas em virtude das cargas variáveis maiores (75 psf = 3,59 kPa), o revestimento do piso era de madeira compensada com espessura de $1\frac{1}{8}''$ (28,6 mm) em barrotes de 3 × 8 (76,2 × 203,2 mm) S4S espaçados de 32 polegadas (812,8 mm) de centro a centro. Esses barrotes apresentavam um vão de 8 pés (2,44 m) entre vigas laminadas e coladas de $5\frac{1}{8}'' \times 21''$ (130,2 × 533,4 mm), que por sua vez eram suportadas por treliças de telhado nos pontos de apoio dos painéis.

*Figura 11.28  Fotografia do detalhe da conexão em uma treliça de telhado. Fotografia cedida por Mithun Partners, Inc.*

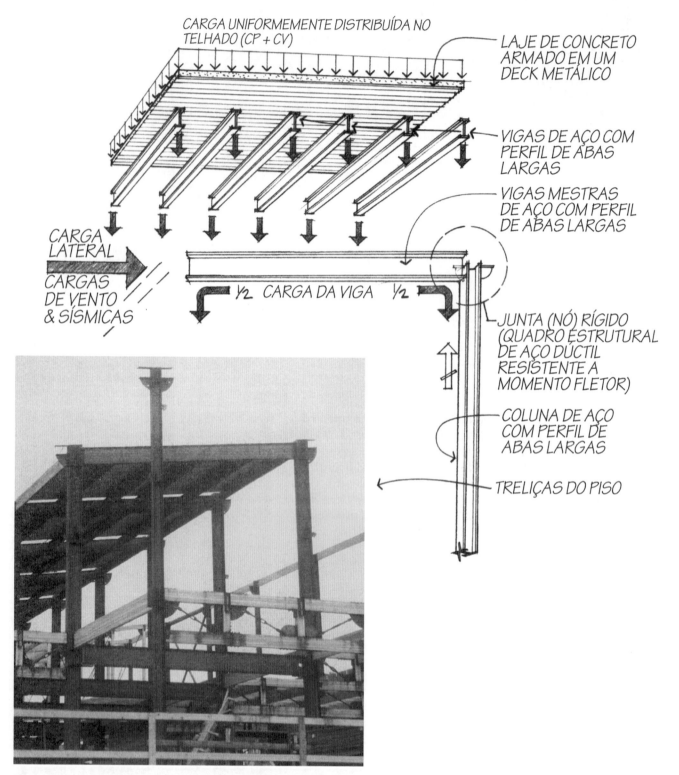

*Figura 11.29* O equipamento mecânico no topo do telhado do vão central é suportado por uma laje de concreto armado lançado em um deck de forma metálica. O deck metálico é soldado em uma série de terças de aço que são suportadas por vigas principais de aço se estendendo no sentido leste-oeste. As cargas dessas vigas principais e das treliças do telhado são transferidas para colunas de aço localizadas acima das colunas de concreto no edifício garage. Além de suportar as cargas gravitacionais, essas colunas e vigas principais de aço formam quadros resistentes a momentos fletores que fornecem estabilidade lateral na direção leste-oeste. Foto cedida por Mithun Partners, Inc.

## Cargas Laterais

A cidade de Seattle está localizada em uma zona com atividade sísmica relativamente alta. Além disso, as grandes áreas de paredes da loja acumularam cargas significativas de vento. As forças na direção leste-oeste foram resistidas por uma série de quadros estruturais de aço dúctil resistentes ao momento (rígidos), que foram ligados aos diafragmas do telhado e do piso nas treliças.

As paredes de contraventamento ou os quadros com contraventamentos restringiriam o movimento norte-sul através da edificação, dividindo o espaço em uma série de pequenos vãos (pórticos). Os quadros de aço resistentes ao momento apresentaram várias vantagens sobre o concreto: pré-fabricação parcial, levantamento mais fácil e mais rápido, compatibilidade de conexão com treliças de madeira e de aço e peso e tamanho menores.

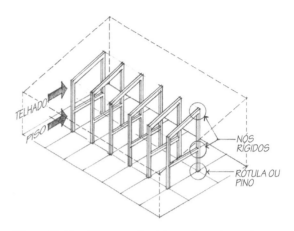

Figura 11.30 Diagrama do sistema de contraventamento das cargas laterais na direção leste-oeste consistindo em quadros estruturais rígidos (resistentes a momentos fletores) de aço dúctil.

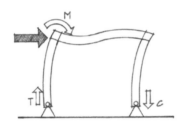

Figura 11.31 Sete quadros estruturais rígidos (resistentes a momentos fletores) de aço dúctil formam o vão central de dois andares do edifício de vendas a varejo. Os quadros estruturais são ancorados a colunas de concreto que se estendem através da estrutura de estacionamento até as sapatas de concreto. Fotografia de Robert Pisano.

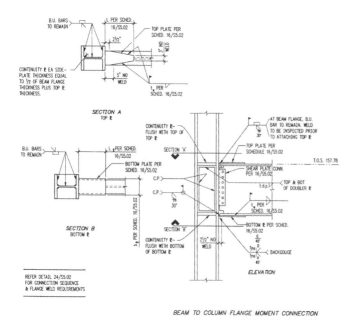

*Figura 11.32   Detalhes construtivos da conexão rígida (resistente a momento fletor) viga-coluna. São adicionadas placas enrijecedoras e cantoneiras de aço para resistir à flexão local da coluna nos flanges. Cedido por Mithun Partners, Inc.*

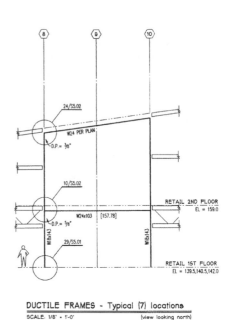

*Figura 11.34   Desenho construtivo de um típico quadro dúctil. Cortesia de Mithun Partners, Inc.*

*Figura 11.33   Fotografia da conexão rígida (resistente a momento fletor) viga-coluna na treliça do primeiro piso. Foram soldadas placas adicionais de aço no flange superior e no flange inferior das vigas, evitando a falha estrutural no caso de um terremoto. Os estudos do terremoto em Northridge, CA, levaram ao desenvolvimento desse detalhe, que supera as exigências da norma de terremotos atual em Seattle. Foto cedida por Mithun Partners, Inc.*

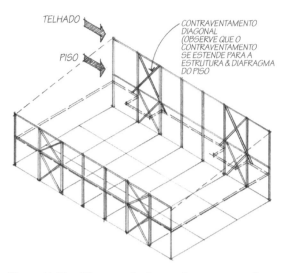

*Figura 11.35 Diagrama do sistema de contravento diagonal nas paredes de leste e de oeste do edifício de vendas ao varejo. Desenhos cedidos por Mithun Partners, Inc.*

As cargas laterais norte-sul foram resistidas por meio dos diafragmas de madeira compensada do teto e do piso, que foram concentradas e dirigidas para os contraventamentos diagonais de aço dos quadros nas paredes exteriores. Os contraventamentos diagonais cruzados são muito eficientes e apenas dois vãos das paredes de leste e de oeste foram necessários. Esses contraventamentos ficaram aparentes no exterior da vista lateral de leste e foram colocadas janelas lá para ressaltar ainda mais sua presença.

A parte aparente dos contraventamentos diagonais na vista lateral de leste foi concebida de modo que ficassem simétricos na parte superior e na parte inferior, e se adequassem aos contraventamentos da torre de escalada. Atrás da face metálica lateral, os contraventamentos diagonais se estendem ao diafragma e à estrutura do piso.

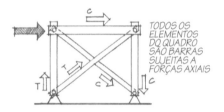

*Figura 11.36 Fotografia do encontro do sistema de contraventamento diagonal com a fachada do edifício. Os vãos estruturais ficam ainda mais visíveis pela colocação de uma parede traseira, usando um revestimento em cor mais clara e colocando as janelas por trás do quadro de contraventamento. Foto cedida por Mithun Partners, Inc.*

*Figura 11.37 Fotografia dos contraventamentos diagonais na vista lateral leste. As barras de contraventamento não estão alinhadas com o diafragma do segundo piso; em vez disso, elas se estendem ao piso oculto por trás do revestimento exterior. Fotografia de Robert Pisano.*

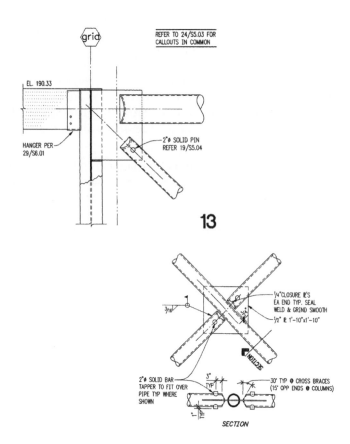

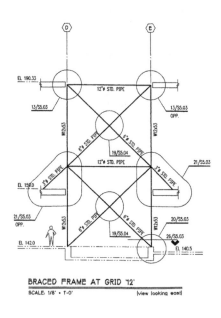

*Figura 11.38 Esquemas construtivos — vista lateral de um quadro típico com contraventamentos diagonais. Desenhos cedidos por Mithun Partners, Inc.*

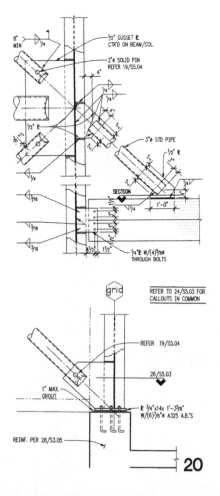

*Figura 11.39 Esquemas de um quadro com contraventamento diagonal. A seção concêntrica do tubo de aço resiste eficientemente às cargas axiais de tração e compressão. Desenhos cedidos por Mithun Partners, Inc.*

## 11.5 INTEGRAÇÃO DOS SISTEMAS CONSTRUTIVOS

Todos os sistemas construtivos — iluminação, aquecimento e refrigeração, ventilação, hidráulico, combate a incêndio (sprinklers) e elétrico — apresentam uma base racional que determina sua localização. Geralmente é mais elegante e mais econômico coordenar esses sistemas, evitando conflito e prejuízo em seu desempenho. Esse é especialmente o caso em que a estrutura é aparente e espaços de teto rebaixado não estão disponíveis para ocultar a passagem de dutos e tubulações.

Depois de os espaços e os sistemas estarem aproximadamente dispostos em um design esquemático, os arquitetos e engenheiros trabalharam em várias versões de plantas baixas e cortes transversais para refinar o tamanho e a localização dos componentes do sistema e resolver qualquer conflito entre eles.

*Figura 11.40 Drenos do telhado estão localizados em ambos os lados da viga laminada e colada no pórtico de entrada. As calhas de aço são suportadas pela coluna na parede. Foto do autor.*

*Figura 11.41 Dutos mecânicos de fornecimento e retorno de ar, texturas de iluminação e o sistema de sprinkler contra incêndios estão coordenados com os elementos estruturais e as exigências espaciais. As áreas livres nas treliças de telhado e de piso permitem espaço para esses outros sistemas se distribuírem no sentido perpendicular à estrutura. Foto cedida por Mithun Partners, Inc.*

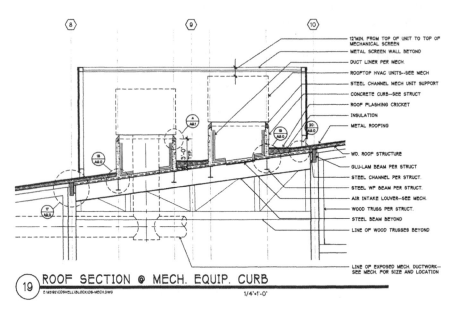

*Figura 11.42  A seção transversal do equipamento mecânico da cobertura mostra os elementos estruturais em relação à unidade de ar condicionado e a canalização. Desenhos cedidos por Mithun Partners, Inc.*

*Figura 11.43  O vão central do edifício de vendas ao varejo fornece um local central de distribuição para os dutos de ventilação. Foto cedida por Mithun Partners, Inc.*

Estrutura, Construção e Arquitetura

*Viga de madeira laminada e colada no beiral fornece suporte lateral para a borda do telhado e a estrutura do topo da parede*

*Treliças de telhado e piso descarregam diretamente nas colunas de aço*

*Viga extrema de madeira laminada e colada suporta as vigas do telhado do pórtico.*

*Sistema de janelas de alumínio é suportado verticalmente por escoras metálicas e horizontalmente por vigas de madeira laminada e colada.*

*Fotografia da parede de entrada na linha de grade 6 em construção. As colunas de aço e as vigas de madeira laminada e colada suporta a estrutura de escoras de aço leve. Foto cedida por Mithun Partners, Inc.*

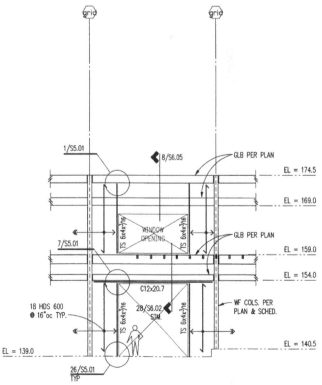

*Figura 11.44 Seção transversal do esquema construtivo através do pórtico de entrada em direção ao norte. Diferentemente de uma construção tradicional de parede estrutural, muitos edifícios mais novos separam a estrutura de suporte dos elementos de fechamento. Considerado como um sistema, os elementos de fechamento fornecem proteção térmica e às intempéries. O sistema de janelas com esquadrias de alumínio é suportado por vigas laminadas e coladas (glu-lam) e contraventado verticalmente por colunas. Essas conexões de apoio devem ser detalhadas cuidadosamente para suportar os deslocamentos transversais e laterais da estrutura principal sob a ação do carregamento sem carregar os elementos de fechamento. A dilatação térmica diferencial dos elementos estruturais e do revestimento também deve ser levada em consideração.*

*Foi dada uma vista lateral da estrutura da parede secundária (desenho em detalhe) pelos engenheiros estruturais para descrever a localização, o tamanho e a conexão das vigas com as colunas e a estrutura da parede. Desenhos cedidos por Mithun Partners, Inc.*

*Figura 11.45   Esta vista do pórtico de entrada (em direção ao sul) mostra a estrutura das paredes e do telhado descrita nos desenhos apresentados na Figura 11.44. Em virtude de as paredes não serem estruturais, as janelas e as portas podem ser colocadas em qualquer lugar, com exceção do local das colunas. São necessárias colunas e vigas de madeira laminada e colada (glu-lam) para suportar o peso real da parede assim como as cargas de vento e sísmicas (laterais). Esses elementos estruturais secundários são protegidos das intempéries e da temperatura pelo isolamento e painéis metálicos nas paredes. Fotografia de Robert Pisano.*

Estrutura, Construção e Arquitetura

## Detalhes e Conexões

As conexões devem se projetadas cuidadosamente para transferir as cargas do modo previsto, particularmente quando a trajetória das cargas for redirecionada ou modificada. A ação estrutural (tração, compressão, flexão, torção, cisalhamento) de cada conjunto determina em última análise o comportamento do esquema estrutural. Nas edificações da REI, as juntas de pinos ou rótulas seriam usadas para evitar a transferência de momentos fletores em uma conexão ao absorver de maneira controlada o movimento ou a rotação. Na entrada da torre da escada, os materiais de construção seriam identificados claramente, com cada conexão visível e contribuindo diretamente para o aspecto funcional irregular do edifício.

*(a)*

*Figura 11.46 A estrutura do telhado em meia água na torre de escada na entrada (a) é suportada por uma pequena viga com perfil de abas largas e duas colunas tubulares de aço (b) colocadas em formato de "V". Uma parede de concreto lançado no local conduz as cargas da coluna para a fundação e o terreno.*

*(b)*

*Figura 11.47(a) A torre de entrada em construção mostra as vigas laminadas e coladas suportadas por vigas e colunas feitas com perfis de aço de abas largas. As barras de aço da armadura das escadas de concreto aparecem projetadas em balanço a partir da parede estrutural de concreto.*

*Figura 11.47(b) Examinando o apoio do telhado na extremidade sul da torre de escada da entrada, pode-se ver como os princípios teóricos de estática e resistência dos materiais são aplicados. A seção transversal é traçada através do telhado atrás do tubo de aço em "V". As terças 4" × 6" (101,6 mm × 152,4 mm) são colocadas perpendiculares aos dois pares de vigas laminadas e coladas (glu-lam), que são mostradas na seção de corte. Fotografias e desenhos desta página foram cedidos por Mithun Partners, Inc.*

*Figura 11.48  A viga de aço W10 × tem placas enrijecedoras soldadas à alma e aos flanges para evitar ruptura local quando as cargas e as tensões se elevarem nas conexões. Foto do autor.*

Conectores de chapas de aço dobradas foram soldados ao topo da viga de perfil de aço de abas largas para receber as vigas inclinadas de glu-lam. Os parafusos autoatarraxantes (*lag screw*) de $\frac{5}{8}''$ × 6" (15,9 × 152,4 mm) passando através da placa de apoio inferior e penetrando nas vigas e dois parafusos passantes nas placas laterais completam a conexão. Uma pequena seção de perfil W6 × 20 soldada ao topo da viga agia como espaçador e conector. Essas seções foram cortadas previamente e soldadas à viga de aço de perfil W10 × na oficina de montagem. Os furos dos parafusos nas vigas e terças de madeira laminada e colada foram feitos em oficina para agilizar a construção no local.

O tubo de 4 polegadas (101,6 mm) de diâmetro agia tanto como uma coluna quanto como um contraventamento lateral. Uma placa entalhada de aço (*kerf*), cortada com o ângulo exigido, foi soldada em outro entalhe feito no tubo. Essa conexão metálica comum permitiu o aumento da soldagem na junta e forneceu uma placa de apoio de aço com $\frac{3}{4}''$ (19,0 mm) de espessura para a viga. A viga pré-fabricada e o apoio diagonal foram aparafusados no local da obra. Os furos entalhados dos parafusos permitiram alguma tolerância de montagem e o movimento da viga em virtude da variação térmica.

Preparação e revisão cuidadosa dos desenhos em escritório asseguraram que o conjunto agiria de acordo com o pretendido, e que as partes se encaixariam eficientemente no local da obra. Na construção, detalhes importantes levaram em consideração as propriedades, o formato e as dimensões físicas dos materiais a serem unidos, assim como as ferramentas e as pessoas especializadas necessárias para a montagem.

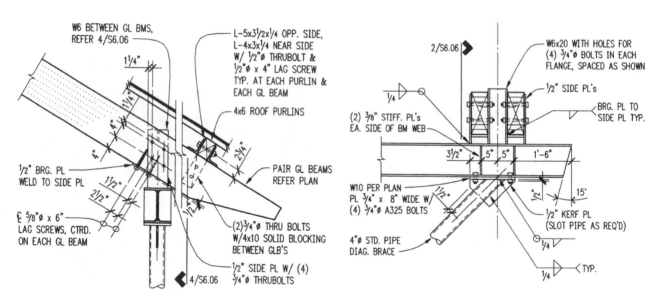

*Figura 11.49  As terças 4" × 6" (101,60 × 152,40 mm) de madeira no telhado são presas em cada extremidade aos pares de vigas laminadas e coladas (glu-lam) por parafusos de aço e conectores de chapas laterais de aço. Esses conectores evitam que as terças deslizem ou girem. Desenhos cedidos por Mithun Partners, Inc.*

## 11.6 SEQUÊNCIA DA CONSTRUÇÃO

O edifício avançou de baixo para cima. O local da obra, a demolição, a limpeza do terreno, a escavação, o escoramento e o nivelamento prepararam o local para as fundações. Enquanto as fundações de concreto e a infraestrutura estavam sendo concluídas no local, muitos componentes do esqueleto estrutural estavam sendo pré-fabricados em oficinas e transportados ao local quando necessário. Essa superposição de atividades de construção economizou tempo e dinheiro. Grandes ferramentas e equipamentos estacionários permitiram tolerâncias menores na fabricação em oficina — corte, perfuração e soldagem. Em Seattle, o tempo chuvoso de inverno tornou a fabricação em oficina ainda mais atraente.

Algumas partes da estrutura, como as treliças de madeira laminada e colada (glu-lam) e de aço, foram pré-fabricadas e montadas no local com o auxílio de um guindaste. Os quadros de aço resistente ao momento eram muito grandes para serem levados de caminhão ao local, portanto foram parcialmente pré-fabricados. Os parafusos de erguimento da estrutura foram usados para fixar parcialmente as estruturas enquanto a soldagem no local era concluída.

*Figura 11.50   Usa-se o lançamento de concreto no local para criar juntas monolíticas rígidas (resistentes a momentos fletores). O empreiteiro geral é responsável pela construção das formas e dos andaimes exigidos para lançamentos grandes e complexos. Foto cedida por Mithum Partners, Inc.*

*Figura 11.51 A sequência de erguimento dos quadros estruturais contraventados da torre de escalada. Partes dos quatro quadros foram préfabricadas e enviadas ao local, onde foram montadas e soldadas, uma sobre a outra. Os quadros estruturais, as colunas de canto e as escoras de canto foram então levantados em um fim de semana para que o guindaste móvel não atrapalhasse os usuários da autoestrada. Fotos cedidas por Mithun Partners, Inc.*

## 11.7 CONCLUSÃO

O edifício do REI, assim como a maioria dos projetos de edifícios bem-sucedidos, envolveu o esforço de muitos profissionais de design e construção trabalhando em conjunto com o espírito de colaboração. A decisão inicial de tornar aparente e apresentar o sistema estrutural exigiu a colaboração dos primeiros esboços dos projetos. Os arquitetos, os engenheiros e os empreiteiros, embora nem sempre concordando com a mesma linha de ação, ainda assim entenderam e aproveitaram reciprocamente o conhecimento de cada um. Esse conflito criativo, gerenciado construtivamente, resultou em um projeto maior do que a soma das partes individuais.

Os engenheiros estruturais para esse projeto não se limitaram a simplesmente calcular as cargas, tensões e deflexões para assegurar que a concepção do arquiteto podia se concretizar. Ao mesmo tempo, os arquitetos não se limitaram simplesmente a conceber uma forma escultural ou espacial, ignorando os princípios básicos da solidez, da ordem e da estabilidade estrutural. Raramente, ou nunca, o design estrutural é inteiramente racional ou puro. Os engenheiros confiam em sua experiência profissional e intuição, assim como nos métodos analíticos e fórmulas desenvolvidos ao longo da história da engenharia.

Deve ser concebido o sistema estrutural como um todo. Devem ser adotadas hipóteses sobre as cargas prováveis, e as trajetórias das cargas devem ser feitas e avaliadas por meio de cálculos para assegurar a estabilidade da estrutura. Os efeitos do tempo e do clima devem ser previstos para absorver os movimentos e evitar a corrosão ou falha prematura.

Depois de um edifício ser finalmente construído e colocado sob a ação das cargas, fica muito difícil determinar se ele está se comportando exatamente como projetado. As cargas podem não estar sendo distribuídas ou concentradas da forma prevista, e sob determinadas condições os elementos estruturais podem estar sendo solicitados à compressão ao invés de à tração. Portanto, os códigos de obras e a boa prática da engenharia fornecem coeficientes de segurança e redundância adequados.

O edifício do REI demonstra que um bom projeto estrutural e uma boa arquitetura são possíveis sem configurações e materiais exagerados, exóticos ou não testados. É possível usar princípios e materiais de engenharia comprovados pelo tempo de uma forma imaginativa e adequada para conseguir uma construção exitosa.

*Figura 11.52 Fotografia da parede de escalada e da torre que a cerca. Foto cedida por Mithun Partners, Inc.*

*Figura 11.53  Uma das estruturas das duas escadas internas. Fotografia de Robert Pisano.*

# Apêndice

## Tabelas para Projeto Estrutural

**A1-a** **Propriedades de Seções Transversais de Madeira — Tamanhos Padronizados Terças, Barrotes e Escoras (Sistema Internacional e Sistema Americano)**
Esta tabela foi adaptada do *Western Lumber Use Manual and Base Values for Dimension Lumber*. Permissão original concedida pela Western Wood Products Association.

**A1-b** **Propriedades de Seções Transversais de Madeira — Vigas e Colunas (Sistema Internacional e Sistema Americano)**
Esta tabela foi adaptada do *Western Lumber Use Manual and Base Values for Dimension Lumber*. Permissão original concedida pela Western Wood Products Association.

**A2** **Método das Tensões Admissíveis para Perfis Estruturais Usados como Vigas**
(*AISC Manual of Steel Construction* — *Projeto de Tensões Admissíveis, 9th ed.* — Reimpressa com permissão. Cedida pelo American Institute of Steel Construction.)

**A3** **Aço Estrutural — Perfis de Abas Largas**
(*Structural Steel Shapes Manual — 1989*. Reimpressa com permissão. Cedida pela Bethlehem Steel Corporation.)

**A4** **Aço Estrutural — Perfis Padrão Americano em I e em C**
(*Structural Steel Shapes Manual — 1989*. Reimpressa com permissão. Cedida pela Bethlehem Steel Corporation.)

**A5** **Aço Estrutural — Tubos com Seção Transversal Quadrada e Circular**
(*Structural Steel Shapes Manual — 1989*. Reimpressa com permissão. Cedida pela Bethlehem Steel Corporation.)

**A6** **Aço Estrutural — Cantoneiras**
(*Structural Steel Shapes Manual — 1989*. Reimpressa com permissão. Cedida pela Bethlehem Steel Corporation.)

**A7** **Definição dos Termos do Sistema Métrico (S.I.) e Tabelas de Conversão**

**A8** **Perfis de Abas Largas (Listagem resumida) – Sistema Internacional (Métrico)**
Adaptado do *AISC Manual of Steel Construction – ASD, 9th ed.*

**A9** **Módulo de Resistência à Flexão das Seções Transversais (Zona Elástica) — Perfis de Abas Largas — Sistema Americano e Sistema Internacional (Métrico) (Listagem resumida)**
Adaptado do *AISC Manual of Steel Construction—ASD, 9th ed.*

**A10** **Seções Transversais de Madeira Laminada e Colada da Western Timber** — Sistema Americano e Sistema Internacional (Métrico)

**A11** **Módulo Plástico de Resistência à Flexão das Seções Transversais — Perfis Selecionados de Vigas**

Apêndice

*Tabela A1-a   Propriedades de Seções Transversais de Madeira — Tamanhos Padronizados – Terças, Barrotes e Escoras. (Sistema Internacional e Sistema Americano)*

Esta tabela foi adaptada do *Western Lumber Use Manual and Base Values for Dimension Lumber*. Permissão original concedida pela Western Wood Products Association.

### Propriedades das Seções Transversais de Peças Espessas de Madeira da Western Lumber

| Tamanho Nominal ($b \times h$) (in) | Tamanho Aplainado Seco (real) (in) | Tamanho Nominal ($b \times h$) (mm) | Tamanho Aplainado Seco (real) (mm) | Área $A = (b) \times (h)$ (in²) | Área $A = bh$ $\times 10^3$ mm² | Módulo de Resistência à Flexão $S = bh^2/6$ (in³) | Módulo de Resistência à Flexão $S = bh^2/6$ $\times 10^3$ mm³ | Momento de Inércia $I = bh^3/12$ (in⁴) | Momento de Inércia $I = bh^3/12$ $\times 10^5$ mm⁴ |
|---|---|---|---|---|---|---|---|---|---|
| 2 × 2 | 1,5 × 1,5 | 50 × 50 | 38 × 38 | 2,25 | 1,44 | 0,56 | 9,12 | 0,42 | 0,17 |
| 2 × 3 | 1,5 × 2,5 | 50 × 75 | 38 × 64 | 3,75 | 2,43 | 1,56 | 25,9 | 1,95 | 0,83 |
| 2 × 4 | 1,5 × 3,5 | 50 × 100 | 38 × 89 | 5,25 | 3,38 | 3,06 | 50,2 | 5,36 | 2,23 |
| 2 × 6 | 1,5 × 5,5 | 50 × 150 | 38 × 140 | 8,25 | 5,32 | 7,58 | 124 | 20,80 | 8,69 |
| 2 × 8 | 1,5 × 7,25 | 50 × 200 | 38 × 184 | 10,88 | 6,99 | 13,14 | 214 | 47,63 | 19,7 |
| 2 × 10 | 1,5 × 9,25 | 50 × 250 | 38 × 235 | 13,88 | 8,93 | 21,39 | 350 | 98,93 | 41,1 |
| 2 × 12 | 1,5 × 11,25 | 50 × 300 | 38 × 286 | 16,88 | 10,87 | 31,64 | 518 | 177,98 | 74,1 |
| 3 × 3 | 2,5 × 2,5 | 75 × 75 | 64 × 64 | 6,25 | 4,10 | 2,60 | 43,7 | 3,26 | 1,40 |
| 3 × 4 | 2,5 × 3,5 | 75 × 100 | 64 × 89 | 8,75 | 5,70 | 5,10 | 84,5 | 8,93 | 3,76 |
| 3 × 6 | 2,5 × 5,5 | 75 × 150 | 64 × 140 | 13,75 | 8,96 | 12,60 | 209 | 34,66 | 14,6 |
| 3 × 8 | 2,5 × 7,25 | 75 × 200 | 64 × 184 | 18,12 | 11,78 | 21,90 | 361 | 79,39 | 33,2 |
| 3 × 10 | 2,5 × 9,25 | 75 × 250 | 64 × 235 | 23,12 | 15,04 | 35,65 | 589 | 164,89 | 69,2 |
| 3 × 12 | 2,5 × 11,25 | 75 × 300 | 64 × 286 | 28,12 | 18,30 | 52,73 | 872 | 296,63 | 124,7 |
| 4 × 4 | 3,5 × 3,5 | 100 × 100 | 89 × 89 | 12,25 | 7,92 | 7,15 | 118 | 12,51 | 5,23 |
| 4 × 6 | 3,5 × 5,5 | 100 × 150 | 89 × 140 | 19,25 | 12,5 | 17,65 | 292 | 48,53 | 20,4 |
| 4 × 8 | 3,5 × 7,25 | 100 × 200 | 89 × 184 | 25,38 | 16,4 | 30,66 | 502 | 111,15 | 46,2 |
| 4 × 10 | 3,5 × 9,25 | 100 × 250 | 89 × 235 | 32,38 | 20,9 | 49,91 | 819 | 230,84 | 96,3 |
| 4 × 12 | 3,5 × 11,25 | 100 × 300 | 89 × 286 | 39,38 | 25,4 | 73,83 | 1213 | 415,28 | 174 |
| 4 × 14 | 3,5 × 13,25 | 100 × 350 | 89 × 335 | 46,38 | 29,8 | 102,41 | 1664 | 678,48 | 279 |

*Tabela A1-b   Propriedades de Seções Transversais de Madeira — Vigas e Colunas (Sistema Internacional e Sistema Americano)*

Esta tabela foi adaptada do *Western Lumber Use Manual and Base Values for Dimension Lumber*. Permissão original concedida pela Western Wood Products Association.

### Propriedades das Seções Transversais de Peças Espessas de Madeira da Western Lumber

| Tamanho Nominal ($b \times h$) (in) | Tamanho Aplainado Seco (real) (in) | Tamanho Nominal ($b \times h$) (mm) | Tamanho Aplainado Seco (real) (mm) | Área $A = (b) \times (h)$ (in²) | Área $A = bh$ $\times 10^3$ mm² | Módulo de Resistência à Flexão $S = bh^2/6$ (in³) | Módulo de Resistência à Flexão $S = bh^2/6$ $\times 10^3$ mm³ | Momento de Inércia $I = bh^3/12$ (in⁴) | Momento de Inércia $I = bh^3/12$ $\times 10^6$ mm⁴ |
|---|---|---|---|---|---|---|---|---|---|
| 6 × 6 | 5,5 × 5,5 | 150 × 150 | 140 × 140 | 30,25 | 19,6 | 27,7 | 457 | 76,3 | 32,0 |
| 6 × 8 | 5,5 × 7,5 | 150 × 200 | 140 × 191 | 41,25 | 26,7 | 51,6 | 851 | 193,4 | 81,3 |
| 6 × 10 | 5,5 × 9,5 | 150 × 250 | 140 × 241 | 52,25 | 33,7 | 82,7 | 1355 | 393,0 | 163 |
| 6 × 12 | 5,5 × 11,5 | 150 × 300 | 140 × 292 | 63,25 | 40,9 | 121,2 | 1989 | 697,1 | 290 |
| 6 × 14 | 5,5 × 13,5 | 150 × 350 | 140 × 343 | 74,25 | 48,0 | 167,1 | 2745 | 1127,7 | 471 |
| 8 × 8 | 7,5 × 7,5 | 200 × 200 | 191 × 191 | 56,25 | 36,5 | 70,3 | 1161 | 263,7 | 111 |
| 8 × 10 | 7,5 × 9,5 | 200 × 250 | 191 × 241 | 71,25 | 46,0 | 112,8 | 1849 | 535,9 | 223 |
| 8 × 12 | 7,5 × 11,5 | 200 × 300 | 191 × 292 | 86,25 | 55,8 | 165,3 | 2714 | 950,6 | 396 |
| 8 × 14 | 7,5 × 13,5 | 200 × 350 | 191 × 343 | 101,25 | 65,5 | 227,8 | 3745 | 1537,7 | 642 |
| 8 × 16 | 7,5 × 15,5 | 200 × 400 | 191 × 394 | 116,25 | 75,2 | 300,3 | 4942 | 2327,4 | 974 |
| 10 × 10 | 9,5 × 9,5 | 250 × 250 | 241 × 241 | 90,25 | 58,1 | 142,9 | 2333 | 678,8 | 281 |
| 10 × 12 | 9,5 × 11,5 | 250 × 300 | 241 × 292 | 109,25 | 70,4 | 209,4 | 3425 | 1204,0 | 500 |
| 10 × 14 | 9,5 × 13,5 | 250 × 350 | 241 × 343 | 128,25 | 82,7 | 288,6 | 4726 | 1947,8 | 810 |
| 10 × 16 | 9,5 × 15,5 | 250 × 400 | 241 × 394 | 147,25 | 95,0 | 380,4 | 6235 | 2948,1 | 1228 |
| 12 × 12 | 11,5 × 11,5 | 300 × 300 | 292 × 292 | 132,25 | 85,3 | 253,5 | 4150 | 1457,5 | 606 |
| 12 × 14 | 11,5 × 13,5 | 300 × 350 | 292 × 343 | 155,25 | 100 | 349,3 | 5726 | 2357,9 | 982 |
| 12 × 16 | 11,5 × 15,5 | 300 × 400 | 292 × 394 | 178,25 | 115 | 460,5 | 7555 | 3568,7 | 1488 |
| 12 × 18 | 11,5 × 17,5 | 300 × 450 | 292 × 445 | 201,25 | 130 | 587,0 | 9637 | 5136,1 | 2144 |

*Tabela A2 Método das Tensões Admissíveis para Perfis Estruturais Usados como Vigas*

(*AISC Manual of Steel Construction — Projeto de Tensões Admissíveis, 9th ed.* — Reimpressa com permissão. Cedida pelo American Institute of Steel Construction.)

## $S_x$ — TABELA DE SELEÇÃO DO MÉTODO DAS TENSÕES ADMISSÍVEIS
Para perfis utilizados como vigas

| $F_Y$ = 50 ksi | | | $S_x$ | Perfil | Altura $d$ | $F_Y$ | $F_Y$ = 36 ksi | | |
|---|---|---|---|---|---|---|---|---|---|
| $L_c$ | $L_u$ | $M_R$ | | | | | $L_c$ | $L_u$ | $M_R$ |
| Ft | Ft | Kip-ft | In³ | | In | Ksi | Ft | Ft | Kip-ft |
| **10,3** | **11,1** | **1230** | **448** | **W 33 × 141** | **33 1/4** | — | **12,2** | **15,4** | **887** |
| **8,8** | **11,0** | **1210** | **439** | **W 36 × 135** | **35 1/2** | — | **12,3** | **13,0** | **869** |
| 9,4 | 13,4 | 1200 | 436 | W 30 × 148 | 30 5/8 | — | 11,1 | 18,7 | 863 |
| 10,3 | 35,5 | 1150 | 419 | W 18 × 211 | 20 5/8 | — | 12,2 | 49,3 | 830 |
| 11,2 | 27,1 | 1150 | 417 | W 21 × 182 | 22 3/4 | — | 13,2 | 37,6 | 826 |
| 11,6 | 21,1 | 1140 | 414 | W 24 × 162 | 25 | — | 13,7 | 29,3 | 820 |
| 12,5 | 16,6 | 1130 | 411 | W 27 × 146 | 27 3/8 | — | 14,7 | 23,0 | 814 |
| **9,9** | **10,8** | **1120** | **406** | **W 33 × 130** | **33 1/8** | — | **12,1** | **13,8** | **804** |
| 9,4 | 11,6 | 1050 | 380 | W 30 × 132 | 30 1/4 | — | 11,1 | 16,1 | 752 |
| 11,1 | 25,1 | 1050 | 380 | W 21 × 166 | 22 1/2 | — | 13,1 | 34,8 | 752 |
| 10,3 | 32,7 | 1050 | 380 | W 18 × 192 | 20 3/8 | — | 12,1 | 45,4 | 752 |
| 11,6 | 18,9 | 1020 | 371 | W 24 × 146 | 24 3/4 | — | 13,6 | 26,3 | 735 |
| **8,6** | **10,7** | **987** | **359** | **W 33 × 118** | **32 1/8** | — | **12,0** | **12,6** | **711** |
| 9,4 | 10,8 | 976 | 355 | W 30 × 124 | 30 1/8 | — | 11,1 | 15,0 | 703 |
| 9,0 | 13,3 | 949 | 345 | W 27 × 129 | 27 5/8 | — | 10,6 | 18,4 | 683 |
| 10,2 | 30,0 | 946 | 344 | W 18 × 175 | 20 | — | 12,0 | 41,7 | 681 |
| **9,4** | **9,9** | **905** | **329** | **W 30 × 116** | **30** | — | **11,1** | **13,8** | **651** |
| 11,5 | 16,8 | 905 | 329 | W 24 × 131 | 24 1/2 | — | 13,6 | 23,4 | 651 |
| 11,2 | 21,8 | 902 | 329 | W 21 × 147 | 22 | — | 13,2 | 30,3 | 651 |
| 10,1 | 275 | 853 | 310 | W 18 × 158 | 19 3/4 | — | 11,9 | 38,3 | 614 |
| **8,9** | **9,8** | **822** | **299** | **W 30 × 108** | **29 7/8** | — | **11,1** | **12,3** | **592** |
| 9,0 | 11,5 | 822 | 299 | W 27 × 114 | 27 1/4 | — | 10,6 | 15,9 | 592 |
| 11,1 | 19,6 | 811 | 295 | W 21 × 132 | 21 1/8 | — | 13,1 | 27,2 | 584 |
| 11,5 | 14,9 | 800 | 291 | W 24 × 117 | 24 1/4 | — | 13,5 | 20,8 | 576 |
| 10,0 | 25,3 | 776 | 282 | W 18 × 43 | 19 1/2 | — | 11,8 | 35,1 | 558 |
| 11,1 | 18,3 | 751 | 273 | W 21 × 122 | 21 5/8 | — | 13,1 | 25,4 | 541 |
| **7,9** | **9,7** | **740** | **269** | **W 30 × 99** | **29 5/8** | — | **10,9** | **11,4** | **533** |
| 9,0 | 10,2 | 734 | 267 | W 27 × 102 | 27 1/8 | — | 10,6 | 14,2 | 529 |
| 11,4 | 13,2 | 710 | 258 | W 24 × 104 | 24 | 58,5 | 13,5 | 18,4 | 511 |
| 10,0 | 23,1 | 704 | 256 | W 18 × 130 | 19 1/4 | — | 11,8 | 32,2 | 507 |
| 11,1 | 16,8 | 685 | 249 | W 21 × 111 | 21 1/2 | — | 13,0 | 23,3 | 493 |
| **7,2** | **9,8** | **674** | **245** | **W 30 × 90** | **29 1/2** | **58,1** | **10,0** | **11,4** | **485** |
| 8,1 | 12,0 | 674 | 245 | W 24 × 103 | 24 1/2 | — | 9,5 | 16,7 | 485 |
| 8,9 | 9,5 | 668 | 243 | W 27 × 94 | 26 7/8 | — | 10,5 | 12,8 | 481 |
| 10,1 | 21,0 | 635 | 231 | W 18 × 119 | 19 | — | 11,9 | 29,1 | 457 |
| 11,0 | 15,4 | 624 | 227 | W 21 × 101 | 21 3/8 | — | 13,0 | 21,3 | 449 |
| 8,1 | 10,9 | 611 | 222 | W 24 × 94 | 24 1/4 | — | 9,6 | 15,1 | 440 |
| **8,0** | **9,4** | **566** | **213** | **W 27 × 84** | **26 3/4** | — | **10,5** | **11,4** | **22** |
| 10,0 | 18,7 | 561 | 204 | W 18 × 106 | 18 3/4 | — | 11,8 | 26,0 | 404 |
| **8,1** | **9,6** | **539** | **196** | **W 24 × 84** | **24 1/8** | — | **9,5** | **13,3** | **388** |
| 7,5 | 12,1 | 528 | 192 | W 21 × 93 | 21 5/8 | — | 8,9 | 16,8 | 380 |
| 13,1 | 31,7 | 523 | 190 | W 14 × 120 | 14 1/2 | — | 15,5 | 44,1 | 376 |
| 10,0 | 17,4 | 517 | 188 | W 18 × 97 | 18 5/8 | — | 11,8 | 24,1 | 372 |



## TABELA DE SELEÇÃO DO MÉTODO DAS TENSÕES ADMISSÍVEIS — $S_x$
Para perfis utilizados como vigas

| $F_Y$ = 50 ksi | | | $S_x$ | Perfil | Altura $d$ | $F_Y$ | $F_Y$ = 36 ksi | | |
|---|---|---|---|---|---|---|---|---|---|
| $L_c$ | $L_u$ | $M_R$ | | | | | $L_c$ | $L_u$ | $M_R$ |
| Ft | Ft | Kip-ft | In³ | | In | Ksi | Ft | Ft | Kip-ft |
| **8,1** | **8,6** | **484** | **176** | **W 24 × 76** | **23 7/8** | — | **9,5** | **11,8** | **348** |
| 9,3 | 20,2 | 481 | 175 | W 16 × 100 | 17 | — | 11,0 | 28,1 | 347 |
| 13,1 | 29,2 | 476 | 173 | W 14 × 109 | 14 3/8 | 58,6 | 15,4 | 40,6 | 343 |
| 7,5 | 10,9 | 470 | 171 | W 21 × 83 | 21 3/8 | — | 8,8 | 15,1 | 339 |
| 9,9 | 15,5 | 457 | 166 | W 18 × 86 | 18 3/8 | — | 11,7 | 21,5 | 329 |
| 13,0 | 26,7 | 432 | 157 | W 14 × 99 | 14 1/8 | 48,5 | 15,4 | 37,0 | 311 |
| 9,3 | 18,0 | 428 | 155 | W 16 × 89 | 16 3/4 | — | 10,9 | 25,0 | 307 |
| **7,4** | **8,5** | **424** | **154** | **W 24 × 68** | **23 3/4** | — | **9,5** | **10,2** | **305** |
| 7,4 | 9,6 | 415 | 151 | W 21 × 73 | 21 1/4 | — | 8,8 | 13,4 | 299 |
| 9,9 | 13,7 | 402 | 146 | W 18 × 76 | 18 1/4 | 64,2 | 11,6 | 19,1 | 289 |
| 13,0 | 24,5 | 393 | 143 | W 14 × 90 | 14 | 40,4 | 15,3 | 34,0 | 283 |
| **7,4** | **8,9** | **385** | **140** | **W 21 × 68** | **21 1/8** | — | **8,7** | **12,4** | **277** |
| 9,2 | 15,8 | 369 | 134 | W 16 × 77 | 16 1/2 | — | 10,9 | 21,9 | 265 |
| **5,8** | **6,4** | **360** | **131** | **W 24 × 62** | **23 3/4** | — | **7,4** | **8,1** | **259** |
| **7,4** | **8,1** | **349** | **127** | **W 21 × 62** | **21** | — | **8,7** | **11,2** | **251** |
| 6,8 | 11,1 | 349 | 127 | W 18 × 71 | 18 1/2 | — | 8,1 | 15,5 | 251 |
| 9,1 | 20,2 | 338 | 123 | W 14 × 82 | 14 1/4 | — | 10,7 | 28,1 | 244 |
| 10,9 | 26,0 | 325 | 118 | W 12 × 87 | 12 1/2 | — | 12,8 | 36,2 | 234 |
| 6,8 | 10,4 | 322 | 117 | W 18 × 65 | 18 3/8 | — | 8,0 | 14,4 | 232 |
| 9,2 | 13,9 | 322 | 117 | W 16 × 67 | 16 3/8 | — | 10,8 | 19,3 | 232 |
| **5,0** | **6,3** | **314** | **114** | **W 24 × 55** | **23 5/8** | — | **7,0** | **7,5** | **226** |
| 9,0 | 18,6 | 308 | 112 | W 14 × 74 | 14 1/8 | — | 10,6 | 25,9 | 222 |
| 5,9 | 6,7 | 305 | 111 | W 21 × 57 | 21 | — | 6,9 | 9,4 | 220 |
| 6,8 | 9,6 | 297 | 108 | W 18 × 60 | 18 1/4 | — | 8,0 | 13,3 | 214 |
| 10,8 | 24,0 | 294 | 107 | W 12 × 79 | 12 3/8 | 62,6 | 12,8 | 33,3 | 212 |
| 9,0 | 17,2 | 283 | 103 | W 14 × 68 | 14 | — | 10,6 | 23,9 | 204 |
| **6,7** | **8,7** | **270** | **98,3** | **W 18 × 55** | **18 1/8** | — | **7,9** | **12,1** | **195** |
| 10,8 | 21,9 | 268 | 97,4 | W 12 × 72 | 12 1/4 | 52,3 | 12,7 | 30,5 | 193 |
| **5,6** | **6,0** | **260** | **94,5** | **W 21 × 50** | **20 7/8** | — | **6,9** | **7,8** | **187** |
| 6,4 | 10,3 | 254 | 92,2 | W 16 × 57 | 16 3/8 | — | 7,5 | 14,3 | 183 |
| 9,0 | 15,5 | 254 | 92,2 | W 14 × 61 | 13 7/8 | — | 10,6 | 21,5 | 183 |
| **6,7** | **7,9** | **244** | **88,9** | **W 18 × 60** | **18** | — | **7,9** | **11,0** | **176** |
| 10,7 | 20,0 | 238 | 87,9 | W 12 × 65 | 12 1/8 | 43,0 | 2,7 | 27,7 | 174 |
| **4,7** | **5,9** | **224** | **81,6** | **W 21 × 44** | **20 5/8** | — | **6,6** | **7,0** | **162** |
| 6,3 | 9,1 | 223 | 81,0 | W 16 × 50 | 16 1/4 | — | 7,5 | 12,7 | 160 |
| 5,4 | 6,8 | 217 | 78,8 | W 18 × 46 | 18 | — | 6,4 | 9,4 | 156 |
| 9,0 | 17,5 | 215 | 78,0 | W 12 × 58 | 12 1/4 | — | 10,6 | 24,4 | 154 |
| 7,2 | 12,7 | 214 | 77,8 | W 14 × 53 | 13 7/8 | — | 8,5 | 17,7 | 154 |
| 6,3 | 8,2 | 200 | 72,7 | W 16 × 45 | 16 1/8 | — | 7,4 | 11,4 | 144 |
| 8,0 | 15,9 | 194 | 70,6 | W 12 × 53 | 12 | — | 10,6 | 22,0 | 140 |
| 7,2 | 11,5 | 193 | 70,3 | W 14 × 48 | 13 3/4 | — | 8,5 | 16,0 | 139 |

*Tabela A2 Método das Tensões Admissíveis para Perfis Estruturais Usados como Vigas* (continuação)

(*AISC Manual of Steel Construction — Projeto de Tensões Admissíveis, 9th ed.* — Reimpressa com permissão. Cedida pelo American Institute of Steel Construction.)

## $S_x$ TABELA DE SELEÇÃO DO MÉTODO DAS TENSÕES ADMISSÍVEIS

Para perfis utilizados como vigas

| $F_Y$ = 50 ksi | | | $S_x$ | Perfil | Altura $d$ | $F_Y$ | $F_Y$ = 36 ksi | | |
|---|---|---|---|---|---|---|---|---|---|
| $L_c$ | $L_u$ | $M_R$ | | | | | $L_c$ | $L_u$ | $M_R$ |
| Ft | Ft | Kip-ft | In³ | | In | Ksi | Ft | Ft | Kip-ft |
| 5,4 | 5,9 | 188 | 68,4 | W 18 × 40 | 17 7/8 | — | 6,3 | 8,2 | 135 |
| 9,0 | 22,4 | 183 | 66,7 | W 10 × 60 | 10 1/4 | — | 10,6 | 31,1 | 132 |
| 6,3 | 7,4 | 178 | 64,7 | W 16 × 40 | 16 | — | 7,4 | 10,2 | 128 |
| 7,2 | 14,1 | 178 | 64,7 | W 12 × 50 | 12 1/4 | — | 8,5 | 19,6 | 128 |
| 7,2 | 10,4 | 172 | 62,7 | W 14 × 43 | 13 5/8 | — | 8,4 | 14,4 | 124 |
| 9,0 | 20,3 | 165 | 60,0 | W 10 × 54 | 10 1/8 | 63,5 | 10,6 | 28,2 | 119 |
| 7,2 | 12,8 | 160 | 58,1 | W 12 × 45 | 12 | — | 8,5 | 17,7 | 115 |
| 4,8 | 5,6 | 158 | 57,6 | W 18 × 35 | 17 3/4 | — | 6,3 | 6,7 | 114 |
| 6,3 | 6,7 | 155 | 56,5 | W 16 × 36 | 15 7/8 | 64,0 | 7,4 | 8,8 | 112 |
| 6,1 | 8,3 | 150 | 54,6 | W 14 × 38 | 14 1/8 | — | 7,1 | 11,5 | 108 |
| 9,0 | 18,7 | 150 | 54,6 | W 10 × 49 | 10 | 53,0 | 10,6 | 26,0 | 108 |
| 7,2 | 11,5 | 143 | 51,9 | W 12 × 40 | 12 | — | 8,4 | 16,0 | 103 |
| 7,2 | 16,4 | 135 | 49,1 | W 10 × 45 | 10 1/8 | — | 8,5 | 22,8 | 97 |
| 6,0 | 7,3 | 134 | 48,6 | W 14 × 34 | 14 | — | 7,1 | 10,2 | 96 |
| 4,9 | 5,2 | 130 | 47,2 | W 16 × 31 | 15 7/8 | — | 5,8 | 7,1 | 93 |
| 5,9 | 9,1 | 125 | 45,6 | W 12 × 35 | 12 1/2 | — | 6,9 | 12,6 | 90 |
| 7,2 | 14,2 | 116 | 42,1 | W 10 × 39 | 9 7/8 | — | 8,4 | 19,8 | 83 |
| 6,0 | 6,5 | 116 | 42,0 | W 14 × 30 | 13 7/8 | 55,3 | 7,1 | 8,7 | 83 |
| 5,8 | 7,8 | 106 | 38,6 | W 12 × 30 | 12 3/8 | — | 6,9 | 10,8 | 76 |
| 4,0 | 5,1 | 106 | 38,4 | W 16 × 26 | 15 3/4 | — | 5,6 | 6,0 | 76 |
| 4,5 | 5,1 | 97 | 35,3 | W 14 × 26 | 13 7/8 | — | 5,3 | 7,0 | 70 |
| 7,1 | 11,9 | 96 | 35,0 | W 10 × 33 | 9 3/4 | 50,5 | 8,4 | 16,5 | 69 |
| 5,8 | 6,7 | 92 | 33,4 | W 12 × 26 | 12 1/4 | 57,9 | 6,9 | 9,4 | 66 |
| 5,2 | 9,4 | 89 | 32,4 | W 10 × 30 | 10 1/2 | — | 6,1 | 13,1 | 64 |
| 7,2 | 16,3 | 86 | 31,2 | W 8 × 35 | 8 1/8 | 64,4 | 8,5 | 22,6 | 62 |
| 4,1 | 4,7 | 80 | 29,0 | W 14 × 22 | 13 3/4 | — | 5,3 | 5,6 | 57 |
| 5,2 | 8,2 | 77 | 27,9 | W 10 × 26 | 10 3/8 | — | 6,1 | 11,4 | 55 |
| 7,2 | 14,5 | 76 | 27,5 | W 8 × 31 | 8 | 50,0 | 8,4 | 20,1 | 54 |
| 3,6 | 4,6 | 70 | 25,4 | W 12 × 22 | 12 1/4 | — | 4,3 | 6,4 | 50 |
| 5,9 | 12,6 | 67 | 24,3 | W 8 × 28 | 8 | — | 6,9 | 17,5 | 48 |
| 5,2 | 6,8 | 64 | 23,2 | W 10 × 22 | 10 1/8 | — | 6,1 | 9,4 | 46 |
| 3,6 | 3,8 | 58 | 21,3 | W 12 × 19 | 12 1/8 | — | 4,2 | 5,3 | 42 |
| 2,6 | 3,4 | 58 | 21,1 | W 14 × 18 | 14 | — | 3,6 | 4,0 | 42 |
| 5,8 | 10,9 | 57 | 20,9 | W 8 × 24 | 7 7/8 | 64,1 | 6,9 | 15,2 | 41 |
| 3,6 | 5,2 | 52 | 18,8 | W 10 × 19 | 10 1/4 | — | 4,2 | 7,2 | 37 |
| 4,7 | 8,5 | 50 | 18,2 | W 8 × 21 | 8 1/4 | — | 5,6 | 11,8 | 36 |

AMERICAN INSTITUTE OF STEEL CONSTRUCTION

## TABELA DE SELEÇÃO DO MÉTODO DAS TENSÕES ADMISSÍVEIS $S_x$

Para perfis utilizados como vigas

| $F_Y$ = 50 ksi | | | $S_x$ | Perfil | Altura $d$ | $F_Y$ | $F_Y$ = 36 ksi | | |
|---|---|---|---|---|---|---|---|---|---|
| $L_c$ | $L_u$ | $M_R$ | | | | | $L_c$ | $L_u$ | $M_R$ |
| Ft | Ft | Kip-ft | In³ | | In | Ksi | Ft | Ft | Kip-ft |
| 2,8 | 3,6 | 47 | 17,1 | W 12 × 16 | 12 | — | 4,1 | 4,3 | 34 |
| 5,4 | 14,4 | 46 | 16,7 | W 6 × 25 | 6 3/8 | — | 6,4 | 20,0 | 33 |
| 3,6 | 4,4 | 45 | 16,2 | W 10 × 17 | 10 1/8 | — | 4,2 | 6,1 | 32 |
| 4,7 | 7,1 | 42 | 15,2 | W 8 × 18 | 8 1/8 | — | 5,5 | 9,9 | 30 |
| 2,5 | 3,8 | 41 | 14,9 | W 12 × 14 | 11 7/8 | 54,3 | 3,5 | 4,2 | 30 |
| 3,6 | 3,7 | 38 | 13,8 | W 10 × 15 | 10 | — | 4,2 | 5,0 | 27 |
| 5,4 | 11,8 | 37 | 13,4 | W 6 × 20 | 6 1/4 | 62,1 | 6,4 | 16,? | 27 |
| 5,3 | 12,5 | 36 | 13,0 | W 6 × 20 | 6 | — | 6,3 | 17,4 | 26 |
| 1,9 | 2,6 | 33 | 12,0 | W 12 × 11,8 | 12 | — | 2,7 | 3,0 | 24 |
| 3,6 | 5,2 | 32 | 11,8 | W 8 × 15 | 8 1/8 | — | 4,2 | 7,2 | 23 |
| 2,8 | 3,6 | 30 | 10,9 | W 10 × 12 | 9 7/8 | 47,5 | 3,9 | 4,3 | 22 |
| 1,8 | 2,6 | 30 | 10,9 | W 12 × 10,8 | 12 | — | 2,5 | 3,1 | 22 |
| 1,6 | 2,8 | 28 | 10,3 | W 12 × 10 | 12 | — | 2,3 | 3,3 | 20 |
| 3,6 | 8,7 | 28 | 10,2 | W 6 × 16 | 6 1/4 | — | 4,3 | 12,0 | 20 |
| 4,5 | 14,0 | 28 | 10,2 | W 5 × 19 | 5 1/8 | — | 5,3 | 19,5 | 20 |
| 3,6 | 4,3 | 27 | 9,91 | W 8 × 13 | 8 | — | 4,2 | 5,9 | 20 |
| 5,4 | 8,7 | 25 | 9,72 | W 6 × 15 | 6 | 31,8 | 6,3 | 12,0 | 19 |
| 4,5 | 13,9 | 26 | 9,63 | W 5 × 18,9 | 5 | — | 5,3 | 19,3 | 19 |
| 4,5 | 12,0 | 23 | 8,51 | W 5 × 16 | 5 | — | 5,3 | 16,7 | 17 |
| 3,4 | 3,7 | 21 | 7,81 | W 8 × 10 | 7 7/8 | 45,8 | 4,2 | 4,7 | 15 |
| 1,9 | 2,3 | 21 | 7,76 | W 10 × 9 | 10 | — | 2,6 | 2,7 | 15 |
| 3,6 | 6,2 | 20 | 7,31 | W 6 × 12 | 6 | — | 4,2 | 8,6 | 14 |
| 1,6 | 2,3 | 19 | 6,94 | W 10 × 8 | 10 | — | 2,3 | 2,7 | 14 |
| 1,6 | 2,3 | 18 | 6,57 | W 10 × 7,5 | 10 | — | 2,2 | 2,7 | 13 |
| 3,5 | 4,8 | 15 | 5,56 | W 6 × 9 | 5 7/8 | 50,3 | 4,2 | 6,7 | 11 |
| 3,6 | 11,2 | 15 | 5,46 | W 4 × 13 | 4 1/8 | — | 4,3 | 15,6 | 11 |
| 1,8 | 2,0 | 13 | 4,62 | W 8 × 6,5 | 8 | — | 2,4 | 2,5 | 9 |
| 1,7 | 1,8 | 7 | 2,40 | W 6 × 4,4 | 6 | — | 1,9 | 2,4 | 5 |

AMERICAN INSTITUTE OF STEEL CONSTRUCTION

*Tabela A3* Aço Estrutural — Perfis de Abas Largas
(*Structural Steel Shapes Manual* — 1989. Reimpressa com permissão. Cedida pela Bethlehem Steel Corporation.)

## PERFIS DE ABAS LARGAS

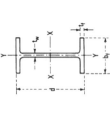

Dimensões Teóricas e Propriedades para **Projeto**

| Número da Seção | Peso por Pé | Área da Seção Transversal | Altura da Seção Transversal | \multicolumn{3}{c}{Flange} | | Eixo X-X | | | | Eixo Y-Y | | | $r_T$ |
|---|---|---|---|---|---|---|---|---|---|---|---|---|---|---|
| | | A | d | Largura $b_f$ | Espessura $t_f$ | Espessura da Alma $t_w$ | $I_x$ | $S_x$ | $r_x$ | $I_y$ | $S_y$ | $r_y$ | | |
| | lb | in² | in | in | in | in | in⁴ | in³ | in | in⁴ | in³ | in | in | |
| W36 x | 300 | 88,3 | 36,74 | 16,655 | 1,680 | 0,945 | 20300 | 1110 | 15,2 | 1300 | 156 | 3,83 | 4,39 |
| | 280 | 82,4 | 36,52 | 16,595 | 1,570 | 0,885 | 18900 | 1030 | 15,1 | 1200 | 144 | 3,81 | 4,37 |
| | 260 | 76,5 | 36,26 | 16,550 | 1,440 | 0,840 | 17300 | 953 | 15,0 | 1090 | 132 | 3,78 | 4,34 |
| | 245 | 72,1 | 36,08 | 16,510 | 1,350 | 0,800 | 16100 | 895 | 15,0 | 1010 | 123 | 3,75 | 4,32 |
| | 230 | 67,6 | 35,90 | 16,470 | 1,260 | 0,760 | 15000 | 837 | 14,9 | 940 | 114 | 3,73 | 4,30 |
| W36 x | 210 | 61,8 | 36,69 | 12,180 | 1,360 | 0,830 | 13200 | 719 | 14,6 | 411 | 67,5 | 2,58 | 3,09 |
| | 194 | 57,0 | 36,49 | 12,115 | 1,260 | 0,765 | 12100 | 664 | 14,6 | 375 | 61,9 | 2,56 | 3,07 |
| | 182 | 53,6 | 36,33 | 12,075 | 1,180 | 0,725 | 11300 | 623 | 14,5 | 347 | 57,6 | 2,55 | 3,05 |
| | 170 | 50,0 | 36,17 | 12,030 | 1,100 | 0,680 | 10500 | 580 | 14,5 | 320 | 53,2 | 2,53 | 3,04 |
| | 160 | 47,0 | 36,01 | 12,000 | 1,020 | 0,650 | 9750 | 542 | 14,4 | 295 | 49,1 | 2,50 | 3,02 |
| | 150 | 44,2 | 35,85 | 11,975 | 0,940 | 0,625 | 9040 | 504 | 14,3 | 270 | 45,1 | 2,47 | 2,99 |
| | 135 | 39,7 | 35,55 | 11,950 | 0,790 | 0,600 | 7800 | 439 | 14,0 | 225 | 37,7 | 2,38 | 2,93 |
| W33 x | 241 | 70,9 | 34,18 | 15,860 | 1,400 | 0,830 | 14200 | 829 | 14,1 | 932 | 118 | 3,63 | 4,17 |
| | 221 | 65,0 | 33,93 | 15,805 | 1,275 | 0,775 | 12800 | 757 | 14,1 | 840 | 106 | 3,59 | 4,15 |
| | 201 | 59,1 | 33,68 | 15,745 | 1,150 | 0,715 | 11500 | 684 | 14,0 | 749 | 95,2 | 3,56 | 4,12 |
| W33 x | 152 | 44,7 | 33,49 | 11,565 | 1,055 | 0,635 | 8160 | 487 | 13,5 | 273 | 47,2 | 2,47 | 2,94 |
| | 141 | 41,6 | 33,30 | 11,535 | 0,960 | 0,605 | 7450 | 448 | 13,4 | 246 | 42,7 | 2,43 | 2,92 |
| | 130 | 38,3 | 33,09 | 11,510 | 0,855 | 0,580 | 6710 | 406 | 13,2 | 218 | 37,9 | 2,39 | 2,88 |
| | 118 | 34,7 | 32,86 | 11,480 | 0,740 | 0,550 | 5900 | 359 | 13,0 | 187 | 32,6 | 2,32 | 2,84 |
| W30 x | 211 | 62,0 | 30,94 | 15,105 | 1,315 | 0,775 | 10300 | 663 | 12,9 | 757 | 100 | 3,49 | 3,99 |
| | 191 | 56,1 | 30,68 | 15,040 | 1,185 | 0,710 | 9170 | 598 | 12,8 | 673 | 89,5 | 3,46 | 3,97 |
| | 173 | 50,8 | 30,44 | 14,985 | 1,065 | 0,655 | 8200 | 539 | 12,7 | 598 | 79,8 | 3,43 | 3,94 |
| W30 x | 132 | 38,9 | 30,31 | 10,545 | 1,000 | 0,615 | 5770 | 380 | 12,2 | 196 | 37,2 | 2,25 | 2,68 |
| | 124 | 36,5 | 30,17 | 10,515 | 0,930 | 0,585 | 5360 | 355 | 12,1 | 181 | 34,4 | 2,23 | 2,66 |
| | 116 | 34,2 | 30,01 | 10,495 | 0,850 | 0,565 | 4930 | 329 | 12,0 | 164 | 31,3 | 2,19 | 2,64 |
| | 108 | 31,7 | 29,83 | 10,475 | 0,760 | 0,545 | 4470 | 299 | 11,9 | 146 | 27,9 | 2,15 | 2,61 |
| | 99 | 29,1 | 29,65 | 10,450 | 0,670 | 0,520 | 3990 | 269 | 11,7 | 128 | 24,5 | 2,10 | 2,57 |

Todos os perfis dessa página têm flanges com faces paralelas.

## PERFIS DE ABAS LARGAS

Dimensões Teóricas e Propriedades para **Projeto**

| Número da Seção | Peso por Pé | Área da Seção Transversal | Altura da Seção Transversal | \multicolumn{3}{c}{Flange} | | Eixo X-X | | | | Eixo Y-Y | | | $r_T$ |
|---|---|---|---|---|---|---|---|---|---|---|---|---|---|---|
| | | A | d | Largura $b_f$ | Espessura $t_f$ | Espessura da Alma $t_w$ | $I_x$ | $S_x$ | $r_x$ | $I_y$ | $S_y$ | $r_y$ | | |
| | lb | in² | in | in | in | in | in⁴ | in³ | in | in⁴ | in³ | in | in | |
| W27 x | 178 | 52,3 | 27,81 | 14,085 | 1,190 | 0,725 | 6990 | 502 | 11,6 | 555 | 78,8 | 3,26 | 3,72 |
| | 161 | 47,4 | 27,59 | 14,020 | 1,080 | 0,660 | 6280 | 455 | 11,5 | 497 | 70,9 | 3,24 | 3,70 |
| | 146 | 42,9 | 27,38 | 13,965 | 0,975 | 0,605 | 5630 | 411 | 11,4 | 443 | 63,5 | 3,21 | 3,68 |
| W27 x | 114 | 33,5 | 27,29 | 10,070 | 0,930 | 0,570 | 4090 | 299 | 11,0 | 159 | 31,5 | 2,18 | 2,58 |
| | 102 | 30,0 | 27,09 | 10,015 | 0,830 | 0,515 | 3620 | 267 | 11,0 | 139 | 27,8 | 2,15 | 2,56 |
| | 94 | 27,7 | 26,92 | 9,990 | 0,745 | 0,490 | 3270 | 243 | 10,9 | 124 | 24,8 | 2,12 | 2,53 |
| | 84 | 24,8 | 26,71 | 9,960 | 0,640 | 0,460 | 2850 | 213 | 10,7 | 106 | 21,2 | 2,07 | 2,49 |
| W24 x | 162 | 47,7 | 25,00 | 12,955 | 1,220 | 0,705 | 5170 | 414 | 10,4 | 443 | 68,4 | 3,05 | 3,45 |
| | 146 | 43,0 | 24,74 | 12,900 | 1,090 | 0,650 | 4580 | 371 | 10,3 | 391 | 60,5 | 3,01 | 3,43 |
| | 131 | 38,5 | 24,48 | 12,855 | 0,960 | 0,605 | 4020 | 329 | 10,2 | 340 | 53,0 | 2,97 | 3,40 |
| | 117 | 34,4 | 24,26 | 12,800 | 0,850 | 0,550 | 3540 | 291 | 10,1 | 297 | 46,5 | 2,94 | 3,37 |
| | 104 | 30,6 | 24,06 | 12,750 | 0,750 | 0,500 | 3100 | 258 | 10,1 | 259 | 40,7 | 2,91 | 3,35 |
| W24 x | 94 | 27,7 | 24,31 | 9,065 | 0,875 | 0,515 | 2700 | 222 | 9,87 | 109 | 24,0 | 1,98 | 2,33 |
| | 84 | 24,7 | 24,10 | 9,020 | 0,770 | 0,470 | 2370 | 196 | 9,79 | 94,4 | 20,9 | 1,95 | 2,31 |
| | 76 | 22,4 | 23,92 | 8,990 | 0,680 | 0,440 | 2100 | 176 | 9,69 | 82,5 | 18,4 | 1,92 | 2,29 |
| | 68 | 20,1 | 23,73 | 8,965 | 0,585 | 0,415 | 1830 | 154 | 9,55 | 70,4 | 15,7 | 1,87 | 2,26 |
| W24 x | 62 | 18,2 | 23,74 | 7,040 | 0,590 | 0,430 | 1550 | 131 | 9,23 | 34,5 | 9,80 | 1,38 | 1,71 |
| | 55 | 16,2 | 23,57 | 7,005 | 0,505 | 0,395 | 1350 | 114 | 9,11 | 29,1 | 8,30 | 1,34 | 1,68 |
| W21 x | 147 | 43,2 | 22,06 | 12,510 | 1,150 | 0,720 | 3630 | 329 | 9,17 | 376 | 60,1 | 2,95 | 3,34 |
| | 132 | 38,8 | 21,83 | 12,440 | 1,035 | 0,650 | 3220 | 295 | 9,12 | 333 | 53,5 | 2,93 | 3,31 |
| | 122 | 35,9 | 21,68 | 12,390 | 0,960 | 0,600 | 2960 | 273 | 9,09 | 305 | 49,2 | 2,92 | 3,30 |
| | 111 | 32,7 | 21,51 | 12,340 | 0,875 | 0,550 | 2670 | 249 | 9,05 | 274 | 44,5 | 2,90 | 3,28 |
| | 101 | 29,8 | 21,36 | 12,290 | 0,800 | 0,500 | 2420 | 227 | 9,02 | 248 | 40,3 | 2,89 | 3,27 |
| W21 x | 93 | 27,3 | 21,62 | 8,420 | 0,930 | 0,580 | 2070 | 192 | 8,70 | 92,9 | 22,1 | 1,84 | 2,17 |
| | 83 | 24,3 | 21,43 | 8,355 | 0,835 | 0,515 | 1830 | 171 | 8,67 | 81,4 | 19,5 | 1,83 | 2,15 |
| | 73 | 21,5 | 21,24 | 8,295 | 0,740 | 0,455 | 1600 | 151 | 8,64 | 70,6 | 17,0 | 1,81 | 2,13 |
| | 68 | 20,0 | 21,13 | 8,270 | 0,685 | 0,430 | 1480 | 140 | 8,60 | 64,7 | 15,7 | 1,80 | 2,12 |
| | 62 | 18,3 | 20,99 | 8,240 | 0,615 | 0,400 | 1330 | 127 | 8,54 | 57,5 | 13,9 | 1,77 | 2,10 |
| W21 x | 57 | 16,7 | 21,06 | 6,555 | 0,650 | 0,405 | 1170 | 111 | 8,36 | 30,6 | 9,35 | 1,35 | 1,64 |
| | 50 | 14,7 | 20,83 | 6,530 | 0,535 | 0,380 | 984 | 94,5 | 8,18 | 24,9 | 7,64 | 1,30 | 1,60 |
| | 44 | 13,0 | 20,66 | 6,500 | 0,450 | 0,350 | 843 | 81,6 | 8,06 | 20,7 | 6,36 | 1,26 | 1,57 |

Todos os perfis dessa página têm flanges com faces paralelas.

*Tabela A3  Aço Estrutural — Perfis de Abas Largas* (continuação)
(*Structural Steel Shapes Manual* — 1989. Reimpressa com permissão. Cedida pela Bethlehem Steel Corporation.)

## PERFIS DE ABAS LARGAS

Dimensões Teóricas e Propriedades para Projeto

| Número da Seção | Peso por Pé | Área da Seção Transversal | Altura da Seção Transversal | Flange Largura | Flange Espessura | Espessura da Alma | Eixo X-X | | | Eixo Y-Y | | | $r_T$ |
|---|---|---|---|---|---|---|---|---|---|---|---|---|---|
| | | A | d | $b_f$ | $t_f$ | $t_w$ | $I_x$ | $S_x$ | $r_x$ | $I_y$ | $S_y$ | $r_y$ | |
| | lb | in² | in | in | in | in | in⁴ | in³ | in | in⁴ | in³ | in | in |
| W18 x | 119 | 35,1 | 18,97 | 11,265 | 1,060 | 0,655 | 2190 | 231 | 7,90 | 253 | 44,9 | 2,69 | 3,02 |
| | 106 | 31,1 | 18,73 | 11,200 | 0,940 | 0,590 | 1910 | 204 | 7,84 | 220 | 39,4 | 2,66 | 3,00 |
| | 97 | 28,5 | 18,59 | 11,145 | 0,870 | 0,535 | 1750 | 188 | 7,82 | 201 | 36,1 | 2,65 | 2,99 |
| | 86 | 25,3 | 18,39 | 11,090 | 0,770 | 0,480 | 1530 | 166 | 7,77 | 175 | 31,6 | 2,63 | 2,97 |
| | 76 | 22,3 | 18,21 | 11,035 | 0,680 | 0,425 | 1330 | 146 | 7,73 | 152 | 27,6 | 2,61 | 2,95 |
| W18 x | 71 | 20,8 | 18,47 | 7,635 | 0,810 | 0,495 | 1170 | 127 | 7,50 | 60,3 | 15,8 | 1,70 | 1,98 |
| | 65 | 19,1 | 18,35 | 7,590 | 0,750 | 0,450 | 1070 | 117 | 7,49 | 54,8 | 14,4 | 1,69 | 1,97 |
| | 60 | 17,6 | 18,24 | 7,555 | 0,695 | 0,415 | 984 | 108 | 7,47 | 50,1 | 13,3 | 1,69 | 1,96 |
| | 55 | 16,2 | 18,11 | 7,530 | 0,630 | 0,390 | 890 | 98,3 | 7,41 | 44,9 | 11,9 | 1,67 | 1,95 |
| | 50 | 14,7 | 17,99 | 7,495 | 0,570 | 0,355 | 800 | 88,9 | 7,38 | 40,1 | 10,7 | 1,65 | 1,94 |
| W18 x | 46 | 13,5 | 18,06 | 6,060 | 0,605 | 0,360 | 712 | 78,8 | 7,25 | 22,5 | 7,43 | 1,29 | 1,54 |
| | 40 | 11,8 | 17,90 | 6,015 | 0,525 | 0,315 | 612 | 68,4 | 7,21 | 19,1 | 6,35 | 1,27 | 1,52 |
| | 35 | 10,3 | 17,70 | 6,000 | 0,425 | 0,300 | 510 | 57,6 | 7,04 | 15,3 | 5,12 | 1,22 | 1,49 |
| W16 x | 100 | 29,4 | 16,97 | 10,425 | 0,985 | 0,585 | 1490 | 175 | 7,10 | 186 | 35,7 | 2,52 | 2,81 |
| | 89 | 26,2 | 16,75 | 10,365 | 0,875 | 0,525 | 1300 | 155 | 7,05 | 163 | 31,4 | 2,49 | 2,79 |
| | 77 | 22,6 | 16,52 | 10,295 | 0,760 | 0,455 | 1110 | 134 | 7,00 | 138 | 26,9 | 2,47 | 2,77 |
| | 67 | 19,7 | 16,33 | 10,235 | 0,665 | 0,395 | 954 | 117 | 6,96 | 119 | 23,2 | 2,46 | 2,75 |
| W16 x | 57 | 16,8 | 16,43 | 7,120 | 0,715 | 0,430 | 758 | 92,2 | 6,72 | 43,1 | 12,1 | 1,60 | 1,86 |
| | 50 | 14,7 | 16,26 | 7,070 | 0,630 | 0,380 | 659 | 81,0 | 6,68 | 37,2 | 10,5 | 1,59 | 1,84 |
| | 45 | 13,3 | 16,13 | 7,035 | 0,565 | 0,345 | 586 | 72,7 | 6,65 | 32,8 | 9,34 | 1,57 | 1,83 |
| | 40 | 11,8 | 16,01 | 6,995 | 0,505 | 0,305 | 518 | 64,7 | 6,63 | 28,9 | 8,25 | 1,57 | 1,82 |
| | 36 | 10,6 | 15,86 | 6,985 | 0,430 | 0,295 | 448 | 56,5 | 6,51 | 24,5 | 7,00 | 1,52 | 1,79 |
| W16 x | 31 | 9,12 | 15,88 | 5,525 | 0,440 | 0,275 | 375 | 47,2 | 6,41 | 12,4 | 4,49 | 1,17 | 1,39 |
| | 26 | 7,68 | 15,69 | 5,500 | 0,345 | 0,250 | 301 | 38,4 | 6,26 | 9,59 | 3,49 | 1,12 | 1,36 |

Todos os perfis dessa página têm flanges com faces paralelas.

## PERFIS DE ABAS LARGAS

Dimensões Teóricas e Propriedades para Projeto

| Número da Seção | Peso por Pé | Área da Seção Transversal | Altura da Seção Transversal | Flange Largura | Flange Espessura | Espessura da Alma | Eixo X-X | | | Eixo Y-Y | | | $r_T$ |
|---|---|---|---|---|---|---|---|---|---|---|---|---|---|
| | | A | d | $b_f$ | $t_f$ | $t_w$ | $I_x$ | $S_x$ | $r_x$ | $I_y$ | $S_y$ | $r_y$ | |
| | lb | in² | in | in | in | in | in⁴ | in³ | in | in⁴ | in³ | in | in |
| W14 x | 730* | 215 | 22,42 | 17,890 | 4,910 | 3,070 | 14300 | 1280 | 8,17 | 4720 | 527 | 4,69 | 4,99 |
| | 665* | 196 | 21,64 | 17,650 | 4,520 | 2,830 | 12400 | 1150 | 7,98 | 4170 | 472 | 4,62 | 4,92 |
| | 605* | 178 | 20,92 | 17,415 | 4,160 | 2,595 | 10800 | 1040 | 7,80 | 3680 | 423 | 4,55 | 4,85 |
| | 550* | 162 | 20,24 | 17,200 | 3,820 | 2,380 | 9430 | 931 | 7,63 | 3250 | 378 | 4,49 | 4,79 |
| | 500* | 147 | 19,60 | 17,010 | 3,500 | 2,190 | 8210 | 838 | 7,48 | 2880 | 339 | 4,43 | 4,73 |
| | 455* | 134 | 19,02 | 16,835 | 3,210 | 2,015 | 7190 | 756 | 7,33 | 2560 | 304 | 4,38 | 4,68 |
| W14 x | 426 | 125 | 18,67 | 16,695 | 3,035 | 1,875 | 6600 | 707 | 7,26 | 2360 | 283 | 4,34 | 4,64 |
| | 398 | 117 | 18,29 | 16,590 | 2,845 | 1,770 | 6000 | 656 | 7,16 | 2170 | 262 | 4,31 | 4,61 |
| | 370 | 109 | 17,92 | 16,475 | 2,660 | 1,655 | 5440 | 607 | 7,07 | 1990 | 241 | 4,27 | 4,57 |
| | 342 | 101 | 17,54 | 16,360 | 2,470 | 1,540 | 4900 | 559 | 6,98 | 1810 | 221 | 4,24 | 4,54 |
| | 311 | 91,4 | 17,12 | 16,230 | 2,260 | 1,410 | 4330 | 506 | 6,88 | 1610 | 199 | 4,20 | 4,50 |
| | 283 | 83,3 | 16,74 | 16,110 | 2,070 | 1,290 | 3840 | 459 | 6,79 | 1440 | 179 | 4,17 | 4,46 |
| | 257 | 75,6 | 16,38 | 15,995 | 1,890 | 1,175 | 3400 | 415 | 6,71 | 1290 | 161 | 4,13 | 4,43 |
| | 233 | 68,5 | 16,04 | 15,890 | 1,720 | 1,070 | 3010 | 375 | 6,63 | 1150 | 145 | 4,10 | 4,40 |
| | 211 | 62,0 | 15,72 | 15,800 | 1,560 | 0,980 | 2660 | 338 | 6,55 | 1030 | 130 | 4,07 | 4,37 |
| | 193 | 56,8 | 15,48 | 15,710 | 1,440 | 0,890 | 2400 | 310 | 6,50 | 931 | 119 | 4,05 | 4,35 |
| | 176 | 51,8 | 15,22 | 15,650 | 1,310 | 0,830 | 2140 | 281 | 6,43 | 838 | 107 | 4,02 | 4,32 |
| | 159 | 46,7 | 14,98 | 15,565 | 1,190 | 0,745 | 1900 | 254 | 6,38 | 748 | 96,2 | 4,00 | 4,30 |
| | 145 | 42,7 | 14,78 | 15,500 | 1,090 | 0,680 | 1710 | 232 | 6,33 | 677 | 87,3 | 3,98 | 4,28 |
| W14 x | 132 | 38,8 | 14,66 | 14,725 | 1,030 | 0,645 | 1530 | 209 | 6,28 | 548 | 74,5 | 3,76 | 4,05 |
| | 120 | 35,3 | 14,48 | 14,670 | 0,940 | 0,590 | 1380 | 190 | 6,24 | 495 | 67,5 | 3,74 | 4,04 |
| | 109 | 32,0 | 14,32 | 14,605 | 0,860 | 0,525 | 1240 | 173 | 6,22 | 447 | 61,2 | 3,73 | 4,02 |
| | 99 | 29,1 | 14,16 | 14,565 | 0,780 | 0,485 | 1110 | 157 | 6,17 | 402 | 55,2 | 3,71 | 4,00 |
| | 90 | 26,5 | 14,02 | 14,520 | 0,710 | 0,440 | 999 | 143 | 6,14 | 362 | 49,9 | 3,70 | 3,99 |
| W14 x | 82 | 24,1 | 14,31 | 10,130 | 0,855 | 0,510 | 882 | 123 | 6,05 | 148 | 29,3 | 2,48 | 2,74 |
| | 74 | 21,8 | 14,17 | 10,070 | 0,785 | 0,450 | 796 | 112 | 6,04 | 134 | 26,6 | 2,48 | 2,72 |
| | 68 | 20,0 | 14,04 | 10,035 | 0,720 | 0,415 | 723 | 103 | 6,01 | 121 | 24,2 | 2,46 | 2,71 |
| | 61 | 17,9 | 13,89 | 9,995 | 0,645 | 0,375 | 640 | 92,2 | 5,98 | 107 | 21,5 | 2,45 | 2,70 |
| W14 x | 53 | 15,6 | 13,92 | 8,060 | 0,660 | 0,370 | 541 | 77,8 | 5,89 | 57,7 | 14,3 | 1,92 | 2,15 |
| | 48 | 14,1 | 13,79 | 8,030 | 0,595 | 0,340 | 485 | 70,3 | 5,85 | 51,4 | 12,8 | 1,91 | 2,13 |
| | 43 | 12,6 | 13,66 | 7,995 | 0,530 | 0,305 | 428 | 62,7 | 5,82 | 45,2 | 11,3 | 1,89 | 2,12 |

*Esses perfis apresentam uma inclinação de flange de 1°–00' (1,75%). As espessuras dos flanges mostradas são espessuras médias. As propriedades mostradas são para uma seção com flanges paralelos.
Todos os perfis dessa página têm flanges com faces paralelas.

*Tabela A3  Aço Estrutural — Perfis de Abas Largas (continuação)*
(*Structural Steel Shapes Manual* — 1989. Reimpressa com permissão. Cedida pela Bethlehem Steel Corporation.)

## PERFIS DE ABAS LARGAS

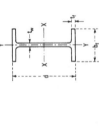

Dimensões Teóricas e Propriedades para **Projeto**

| Número da Seção | Peso por Pé | Área da Seção Transversal A | Altura da Seção Transversal d | Flange Largura $b_f$ | Flange Espessura $t_f$ | Espessura da Alma $t_w$ | Eixo X-X $I_x$ | Eixo X-X $S_x$ | Eixo X-X $r_x$ | Eixo Y-Y $I_y$ | Eixo Y-Y $S_y$ | Eixo Y-Y $r_y$ | $r_T$ |
|---|---|---|---|---|---|---|---|---|---|---|---|---|---|
|  | lb | in² | in | in | in | in | in⁴ | in³ | in | in⁴ | in³ | in | in |
| W14 × | 38 | 11,2 | 14,10 | 6,770 | 0,515 | 0,310 | 385 | 54,6 | 5,88 | 26,7 | 7,88 | 1,55 | 1,77 |
|  | 34 | 10,0 | 13,98 | 6,745 | 0,455 | 0,285 | 340 | 48,6 | 5,83 | 23,3 | 6,91 | 1,53 | 1,76 |
|  | 30 | 8,85 | 13,84 | 6,730 | 0,385 | 0,270 | 291 | 42,0 | 5,73 | 19,6 | 5,82 | 1,49 | 1,74 |
| W14 × | 26 | 7,69 | 13,91 | 5,025 | 0,420 | 0,255 | 245 | 35,3 | 5,65 | 8,91 | 3,54 | 1,08 | 1,28 |
|  | 22 | 6,49 | 13,74 | 5,000 | 0,335 | 0,230 | 199 | 29,0 | 5,54 | 7,00 | 2,80 | 1,04 | 1,25 |
| W12 × | 190 | 55,8 | 14,38 | 12,670 | 1,735 | 1,060 | 1890 | 263 | 5,82 | 589 | 93,0 | 3,25 | 3,50 |
|  | 170 | 50,0 | 14,03 | 12,570 | 1,560 | 0,960 | 1650 | 235 | 5,74 | 517 | 82,3 | 3,22 | 3,47 |
|  | 152 | 44,7 | 13,71 | 12,480 | 1,400 | 0,870 | 1430 | 209 | 5,66 | 454 | 72,8 | 3,19 | 3,44 |
| W12 × | 136 | 39,9 | 13,41 | 12,400 | 1,250 | 0,790 | 1240 | 186 | 5,58 | 398 | 64,2 | 3,16 | 3,41 |
|  | 120 | 35,3 | 13,12 | 12,320 | 1,105 | 0,710 | 1070 | 163 | 5,51 | 345 | 56,0 | 3,13 | 3,38 |
|  | 106 | 31,2 | 12,89 | 12,220 | 0,990 | 0,610 | 933 | 145 | 5,47 | 301 | 49,3 | 3,11 | 3,36 |
| W12 × | 96 | 28,2 | 12,71 | 12,160 | 0,900 | 0,550 | 833 | 131 | 5,44 | 270 | 44,4 | 3,09 | 3,34 |
|  | 87 | 25,6 | 12,53 | 12,125 | 0,810 | 0,515 | 740 | 118 | 5,38 | 241 | 39,7 | 3,07 | 3,32 |
|  | 79 | 23,2 | 12,38 | 12,080 | 0,735 | 0,470 | 662 | 107 | 5,34 | 216 | 35,8 | 3,05 | 3,31 |
| W12 × | 72 | 21,1 | 12,25 | 12,040 | 0,670 | 0,430 | 597 | 97,4 | 5,31 | 195 | 32,4 | 3,04 | 3,29 |
|  | 65 | 19,1 | 12,12 | 12,000 | 0,605 | 0,390 | 533 | 87,9 | 5,28 | 174 | 29,1 | 3,02 | 3,28 |
| W12 × | 58 | 17,0 | 12,19 | 10,010 | 0,640 | 0,360 | 475 | 78,0 | 5,28 | 107 | 21,4 | 2,51 | 2,72 |
|  | 53 | 15,6 | 12,06 | 9,995 | 0,575 | 0,345 | 425 | 70,6 | 5,23 | 95,8 | 19,2 | 2,48 | 2,71 |
| W12 × | 50 | 14,7 | 12,19 | 8,080 | 0,640 | 0,370 | 394 | 64,7 | 5,18 | 56,3 | 13,9 | 1,96 | 2,17 |
|  | 45 | 13,2 | 12,06 | 8,045 | 0,575 | 0,335 | 350 | 58,1 | 5,15 | 50,0 | 12,4 | 1,94 | 2,15 |
|  | 40 | 11,8 | 11,94 | 8,005 | 0,515 | 0,295 | 310 | 51,9 | 5,13 | 44,1 | 11,0 | 1,93 | 2,14 |
| W12 × | 35 | 10,3 | 12,50 | 6,560 | 0,520 | 0,300 | 285 | 45,6 | 5,25 | 24,5 | 7,47 | 1,54 | 1,74 |
|  | 30 | 8,79 | 12,34 | 6,520 | 0,440 | 0,260 | 238 | 38,6 | 5,21 | 20,3 | 6,24 | 1,52 | 1,73 |
|  | 26 | 7,65 | 12,22 | 6,490 | 0,380 | 0,230 | 204 | 33,4 | 5,17 | 17,3 | 5,34 | 1,51 | 1,72 |
| W12 × | 22 | 6,48 | 12,31 | 4,030 | 0,425 | 0,260 | 156 | 25,4 | 4,91 | 4,66 | 2,31 | 0,848 | 1,02 |
|  | 19 | 5,57 | 12,16 | 4,005 | 0,350 | 0,235 | 130 | 21,3 | 4,82 | 3,76 | 1,88 | 0,822 | 0,997 |
|  | 16 | 4,71 | 11,99 | 3,990 | 0,265 | 0,220 | 103 | 17,1 | 4,67 | 2,82 | 1,41 | 0,773 | 0,963 |
|  | 14 | 4,16 | 11,91 | 3,970 | 0,225 | 0,200 | 88,6 | 14,9 | 4,62 | 2,36 | 1,19 | 0,753 | 0,946 |

Todos os perfis dessa página têm flanges com faces paralelas.

## PERFIS DE ABAS LARGAS

Dimensões Teóricas e Propriedades para **Projeto**

| Número da Seção | Peso por Pé | Área da Seção Transversal A | Altura da Seção Transversal d | Flange Largura $b_f$ | Flange Espessura $t_f$ | Espessura da Alma $t_w$ | Eixo X-X $I_x$ | Eixo X-X $S_x$ | Eixo X-X $r_x$ | Eixo Y-Y $I_y$ | Eixo Y-Y $S_y$ | Eixo Y-Y $r_y$ | $r_T$ |
|---|---|---|---|---|---|---|---|---|---|---|---|---|---|
|  | lb | in² | in | in | in | in | in⁴ | in³ | in | in⁴ | in³ | in | in |
| W10 × | 112 | 32,9 | 11,36 | 10,415 | 1,250 | 0,755 | 716 | 126 | 4,66 | 236 | 45,3 | 2,68 | 2,88 |
|  | 100 | 29,4 | 11,10 | 10,340 | 1,120 | 0,680 | 623 | 112 | 4,60 | 207 | 40,0 | 2,65 | 2,85 |
|  | 88 | 25,9 | 10,84 | 10,265 | 0,990 | 0,605 | 534 | 98,5 | 4,54 | 179 | 34,8 | 2,63 | 2,83 |
| W10 × | 77 | 22,6 | 10,60 | 10,190 | 0,870 | 0,530 | 455 | 85,9 | 4,49 | 154 | 30,1 | 2,60 | 2,80 |
|  | 68 | 20,0 | 10,40 | 10,130 | 0,770 | 0,470 | 394 | 75,7 | 4,44 | 134 | 26,4 | 2,59 | 2,79 |
|  | 60 | 17,6 | 10,22 | 10,080 | 0,680 | 0,420 | 341 | 66,7 | 4,39 | 116 | 23,0 | 2,57 | 2,77 |
| W10 × | 54 | 15,8 | 10,09 | 10,030 | 0,615 | 0,370 | 303 | 60,0 | 4,37 | 103 | 20,6 | 2,56 | 2,75 |
|  | 49 | 14,4 | 9,98 | 10,000 | 0,560 | 0,340 | 272 | 54,6 | 4,35 | 93,4 | 18,7 | 2,54 | 2,74 |
| W10 × | 45 | 13,3 | 10,10 | 8,020 | 0,620 | 0,350 | 248 | 49,1 | 4,33 | 53,4 | 13,3 | 2,01 | 2,18 |
|  | 39 | 11,5 | 9,92 | 7,985 | 0,530 | 0,315 | 209 | 42,1 | 4,27 | 45,0 | 11,3 | 1,98 | 2,16 |
|  | 33 | 9,71 | 9,73 | 7,960 | 0,435 | 0,290 | 170 | 35,0 | 4,19 | 36,6 | 9,20 | 1,94 | 2,14 |
| W10 × | 30 | 8,84 | 10,47 | 5,810 | 0,510 | 0,300 | 170 | 32,4 | 4,38 | 16,7 | 5,75 | 1,37 | 1,55 |
|  | 26 | 7,61 | 10,33 | 5,770 | 0,440 | 0,260 | 144 | 27,9 | 4,35 | 14,1 | 4,89 | 1,36 | 1,54 |
|  | 22 | 6,49 | 10,17 | 5,750 | 0,360 | 0,240 | 118 | 23,2 | 4,27 | 11,4 | 3,97 | 1,33 | 1,51 |
| W10 × | 19 | 5,62 | 10,24 | 4,020 | 0,395 | 0,250 | 96,3 | 18,8 | 4,14 | 4,29 | 2,14 | 0,874 | 1,03 |
|  | 17 | 4,99 | 10,11 | 4,010 | 0,330 | 0,240 | 81,9 | 16,2 | 4,05 | 3,56 | 1,78 | 0,845 | 1,01 |
|  | 15 | 4,41 | 9,99 | 4,000 | 0,270 | 0,230 | 68,9 | 13,8 | 3,95 | 2,89 | 1,45 | 0,810 | 0,987 |
|  | 12 | 3,54 | 9,87 | 3,960 | 0,210 | 0,190 | 53,8 | 10,9 | 3,90 | 2,18 | 1,10 | 0,785 | 0,965 |
| W8 × | 67 | 19,7 | 9,00 | 8,280 | 0,935 | 0,570 | 272 | 60,4 | 3,72 | 88,6 | 21,4 | 2,12 | 2,28 |
|  | 58 | 17,1 | 8,75 | 8,220 | 0,810 | 0,510 | 228 | 52,0 | 3,65 | 75,1 | 18,3 | 2,10 | 2,26 |
|  | 48 | 14,1 | 8,50 | 8,110 | 0,685 | 0,400 | 184 | 43,3 | 3,61 | 60,9 | 15,0 | 2,08 | 2,23 |
|  | 40 | 11,7 | 8,25 | 8,070 | 0,560 | 0,360 | 146 | 35,5 | 3,53 | 49,1 | 12,2 | 2,04 | 2,21 |
|  | 35 | 10,3 | 8,12 | 8,020 | 0,495 | 0,310 | 127 | 31,2 | 3,51 | 42,6 | 10,6 | 2,03 | 2,20 |
|  | 31 | 9,13 | 8,00 | 7,995 | 0,435 | 0,285 | 110 | 27,5 | 3,47 | 37,1 | 9,27 | 2,02 | 2,18 |
| W8 × | 28 | 8,25 | 8,06 | 6,535 | 0,465 | 0,285 | 98,0 | 24,3 | 3,45 | 21,7 | 6,63 | 1,62 | 1,77 |
|  | 24 | 7,08 | 7,93 | 6,495 | 0,400 | 0,245 | 82,8 | 20,9 | 3,42 | 18,3 | 5,63 | 1,61 | 1,76 |
| W8 × | 21 | 6,16 | 8,28 | 5,270 | 0,400 | 0,250 | 75,3 | 18,2 | 3,49 | 9,77 | 3,71 | 1,26 | 1,41 |
|  | 18 | 5,26 | 8,14 | 5,250 | 0,330 | 0,230 | 61,9 | 15,2 | 3,43 | 7,97 | 3,04 | 1,23 | 1,39 |
| W8 × | 15 | 4,44 | 8,11 | 4,015 | 0,315 | 0,245 | 48,0 | 11,8 | 3,29 | 3,41 | 1,70 | 0,876 | 1,03 |
|  | 13 | 3,84 | 7,99 | 4,000 | 0,255 | 0,230 | 39,6 | 9,91 | 3,21 | 2,73 | 1,37 | 0,843 | 1,01 |
|  | 10 | 2,96 | 7,89 | 3,940 | 0,205 | 0,170 | 30,8 | 7,81 | 3,22 | 2,09 | 1,06 | 0,841 | 0,994 |

Todos os perfis dessa página têm flanges com faces paralelas.

*Tabela A4  Aço Estrutural — Perfis Padrão Americano em I e em C (Structural Steel Shapes Manual — 1989. Reimpressa com permissão. Cedida pela Bethlehem Steel Corporation.)*

**PERFIS PADRÃO AMERICANO**

Dimensões Teóricas e Propriedades para **Projeto**

| Número da Seção | Peso por Pé | Área da Seção Transversal | Altura da Seção Transversal | Flange Largura | Flange Espessura Média | Espessura da Alma | Eixo X-X $I_x$ | $S_x$ | $r_x$ | Eixo Y-Y $I_y$ | $S_y$ | $r_y$ | $r_T$ |
|---|---|---|---|---|---|---|---|---|---|---|---|---|---|
| | lb | in² | in | in | in | in | in⁴ | in³ | in | in⁴ | in³ | in | in |
| S24 x | 121,0 | 35,6 | 24,50 | 8,050 | 1,090 | 0,800 | 3160 | 258 | 9,43 | 83,3 | 20,7 | 1,53 | 1,86 |
|      | 106,0 | 31,2 | 24,50 | 7,870 | 1,090 | 0,620 | 2940 | 240 | 9,71 | 77,1 | 19,6 | 1,57 | 1,86 |
| S24 x | 100,0 | 29,3 | 24,00 | 7,245 | 0,870 | 0,745 | 2390 | 199 | 9,02 | 47,7 | 13,2 | 1,27 | 1,59 |
|      | 90,0 | 26,5 | 24,00 | 7,125 | 0,870 | 0,625 | 2250 | 187 | 9,21 | 44,9 | 12,6 | 1,30 | 1,60 |
|      | 80,0 | 23,5 | 24,00 | 7,000 | 0,870 | 0,500 | 2100 | 175 | 9,47 | 42,2 | 12,1 | 1,34 | 1,61 |
| S20 x | 96,0 | 28,2 | 20,30 | 7,200 | 0,920 | 0,800 | 1670 | 165 | 7,71 | 50,2 | 13,9 | 1,33 | 1,63 |
|      | 86,0 | 25,3 | 20,30 | 7,060 | 0,920 | 0,660 | 1580 | 155 | 7,89 | 46,8 | 13,3 | 1,36 | 1,63 |
| S20 x | 75,0 | 22,0 | 20,00 | 6,385 | 0,795 | 0,635 | 1280 | 128 | 7,62 | 29,8 | 9,32 | 1,16 | 1,43 |
|      | 66,0 | 19,4 | 20,00 | 6,255 | 0,795 | 0,505 | 1190 | 119 | 7,83 | 27,7 | 8,85 | 1,19 | 1,44 |
| S18 x | 70,0 | 20,6 | 18,00 | 6,251 | 0,691 | 0,711 | 926 | 103 | 6,71 | 24,1 | 7,72 | 1,08 | 1,40 |
|      | 54,7 | 16,1 | 18,00 | 6,001 | 0,691 | 0,461 | 804 | 89,4 | 7,07 | 20,8 | 6,94 | 1,14 | 1,40 |
| S15 x | 50,0 | 14,7 | 15,00 | 5,640 | 0,622 | 0,550 | 486 | 64,8 | 5,75 | 15,7 | 5,57 | 1,03 | 1,30 |
|      | 42,9 | 12,6 | 15,00 | 5,501 | 0,622 | 0,411 | 447 | 59,6 | 5,95 | 14,4 | 5,23 | 1,07 | 1,30 |
| S12 x | 50,0 | 14,7 | 12,00 | 5,477 | 0,659 | 0,687 | 305 | 50,8 | 4,55 | 15,7 | 5,74 | 1,03 | 1,31 |
|      | 40,8 | 12,0 | 12,00 | 5,252 | 0,659 | 0,462 | 272 | 45,4 | 4,77 | 13,6 | 5,16 | 1,06 | 1,28 |
| S12 x | 35,0 | 10,3 | 12,00 | 5,078 | 0,544 | 0,428 | 229 | 38,2 | 4,72 | 9,87 | 3,89 | 0,980 | 1,20 |
|      | 31,8 | 9,35 | 12,00 | 5,000 | 0,544 | 0,350 | 218 | 36,4 | 4,83 | 9,36 | 3,74 | 1,00 | 1,20 |

Todos os perfis dessa página têm uma inclinação de flange de 16²/³%.

**PERFIS PADRÃO AMERICANO**

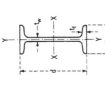

Dimensões Teóricas e Propriedades para **Projeto**

| Número da Seção | Peso por Pé | Área da Seção Transversal | Altura da Seção Transversal | Flange Largura | Flange Espessura Média | Espessura da Alma | Eixo X-X $I_x$ | $S_x$ | $r_x$ | Eixo Y-Y $I_y$ | $S_y$ | $r_y$ | $x$ | Local do Centro de Cisalhamento $E_o$ |
|---|---|---|---|---|---|---|---|---|---|---|---|---|---|---|
| | lb | in² | in | in | in | in | in⁴ | in³ | in | in⁴ | in³ | in | in | in |
| C15 x | 50,0 | 14,7 | 15,00 | 3,716 | 0,650 | 0,716 | 404 | 53,8 | 5,24 | 11,0 | 3,78 | 0,867 | 0,799 | 0,941 |
|      | 40,0 | 11,8 | 15,00 | 3,520 | 0,650 | 0,520 | 349 | 46,5 | 5,44 | 9,23 | 3,36 | 0,886 | 0,778 | 1,03 |
|      | 33,9 | 9,96 | 15,00 | 3,400 | 0,650 | 0,400 | 315 | 42,0 | 5,62 | 8,13 | 3,11 | 0,904 | 0,787 | 1,10 |
| C12 x | 30,0 | 8,82 | 12,00 | 3,170 | 0,501 | 0,510 | 162 | 27,0 | 4,29 | 5,14 | 2,06 | 0,763 | 0,674 | 0,873 |
|      | 25,0 | 7,35 | 12,00 | 3,047 | 0,501 | 0,387 | 144 | 24,1 | 4,43 | 4,47 | 1,88 | 0,780 | 0,674 | 0,940 |
|      | 20,7 | 6,09 | 12,00 | 2,942 | 0,501 | 0,282 | 129 | 21,5 | 4,61 | 3,88 | 1,73 | 0,799 | 0,698 | 1,01 |
| C10 x | 30,0 | 8,82 | 10,00 | 3,033 | 0,436 | 0,673 | 103 | 20,7 | 3,42 | 3,94 | 1,65 | 0,669 | 0,649 | 0,705 |
|      | 25,0 | 7,35 | 10,00 | 2,886 | 0,436 | 0,526 | 91,2 | 18,2 | 3,52 | 3,36 | 1,48 | 0,676 | 0,617 | 0,757 |
|      | 20,0 | 5,88 | 10,00 | 2,739 | 0,436 | 0,379 | 78,9 | 15,8 | 3,66 | 2,81 | 1,32 | 0,691 | 0,606 | 0,826 |
|      | 15,3 | 4,49 | 10,00 | 2,600 | 0,436 | 0,240 | 67,4 | 13,5 | 3,87 | 2,28 | 1,16 | 0,713 | 0,634 | 0,916 |
| C9 x | 15,0 | 4,41 | 9,00 | 2,485 | 0,413 | 0,285 | 51,0 | 11,3 | 3,40 | 1,93 | 1,01 | 0,661 | 0,586 | 0,824 |
|     | 13,4 | 3,94 | 9,00 | 2,433 | 0,413 | 0,233 | 47,9 | 10,6 | 3,48 | 1,76 | 0,962 | 0,668 | 0,601 | 0,859 |
| C8 x | 18,75 | 5,51 | 8,00 | 2,527 | 0,390 | 0,487 | 44,0 | 11,0 | 2,82 | 1,98 | 1,01 | 0,599 | 0,565 | 0,674 |
|     | 13,75 | 4,04 | 8,00 | 2,343 | 0,390 | 0,303 | 36,1 | 9,03 | 2,99 | 1,53 | 0,853 | 0,615 | 0,553 | 0,756 |
|     | 11,5 | 3,38 | 8,00 | 2,260 | 0,390 | 0,220 | 32,6 | 8,14 | 3,11 | 1,32 | 0,781 | 0,625 | 0,571 | 0,807 |
| C7 x | 12,25 | 3,60 | 7,00 | 2,194 | 0,366 | 0,314 | 24,2 | 6,93 | 2,60 | 1,17 | 0,702 | 0,571 | 0,525 | 0,695 |
|     | 9,8 | 2,87 | 7,00 | 2,090 | 0,366 | 0,210 | 21,3 | 6,08 | 2,72 | 0,968 | 0,625 | 0,581 | 0,541 | 0,752 |

Todos os perfis dessa página têm uma inclinação de flange de 16²/³%.

*Tabela A5 Aço Estrutural — Tubos com Seção Transversal Quadrada e Circular*

(*Structural Steel Shapes Manual — 1989*. Reimpressa com permissão. Cedida pela Bethlehem Steel Corporation.)

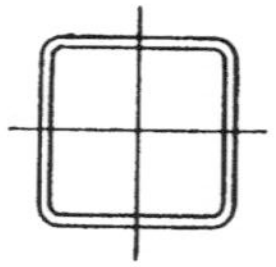

## TUBOS ESTRUTURAIS
### Quadrados
### Dimensões e propriedades

| Dimensões (in) | | | Propriedades** | | | | | |
|---|---|---|---|---|---|---|---|---|
| Tamanho* Nominal | Espessura da Parede | Peso por Pé | Área | $I$ | $S$ | $r$ | $J$ | $Z$ |
| In | In | Lb | In² | In⁴ | In³ | In | In⁴ | In³ |
| 16×16 | 0,6250 5/8 | 127,37 | 37,4 | 1450 | 182 | 6,23 | 2320 | 214, |
| | 0,5000 ½ | 103,30 | 30,4 | 1200 | 150 | 6,29 | 1890 | 175, |
| | 0,3750 3/8 | 78,52 | 23,1 | 931 | 116 | 6,35 | 1450 | 134, |
| | 0,3125 5/16 | 65,87 | 19,4 | 789 | 98,6 | 6,38 | 1220 | 113, |
| 14×14 | 0,6250 5/8 | 110,36 | 32,4 | 952 | 136 | 5,42 | 1530 | 161, |
| | 0,5000 ½ | 89,68 | 26,4 | 791 | 113 | 5,48 | 1250 | 132, |
| | 0,3750 3/8 | 68,31 | 20,1 | 615 | 87,9 | 5,54 | 963 | 102, |
| | 0,3125 5/16 | 57,36 | 16,9 | 522 | 74,6 | 5,57 | 812 | 86,1 |
| 12×12 | 0,6250 5/8 | 93,34 | 27,4 | 580 | 96,7 | 4,60 | 943 | 116, |
| | 0,5000 ½ | 76,07 | 22,4 | 485 | 80,9 | 4,66 | 777 | 95,4 |
| | 0,3750 3/8 | 58,10 | 17,1 | 380 | 63,4 | 4,72 | 599 | 73,9 |
| | 0,3125 5/16 | 48,86 | 14,4 | 324 | 54,0 | 4,75 | 506 | 62,6 |
| | 0,2500 ¼ | 39,43 | 11,6 | 265 | 44,1 | 4,78 | 410 | 50,8 |
| | 0,1875 3/16 | 29,84 | 8,77 | 203 | 33,8 | 4,81 | 312 | 38,7 |
| 10×10 | 0,6250 5/8 | 76,33 | 22,4 | 321 | 64,2 | 3,78 | 529 | 77,6 |
| | 0,5625 9/16 | 69,48 | 20,4 | 297 | 59,4 | 3,81 | 485 | 71,3 |
| | 0,5000 ½ | 62,46 | 18,4 | 271 | 54,2 | 3,84 | 439 | 64,6 |
| | 0,3750 3/8 | 47,90 | 14,1 | 214 | 42,9 | 3,90 | 341 | 50,4 |
| | 0,3125 5/16 | 40,35 | 11,9 | 183 | 36,7 | 3,93 | 289 | 42,8 |
| | 0,2500 ¼ | 32,63 | 9,59 | 151 | 30,1 | 3,96 | 235 | 34,9 |
| | 0,1875 3/16 | 24,73 | 7,27 | 116 | 23,2 | 3,99 | 179 | 26,6 |
| 9x9 | 0,6250 5/8 | 67,82 | 19,9 | 227 | 50,4 | 3,37 | 377 | 61,5 |
| | 0,5625 9/16 | 61,83 | 18,2 | 211 | 46,8 | 3,40 | 347 | 56,6 |
| | 0,5000 ½ | 55,66 | 16,4 | 193 | 42,9 | 3,43 | 315 | 51,4 |
| | 0,3750 3/8 | 42,79 | 12,6 | 154 | 34,1 | 3,49 | 246 | 40,3 |
| | 0,3125 5/16 | 36,10 | 10,6 | 132 | 29,3 | 3,53 | 209 | 34,3 |
| | 0,2500 ¼ | 29,23 | 8,59 | 109 | 24,1 | 3,56 | 170 | 28,0 |
| | 0,1875 3/16 | 22,18 | 6,52 | 83,8 | 18,6 | 3,59 | 130 | 21,4 |

*Dimensões externas através dos lados planos.

**As propriedades estão baseadas em um raio nominal do canto externo igual a duas vezes a espessura da parede.



## TUBO CIRCULAR
### Dimensões e Propriedades

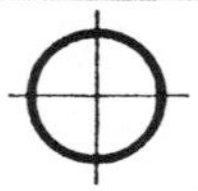

| Dimensões | | | | Peso por Pé Lbs. Extre-midades Planas | Propriedades | | | | Nº de Série |
|---|---|---|---|---|---|---|---|---|---|
| Diâmetro Nominal In | Diâmetro Externo In | Diâmetro Interno In | Espessura da Parede In | | $A$ In² | $I$ In⁴ | $S$ In³ | $r$ In | |
| **Peso Normal (Padrão)** | | | | | | | | | |
| ½ | 0,840 | 0,622 | 0,109 | 0,85 | 0,250 | 0,017 | 0,041 | 0,261 | 40 |
| ¾ | 1,050 | 0,824 | 0,113 | 1,13 | 0,333 | 0,037 | 0,071 | 0,334 | 40 |
| 1 | 1,315 | 1,049 | 0,133 | 1,68 | 0,494 | 0,087 | 0,133 | 0,421 | 40 |
| 1¼ | 1,660 | 1,380 | 0,140 | 2,27 | 0,669 | 0,195 | 0,235 | 0,540 | 40 |
| 1½ | 1,900 | 1,610 | 0,145 | 2,72 | 0,799 | 0,310 | 0,326 | 0,623 | 40 |
| 2 | 2,375 | 2,067 | 0,154 | 3,65 | 1,07 | 0,666 | 0,561 | 0,787 | 40 |
| 2½ | 2,875 | 2,469 | 0,203 | 5,79 | 1,70 | 1,53 | 1,06 | 0,947 | 40 |
| 3 | 3,500 | 3,068 | 0,216 | 7,58 | 2,23 | 3,02 | 1,72 | 1,16 | 40 |
| 3½ | 4,000 | 3,548 | 0,226 | 9,11 | 2,68 | 4,79 | 2,39 | 1,34 | 40 |
| 4 | 4,500 | 4,026 | 0,237 | 10,79 | 3,17 | 7,23 | 3,21 | 1,51 | 40 |
| 5 | 5,563 | 5,047 | 0,258 | 14,62 | 4,30 | 15,2 | 5,45 | 1,88 | 40 |
| 6 | 6,625 | 6,065 | 0,280 | 18,97 | 5,58 | 28,1 | 8,50 | 2,25 | 40 |
| 8 | 8,625 | 7,981 | 0,322 | 28,55 | 8,40 | 72,5 | 16,8 | 2,94 | 40 |
| 10 | 10,750 | 10,020 | 0,365 | 40,48 | 11,9 | 161 | 29,9 | 3,67 | 40 |
| 12 | 12,750 | 12,000 | 0,375 | 49,56 | 14,6 | 279 | 43,8 | 4,38 | — |
| **Extraforte** | | | | | | | | | |
| ½ | 0,840 | 0,546 | 0,147 | 1,09 | 0,320 | 0,020 | 0,048 | 0,250 | 80 |
| ¾ | 1,050 | 0,742 | 0,154 | 1,47 | 0,433 | 0,045 | 0,085 | 0,321 | 80 |
| 1 | 1,315 | 0,957 | 0,179 | 2,17 | 0,639 | 0,106 | 0,161 | 0,407 | 80 |
| 1¼ | 1,660 | 1,278 | 0,191 | 3,00 | 0,881 | 0,242 | 0,291 | 0,524 | 80 |
| 1½ | 1,900 | 1,500 | 0,200 | 3,63 | 1,07 | 0,391 | 0,412 | 0,605 | 80 |
| 2 | 2,375 | 1,939 | 0,218 | 5,02 | 1,48 | 0,868 | 0,731 | 0,766 | 80 |
| 2½ | 2,875 | 2,323 | 0,276 | 7,66 | 2,25 | 1,92 | 1,34 | 0,924 | 80 |
| 3 | 3,500 | 2,900 | 0,300 | 10,25 | 3,02 | 3,89 | 2,23 | 1,14 | 80 |
| 3½ | 4,000 | 3,364 | 0,318 | 12,50 | 3,68 | 6,28 | 3,14 | 1,31 | 80 |
| 4 | 4,500 | 3,826 | 0,337 | 14,98 | 4,41 | 9,61 | 4,27 | 1,48 | 80 |
| 5 | 5,563 | 4,813 | 0,375 | 20,78 | 6,11 | 20,7 | 7,43 | 1,84 | 80 |
| 6 | 6,625 | 5,761 | 0,432 | 28,57 | 8,40 | 40,5 | 12,2 | 2,19 | 80 |
| 8 | 8,625 | 7,625 | 0,500 | 43,39 | 12,8 | 106 | 24,5 | 2,88 | 80 |
| 10 | 10,750 | 9,750 | 0,500 | 54,74 | 16,1 | 212 | 39,4 | 3,63 | 60 |
| 12 | 12,750 | 11,750 | 0,500 | 65,42 | 19,2 | 362 | 56,7 | 4,33 | — |
| **Duplo Extraforte** | | | | | | | | | |
| 2 | 2,375 | 1,503 | 0,436 | 9,03 | 2,66 | 1,31 | 1,10 | 0,703 | — |
| 2½ | 2,875 | 1,771 | 0,552 | 13,69 | 4,03 | 2,87 | 2,00 | 0,844 | — |
| 3 | 3,500 | 2,300 | 0,600 | 18,58 | 5,47 | 5,99 | 3,42 | 1,05 | — |
| 4 | 4,500 | 3,152 | 0,674 | 27,54 | 8,10 | 15,3 | 6,79 | 1,37 | — |
| 5 | 5,563 | 4,063 | 0,750 | 38,55 | 11,3 | 33,6 | 12,1 | 1,72 | — |
| 6 | 6,625 | 4,897 | 0,864 | 53,16 | 15,6 | 66,3 | 20,0 | 2,06 | — |
| 8 | 8,625 | 6,875 | 0,875 | 72,42 | 21,3 | 162 | 37,6 | 2,76 | — |

As seções listadas estão disponíveis em conformidade com a ASTM Specification A53 Grade B ou A501. Outras seções atendem a essas especificações. Consulte os fabricantes ou distribuidores de tubulações para verificar sua disponibilidade.

*Tabela A6 Aço Estrutural — Cantoneiras*

(*Structural Steel Shapes Manual — 1989*. Reimpressa com permissão. Cedida pela Bethlehem Steel Corporation.)

## CANTONEIRAS
Abas iguais ou abas desiguais
Propriedades para dimensionamento

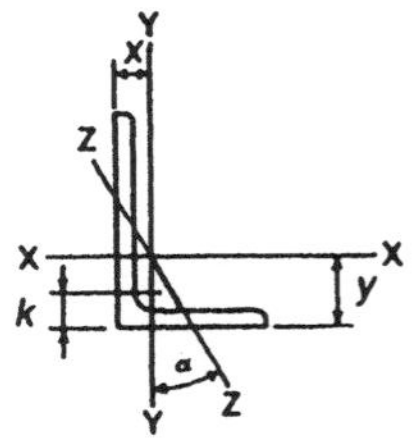


| Tamanho e Espessura | k | Peso por Pé | Área | EIXO X-X | | | | EIXO Y-Y | | | | EIXO Z-Z | |
|---|---|---|---|---|---|---|---|---|---|---|---|---|---|
| | | | | *I* | *S* | *r* | *y* | *I* | *S* | *r* | *x* | *r* | Tan |
| In² | In | Lb | In² | In⁴ | In³ | In | In | In⁴ | In³ | In | In | In | α |
| L 6×6 ×1 | 1 1/2 | 37,4 | 11,0 | 35,5 | 8,57 | 1,80 | 1,86 | 35,5 | 8,57 | 1,80 | 1,86 | 1,17 | 1,000 |
| 7/8 | 1 3/8 | 33,1 | 9,73 | 31,9 | 7,63 | 1,81 | 1,82 | 31,9 | 7,63 | 1,81 | 1,82 | 1,17 | 1,000 |
| 3/4 | 1 1/4 | 28,7 | 8,44 | 28,2 | 6,66 | 1,83 | 1,78 | 28,2 | 6,66 | 1,83 | 1,78 | 1,17 | 1,000 |
| 5/8 | 1 1/8 | 24,2 | 7,11 | 24,2 | 5,66 | 1,84 | 1,73 | 24,2 | 5,66 | 1,84 | 1,73 | 1,18 | 1,000 |
| 9/16 | 1 1/16 | 21,9 | 6,43 | 22,1 | 5,14 | 1,85 | 1,71 | 22,1 | 5,14 | 1,85 | 1,71 | 1,18 | 1,000 |
| 1/2 | 1 | 19,6 | 5,75 | 19,9 | 4,61 | 1,86 | 1,68 | 19,9 | 4,61 | 1,86 | 1,68 | 1,18 | 1,000 |
| 7/16 | 15/16 | 17,2 | 5,06 | 17,7 | 4,08 | 1,87 | 1,66 | 17,7 | 4,08 | 1,87 | 1,66 | 1,19 | 1,000 |
| 3/8 | 7/8 | 14,9 | 4,36 | 15,4 | 3,53 | 1,88 | 1,64 | 15,4 | 3,53 | 1,88 | 1,64 | 1,19 | 1,000 |
| 5/16 | 13/16 | 12,4 | 3,65 | 13,0 | 2,97 | 1,89 | 1,62 | 13,0 | 2,97 | 1,89 | 1,62 | 1,20 | 1,000 |
| L 6×4 × 7/8 | 1 3/8 | 27,2 | 7,98 | 27,7 | 7,15 | 1,86 | 2,12 | 9,75 | 3,39 | 1,11 | 1,12 | 0,857 | 0,421 |
| 3/4 | 1 1/4 | 23,6 | 6,94 | 24,5 | 6,25 | 1,88 | 2,08 | 8,68 | 2,97 | 1,12 | 1,08 | 0,860 | 0,428 |
| 5/8 | 1 1/8 | 20,0 | 5,86 | 21,1 | 5,31 | 1,90 | 2,03 | 7,52 | 2,54 | 1,13 | 1,03 | 0,864 | 0,435 |
| 9/16 | 1 1/16 | 18,1 | 5,31 | 19,3 | 4,83 | 1,90 | 2,01 | 6,91 | 2,31 | 1,14 | 1,01 | 0,866 | 0,438 |
| 1/2 | 1 | 16,2 | 4,75 | 17,4 | 4,33 | 1,91 | 1,99 | 6,27 | 2,08 | 1,15 | 0,987 | 0,870 | 0,440 |
| 7/16 | 15/16 | 14,3 | 4,18 | 15,5 | 3,83 | 1,92 | 1,96 | 5,60 | 1,85 | 1,16 | 0,964 | 0,873 | 0,443 |
| 3/8 | 7/8 | 12,3 | 3,61 | 13,5 | 3,32 | 1,93 | 1,94 | 4,90 | 1,60 | 1,17 | 0,941 | 0,877 | 0,446 |
| 5/16 | 13/16 | 10,3 | 3,03 | 11,4 | 2,79 | 1,94 | 1,92 | 4,18 | 1,35 | 1,17 | 0,918 | 0,882 | 0,448 |
| L 6×3 1/2× 1/2 | 1 | 15,3 | 4,50 | 16,6 | 4,24 | 1,92 | 2,08 | 4,25 | 1,59 | 0,972 | 0,833 | 0,759 | 0,344 |
| 3/8 | 7/8 | 11,7 | 3,42 | 12,9 | 3,24 | 1,94 | 2,04 | 3,34 | 1,23 | 0,988 | 0,787 | 0,767 | 0,350 |
| 5/16 | 13/16 | 9,8 | 2,87 | 10,9 | 2,73 | 1,95 | 2,01 | 2,85 | 1,04 | 0,996 | 0,763 | 0,772 | 0,352 |
| L 5×5 × 7/8 | 1 3/8 | 27,2 | 7,98 | 17,8 | 5,17 | 1,49 | 1,57 | 17,8 | 5,17 | 1,49 | 1,57 | 0,973 | 1,000 |
| 3/4 | 1 1/4 | 23,6 | 6,94 | 15,7 | 4,53 | 1,51 | 1,52 | 15,7 | 4,53 | 1,51 | 1,52 | 0,975 | 1,000 |
| 5/8 | 1 1/8 | 20,0 | 5,86 | 13,6 | 3,86 | 1,52 | 1,48 | 13,6 | 3,86 | 1,52 | 1,48 | 0,978 | 1,000 |
| 1/2 | 1 | 16,2 | 4,75 | 11,3 | 3,16 | 1,54 | 1,43 | 11,3 | 3,16 | 1,54 | 1,43 | 0,983 | 1,000 |
| 7/16 | 15/16 | 14,3 | 4,18 | 10,0 | 2,79 | 1,55 | 1,41 | 10,0 | 2,79 | 1,55 | 1,41 | 0,986 | 1,000 |
| 3/8 | 7/8 | 12,3 | 3,61 | 8,74 | 2,42 | 1,56 | 1,39 | 8,74 | 2,42 | 1,56 | 1,39 | 0,990 | 1,000 |
| 5/16 | 13/16 | 10,3 | 3,03 | 7,42 | 2,04 | 1,57 | 1,37 | 7,42 | 2,04 | 1,57 | 1,37 | 0,994 | 1,000 |

American Institute of Steel Construction

## CANTONEIRAS
Abas iguais ou abas desiguais
Propriedades para dimensionamento

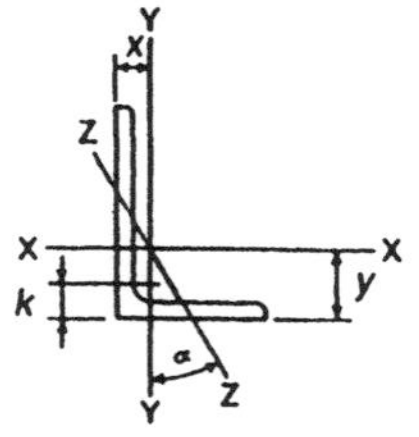


| Tamanho e Espessura | k | Peso por Pé | Área | EIXO X-X | | | | EIXO Y-Y | | | | EIXO Z-Z | |
|---|---|---|---|---|---|---|---|---|---|---|---|---|---|
| | | | | *I* | *S* | *r* | *y* | *I* | *S* | *r* | *x* | *r* | Tan |
| In | In | Lb | In² | In⁴ | In³ | In | In | In⁴ | In³ | In | In | In | α |
| L 5×3 1/2× 3/4 | 1 1/4 | 19,8 | 5,81 | 13,9 | 4,28 | 1,55 | 1,75 | 5,55 | 2,22 | 0,977 | 0,996 | 0,748 | 0,464 |
| 5/8 | 1 1/8 | 16,8 | 4,92 | 12,0 | 3,65 | 1,56 | 1,70 | 4,83 | 1,90 | 0,991 | 0,951 | 0,751 | 0,472 |
| 1/2 | 1 | 13,6 | 4,00 | 9,99 | 2,99 | 1,58 | 1,66 | 4,05 | 1,56 | 1,01 | 0,906 | 0,755 | 0,479 |
| 7/16 | 15/16 | 12,0 | 3,53 | 8,90 | 2,64 | 1,59 | 1,63 | 3,63 | 1,39 | 1,01 | 0,883 | 0,758 | 0,482 |
| 3/8 | 7/8 | 10,4 | 3,05 | 7,78 | 2,29 | 1,60 | 1,61 | 3,18 | 1,21 | 1,02 | 0,861 | 0,762 | 0,486 |
| 5/16 | 13/16 | 8,7 | 2,56 | 6,60 | 1,94 | 1,61 | 1,59 | 2,72 | 1,02 | 1,03 | 0,838 | 0,766 | 0,489 |
| 1/4 | 3/4 | 7,0 | 2,06 | 5,39 | 1,57 | 1,62 | 1,56 | 2,23 | 0,830 | 1,04 | 0,814 | 0,770 | 0,492 |
| L 5×3 × 5/8 | 1 | 15,7 | 4,61 | 11,4 | 3,55 | 1,57 | 1,80 | 3,06 | 1,39 | 0,815 | 0,796 | 0,644 | 0,349 |
| 1/2 | 1 | 12,8 | 3,75 | 9,45 | 2,91 | 1,59 | 1,75 | 2,58 | 1,15 | 0,829 | 0,750 | 0,646 | 0,357 |
| 7/16 | 15/16 | 11,3 | 3,31 | 8,43 | 2,58 | 1,60 | 1,73 | 2,32 | 1,02 | 0,837 | 0,727 | 0,651 | 0,361 |
| 3/8 | 7/8 | 9,8 | 2,86 | 7,37 | 2,24 | 1,61 | 1,70 | 2,04 | 0,888 | 0,845 | 0,704 | 0,654 | 0,364 |
| 5/16 | 13/16 | 8,2 | 2,40 | 6,26 | 1,89 | 1,61 | 1,68 | 1,75 | 0,753 | 0,853 | 0,681 | 0,658 | 0,368 |
| 1/4 | 3/4 | 6,6 | 1,94 | 5,11 | 1,53 | 1,62 | 1,66 | 1,44 | 0,614 | 0,861 | 0,657 | 0,663 | 0,371 |
| L 4×4 × 3/4 | 1 1/8 | 18,5 | 5,44 | 7,67 | 2,81 | 1,19 | 1,27 | 7,67 | 2,81 | 1,19 | 1,27 | 0,778 | 1,000 |
| 5/8 | 1 | 15,7 | 4,61 | 6,66 | 2,40 | 1,20 | 1,23 | 6,66 | 2,40 | 1,20 | 1,23 | 0,779 | 1,000 |
| 1/2 | 7/8 | 12,8 | 3,75 | 5,56 | 1,97 | 1,22 | 1,18 | 5,56 | 1,97 | 1,22 | 1,18 | 0,782 | 1,000 |
| 7/16 | 13/16 | 11,3 | 3,31 | 4,97 | 1,75 | 1,23 | 1,16 | 4,97 | 1,75 | 1,23 | 1,16 | 0,78[illegible] | 1,000 |
| 3/8 | 3/4 | 9,8 | 2,86 | 4,36 | 1,52 | 1,23 | 1,14 | 4,36 | 1,52 | 1,23 | 1,14 | 0,788 | 1,000 |
| 5/16 | 11/16 | 8,2 | 2,40 | 3,71 | 1,29 | 1,24 | 1,12 | 3,71 | 1,29 | 1,24 | 1,12 | 0,791 | 1,000 |
| 1/4 | 5/8 | 6,6 | 1,94 | 3,04 | 1,05 | 1,25 | 1,09 | 3,04 | 1,05 | 1,25 | 1,09 | 0,795 | 1,000 |
| L 4×3 1/2× 1/2 | 15/16 | 11,9 | 3,50 | 5,32 | 1,94 | 1,23 | 1,25 | 3,79 | 1,52 | 1,04 | 1,00 | 0,722 | 0,750 |
| 7/16 | 7/8 | 10,6 | 3,09 | 4,76 | 1,72 | 1,24 | 1,23 | 3,40 | 1,35 | 1,05 | 0,978 | 0,724 | 0,753 |
| 3/8 | 13/16 | 9,1 | 2,67 | 4,18 | 1,49 | 1,25 | 1,21 | 2,95 | 1,17 | 1,06 | 0,955 | 0,727 | 0,755 |
| 5/16 | 3/4 | 7,7 | 2,25 | 3,56 | 1,26 | 1,26 | 1,18 | 2,55 | 0,994 | 1,07 | 0,932 | 0,730 | 0,757 |
| 1/4 | 11/16 | 6,2 | 1,81 | 2,91 | 1,03 | 1,27 | 1,16 | 2,09 | 0,808 | 1,07 | 0,909 | 0,734 | 0,759 |

American Institute of Steel Construction

*Tabela A6 Aço Estrutural — Cantoneiras* (Continuação)

(*Structural Steel Shapes Manual — 1989*. Reimpressa com permissão. Cedida pela Bethlehem Steel Corporation.)

CANTONEIRAS
Abas iguais ou abas desiguais
Propriedades para dimensionamento

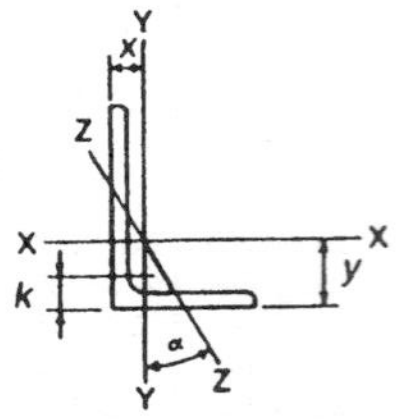


| Tamanho e Espessura | | k | Peso por Pé | Área | EIXO X-X | | | | EIXO Y-Y | | | | EIXO Z-Z | |
|---|---|---|---|---|---|---|---|---|---|---|---|---|---|---|
| | | | | | *I* | *S* | *r* | *y* | *I* | *S* | *r* | *x* | *r* | Tan |
| In | | In | Lb | $In^2$ | $In^4$ | $In^3$ | In | In | $In^4$ | $In^3$ | In | In | In | α |
| L 4 ×3 × | 1/2 | 15/16 | 11,1 | 3,25 | 5,05 | 1,89 | 1,25 | 1,33 | 2,42 | 1,12 | 0,864 | 0,827 | 0,639 | 0,543 |
| | 7/16 | 7/8 | 9,8 | 2,87 | 4,52 | 1,68 | 1,25 | 1,30 | 2,18 | 0,992 | 0,871 | 0,804 | 0,641 | 0,547 |
| | 3/8 | 13/16 | 8,5 | 2,48 | 3,96 | 1,46 | 1,26 | 1,28 | 1,92 | 0,866 | 0,879 | 0,782 | 0,644 | 0,551 |
| | 5/16 | 3/4 | 7,2 | 2,09 | 3,38 | 1,23 | 1,27 | 1,26 | 1,65 | 0,734 | 0,887 | 0,759 | 0,647 | 0,554 |
| | 1/4 | 11/16 | 5,8 | 1,69 | 2,77 | 1,00 | 1,28 | 1,24 | 1,36 | 0,599 | 0,896 | 0,736 | 0,651 | 0,558 |
| L 3½×3½× | 1/2 | 7/8 | 11,1 | 3,25 | 3,64 | 1,49 | 1,06 | 1,06 | 3,64 | 1,49 | 1,06 | 1,06 | 0,683 | 1,000 |
| | 7/16 | 13/16 | 9,8 | 2,87 | 3,26 | 1,32 | 1,07 | 1,04 | 3,26 | 1,32 | 1,07 | 1,04 | 0,684 | 1,000 |
| | 3/8 | 3/4 | 8,5 | 2,48 | 2,87 | 1,15 | 1,07 | 1,01 | 2,87 | 1,15 | 1,07 | 1,01 | 0,687 | 1,000 |
| | 5/16 | 11/16 | 7,2 | 2,09 | 2,45 | 0,976 | 1,08 | 0,990 | 2,45 | 0,976 | 1,08 | 0,990 | 0,690 | 1,000 |
| | 1/4 | 5/8 | 5,8 | 1,69 | 2,01 | 0,794 | 1,09 | 0,968 | 2,01 | 0,794 | 1,09 | 0,968 | 0,694 | 1,000 |
| L 3½×3 × | 1/2 | 15/16 | 10,2 | 3,00 | 3,45 | 1,45 | 1,07 | 1,13 | 2,33 | 1,10 | 0,881 | 0,875 | 0,621 | 0,714 |
| | 7/16 | 7/8 | 9,1 | 2,65 | 3,10 | 1,29 | 1,08 | 1,10 | 2,09 | 0,975 | 0,889 | 0,853 | 0,622 | 0,718 |
| | 3/8 | 13/16 | 7,9 | 2,30 | 2,72 | 1,13 | 1,09 | 1,08 | 1,85 | 0,851 | 0,897 | 0,830 | 0,625 | 0,721 |
| | 5/16 | 3/4 | 6,6 | 1,93 | 2,33 | 0,954 | 1,10 | 1,06 | 1,58 | 0,722 | 0,905 | 0,808 | 0,627 | 0,724 |
| | 1/4 | 11/16 | 5,4 | 1,56 | 1,91 | 0,776 | 1,11 | 1,04 | 1,30 | 0,589 | 0,914 | 0,785 | 0,631 | 0,727 |
| L 3½×2½× | 1/2 | 15/16 | 9,4 | 2,75 | 3,24 | 1,41 | 1,09 | 1,20 | 1,36 | 0,760 | 0,704 | 0,705 | 0,534 | 0,486 |
| | 7/16 | 7/8 | 8,3 | 2,43 | 2,91 | 1,26 | 1,09 | 1,18 | 1,23 | 0,677 | 0,711 | 0,682 | 0,535 | 0,491 |
| | 3/8 | 13/16 | 7,2 | 2,11 | 2,56 | 1,09 | 1,10 | 1,16 | 1,09 | 0,592 | 0,719 | 0,660 | 0,537 | 0,496 |
| | 5/16 | 3/4 | 6,1 | 1,78 | 2,19 | 0,927 | 1,11 | 1,14 | 0,939 | 0,504 | 0,727 | 0,637 | 0,540 | 0,501 |
| | 1/4 | 11/16 | 4,9 | 1,44 | 1,80 | 0,755 | 1,12 | 1,11 | 0,777 | 0,412 | 0,735 | 0,614 | 0,544 | 0,506 |
| L 3 ×3 × | 1/2 | 13/16 | 9,4 | 2,75 | 2,22 | 1,07 | 0,898 | 0,932 | 2,22 | 1,07 | 0,898 | 0,932 | 0,584 | 1,000 |
| | 7/16 | 3/4 | 8,3 | 2,43 | 1,99 | 0,954 | 0,905 | 0,910 | 1,99 | 0,954 | 0,905 | 0,910 | 0,585 | 1,000 |
| | 3/8 | 11/16 | 7,2 | 2,11 | 1,76 | 0,833 | 0,913 | 0,888 | 1,76 | 0,833 | 0,913 | 0,888 | 0,587 | 1,000 |
| | 5/16 | 5/8 | 6,1 | 1,78 | 1,51 | 0,707 | 0,922 | 0,865 | 1,51 | 0,707 | 0,922 | 0,865 | 0,589 | 1,000 |
| | 1/4 | 9/16 | 4,9 | 1,44 | 1,24 | 0,577 | 0,930 | 0,842 | 1,24 | 0,577 | 0,930 | 0,842 | 0,592 | 1,000 |
| | 3/16 | 1/2 | 3,71 | 1,09 | 0,962 | 0,441 | 0,939 | 0,820 | 0,962 | 0,441 | 0,939 | 0,820 | 0,596 | 1,000 |

AMERICAN INSTITUTE OF STEEL CONSTRUCTION

*Tabela A7 Definição dos Termos do Sistema Métrico (S.I.) e Tabelas de Conversão*

## Definição dos Termos do Sistema Métrico (SI)

| Prefixo | Símbolo | Fator |
|---|---|---|
| giga | G | 1 000 000 000 ou $10^9$ |
| mega | M | 1 000 000 ou $10^6$ |
| quilo | k | 1 000 ou $10^3$ |
| deci* | d | 0,1 |
| centi* | c | 0,01 |
| mili | m | 0,001 ou $10^{-3}$ |
| micro | $\mu$ | 0,000 001 ou $10^{-6}$ |

*uso não recomendado

| Símbolo | Unidade |
|---|---|
| m | metro (unidade fundamental de comprimento) |
| km | quilômetro (1000 metros) |
| mm | milímetro (1/1000 metros) |
| kg | quilograma (unidade fundamental de massa) |
| g | grama (1/1000 quilogramas) |
| N | newton (unidade de força)** |
| kN | quilonewton (1000 newtons) |
| Pa | pascal (unidade de tensão ou pressão) = 1 $N/m^2$ |
| kPa | quilopascal (1000 pascais) |
| MPa | megapascal (1 000 000 pascais) |

**(força) = (massa) × (aceleração)
aceleração devido à gravidade: 32,17 $pés/s^2$ = 9,807 $m/s^2$

## Tabela Resumida de Conversões

| Sistema Métrico (SI) para Sistema Americano (U.S. Customary) | Sistema Americano (U.S. Customary) para Sistema Métrico (SI) |
|---|---|
| 1 m = 3,281 ft = 39,37 in | 1 ft = 0,3048 m = 304,8 mm |
| 1 $m^2$ = 10,76 $ft^2$ | 1 $ft^2$ = 92,90 × $10^{-3} m^2$ |
| 1 mm = 39,37 × $10^{-3}$ in | 1 in = 25,40 mm |
| 1 $mm^2$ = 1,550 × $10^{-3}$ $in^2$ | 1 $in^2$ = 645,2 $mm^2$ |
| 1 $mm^3$ = 61,02 × $10^{-6}$ $in^3$ | 1 $in^3$ = 16,39 × $10^3$ $mm^3$ |
| 1 $mm^4$ = 2,403 × $10^{-6}$ $in^4$ | 1 $in^4$ = 416,2 × $10^3 mm^4$ |
| 1 kg = 2,205 lbm | 1 lbm = 0,4536 kg |
| 1 kN = 224,8 lbf | 1 lbf = 4,448 N |
| 1 kPa = 20,89 lbf/$ft^2$ | 1 lbf/$ft^2$ = 47,88 Pa |
| 1 MPa = 145,0 lbf/$in^2$ | 1 lbf/$in^2$ = 6,895 kPa |
| 1 kg/m = 0,672 lbm/ft | 1 lbm/ft = 1,488 kg/m |
| 1 kN/m = 68,52 lbf/ft | 1 lbf/ft = 14,59 N/m |

lbf = lb (força)
lbm = lb (avdp) = lb (massa)

## Constantes Variadas

Massa específica do aço: 490 $lbm/ft^3$ = 7850 $kg/m^3$

Módulo de Elasticidade Longitudinal (Módulo de Young): 29 000 000 $lbf/in^2$ = 200 000 MPa = 200 GPa

Apêndice

*Tabela A8  Perfis de Abas Largas (Listagem resumida) — Sistema Internacional (Métrico)*
Adaptado do *AISC Manual of Steel Construction — ASD*, 9th ed.

### Dimensões e Propriedades para Projeto Preliminar

| Perfil da Seção Transversal | Massa por metro | Área | Altura da Seção Transversal | Flange $b_f$ | Flange $t_f$ | Espessura da Alma $t_w$ | Eixo x-x $I_x$ | Eixo x-x $S_x$ | Eixo x-x $r_x$ | Eixo y-y $I_y$ | Eixo y-y $S_y$ | Eixo y-y $r_y$ |
|---|---|---|---|---|---|---|---|---|---|---|---|---|
| | $\omega$ | A | d | | | | | | | | | |
| | kg/m | mm² | mm | mm | mm | mm | 10⁶mm⁴ | 10³mm³ | mm | 10⁶mm⁴ | 10³mm³ | mm |
| W530 × | **182**(122) | 23200 | 550 | 315 | 24 | 15 | 1230 | 4480 | 231 | 127 | 807 | 74,2 |
| (W21 ×) | **150**(101) | 19200 | 543 | 312 | 20 | 13 | 1010 | 3720 | 229 | 103 | 661 | 73,4 |
| | **124**(83) | 15700 | 544 | 212 | 21 | 13 | 761 | 2800 | 220 | 33,9 | 320 | 46,5 |
| | **101**(68) | 12900 | 537 | 210 | 17 | 11 | 616 | 2300 | 218 | 27,0 | 257 | 45,7 |
| | **85**(57) | 10800 | 535 | 166 | 17 | 10 | 487 | 1820 | 212 | 12,7 | 153 | 34,3 |
| | **65**(44) | 8390 | 525 | 165 | 11 | 9 | 843 | 1340 | 205 | 8,61 | 104 | 32,0 |
| W460 × | **177**(119) | 22600 | 482 | 295 | 27 | 17 | 911 | 3790 | 201 | 105 | 736 | 68,3 |
| (W18 ×) | **144**(97) | 18400 | 472 | 283 | 22 | 14 | 728 | 3080 | 199 | 83,6 | 592 | 67,3 |
| | **113**(76) | 14400 | 460 | 280 | 17 | 11 | 553 | 2400 | 196 | 63,2 | 453 | 66,3 |
| | **97**(65) | 12300 | 466 | 193 | 19 | 11 | 445 | 1920 | 190 | 22,8 | 236 | 42,9 |
| | **82**(55) | 10400 | 460 | 191 | 16 | 10 | 370 | 1610 | 188 | 18,7 | 195 | 40,6 |
| | **68**(46) | 8710 | 459 | 154 | 15 | 9 | 297 | 1290 | 184 | 9,36 | 122 | 32,8 |
| | **52**(35) | 6640 | 450 | 152 | 11 | 8 | 212 | 945 | 179 | 6,36 | 84,0 | 31,0 |
| W410 × | **149**(100) | 19000 | 431 | 265 | 25 | 15 | 620 | 2870 | 180 | 77,4 | 585 | 64,0 |
| (W16 ×) | **132**(89) | 16900 | 425 | 263 | 22 | 13 | 540 | 2540 | 179 | 67,8 | 515 | 63,2 |
| | **100**(67) | 12700 | 415 | 260 | 17 | 10 | 397 | 1920 | 177 | 49,5 | 380 | 62,5 |
| | **74**(50) | 9480 | 413 | 180 | 16 | 10 | 274 | 1330 | 170 | 15,5 | 172 | 40,4 |
| | **60**(40) | 7610 | 407 | 178 | 13 | 8 | 215 | 1060 | 168 | 12,0 | 135 | 39,9 |
| | **46**(31) | 5880 | 403 | 140 | 11 | 7 | 156 | 774 | 163 | 5,16 | 73,6 | 29,7 |
| W360 × | **179**(120) | 22800 | 368 | 373 | 24 | 15 | 574 | 3120 | 158 | 206 | 1110 | 95,0 |
| (W14 ×) | **162**(109) | 20600 | 364 | 371 | 22 | 13 | 516 | 2840 | 158 | 186 | 1000 | 94,7 |
| | **134**(90) | 17100 | 356 | 369 | 18 | 11 | 416 | 2350 | 156 | 151 | 818 | 94,0 |
| | **110**(74) | 14100 | 360 | 256 | 20 | 11 | 331 | 1840 | 153 | 55,7 | 436 | 63,0 |
| | **91**(61) | 11500 | 353 | 254 | 16 | 10 | 266 | 1510 | 152 | 44,5 | 353 | 62,2 |
| | **71**(48) | 9100 | 350 | 204 | 15 | 9 | 202 | 1150 | 149 | 21,4 | 210 | 48,5 |
| | **57**(38) | 7220 | 358 | 172 | 13 | 8 | 160 | 895 | 149 | 11,1 | 129 | 39,4 |
| | **45**(30) | 5710 | 352 | 171 | 10 | 7 | 121 | 689 | 146 | 8,16 | 95,4 | 37,8 |
| W310 × | **143**(96) | 18200 | 323 | 309 | 23 | 14 | 347 | 2150 | 138 | 112 | 728 | 78,5 |
| (W12 ×) | **118**(79) | 15000 | 314 | 307 | 19 | 12 | 275 | 1750 | 136 | 89,9 | 587 | 77,5 |
| | **97**(65) | 12300 | 308 | 305 | 15 | 10 | 222 | 1440 | 134 | 72,4 | 477 | 76,7 |
| | **79**(53) | 10100 | 306 | 254 | 15 | 9 | 177 | 1160 | 133 | 39,9 | 315 | 63,0 |
| | **67**(45) | 8510 | 306 | 204 | 15 | 9 | 146 | 953 | 131 | 20,8 | 203 | 49,3 |
| | **52**(35) | 6640 | 318 | 166 | 13 | 8 | 119 | 748 | 133 | 10,2 | 123 | 39,1 |
| | **39**(26) | 4930 | 310 | 165 | 10 | 6 | 84,9 | 548 | 131 | 7,20 | 87,6 | 38,4 |
| W250 × | **149**(100) | 19000 | 282 | 263 | 28 | 17 | 259 | 1840 | 117 | 86,1 | 656 | 67,3 |
| (W10 ×) | **131**(88) | 16700 | 276 | 261 | 25 | 16 | 222 | 1620 | 115 | 74,5 | 571 | 66,8 |
| | **101**(68) | 12900 | 264 | 257 | 20 | 12 | 164 | 1240 | 113 | 55,7 | 433 | 65,8 |
| | **80**(54) | 10200 | 256 | 255 | 16 | 9 | 126 | 984 | 111 | 42,8 | 338 | 65,0 |
| | **67**(45) | 8580 | 256 | 204 | 16 | 9 | 103 | 805 | 110 | 22,2 | 218 | 51,1 |
| | **49**(33) | 6260 | 247 | 202 | 11 | 7 | 70,7 | 574 | 106 | 15,2 | 151 | 49,3 |
| | **39**(26) | 4910 | 262 | 147 | 11 | 7 | 59,9 | 458 | 110 | 5,87 | 80,2 | 34,5 |
| | **28**(19) | 3620 | 260 | 102 | 10 | 6 | 40,1 | 308 | 105 | 1,79 | 35,1 | 22,2 |
| | **22**(15) | 2820 | 254 | 102 | 7 | 6 | 28,7 | 226 | 100 | 1,20 | 23,8 | 20,6 |
| W200 × | **100**(67) | 12700 | 229 | 210 | 24 | 14 | 113 | 991 | 94,0 | 36,9 | 351 | 53,8 |
| (W8 ×) | **71**(48) | 9100 | 216 | 206 | 17 | 10 | 76,5 | 710 | 91,7 | 25,3 | 246 | 52,7 |
| | **52**(35) | 6640 | 206 | 204 | 13 | 8 | 52,8 | 512 | 89,2 | 17,7 | 174 | 51,6 |
| | **42**(28) | 5320 | 205 | 166 | 12 | 7 | 40,8 | 399 | 87,6 | 9,03 | 109 | 41,1 |
| | **31**(21) | 3970 | 210 | 134 | 10 | 6 | 31,3 | 298 | 88,4 | 4,06 | 60,8 | 32,0 |
| | **22**(15) | 2860 | 206 | 102 | 8 | 6 | 20,0 | 194 | 83,6 | 1,42 | 27,9 | 22,3 |
| | **15**(10) | 1910 | 200 | 100 | 5 | 4 | 12,8 | 128 | 81,8 | ,869 | 17,4 | 21,4 |

*Tabela A9  Módulo de Resistência à Flexão das Seções Transversais (Zona Elástica) — Perfis de Abas Largas – Sistema Americano e Sistema Internacional (Métrico) (Listagem resumida)*
Adaptado do AISC *Manual of Steel Construction* — ASD, 9ᵗʰ ed.

| Método das Tensões Admissíveis – Perfis selecionados de vigas | | | $S_x$ | |
|---|---|---|---|---|
| $S_x$ – Sistema Americano (in³) | Seção Transversal | $S_x$ – S.I. ($10^3 \times$ mm³) | $S_x$ – Sistema Americano (in³) | Seção Transversal | $S_x$ – S.I. ($10^3 \times$ mm³) |

| $S_x$ – Sistema Americano (in³) | Seção Transversal | $S_x$ – S.I. ($10^3 \times$ mm³) | $S_x$ – Sistema Americano (in³) | Seção Transversal | $S_x$ – S.I. ($10^3 \times$ mm³) |
|---|---|---|---|---|---|
| 448 | **W33 × 141** | **7350** | 114 | **W24 × 55** | **1870** |
| 439 | W36 × 135 | 7200 | 112 | W14 × 74 | 1840 |
| 411 | W27 × 146 | 6740 | 111 | W21 × 57 | 1820 |
| | | | 108 | W18 × 60 | 1770 |
| 406 | **W33 × 130** | **6660** | 107 | W12 × 79 | 1750 |
| 380 | W30 × 132 | 6230 | 103 | W14 × 68 | 1690 |
| 371 | W24 × 146 | 6080 | | | |
| 359 | **W33 × 118** | **5890** | 98,3 | **W18 × 55** | **1610** |
| 355 | W30 × 124 | 5820 | 97,4 | W12 × 72 | 1600 |
| 329 | **W30 × 116** | **5400** | 94,5 | **W21 × 50** | **1550** |
| 329 | W24 × 131 | 5400 | 92,2 | W16 × 57 | 1510 |
| 329 | W21 × 147 | 5400 | 92,2 | W14 × 61 | 1510 |
| 299 | **W30 × 108** | **4900** | 88,9 | **W18 × 50** | **1460** |
| 299 | W27 × 114 | 4900 | 87,9 | W12 × 65 | 1440 |
| 295 | W21 × 132 | 4840 | 81,6 | **W21 × 44** | **1340** |
| 291 | W24 × 117 | 4770 | 81,0 | W16 × 50 | 1330 |
| 273 | W21 × 122 | 4480 | 78,8 | W18 × 46 | 1290 |
| | | | 78,0 | W12 × 58 | 1280 |
| 269 | **W30 × 99** | **4410** | 77,8 | W14 × 53 | 1280 |
| 267 | W27 × 102 | 4380 | 72,7 | W16 × 45 | 1190 |
| 258 | W24 × 104 | 4230 | 70,6 | W12 × 53 | 1160 |
| 249 | W21 × 111 | 4080 | 70,3 | W14 × 48 | 1150 |
| 243 | **W27 × 94** | **3990** | 68,4 | **W18 × 40** | **1120** |
| 231 | W × 119 | 3790 | 66,7 | W10 × 60 | 1090 |
| 227 | W21 × 101 | 3720 | | | |
| 222 | W24 × 94 | 3640 | | | |

| $S_x$ – Sistema Americano (in³) | Seção Transversal | $S_x$ – S.I. ($10^3 \times$ mm³) | $S_x$ – Sistema Americano (in³) | Seção Transversal | $S_x$ – S.I. ($10^3 \times$ mm³) |
|---|---|---|---|---|---|
| | | | 64,7 | **W16 × 40** | **1060** |
| | | | 64,7 | W12 × 50 | 1060 |
| 213 | **W27 × 84** | **3490** | 62,7 | W14 × 43 | 1030 |
| 204 | W18 × 106 | 3350 | 60,0 | W10 × 54 | 984 |
| | | | 58,1 | W12 × 45 | 953 |
| 196 | **W24 × 84** | **3210** | 57,6 | **W18 × 35** | **945** |
| 192 | W21 × 93 | 3150 | 56,5 | W16 × 36 | 927 |
| 190 | W14 × 120 | 3120 | 54,6 | W14 × 38 | 895 |
| 188 | W18 × 97 | 3080 | 54,6 | W10 × 49 | 895 |
| 176 | **W24 × 76** | **2890** | 51,9 | W12 × 40 | 851 |
| 175 | W16 × 100 | 2870 | 49,1 | W10 × 45 | 805 |
| 173 | W14 × 109 | 2840 | | | |
| 171 | W21 × 83 | 2800 | 48,6 | **W14 × 34** | **797** |
| 166 | W18 × 86 | 2720 | | | |
| 157 | W14 × 99 | 2570 | 47,2 | **W16 × 31** | **774** |
| 155 | W16 × 89 | 2540 | 45,6 | W12 × 35 | 748 |
| | | | 42,1 | W10 × 39 | 690 |
| 154 | **W24 × 68** | **2530** | | | |
| 151 | W21 × 73 | 2480 | 42,0 | **W14 × 30** | **689** |
| 146 | W18 × 76 | 2390 | | | |
| 143 | W14 × 90 | 2350 | 38,6 | **W12 × 30** | **633** |
| 140 | **W21 × 68** | **2300** | 38,4 | **W16 × 26** | **630** |
| 134 | W16 × 77 | 2200 | 35,0 | W10,33 | 574 |
| 127 | **W21 × 62** | **2080** | 33,4 | **W12 × 26** | **548** |
| 127 | W18 × 71 | 2080 | 32,4 | W10 × 30 | 531 |
| 123 | W14 × 82 | 2020 | 31,2 | W8 × 35 | 512 |
| 118 | W12 × 87 | 1940 | | | |
| 117 | W18 × 65 | 1920 | 27,9 | **W10 × 26** | **458** |
| 117 | W16 × 67 | 1920 | 27,5 | W8 × 31 | 451 |

# Apêndice

*Tabela A10   Seções Transversais de Madeira Laminada e Colada da Western Timber — Sistema Americano e Sistema Internacional (Métrico)*

Propriedades das Seções Transversais de Madeira Laminada e Colada da Western Timber
Douglas Fir (Abeto Douglas) $F_b$ = 2400 psi, $F_v$ = 165 psi, $E = 1{,}8 \times 10^6$ psi

| Dimensões acabadas ($b \times h$) (in) | Dimensões acabadas ($b \times h$) (mm) | Área $A = bh$ (in²) | Área $A = bh$ $\times 10^3$ mm² | Módulo de Resistência à Flexão $S = bh^2/6$ (in³) | Módulo de Resistência à Flexão $S = bh^2/6$ $\times 10^3$ mm³ | Momento de Inércia $I = bh^3/12$ (in⁴) | Momento de Inércia $I = bh^3/12$ $\times 10^6$ mm⁴ |
|---|---|---|---|---|---|---|---|
| $3\frac{1}{8}'' \times 6''$ | $80 \times 152$ | 18,75 | 12,2 | 18,75 | 308 | 56,25 | 23,4 |
| $\times 7{,}5''$ | $\times 190$ | 23,44 | 15,2 | 29,30 | 481 | 109,9 | 45,7 |
| $\times 9''$ | $\times 229$ | 28,13 | 18,3 | 42,19 | 692 | 189,8 | 79,0 |
| $\times 10{,}5''$ | $\times 267$ | 32,81 | 21,4 | 57,42 | 942 | 301,5 | 125 |
| $\times 12''$ | $\times 305$ | 37,50 | 24,4 | 75,00 | 1 230 | 450,0 | 187 |
| $\times 13{,}5''$ | $\times 343$ | 42,19 | 27,4 | 94,92 | 1 557 | 640,7 | 267 |
| $\times 15''$ | $\times 381$ | 46,88 | 30,5 | 117,2 | 1 922 | 878,9 | 366 |
| $\times 16{,}5''$ | $\times 419$ | 51,56 | 33,5 | 141,8 | 2 326 | 1170 | 487 |
| $\times 18''$ | $\times 457$ | 56,25 | 36,6 | 168,8 | 2 768 | 1519 | 632 |
| $5\frac{1}{8}'' \times 6''$ | $130 \times 152$ | 30,75 | 19,8 | 30,75 | 504 | 92,25 | 38,4 |
| $\times 7{,}5''$ | $\times 190$ | 38,44 | 24,7 | 48,05 | 788 | 180,2 | 75,0 |
| $\times 9''$ | $\times 229$ | 46,13 | 29,8 | 69,19 | 1 135 | 311,3 | 130 |
| $\times 10{,}5''$ | $\times 267$ | 53,81 | 34,7 | 94,17 | 1 544 | 494,4 | 206 |
| $\times 12''$ | $\times 305$ | 61,50 | 39,7 | 123,0 | 2 017 | 738,0 | 307 |
| $\times 13{,}5''$ | $\times 343$ | 69,19 | 44,6 | 155,7 | 2 553 | 1051 | 437 |
| $\times 15''$ | $\times 381$ | 76,88 | 49,5 | 192,2 | 3 152 | 1441 | 599 |
| $\times 16{,}5''$ | $\times 419$ | 84,56 | 54,5 | 232,5 | 3 813 | 1919 | 798 |
| $\times 18''$ | $\times 457$ | 92,25 | 59,4 | 276,8 | 4 540 | 2491 | 1 036 |
| $\times 19{,}5''$ | $\times 495$ | 99,94 | 64,4 | 324,8 | 5 327 | 3167 | 1 317 |
| $\times 21''$ | $\times 533$ | 107,6 | 69,3 | 376,7 | 6 178 | 3955 | 1 645 |
| $\times 22{,}5''$ | $\times 572$ | 115,3 | 74,4 | 432,4 | 7 091 | 4865 | 2 024 |
| $\times 24''$ | $\times 610$ | 123,0 | 79,3 | 492,0 | 8 069 | 5904 | 2 456 |
| $\times 25{,}5''$ | $\times 648$ | 130,7 | 84,2 | 555,4 | 9 109 | 7082 | 2 946 |
| $\times 27''$ | $\times 686$ | 138,4 | 89,2 | 622,7 | 10 212 | 8406 | 3 497 |
| $6\frac{3}{4}'' \times 7{,}5''$ | $171 \times 190$ | 50,63 | 32,5 | 63,28 | 1 038 | 237,3 | 98,7 |
| $\times 9''$ | $\times 229$ | 60,75 | 39,2 | 91,13 | 1 495 | 410,1 | 171 |
| $\times 10{,}5''$ | $\times 267$ | 70,88 | 45,7 | 124,0 | 2 034 | 651,2 | 271 |
| $\times 12''$ | $\times 305$ | 81,00 | 52,2 | 162,0 | 2 657 | 972,0 | 404 |
| $\times 13{,}5''$ | $\times 343$ | 91,13 | 58,7 | 205,0 | 3 362 | 1384 | 576 |
| $\times 15''$ | $\times 381$ | 101,3 | 65,2 | 253,1 | 4 151 | 1898 | 790 |
| $\times 16{,}5''$ | $\times 419$ | 111,4 | 71,6 | 306,3 | 5 023 | 2527 | 1 051 |
| $\times 18''$ | $\times 457$ | 121,5 | 78,1 | 364,5 | 5 979 | 3281 | 1 365 |
| $\times 19{,}5''$ | $\times 495$ | 131,6 | 84,6 | 427,8 | 7 016 | 4171 | 1 735 |
| $\times 21''$ | $\times 533$ | 141,8 | 91,1 | 496,1 | 8 136 | 5209 | 2 167 |
| $\times 22{,}5''$ | $\times 572$ | 151,9 | 97,8 | 569,5 | 9 340 | 6407 | 2 665 |
| $\times 24''$ | $\times 610$ | 162,0 | 104 | 648,0 | 10 630 | 7776 | 3 235 |
| $\times 25{,}5''$ | $\times 648$ | 172,1 | 111 | 731,5 | 12 000 | 9327 | 3 880 |
| $\times 27''$ | $\times 686$ | 182,3 | 117 | 820,1 | 13 450 | 11072 | 4 606 |
| $\times 28{,}5''$ | $\times 724$ | 192,4 | 124 | 913,8 | 14 990 | 13021 | 5 417 |
| $\times 30''$ | $\times 762$ | 202,5 | 130 | 1013 | 16 610 | 15188 | 6 318 |
| $\times 31{,}5''$ | $\times 800$ | 212,6 | 137 | 1116 | 18 300 | 17581 | 7 314 |
| $\times 33''$ | $\times 838$ | 222,8 | 143 | 1225 | 20 090 | 20215 | 8 409 |
| $\times 34{,}5''$ | $\times 876$ | 232,9 | 150 | 1339 | 21 960 | 23098 | 9 609 |
| $\times 36''$ | $\times 914$ | 243,0 | 156 | 1458 | 23 910 | 26244 | 10 920 |
| $\times 37{,}5''$ | $\times 953$ | 253,1 | 163 | 1582 | 25 940 | 29663 | 12 340 |

*Tabela A10*  Seções Transversais de Madeira Laminada e Colada da Western Timber — Sistema Americano e Sistema Internacional (Métrico) (Continuação)

| Dimensões acabadas (b × h) (in) | Dimensões acabadas (b × h) (mm) | Área A = bh (in²) | Área A = bh × 10³ mm² | Módulo de Resistência à Flexão S = bh²/6 (in³) | Módulo de Resistência à Flexão S = bh²/6 × 10³ mm³ | Momento de Inércia I = bh³/12 (in⁴) | Momento de Inércia I = bh³/12 × 10⁶ mm⁴ |
|---|---|---|---|---|---|---|---|
| $8\tfrac{3}{4}'' \times 9''$ | 222 × 229 | 78,75 | *50,6* | 118,1 | *1 937* | 531,6 | 221 |
| × 10,5″ | × 267 | 91,88 | *59,3* | 160,8 | *2 637* | 844,1 | 351 |
| × 12″ | × 305 | 105,0 | *67,7* | 210,0 | *3 444* | 1260 | 524 |
| × 13,5″ | × 343 | 118,1 | *76,2* | 265,8 | *4 359* | 1794 | 746 |
| × 15″ | × 381 | 131,3 | *84,7* | 328,1 | *5 381* | 2461 | 1 024 |
| × 16,5″ | × 419 | 144,4 | *93,1* | 397,0 | *6 511* | 3276 | 1 363 |
| × 18″ | × 457 | 157,5 | *102* | 472,5 | *7 749* | 4253 | 1 769 |
| × 19,5″ | × 495 | 170,6 | *110* | 554,5 | *9 094* | 5407 | 2 249 |
| × 21″ | × 533 | 183,8 | *119* | 643,1 | *10 550* | 6753 | 2 809 |
| × 22,5″ | × 572 | 196,9 | *127* | 738,3 | *12 110* | 8306 | 3 478 |
| × 24″ | × 610 | 210,0 | *135* | 840,0 | *13 780* | 10080 | 4 193 |
| × 25,5″ | × 648 | 223,1 | *144* | 948,3 | *15 550* | 12091 | 5 030 |
| × 27″ | × 686 | 236,3 | *152* | 1063 | *17 430* | 14352 | 5 970 |
| × 28,5″ | × 724 | 249,4 | *161* | 1185 | *19 430* | 16880 | 7 022 |
| × 30″ | × 762 | 262,5 | *169* | 1313 | *21 530* | 19688 | 8 190 |
| × 31,5″ | × 800 | 275,6 | *178* | 1447 | *23 730* | 22791 | 9 481 |
| × 33″ | × 838 | 288,8 | *186* | 1588 | *26 040* | 26204 | 10 900 |
| × 34,5″ | × 876 | 301,9 | *195* | 1736 | *28 470* | 29942 | 12 460 |
| × 36″ | × 914 | 315,0 | *203* | 1890 | *31 000* | 34020 | 14 150 |
| × 37,5″ | × 953 | 328,1 | *212* | 2051 | *33 640* | 38452 | 16 000 |
| × 39″ | × 990 | 341,3 | *220* | 2218 | *36 380* | 43253 | 17 990 |
| × 40,5″ | 1029 | 354,4 | *229* | 2392 | *39 230* | 48439 | 20 150 |
| × 42″ | 1067 | 367,5 | *237* | 2573 | *42 200* | 54023 | 22 470 |
| × 43,5″ | 1105 | 380,6 | *245* | 2760 | *45 260* | 60020 | 24 970 |
| × 45″ | 1143 | 393,8 | *254* | 2953 | *48 430* | 66445 | 27 640 |
| $10\tfrac{3}{4}'' \times 10,5''$ | 273 × 267 | 112,9 | *72,8* | 197,5 | *3 239* | 1037 | 431 |
| × 12″ | × 305 | 129,0 | *83,2* | 258,0 | *4 231* | 1548 | 644 |
| × 13,5″ | × 343 | 145,1 | *93,6* | 326,5 | *5 355* | 2204 | 917 |
| × 15″ | × 381 | 161,3 | *104* | 403,1 | *6 611* | 3023 | 1 260 |

Apêndice

Tabela A11  Módulo Plástico de Resistência à Flexão das Seções Transversais — Perfis Selecionados de Vigas

### Tabela de Seleção para Vigas Segundo o Método dos Estados Limites (LRFD, Load Resistance Factor Design) – $Z_x$ ($F_y = 50$ ksi; $\phi_\beta = 0{,}90$)

| $Z_x$ (in³) | Seção Transversal | A (in²) | d (in) | h (in) | $b_f$ (in) | $t_f$ (in) | $t_w$ (in) | $\phi_b M_p$ (k-ft) | $\phi_b M_r$ (k-ft) |
|---|---|---|---|---|---|---|---|---|---|
| **378** | **W30 × 116** | **34,2** | **30,01** | **26,75** | **10,50** | **0,850** | **0,565** | **1.420** | **987** |
| 373 | W21 × 147 | 43,2 | 22,06 | 18,25 | 12,51 | 1,150 | 0,720 | 1.400 | 987 |
| 370 | W24 × 131 | 38,5 | 24,48 | 21,00 | 12,86 | 0,960 | 0,605 | 1.390 | 987 |
| **346** | **W30 × 108** | **31,7** | **29,83** | **26,75** | **10,48** | **0,760** | **0,545** | **1.300** | **897** |
| 343 | W27 × 114 | 33,5 | 27,29 | 24,00 | 10,07 | 0,930 | 0,570 | 1.290 | 897 |
| 333 | W21 × 132 | 38,8 | 21,38 | 18,25 | 12,44 | 1,035 | 0,650 | 1.250 | 885 |
| 327 | W24 × 117 | 34,4 | 24,26 | 21,00 | 12,80 | 0,850 | 0,550 | 1.230 | 873 |
| 322 | W18 × 143 | 42,1 | 19,49 | 15,5 | 11,22 | 1,320 | 0,730 | 1.210 | 846 |
| **312** | **W30 × 99** | **29,1** | **29,65** | **26,75** | **10,45** | **0,670** | **0,520** | **1.170** | **807** |
| 307 | W21 × 122 | 35,9 | 21,68 | 18,25 | 12,39 | 0,960 | 0,600 | 1.150 | 819 |
| 305 | W27 × 102 | 30,0 | 27,09 | 24,00 | 10,02 | 0,830 | 0,515 | 1.140 | 801 |
| 289 | W24 × 104 | 30,6 | 24,06 | 21,00 | 12,75 | 0,750 | 0,500 | 1.080 | 774 |
| 279 | W21 × 111 | 32,7 | 21,51 | 18,25 | 12,34 | 0,875 | 0,550 | 1.050 | 747 |
| **278** | **W27 × 94** | **27,7** | **26,92** | **24,00** | **9,90** | **0,745** | **0,490** | **1.040** | **729** |
| 261 | W18 × 119 | 35,1 | 18,97 | 15,50 | 11,27 | 1,060 | 0,655 | 979 | 693 |
| **254** | **W24 × 94** | **27,7** | **24,31** | **21,00** | **9,07** | **0,875** | **0,515** | **953** | **666** |
| 253 | W21 × 101 | 29,8 | 21,36 | 18,25 | 12,29 | 0,800 | 0,500 | 949 | 681 |
| **244** | **W27 × 84** | **24,8** | **26,71** | **24,00** | **9,96** | **0,640** | **0,460** | **915** | **639** |
| 230 | W18 × 106 | 31,1 | 18,73 | 15,5 | 11,20 | 0,940 | 0,590 | 863 | 612 |
| **224** | **W24 × 84** | **24,7** | **24,10** | **21,00** | **9,02** | **0,770** | **0,470** | **840** | **588** |
| 221 | W21 × 93 | 27,3 | 21,62 | 18,25 | 8,42 | 0,930 | 0,580 | 829 | 576 |
| **200** | **W24 × 76** | **22,4** | **23,92** | **21,00** | **8,99** | **0,680** | **0,440** | **750** | **528** |
| 198 | W16 × 100 | 29,4 | 16,97 | 13,63 | 10,43 | 0,985 | 0,585 | 743 | 525 |
| 196 | W21 × 83 | 24,3 | 21,43 | 18,25 | 8,36 | 0,835 | 0,515 | 735 | 513 |
| 192 | W14 × 109 | 32,0 | 14,32 | 11,25 | 14,605 | 0,860 | 0,525 | 720 | 519 |
| 186 | W18 × 86 | 25,3 | 18,39 | 15,50 | 11,09 | 0,770 | 0,480 | 698 | 498 |
| **177** | **W24 × 68** | **20,1** | **23,73** | **21,00** | **8,97** | **0,585** | **0,415** | **664** | **462** |
| 172 | W21 × 73 | 21,5 | 21,24 | 18,25 | 8,30 | 0,740 | 0,455 | 645 | 453 |
| 163 | W18 × 76 | 22,3 | 18,21 | 15,50 | 11,04 | 0,680 | 0,425 | 611 | 438 |
| **160** | **W21 × 68** | **20,0** | **21,13** | **18,25** | **8,27** | **0,685** | **0,430** | **600** | **420** |
| **153** | **W24 × 62** | **18,2** | **23,74** | **21,00** | **7,04** | **0,590** | **0,430** | **574** | **393** |
| 150 | W16 × 77 | 22,6 | 16,52 | 13,63 | 10,30 | 0,760 | 0,455 | 563 | 402 |
| 147 | W12 × 96 | 28,2 | 12,71 | 9,50 | 12,16 | 0,900 | 0,550 | 551 | 393 |
| 145 | W18 × 71 | 20,8 | 18,47 | 15,50 | 7,64 | 0,810 | 0,495 | 544 | 381 |
| **144** | **W21 × 62** | **18,3** | **20,99** | **18,25** | **8,24** | **0,615** | **0,400** | **540** | **381** |
| 139 | W14 × 82 | 24,1 | 14,31 | 11,00 | 10,13 | 0,855 | 0,510 | 521 | 369 |
| **134** | **W24 × 55** | **16,2** | **23,57** | **21,00** | **7,01** | **0,505** | **0,395** | **503** | **342** |
| 133 | W18 × 65 | 19,1 | 18,35 | 15,50 | 7,59 | 0,750 | 0,450 | 499 | 351 |
| 129 | W21 × 57 | 16,7 | 21,06 | 18,25 | 6,56 | 0,650 | 0,405 | 484 | 333 |
| 123 | W18 × 60 | 17,6 | 18,24 | 15,50 | 7,56 | 0,695 | 0,415 | 461 | 324 |

*Seções transversais em negrito são as mais leves do subgrupo.*

Tabela A11  Módulo Plástico de Resistência à Flexão das Seções Transversais — Perfis Selecionados de Vigas (Continuação)

Tabela de Seleção para Vigas Segundo o Método dos Estados Limites
(LRFD, Load Resistance Factor Design) — $Z_x$ ($F_y$ = 50 ksi; $\phi_\beta$ = 0,90)

| $Z_x$ (in³) | Seção Transversal | A (in²) | d (in) | h (in) | $b_f$ (in) | $t_f$ (in) | $t_w$ (in) | $\phi_b M_p$ (k-ft) | $\phi_b M_r$ (k-ft) |
|---|---|---|---|---|---|---|---|---|---|
| **112** | **W18 × 55** | 16,2 | 18,11 | 15,5 | 7,53 | 0,630 | 0,390 | 420 | 295 |
| **110** | **W21 × 50** | 14,7 | 20,83 | 18,25 | 6,53 | 0,535 | 0,380 | 413 | 283 |
| 108 | W12 × 72 | 21,1 | 12,25 | 9,50 | 12,04 | 0,670 | 0,430 | 405 | 292 |
| 105 | W16 × 57 | 16,8 | 16,43 | 13,63 | 7,12 | 0,715 | 0,430 | 394 | 277 |
| 102 | W14 × 61 | 17,9 | 13,89 | 11,00 | 10,00 | 0,645 | 0,375 | 383 | 277 |
| **101** | **W18 × 50** | 14,7 | 17,99 | 15,5 | 7,50 | 0,570 | 0,355 | 379 | 267 |
| **95,4** | **W21 × 44** | 13,0 | 20,66 | 18,25 | 6,50 | 0,450 | 0,350 | 358 | 245 |
| 92 | W16 × 50 | 14,7 | 16,26 | 13,63 | 7,07 | 0,630 | 0,380 | 345 | 243 |
| 90,7 | W18 × 46 | 13,5 | 18,06 | 15,5 | 6,06 | 0,605 | 0,360 | 340 | 236 |
| **86,4** | **W12 × 58** | 17,0 | 12,19 | 9,50 | 10,01 | 0,640 | 0,360 | 324 | 234 |
| 82,3 | W16 × 45 | 13,3 | 16,13 | 13,63 | 7,04 | 0,565 | 0,345 | 309 | 218 |
| **78,4** | **W18 × 40** | 11,8 | 17,90 | 15,5 | 6,02 | 0,525 | 0,315 | 294 | 205 |
| 77,9 | W12 × 53 | 15,6 | 12,06 | 9,50 | 10,00 | 0,575 | 0,345 | 292 | 212 |
| 74,6 | W10 × 60 | 17,6 | 10,22 | 7,63 | 10,08 | 0,680 | 0,420 | 280 | 200 |
| **72,9** | **W16 × 40** | 11,8 | 16,01 | 13,63 | 7,00 | 0,505 | 0,305 | 273 | 194 |
| 72,4 | W12 × 50 | 14,7 | 12,19 | 9,50 | 8,08 | 0,640 | 0,370 | 271 | 194 |
| 69,6 | W14 × 43 | 12,6 | 13,66 | 11,00 | 8,00 | 0,530 | 0,305 | 261 | 188 |
| **66,5** | **W18 × 35** | 10,3 | 17,70 | 15,5 | 6,00 | 0,425 | 0,300 | 249 | 173 |
| 64,7 | W12 × 45 | 13,2 | 12,06 | 9,50 | 8,05 | 0,575 | 0,335 | 243 | 174 |
| 64,0 | W16 × 36 | 10,6 | 15,86 | 13,63 | 6,99 | 0,430 | 0,295 | 240 | 170 |
| 61,5 | W14 × 38 | 11,2 | 14,10 | 12,00 | 6,77 | 0,515 | 0,310 | 231 | 164 |
| **54,6** | **W14 × 34** | 10,0 | 13,98 | 12,00 | 6,75 | 0,455 | 0,285 | 205 | 146 |
| **54,0** | **W16 × 31** | 9,12 | 15,88 | 13,63 | 5,53 | 0,440 | 0,275 | 203 | 142 |
| 51,2 | W12 × 35 | 10,3 | 12,50 | 10,50 | 6,56 | 0,520 | 0,300 | 192 | 137 |
| **47,3** | **W14 × 30** | 8,85 | 13,84 | 12,00 | 6,73 | 0,385 | 0,270 | 177 | 126 |
| 46,8 | W10 × 39 | 11,5 | 9,92 | 7,63 | 7,99 | 0,530 | 0,315 | 176 | 126 |
| **44,2** | **W16 × 26** | 7,68 | 15,69 | 13,63 | 5,50 | 0,345 | 0,250 | 166 | 115 |
| 43,1 | W12 × 30 | 8,79 | 12,34 | 10,50 | 6,52 | 0,440 | 0,260 | 162 | 116 |
| **40,2** | **W14 × 26** | 7,69 | 13,91 | 12,00 | 5,03 | 0,420 | 0,255 | 151 | 106 |
| 38,8 | W10 × 33 | 9,71 | 9,73 | 7,63 | 7,96 | 0,435 | 0,290 | 145 | 105 |
| **37,2** | **W12 × 26** | 7,65 | 12,22 | 10,50 | 6,49 | 0,380 | 0,230 | 140 | 100 |
| 36,6 | W10 × 30 | 8,84 | 10,47 | 8,63 | 5,81 | 0,510 | 0,300 | 137 | 97,2 |
| **33,2** | **W14 × 22** | 6,49 | 13,74 | 12,00 | 5,00 | 0,335 | 0,230 | 125 | 87,0 |
| 31,3 | W10 × 26 | 7,61 | 10,33 | 8,63 | 5,77 | 0,440 | 0,260 | 117 | 83,7 |
| 30,4 | W8 × 31 | 9,13 | 8,00 | 6,13 | 8,00 | 0,435 | 0,285 | 114 | 82,5 |

*Seções transversais em negrito são as mais leves do subgrupo.*

# Respostas de Problemas Selecionados

2.1  $R = 173$ lb; $\theta = 50°$ em relação à horizontal; $\phi = 40°$ em relação à vertical

2.3  $F_2 = 720$ lb

2.5  $T_2 = 3,6$ kN

2.6  $F_x = 800$ lb; $F_y = 600$ lb

2.8  $P_x = 94,9$ lb; $P_y = 285$ lb

2.10 $R = 1.079$ N; $\theta = 86,8°$ em relação ao eixo horizontal de referência

2.12 $F_1 = 6,34$ kN; $F_2 = 7$ kN

2.13 $T = 4,14$ kips; $R = -11,3$ k

2.14 $M_A = 0$. A caixa está exatamente na iminência de tombar.

2.16 $M_A = -420$ lb-in (no sentido horário)

2.18 $P = 10,3$ lb

2.19 $M_A = -656$ kN-m (no sentido horário)

2.21 $M_A = 108,8$ lb-in (no sentido anti-horário); $M_B = -130,6$ lb-in (no sentido horário)

2.23 $W = 1.400$ lb

2.25 $M_A = M_B = M_C = 0$

2.27 $M_A = -850$ lb-in; $M_B = -640$ lb-in

2.28 $A = 732$ lb; $C = 518$ lb

2.29 $AC = 768$ N (compressão); $BC = 672$ N (tração)

2.31 $A = 2,24$ kN; $B = 0,67$ kN

2.33 $CD = 245,6$ lb (T); $DE = 203,4$ lb (T); $AC = 392,9$ lb (T); $BC = 487,7$ lb (C)

2.35 $A = 43,33$ kN; $B = 46,67$ kN

2.37 $A_y = 3.463$ lb; $D_x = 3.000$ lb; $D_y = 1.733$ lb

2.38 $A_x = 0,705$ kN; $A_y = 0,293$ kN; $B_x = 0,295$ kN; $B_y = 0,707$ kN

2.40 $A_y = 240$ lb (↓); $Bx = 0$; $By = 720$ lb (↑); $C_y = 480$ lb; $D_x = 300$ lb (←); $D_y = 80$ lb (↓)

2.41 $FD = 18,9$ k; $A_x = 15,2$ k; $A_y = 1,3$ k (↓); $BD = 17,2$ k; $DC = 17,5$ k

2.42 $R = 720$ lb; $\theta_R = 72,5°$

2.44 $S = 20,5$ k; $R = 42,5$ k; $h = 78'$

2.46 $R = 1.867$ lb; $\theta = 22°$

2.48 $F = 137,4$ lb

2.50 $M_A = 3.990$ lb-ft (no sentido anti-horário)

2.52 $R = 40$ N (↓) em um local imaginário em que $x = 5,4$ m à esquerda da origem

2.54 $AC = 5,36$ k (C); $AB = 4,64$ k (T)

2.56 $BA = 658,2$ lb; $DB = 1.215,2$ lb

2.58 $BC = 1.800$ lb; $BE = 1.680$ lb; $CD = 2.037$ lb; $W = 2.520$ lb

2.60 $A_y = 1$ kN; $B_x = 0$; $B_y = 0,8$ kN; $C_x = 0$; $C_y = 3,5$ kN; $MC = 12,9$ kN-m

2.62 $A_x = 180$ lb (→); $A_y = 52,5$ lb (↑); $B_y = 187,5$ lb; $C_y = 322$ lb (↑); $D_x = 60$ lb (→); $D_y = 145,5$ lb (↑)

3.1  $E_x = 1.125$ lb; $E_y = 450$ lb; $h_c = 5,33'$

3.3  $A = BA = 13,27$ k (59,1 kN); $CB = 12,15$ k (54,1 kN); $DC = 12,28$ k (54,6 kN); $E = ED = 13,03$ k (58 kN)

3.5  $A = 750$ lb (↑); $B = 5.850$ lb (↑)

3.6  $A = 731$ N; $B = 598$ N

3.8  $A_x = 0$; $A_y = 350$ lb; $B_y = 1.550$ lb

3.10 $A_x = 0$; $A_y = 1.140$ lb; $B_y = 360$ lb

3.11 $A = 1.900$ lb; $E = 1.900$ lb

3.13 $AB = 0,577$ kN (C); $BC = 0,577$ kN (C); $CD = 1,732$ kN (C); $BE = 0,577$ kN (T); $EC = 0,577$ kN (C); $AE = 0,289$ kN (T); $ED = 0,866$ kN (T)

3.14 $AB = 5,75$ k (T); $BC = 5$ k (T); $BE = 2,42$ k (T); $BD = 0,21$ k (T); $CD = 7,07$ k (C); $DE = 8,56$ k (C)

3.16 $AB = 12$ kN (C); $BC = 3$ kN (C); $CD = 4$ kN (C); $DE = 0$; $EF = 3$ kN (T); $CE = 5$ kN (T); $BE = 12$ kN (C); $BF = 15$ kN (T)

3.18 $AC = 20,1$ k (T); $BC = 2,24$ k (C); $BD = 16$ k (C)

3.20 $BE = 500$ lb (C); $CE = 250\sqrt{5}$ lb (T); $FJ = 4.000$ lb (C)

3.22 $EH = 3,41$ k (T); $HC = 0,34$ k (T); $BI = 2,84$ k (T)

3.24 $DB = 1,2$ k (T); $EA = 4,7$ k (T)

3.25 $GH, GF, EF, FC, CD$ e $CB$

3.27 $BM, MC, FO, OG, GK, GJ$ e $JH, EO, OK$

3.28 $A_x = 455$ lb $(\rightarrow)$; $A_y = 67$ lb $(\downarrow)$;
$B_x = 455$ lb $(\leftarrow)$; $B_y = 417$ lb $(\uparrow)$;
$C_x = 455$ lb; $C_y = 267$ lb

3.30 $A_x = 171,6$ kN; $A_y = 153,4$ kN;
$B_x = 171,6$ kN; $B_y = 161,6$ kN;
$C_x = 171,6$ kN; $C_y = 18,4$ kN

3.32 $A_x = 10$ kN $(\rightarrow)$; $A_y = 2$ kN $(\uparrow)$;
$B_x = 10$ kN $(\leftarrow)$; $B_y = 8$ kN $(\uparrow)$;
$C_x = 10$ kN; $C_y = 8$ kN

3.33 $A_x = 4$ k $(\leftarrow)$; $A_y = 1$ k $(\uparrow)$;
$C_x = 4$ k $(\rightarrow)$; $C_y = 3$ k $(\uparrow)$;
$BD = 6$ k; $E_x = 4$ k; $E_y = 4$ k;
$B_x = 4$ k; $B_y = 4$ k

3.35 $A_x = 676$ lb; $B_x = 308$ lb

3.36 $A_y = 15$ k; $B_x = 0$; $B_y = 5$ k;
$C_x = 3$ k; $C_y = 10,5$ k; $D_y = 8,5$ k

3.37 $A = 9.600$ lb; $B = 3.200$ lb

3.39 $A_x = A_y = 10$ k; $E_x = 10$ k; $E_y = 0$;
$AB = 10\sqrt{2}$ k; $BC = 10,54$ k; $BE = 0$;
$CD = 16,67$ k; $BD = 13,33$ k; $ED = 10$ k

3.41 $A_x = 200$ lb; $A_y = 150$ lb; $F_x = 200$ lb;
$AB = 200$ lb (T); $BC = 200$ lb (T);
$AD = 150$ lb (T); $DF = 150$ lb (T);
$FE = 250$ lb (C); $EC = 250$ lb (C);
$BD = BE = DE = 0$

3.43 $A_y = 10$ k $(\uparrow)$; $C_x = 0$; $A_y = 5$ k $(\uparrow)$;
$DG = 8,33$ k (C); $AB = 4,8$ k (T);
$FG = 1,87$ k (T)

3.45 $BG = 2.700$ lb (C); $HE = 1.875$ lb (T);
$HB = 1.179$ lb (T)

3.47 $DG = HG = 25$ k (T); $DF = 54,2$ k (C);
$EG = 38,4$ k (T)

3.49 $A_x = 693$ lb $(\rightarrow)$; $A_y = 400$ lb $(\uparrow)$;
$M_A = 3.144$ lb-ft (no sentido horário);
$C_x = 107$ lb; $C_y = 400$ lb; $B_x = B_y = 800$ lb;
$D_x = D_y = 800$ lb

3.51 $A_y = 320$ lb; $B_x = 0$; $B_y = 80$ lb
$C_x = 0$; $C_y = 280$ lb; $M_C = 1.280$ lb-ft

3.53 $A_x = 0$; $A_y = 333,3$ lb; $D_y = 166,7$ lb;
$C_x = 44,4$ lb; $C_y = 222,2$ lb; $AB_x = 44,4$ lb;
$AB_y = 55,5$ lb

3.55 $A_x = 2.714$ lb $(\leftarrow)$; $A_y = 286$ lb $(\uparrow)$;
$C_x = 1.726$ lb $(\leftarrow)$; $C_y = 2.114$ lb $(\uparrow)$;
$B_x = 286$ lb; $B_y = 2.714$ lb

3.56 $A_x = 0,33$ kN $(\leftarrow)$; $A_y = 4,26$ kN $(\uparrow)$;
$D_x = 3,33$ kN $(\rightarrow)$; $D_y = 3,26$ kN $(\downarrow)$;
$B_x = 3,33$ kN; $B_y = 4,26$ kN

3.58 $P = 157,5$ lb, S. F. $= 1,43 < 1,50$, $p_{máx} = 2.000$ psf

3.60 $M_{TOM} = 3.420$ lb-ft, $M_{EST} = 8.025$ lb-ft,
S.F. $= 2,35 > 1,50$, $p_{máx} = 2.530$ psf

3.62 $P = 83,2$ kN, $M_{TOM} = 152$ kN-m, $M_{EST} = 457$ kN-m, C.S. $= 3,0 > 1,5$, $p_{máx} = 164,4$ kN/m²

4.1 $\omega = 50$ psf $\times 5' = 250$ plf
B1: Reação $(R) = 1.250$ lb
B2: $R = 1.250$ lb; B3: $R = 1.250$ lb
G1: $R = 1.250$ lb; G2: $R = 3.750$ lb
G3: $R = 1.250/2.500$ lb
Cargas nas colunas: A1 $= 3.750$ lb; D1 $= 3.750$ lb;
B2 $= 3.750$ lb; C2 $= 3.750$ lb;
A3 $= 5.000$ lb; D3 $= 5.000$ lb

4.2 $\omega_{NEVE} = 50$ plf (projeção horizontal)
$\omega_{CP} = 20$ plf (ao longo do comprimento das vigas inclinadas)
$\omega_{total} = 70,6$ plf (projeção horizontal equivalente)
Reação na parede $= 388$ lb por 2'
Carga na viga de cumeeira $= 777$ lb por 2'
Carga da cobertura (teto) $\omega = 30$ plf
Nível do terceiro piso:
  Carga no topo da parede esquerda $= 269$ plf
  Carga no topo da parede interna $= 165$ plf
  Carga no topo da parede direita $= 284$ plf
Nível do segundo piso:
  Carga no topo da parede esquerda $= 649$ plf
  Carga no topo da parede interna $= 905$ plf
  Carga no topo da parede direita $= 724$ plf
  Carga na viga 'W' externa $= 1.072$ plf
  Carga na viga interna $= 1.076$ plf

4.3 Vigas do telhado (vigotas) $= \omega = 66$ plf
Reação na parede frontal $= 764$ lb por 2'
Reação na viga do telhado $= 820$ lb por 2'
Reação na parede traseira $= 396$ lb por 2'
Carga na base da parede frontal $= 446$ plf
Carga na base da parede traseira $= 262$ plf
Carga na viga do telhado $= 410$ plf
Reações nas vigotas do piso:
  Reação na parede frontal $= 672$ lb por 2'
  Reação na parede traseira $= 576$ lb por 2'
  Reação na viga do piso $= 1.248$ lb por 2'
  Topo da sapata da parede frontal $= 782$ plf
  Topo da sapata da parede traseira $= 550$ plf
  Carga crítica entre as sapatas $= 8.664$ lb

4.4 Viga B1: $\omega = 335$ plf; reação da parede/viga $= 4.020$ lb
Viga principal suporta cargas concentradas de 8.040 lb a cada 8' de centro a centro mais o peso da viga de 50 plf
Carga crítica na coluna $= 42$ kips
Viga B2: $\omega = 255$ plf;
Reação na parede/G2 $= 2.040$ lb
Viga principal suporta uma carga $= 2.040$ lb concentrada a cada 6' de centro a centro e $\omega = 566$ plf das vigotas das treliças.

4.5 Vigota crítica do telhado: $\omega_{NEVE} = 26,7$ plf; $\omega_{CP} = 20$ plf; e a carga equivalente total na projeção horizontal da vigota do telhado $= 51,7$ plf. Reação da viga inclinada $= 439$ lb por 16".

Respostas de Problemas Selecionados

A viga da cumeeira suporta uma distribuição triangular de cargas com um valor de pico de 659 plf (12 pés à direita da coluna A).
Carga na coluna A = 3.140 lb;
Carga na coluna B = 9.420 lb

4.6 Cargas nas vigas inclinadas (pernas):
$\omega_{NEVE}$ = 60 plf (horiz.); $\omega_{CP}$ = 36 plf
$\omega_{Total}$ = 98 plf (proj. horiz. equiv.)
Carga na viga do telhado = 759 plf
Topo da parede esquerda = 343 plf
Topo da parede direita = 396 plf
Carga na vigota do piso = 66,7 plf
Carga na viga do piso = 750 plf com as cargas das colunas espaçadas de 10' de centro a centro diretamente sobre os pilaretes da fundação.
Carga no topo da parede esquerda da fundação contínua = 823 plf
Carga no topo da parede direita da fundação contínua = 926 plf
Tamanho exigido da sapata dos pilotis = quadrada 2' – 10"

4.8 $AH$ = 0; $AG$ = 500 lb (T);
$BG$ = 400 lb (C); $CF$ = 0;
$CE$ = 500 lb (T); $DE$ = 400 lb (C)

4.10 $GK$ = 5,66 k (T); $AG = CE$ = 7,07 k (T);
$IJ = JK$ = 4 k (C); $KL$ = 0;
$IH = JG = LE$ = 0; $KF$ = 4 k (C);
$HG$ = 6 k (C); $GF = FE$ = 5 k (C);
$HA$ = 0; $BG$ = 1 k (C); $FC$ = 4 k (C);
$ED$ = 5 k (C).

4.11 Carga total no nível do diafragma do telhado = 8.000 lb ou 200 plf ao longo da borda de 40 ft do telhado

Carga no diafragma do segundo piso = 8.000 lb ou 200 plf
Cisalhamento no topo das paredes do segundo piso = 4.000 lb; $v$ = 200 plf através das paredes do segundo pavimento.
Cisalhamento no topo das paredes do primeiro piso, $V$ = 8.000 lb e o cisalhamento da parede $v$ = 400 plf
A força de amarração $T$ = 5.000 lb

5.1 $f_t$ = 1.060,7 psi

5.2 $T_{AB}$ = 10 k; $A_{exigida}$ = 0,46 in²;
para uma barra com diâmetro de $\frac{13"}{16}$;
$A$ = 0,5185 in²

5.4 $h$ = 180'

5.5 (a) $f_c$ = 312,5 psi; (b) $f_t$ = 13.245 psi;
(c) $f_{sup}$ = 259,7 psi; (d) $f$ = 156,3 psi;
(e) $L$ = 16,7 in

5.7 $\varepsilon$ = 0,0012 in/in

5.9 $\delta$ = 0,0264 in

5.11 $f_{compressão}$ = $P/A$ = 1.780 lb/48 in² = 37,1 psi < 125 psi ∴ OK

5.13 (a) $\delta = PL/AE$ = 0,17"
(b) $A_{exigida}$ = 3 in²; $D$ = 1,95" ≈ haste 2"

5.15 (a) $A_{exigida}$ = 3 in²; $D$ = 1,95"
(b) $\delta$ = 0,75"
Um giro do esticador = $\frac{1"}{2}$ Número de giros exigido = 1,5

5.17 $f$ = 6,140 psi

5.18 (a) $\Delta T$ = 53,4°F; $T_{final}$ = 123,4°F;
(b) $f$ = 4,994 psi

5.19 $f_s$ = 2,42 ksi; $f_c$ = 0,25 ksi;
$A_s$ = 25,8 in²; $A_c$ = 150,8 in²

5.20 $f_s$ = 6,87 ksi; $f_c$ = 0,71 ksi; $\delta$ = 0,0071"

5.21 (a) $f_o$ = 0,543 ksi; $f_s$ = 8,15 ksi;
(b) $\delta_s$ = 0,002"

6.1 $x$ = 5,33"; $y$ = 5,67"

6.3 $x$ = 7,6'; $y$ = 5,3'

6.4 $x$ = 0; $y$ = 9,4"

6.6 $y$ = 2,0"; $I_x$ = 17,4 in⁴
$x$ = 0,99"; $I_y$ = 6,2 in⁴

6.8 $I_x$ = 1.787 in⁴; $I_y$ = 987 in⁴

6.9 $y$ = 5,74"; $I_x$ = 561 in⁴

6.11 $y$ = 10,4"; $I_x$ = 1.518 in⁴

6.12 $x$ = −0,036"; $y$ = 7,0",
$I_x$ = 110,4 in⁴; $I_y$ = 35,7 in⁴

6.14 $I_x$ = 2.299 in⁴; $W$ = 15,8"

7.1 $V_{máx}$ = 10 k; $M_{máx}$ = 50 k-ft
7.2 $V_{máx}$ = −20 k; $M_{máx}$ = −200 k-ft
7.3 $V_{máx}$ = +15 k; $M_{máx}$ = −50 k-ft
7.4 $V_{máx}$ = ±20 k; $M_{máx}$ = ±100 k-ft
7.5 $V_{máx}$ = +4 k; $M_{máx}$ = ±10 k-ft
7.6 $V_{máx}$ = −45 k; $M_{máx}$ = +337,5 k-ft
7.7 $V_{máx}$ = +10,5 k; $M_{máx}$ = +27,6 k-ft
7.8 $V_{máx}$ = ±360 lb; $M_{máx}$ = +720 lb-ft
7.9 $V_{máx}$ = +3 k; $M_{máx}$ = −15 k-ft
7.10 $V_{máx}$ = −9,2 k; $M_{máx}$ = +28,8 k-ft
7.11 $V_{máx}$ = −1.080 lb; $M_{máx}$ = −3.360 lb-ft
7.12 $V_{máx}$ = −18 k; $M_{máx}$ = +31,2 k-ft
7.13 $V_{máx}$ = −38 k; $M_{máx}$ = −96 k-ft
7.14 $V_{máx}$ = +7,5 k; $M_{máx}$ = +8,33 k-ft

8.1 $f = M/S$ = 14,2 ksi < 22 ksi

8.2 $M_{máx}$ = 4,28 k-ft;
$f_b$ = 696 psi < $F_b$ = 1.300 psi

8.4 $M_{máx}$ = 17,2 k-ft; $S_{mín}$ = 9,38 in³
Use W8 × 13 ($S_x$ = 9,91 in³)

8.6 (a) $M_{máx}$ = 16.67 k-ft; $f$ = 17 ksi
(b) $S_{exigido}$ = 125 in³; use 8 × 12 S4S

8.8 $M_{máx} = 30,4$ k-ft; $f_{máx} = 15$ ksi;
a 4' da extremidade livre $f = 1,88$ ksi

8.10 $M_{máx} = 125,4$ k-ft; $P = 15,7$ k

8.11 $V_{máx} = 8,75$ k; $M_{máx} = 43,75$ k-ft
$I_x = 112,6$ in⁴; $f_b = 27,5$ ksi;
no E.N.: $f_v = 1,37$ ksi;
na alma/flange: $f_v = 1,20$ ksi

8.12 $V_{máx} = 6.400$ lb; $M_{máx} = 51.200$ lb-ft
Com base na flexão: Raio = 8,67";
baseado no cisalhamento: Raio = 5,2";
use tora com 18" de diâmetro

8.14 $V_{máx} = 1.800$ lb; $M_{máx} = 7.200$ lb-ft
$I_x = 469,9$ in⁴; $f_b = 1.170$ psi;
$f_v = 196$ psi

8.16 (a) Com base na flexão: $P = 985$ lb
Com base no cisalhamento: $P = 1.340$ lb
A flexão define o projeto.

(b) A 4' do apoio esquerdo,
$V = 1.315$ lb; $M = 5.250$ lb-ft;
$f_b = 854$ psi; $f_v = 50,2$ psi

8.18 $M_{máx} = 32$ k-ft; $S_{exigido} = 17,5$ in³;
Das tabelas de aço:
Use W12 × 19 ($S_x = 21,3$ in³) ou
W10 × 19 ($S_x = 18,8$ in³)
Cisalhamento médio na alma $f_v = 5,14$ ksi

8.20 $I_x = 1.965$ in⁴; $Q = 72$ in³; $V = 2.500$ lb
$p = FI/VQ = 1,75"$ (espaçamento dos pregos)

8.22 $M_{máx} = 22.400$ lb-ft; $S_{exigido} = 207$ in³;
$V_{máx} = 5.600$ lb; $A_{exigido} = 98,8$ in²;
$8 \times 16$ S4S; $\Delta_{adm} = L/360 = 0,53"$
$\Delta_{CV} = 0,16" < 0,53"$; $< 8 \times 16$ S4S OK

8.23 $V_{máx} = 2.000$ lb; $A_{exigido} = 27,3$ in²;
$M_{máx} = 12.000$ lb-ft; $S_{exigido} = 92,9$ in³;
Para um $4 \times 14$ S4S
$\Delta_{adm} = L/240 = 0,8"$
$\Delta_{real} = 0,48" < 0,8"$ ∴ OK
$f_{comp} = 109$ psi. Use $4 \times 14$ S4S

8.24 $M_{máx} = 48.000$ lb-ft; $S_{exigido} = 26,2$ in³;
Tentar: W14 × 22; $\Delta_{adm} = 0,73"$;
$\Delta_{LL} = 0,29" < 0,73"$ ∴ OK
Usar W14 × 22 para a viga B1.
Para SB1: $M_{máx} = 95,6$ k-ft;
$S_{exigido} = 52,1$ in³; Tentar W16 × 36;
$\Delta_{adm} = 1,2"$ (DL + LL);
$\Delta_{real} = 0,78"$ (DL + LL);
$f_{v(médio)} = 2,7$ ksi $< F_v = 14,5$ ksi;
Use W16 × 36 para a viga SB1.

9.1 $P_{crítico} = 184,2$ k; $f_{crítico} = 20,2$ ksi

9.3 $L = 28,6'$

9.5 $KL/r_y = 193,2$; $P_{cr} = 73,64$ k;
$f_{cr} = 7,7$ ksi

9.7 (a) $KL/r_y = 46,5$; $P_a = 356$ k
(b) $KL/r_y = 57,2$; $P_a = 339$ k
(c) $KL/r_y = 71,5$; $P_a = 311$ k

9.9 $KL/r_z = 111,25$; $F_a = 11,5$ ksi;
$P_a = 46$ k

9.11 Eixo fraco: $KL/r_y = 54$; $P_a = 561,3$ k;
Eixo forte: $KL/r_x = 57$; $P_a = 553$ k

9.13 W8 × 24; $KL/r = 149$; $P_a = 47,6$ k

9.15 Carga do telhado = 60 k; carga do piso = 112,5 k
$P_{real} = 397,5$ k (coluna do terceiro piso)
W12 × 79 ($P_a = 397,6$ k)
$P_{real} = 622,5$ k (coluna do primeiro piso)
W12 × 136 ($P_a = 630$ k)

9.16 $L_e/d = 30,5$; $F_c = 459,5$ psi; $P_a = 13,9$ k

9.18 O eixo forte determina o projeto;
$L_e/d = 25,15$; $F_c = 1.021$ psi; $P_a = 72,4$ k

9.20 Eixo fraco: $L_e/d = 21,9$ (determinante)
Eixo forte: $L_e/d = 16,6$;
$P_a = 17,54$ k; $A_{trib.} = 350,8$ ft²

9.21 Use $8 \times 8$; $P_a = 32$ k $> 25$ k

10.1 Cisalhamento: $P_v = 20,8$ k (determinante)
Compressão: $P_p = 65,2$ k
Tensão líquida: $P_t = 71,9$ k
Tensão na placa: $P = 66$ k

10.3 Grupo A:
Cisalhamento: $P_v = 79,5$ k
Compressão: $P_p = 78,3$ k
Tensão líquida: $P_t = 115,5$ k
Grupo B:
Cisalhamento: $P_v = 72,2$ k
Compressão: $P_p = 61$ k
Tensão líquida: $P_t = 29,9$ k (determinante)
Capacidade da placa sob tração: $P = 33$ k

10.4 Elemento A: 3 parafusos; Elemento B: 3 parafusos;
Elemento C: 2 parafusos; Elemento D: 4 parafusos

10.6 Cisalhamento: $P_v = 119$ k
Compressão: $P_p = 95,7$ k
Tensão líquida: $P_t = 117,8$ k (determinante)

10.8 (a) $P_v = 90,1$ k
(b) $6\frac{3}{4}"$ A325-SC
(c) $L = 17\frac{1}{2}"$

10.9 Capacidade da placa: $P_t = 49,5$ k
Usando tamanho de solda de $\frac{5}{16}"$:
Capacidade da solda = 55,7 k
Comprimento da solda = 12"

10.11 Admitindo que seja usado o tamanho máximo de solda de $\frac{5}{16}"$: $L = 5,6"$

10.12 Solda em filete: $P = 59,4$ k
Solda em chanfro com penetração completa:
$P_t = 79$ k

10.13 Usando a solda em ângulo com tamanho mínimo de $\frac{3}{16}"$:
$L_1 = 8,01"$
$L_2 = 18,64"$

# Índice

**Nota:** Os números de páginas em *itálico* se referem a ilustrações.

## A

Abertura(s), 182
    em uma parede com sistema construtivo *stud wall*, 182
    para escadas e acessos verticais, 178
Abóbada, 11
    de aresta, *11*
    de nervuras, 11
Abscissa, 310
Acessos verticais, 178
Aço, 249
    estrutural, perfis e seções-padrão de, 390
    fundido, 11
Acompanhamento de cargas, 174
Acúmulo de água, 368
Adição de vetores, 23, 24
    gráfica de três ou mais vetores, 25, 26
    pelo método dos componentes
        confirmação gráfica, 39
        descrição, 33
        exemplos de problemas, 35
        problemas, 40
AISC (*American Institute of Steel Construction*), 369
AITC (*American Institute of Timber Construction*), 369
Alongamento, 248
    percentual de ruptura, 248
Alumínio, liga de, 249
*American Forest and Paper Association*, 431
American Institute of Steel Construction (AISC), 369
American Institute of Timber Construction (AITC), 369
Análise(s), 198
    da viga, 198
    das pernas, 197
    de colunas, 198, 418
        de aço, 418, *418*
        de madeira, 435
            exemplos de problemas, 436
    de forças pelo método dos nós, 119, *119*
        descrição, 119
        exemplos de problemas, 119
        problemas, 127
    estrutural, 228
Ancoragens, 95
Aperto *snug-tight*, 456
Apoio(s), 75
    de pino, 75
    de rolete, 75
    fixo ou engaste, 75
    oscilante, 75
    verticais, 95
Arco(s), 148
    contemporâneos, 148, *148*
    ogival, 11
    rampantes, 11
    treliçados, *113*
    triarticulados, 150
        descrição, 148
        exemplos de problemas, 152
        problemas, 155
Arcobotantes, 11
Área(s), 291
    compostas, 291
    de contribuição, 177
    de distribuição, 177
    de influência, 177
    mínima da garganta, 476
    tributária, 177
Arquitetura, 10
    *Art Nouveau*, 11
    histórico, 10
    na Renascença, 112
    romana, 112
Árvore, *3*
ASD (método das tensões admissíveis, *allowable stress design*), 385, 386
Aspecto arquitetônico, 178
Aumento da carga permanente, 97
Avaliação de risco, 228

## B

Barragem, 157
Barras, 136
    de força nula, 136
        descrição, 136
        exemplos de problemas, 137
        problemas, 138
    sujeitas a várias forças, 139-140
Basílica de São Pedro, 23
Binário e momento de um binário, *52*
    descrição, 52
    exemplos de problemas, 53
Bloco de coroamento das estacas, 186
Bom *design*, 2
Braço do momento, 43, *43*
Bronze, 249
*Buttress*, 157

## C

Cabos, 100
    com uma única carga concentrada, 100
    exemplo de problemas, 101
    geometria e características dos, 99, *99*
    principais, 95
    simples, 93
Caminhos, 262
    das tensões, 262
    de cargas, 174
Capacidade de momento, 395
    exemplos de problemas, 395
    plástico, 390
Carga(s), 174
    acompanhamento de, 174
    caminhos de, 174
    centrada, 229, *229*
    classificação das, 305
        com distribuição não uniforme, *309*
        concentrada, *309*
        momento puro, *309*
        uniformemente distribuída, *309*
    concentrada(s), 105, 182 , 229
    contínua, 229
    crítica de flambagem de Euler, 403
    de cisalhamento, 134
    de flexão ou devida à curvatura, 230
    de impacto, 229
    de neve, 5
    de serviço, 385
    de terremotos, 8, *8*
    de torção, 230
    de vento, 7, *7*
    dinâmicas, 4
    distribuída, 105, 229
    esforço cortante transversal e momento fletor, relação entre, 318
    estática, 4, 229, 261
    estruturais, 229
        classificação das, 229
            de acordo com a área, 229
            de acordo com o local e o método, 229
            em relação ao tempo, 229
    laterais, 503
    natureza e intensidade das, 12
    permanente(s), 5
        aumento da, 97
    ponderadas (fatoradas), 386, 387
    pontuais, 105
    repetidas, 250
    típicas em edificações, 5, *5*
    trajetórias de, 174, 175, *175*, *176*
    transferência de, 174
    variáveis, 5
Carregamento combinado, 230
Catenária, 99
Centro
    de gravidade, 19, 274
    de massa, 274
Centroide(s), 107, *107*, 274
    de áreas simples, 277
    exemplos de problemas, 278
    problemas, 282
Cisalhamento e momento fletor, 310
Classificação das cargas estruturais, 229
    de acordo com
        a área, 229
        o local e o método, 229
    em relação ao tempo, 229, *229*
Coeficiente
    de dilatação linear, 264
    de Poisson, 251
    de segurança, 251
Colmeia de uma abelha, *3*

Coluna(s), *19*, 399
  curtas, 399, 400
  de aço, 418
    análise de, 418
    carregadas axialmente, 414, 421, 423
    projeto de, 424
  de madeira
    análise de, 435
    carregadas axialmente, 430
    projeto de, 439
  longas, 399, 401
  sujeitas a carregamento combinado, 443
Combinação de mão-francesa com base rígida de coluna, 212
Componentes retangulares, 29, *29*
Comportamento real da conexão, 483
Comprimento
  de flambagem, 406, *406*
  efetivo, 406, *406*
Concentração de tensões, 261
Concepção estrutural, 1
Concorrentes, 20
Concreto, 249
  protendido com aderência inicial, 11
Condição(ões)
  de apoio nas extremidades e contraventamento lateral, 406
    exemplos de problemas, 410
    problemas, 414
  de base rígida, 212
  do local, 12
  do solo, 12
Conexões, 511
  aparafusadas de aço
    descrição, 449
    exemplos de problemas, 460, 470
    falha estrutural de, 452
    problemas, 465
  do tipo atrito, 456
  do tipo esmagamento, 456
  e apoios, exemplos de, *75*
  estruturais, 449
  flexíveis, padrão de vigas, 466
  resistentes ao deslizamento, 456
  soldadas, 471
    exemplos de problemas, 478
  tipos de, 307
Construção, variáveis da, 13
Construir, 1
Continuidade, 9, *10*
Contínuo, 17
*Continuum*, 17
Contrafortes, 157, *157*
Contraventamento(s)
  configurações de, 218
  diagonais de tração, 134, 211
    descrição, 134
    exemplos de problemas, 133
    problemas, 136
  em X, 211
  lateral intermediário, 408, *409*
  triangulares, 112
Corpo(s)
  deformável, *17*
  e o esqueleto humano, *3*
  livre, diagramas de, 64
  rígido, *17*
    equilíbrio de um, 63, 105
Coulomb, Charles-Augustin de, 263, 336
Coulomb, teoria de, 336
*Counterforts*, 157
*Crushing*, 415
*Currach*, 1

Curva
  de grau zero, 321, 322
  de primeiro grau, 321, 322
  de segundo grau, 321, 322
  de terceiro grau, 321
  elástica, 370

**D**
Da Vinci, Leonardo, 61, *61*
Davy, Humphrey, 449, *449*, 471
Decomposição
  de forças, 29
    em componentes retangulares, 29, *29*
      exemplos de problemas, 29
      problemas, 32
    em componentes *x* e *y*, 32
  em uma força, 55
    descrição, 55
    exemplos de problemas, 56
    problemas, 58
  dos nós, 119, *119*
Deflexão
  admissível, 368
  em vigas, 368
    exemplos de problemas, 373
    problemas, 382
  excessiva de uma viga, 209, *209*
  fórmulas de, 371
  limites admissíveis de, *369*
Deformação(ões), 17, 228, 243
  de cisalhamento, 215
  e deformação específica, 240
    exemplos de problemas, 241
    problemas, 242
  específica(s), 243
    e tensão, 243
    por flexão, 336
  lenta (*creep*), 250
Descontinuidade, 10
Desenvolvimento
  da treliça, 112
  do design, 496
*Design*, 1
  de elementos estruturais, 178
  esquemático, 494
  estrutural, 228
  para a flexão, 394
Detalhes, 511
  de conexões, exemplos de, 483
*Dez Livros* (Vitrúvio), 11
Diafragma do telhado, 209
Diagrama, 3
  de carregamento, 310
    esforços cortantes e momentos fletores, 320, 323
      exemplos de problemas, 324
      problemas, 330
  de corpo livre, 64
    de corpos rígidos, 73
    de partículas, 65
  de esforços cortantes, 310
  de momentos fletores, 310
Dimensionamento, 228
  da viga, 380
Direção
  de uma força, 16
  do vão, 178
Distribuição
  não uniforme, 181
  uniforme, 181
Documentos da construção, 496
Ductibilidade, 243
Ductilidade, 243, 247
Dureza, 247

**E**
Economia, 9, 10, 178
  em estrutura, 3
Edificação, uso/função da, 12
Efeito
  arco sobre uma abertura, 182, *182*
  permanente, 246
  térmicos, 264
    descrição, 264
    exemplos de problemas, 265
    problemas, 267
Eficiência estrutural, 178
Eixo neutro da seção transversal, 336
Elasticidade, 243
Elementos estruturais
  de aço, detalhes comuns de, 483
  estaticamente indeterminados, 268
    descrição, 268
    exemplos de problemas, 269
    problemas, 271
Empenamento, 209, 211
Empuxo, 100
Ensaios de compressão, 250
Epicentro, 8
Equação(ões)
  das tensões de flexão, 337
    exemplos de problemas, 340
  de equilíbrio, 61
  geral da tensão de cisalhamento, desenvolvimento da, 352
Equilíbrio, 61, *61*
  de corpos rígidos, 63, 105
    exemplos de problemas, 77
    problemas, 81
  de uma partícula, 62, 93
    exemplos de problemas, 66
    problemas, 71
    solução
      analítica, 66, 69
      gráfica, 67-69
Escadas, 178
Escoras, 399
Esforço cortante transversal, 318
Esmagamento, 234, *234*, 400, 415
Esqueleto estrutural
  de dois níveis, 179, 180, 183, 184
  de três níveis, 179, 180, 183, 184
  de um nível, 179, 180, 183, 184
Estabilidade, 9, *9*
  ao tombamento, 9
    exemplos de problemas, 159
  e determinação de treliças, 117
  geométrica, 209
  lateral/diafragmas e *shearwalls*, exemplo de problemas, 220
Estabilização de uma estrutura de cobertura, 97
Estabilizadores, 96
Estacas, 399
Estado limite, 386
Estática, 9
Estética, 9, 10
Estrangulamento, 248, 476
Estroncas, 399
Estrutura(s)
  cargas em
    dinâmicas, 4
    estáticas, 4
  com vários pavimentos, 219
  com vários pórticos e vários pavimentos, 216
  coplanares, 74
    apoios e conexões para, *74*
    condições de apoio para 73

# Índice

definição de, 1
economia em, 3
em arco e treliça, *1*
exigências funcionais principais, 9
voadoras, *4*
Estudo de caso de construção
conclusão, 515
desenvolvimento do *design*, 496
*design* esquemático, 494
documentos da construção, 496
iniciação do projeto, 491
integração dos sistemas construtivos, 507
pré-dimensionamento (*predesign*), 491
processo do *design*, 492
sequência da construção, 513
Euler, flambagem de, 401
carga crítica de, 403
Euler, Leonhard, 401, *401*
Excentricidade, 443
em ligações soldadas, 480
descrição, 480
exemplo de problema, 481
problemas, 482
Exigências dos sistemas mecânicos e elétricos, 178

## F
Fadiga, 250
Falha
de forma, 393
de segurança, 386
estrutural de conexões aparafusadas, 452
por corte, 452, *452*
por esmagamento, 453, *453*
por tração, 454, *454*
Ferro, 249
forjado, 11
Fibras, 335
*Firth of Forth Bridge*, 113
Flambagem, 400, *400*
de Euler, 401
carga crítica de, 403
de uma coluna, 209
inelástica, 415
lateral
em vigas, 383, *383*
por torção, 392
*Flush top*, 466
*Flutter*, 97
Força(s), 15
características de uma, 16
colineares, 20
compressiva, 17
coplanares, 20
da ancoragem, 16, *16*
de arrancamento em um prego, *18*
de tração inclinada, 17
direção de uma, 16
espaciais, 20
externas, 18
em um prego, 18
horizontal aplicada a uma caixa, 16, *16*
internas, 18
resistentes no prego, *18*
momento de uma, 42, *42*
descrição, 42
exemplos de problemas, 44
problemas, 46
sistemas de forças espaciais, 20
unidades básicas de, 16
Forma e espaço arquitetônico, 13
Fórmulas
de deflexão, 371
de projeto de colunas, 416

Fotoelasticidade, 262
Fragilidade, 253
Funcionalidade, 9, 10
Fundação(ões)
contínua, 202
em estacas, 186
profundas, 185
rasas, 185
tipo *radier*, 185
Funicular, 99
Furos
alargados, 457
com entalhes, 457
curtos, 457
longos, 457
redondos padrão, 457

## G
Galilei, Galileu, 3, 228, *228*, 335, 336
*Discursos e Demonstrações Matemáticas acerca de Duas Novas Ciências (Discorsi i Dimostrazioni Matematiche Intorno a Due Nuovi Scienze)*, 3, 228
Galloping Gertie, 97, *97*
Garganta de uma solda em ângulo, 476
*Golden Gate*, ponte, 6

## H
Hastes, 399
Hipocentro, 8
Hong Kong Bank, *12*
Hooke, Robert, 243, 251, *251*, 335

## I
Indeterminação estática, 84
Índices de esbeltez, 403, 404, *404*, *430*
Inelástico, 243
Iniciação do projeto, 491
Instabilidade
externa, 117
lateral, 208, *208*, 383, 384
Instante específico, 388
Integração dos sistemas construtivos, 12, 507
Intensidade de uma força, 230

## J
Jourawsky, D. J., 119

## L
Lei
de Hooke, 243
do paralelogramo, *23*
Libra, 16
Liga de alumínio, 249
Ligações
rígidas entre vigas e colunas, 212
soldadas, tipos de, 473
Limite(s)
admissíveis de deflexão, *369*
de elasticidade, 243, 246
de escoamento, 246
de proporcionalidade, 246
de resistência, 247
Linhas isostáticas, 261
Local, condições do, 12
LRFD (*load resistance factor design*), 251, 385, 386

## M
Madeira seca ao ar, 249
Mão-francesa, 211, *211*
Mariotte, Edme, 335

Materiais
dúcteis, 243
frágeis, 243
Método(s)
da área negativa, 289
da resistência, 385, 386
das seções, 128
descrição, 128
exemplos de problemas, 128
problemas, 132
das tensões admissíveis (ASD), 385, 386
de resistência ao empuxo, 151
do equilíbrio para os diagramas de esforços cortantes e de momentos fletores, 313
descrição, 313
exemplos de problemas, 314
problemas, 317
do paralelogramo, 25, 67
dos estados limites, 251, 385, 386
exemplos de problemas, 389
dos nós, 119
ponta-a-cauda, 24, *24*, 25, *25*, 67
semigráfico, 320, 323
*tip-to-tail*, 24, *24*
Modos de ruptura, colunas curtas e longas, 399
exemplos de problemas, 405
Módulo
de elasticidade, 251
de resistência à flexão da seção, 344
exemplos de problemas, 345
problemas, 347
de Young, 251
Momento
agindo em outro ponto, 55, 56
braço do, 43, *43*
de inércia para formas geométricas simples, 274, 288
de áreas compostas
descrição, 291
exemplos de problemas, 292, 298
problemas, 301
de uma área, 284
por aproximação, 284
exemplos de problemas, 286
por integração, 290
de uma força, 42, *42*
descrição, 42
exemplos de problemas, 44
problemas, 46
do binário, 52, 53
fletor, 310, 318
negativo, 312
positivo, 312
último, 394
Muros
de arrimo, 157, *157*
cantilever, 157
de flexão, 157
em L, 157
de contenção, 157

## N
*National Design Specification for Wood Construction* (NDS-91), 431
Natureza e intensidade das cargas, 12
Navier, Louis-Marie-Henri, 336
Nervi, Pier Luigi, 3, 10, 208
*Aesthetics and Technology in Architecture*, 3
Neve, 5
Newton (N), 16
Newton, Isaac, 1, 15, 23
Newton, leis de, 15
primeira lei de, 15

segunda lei de, 15
terceira da lei de, 15
Nós, 119
    decomposição dos, 119
    método dos, 119
Núcleo central, 443

## O
Origem das referências, 274

## P
Palladio, Andrea, 112
Parafusos, 455
    brutos, 455
    comuns, 455
    de alta resistência, 455, *455*
    sem acabamento, 455
Paralelas, 20
    na natureza, 3
Parede(s), 198
    com montantes, 198
    de cisalhamento, 209, *209*
    de contraventamento, 209, *209*, 214
    estrutural, 201
Partícula, 16
    equilíbrio de uma, 93
Período natural ou fundamental de vibração, 8
Pilar, *19*, 182, *182*, 399
Pisos das vendas a varejo, 499
Placas Gusset, 211
Planejamento estrutural, 2
Plasticidade, 243
Plástico, 243
Poleni, Giovanni, 23
Polígono funicular, 99
*Ponding*, 368
Ponte(s)
    em treliça, 112, *112*
    *Golden Gate*, 6
    suportadas por cabos, *96*
Ponto
    de aplicação, 16
    de inflexão, 312
Pórticos múltiplos, 215
Postes, 399
Pré-dimensionamento (*predesign*), 491
Pressão de estagnação, 7
Primeira Lei de Newton, 15
*Principia* (Princípios Matemáticos da Filosofia Natural), 1
Princípio
    da otimização, 3
    da transmissibilidade, 17, *18*, 36
    de Saint-Venant, 261
Problema(s), 110
    de avaliação de risco, 229
Processo
    de tentativa e erro, 439
    do *design*, 492
Projeto
    de colunas de aço, 424
        exemplos de problemas, 426
        problemas, 429
    de colunas de madeira, 439
        exemplos de problemas, 440
        problemas, 441
Proporção carga permanente/carga variável, 6
Propriedades dos materiais
    exemplos de problemas, 254
    problemas, 260

## Q
Quadros
    contraventados, 487, *487*

estruturais rotulados, 139, 140
    exemplos de problemas, 145
    procedimento para a análise, 142
    rígidos e não rígidos em relação aos seus apoios, 141, *141*
    rígidos, 485, *485*
    tridimensionais, 217
Questões arquitetônicas, 10
    histórico, 10
Quilolibra, 16
Quilonewton (kN), 16

## R
*Racking*, 209, 211
Raio
    de curvatura de uma viga, 370
    de giração, 403
        descrição, 302, *302*
        exemplos de problemas, 303
Redução da área, 248
Redundância, 9
Reforço lateral para vigas de madeira, exigências de, 385
Regra do triângulo, 24
REI Flagship Store, Seattle, WA, estudo de caso de construção, 490-516
Represa, 157
Resistência, 9, *9*, 243
    ao fogo, 13
    dos materiais, 228
    estática, 247
    última, 247
Ressonância aeroelástica, 97
Restrições impróprias, 84
Resultante de duas forças paralelas
    descrição, 59, *59*
    exemplo de problema, 60
Rheims, catedral de, 2
Rigidez, 9
Rótula plástica, 390

## S
Saint-Venant, Barre de, 261
Sapata(s), *19*
    corrida, 185, *185*
    isolada(s), 185, *185*
        internas, 203
Segunda Lei de Newton, 15
Segundo momento de área, 284, 286
Seleção de sistemas estruturais, 12
Sequência da construção, 513
*Shearwalls*, 209, 214, 215
Sistema
    construtivo, 12
        integração dos, 507
        *stud wall*, 182
    de contraventamento, 209
    de forças, 20, 29
        colineares, 62, *62*
        concorrentes, 62, *62*
        coplanares e não concorrentes, 63
    de fundações, 185
    de paredes, 181
    de telhado(s)
        com duas águas, 179
        e de piso, 183, 184
            construção, 180
    prático de suspensão
        elementos principais, 95
    suspenso de cobertura, 96
Solda(s)
    de chanfro, 473, *473*, 474
    em ângulo, 476

Soldagem, 471, *471*
    a arco com eletrodo revestido, 472, *472*
Steinman, David B., 97
*Stonehenge*, 10, 399
Superfície neutra, 336
Suporte lateral do flange comprimido, 392

## T
*Tacoma Narrows Bridge*, 97, *97*
Tenacidade, 253, *253*
Tensão(ões), 228
    admissível, 251
        de serviço, 251
    cíclica, 250
    conceito de, 230
    de cisalhamento, 232, *232*, 394
        exemplos de problemas, 355, 365
        longitudinal, 350, *350*
        problemas, 365
        transversal, 350, *350*
        variações da, 363
    de flexão, 390
    de fratura, 247
    de projeto para parafusos, 455
    de ruptura, 247, 248
    de serviço, 251, 385
    de suporte, 234, *234*
    de torção, 234, 263
    específica, 243
    exemplos de problemas, 231, 235
    nominal, 245
    normal, 232, *232*
    problemas, 238
    real, 245
    secundárias, 114
Teorema
    de Varignon, 47, *47*, 48, *48*
        descrição, 47
        exemplos de problemas, 48
        problemas, 51
    dos eixos paralelos, 291
Teoria
    da análise estrutural, 483
    de Coulomb, 336
Terceira Lei de Newton, 15
Terço central, 443
Terremotos, 8
Thompson, D'Arcy Wentworth, 3
Tirantes diagonais, 133
Topografia, 12
Torção, 44
Torque, 44
Torre(s), 95
    Eiffel, 2
Trajetória(s)
    das tensões, 261, 262
    de cargas, 174, *174*, 175
        sistemas de, 174
            de paredes, 181
            de telhado e de piso, 183, 184
            de telhados com duas águas, 179
            fundações, 185
Transferência das cargas, 174
    de estabilidade lateral, 208, *208*
    exemplo de problemas, 187
    problemas, 203
Treliça
    com contraventamentos diagonais de tração, 134
    definição, 113
    desenvolvimento da, 113, 117, *117*
    do esqueleto do radiolário, *4*

# Índice

elemento diagonal de, 211
estabilidade e determinação de, 117, *117*
estaticamente indeterminada, 117, *117*
estável, 117
ideal, 114, *114*
planas, 112, *112*
reais, 115
Warren, *1*
Três equações de equilíbrio e três reações de apoio desconhecidas, 86

## U
UBC (*Uniform Building Code*), 369
Unidades básicas de força, 16
Uso/função da edificação, 12

## V
Valores recomendados de *K*, 417
Variáveis da construção, 13
Varignon, Pierre, 23, 47
Vento, 7
Verificação, 228
Vetores, características dos, 23
Viga(s)
   baldrame, 186, *186*
   classificação das, 305
      balanço, *306*
      biengastada, *306*
      contínua, *306*
      engastada, *306*
         e apoiada, *306*
      simplesmente apoiada, *306*
   colunas, 443
   da cumeeira, 201
   de distribuição do piso, 202
   de fundação, 186, *186*
   de madeira, exigências de reforço lateral para, 385
   deflexão em, 368
      exemplos de problemas, 373
      problemas, 382
   dimensionamento da, 380
   inclinadas, 197
   raio de curvatura de uma, 370
   simples, com cargas distribuídas, 105
Vitruvius Pollio, Marcus, 112

## W
Whipple, Squire, 119

## Y
Young, módulo de, 252
Young, Thomas, 252, *252*

## Z
Zona das colunas intermediárias, 415

Pré-impressão, impressão e acabamento

grafica@editorasantuario.com.br
www.editorasantuario.com.br

Aparecida-SP